APPLICATION

DE L'ALGÈBRE

A LA GÉOMÉTRIE;

Par M. BOURDON,

Chevalier de l'Ordre royal de la Légion-d'Honneur, Inspecteur
de l'Académic de Paris, Docteur ès-Sciences, etc.

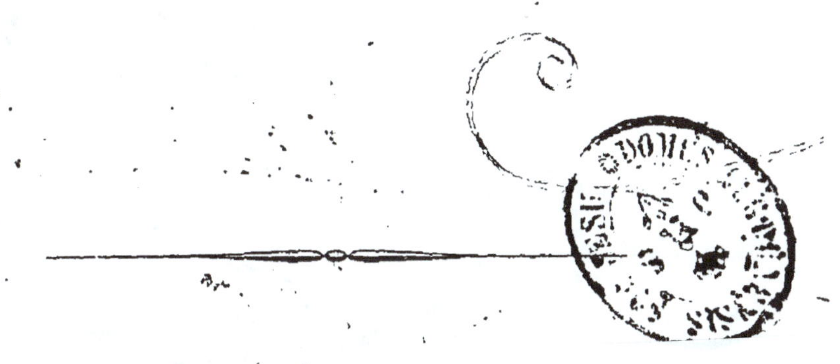

PARIS,

BACHELIER, SUCCESSEUR DE Mme Ve COURCIER,

LIBRAIRE POUR LES MATHÉMATIQUES,

QUAI DES GRANDS - AUGUSTINS, N° 55.

1825.

APPLICATION

DE L'ALGÈBRE

A LA GÉOMÉTRIE.

On trouve chez le même Libraire, les Ouvrages suivans du même Auteur.

Élémens d'Arithmétique, 2e édition, in-8°, 1824,   5 fr.
Élémens d'Algèbre, 3e édition, in-8°, 1823,   7 fr.

IMPRIMERIE DE HUZARD-COURCIER,
Rue du Jardinet, n° 12.

AVERTISSEMENT.

En me décidant, d'après le conseil de plusieurs professeurs, à publier un Traité d'Application, je n'ai peut-être pas assez réfléchi sur la difficulté d'une pareille entreprise, et songé au grand nombre d'ouvrages, justement estimés, qui existent déjà sur cette partie des Mathématiques. Quoi qu'il en soit, puisque j'ai pris cette détermination, je devais du moins faire tous mes efforts pour rendre mon travail de quelqu'utilité, tant sous le rapport de l'exposition des principales théories, que sous celui de leurs applications. Le système que j'avais adopté pour l'enseignement de la *Géométrie analytique*, dans les Colléges royaux où j'ai professé, ne m'a pas permis de séparer les trois sections qui composent mon ouvrage, et qui font presque toujours l'objet de deux volumes : ceci explique suffisamment l'étendue plus qu'ordinaire de celui que je soumets au jugement du public. Voici le résumé du plan que j'ai suivi :

Le *premier* chapitre est consacré au développement des méthodes particulières de l'*Application*; de ces méthodes qui varient avec la nature des problèmes, mais qui, par leur simplicité, ont souvent l'avantage sur les méthodes générales. Après avoir posé les principes relatifs à la construction des expressions algébriques, je résous plusieurs questions dont la discussion est propre à initier les jeunes gens dans la manière d'interpréter les résultats singuliers de l'Algèbre appliquée à la Géométrie. La nécessité de faire entrer dans le calcul les angles, aussi bien que les lignes, me conduit à la *Trigonométrie*, que je regarde comme une branche de l'*Application*, en tant que les principes établis dans le premier chapitre, comme la règle de l'*homogénéité*, l'interprétation des résultats *négatifs*, etc., servent de base à la recherche et à la discussion des formules trigonométriques.

Cette partie constitue le *second* chapitre, dans lequel j'ai suivi d'ailleurs la marche ordinaire. Il comprend la détermination des formules principales et leur discussion; la construction des tables trigonométriques, et la manière de s'en servir; enfin, l'application de ces tables à la résolution des triangles. Dans *un appendice* à ce chapitre, je donne un précis de la Trigonométrie sphérique dont je fais connaître les formules principales, parce que je me propose d'en faire usage dans la dernière section de mon ouvrage, dont les deux chapitres précédens forment la *première* section.

Au *troisième* chapitre commence la *Géométrie analytique* proprement dite, c'est-à-dire, la méthode qui consiste à résoudre les questions de Géométrie par le secours des équations du point, des lignes et des surfaces. Ce chapitre renferme tous les principes relatifs au point, à la ligne droite et au cercle situés sur un plan. Quoique le cercle ne soit qu'un cas particulier de l'une des courbes du second degré, j'ai cru devoir en présenter une théorie distincte, afin d'accoutumer les commençans, par la recherche analytique de propriétés qui leur sont déjà connues, à lire dans les équations et les résultats de leurs combinaisons, tout ce que ces équations et ces résultats sont susceptibles de représenter. J'ai résolu le *pro-*

blème des tangentes par une méthode générale qui ne se trouve dans aucun autre ouvrage, et qui me paraît offrir quelques avantages, en ce que le contact d'une droite et d'une courbe s'établit, soit qu'on suppose la courbe donnée *à priori*, et que l'on veuille en déduire la tangente; soit, au contraire, que la droite étant d'abord donnée de position, on veuille ensuite déterminer une courbe qui lui soit tangente; elle est d'ailleurs tout-à-fait élémentaire, et peut s'appliquer au contact même de deux courbes. Je termine le troisième chapitre par la résolution de plusieurs problèmes déterminés ou indéterminés sur la ligne droite et le cercle.

Le problème de la transformation des coordonnées en deux dimensions, sert d'introduction au *quatrième* chapitre, qui a pour objet principal les notions générales sur les courbes du second degré. Ici, je m'écarte encore de la marche suivie dans les ouvrages modernes. Pour éviter d'abord des considérations trop abstraites, je donne des définitions purement géométriques de l'ellipse, de l'hyperbole et de la parabole, que je construis d'après ces définitions, et dont je recherche ensuite les équations. Je fais voir l'analogie que ces courbes ont entre elles, et je donne des notions générales sur le centre, les axes, les diamètres, etc.; après quoi, je démontre, par la transformation des coordonnées, que ces courbes sont les seules que puisse représenter toute équation du second degré a deux variables. Enfin, j'établis l'identité qui existe entre les courbes du second degré, et celles qu'on obtient en coupant un cône par un plan.

Le *cinquième* chapitre, qui est le plus important, comprend les propriétés principales des sections coniques. L'analogie qui existe entre les équations de l'ellipse et de l'hyperbole , m'a conduit à abréger le travail , et à éviter des répétitions inutiles , en traitant à la fois les propriétés de ces deux courbes. Toutefois , j'ai eu l'attention d'indiquer les modifications dont les démonstrations sont susceptibles , lorsqu'on passe de l'ellipse à l'hyperbole. Les rapports entre les ordonnées et les abscisses de ces courbes , leur quadrature , les propriétés des cordes supplémentaires , les relations de ces cordes avec les diamètres conjugués , les tangentes et leurs propriétés par rapport aux rayons vecteurs , les propriétés de l'ellipse et de l'hyperbole rapportées à un système de diamètres conjugués , de l'hyperbole rapportée à ses asymptotes , etc. ; telles sont les théories principales qui se rattachent aux deux premières courbes. Quant à la parabole , dont l'analogie avec l'ellipse et l'hyperbole est plus éloignée , j'en présente une théorie tout-à-fait séparée. Le cinquième chapitre est terminé par la recherche et la discussion des équations polaires des trois courbes , et par quelques considérations sur les courbes du second degré semblables.

Le *sixième* chapitre , qui est en quelque sorte le complément des deux précédens , a pour objet : la classification des courbes du second degré par la séparation des variables, la construction et la discussion des équations particulières ; la recherche du centre , des axes, des diamètres , des asymptotes, etc. , de la courbe correspondante à une équation donnée ; la détermination d'une section conique d'après certaines conditions ; enfin, la construction des équations déterminées du troisième et du quatrième degré à une seule inconnue. Quelques auteurs ont indiqué l'usage des intersections des courbes pour déterminer approximativement les racines des équations numériques. Ce moyen, qui n'est pas suffisamment rigoureux, lorsqu'il s'agit d'obtenir les racines elles-mêmes, peut être appliqué sans inconvénient à la détermination du nombre des racines réelles; et cela dispense le plus souvent d'avoir recours à l'équation *aux carrés des différences*, dont la formation exige des calculs extrêmement laborieux. Voilà pourquoi j'ai insisté sur ces sortes de constructions, qui sont d'ailleurs fort utiles en elles-mêmes, si on les regarde comme de simples exercices.

Les troisième, quatrième, cinquième et sixième chapitres constituent la *seconde section* intitulée GÉOMÉTRIE ANALYTIQUE *à deux dimensions.*

Deux nouveaux chapitres, le septième et le huitième, composent la *troisième section,* ou la GÉOMÉTRIE ANALYTIQUE *à trois dimensions.*

Le *septième* chapitre traite du point, de la ligne droite et du plan considérés d'une manière quelconque dans l'espace.

Le *huitième* renferme une théorie abrégée des surfaces du second degré, précédée du problème de la transformation des coordonnées en trois dimensions, et de quelques notions générales sur certaines surfaces courbes, telles que la sphère, les surfaces cylindriques, les surfaces coniques, les surfaces conoïdes et les surfaces de révolution.

L'analyse succincte que je viens de présenter suffit pour prouver que je n'ai rien négligé pour rendre mon ouvrage aussi complet que possible. J'éprouve toutefois un très vif regret, c'est de n'avoir pu, faute d'espace, consacrer quelques pages à la résolution des problèmes de la nature de ceux qui ont été proposés dans les concours des Colléges royaux. J'aurais voulu pouvoir faire connaître les solutions aussi simples qu'élégantes, dues à des jeunes gens que j'ai eu le bonheur d'avoir pour élèves. C'eût été un hommage rendu à leur travail et à leurs succès. Je ne puis que recommander à la jeunesse studieuse la lecture de deux ouvrages spécialement consacrés à ces sortes d'exercices; ils ont pour titres : *Recueil de diverses propositions de Géométrie*, par M. Puissant; *Problèmes et Développemens sur diverses parties des Mathématiques*, par MM. Reynaud et Duhamel.

TABLE DES MATIÈRES.

PREMIÈRE SECTION.

CHAPITRE. I.

Développement d'une première méthode pour résoudre les questions de Géométrie par le calcul.

CHAPITRE II.

Trigonométrie rectiligne.

APPENDICE AU CHAPITRE II.

Trigonométrie sphérique.

SECONDE SECTION.

GÉOMÉTRIE ANALYTIQUE A DEUX DIMENSIONS.

CHAPITRE III.

Des Points, de la Ligne droite et du Cercle.

CHAPITRE IV.

Des Courbes du second degré.

CHAPITRE V.

Propriétés principales des sections coniques.

De l'Ellipse et de l'Hyperbole.

CHAPITRE VI.

Discussion de l'équation générale du second degré. Détermination du centre et des axes. Considérations générales sur les sections coniques. Application de ces principes.

TROISIÈME SECTION.

GÉOMÉTRIE ANALYTIQUE A TROIS DIMENSIONS.

CHAPITRE VII.

Des Points, de la Ligne droite et du Plan dans l'espace.

CHAPITRE VIII.

Des Surfaces courbes, et en particulier des Surfaces du second degré.

FIN DE LA TABLE DES MATIÈRES.

ERRATA.

Page 17, ligne 7, et, *lisez* b^2

19, 9, de cette assertion, *lisez* de la vérité de cette assertion

21, 4, $\dfrac{^4f}{d}$, *lisez* $\dfrac{a^4f}{d}$

74, 2 en remontant, *à la suite de* rencontre en C, *ajoutez* avec la circonférence.

76, 22, négativement, *lisez* numériquement

83, 12 en remontant, $\sin^2 a + \cos^2 a = r$, *lisez* $\sin^2 a + \cos^2 a = r^2$

84, 4, même correction que la précédente

108, 4, $2\cos 1' - 1$, *lisez* $2\cos^2 1' - 1$

110, 1, l'erreur commise lorsqu'on prend, *lisez* l'erreur que l'on ne commet pas en prenant

118, 20, $a +$, *lisez* $\log a +$

121, 1, $c \sin a$, *lisez* $c \sin A$

150, 6, $\dfrac{A + a + C}{2}$, *lisez* $\dfrac{C + a + C}{2}$

162, 2 en remontant, QOR, *lisez* QOP

165, 8, d'un problème, *lisez* des problèmes

176, 9, il peut être, *lisez* ce point peut être

181, 7, $y = a'x' + b'$, *lisez* $y = a'x + b'$

194, 9, de signe contraire, *lisez* de signes contraires

214, dernière, $-(r^2 - r'^2 + d^2)$, *lisez* $-(r^2 - r'^2 + d^2)^2$

279, 3, OR', OS', *lisez* OR, OS

280, 3, S'OX, *lisez* SOX.

321, 8 en remontant, $a \sin \alpha$ n C, *lisez* $a \sin \alpha \sin C$

335, 3 en remontant, $2A^2 ay(' - ax')x$, *lisez* $2A^2 a(y - ax')x$

407, 7, orthogonales, *lisez* linéaires

514, 21, AXYX, *lisez* AXYZ

516, 16, les deux autres axes, *lisez* les deux axes

538, 15, en tête de cette ligne *mettez* n° 431.

APPLICATION

DE L'ALGÈBRE

A LA GÉOMÉTRIE.

PREMIÈRE SECTION.

CHAPITRE Ier.

Développement d'une première méthode pour résoudre les questions de Géométrie par le calcul.

1. *Introduction.* On a vu, en Géométrie, que les lignes, les surfaces et les solides peuvent, aussi bien que toutes les autres grandeurs, être exprimées par des nombres; il suffit, en effet, pour cela, de prendre pour *unité* l'une de ces grandeurs géométriques. C'est ainsi, par exemple, que $\sqrt{2}$ exprime la diagonale d'un carré dont le côté est égal à 1. De même, si 4 et 3 représentent les nombres d'unités *linéaires* contenues dans les deux côtés d'un rectangle, 4×3 ou 12 exprime le nombre d'unités de *superficie* contenues dans ce rectangle, ou, en d'autres termes, la *surface de ce rectangle*. De même encore, $4 \times 3 \times 5$ ou 60 exprime *la solidité* d'un parallélépipède dont les trois arêtes contiguës sont représentées par 4, 3 et 5.

Généralement, si l'on désigne par a, b, c les nombres d'unités linéaires contenues dans les arêtes contiguës d'un parallélépipède, ab, ac, bc exprimeront les grandeurs de trois de ses six faces, et abc sa solidité.

On voit donc que l'Algèbre, dont les méthodes sont applicables à toutes les questions numériques possibles, peut aussi servir à résoudre les questions relatives aux grandeurs que l'on considère en Géométrie.

2. Qu'il s'agisse, par exemple, de déterminer la grandeur d'une ligne d'après la connaissance d'une ou de plusieurs autres lignes comprises avec la première, dans une même figure. *On suppose le problème résolu, et l'on tâche, à l'aide de quelques propositions de Géométrie, dont l'existence est déjà établie, et qui ont quelque rapport avec l'énoncé du problème, on tâche,* dis-je, *d'exprimer par des équations les relations qui existent entre les données* (représentées soit par des lettres, soit par des chiffres) *et les inconnues toujours représentées par des lettres. On résout ces équations, et l'on obtient ainsi les expressions des lignes cherchées au moyen des lignes connues, expressions qu'il faut ensuite traduire en Géométrie.*

Si la question proposée est un *théorème* à démontrer, *on traduit algébriquement les relations qui existent entre les différentes parties de la figure, ce qui conduit à des équations auxquelles on fait subir diverses transformations, dont la dernière donne lieu au théorème énoncé.*

En un mot, *traduire en Algèbre les questions de Géométrie,* et réciproquement, *traduire en Géométrie les résultats obtenus par l'Algèbre,* tel est le but qu'on se propose dans l'APPLICATION DE L'ALGÈBRE A LA GÉOMÉTRIE.

Développons ces notions générales sur quelques exemples.

3. Proposons-nous d'abord de *rechercher les propriétés principales du triangle rectangle et du triangle obliquangle,* en partant de ce seul principe, que, *deux triangles équiangles ont leurs côtés homologues proportionnels, et sont par conséquent semblables.*

Soit un triangle BAC (*fig.* 1) rectangle en A. Du point A abais- Fig. 1.
sons AD perpendiculaire sur BC, et posons $BC = a$, $AC = b$,
$AB = c$, $AD = h$, $BD = m$ et $DC = n$.

Les deux triangles BAC, ADC sont rectangles l'un en A,
l'autre en D; de plus, ils ont l'angle C commun; donc le 3^e
angle ABC du premier, est égal au 3e angle DAC du second,
et les deux triangles sont semblables. Il en est de même des
triangles BAC, ADB.

Ainsi, comparant les côtés homologues, et employant les
notations qui viennent d'être établies, on obtient les trois proportions

$$a : b :: b : n, \left.\right\} \qquad \left\{ \begin{array}{l} b^2 = an \dots (1) \\ c^2 = am \dots (2) \\ bc = ah \dots (3) \end{array} \right.$$
$$a : c :: c : m,$$
$$a : c :: b : h, \qquad \text{d'où l'on déduit}$$

égalités auxquelles on peut réunir celle-ci : $a = m + n$, (4)
qui existe nécessairement entre les deux segmens BD et DC.

Ces quatre équations renferment *implicitement* toutes les propriétés des triangles rectangles; et il ne s'agit que de les faire
ressortir par des transformations convenablement exécutées.

1°. Les égalités (1) et (2), ou plutôt les proportions qui y
ont conduit, nous apprennent que *chaque côté de l'angle droit
est moyen proportionnel entre l'hypoténuse entière et le segment adjacent.* C'est une des propriétés principales du triangle
rectangle.

2°. Ajoutons, membre à membre, les égalités (1) et (2), il vient

$$b^2 + c^2 = am + an = a(m + n) ,$$

ou, à cause de l'égalité (4), $b^2 + c^2 = a^2$.

Ce qui démontre que, *dans tout triangle rectangle, le carré
de l'hypoténuse est égal à la somme des carrés construits sur
les deux côtés de l'angle droit.* C'est la propriété caractéristique du triangle rectangle.

3°. Multiplions les mêmes égalités (1) et (2), membre à
membre; on obtient. . . . . $b^2 c^2 = a^2 mn$;

mais l'égalité (3) donne aussi . . . . $b^2c^2 = a^2h^2$;

donc $a^2mn = a^2h^2$, et par conséquent, $h^2 = mn$, ou bien

$$m : h :: h : n.$$

Ainsi, *la perpendiculaire abaissée du sommet de l'angle droit sur l'hypoténuse est moyenne proportionnelle entre les deux segmens de l'hypoténuse.*

4°. Divisons, membre à membre, les égalités (1) et (2) ; il vient

$$\frac{b^2}{c^2} = \frac{an}{am} ; \quad \text{d'où} \quad b^2 : c^2 :: n : m ;$$

c'est-à-dire que *les carrés construits sur les côtés de l'angle droit sont entre eux comme les segmens de l'hypoténuse.*

En un mot, toute transformation exécutée sur les égalités (1), (2), (3) et (4), conduirait à un résultat qui, traduit géométriquement, ne serait autre chose qu'un théorème ou une vérité plus ou moins remarquable.

4. Observons d'ailleurs, en passant, que, comme ces quatre équations renferment six quantités a, b, c, h, m et n, il s'ensuit que *deux quelconques d'entre elles étant données, on peut se proposer de déterminer les quatre autres, à l'aide de ces équations.*

Supposons, par exemple, que *connaissant l'hypoténuse* BC *et la perpendiculaire* AD, *il s'agisse de déterminer les deux côtés de l'angle droit et les deux segmens.*

Les équations (1), (2) et (4) donnent d'abord, comme on l'a déjà vu . . . . $b^2 + c^2 = a^2$;

mais si l'on double l'égalité (3), on a . . . . . . $2bc = 2ah$;

d'où, faisant successivement la somme et la différence de ces deux ci, l'on déduit . . . .
$$\begin{cases} (b + c)^2 = a^2 + 2ah, \\ (b - c)^2 = a^2 - 2ah ; \end{cases}$$

et par conséquent,

$$b + c = \sqrt{a^2 + 2ah}, \quad b - c = \sqrt{a^2 - 2ah}.$$

Connaissant la somme $b + c$ et la différence $b - c$ des

deux côtés b et c, il est facile d'obtenir chacun d'eux en particulier.

On a, d'après un théorème connu, pour le plus grand (qu'on peut toujours supposer exprimé par b),

$$b = \frac{1}{2}\sqrt{a^2 + 2ah} + \frac{1}{2}\sqrt{a^2 - 2ah},$$

et pour le plus petit c,

$$c = \frac{1}{2}\sqrt{a^2 + 2ah} - \frac{1}{2}\sqrt{a^2 - 2ah}.$$

Quant aux deux segmens, ils sont donnés immédiatement par les équations (1) et (2), puisque b, c et a sont maintenant connus.

5. *Remarque.* La seconde partie des deux valeurs de b et c, nous apprend que, pour que le triangle puisse exister avec les données établies, il faut que l'on ait

$$a^2 > 2ah, \quad \text{ou au moins} \quad a^2 = 2ah;$$

d'où l'on tire

$$h < \frac{a}{2}, \quad \text{ou tout au plus} \quad h = \frac{a}{2};$$

car, autrement, les valeurs de b et c seraient imaginaires.

En effet, pour construire un triangle rectangle, *connaissant l'hypoténuse et la perpendiculaire abaissée du sommet de l'angle droit,* on peut employer le moyen suivant :

Décrivez sur l'hypoténuse BC (*fig.* 2) *comme diamètre une* Fig. 2.
demi-circonférence; élevez au point B une perpendiculaire BH
égale à la perpendiculaire donnée; menez HL *parallèle à* BC ; *et*
les deux triangles ABC, A'BC satisfont également à la question.

Or, pour que le problème soit possible, il faut évidemment

que BH soit plus petit que $\frac{1}{2}$ BC , ou tout au plus égal à

$\frac{1}{2}$ BC.

Lorsqu'on a $\ \mathrm{BH} = \frac{1}{2}\mathrm{BC}$, ou $h = \frac{1}{2}a$, le triangle rectangle devient isoscèle, et les valeurs de b, c se réduisent à

$$b = \frac{1}{2}a\sqrt{2}, \quad c = \frac{1}{2}a\sqrt{2};$$

ce qu'on peut aussi reconnaître d'après la figure.

Fig. 3. 6. Considérons, en second lieu, un triangle obliquangle ABC (*fig.* 3), et proposons-nous d'exprimer l'un des côtés, AB, par exemple, au moyen des deux autres, en nous fondant sur la propriété principale du triangle rectangle.... $(a^2 = b^2 + c^2)$.

Abaissons du sommet A la perpendiculaire AD (qui peut tomber en dedans ou au dehors du triangle, selon que l'angle C est aigu ou obtus); et conservons d'ailleurs les mêmes notations que précédemment, savoir:

$$\mathrm{BC} = a, \ \mathrm{AC} = b, \ \mathrm{AB} = c, \ \mathrm{AD} = h, \ \mathrm{BD} = m, \ \mathrm{DC} = n.$$

Les deux triangles rectangles ADB, ADC donnent les égalités

$$c^2 = h^2 + m^2 \ldots\ldots(1)$$
$$b^2 = h^2 + n^2 \ldots\ldots(2)$$

auxquelles il faut ajouter celle-ci :

$$a = m \pm n \ldots\ldots(3).$$

(Le signe supérieur de l'égalité (3) correspond au cas où l'angle C est aigu, et le signe inférieur, à celui où il est obtus).

Cela posé, retranchons l'égalité (2) de l'égalité (1); il vient

$$c^2 - b^2 = m^2 - n^2; \quad \text{d'où} \quad c^2 = b^2 + m^2 - n^2 \ldots\ldots(4);$$

mais l'égalité (3) donne $\quad m = a \mp n$,

et par conséquent, $\quad m^2 = a^2 \mp 2an + n^2$.

Substituant cette valeur dans l'équation (4), on obtient enfin

$$c^2 = b^2 + a^2 \mp 2an \ldots\ldots(5).$$

Donc *le carré de l'un des côtés d'un triangle quelconque est égal à la somme des carrés des deux autres côtés,* MOINS OU PLUS *le double rectangle du côté sur lequel on a abaissé une perpendiculaire, multiplié par le segment opposé au côté que l'on veut exprimer au moyen des deux autres.*

L'égalité (5) comprend sous une forme très concise les deux théorèmes principaux sur les triangles obliquangles.

7. Le problème suivant est très propre à faire ressortir l'utilité de l'Algèbre dans la résolution des questions de Géométrie.

On propose de diviser une ligne donnée AB *(fig. 4) en* Fig. 4. MOYENNE ET EXTRÊME RAISON, c'est-à-dire, *en deux parties, dont l'une soit moyenne proportionnelle entre la droite entière et l'autre partie.*

Supposons le problème résolu, et soit E un point de AB, déterminé de manière qu'on ait la proportion

$$AB : AE :: AE : EB.$$

Posons $AB = a$, $AE = x$; d'où $EB = a - x$.

La proportion devient $a : x :: x : a - x$; d'où l'on déduit l'équation $x^2 = a^2 - ax$,

qui, étant résolue, donne

$$x = -\frac{a}{2} \pm \sqrt{a^2 + \frac{a^2}{4}}.$$

De ces deux valeurs fournies par la résolution de l'équation, la première est la seule susceptible de satisfaire à l'énoncé du problème, tel qu'il a été établi ; car la seconde est négative et *numériquement* plus grande que a; d'où il suit qu'elle ne peut exprimer une partie de la droite donnée a. Nous verrons plus loin par quelle circonstance cette valeur se rattache à la première, et comment on doit l'interpréter. Occupons-nous donc seulement de la valeur

$$x = -\frac{a}{2} + \sqrt{a^2 + \frac{a^2}{4}},$$

et voyons ce qu'elle signifie en Géométrie.

Ce résultat indique évidemment que , pour obtenir la valeur de x en ligne , il faut retrancher la moitié de a de l'expression $\sqrt{a^2 + \dfrac{a^2}{4}}$. Mais , en vertu de la propriété principale du triangle rectangle , $\sqrt{a^2 + \dfrac{a^2}{4}}$ représente l'hypoténuse d'un triangle rectangle dont les deux côtés de l'angle droit sont a et $\dfrac{a}{2}$.

De là il est aisé de conclure la construction suivante :

A l'extrémité B *de la ligne* AB $=$ a, *élevez une perpendiculaire* BC *égale à* $\dfrac{1}{2}$ a, *et tirez* AC; il en résulte

$$AC = \sqrt{a^2 + \frac{a^2}{4}}.$$

Du point C *comme centre , avec le rayon* CB $= \dfrac{a}{2}$, *décrivez un arc de cercle ,* BD, *qui coupe* AC *au point* D; vous aurez

$$AD = AC - CD = \sqrt{a^2 + \frac{a^2}{4}} - \frac{a}{2}.$$

Enfin , rabattez par un arc de cercle , AD *de* A *en* E ; et le point E sera le point demandé.

En effet, on a

$$AE = AD = \sqrt{a^2 + \frac{a^2}{4}} - \frac{a}{2} = x.$$

Il est à remarquer que cette construction à laquelle on est parvenu est précisément celle qu'on donne dans les *élémens de Géométrie.* Pour l'obtenir par des considérations purement géométriques, il faut une analyse assez délicate, tandis qu'à l'aide des symboles de l'Algèbre, on la trouve facilement et sans aucun effort.

C'est ainsi qu'en appelant l'Algèbre au secours de la Géométrie, on parvient souvent à résoudre des questions qui , autre-ment, exigeraient des raisonnemens difficiles et compliqués.

8. En réfléchissant sur la manière dont la dernière question vient d'être traitée, on voit que la résolution d'un problème de Géométrie par le secours de l'Algèbre se compose de *trois* parties principales :

1°. *Traduire algébriquement l'énoncé du problème, ou le mettre en équation ;*

2°. *Résoudre l'équation ou les équations,* suivant que l'énoncé renferme une ou plusieurs inconnues ;

3°. *Construire* ou *évaluer en lignes* les expressions algébriques auxquelles on est parvenu.

Souvent il faut y joindre une 4ᵉ partie qui a pour objet *la discussion du problème,* ou l'examen de toutes les circonstances qui y sont relatives. (*Voyez* le nᵒ 5.)

Or , il en est des problèmes de Géométrie comme des problèmes d'Algèbre , c'est-à-dire qu'il n'existe pas de règles bien fixes *pour mettre un problème en équation.* Le précepte établi en Algèbre est également applicable (*voyez* nᵒ 2) aux problèmes de Géométrie ; mais la manière de le mettre en pratique varie suivant les différens problèmes qu'on peut avoir à résoudre. Cependant, nous développerons dans le troisième chapitre une méthode générale à ce sujet. Dans celui-ci, nous n'emploierons que des artifices particuliers à chaque problème, parce que ces méthodes , quoique indirectes , donnant souvent des solutions plus simples et plus élégantes que la méthode générale , il est nécessaire de les faire connaître.

Les équations une fois obtenues, on peut les résoudre d'après les méthodes que fournit l'Algèbre. Toutefois, les commençans ne sauraient trop s'exercer à faire les calculs adroitement , en cherchant à dégager le plus simplement possible les inconnues , des équations qui ont été établies.

Quant à la troisième partie qui a pour objet de *construire les expressions* des inconnues, les règles à suivre sont faciles et en petit nombre. C'est donc par le développement de cette dernière partie qu'il convient de commencer.

§ I⁰ʳ. *Construction des expressions algébriques.*

9. Nous ne considérerons dans tout ce qui va suivre que des expressions *rationnelles* ou *irrationnelles du second degré*, c'est-à-dire, des résultats provenant d'équations du premier ou du second degré.

Les expressions élémentaires, c'est-à-dire, les expressions à la construction desquelles on peut ramener toutes les autres, sont au nombre de *six*, savoir :

$$x = a - b + c - d + e \ldots, \quad x = \frac{ab}{c}, \quad x = \frac{a^2}{c},$$

$$x = \sqrt{ab}, \quad x = \sqrt{a^2 + b^2}, \quad x = \sqrt{a^2 - b^2};$$

($a, b, c, d \ldots$ exprimant les nombres d'unités linéaires contenues dans des lignes données).

1°. *Soit à construire l'expression* $x = a - b + c - d + e \ldots$

Ce résultat, pouvant être mis sous la forme

$$x = a + c + e + \ldots - (b + d + \ldots),$$

représente la différence entre la *somme faite* des lignes a, c, $e \ldots$, et la *somme faite* des lignes b, $d \ldots$

D'abord, pour obtenir une ligne égale à $a + c + e + \ldots$;
Fig. 5. *prenez sur une ligne indéfinie* AX (*fig.* 5), et à partir du point A, AB $= a$, BC $= c$, CD $= e$; vous aurez ainsi

$$\text{AD} = a + c + e.$$

Portez ensuite de D *vers* A, DE $= b$, EF $= d$, ce qui donne

$$\text{DF} = b + d;$$

il en résulte nécessairement AF $= a + c + e - (b + d) = x$.

On peut, avec la même facilité, construire les expressions $x = 3a$, $x = 5b \ldots$; tout se réduit à porter la ligne a ou b à la suite d'elle-même, plusieurs fois.

On a vu d'ailleurs, en Géométrie, le moyen de diviser une droite donnée en 2, 3, 4, 5 … parties égales ; ainsi, il ne serait pas plus difficile de construire les résultats $x = \dfrac{a}{3}$,

$$x = \frac{2b}{5}, \quad x = \frac{3c}{7} \dots$$

Par exemple, pour construire la dernière expression, il suffit de *diviser* c *en* 7 *parties égales et de prendre* 3 *de ces parties;* ou bien, *de prendre une ligne égale à* 3c, *qu'on diviserait ensuite en* 7 *parties égales.*

2°. *Soit à construire le résultat* $x = \dfrac{ab}{c}$;

On en déduit la proportion $\quad c : a :: b : x$;

d'où l'on voit que x est une 4e *proportionnelle* entre les trois lignes données c, a et b.

Pour l'obtenir, *formez un angle indéfini* XAY (*fig.* 6), *et à*   Fig. 6. *partir du point* A, *prenez sur* AX, AB $= c$, AC $= a$, *puis sur* AY, AD $= b$. *Tirez* BD *et menez par le point* C, CE *parallèle à* BD. La ligne AE sera la ligne cherchée.

En effet, on a, d'après cette construction,

$$AB : AC :: AD : AE, \text{ ou bien } c : a :: b : AE; \text{ d'où } AE = \frac{ab}{c} = x.$$

AUTREMENT. *Sur une ligne indéfinie* AX, *prenez* AB $= c$,   Fig. 7. AC $= a$. *Du point* B *tirez une droite quelconque* BY *et prenez* BD $= b$. *Joignez* AD, *et par le point* C *menez* CE *parallèle à* BY. La ligne CE sera la ligne demandée.

Car on aura

$$AB : AC :: BD : CE, \text{ ou } c : a :: b : CE.$$

3°. L'expression $x = \dfrac{a^2}{c}$, ou $x = \dfrac{a \times a}{c}$, est une 3° proportionnelle aux deux lignes a et c, puisqu'on en déduit

$$c : a :: a : x.$$

La construction est donc la même que celle de l'expression précédente.

On peut toutefois, dans certaines circonstances, lui substituer celle-ci :

Fig. 8.   *Sur une ligne* AB $=$ c (*fig. 8*), *comme diamètre, décrivez une demi-circonférence; du point* A *comme centre, et avec un rayon* AC *égal à* a, *décrivez un arc de cercle qui rencontre la demi-circonférence au point* C; *puis abaissez la perpendiculaire* CD *sur* AB. Vous aurez AD pour la 3ᵉ proportionnelle demandée.

En effet, le triangle rectangle ACB donne

$$ AB : AC :: AC : AD, \quad \text{ou} \quad c : a :: a : AD; \quad \text{d'où} \quad AD = \frac{a^2}{c} = x. $$

N. B. Cette construction est, en apparence, plus compliquée que la précédente; mais nous remarquerons que quelquefois, la demi-circonférence décrite sur AB$=c$, existe déjà dans la figure du problème; en sorte qu'il n'y a réellement alors que la perpendiculaire CD à abaisser.

Cette observation est faite une fois pour toutes, à l'égard des expressions dont nous ferons connaître plusieurs constructions.

4°. Le résultat $x = \sqrt{ab}$ exprime une *moyenne* proportionnelle entre a et b; car on en déduit

$$ x^2 = a \times b; \quad \text{d'où} \quad a : x :: x : b. $$

Fig. 9.   Pour la construire, *prenez sur une ligne indéfinie* AX (*fig.* 9) *deux parties* AB $=$ a, BC $=$ b; *puis sur la somme* AC *de ces deux parties, comme diamètre, décrivez une demi-circonférence et élevez la perpendiculaire* BD. Vous aurez BD pour la ligne cherchée.

En effet, le triangle rectangle ADC donne

$$ AB : DB :: DB : BC, \quad \text{ou} \quad a : DB :: DB : b; \quad \text{d'où} \quad DB = \sqrt{ab} = x. $$

Fig. 10.   AUTREMENT. *Sur une ligne* AB $=$ a (*fig.* 10), *décrivez une demi-circonférence; prenez sur* AB *une partie* AC $=$ b, *et élevez en* C *la perpendiculaire* CD. La corde AD est la ligne demandée.

Car le triangle rectangle ADB donne

$$ AB : AD :: AD : AC, \quad \text{ou} \quad a : AD :: AD : b; \quad \text{donc} \quad AD = \sqrt{ab}. $$

5°. $x = \sqrt{a^2 + b^2}$ exprime l'hypoténuse d'un triangle rectangle dont les deux côtés de l'angle droit sont a et b.

Formez un angle droit CAB (*fig.* 11); puis *prenez* AB $= a$, Fig 11. AC $= b$, *et tirez l'hypoténuse* BC; vous aurez

$$BC = \sqrt{\overline{AB}^2 + \overline{AC}^2} = \sqrt{a^2 + b^2} = x.$$

6°. $x = \sqrt{a^2 - b^2}$ est l'un des côtés de l'angle droit d'un triangle rectangle dont l'hypoténuse est a et l'autre côté b.

Première construction. *Tracez un angle droit* XAY (*fig.*12); Fig. 12. *sur* AX *prenez* AB $= b$, *puis, du point* B *comme centre, et avec* a *pour rayon, décrivez un arc de cercle qui coupe* AY *en un point* C. Vous aurez AC pour la ligne demandée.

En effet, cette construction donne

$$AC = \sqrt{\overline{BC}^2 - \overline{AB}^2}, \quad \text{ou bien} \quad AC = \sqrt{a^2 - b^2} = x.$$

Seconde construction. *Sur* AB $=$ a (*fig.* 13), *comme dia-* Fig. 13. *mètre, décrivez une demi-circonférence; à partir du point* A, *prenez une corde* AC $= b$. L'autre corde CB sera la ligne demandée. Cela est évident.

Troisième construction. L'expression $\sqrt{a^2 - b^2}$ peut se mettre sous la forme $\sqrt{(a+b)(a-b)}$, et représente *une moyenne proportionnelle* entre les deux lignes $a + b$ et $a - b$.

Sur une ligne indéfinie AX, *prenez* AB $=$ a (*fig.* 14), *et por-* Fig. 14. *tez* b *de* B *en* C, *puis de* B *en* D. *Décrivez sur* AC, *comme diamètre, une demi-circonférence, et élevez au point* D *la perpendiculaire* DE. Vous aurez la corde AE pour la ligne demandée.

Car il résulte de cette construction

$$\overline{AE}^2 = AC \times AD = (a+b)(a-b);$$

d'où $\qquad AE = \sqrt{(a+b)(a-b)} = x.$

10. De la construction des expressions $\sqrt{a^2 + b^2}$ et $\sqrt{a^2 - b^2}$, il est facile de déduire celle du résultat

$$x = \sqrt{a^2 - b^2 + c^2 - d^2 + e^2 - \dots}$$

Fig. 15.   D'abord, *sur* AB = a (*fig. 15*), *comme diamètre, décrivez une demi-circonférence, et à partir du point* A, *prenez une corde* AC = b ; *puis tirez l'autre corde* BC. Vous aurez

$$BC = \sqrt{a^2 - b^2}.$$

Soit posé $\sqrt{a^2 - b^2} = m$; il en résulte $a^2 - b^2 = m^2$, et la valeur de x devient $x = \sqrt{m^2 + c^2 - d^2 + e^2 - \dots}$

Prolongez ensuite AC *d'une partie* CD = c, *puis tirez* BD. Vous aurez

$$BD = \sqrt{m^2 + c^2} = \sqrt{a^2 - b^2 + c^2}.$$

Soit $\sqrt{a^2 - b^2 + c^2} = n$; d'où $a^2 - b^2 + c^2 = n^2$;

il en résulte $x = \sqrt{n^2 - d^2 + e^2 \dots}$

Maintenant, *sur* BD, *comme diamètre, décrivez une demi-circonférence ; prenez une corde* DE = d, *et tirez* BE. Vous aurez

$$BE = \sqrt{n^2 - d^2} = \sqrt{a^2 - b^2 + c^2 - d^2}.$$

Continuez ainsi cette suite de constructions jusqu'à ce que vous soyez parvenu au dernier des carrés qui entrent sous le radical de la valeur de x.

11. La construction précédente sert principalement à évaluer en lignes *les radicaux numériques*.

Soit, pour premier exemple, *à construire* $x = \sqrt{15}$.

On peut d'abord mettre cette expression sous la forme....
$x = \sqrt{5 \times 3}$, et elle représente ainsi une moyenne proportionnelle entre 5 et 3.

Mais il est plus simple de la transformer en cette autre expression $x = \sqrt{16 - 1} = \sqrt{(4)^2 - 1}$.

Alors tout se réduit à construire un triangle rectangle dont l'hypoténuse est 4, et l'un des côtés égal à 1.

On trouvera de même

$$\sqrt{7} = \sqrt{4 + 4 - 1} = \sqrt{(2)^2 + (2)^2 - 1} = \sqrt{a^2 + b^2 - c^2},$$
$$\sqrt{11} = \sqrt{9 + 1 + 1} = \sqrt{(3)^2 + 1 + 1},$$
$$\sqrt{43} = \sqrt{36 + 9 - 1 - 1} = \sqrt{(6)^2 + (3)^2 - 1 - 1}.$$

L'artifice consiste à décomposer le nombre sous le radical, dans la *somme algébrique* de plusieurs carrés, ce qui est toujours possible.

12. Nous sommes actuellement en état de construire les expressions algébriques les plus compliquées.

Commençons par les *monomes rationnels*.

Soit proposée l'expression $\quad x = \dfrac{2abc}{de}$.

On peut la mettre sous la forme $\quad x = \dfrac{2ab}{d} \times \dfrac{c}{e}$.

Or, $\dfrac{2ab}{d}$ exprime évidemment *une 4ᵉ proportionnelle* aux trois lignes d, $2a$ et b.

Soit donc cette ligne construite, et posons $\dfrac{2ab}{d} = m$; il en résulte $x = m \times \dfrac{c}{e}$, qui exprime encore *une 4ᵉ proportionnelle* aux trois lignes e, m et c.

Soit encore à construire $\quad x = \dfrac{2\,a^3 b^2 c}{3 d^2 f^2 g}$.

Cette expression revient à $x = \dfrac{2a^2}{3d} \times \dfrac{a}{d} \times \dfrac{b}{f} \times \dfrac{b}{f} \times \dfrac{c}{g}$.

D'abord, $\dfrac{2a^2}{3d}$, ou $\dfrac{2a \times a}{3d}$ exprime *une 4ᵉ proportionnelle* aux lignes $3d$, $2a$ et a.

Posant $\dfrac{2a^2}{3d} = m$, on a

$$x = m \times \dfrac{a}{d} \times \dfrac{b}{f} \times \dfrac{b}{f} \times \dfrac{c}{g}.$$

Or $m \times \dfrac{a}{d}$ représente *une 4ᵉ proportionnelle* aux lignes d, m et a.

Soit $m \times \dfrac{a}{d} = n$, il en résulte

$$x = n \times \frac{b}{f} \times \frac{b}{f} \times \frac{c}{g}.$$

En continuant ainsi, l'on parviendra, à l'aide de *cinq* 4ᵉˢ proportionnelles, à une dernière ligne qui représentera la valeur proposée.

N. B. *Le nombre des* 4ᵉˢ *proportionnelles est toujours marqué par le degré, ou par la somme des exposans du dénominateur.*

13. Passons aux expressions fractionnaires *polynomes*.

Soit à construire $x = \dfrac{2a^3 - 3a^2b + b^2c}{a^2 - 2ab + b^2}$.

On peut d'abord l'écrire ainsi :

$$x = \frac{a^2 \left(2a - 3b + \dfrac{b^2c}{a^2} \right)}{a \left(a - 2b + \dfrac{b^2}{a} \right)}.$$

Si, après avoir supprimé le facteur a commun aux deux termes, on pose $\dfrac{b^2c}{a^2} = m$, $\dfrac{b^2}{a} = n$, il en résulte

$$x = \frac{a(2a - 3b + m)}{a - 2b + n};$$

et cette expression représente alors *une 4ᵉ proportionnelle* aux *trois* lignes $a - 2b + n$, a et $2a - 3b + m$.

Quant aux deux lignes m et n, on peut les construire facilement d'après ce qui a été dit plus haut.

L'artifice de ces transformations consiste à mettre en évidence, au numérateur et au dénominateur, tous les facteurs littéraux, MOINS UN, *qui entrent dans l'un des termes.*

Il faut toutefois avoir le soin de faire ressortir la lettre qui entre le plus de fois comme facteur dans les deux termes de la fraction, parce qu'alors il y a moins de *constructions partielles*, à cause des réductions qui se présentent; mais ces simplifications demandent de l'habitude.

On trouvera pareillement que l'expression

$$x = \frac{a^4 - 2a^3b + 2ab^2c - b^2cd}{2ab^2 - 3b^3 - 4bc^2 + c^2d} \quad \text{revient à} \quad x = \frac{a(m-n+2c-p)}{2a-3b-q+r},$$

si l'on met en évidence ab^2 au numérateur, et au dénominateur, et que l'on pose

$$m = \frac{a^3}{b^2}, \quad n = \frac{2a^2}{b}, \quad p = \frac{cd}{a}, \quad q = \frac{4c^2}{b}, \quad r = \frac{c^2d}{b^2},$$

Ces dernières expressions étant construites, on en déduit la valeur de x, qui est *une 4ᵉ proportionnelle* aux trois lignes $2a - 3b - q + r$, a et $m - n + 2c - p$.

On peut remarquer qu'il y a beaucoup d'analogie entre ces transformations et celles qu'on exécute pour rendre les expressions algébriques calculables par logarithmes.

14. Considérons maintenant *les expressions radicales du second degré*.

Soit, premièrement, l'expression $x = \sqrt{a^2 - bd}$.

On peut la mettre sous la forme $x = \sqrt{a\left(a - \dfrac{bd}{a}\right)}$;

et si l'on pose $\dfrac{bd}{a} = m$, il en résulte $x = \sqrt{a(a-m)}$, expression qui représente *une moyenne proportionnelle* entre les deux lignes a et $a - m$.

Autrement. Soit fait $n^2 = bd$, il vient $x = \sqrt{a^2 - n^2}$;

d'où l'on voit qu'après avoir construit une moyenne proportionnelle n entre b et d, il suffit de déterminer l'un des côtés de l'angle droit d'un triangle rectangle ayant pour hypoténuse a, et n pour autre côté.

Soit, en second lieu , $x = \sqrt{\dfrac{a^3 - 2b^2c + 3b^3}{a-b}}.$

Cette expression revient à celle-ci :

$$x = \sqrt{b \times \dfrac{a^3 - 2b^2c + 3b^3}{b(a-b)}}.$$

Or on a

$$\frac{a^3 - 2b^2c + 3b^3}{b(a-b)} = \frac{b\left(\dfrac{a^3}{b^2} - 2c + 3b\right)}{a-b},$$

quantité qu'on peut construire aisément d'après ce qui a été dit n° 13.

Désignant donc cette quantité ou cette ligne par m, il en résulte $x = \sqrt{b \times m}$, expression facile à construire.

En général, pour toute expression radicale du second degré, il suffit de *mettre en évidence, sous le radical, un des facteurs littéraux qui entrent dans les termes du numérateur, a* par exemple; le second facteur sous le radical est alors *une expression rationnelle qu'il faut construire* et désigner ensuite par m; la question se réduit finalement à *construire la valeur* $x = \sqrt{a \times m}.$

N. B. Si l'on avait une expression telle que $x = a\sqrt{\dfrac{b}{c}}$, il faudrait commencer par faire passer le coefficient a sous le radical, ce qui donnerait

$$x = \sqrt{\frac{a^2 b}{c}} = \sqrt{a \times m},$$

en posant et construisant $m = \dfrac{a \times b}{c}.$

*Remarque importante sur l'*HOMOGÉNÉITÉ.

15. Dans toutes les expressions que nous nous sommes proposé de construire, nous avons supposé,

1°. Tous les termes du numérateur, de *même degré entre*

eux, ainsi que tous ceux du dénominateur ; 2°. le degré du numérateur plus grand que celui du dénominateur, d'*une* unité pour les expressions rationnelles, et de *deux* unités pour les radicaux.

Une expression est dite HOMOGÈNE lorsque ces deux conditions sont remplies ; et *elles le sont, toutes les fois que*, dans la traduction algébrique de l'énoncé du problème, *on a désigné par une lettre chacune des lignes qu'on a dû faire entrer en considération.* Il suffit, pour se convaincre de cette assertion, de réfléchir sur la nature des relations que fournit la Géométrie pour la mise d'un problème en équation. Ce sont, en effet, ou des proportions entre des lignes exprimées chacune par une lettre ; ou bien, des égalités entre des surfaces (telles que la proposition du carré de l'hypoténuse et celles qui en dépendent.) Mais une surface est toujours exprimée soit par le carré d'une ligne, comme a^2, soit par le produit de deux lignes, comme ab ; donc les équations du problème doivent être elles-mêmes homogènes, c'est-à-dire que tous leurs termes doivent être de même degré. D'ailleurs, on sait que toutes les transformations exécutées sur des quantités homogènes conduisent nécessairement à des résultats homogènes.

Ainsi, soit $x = \dfrac{B}{A}$, d'où $Ax = B$, le résultat auquel on est parvenu pour l'une des inconnues.

1°. B et A doivent être séparément *homogènes* ;

2°. Comme x exprime déjà une ligne, il faut que A soit d'*un degré moindre d'une unité* que B ; autrement, l'équation $Ax = B$ ne serait pas homogène.

Donc enfin, dans l'expression $x = \dfrac{B}{A}$, les deux conditions énoncées ci-dessus doivent être satisfaites.

Quant aux radicaux du second degré qui peuvent être généralement représentés par $x = \sqrt{A}$, comme on en déduit $x^2 = A$, et que le premier membre x^2 exprime une surface, il s'ensuit que le second membre A doit aussi exprimer une surface. Donc , si A est fractionnaire, le degré du numérateur doit surpasser de *deux* unités celui du dénominateur.

Mais si , dans la vue de rendre les calculs plus simples , on *convient* de prendre pour *unité* l'une des lignes que l'énoncé du problème prescrit de faire entrer dans le calcul, comme les diverses puissances de 1 sont égales à 1, le degré de chacun des termes où cette ligne se trouvait élevée à diverses puissances, doit nécessairement diminuer d'*une* ou de *plusieurs* unités ; et , dans le résultat obtenu pour la valeur de l'inconnue , les deux conditions de l'*homogénéité* doivent, en général, cesser d'exister.

Par exemple, si dans les expressions

$$x = \frac{ab}{c}, \quad x = \frac{2a^3b^2c}{3d^2f^2g}, \quad x = \frac{a^2 - bd}{c}, \quad x = \sqrt{\frac{a^3 - 2b^2c + 3b^3}{a - b}},$$

on suppose $b = 1$, elles se réduisent à

$$x = \frac{a}{c}, \quad x = \frac{2a^3c}{3d^2f^2g}, \quad x = \frac{a^2 - d}{c}, \quad x = \sqrt{\frac{a^3 - 2c + 3}{a - 1}}.$$

Cependant , comme la construction de la ligne cherchée dépend des grandeurs de toutes les lignes données, et, en particulier, *de la ligne prise pour unité*, il faut préalablement la rétablir dans l'expression de x ; ce qui n'offre aucune difficulté, car , en désignant cette ligne par une lettre, m par exemple, il suffit *de l'introduire dans les différens termes, comme facteur, à une puissance d'un degré tel que les deux conditions d'homogénéité soient remplies.*

Ainsi, soit l'expression $\quad x = \dfrac{a^3 - 2a + 3bc}{a - 2b^2 + 1}$,

qui n'est pas homogène, parce qu'on a supposé l'une des lignes de la question, égale à 1.

Puisque l'un des termes du numérateur est du 3e degré, et qu'un de ceux du dénominateur est du 2e degré, tous les autres termes doivent être respectivement ramenés à ces mêmes degrés.

Donc, en désignant par m la ligne prise pour unité, on a

pour l'expression, $x = \dfrac{a^3 - 2am^2 + 3bcm}{am - 2b^2 + m^2}$, qui peut se construire d'après les règles établies précédemment.

De même, $x = \dfrac{a - b^2 + c^3}{a^3 - b + d^2}$ devient $\dfrac{am^3 - b^2m^2 + c^3m}{a^3 - bm^2 + d^2m}$.

Soit encore, $x = \sqrt{\dfrac{aef}{bd} + \dfrac{ce}{fg} - \dfrac{4f}{d}}$.

Chacun des termes, sous le radical, devant être du 2e degré, on transformera $\dfrac{aef}{bd}$ en $\dfrac{aefm}{bd}$, $\dfrac{ce}{fg}$ en $\dfrac{cem^2}{fg}$, $\dfrac{a^4f}{d}$ en $\dfrac{a^4f}{dm^2}$; et l'expression deviendra

$$x = \sqrt{\dfrac{aefm}{bd} + \dfrac{cem^2}{fg} - \dfrac{a^4f}{dm^2}}.$$

Posant alors

$$p^2 = \dfrac{aefm}{bd} = \dfrac{ae}{b} \times \dfrac{fm}{d}; \quad \text{d'où } p = \sqrt{\dfrac{ae}{b} \times \dfrac{fm}{d}},$$

$$q^2 = \dfrac{cem^2}{fg} = \dfrac{ce}{f} \times \dfrac{m^2}{g}; \quad \text{d'où } q = \sqrt{\dfrac{ce}{f} \times \dfrac{m^2}{g}},$$

$$r^2 = \dfrac{a^4f}{dm^2} = a \times \dfrac{a^3f}{dm^2}; \quad \text{d'où } r = \sqrt{a \times \dfrac{a^3f}{dm^2}};$$

et construisant p, q, r, d'après les principes connus, on obtiendra pour x, la valeur $x = \sqrt{p^2 + q^2 - r^2}$, expression qui rentre dans celle du n° 10.

16. *N. B.* Dès qu'on applique l'Algèbre à une question de Géométrie, la représentation des lignes de l'énoncé par des lettres, suppose toujours qu'on ait pris une certaine ligne pour *unité;* mais il faut distinguer deux cas :

Ou le résultat auquel on parvient, pour l'expression de l'inconnue, est *homogène;* ou bien, il ne l'est pas.

Dans le premier cas, la connaissance de la ligne prise pour unité, est indifférente à la construction du résultat.

Dans le second, cette ligne est, pour ainsi dire, en évidence, et son introduction dans le résultat est indispensable pour la construction.

On doit donc, jusqu'à un certain point, distinguer deux espèces d'unités linéaires : l'UNE qu'on peut appeler l'*unité implicite;* c'est celle qui correspond à des résultats immédiatement homogènes, et que la représentation algébrique des lignes suppose toujours, au moins d'une manière tacite : l'AUTRE, qui serait alors l'*unité explicite;* c'est une des lignes données de la question, que, pour simplifier le calcul, on a jugé à propos de faire égale à 1. Son rétablissement dans le résultat du calcul est toujours facile, au moyen des deux conditions d'homogénéité.

Nous aurons souvent, surtout dans le 2ᵉ chapitre, occasion d'appliquer ces derniers principes.

17. *Construction des équations du second degré à une seule inconnue.*

Quoique les règles établies précédemment suffisent à la rigueur pour la construction des résultats auxquels on est conduit par la résolution d'une équation, soit du 1ᵉʳ, soit du 2ᵉ degré, puisque ces résultats sont toujours, ou des *expressions rationnelles,* ou des *expressions irrationnelles* du second degré, il n'est pas inutile de faire connaître une construction déduite de l'équation elle-même, sans qu'on soit obligé de résoudre cette dernière, parce qu'il y a des circonstances où cette construction donne lieu à une solution plus simple et plus élégante du problème.

Remarquons d'abord que, toute équation du second degré pouvant être ramenée à la forme

$$x^2 \pm px = \pm q,$$

(les signes des différens termes sont mis en évidence), sa construction exige qu'on la rende *homogène.* Or, par hypothèse, x exprime une certaine ligne; donc il faut que p représente aussi une ligne et q une *surface* qu'on peut toujours supposer transformée en un carré k^2, et alors l'équation devient

$$x^2 \pm px = \pm k^2;$$

ce qui donne lieu, par rapport aux signes, aux quatre équations suivantes :

$$x^2 + px = + k^2 \ldots (1) \qquad x^2 + px = - k^2 \ldots (3)$$
$$x^2 - px = + k^2 \ldots (2) \qquad x^2 - px = - k^2 \ldots (4)$$

D'ailleurs, il est aisé de voir que les racines des deux équations (1) et (3) ne diffèrent que par le signe, de celles des équations (2) et (4); et comme, pour le moment, nous ne voulons que connaître en lignes les *valeurs absolues* des racines, il s'ensuit que la question se réduit à *construire* les racines des équations (2) et (4).

Considérons donc, *en premier lieu,* l'équation (2)

ou $$x^2 - px = + k^2.$$

Elle peut être mise sous la forme $x(x - p) = + k^2$; et traduite en Géométrie, elle revient à cet énoncé : *Construire un rectangle, connaissant la différence* p *de ses côtés contigus, et sa surface* k². Car, si l'on appelle x le plus grand côté, $x - p$ exprime le plus petit; $x(x - p)$ est une seconde expression de sa surface qu'on a déjà supposée égale à un carré donné k^2.

Cela posé, pour résoudre ce problème, *décrivez sur une droite* AB $= p$ (*fig.* 16), *comme diamètre, une circonférence entière;* *élevez au point* A *une perpendiculaire* AC $= k$, *et menez par le centre* O *la sécante* COD. *Vous aurez* CD *pour la racine positive* de l'équation, *et* CE *pour la valeur absolue de la racine négative.*

En effet, on a évidemment la proportion

CD : AC :: AC : CE,   ou   CD : k :: k : CD $- p$,

ce qui donne   CD (CD $- p$) $= k^2$;

d'où l'on voit que CD vérifie l'équation

$$x(x - p) = k^2.$$

La proportion   CD : AC :: AC : CE,

Fig. 16.

revient encore à celle-ci : $CE + p \,:\, k \,::\, k \,:\, CE$,

d'où résulte l'égalité $CE\,(CE + p) = k^2$,

ou bien encore $-\,CE\,(-\,CE - p) = k^2$;

Donc $-\,CE$ vérifie aussi l'équation $x\,(x - p) = k^2$.

N. B. Il est évident que la construction précédente est toujours possible ; et en effet, les deux racines de la proposée sont nécessairement réelles, quelles que soient les grandeurs de p et k.

Les racines de l'équation (1) ou

$$x^2 + px = k^2 \quad \text{seraient d'ailleurs} \quad -\,CD \text{ et } +\,CE.$$

Soit, *en second lieu*, l'équation (4) ou

$$x^2 - px = -\,k^2.$$

On peut, en changeant les signes, la ramener à. . . . . $x\,(p - x) = k^2$; et, sous cette nouvelle forme, elle est la traduction algébrique de cet énoncé : *Construire un rectangle connaissant la somme* p *de deux côtés contigus et sa surface* k². Car, si l'on appelle x l'un quelconque des côtés, $p - x$ est l'expression du second ; ainsi sa surface a pour valeur $x(p - x)$, et l'on obtient l'équation ci-dessus.

Fig. 17.   Pour la construire, *décrivez sur une droite* AB $= p$ (*fig.* 17), *comme diamètre, une demi-circonférence ; élevez au point* A *une perpendiculaire* AC $= k$, *et menez par le point* C *la droite* CD *parallèle à* AB ; *abaissez enfin la perpendiculaire* DG. *Vous obtiendrez* AG *et* GB *pour les deux racines de la proposée.*

En effet, cette construction donne évidemment la proportion

$$AG \,:\, DG \,::\, DG \,:\, GB, \quad \text{ou bien} \quad AG \,:\, k \,::\, k \,:\, p - AG ;$$

d'où l'on déduit l'égalité $AG\,(p - AG) = k^2$,

qui, comparée avec l'équation $x\,(p - x) = k^2$,

donne évidemment $x = AG$.

La même proportion revient encore à $p - GB \,:\, k \,::\, k \,:\, GB$, d'où l'on déduit l'égalité $\qquad GB(p - GB) = k^2,$

qui, comparée à l'équation $\qquad x(p - x) = k^2,$

donne également $x = GB.$

Les deux racines de l'équation (3) ou $x^2 + px = -k^2$ (qui sont négatives) seraient représentées par $-AG$ et $-GB$.

N. B. La construction ne donnerait aucun résultat, si l'on avait $k > \dfrac{p}{2}$, ou $k^2 > \dfrac{p^2}{4}$, puisqu'alors la parallèle CD ne rencontrerait plus la circonférence; et en effet, dans le cas de $k^2 > \dfrac{p^2}{4}$, les deux racines sont imaginaires.

Si l'on avait $k = \dfrac{p}{2}$, d'où $k^2 = \dfrac{p^2}{4}$, la parallèle CD deviendrait tangente au point I, et les deux racines seraient égales à AO et OB.

18. *Scholie général.* Les principes que nous venons d'établir sont suffisans pour la construction de tous les problèmes dont les équations conduisent à des résultats rationnels, ou à des expressions irrationnelles du second degré. Nous ajouterons cependant une observation; c'est que, dans chaque problème, il faut tâcher de faire servir la figure de l'énoncé à la construction des résultats; car c'est ordinairement dans la liaison plus ou moins directe entre la construction et la figure, que consiste le plus ou moins d'élégance de la solution du problème par le secours de l'Algèbre : les problèmes suivans en fourniront des exemples.

§ II. *Résolution de diverses questions relatives à la ligne droite et au cercle.*

C'est en proposant d'abord quelques problèmes particuliers et faisant ensuite quelques réflexions sur la manière dont ces problèmes ont été résolus, qu'on peut initier les commençans dans les méthodes de l'APPLICATION.

19. PREMIER PROBLÈME. *Inscrire un carré dans un triangle donné* ABC (*fig.* 18); c'est-à-dire, trouver sur le côté AB un Fig 18.

point E tel , qu'en menant EF parallèle à BC, et EG , FH perpendiculaires sur BC, la figure GEFH soit un carré.

Supposons le problème résolu, et abaissons du sommet A la hauteur AD du triangle. Il est évident que si le point I était déterminé de position, il en serait de même de EF, et par conséquent, du carré cherché.

Posons donc $DI = EG = EF = x$, et tâchons d'obtenir une équation entre cette ligne x et les autres lignes qui, dans la figure, doivent être regardées comme connues; ce sont les trois côtés du triangle et la hauteur AD.

Or, les deux triangles ABC, AEF étant semblables , leurs bases BC, EF sont entre elles comme leurs hauteurs AD, AI ; c'est-à-dire qu'on a la proportion

$$BC : EF :: AD : AI.$$

Cela posé, soit $BC = a$, $AD = h$; comme on a d'ailleurs $DI = EF = x$, il en résulte $AI = h - x$; d'où , en substituant ces notations dans la proportion ,

$$a : x :: h : h - x,$$

ou bien, $ah - ax = hx$; donc $x = \dfrac{ah}{a+h}$.

Cette expression représente évidemment *une quatrième proportionnelle* aux trois lignes $a + h$, a et h.

Pour la construire, nous ferons usage de l'angle ADL , parce qu'on a déjà $AD = h$, et que le point I cherché doit être situé sur AD.

Portons d'abord BC *ou* a *de* D *en* K , *et* AD *ou* h *de* K *en* L, il en résulte $DL = a + h$, $DK = a$; et comme on a déjà $DA = h$, il s'ensuit que si *l'on joint le point* L *au point* A , *et qu'on mène* KI *parallèle à* LA, *le point* I *sera le point demandé.*

En effet, on a la proportion

$$DL : DK :: DA : DI; \quad \text{d'où} \quad a + h : a :: h : DI;$$

donc
$$DI = \frac{ah}{a+h} = x.$$

Le point I étant déterminé, on mène par ce point, EF *parallèle à* BC, *et* EG, FH *perpendiculaires à* BC; ce qui donne GEFH pour le carré demandé.

20. *Remarque.* Dans l'analyse de ce problème, nous avons eu le soin de n'établir les notations algébriques, qu'après avoir reconnu quelles étaient les données absolument nécessaires. Ainsi, nous n'avons eu besoin de faire entrer en considération que la base et la hauteur du triangle, quoique les deux autres côtés fussent également connus. C'est une attention qu'on doit toujours avoir pour éviter les notations inutiles.

21. SECOND PROBLÈME. *Étant donnés de position et de grandeur un cercle* X *(fig.* 19*) et une droite* AB, *trouver sur le cercle un point* M *tel que, si on le joint aux extrémités de la droite* AB, *et qu'on tire la corde* DE, *cette corde soit parallèle à* AB. Fig. 19.

SOLUTION. Remarquons d'abord que, si le point D était fixé de position sur le cercle, il en serait de même des deux lignes AM, BM, et par conséquent, de la droite DE. Or, le point D serait connu si, en abaissant la perpendiculaire DG, on pouvait déterminer la distance AG.

Du point C, centre du cercle, abaissons la perpendiculaire CF, et posons AB $= a$, AF $= b$, CF $= c$, CD $= r$, AG $= x$, DG $= y$; il en résulte GF $=$ DI $= b - x$, CI $= c - y$.

(Quoique l'introduction d'une seconde inconnue DG ou y, puisse sembler inutile à la détermination du point D, elle n'en est pas moins nécessaire pour la commodité du calcul.)

Ces notations étant convenues, observons que le triangle rectangle CDI donne d'abord

$$\overline{CD}^2 = \overline{DI}^2 + \overline{CI}^2, \text{ ou bien } r^2 = (b - x)^2 + (c - y)^2 \ldots (1)$$

première équation entre les inconnues x, y et les lignes connues b, c, r.

Pour en obtenir une seconde, nous considérerons les deux triangles MAB et MDE; ils sont semblables, et donnent la proportion $MA : MD :: AB : DE$;

d'où l'on déduit $MA : AD :: AB : AB - DE$,

ou , multipliant les deux premiers termes par AD,

$$MA \times AD : \overline{AD}^2 :: AB : AB - DE.$$

Or, quoique nous ne connaissions pas les longueurs de MA et AD, le rectangle $MA \times AD$ n'en est pas moins connu ; car si , du point A qui est déterminé de position, nous menons la tangente AL , ce qui est permis, nous avons, d'après un théorème de Géométrie, $MA \times AD = \overline{AL}^2 = m^2$ (en désignant par m la nouvelle ligne connue AL).

On a d'ailleurs

$$\overline{AD}^2 = x^2 + y^2, \quad AB = a, \quad DE = 2DI = 2(b - x);$$

d'où $AB - DE = a - 2b + 2x.$

Ainsi, la proportion ci-dessus devient

$$m^2 : x^2 + y^2 :: a : a - 2b + 2x;$$

d'où l'on tire $m^2(a - 2b + 2x) = a(x^2 + y^2);\ \ldots\ldots$ (2)

telle est la seconde équation du problème.

On peut faire subir quelques simplifications aux équations (1) et (2).

1°. L'équation (1) étant développée , devient

$$x^2 + y^2 = 2bx + 2cy - (b^2 + c^2 - r^2);$$

on a d'ailleurs pour la seconde ,

$$x^2 + y^2 = \frac{m^2}{a} (2x + a - 2b).$$

Cela posé, 1°. le triangle ACF (*fig.* 19) donne $\overline{AC}^2 = b^2 + c^2$, et le triangle ACL, $\overline{AL}^2$ ou $m^2 = \overline{AC}^2 - \overline{LC}^2 = b^2 + c^2 - r^2.$

2°. La quantité $\dfrac{m^2}{a}$ est *une troisième proportionnelle* qu'on peut supposer construite, et en posant $\dfrac{m^2}{a} = n$, il en résulte $m^2 = an.$

Par là, on obtient pour les deux équations,

$$x^2 + y^2 = 2bx + 2cy - an \ldots \ldots (3)$$
$$x^2 + y^2 = n(2x + a - 2b) \ldots \ldots (4)$$

Égalant entre elles ces deux valeurs de $x^2 + y^2$, on trouve, toute réduction faite,

$$(b - n)x + cy = n(a - b) \ldots (5)$$

équation qui n'est que du premier degré en x, y, et qui peut remplacer l'équation (3); en sorte que la question est ramenée à éliminer y entre les deux équations (4) et (5). L'équation en x que l'on obtiendra ainsi, étant résolue, fera connaître la distance AG, et par suite la position du point D.

Si l'on effectue cette élimination qui n'offre aucune difficulté, l'on trouvera pour équation finale en x,

$$[c^2 + (n - b)^2]x^2 + 2n[(n - b)(a - b) - c^2]x$$
$$= n[(a - 2b)c^2 - n(a - b)^2].$$

Nous n'entrerous pas dans le détail de la résolution de cette équation, parce que le résultat qu'on obtiendrait serait très compliqué, et que sa construction déduite des principes qui ont été établis précédemment, n'offrirait aucun intérêt (*).

Seconde solution du problème proposé.

Supposons toujours le problème résolu, et soit D (*fig.* 20) le point demandé. Menons en ce point la tangente DK et par le point A, la tangente AL, comme dans l'analyse précédente. Fig. 20.

Les deux triangles ABM, ADK sont semblables, car ils ont l'angle A commun; de plus, AKD = KDE, par la propriété des angles alternes internes; mais KDE et DME sont égaux comme ayant même mesure; ainsi AKD = DME ou AMB.

On a donc la proportion AB : AD :: AM : AK,

d'où l'on tire

$$AB \times AK = AD \times AM = \overline{AL}^2.$$

___

Soient $AB = a$, $AL = m$, $AK = x$,

il en résulte

$$a \times x = m^2 ; \quad \text{d'où} \quad x = \frac{m^2}{a}.$$

Pour construire cette troisième proportionnelle, *décrivez sur* $AB = a$, *une demi-circonférence. Prenez sur cette demi-circonférence, une corde* $AH = AL = m$; *puis du point* H, *abaissez la perpendiculaire* HK ; *vous aurez évidemment* $AK = \dfrac{m^2}{a}$.

Connaissant la position du point K, il faut ensuite *mener par ce point la tangente* KD ; et le point de contact D sera le point cherché.

N. B. Comme du point K, l'on peut mener deux tangentes KD, KD′, il s'ensuit que l'on a deux points D et D′ qui satisfont également à la question. Ainsi, le problème admet, en général, *deux* solutions.

Ce résultat s'accorde avec celui de la première méthode employée pour résoudre le problème, puisqu'on est parvenu à une équation du second degré.

22. *Remarque.* La construction de la tangente DK, qui a conduit d'une manière si simple à la résolution du problème, est une de ces idées qui s'offrent rarement à l'esprit de ceux qui n'ont pas déjà une grande habitude.

Quel que soit le problème proposé, il est toujours facile de trouver dans la figure que prescrit l'énoncé, et à l'aide de quelques constructions qui se présentent naturellement, un premier mode de résolution, en faisant usage des relations principales de la Géométrie, telles que les propriétés des triangles rectangles, des triangles semblables ou des lignes considérées dans le cercle. Mais la difficulté consiste dans les constructions susceptibles de conduire à des équations simples et à des résultats élégans.

Nous observerons, à ce sujet, qu'un problème de Géométrie est en général moins facile à mettre en équation qu'un problème ordinaire d'Algèbre. Dans celui-ci, il suffit, le plus communément, de traduire, à l'aide des signes algébriques, les conditions *explicites* de l'énoncé; ou, du moins, des conditions *implicites* que l'on déduit aisément des premières. Les données et les inconnues y sont d'ailleurs en évidence; tandis que dans un problème de Géométrie, qui se réduit presque toujours à fixer la position d'un ou de plusieurs points, il faut beaucoup d'attention et de sagacité pour déterminer la nature des relations qui, exprimées algébriquement, peuvent conduire à une construction simple et élégante du problème. Or, de la nature des relations qu'on emploie, dépend celle des données et des inconnues que l'on doit faire entrer en considération. L'habitude et le discernement seuls peuvent apprendre à surmonter ces difficultés.

Interprétation des résultats négatifs.

Nous allons maintenant nous proposer des problèmes qui donnent lieu à des *résultats négatifs* pour les expressions des inconnues.

23. **Troisième problème.** *Etant donné un triangle ACB (fig. 21), trouver sur le côté AC un point D tel que, si l'on mène la droite DE parallèle à AB, cette parallèle soit égale à une ligne donnée* m.

Fig. 21.

D'abord les deux triangles semblables ACB, CDE donnent la proportion

$$AC : AB :: CD : DE.$$

Prenons pour inconnue la distance du point fixe A au point D; et posons

$$AB = a, \quad AC = b, \quad AD = x; \quad \text{d'où} \quad CD = b - x;$$

la proportion ci-dessus deviendra

$$b : a :: b - x : m; \quad \text{d'où} \quad mb = ab - ax;$$

donc
$$x = \frac{b(a - m)}{a}.$$

On obtiendra facilement la 4e proportionnelle

$$a : b :: a - m : x,$$

en prenant BAC pour l'angle de construction, puisque l'on a déjà $AB = a$, $AC = b$.

A partir du point B *sur* BA, *prenez une partie* BG *égale à* m; il en résulte $AG = a - m$; *menez ensuite* GD *parallèle à* BC; le point D sera le point demandé.

En effet, on a la proportion $AB : AC :: AG : AD$;

d'où $a : b :: a - m : AD$; donc $AD = x$.

Il est visible d'ailleurs que, si l'on mène DE parallèle à AB, l'on a $DE = GB = m$.

Discussion du résultat. Tant qu'on aura $m < a$ ou AB, la valeur de x sera positive, et pourra être construite comme précédemment.

Si l'on suppose $m = a$, la valeur de x se réduit à 0, et le point D se confond avec le point A; ce qui est évident, puisque la ligne AB satisfait à la question.

Soit maintenant $m > a$, la valeur de x devient négative, et peut (le signe étant mis en évidence) prendre la forme

$$x = - \frac{b\,(m - a)}{a}.$$

Pour interpréter ce résultat, il faut, en vertu des principes établis en Algèbre (*voyez* la 3ᵉ édition de mon Algèbre, nᵒˢ 59 et 60), remonter à l'équation du problème, ou à la proportion

$$b : a :: b - x : m,$$

et y changer x en $-x$; ce qui donne

$$b : a :: b + x : m.$$

Or, $b - x$, qui exprimait la distance CD, devenant $b + x$, représente maintenant la somme de deux lignes; ce qui ne peut avoir lieu qu'autant que le point cherché se trouve en D' sur le prolongement de CA, c'est-à-dire, *en sens contraire* de celui où il était d'abord placé.

Cette modification une fois établie dans la proportion, on

en déduit $ab + ax = bm$, d'où $x = \dfrac{b(m-a)}{a}$.

Quant à la construction de ce résultat, il suffit de porter, à partir du point B, la ligne donnée m *de* B *en* G$'$, ce qui donne AG$' = m - a$, *puis de mener* G$'$D$'$ *parallèle à* BC. Le point D$'$ est le point demandé, c'est-à-dire que D$'$E$'$ parallèle à AB, est égale à m. Cela est d'ailleurs évident.

24. *Remarque.* La solution négative qu'on a obtenue dans le cas de $m > a$, n'indique pas une rectification à faire dans l'énoncé de la question (car on conçoit que, quelle que soit la grandeur de m, il est toujours possible de placer cette ligne dans l'angle ACB, parallèlement à AB, en prolongeant convenablement les deux côtés); mais bien, une différence de position du point D, par rapport au point fixe A, suivant la grandeur de m. Ainsi lorsque, pour résoudre le problème, on suppose le point D au-dessus du point A, cette position est *exacte,* tant que l'on a $m < a$; mais elle devient *fausse,* dès qu'on a $m > a$; et le signe — obtenu dans ce cas, sert à rectifier cette position, en indiquant que *la distance du point donné au point inconnu, doit être portée en sens contraire de celui où elle avait été d'abord portée.*

Cela est si vrai, qu'on peut éviter tout résultat négatif, en choisissant seulement un autre point fixe pour point de départ; par exemple, en prenant CD au lieu de AD pour inconnue.

En effet, soit CD $= x'$, les autres notations restant les mêmes. On a la proportion

$$b : a :: x' : m; \quad \text{d'où } x' = \frac{mb}{a},$$

résultat qui est essentiellement positif, quelles que soient les grandeurs relatives de a, b, m.

Tant que l'on aura $m < a$, la valeur de x' sera plus petite que b, et après l'avoir construite, si on la porte sur CA, à partir du point C, l'extrémité D tombera au-dessus de A; mais si l'on a $m > a$, la valeur de x' est plus grande que b, et le point cherché tombe en D$'$, au-dessous du point A.

Observons d'ailleurs que l'expression $\quad x' = \dfrac{mb}{a}$

peut se mettre sous l'une des deux formes

$$x' = b - \frac{b(a - m)}{a},$$

$$x' = b + \frac{b(m - a)}{a};$$

la 1re correspondant au cas où l'on a $m < a$, et la deuxième à celui où l'on a $m > a$.

Mais comme, par la première manière de résoudre la question,

on a trouvé $\qquad x = \dfrac{b(a - m)}{a},$

ou $\qquad x = - \dfrac{b(m - a)}{a},$

il s'ensuit que les deux inconnues x et x' sont liées entre elles par la relation $\qquad x' = b - x;$

x étant *positif* dans le cas de $m < a$, et *négatif* lorsque l'on a $m > a$.

25. Reprenons maintenant le problème du n° 7, et tâchons d'en interpréter la *solution négative*.

Remarquons d'abord que la première des deux valeurs obtenues, est la seule qui puisse satisfaire à la question telle qu'elle a été énoncée, puisqu'on demande de diviser a en deux parties, etc....., et que la valeur absolue de la seconde solution est plus grande que a.

Mais on peut modifier l'énoncé ainsi qu'il suit :

Fig. 22.   *Étant donnés deux points fixes* A *et* B (*fig.* 22), *trouver sur la ligne* AB, *ou sur son prolongement, un troisième point tel que sa distance au point* A *soit moyenne proportionnelle entre sa distance au point* B *et la distance des deux points* A *et* B.

D'après ce nouvel énoncé, comme il n'y a pas de raison pour supposer le point cherché, à gauche plutôt qu'à droite du point A, on le suppose d'abord à droite, c'est-à-dire, entre A et B. (Il ne peut être en E″, car AE″ étant plus grand à la fois que AB et BE″, ne saurait être moyen proportionnel entre ces deux lignes.)

Soit donc E le point cherché, et posons $AE = x$, $AB = a$; d'où $BE = a - x$; on a la proportion

$$a : x :: x : a - x ;$$

donc $\quad x^2 = a^2 - ax$, et $x = -\dfrac{a}{2} \pm \sqrt{a^2 + \dfrac{a^2}{4}}$.

La première valeur est *positive* et se construit comme il a été dit n° 7.

La seconde valeur est *négative,* et pour la construire, il faut, *après avoir déterminé la ligne* AC *égale à* $\sqrt{a^2 + \dfrac{a^2}{4}}$, *prolongér* AC *jusqu'à sa rencontre en* D′ *avec la circonférence déjà décrite,* ce qui donne AD′ égal à $\dfrac{a}{2} + \sqrt{a^2 + \dfrac{a^2}{4}}$; puis *rabattre par un arc de cercle,* AD′ *de* A *en* E′, *à la gauche du point* A (conformément à la remarque du n° 24); et la distance AE′ devra satisfaire également à la question.

En effet, puisqu'on a $\quad AE' = \dfrac{a}{2} + \sqrt{a^2 + \dfrac{a^2}{4}}$,

il en résulte

$$BE' = a + \dfrac{a}{2} + \sqrt{a^2 + \dfrac{a^2}{4}} = \dfrac{3a}{2} + \sqrt{a^2 + \dfrac{a^2}{4}}.$$

Or $\quad \overline{AE'}^2 = \left(\dfrac{a}{2} + \sqrt{a^2 + \dfrac{a^2}{4}} \right)^2 = \dfrac{3a^2}{2} + a\sqrt{a^2 + \dfrac{a^2}{4}};$

et $\quad AB \times BE' = \dfrac{3a^2}{2} + a\sqrt{a^2 + \dfrac{a^2}{4}};$

Donc $\overline{AE'}^2 = AB \times BE'$; ou bien, $AB : AE' :: AE' : BE'$.

Ainsi le nouveau problème admet deux solutions.

Si l'on demande comment il se fait que ces deux solutions

3..

soient comprises dans la même formule, quoiqu'en mettant le problème en équation, on ait d'abord supposé le point cherché, à droite du point A, et *non à gauche,* voici l'explication qu'on peut en donner :

Soit d'abord le point cherché entre A et B ; on a la proportion

$$a : x :: x : a - x; \quad \text{d'où } x^2 + ax = a^2 \ldots (1)$$

Supposons-le sur le prolongement, en E′ par exemple ; comme on a AE′ $= x$, il en résulte

$$BE′ = a + x,$$

et la proportion devient

$$a : x :: x : a + x; \quad \text{d'où } x^2 - ax = a^2 \ldots (2)$$

Cela posé, si l'on résout l'équation (1), en ne tenant compte que de la valeur qui correspond au signe $+$ du radical, on obtient

$$x = -\frac{a}{2} + \sqrt{a^2 + \frac{a^2}{4}};$$

de même, si l'on résout l'équation (2), en ne tenant compte que de la valeur qui correspond au signe $+$ du radical, il vient

$$x = \frac{a}{2} + \sqrt{a^2 + \frac{a^2}{4}}.$$

Or, cette valeur est précisément, au signe près, la seconde valeur que donne l'équation (1) par sa résolution complète.

Le signe $-$ qu'on obtient pour cette seconde valeur, correspond (n° 24) à une rectification, non dans l'énoncé du problème, mais dans la position qui avait d'abord été attribuée au point cherché.

Au reste, on éviterait, comme dans le problème précédent, toute solution négative, en prenant pour inconnue la distance du point cherché à un autre point fixe A′, choisi sur le prolongement de AB et à la gauche du point A, de manière qu'on eût AA′ $> \dfrac{a}{2} + \sqrt{a^2 + \dfrac{a^2}{4}}$, par exemple, AA′ $= 2a$.

Soient en effet $AA' = 2a$, $A'E = x'$ (*fig* 22); d'où

$$AE = x' - 2a, \quad BE = 3a - x'.$$

La proportion indiquée par l'énoncé, devient

$$a : x' - 2a :: x' - 2a : 3a - x';$$

d'où l'on tire $\quad (x' - 2a)^2 = 3a^2 - ax';$

ou réduisant, $\quad x'^2 - 3ax' = - a^2 \ldots\ldots\ldots\ldots (3)$

Remarquons en passant que l'équation serait encore la même, si l'on posait $AA' = 2a$, $A'E' = x'$; d'où $AE' = 2a - x'$, $BE' = 3a - x'$; car on aurait

$$a : 2a - x' :: 2a - x' : 3a - x';$$

d'où $\quad\quad (2a - x')^2 = 3a^2 - ax'.$

L'équation (3) étant résolue, donne

$$x' = \frac{3a}{2} \pm \sqrt{\frac{9a^2}{4} - a^2};$$

ou bien $\quad\quad x' = a + \frac{a}{2} \pm \sqrt{a^2 + \frac{a^2}{4}}.$

Ces deux valeurs sont essentiellement positives; car il est évident que le radical $\sqrt{a^2 + \frac{a^2}{4}}$ est moindre que $a + \frac{a}{2}$.

On peut d'ailleurs les mettre sous la forme

$$x' = 2a \quad\quad - \frac{a}{2} \pm \sqrt{a^2 + \frac{a^2}{4}};$$

d'où $\quad\quad x' - 2a = - \frac{a}{2} \pm \sqrt{a^2 + \frac{a^2}{4}};$

et comme on avait déjà trouvé $x = - \frac{a}{2} \pm \sqrt{a^2 + \frac{a^2}{4}}$, il

s'ensuit que les deux inconnues x' et x sont liées entre elles par la relation $x' - 2a = x$; ou $x' = 2a + x$. Seulement, x est *positif* pour le point E, et *négatif* pour le point E'.

26. Les principes établis (n°s 23 , 24 et 25) peuvent être résumés de la manière suivante :

1°. Toutes les fois que, dans la résolution d'un problème de Géométrie par le secours de l'Algèbre, l'inconnue représente la distance d'un point fixe à un autre point, comptée sur une droite fixe, et qu'on obtient pour expression de cette inconnue, des résultats, les uns positifs et les autres négatifs, *si l'on est convenu de porter les valeurs positives dans un sens quelconque à partir du point fixe, les valeurs négatives doivent être portées en sens contraire.*

2°. Le moyen de faire disparaître les solutions négatives, est *de rapporter le point cherché à un autre point fixe, dont la distance au premier point fixe, soit assez grande pour qu'on soit assuré que tous les points susceptibles de satisfaire à l'énoncé, se trouvent d'un même côté par rapport à ce second point;* et cela est toujours possible, puisque la ligne sur laquelle se comptent ces distances, peut être prolongée autant qu'on veut.

Les résultats négatifs proviennent uniquement de ce que l'origine des distances a été d'abord choisie dans une position intermédiaire entre les points cherchés ; et le signe — indique *la différence de position de ces points par rapport au premier point fixe.*

3°. Si, dans la résolution d'une question (d'un problème, ou d'un théorème), on veut faire entrer en considération des distances entre un premier point fixe et d'autres points situés avec celui-ci sur la même ligne, mais dans des sens différens, *et qu'on regarde comme positives les distances comptées dans un sens, on doit regarder comme négatives celles qui sont comptées en sens contraire.*

Nous ne donnons point ici de démonstration générale de ces principes ; mais dans la suite, nous les verrons se confirmer de plus en plus, et nous en sentirons mieux l'usage et l'importance.

27. *Remarque.* Nous ajouterons à ces considérations une remarque fort utile sur la multiplicité des valeurs auxquelles on est conduit par la résolution complète des équations.

Il arrive quelquefois que les équations d'un problème donnent, par rapport aux signes, un très grand nombre de résultats dont un seul est susceptible de satisfaire à l'énoncé; les autres sont inutiles à considérer, ou bien, ce sont des solutions d'autres problèmes qui ont avec la question proposée une relation plus ou moins intime. La difficulté consiste alors à discerner parmi ces différentes expressions, celles qui répondent à la question elle-même, et celles qui y sont étrangères ou qui n'y répondent qu'indirectement.

Reprenons pour exemple la question qui a été traitée n° 4, et qui avait pour but de *construire un triangle rectangle, connaissant l'hypoténuse et la perpendiculaire abaissée du sommet de l'angle droit* (*fig.* 2).

On a trouvé pour les équations du problème, $\begin{cases} b^2 + c^2 = a^2, \\ 2bc = 2ah; \end{cases}$

d'où, en les ajoutant et les soustrayant l'une de l'autre,

$$(b + c)^2 = a^2 + 2ah,$$
$$(b - c)^2 = a^2 - 2ah.$$

Or, si l'on résout complètement ces deux dernières équations par rapport à $b + c$ et $b - c$, on trouve

$$b + c = \pm \sqrt{a^2 + 2ah} = \pm a',$$
$$b - c = \pm \sqrt{a^2 - 2ah} = \pm a'';$$

ce qui donne

$$b = \pm \frac{1}{2} a' \pm \frac{1}{2} a'' \quad \text{et} \quad c = \pm \frac{1}{2} a' \mp \frac{1}{2} a''.$$

Ces formules présentent, par la combinaison des signes, *quatre* systèmes de valeurs, savoir :

$$b = \frac{1}{2} a' + \frac{1}{2} a'' \quad \text{et} \quad c = \frac{1}{2} a' - \frac{1}{2} a'', \dots \quad (1)$$

$$b = \frac{1}{2} a' - \frac{1}{2} a'' \quad \text{et} \quad c = \frac{1}{2} a' + \frac{1}{2} a'', \dots \quad (2)$$

$$b = - \frac{1}{2} a' + \frac{1}{2} a'' \quad \text{et} \quad c = - \frac{1}{2} a' - \frac{1}{2} a'', \dots \quad (3)$$

$$b = - \frac{1}{2} a' - \frac{1}{2} a'' \quad \text{et} \quad c = - \frac{1}{2} a' + \frac{1}{2} a''. \dots \quad (4)$$

Les deux derniers systèmes sont évidemment inadmissibles, puisque les valeurs de b et c sont négatives, et que, d'après l'énoncé, on n'en demande que les valeurs absolues.

Quant aux systèmes (1) et (2), ils rentrent l'un dans l'autre, et correspondent aux deux triangles BAC, BA'C. Le second système est donc inutile à considérer, puisqu'on est toujours le maître de désigner par b le plus grand des deux côtés cherchés. C'est ce que nous avons fait (n° 4) en n'établissant que le premier système.

On trouvera à la fin de ce chapitre de nouveaux exemples de ce genre.

Nous recommandons toutefois aux commençans de mettre beaucoup de prudence et de discernement dans ces suppressions de valeurs; autrement, ils courraient le risque d'omettre de véritables solutions.

Nous allons maintenant nous occuper d'une manière particulière de la *discussion des problèmes,* parce que c'est une des parties les plus délicates (n° 8), et celle qui demande le plus de soin.

28. QUATRIÈME PROBLÈME. *On demande de diviser un tra-*
Fig. 23. *pèze donné* ABDC(*fig.* 23) *en deux parties* ABGL, LGDC, *qui soient entre elles dans un rapport donné* m : n, *par une ligne LG parallèle aux deux bases.*

Élevons en un point quelconque E de AB une perpendiculaire EF, et prenons la distance EI pour inconnue.

Posons d'ailleurs $EI = x$, $CD = a$, $AB = b$, $EF = h$;

(les trois dernières lignes sont les seules données absolument nécessaires).

Comme, par hypothèse, on doit avoir la proportion

$$ABLG : LGCD :: m : n,$$

il en résulte $ABCD : ABLG :: m + n : m;$

d'où $$ABLG = \frac{m}{m + n} \times ABCD \dots (1)$$

Or, $ABCD = \dfrac{a+b}{2} \times h$, $ABLG = \dfrac{LG+b}{2} \times x$.

Ainsi, tout se réduit à déterminer LG en fonction de x et des lignes données.

Pour cela, menons AH parallèle à BD et AM perpendiculaire à CD ; les deux triangles semblables ACH, ALK donnent

$$CH : LK :: AM : AN :: h : x;$$

donc
$$LK = \frac{CH \times x}{h} = \frac{(a-b)x}{h},$$

et par conséquent,

$$LG = LK + KG = \frac{(a-b)x}{h} + b = \frac{(a-b)x + bh}{h}.$$

Substituant cette valeur dans l'expression de ABLG, on obtient

$$ABLG = \frac{(a-b)x + 2bh}{2h} \times x.$$

Donc enfin, l'équation (1) du problème devient

$$\frac{(a-b)x + 2bh}{2h} \times x = \frac{m}{m+n} \times \frac{a+b}{2} \times h,$$

ou bien, toute réduction faite,

$$x^2 + \frac{2bh}{a-b} x = \frac{mh^2}{m+n} \times \frac{a+b}{a-b}; \dots (2)$$

d'où l'on déduit

$$x = -\frac{bh}{a-b} \pm \sqrt{\frac{b^2h^2}{(a-b)^2} + \frac{mh^2}{m+n} \times \frac{a+b}{a-b}} \dots (3)$$

En réduisant cette expression, l'on obtient enfin

$$x = -\frac{bh}{a-b} \pm \frac{h}{a-b} \sqrt{\frac{a^2m + b^2n}{m+n}} \dots (4)$$

L'inspection seule de ces valeurs prouve qu'elles sont toujours réelles.

Quant aux signes dont elles sont affectées, il peut se présenter deux cas principaux, savoir :

$$a > b \quad \text{ou} \quad a < b.$$

Dans le premier cas, qui est celui de la figure actuelle, il est évident, d'après la forme (3) de ces valeurs, que la première est *positive*, et que la seconde est *négative*, puisque le radical est plus grand que $\dfrac{bh}{a-b}$.

Dans le second, comme $-\dfrac{bh}{a-b}$ se change en $\dfrac{bh}{b-a}$, et que le radical devient plus petit que $\dfrac{bh}{b-a}$ (car la quantité sous le signe est alors la différence de deux quantités), il s'ensuit que les deux valeurs sont à la fois *positives*; c'est ce qui résulte d'ailleurs de l'équation (2), qui prend, dans ce cas, la forme

$$x^2 - \frac{2bh}{b-a} x = - \frac{mh^2}{m+n} \times \frac{b+a}{b-a}.$$

Examinons ces deux cas successivement, et proposons-nous de construire le problème.

Soit, *en premier lieu*, a $>$ b.

Reprenons la forme (3) des valeurs de x, et tâchons d'abord d'évaluer en lignes les expressions

$$\frac{bh}{a-b}, \quad \frac{(a+b)h}{a-b}, \quad \frac{mh}{m+n},$$

qui entrent dans la composition de ces valeurs.

Fig. 24.   Prolongeons les côtés **CA**, **DB** (*fig.* 24) jusqu'à leur rencontre en **O** ; puis, du point **O**, abaissons la perpendiculaire **OF**.

Les deux triangles semblables **OCD**, **OAB** donnent la proportion

$$a : b :: \text{OF} : \text{OE}; \quad \text{d'où} \quad a - b : b :: h : \text{OE};$$

$$\text{donc} \quad \text{OE} = \frac{bh}{a-b}, \quad \text{OF} = \frac{bh}{a-b} + h = \frac{ah}{a-b}.$$

Si, sur FO prolongé, l'on prend OF′=OF, il en résultera

$$EF' = OE + OF' = OE + OF = \frac{(a+b)h}{a-b}.$$

Quant à l'expression $\frac{mh}{m+n}$, il suffit évidemment de diviser EF au point K dans le rapport $m : n$; car, de la proportion EK : KF :: $m : n$, on tire

$$EK : EF :: m : m+n; \quad \text{d'où} \quad EK = \frac{mh}{m+n}.$$

Les expressions ci-dessus étant construites, il est facile d'en déduire les deux valeurs de x.

Sur KF′, *comme diamètre, décrivez une demi-circonférence, et prolongez* EA *jusqu'en* H. Vous obtenez ainsi

$$\overline{EH}^2 = EK \times EF' = \frac{mh}{m+n} \times \frac{(a+b)h}{a-b}.$$

Tirez OH; il en résulte

$$OH = \sqrt{\frac{b^2h^2}{(a-b)^2} + \frac{mh}{m+n} \times \frac{(a+b)h}{a-b}}.$$

Enfin, du point O, *comme centre, et avec le rayon* OH, *décrivez un arc de cercle qui rencontre* FF′ *aux points* I *et* I′; les distances EI, EI′ représentent les deux valeurs de x.

En effet, on a

$$EI = OI - OE = \sqrt{\frac{b^2h^2}{(a-b)^2} + \frac{mh}{m+n} \times \frac{(a+b)h}{a-b}} - \frac{bh}{a-b};$$

et

$$EI' = -OE - OI' = -\frac{bh}{a-b} - \sqrt{\frac{b^2h^2}{(a-b)^2} + \frac{mh}{m+n} \times \frac{(a+b)h}{a-b}}.$$

N. B. La seconde solution EI′ correspond évidemment à un trapèze A′B′C′D′ égal et opposé au trapèze ABCD.

La construction précédente montre le parti que l'on peut tirer de la figure d'un problème, pour la détermination de l'inconnue.

Examinons quelques cas particuliers:

1°. *Soit* m $=$ n ; auquel cas les deux figures ABLG, LGCD doivent être *équivalentes.*

L'expression de x devient

$$x = -\frac{bh}{a-b} \pm \sqrt{\frac{b^2h^2}{(a-b)^2} + \frac{h}{2} \times \frac{(a+b)h}{a-b}} \; ;$$

et il n'y a d'autre différence, dans la construction, qu'en ce que EK devant être égal à $\frac{h}{2}$, il suffit de diviser EF ou h en deux parties égales.

2°: *Soit* $b = 0$, auquel cas le trapèze devient un triangle OCD (*fig.* 25):

Fig. 25.

L'expression de x se réduit à $x = \pm \sqrt{\frac{mh}{m+n} \times h}$; et pour la construire, *divisez* OF , *au point* K , *dans le rapport* m : n ; *décrivez sur* OF *une demi-circonférence et élevez la perpendiculaire* KH. *Enfin* , *rabattez par un arc de cercle la corde* OH , *de* O *en* I *et de* O *en* I′ ; *vous aurez* OI *et* OI′ *pour réponses à la question* ;

Car cette construction donne $\overline{OI}^2 = \overline{OH}^2 = OK \times OF$;

d'où $\qquad\qquad OI = \sqrt{\frac{mh}{m+n} \times h}.$

Soit , *en second lieu*, a $<$ b.

Fig. 26.

Le trapèze ABCD (*fig.* 26) se trouve alors dans une position renversée ; et les valeurs de x prennent la forme

$$x = \frac{bh}{b-a} \pm \sqrt{\frac{b^2h^2}{(b-a)^2} - \frac{mh}{m+n} \times \frac{(b+a)h}{b-a}}.$$

Prolongeons encore AC , BD jusqu'à leur rencontre en O, et menons la perpendiculaire indéfinie EOE′. Les deux triangles OAB, OCD donnent

OE : OF :: $b : a$;   d'où OE : h :: $b : b - a$;

donc $\quad \mathrm{OE} = \dfrac{bh}{b-a}$; $\quad \mathrm{OF} = \dfrac{bh}{b-a} - h = \dfrac{ah}{b-a}$.

Portant OF de O en F', on obtient

$$\mathrm{F'E} = \mathrm{F'O} + \mathrm{OE} = \dfrac{(b+a)\,h}{b-a}.$$

Soit d'ailleurs, comme dans la construction précédente, EF divisé au point K dans le rapport $m : n$; il en résulte

$$\mathrm{EK} = \dfrac{mh}{m+n}.$$

Cela posé, *sur* EF', *comme diamètre, décrivez une demi-circonférence; élevez au point* K *la perpendiculaire* KH *et tirez* EH ; vous avez

$$\overline{\mathrm{EH}}^2 = \mathrm{EK} \times \mathrm{EF'} = \dfrac{mh}{m+n} \times \dfrac{(b+a)\,h}{b-a}.$$

Sur OE, *comme diamètre, décrivez encore une demi-circonférence et prenez une corde* EH' *égale à* EH ; il en résulte

$$\overline{\mathrm{OH'}}^2 = \overline{\mathrm{OE}}^2 - \overline{\mathrm{EH}}^2 ;$$

d'où

$$\mathrm{OH'} = \sqrt{\overline{\mathrm{OE}}^2 - \overline{\mathrm{EH}}^2} = \sqrt{\dfrac{b^2 h^2}{(b-a)^2} - \dfrac{mh}{m+n} \times \dfrac{(b+a)\,h}{b-a}} ;$$

Enfin, du *point* O *comme centre, et avec le rayon* OH', *décrivez un arc de cercle qui rencontre* EE' *en deux points* I *et* I' ; vous aurez EI, EI' pour les deux solutions cherchées.

En effet, on déduit de cette dernière construction

$$\mathrm{EI} = \mathrm{EO} - \mathrm{OI} = \dfrac{bh}{b-a} - \sqrt{\dfrac{b^2 h^2}{(b-a)^2} - \dfrac{mh}{m+n} \times \dfrac{(b+a)h}{b-a}},$$

$$\mathrm{EI'} = \mathrm{EO} + \mathrm{OI'} = \dfrac{bh}{b-a} + \sqrt{\dfrac{b^2 h^2}{(b-a)^2} - \dfrac{mh}{m+n} \times \dfrac{(b+a)h}{b-a}}.$$

Soit en troisième lieu $\mathrm{a} = \mathrm{b}$.

La trapèze se réduit alors à un parallélogramme (*fig.* 27); Fig. 27.

et les deux valeurs de x, considérées sous la forme (4), deviennent $x = \dfrac{ah \pm ah}{0}$,

ou bien, $\qquad x = \dfrac{A}{0}$ et $x = \dfrac{0}{0}$.

Mais si, conformément aux principes établis en Algèbre (chap. 4, n° 102), on remonte à l'équation du problème,

$$(a - b)x^2 + 2bhx = \frac{mh^2}{m + n} (a + b),$$

on verra qu'elle se réduit à une équation du premier degré,

$$2ahx = \frac{2amh^2}{m + n}; \quad \text{d'où } x = \frac{mh}{m + n}.$$

Donc il suffit de *diviser la perpendiculaire* EF, *au point* I, *dans le rapport* m : n; ce qui est d'ailleurs évident, puisque les deux parallélogrammes ABLG, LGCD, qui ont même base, sont entre eux comme leurs hauteurs.

Fig. 28.

29. CINQUIÈME PROBLÈME. *Étant donnés un angle* YAX (*fig.* 28) *et un point* D *dans l'intérieur de cet angle, on propose de mener par ce point une droite* LDN *de telle manière que le triangle intercepté* ALN *soit égal à un carré donné* m². `

Abaissons des points N et D les perpendiculaires NP, DC, et menons DB parallèle à AY.

Prenons AL pour inconnue et posons AL $= x$, DC $= h$, AB $= a$, d'où BL $= x - a$.

Cela posé, les deux triangles semblables ALN, BLD donnent

BL : DC :: AL : NP, ou $x - a : h :: x :$ NP; donc NP $= \dfrac{hx}{x - a}$;

mais, par hypothèse, on doit avoir ALN ou $\dfrac{\text{AL} \times \text{NP}}{2} = m^2$;

ainsi l'on a pour l'équation du problème,

$$x \times \frac{hx}{2(x - a)} = m^2 \ldots,$$

ou, effectuant les calculs et ordonnant,

$$x^2 - 2\,\frac{m^2}{h}\,x = \frac{-2am^2}{h}\ \ldots\ \ldots(1)$$

Cette équation étant résolue, donne

$$x = \frac{m^2}{h} \pm \frac{m}{h}\sqrt{m^2 - 2ah}.$$

Pour que ces valeurs soient réelles, il faut que l'on ait $m^2 > 2ah$; ou au moins, $m^2 = 2ah$.

Prenons AG double de AB, ou égal à $2a$, et achevons le parallélogramme AGFE ; il en résulte

$$AGFE = AG \times DC = 2ah.$$

Tirons d'ailleurs la droite GDH. Nous formons ainsi deux triangles GDF, EDH égaux entre eux (car DF = DE, DG = DH comme moitiés de GH, et l'angle GDF est égal à l'angle EDH). Donc le triangle AGH est égal au parallélogramme AGFE, et il a pour expression $2ah$.

D'où l'on peut conclure que le triangle AGH est le *minimum* de tous ceux susceptibles de satisfaire à la question.

Admettons que la condition de réalité, $m^2 > 2ah$, soit satisfaite, et tâchons de construire le problème sur la figure elle-même (*fig.* 29.)

Pour cela, il est nécessaire de mettre les deux valeurs de x sous la forme

$$x = \frac{m^2}{h} \pm \sqrt{\frac{m^2}{h}\left(\frac{m^2}{h} - 2a\right)}.$$

Prenez sur AX, AG $= 2$AB $= 2a$, et AK $= \dfrac{m^2}{h}$ (cette dernière ligne est une troisième proportionnelle à h et m, qu'on peut supposer construite séparément) ; il en résulte

$$GK = AK - AG = \frac{m^2}{h} - 2a.$$

Sur AK *décrivez une demi-circonférence, élevez la perpendiculaire* GI *et tirez la corde* KI ; vous avez

$$KI = \sqrt{AK \times KG} = \sqrt{\frac{m^2}{h}\left(\frac{m^2}{h} - 2a\right)}.$$

Rabattez enfin, *par un arc de cercle,* KI *de* K *en* L *et*

Fig. 29.

de K *en* L′; les distances AL, AL′ seront les valeurs de x cherchées.

En effet,

$$AL = AK + KL = \frac{m^2}{h} + \sqrt{\frac{m^2}{h}\left(\frac{m^2}{h} - 2a\right)},$$

$$AL' = AK - KL' = \frac{m^2}{h} - \sqrt{\frac{m^2}{h}\left(\frac{m^2}{h} - 2a\right)}.$$

30. *Première remarque.* Le point L′ qui correspond à la seconde solution, tombe nécessairement entre B et G; car on a d'abord KL′ ou Kl $>$ KG; d'un autre côté, l'expression $\frac{m^4}{h^2} - \frac{2am^2}{h}$ formant les deux premiers termes du carré de $\frac{m^2}{h} - 2a$, il en résulte $\frac{m^4}{h^2} - \frac{2am^2}{h} < \left(\frac{m^2}{h} - a\right)^2$,

d'où $\qquad \sqrt{\frac{m^4}{h^2} - \frac{2am^2}{h}}$ ou KL′ $< \frac{m^2}{h} - a$, ou KB.

Dans l'hypothèse de $\frac{m^2}{h} = 2a$, les triangles ALN, AL′N′ se réduisent au triangle unique AHG, puisqu'alors les deux valeurs de x deviennent égales à $\frac{m^2}{h}$.

31. *Seconde remarque.* La question proposée étant considérée sous le point de vue le plus général, présente *quatre* solutions, quoique la méthode employée pour la résoudre, n'en ait fourni que *deux*.

En effet, outre les deux solutions déjà obtenues, ALN, AL′N′ (*fig.* 30), il est visible qu'on peut toujours mener par le point D, deux autres droites DL″, DL‴, de manière que les triangles AL″N″, AL‴N‴ soient égaux au carré donné m^2. Bien plus, pour ces deux solutions, le carré peut être aussi petit ou aussi grand qu'on veut.

Fig. 3o.

Comment se fait-il que ces deux solutions ne soient pas comprises dans le résultat obtenu? Essayons de répondre à cette objection.

En cherchant à mettre le problème en équation, nous avons

supposé le point L *à la droite* du point A, et les triangles ALN, BLD, nous ont donné

$$NP : DC :: AL : BL , \quad \text{ou} \quad NP : h :: x : x - a;$$

d'où
$$NP = \frac{hx}{x - a};$$

et par suite
$$\frac{hx}{x - a} \times \frac{x}{2} = m^2,$$

ou, simplifiant,
$$x^2 - 2\,\frac{m^2}{h}\,x = -\frac{2am^2}{h} \ldots\ (1)$$

Maintenant, si nous considérons le point L *à la gauche* du point A, en L″ par exemple, les deux triangles AL″N″, BL′D donnent encore

$$N''P'' : DC :: AL'' : BL''.$$

Mais comme, en général, une proportion ne doit être établie qu'entre des nombres *absolus,* et que x est, par sa position, *négatif,* il s'ensuit que la valeur absolue de AL″ doit être exprimée par $-x$, et celle de BL″ par $-x + a$; ainsi la proportion devient

$$N''P'' : h :: -x : -x + a; \quad \text{donc} \quad N''P'' = \frac{-hx}{-x + a};$$

ce qui donne l'équation
$$\frac{-hx}{-x + a} \times \frac{-x}{2} = m^2,$$

ou, réduisant,
$$x^2 + \frac{2m^2}{h}\,x = \frac{2am^2}{h}, \ldots\ (2)$$

équation qui diffère de (1) par le signe de $\frac{m^2}{h}$.

L'équation (2) étant résolue, donne

$$x = -\frac{m^2}{h} \pm \frac{m}{h}\sqrt{m^2 + 2ah}.$$

De ces deux valeurs, qui sont essentiellement réelles, la première est *positive* et la seconde est *négative*. Or, je dis que la valeur positive correspond au triangle AL″N″.

En effet, les deux triangles $AL''N''$, $BL''D$ donnent

$$N''P'' : DC :: AL'' : BL''; \quad \text{ou} \quad N''P'' : h :: x : a - x;$$

d'où $N''P'' = \dfrac{hx}{a-x}$; et par conséquent, $\dfrac{hx}{a-x} \times \dfrac{x}{2} = m^2$,

équation qui revient à celle-ci : $\dfrac{-hx}{-x+a} \times \dfrac{-x}{2} = m^2$;

ce qui fait voir que les solutions $AL''N''$, $AL''N''$ sont comprises dans la même équation.

Voici d'ailleurs la construction du résultat

$$x = -\frac{m^2}{h} \pm \sqrt{\frac{m^2}{h}\left(\frac{m^2}{h} + 2a\right)}.$$

Prenez A GAUCHE *du point* A, *une distance* AK' *égale à* $\dfrac{m^2}{h}$, *et* A DROITE *du même point, une distance* $AG = 2a$; *ce qui donne* $GK' = \dfrac{m^2}{h} + 2a.$

Décrivez sur GK' *une demi-circonférence ; au point* A *élevez la perpendiculaire* AI', *et tirez la corde* $K'I'$; *vous avez*

$$K'I' = \sqrt{AK' \times GK'} = \sqrt{\frac{m^2}{h}\left(\frac{m^2}{h} + 2a\right)}.$$

Rabattez ensuite $K'I'$ *de* K' *en* L'' *et de* K' *en* L''; *il en résulte*

$$AL'' = -AK' - K'L'' = -\frac{m^2}{h} - \sqrt{\frac{m^2}{h}\left(\frac{m^2}{h} + 2a\right)},$$

$$AL'' = -AK' + K'L'' = -\frac{m^2}{h} + \sqrt{\frac{m^2}{h}\left(\frac{m^2}{h} + 2a\right)}.$$

N. B. Il serait aisé de reconnaître que le point L'' doit tomber entre A et B. (*Voyez* n° 30.)

On peut comprendre les *quatre* solutions dans une même formule, en posant l'équation

$$x^2 - 2\left(\pm\frac{m^2}{h}\right)x = -2a\left(\pm\frac{m^2}{h}\right),$$

d'où l'on déduit

$$x = \left(\pm\frac{m^2}{h}\right) \pm \sqrt{\left(\pm\frac{m^2}{h}\right)\left(\pm\frac{m^2}{h} - 2a\right)}.$$

Le signe supérieur de $\pm\dfrac{m^2}{h}$ correspondrait alors aux deux solutions ALN, AL'N'; et le signe inférieur, aux solutions AL″N″, AL‴N‴.

Ou bien encore, on pourrait multiplier entre eux les deux facteurs $x^2 - \dfrac{2m^2}{h}x + \dfrac{2am^2}{h}$ et $x^2 + \dfrac{2m^2}{h}x - \dfrac{2am^2}{h}$; il en résulterait l'équation du 4° degré

$$x^4 - \frac{4m^4}{h^2}x^2 + \frac{8am^4}{h^2}x - \frac{4a^2m^4}{h^2} = 0,$$

qui les comprendrait toutes les quatre.

La remarque qui a fait l'objet de ce numéro, est une nouvelle confirmation du principe (n° 26) sur *les changemens de signe des distances comptées* en sens contraire les unes des autres.

32. Nous pourrions maintenant nous proposer d'examiner les circonstances relatives aux diverses positions que le point D est susceptible de prendre par rapport aux deux lignes AX, AY. Mais comme cette discussion n'offre aucune difficulté, nous nous contenterons d'en faire connaître les résultats, avec la manière d'y parvenir.

1er *cas.* Supposons le point D (*fig.* 31) placé au-dessous de AX et à la droite de AY. Fig. 31.

Cette condition s'exprime en introduisant (n° 26) dans le résultat, — h à la place de h, puisque les distances des points D et D′ à la ligne AX, sont comptées en sens contraire l'une de l'autre; et il vient

$$x = -\frac{m^2}{h} \pm \sqrt{\frac{-m^2}{h}\left(\frac{-m^2}{h} - 2a\right)},\quad \ldots\ldots$$

4..

ou bien, $\quad x = -\dfrac{m^2}{h} \pm \sqrt{\dfrac{m^2}{h}\left(\dfrac{m^2}{h} + 2a\right)}.$

La nature de ce résultat, dont les valeurs sont toujours réelles, prouve que les triangles qui lui correspondent, sont placés dans les deux angles YAX, Y′AX′.

Fig. 32.   2e *cas*. Le point D peut être placé à la gauche de AY (*fig.* 32), et au-dessus de AX, comme en D″.

Dans ce cas, il est clair que la distance AB″ est comptée en sens contraire de AB; ainsi, il suffit de changer a en $-\,a$ dans la formule primitive, ce qui donne

$$x = \dfrac{m^2}{h} \pm \sqrt{\dfrac{m^2}{h}\left(\dfrac{m^2}{h} + 2a\right)}.$$

Les solutions correspondantes se trouvent encore placées dans les angles YAX, Y′AX′.

Fig. 33.   3e *cas*. Le point D (*fig.* 33) peut être situé dans l'angle X′AY′, opposé par le sommet à l'angle XAY.

Il faut alors changer à la fois a et h en $-\,a$ et $-\,h$ dans le résultat, qui devient

$$x = -\dfrac{m^2}{h} \pm \sqrt{-\dfrac{m^2}{h}\left(-\dfrac{m^2}{h} + 2a\right)},$$

ou bien, $\quad x = -\dfrac{m^2}{h} \pm \sqrt{\dfrac{m^2}{h}\left(\dfrac{m^2}{h} - 2a\right)};$

et comme ces deux solutions peuvent être imaginaires, elles doivent être toutes les deux placées dans l'angle X′AY′.

On pourrait, par des raisonnemens analogues à ceux du n° 31, expliquer pourquoi, dans chacun de ces trois cas, on n'obtient que *deux* solutions, tandis qu'il doit y en avoir *quatre*, lorsque l'on considère la question d'une manière générale.

33. Nous terminerons cette discussion par l'examen de deux cas particuliers :

Fig. 34.   1°. Soit le point D (*fig.* 34) placé sur la ligne AX.

Dans ce cas, on a $h = 0$, et l'expression

$$x = \frac{m^2}{h} \pm \frac{m}{h} \sqrt{m^2 - 2ah}$$

devient $\qquad x = \frac{m^2 \pm m^2}{0}$, ou $x = \frac{A}{0}$ et $\frac{0}{0}$.

De ces deux valeurs, la première est *infinie*, et l'autre se présente sous *forme indéterminée*.

Mais si l'on remonte à l'équation

$$hx^2 - 2m^2x = -2am^2,$$

elle se réduit, dans l'hypothèse de $h = 0$, à

$$-2m^2x = -2am^2; \quad \text{d'où} \quad x = a = AD.$$

Connaissant la base AD du triangle cherché, on obtiendra sa hauteur y, d'après la condition

$$y \times \frac{x}{2} = m^2; \quad \text{d'où} \quad y = \frac{2m^2}{x} = \frac{2m^2}{a};$$

cette hauteur étant trouvée et construite, on la portera sur AH perpendiculaire à AX; puis on mènera HN′ parallèle à AX, et l'on aura enfin le triangle ADN′ pour réponse à la question.

Quant à la solution *infinie*, elle signifie que l'un des triangles de la question a une base *infinie* et une hauteur *nulle*, puisque $y \times \frac{x}{2} = m^2$, donne $y = \frac{2m^2}{\infty} = 0$.   C'est ce que devient la solution ALN de la figure 29, lorsque le point D, se rapprochant de plus en plus de AX, finit par tomber sur AX.

2°. Soit le point D (*fig.* 35) placé sur AY. $\qquad$ Fig. 35.

Dans ce cas, on a $a = 0$; et l'expression de x se réduit à

$$x = \frac{m^2}{h} \pm \frac{m^2}{h} = \frac{2m^2}{h} \text{ el } 0.$$

D'ailleurs, l'égalité $y \times \frac{x}{2} = m^2$ donne

$$y = \frac{2m^2}{x}, \quad \text{et par conséquent,} \quad y = h, y = \frac{2m^2}{0} = \infty.$$

C'est-à-dire qu'en prenant sur AX une distance AL égale à $\frac{2m^2}{h}$, et tirant DL, on aura ALD pour *première solution.*

Quant à la seconde, elle se réduit encore à un triangle dont la base est *nulle* et la hauteur infinie; c'est ce que devient le triangle AL'N' (*fig.* 29) lorsque le point D, se rapprochant de plus en plus de la ligne AY, finit par se trouver sur AY.

34. Nous terminerons là ce que nous avions à dire sur la construction et la discussion des problèmes. Mais nous ajouterons une observation, c'est que les constructions des résultats ne doivent être regardées que comme un moyen plus ou moins élégant de représenter ces résultats, et que, sous le rapport de la rigueur, leur évaluation numérique est préférable; et l'on doit recourir à ce dernier moyen, toutes les fois que la construction cesse d'être simple et facile.

Les problèmes suivans ont principalement pour objet la recherche de quelques formules qui nous seront utiles par la suite.

35. Sixième problème. *Etant donnés les trois côtés d'un triangle ABC (fig. 36), on propose de déterminer l'expression de sa surface.*

Fig. 36.

Pour fixer les idées, nous conviendrons de désigner par a, b, c les côtés respectivement opposés aux angles A, B, C. (Cette notation fort commode est surtout en usage dans la Trigonométrie.)

Nous aurons, d'après cette convention,

$$BC = a, \quad AC = b, \quad AB = c;$$

posons d'ailleurs $AD = y$, $BD = x$; d'où $DC = a - x$, ou $x - a$, suivant que la perpendiculaire AD tombe en dedans ou au dehors du triangle.

Cela posé, on a pour la surface du triangle,

$$ABC = \frac{BC \times AD}{2} = \frac{a \times y}{2}.$$

Donc tout se réduit à déterminer y en fonction des trois côtés a, b, c.

Or, les deux triangles rectangles ADB, ADC donnent

$$y^2 + x^2 = c^2, \ldots \ldots (1)$$
$$y^2 + (a - x)^2 = b^2 \ldots (2)$$

Cette seconde équation reste la même lorsqu'on substitue $x - a$ à la place de $a - x$.

Retranchons l'équation (2) de l'équation (1); il vient

$$- a^2 + 2ax = c^2 - b^2; \quad \text{d'où} \quad x = \frac{a^2 + c^2 - b^2}{2a}.$$

Remplaçant x par sa valeur, dans l'équation (1), on trouve

$$y^2 = c^2 - \left(\frac{a^2 + c^2 - b^2}{2a}\right)^2;$$

d'où
$$y = \frac{1}{2a} \sqrt{4a^2 c^2 - (a^2 + c^2 - b^2)^2}.$$

(On ne met point ici le double signe devant le radical, puisque, d'après la nature de la question, l'on n'a besoin que de la valeur absolue de y).

Reportant enfin cette valeur de y dans l'expression du triangle ABC, et désignant la surface de ce triangle par S, on obtient, toute réduction faite,

$$S = \frac{1}{4} \sqrt{4a^2 c^2 - (a^2 + c^2 - b^2)^2} \ldots (3)$$

Telle est l'expression de la surface du triangle, évaluée au moyen des trois côtés a, b, c.

36. On peut donner à cette expression une autre forme, qui soit propre *au calcul logarithmique*.

Remarquons que la quantité sous le radical, étant la différence de deux carrés, peut se décomposer en $\ldots \ldots \ldots \ldots$ $(2ac + a^2 + c^2 - b^2)(2ac - a^2 - c^2 + b^2)$. D'ailleurs, chacun de ces deux facteurs est lui-même la différence de deux autres carrés, savoir :

$$(a+c)^2 - b^2, \qquad \text{et} \qquad b^2 - (a-c)^2.$$

Le premier se décompose en $(a+c+b)(a+c-b)$,

et le second en $(b+a-c)(b-a+c)$.

Donc $S = \frac{1}{4}\sqrt{(a+b+c)(a+c-b)(b+a-c)(b+c-a)}$;

et si l'on fait, pour plus de simplicité,

$$a + b + c = 2p,$$
$$\text{d'où} \quad a + b - c = 2p - 2c,$$
$$a + c - b = 2p - 2b,$$
$$b + c - a = 2p - 2a,$$

il vient $S = \frac{1}{4}\sqrt{2p(2p-2a)(2p-2b)(2p-2c)}$,

ou, toute réduction faite,

$$S = \sqrt{p(p-a)(p-b)(p-c)}; \ldots (4)$$

ce qui fournit la règle suivante :

Pour obtenir la valeur numérique de la surface d'un triangle, connaissant les trois côtés, *faites d'abord la somme des trois côtés, et prenez la moitié de cette somme ; retranchez successivement de cette moitié chacun des trois côtés ; cela vous donne trois différences. Faites ensuite le produit de la demi-somme et des trois différences, puis extrayez la racine carrée de ce produit ; vous avez ainsi en nombre* l'expression demandée.

Soit pour application $a = 15$, $b = 12$, $c = 7$; il en résulte $a + b + c$, ou $2p = 34$; d'où $p = 17$; donc

$$p - a = 2, \quad p - b = 5, \quad p - c = 10.$$

Donc $ABC = \sqrt{17 \times 2 \times 5 \times 10}$.

Appliquons les logarithmes.

On a, d'après les tables de Reynaud,

$$l.\ 17 = 1,23045$$
$$l.\ 2 = 0,30103$$
$$l.\ 5 = 0,69897$$
$$l.\ 10 = 1,00000$$

Somme $\quad\quad 3,23045$

Donc $\quad\quad l.\ S = 1,61522$

et par conséquent, $\quad\quad S = 41,231 ;$

c'est-à-dire que, si l'on a pris le mètre pour unité linéaire,

La surface renferme 41 *mètres carrés* plus 231 *millièmes de mètre carré*.

N. B. Pour que la formule (4) donne une valeur réelle, il faut (comme p est essentiellement positif) que les *trois* autres facteurs soient *positifs* à la fois, ou bien qu'il y en ait *deux* négatifs et *un* positif.

Or, on ne peut avoir en même temps $\quad p - a < 0,$
$$p - b < 0 ;$$

car l'addition de ces deux inégalités donnerait $2p - (a + b) < 0,$

$$\text{ou } 2p < a + b ;$$

c'est-à-dire, le périmètre du triangle moindre que la somme de deux côtés ; ce qui est absurde.

On doit donc avoir les trois inégalités.

$$\left.\begin{array}{l} p - a > 0, \\ p - b > 0, \\ p - c > 0 ; \end{array}\right\} \text{ d'où l'on déduit, en remplaçant } p \text{ par sa valeur, et réduisant } \left\{\begin{array}{l} b + c > a, \\ a + c > b, \\ a + b > c ; \end{array}\right.$$

c'est-à-dire, l'un quelconque des côtés moindres que la somme des deux autres.

C'est en effet la condition nécessaire pour qu'un triangle soit possible, lorsqu'on donne ses côtés.

Si l'une des inégalités précédentes avait lieu dans un ordre inverse, l'expression serait imaginaire.

37. Nous proposerons, pour nouvelle application, de *déter-*

miner *la surface d'un trapèze* ABCD, én fonction des quatre côtés.

Fig. 37. En posant AB $= a$, CD $= b$, AC $= c$, BD $= d$ (*fig.* 37), l'on doit trouver

$$ABCD = \frac{b+a}{b-a} \sqrt{(p-a)(p-b)(p-a-c)(p-a-d)};$$

Soit $a = 0$, auquel cas le trapèze se réduit à un triangle; il vient ACD $= \sqrt{p(p-b)(p-c)(p-d)}$, comme ci-dessus.

38. Septième problème. *Déterminer la relation qui existe entre les trois côtés d'un triangle quelconque et le rayon du cercle circonscrit à ce triangle.*

Avant de passer à la résolution de cette question, nous rappellerons la démonstration d'un théorème de Géométrie. (*Voyez* Legendre, livre 3.)

Fig. 38. Lemme. *Dans tout quadrilatère inscrit* ABCD, *le rectangle des diagonales est égal à la somme des rectangles des côtés opposés;* c'est-à-dire que l'on a

$$BD \times AC = AB \times DC + AD \times BC.$$

Soit menée du point B, la droite BE de manière qu'on ait l'angle CBE égal à l'angle ABD; il en résulte nécessairement l'angle DBC égal à l'angle ABE.

Cela fait, les deux triangles BCE, ABD sont semblables, comme ayant deux angles égaux, savoir : CBE $=$ ABD, par construction, et BCE $=$ ADB, puisqu'ils sont inscrits et appuyés sur le même arc.

. On a donc la proportion CE : BC :: AD : BD;

d'où l'on déduit $$CE \times BD = BC \times AD \dots \dots (1)$$

Pareillement, les deux triangles ABE, BDC sont semblables, puisque ABE $=$ DBC, d'après la construction, et que BAE $=$ BDC, comme appuyés sur le même arc.

On a donc la proportion $\quad AE : AB :: DC : BD$;

d'où l'on tire $\qquad AE \times BD = AB \times DC \ldots$ (2)

Ajoutant l'une à l'autre les égalités (1) et (2), on obtient

$(CE + AE) BD$ ou $AC \times BD = BC \times AD + AB \times DC.$

C. Q. F. D.

Appliquons ce théorème à la question proposée.

Soient ABC (*fig.* 39) le triangle donné, et O le centre du Fig. 39. cercle circonscrit.

Tirons le diamètre COD et les cordes AD, BD; puis faisons, d'après les notations du n° 34,

$$BC = a, \quad AC = b, \quad AB = c, \quad \text{et} \quad OC = r;$$

il en résulte $AD = \sqrt{4r^2 - b^2}$, $BD = \sqrt{4r^2 - a^2}$, puisque les angles CAD, CBD sont droits.

Cela posé, on a, en vertu du théorème précédent,

$$AB \times CD = CB \times AD + AC \times BD;$$

ou, employant les notations convenues,

$$2cr = a \sqrt{4r^2 - b^2} + b \sqrt{4r^2 - a^2} \ldots \text{(A)}$$

Telle est la relation générale qui existe entre les côtés d'un triangle et le rayon du cercle circonscrit.

Cette formule renfermant *quatre* quantités a, b, c, r, on peut se proposer de déterminer l'*une* quelconque au moyen des *trois* autres; et cela donne lieu à différens problèmes que nous allons successivement résoudre et discuter.

39. 1°. *Éant donnés dans un cercle dont le rayon est connu, les cordes de deux arcs, on demande la corde de la somme de ces deux arcs.*

Soient X (*fig.* 39) le cercle donné; AC, CB les cordes aussi données; AB sera la corde de la somme des deux arcs.

On connaît donc dans la formule (A), les quantités a, b, r, et il ne s'agit que d'obtenir c.

Or, cette formule donne immédiatement

$$c = \frac{a}{2r}\ \sqrt{4r^2 - b^2} + \frac{b}{2r}\ \sqrt{4r^2 - a^2} \dots \ (B)$$

40. 2°. *Déterminer la corde du double d'un arc, connaissant la corde de cet arc.*

Fig. 40.   Soit fait dans la formule (B), $b = a$ (*fig.* 40); alors c exprime évidemment la corde du double de l'arc soutendu par a ou b; et il vient

$$c = \frac{a}{r}\ \sqrt{4r^2 - a^2} \dots \ (C)$$

41. 3°. Réciproquement, *déterminer la corde de la moitié d'un arc, connaissant la corde de cet arc.*

Dans la formule (C), les quantités c et a étant liées entre elles de manière que l'une est la corde du double de l'arc soutendu par l'autre, il s'ensuit que, réciproquement, la seconde a est la corde de la moitié de l'arc soutendu par la première c. Ainsi, tout se réduit à déterminer a en fonction de c, d'après la formule (C).

Or, si l'on chasse le dénominateur et qu'on élève les deux membres au carré, il vient

$$c^2 r^2 = 4a^2 r^2 - a^4,$$

ou, ordonnant, $a^4 - 4a^2 r^2 = - c^2 r^2.$

Donc $a^2 = 2r^2 \pm \sqrt{4r^4 - c^2 r^2},$

ou bien, $a^2 = r(2r \pm \sqrt{4r^2 - c^2},$

et par conséquent, $a = \sqrt{r(2r \pm \sqrt{4r^2 - c^2}} \dots \ (D).$

(Nous ne mettons point ici le double signe devant le premier radical, parce que nous n'avons besoin que de la valeur numérique de a.)

L'expression de a qu'on vient d'obtenir présente deux valeurs essentiellement différentes, et cela doit être.

En effet, la corde AB appartient non-seulement à l'arc ACB,

mais encore à l'arc ADB; ainsi, lorsqu'on demande la moitié de l'arc soutendu par la corde AB, il n'y a pas plus de raison pour trouver AC, corde de la moitié de ACB, que AD corde la moitié de ADB.

Toutefois, si l'on suppose d'avance que l'arc soutendu par la corde donnée AB, est moindre qu'une demi-circonférence, il faudra prendre pour a la plus petite des deux valeurs ci-dessus, c'est-à-dire, celle qui correspond au signe inférieur du radical, et l'on aura

$$a = \sqrt{r(2r - \sqrt{4r^2 - c^2})}.$$

Le contraire aurait lieu, si l'arc donné était plus grand qu'une demi-circonférence, et il faudrait prendre pour a,

$$a = \sqrt{r(2r + \sqrt{4r^2 + c^2})}.$$

Il est d'ailleurs facile de se convaincre que si AC est exprimé par la première de ces valeurs, AD est représentée par la seconde.

En effet, le triangle rectangle CAD donne

$$AD = \sqrt{4r^2 - \overline{AC}^2};$$

mais par hypothèse, $\overline{AC}^2 = 2r^2 - r\sqrt{4r^2 - c^2}$;

donc $$AD = \sqrt{2r^2 + r\sqrt{4r^2 - c^2}}.$$

42. 4°. *Etant données les cordes de deux arcs, trouver la corde de leur différence (fig. 41).*

Fig. 41.

Soient AB $= c$, AC $= b$ les deux cordes données, et proposons-nous de déterminer CB ou a, qui n'est autre chose que la corde de la différence des arcs soutendus par c et b.

La question est donc ramenée à traiter a comme une inconnue, dans la formule (A), et à tâcher de l'en dégager.

Reprenons cette formule

$$2cr = a\sqrt{4r^2 - b^2} + b\sqrt{4r^2 - a^2},$$

et observons que a se trouvant sous le second radical, il faut commencer par faire disparaître ce radical. Or, de cette formule on tire par la transposition,

$$2cr - a \sqrt{4r^2 - b^2} = b \sqrt{4r^2 - a^2};$$

d'où, élevant au carré,

$$4c^2r^2 - 4acr\sqrt{4r^2 - b^2} + 4a^2r^2 - a^2b^2 = 4b^2r^2 - a^2b^2;$$

ou, réduisant et ordonnant par rapport à a,

$$a^2 - \frac{c}{r} \sqrt{4r^2 - b^2}.\, a = b^2 - c^2.$$

Cette équation étant résolue, donne

$$a = \frac{c}{2r} \sqrt{4r^2 - b^2} \pm \frac{b}{2r} \sqrt{4r^2 - c^2} \ldots\ldots \text{(E)}$$

Pour interpréter ce résultat qui comprend *deux* solutions, nous remarquerons que les cordes données AB, AC appartiennent chacune à deux arcs, savoir :

$$\text{ACB , ADB , pour la corde AB}$$

et $\qquad\qquad$ AMC, ADBC, pour la corde AC.

Ainsi, lorsqu'on demande la corde de la différence des arcs soutendus par AB et AC, le même calcul doit donner la corde de la différence entre l'un quelconque des arcs ACB, ADB et l'un quelconque des arcs AMC, ADBC.

Or, si sur l'arc ADB, l'on prend une partie AC′ égale à AC, et qu'on tire la corde BC′, on aura

1°. ACB — AMC = CNB qui correspond à la corde CB,

2°. ADB — AMC = ADB — AM′C′ = C′DB .... C′B,

3°. ADBC — ACB = ADBC — AM′C′ — CND = C′DB .. C′B,

4°. ADBC — ADB = CNB...................... CB;

d'où l'on voit que les quatre différences sont égales deux à deux et correspondent aux deux cordes CB, C′B.

On voit encore que, si les arcs soutendus par les cordes données sont supposés plus petits à la fois, ou plus grands à la fois qu'une demi-circonférence, comme le sont les arcs ACB et AMC, ou ADBC et ADB, la réponse à la question est nécessairement

$$CB \text{ ou } a = \frac{c}{2r} \sqrt{4r^2 - b^2} - \frac{b}{2r} \sqrt{4r^2 - c^2};$$

mais si les deux arcs soutendus sont supposés l'un plus petit et l'autre plus grand qu'une demi-circonférence, on a pour réponse

$$C'B \text{ ou } a = \frac{c}{2r} \sqrt{4r^2 - b^2} + \frac{b}{2r} \sqrt{4r^2 - c^2}.$$

N. B. Il est à remarquer que cette dernière formule est identique avec la formule (B) qui donne la corde de la somme de deux arcs; et cela doit être,, car C'B peut être regardée comme la corde de la somme des arcs soutendus par AB et AC'.

43. 5°. *Etant donnés les trois côtés* a, b, c *d'un triangle, on demande l'expression du rayon du cercle circonscrit à ce triangle.*

La difficulté consiste à dégager r de la formule (A).

Or, dans le numéro précédent, on a déjà obtenu, par une première transformation exécutée sur cette formule, l'équation

$$a^2 - \frac{c}{r} \sqrt{4r^2 - b^2} \cdot a = b^2 - c^2,$$

qui revient à

$$r(a^2 + c^2 - b^2) = ac \sqrt{4r^2 - b^2}.$$

Elevant de nouveau les deux membres de cette équation au carré, on a

$$r^2 (a^2 + c^2 - b^2)^2 = 4a^2c^2r^2 - a^2b^2c^2;$$

d'où l'on déduit

$$r^2 = \frac{a^2b^2c^2}{4a^2c^2 - (a^2 + c^2 - b^2)^2},$$

et par conséquent,

$$r = \frac{abc}{\sqrt{4a^2c^2 - (a^2 + c^2 - b^2)^2}}.$$

(Le double signe devant le radical est inutile, puisqu'on ne demande que la valeur numérique du rayon.)

N. B. La formule (3) du n° 34, donne

$$\sqrt{4a^2c^2 - (a^2 + c^2 - b^2)^2} = 4S ;$$

on a donc encore $$r = \frac{abc}{4S} ;$$

c'est-à-dire que le *rayon du cercle circonscrit a pour expression le produit des trois côtés du triangle, divisé par le quadruple de sa surface.*

44. Nous ferons connaître, à cette occasion, la valeur du rayon du cercle inscrit, parce que cette expression pourra aussi être utile dans la suite.

Fig. 42. Soit un triangle donné ABC (*fig.* 42), et O le centre du cercle inscrit à ce triangle. Tirons les lignes OA, OB, OC, et les rayons OP, OQ, OR, que nous désignerons par r'.

Les trois triangles ABO, ACO, BCO nous donnent pour

leur surface, $ABO = \dfrac{cr'}{2}$, $ACO = \dfrac{br'}{2}$, $BCO = \dfrac{ar'}{2}$;

donc, en ajoutant, on a ABC, ou $S = r'\left(\dfrac{a + b + c}{2}\right)$;

et par conséquent, $r' = \dfrac{2S}{a + b + c}$.

Ainsi, le *rayon du cercle inscrit à un triangle, a pour expression, le double de la surface de ce triangle, divisé par son périmètre.*

CHAPITRE II.

Trigonométrie rectiligne.

45. *Introduction.* Dans toutes les questions précédentes, il a suffi, pour leur résolution, d'établir des relations entre des lignes droites. Mais comme, en Géométrie, on considère non-seulement les grandeurs des lignes, mais encore leurs inclinaisons mutuelles, il s'ensuit que, pour certains problèmes, la détermination d'une ligne doit dépendre nécessairement de la grandeur d'un ou de plusieurs angles.

Soit, pour exemple, la question suivante : *Une droite* AB (*fig.* 43) *étant donnée de longueur, ainsi que les angles* CAB, CBA *qu'elle forme avec deux droites indéfinies* AC, BC, *on demande la hauteur* CD *à laquelle les deux lignes* AC, BC *se rencontrent.*   Fig. 43.

Il est bien évident que la valeur de CD dépend *explicitement* de la grandeur de AB et de celle des angles CAB, CBA ; et si l'on veut appliquer le calcul à la détermination de CD, on est conduit à rechercher des relations numériques entre ces différentes grandeurs, dont les unes sont des lignes droites et les autres sont angulaires.

Au premier abord, on a de la peine à concevoir comment on peut faire entrer les angles dans les calculs. Cependant les géomètres y sont parvenus en substituant aux angles ou aux arcs qui leur servent de mesure, les grandeurs de certaines lignes droites ayant une liaison intime avec eux.

Ils avaient d'abord imaginé de substituer aux arcs les cordes qui les soutendent ; et, pour cela, ils avaient construit des tables renfermant, d'une part, les grandeurs des arcs, exprimées en *degrés, minutes, secondes,* etc., et de l'autre, les valeurs des cordes, ou plutôt, *les rapports de ces cordes avec le rayon* du cercle dont ces arcs faisaient partie. Au moyen de ces tables, on pouvait toujours, *un arc étant donné,* déterminer la corde correspondante, et réciproquement, *une corde étant donnée, déterminer l'arc ou l'angle correspondant.* Ainsi la résolution d'un problème se réduisait, en dernière analyse, à former des relations entre des lignes droites. Il est d'ailleurs facile de concevoir la formation de pareilles tables : c'est en partant d'un arc dont la corde est connue (par exemple du 6e de la circonférence, qui, comme on le sait, est soutendu par le rayon), et faisant ensuite usage des formules qui ont été établies à la fin du chapitre précédent, et qui donnent la *corde de la moitié d'un arc,* la *corde de la somme ou de la différence de deux arcs,* la *corde du double d'un arc,* etc....

Mais, depuis, on a beaucoup simplifié la question en remplaçant les cordes par d'autres droites dont le calcul n'est pas plus difficile, et que l'on compare plus aisément aux côtés des figures.

46. C'est *dans la détermination des rapports de ces lignes avec le rayon du cercle dont elles font partie, et dans l'application des tables qui renferment ces rapports, à la résolution numérique des triangles (dont toute figure rectiligne se compose), que consiste la* TRIGONOMÉTRIE.

Cette branche des Mathématiques peut être regardée comme faisant partie de L'APPLICATION, puisqu'elle fournit de nouveaux matériaux pour la résolution des questions de Géométrie par le secours de l'Algèbre. Nous ne pouvions d'ailleurs placer la Trigonométrie en tête de cet ouvrage, parce qu'on verra que plusieurs des principes établis dans le chapitre précédent, tels que le principe sur l'homogénéité, le principe sur les changemens de signe correspondans aux différences de position, seront continuellement rappelés dans celui - ci.

§ Ier. *Relations entre les lignes trigonométriques. Détermination des formules principales. Construction des tables.*

47. Commençons par faire connaître la nature des *lignes trigonométriques,* c'est-à-dire, de ces lignes que l'on est convenu d'introduire dans le calcul à la place des arcs ou des angles.

Soient AGBG′ (*fig.* 44) une circonférence décrite avec un rayon OA pris pour *unité,* AC l'arc qui mesure un angle AOC ayant un rapport quelconque avec l'angle droit AOG. Fig. 44.

Du point C abaissons CD perpendiculaire sur le rayon OA, et CE perpendiculaire sur le rayon OG. Élevons au point A la perpendiculaire AT prolongée jusqu'à sa rencontre avec OC, et au point G la perpendiculaire GS prolongée aussi jusqu'à sa rencontre avec OC.

Cela posé, l'on appelle sinus *d'un arc ou d'un angle, la perpendiculaire* CD *abaissée de l'une des extrémités* C *d'un arc sur le rayon qui passe par l'autre extrémité* A.

Il résulte de cette définition que *le sinus d'un arc est la moitié de la corde qui soutend l'arc double.* En effet, prolongeons CD jusqu'à sa rencontre en C‴ avec la circonférence ; on sait que le rayon OA perpendiculaire sur une corde CC‴, divise cette corde en deux parties égales, ainsi que l'arc soutendu ; donc CD est moitié de CC‴, qui soutend un arc double de AC.

La tangente *d'un arc est la perpendiculaire* AT *élevée à l'une des extrémités d'un arc, et prolongée jusqu'à sa rencontre avec le rayon qui passe par l'autre extrémité.*

La sécante *est la partie* OT *du rayon prolongé, comprise entre le centre et la tangente.*

Comme on appelle *complément d'un arc* celui qui, joint au premier, forme un quart de circonférence, il s'ensuit que les lignes CE, GS, OS, représentent le *sinus,* la *tangente* et la *sécante* du complément CG de l'arc AC, et on les nomme, par abréviation, COSINUS, COTANGENTE et COSÉCANTE de l'arc AC.

Nous observerons, par rapport au cosinus, que CE étant égal à OD, le cosinus d'un arc est encore *la partie du rayon comprise entre le centre et le pied du sinus.*

Outre ces lignes trigonométriques, on considère quelquefois deux autres lignes :

Le SINUS VERSE AD, c'est-à-dire, *la différence entre le rayon et le cosinus;*

Le COSINUS-VERSE GE, ou *la différence entre le rayon et le sinus.*

Enfin, les huit lignes trigonométriques dont nous venons de parler, peuvent être divisées en deux classes; les lignes *directes,* savoir : le sinus, la tangente, la sécante, le sinus-verse d'un arc, et les lignes *indirectes,* c'est-à-dire, le sinus, la tangente, la sécante, le sinus-verse du *complément* de cet arc, ou bien, le cosinus, la cotangente, etc.... Cette distinction nous sera quelquefois utile.

48. *Relations entre les lignes trigonométriques d'un même arc.* La seule inspection de la figure 44 fait reconnaître des triangles rectangles et semblables; au moyen desquels on peut établir des relations entre les six lignes trigonométriques principales. Mais auparavant, il est nécessaire de convenir de quelques notations.

En appelant a l'arc AC, nous désignerons, conformément à l'usage établi, le sinus de l'arc a par sin a, la tangente par tang a, la sécante par séc a, le cosinus par cos a, la cotangente par cot a, enfin la cosécante par coséc a (nous écrivons les *cinq* premières lettres pour la cosécante, afin de ne pas la confondre avec le cosinus).

En outre, lorsque nous aurons à exprimer qu'une de ces lignes, le sinus, par exemple, doit être élevée à la 2ème, 3ème,... mème puissance, nous écrirons $\sin^2 a$, $\sin^3 a$, ... $\sin^m a$, et non pas sin a^2, sin a^3; ... parce que ce n'est pas l'arc, mais bien le sinus de cet arc, qui est élevé à une puissance.

De même, $\cos^2 a$, $\cos^3 a$, ... $\cos^m a$, expriment la 2ème, 3ème,... mème puissance de cos a; et ainsi des autres.

Ces notations étant convenues, nous allons présenter le tableau des relations que l'on obtient, soit en considérant chacun des triangles rectangles ODC, OAT, OEC, OGS séparément, soit en les comparant deux à deux (leur similitude peut être facilement établie).

Triangle ODC..... $\overline{OC}^2 = \overline{CD}^2 + \overline{OD}^2$;

ou, employant les notations et désignant le rayon par r,

$$r^2 = \sin^2 a + \cos^2 a \ldots \quad (1)$$

Triangles semblables ODC, OAT... OD : OA :: DC : AT;

c'est-à-dire, $\cos a : r :: \sin a : \tang a$; donc $\tang a = \dfrac{r \sin a}{\cos a}$ .. (2)

Triangles semblables ODC, OAT, ... OD : OA :: OC : OT,

ou $\quad \cos a : r :: r : \séc a$; donc $\quad \séc a = \dfrac{r^2}{\cos a} \ldots$ (3)

Triangle rectangle OAT.... $\overline{OT}^2 = \overline{OA}^2 + \overline{AT}^2$;

ou bien, $\quad\quad\quad\quad\quad\quad \séc^2 a = r^2 + \tang^2 a \ldots (4)$

Triangles semblables OAT, OGS, ... AT : OA :: OG : GS

ou $\quad \tang a : r :: r : \cot a$; donc $\quad \cot a = \dfrac{r^2}{\tang a} \ldots$ (5)

Triangles semblables OEC, OGS, ... OE : EC :: OG : GS,

ou $\sin a : \cos a :: r : \cot a$; donc $\cot a = \dfrac{r \cos a}{\sin a} \ldots$ (6)

Triangles semblables OEC, OGS, ... OE : OC :: OG : OS

ou $\quad \sin a : r :: r : \coséc a$; donc $\coséc a = \dfrac{r^2}{\sin a} \ldots$ (7)

Triangle rectangle OGS.... $OS^2 = \overline{OG}^2 + \overline{GS}^2$;

ou bien, $\quad\quad\quad \coséc^2 a = r^2 + \cot^2 a \ldots\ldots\ldots\ldots (8)$

49. *Première remarque.* Les formules (6), (7) et (8) sont implicitement comprises dans les formules (2), (3) et (4).

En effet, comme celles-ci existent pour tout arc moindre que le quart de circonférence, ou $100°$ (en adoptant la division centésimale), il s'ensuit qu'elles sont vraies pour l'arc exprimé par $100° - a$. Ainsi, en remplaçant a par $100° - a$, dans la formule (2), on trouve

$$\tang (100° - a) = \frac{r \sin (100° - a)}{\cos (100° - a)};$$

mais on a $\tang (100° - a) = \cot a$, $\sin (100° - a) = \cos a$, $\cos (100° - a) = \sin [100° - (100° - a)] = \sin a$;

donc
$$\cot a = \frac{r \cos a}{\sin a}.$$

On reconnaîtra pareillement que les formules

$$\séc a = \frac{r^2}{\cos a}, \quad \text{et} \quad \séc^2 a = r^2 + \tang^2 a,$$

deviennent $\quad \coséc a = \frac{r^2}{\sin a}, \quad \text{et} \quad \coséc^2 a = r^2 + \cot^2 a,$

par la substitution de $100° - a$ à la place de a.

En général, *toutes les fois qu'on a obtenu une certaine relation entre des lignes trigonométriques d'un ou de plusieurs arcs, les unes directes, les autres indirectes (n° 47), on peut en former une nouvelle par le simple changement des lignes directes en lignes indirectes correspondantes, et réciproquement.*

5o. *Seconde remarque.* Puisque, dans les formules précédentes, le rayon est toujours censé connu, on peut le supposer, pour plus de simplicité, égal à 1; et alors elles deviennent

$$\sin^2 a + \cos^2 a = 1 \dots (1) \qquad \séc^2 a = 1 + \tang^2 a \dots (4)$$

$$\tang a = \frac{\sin a}{\cos a} \dots (2) \qquad \cot a = \frac{\cos a}{\sin a} \dots (6)$$

$$\séc a = \frac{1}{\cos a} \dots (3) \qquad \coséc^2 a = 1 + \cot^2 a \dots (8)$$

$$\cot a = \frac{1}{\tang a} \dots (5)$$

$$\coséc a = \frac{1}{\sin a} \dots (7)$$

Nous mettons à part les formules (4) , (6) et (8) , parce que d'abord (6) est *implicitement* comprise dans (2) , d'après la remarque précédente ; en second lieu, (8) se déduit de (4) , d'après la même remarque. Quant à la relation (4) , elle est une conséquence de (1) , (2) et (3).

En effet, la relation (2) donne

$$1 + \tang^2 a = 1 + \frac{\sin^2 a}{\cos^2 a} = \frac{\cos^2 a + \sin^2 a}{\cos^2 a} \,;$$

ou , à cause de la relation (1) , $\qquad 1 + \tang^2 a = \dfrac{1}{\cos^2 a}$;

mais on a déjà $\quad \séc a = \dfrac{1}{\cos a}$; donc $\quad 1 + \tang^2 a = \séc^2 a$.

Cela posé, il est évident, d'après l'inspection des formules (1) , (2) , (3) , (5) et (7) , que *la valeur numérique du sinus étant connue, on peut en déduire facilement celles des cinq autres lignes trigonométriques.*

La formule (1) donne $\cos a = \sqrt{1 - \sin^2 a}$, et fait connaître le cosinus ; les suivantes donnent les valeurs de $\tang a$, $\séc a$, $\cot a$ et $\coséc a$, par de simples divisions.

Généralement, comme ces formules renferment *six* quantités, il doit toujours être possible, connaissant l'*une* quelconque d'entre elles, de déterminer la valeur des *cinq* autres.

Toutefois , rien n'empêche, dans cette détermination, de faire usage des formules (4) , (6) et (8) , si la simplicité des calculs l'exige, puisqu'elles sont des conséquences des cinq premières.

Pour nous familiariser avec l'emploi de ces formules, nous supposerons, par exemple, *que l'on connaisse,* à priori, *la valeur de la cotangente, et nous nous proposerons de déterminer chacune des* cinq *autres lignes.*

1°. De la formule (5) on déduit $\qquad \tang a = \dfrac{1}{\cot a}$;

2°. La relation (8) donne $\qquad \coséc a = \sqrt{1 + \cot^2 a}$;

3°. La relation (7) donne $\sin a = \dfrac{1}{\operatorname{coséc} a} = \dfrac{1}{\sqrt{1 + \cot^2 a}}$;

4°. De la relation (4) on tire

$$\operatorname{séc} a = \sqrt{1 + \frac{1}{\cot^2 a}} = \frac{\sqrt{1 + \cot^2 a}}{\cot a};$$

5°. Enfin, la formule (3) donne

$$\cos a = \frac{1}{\operatorname{séc} a} = \frac{\cot a}{\sqrt{1 + \cot^2 a}}.$$

Si dans ces formules on veut rétablir l'expression du rayon r, il ne s'agira que de rétablir l'*homogénéité*, et l'on aura, d'après la règle établie (n° 15),

$$\tan a = \frac{r^2}{\cot a}, \quad \operatorname{coséc} a = \sqrt{r^2 + \cot^2 a}, \quad \sin a = \frac{r^2}{\sqrt{r^2 + \cot^2 a}},$$

$$\operatorname{séc} a = \frac{r\sqrt{r^2 + \cot^2 a}}{\cot a}, \quad \text{et} \quad \cos a = \frac{r \cot a}{\sqrt{r^2 + \cot^2 a}}.$$

Il en serait de même pour toute autre ligne donnée *à priori*.

Détermination des valeurs corrélatives.

51. Nous avons maintenant à nous occuper d'une des questions les plus délicates de la Trigonométrie ; elle a pour objet de déterminer les *valeurs corrélatives* des lignes trigonométriques d'un arc, en supposant que cet arc passe par tous les états de grandeur par rapport à la circonférence entière. Dans la dénomination de *valeurs corrélatives,* nous comprenons non-seulement l'idée des *rapports numériques* du sinus, cosinus, etc., avec le rayon, mais encore celle des *signes* qui correspondent aux diverses situations que ces lignes peuvent avoir les unes à l'égard des autres. (CARNOT , *Traité de la Corrélation des figures.*)

Il semble, au premier abord, qu'il doive nous suffire de considérer des arcs compris depuis 0° jusqu'à 200°, puisque, dans les figures rectilignes ordinaires, chacun des angles qu'elles renferment, est moindre que deux angles droits. Cependant les géomètres, dans la résolution des questions de *haute analyse*, ont été conduits à rechercher quelles peuvent être les lignes trigonométriques, même des arcs plus grands qu'une circonférence entière.

Pour fixer les idées sur cette question, nous supposerons qu'une droite de longueur finie, et dont l'une des extrémités est en O (*fig.* 44), étant d'abord couchée sur OA, tourne ensuite autour de ce point et toujours dans le même sens, de manière à prendre successivement les positions OG, OB, OG', OA ; qu'après être revenue dans la position primitive OA, elle continue encore son mouvement. Il est clair que, dans ce mouvement continu, la droite OA engendrera tous les angles possibles, et que l'extrémité A parcourra successivement tous les points de la circonférence AGBC'A. En outre, comme la droite mobile, après avoir fait le tour entier, continue son mouvement, l'arc ainsi parcouru se composera d'*un nombre entier* de circonférences (nombre qui peut toutefois être nul), plus d'une partie quelconque de circonférence.

Or, *c'est dans la détermination des lignes trigonométriques des arcs de cette espèce, que consiste la question proposée.*

Nous nous occuperons d'abord spécialement du sinus et du cosinus, comme étant les lignes les plus usuelles. Les formules (2), (3), (5) et (7) du n° 50, feront ensuite connaître les valeurs correspondantes des quatre autres lignes.

52. Lorsque le point décrivant est en A, ou bien, lorsque l'arc est *nul*, il est évident que le sinus est lui-même *nul*, et que le cosinus est *égal au rayon*.

A mesure que le point décrivant s'élève au-dessus de AB, le sinus *augmente* et le cosinus *diminue*, jusqu'à ce que le point décrivant soit arrivé en G, auquel cas le sinus devient *égal au rayon*, et le cosinus est *nul*.

D'où l'on voit que l'arc croissant depuis 0° jusqu'à 100°, le sinus augmente d'une manière continue depuis 0 jusqu'à 1 ; et au contraire le cosinus diminue depuis 1 jusqu'à 0.

Supposons actuellement le point décrivant arrivé en C'; le sinus est alors C'D', et, suivant la seconde définition du cosinus, le cosinus est OD'. Mais, si par le point C' on mène C'C parallèle à AB, on a évidemment AC = C'B, *supplément* de AC' (on sait que le supplément d'un arc est ce qui lui manque pour valoir 200° ou la demi-circonférence); on a aussi C'D' = CD, et OD' = OD.

Donc, 1° le sinus d'un arc plus grand que 100° et moindre que 200°, est *le même que le sinus de son supplément.*

2°. Comme les deux distances OD' et OD sont égales, mais qu'elles sont comptées en sens contraires par rapport au point O, il s'ensuit (n° 26) qu'elles doivent être affectées de signes contraires. Ainsi le cosinus d'un arc compris entre 100° et 200°, *est égal et de signe contraire au cosinus de son supplément.*

En termes abrégés, $\sin(200° - a) = \sin a$; $\cos(200° - a) = -\cos a$ (a désignant l'arc C'B ou AC).

On peut encore motiver le changement de signe du cosinus, de la manière suivante :

Le cosinus d'un arc étant le sinus du complément de cet arc, si l'arc est égal à $100° + a$, le complément est $100° - (100° + a)$, ou bien, $-a$; c'est-à-dire que ce complément est un arc négatif.

Fig. 45.   Or, si l'on considère un arc AM' (*fig.* 45) égal à AM, mais situé en sens contraire de AM, on a évidemment (n° 26)

$$\sin AM' = -\sin AM, \quad \text{ou } \sin - a = -\sin a.$$

Remarquons, en passant, que le cosinus OP est le même pour les deux arcs AM' et AM; donc $\cos - a = +\cos a$.

Fig. 44.   Revenons à notre objet. A mesure que le point décrivant se rapproche du point B (*fig.* 44), ou que l'arc augmente depuis 100° jusqu'à 200°, le sinus *diminue* et le cosinus *augmente* mais *négativement;* et lorsque le point décrivant tombe en B, le sinus redevient *nul,* et le cosinus *est égal à* — 1.

Soit le point décrivant arrivé en C". Tirons le rayon C"O et prolongeons-le jusqu'à sa rencontre en C; puis abaissons les perpendiculaires C"D' et CD; on a nécessairement BC" = AC,

C″D′ = CD et OD′ = OD. Mais comme C″D′ est compté par rapport au diamètre AB, en sens contraire de CD, et qu'il en est de même de OD′ et OD par rapport au point O, on peut conclure *que le sinus et le cosinus d'un arc plus grand que 200° et moindre que 300°, sont égaux et de signes contraires au sinus et au cosinus de l'arc, dont celui que l'on considère, surpasse 200°.*

En termes abrégés,

$$\sin(200° + a) = - \sin a; \quad \cos(200° + a) = - \cos a,$$

Lorsque le point décrivant est en G′, le sinus devient *égal à* — 1, et le cosinus redevient *nul.*

Soit le point décrivant arrivé en C″, ce qui donne un arc AGBG′C″, compris entre 300° et 400°; si l'on abaisse la perpendiculaire C″D, et qu'on la prolonge jusqu'en C, on aura

$$AC'' = AC, \text{ et } C''D = CD;$$

d'ailleurs le cosinus OD est commun aux deux arcs AGBG′C″ et AC. Ainsi, *le sinus d'un arc compris entre 300° et 400°, est égal et de signe contraire au sinus de l'arc dont celui que l'on considère, est surpassé par la circonférence entière; et le cosinus est le même pour les deux arcs;* ou bien,

$$\sin(400° - a) = - \sin a; \quad \cos(400° - a) = \cos a.$$

Enfin, lorsque le point décrivant revient en A, auquel cas l'arc parcouru est égal à une circonférence entière, le sinus et le cosinus *redeviennent les mêmes* que pour l'arc *nul;* et si l'on suppose que ce point, après avoir parcouru une ou plusieurs circonférences, repasse par les mêmes positions, il est évident que les sinus et cosinus reprendront les valeurs qui ont déjà été assignées.

53. Voyons maintenant ce que deviennent la tangente et la cotangente, dans les mêmes circonstances.

La formule $\tang a = \dfrac{\sin a}{\cos a}$ prouve que si l'arc est *nul,* la tangente est aussi *nulle,* puisque l'on a

$$\sin 0 = 0 \ \text{et} \ \cos 0 = 1.$$

L'arc augmentant, la tangente *augmente* aussi, puisque le sinus augmente et que le cosinus diminue; elle augmente même très rapidement, et lorsqu'on suppose l'arc égal à 100°, comme on a sin 100° $= 1$, et cos 100° $= 0$, il en résulte tang 100° $= \dfrac{1}{0}$; c'est-à-dire que la tangente devient *infinie*. Cela est d'ailleurs évident d'après la figure, car alors la perpendiculaire élevée à l'extrémité A est parallèle au rayon qui passe par l'autre extrémité de l'arc.

Au-delà de 100° et en deçà de 200°, la tangente devient *négative* et diminue numériquement, puisque le sinus et le cosinus sont de signes contraires, et que le sinus diminue, tandis que le cosinus augmente; si l'arc devient égal à 200°, la tangente redevient *nulle*, car sin 200° $= 0$; cos 200° $= -1$.

Pour un arc compris entre 200° et 300°, la tangente redevient *positive*, puisque le sinus et le cosinus sont tous les deux *négatifs*; elle augmente d'ailleurs numériquement jusqu'à ce que l'arc soit égal à 300°, auquel cas la tangente est égale à *l'infini négatif*, car sin 300° $= -1$, cos 300° $= 0$.

Enfin, pour un arc compris entre 300° et 400°, la tangente est *négative*, puisque le sinus et le cosinus sont de *signes contraires*; elle diminue d'ailleurs *négativement* jusqu'à ce que l'arc soit égal à 400°; et, dans ce cas, on retrouve tang 400° $= 0$.

Quant à la cotangente, il résulte de cot $a = \dfrac{1}{\text{tang } a}$, que pour les signes, les cotangentes suivent la même loi que les tangentes. Pour la marche des valeurs numériques, elle est *inverse* de celle des tangentes. Ainsi, pour l'arc *nul*, la cotangente est *infinie*; pour un arc de 100°, la cotangente est *nulle*, etc....

N. B. Le changement de signe des tangentes et cotangentes peut être motivé indépendamment des formules, et d'après la figure.

En effet, lorsque l'arc est AGC', la tangente correspondante est, d'après la définition, représentée par AT'. Or AT' est dans une situation contraire à AT, qui est la tangente de AC, supplément de AGC'. La cotangente est GS', et cette ligne est aussi dans une situation contraire à GS.

Si nous considérons l'arc AGBC", la tangente correspondante est nécessairement représentée par AT, qui est aussi la tangente de AC.

La cotangente est d'ailleurs GS; ainsi la tangente et la cotangente de AGBC" sont *positives*.

Pour l'arc AGBG'C'", la tangente redevient AT', et la cotangente GS'; donc elles sont toutes deux *négatives*.

54. Il nous reste encore à examiner ce que deviennent la sécante et la cosécante.

Or les formules $\sec a = \dfrac{1}{\cos a}$, $\csc a = \dfrac{1}{\sin a}$, prouvent que, sous le rapport des signes, les sécantes suivent la même loi que les cosinus, et les cosécantes la même loi que les sinus.

Ainsi la sécante d'un arc compris entre 0° et 100°, ou entre 300° et 400°, est *positive*; la sécante d'un arc compris entre 100° et 300° est *négative*. La cosécante d'un arc compris entre 0° et 200° est *positive*; et la cosécante d'un arc compris entre 200° et 400° est *négative*.

Quant aux valeurs numériques, la sécante est en *raison inverse* du cosinus, et la cosécante, en raison inverse du sinus.

Ainsi, pour $a = 0$, l'on a $\cos 0 = 1$ et $\sec 0 = 1$; mais à mesure que l'arc augmente, la sécante *augmente*, tandis que le cosinus *diminue*, jusqu'à ce que l'on soit parvenu à l'arc de 100°, auquel cas la sécante est *infinie*, tandis que le cosinus est *nul*, etc.

Même raisonnement pour la cosécante comparée au sinus.

55. *N. B.* Le changement de signe de la sécante et de la cosécante, ne peut être vérifié au moyen de la figure, comme on l'a fait pour les autres lignes trigonométriques, parce que ce ne sont plus des distances d'un point variable à un point ou à une droite fixe, comptées sur une même ligne, et qu'alors on ne saurait leur appliquer le principe du n° 26. Toutefois,

ce changement de signe correspond à une circonstance très
remarquable. Lorsque l'arc est compris entre 0° et 100°, ou
entre 300° et 400°, auquel cas la sécante est *positive*, le point
décrivant C ou C″′ est situé entre le centre et l'extrémité T
ou T′ de la sécante. Mais si l'arc est compris entre 100° et
300°, auquel cas la sécante est *négative*, le point décrivant C′
ou C″ est placé sur le prolongement de la sécante qui est encore représentée par OT ou OT′. Ce point est donc, en quelque sorte, par rapport au centre, dans un sens opposé à celui
du point C ou C″′. On ferait une observation analogue pour la
cosécante.

Ce n'est pas sans motif que nous avons fait usage de la figure
pour déterminer les signes des différentes lignes trigonométriques. Comme les formules du nᵒ 48 n'avaient été établies que
pour des arcs au-dessous de 100°, l'accord qui existe entre les
résultats qu'elles fournissent, et ceux que donne la figure, en
vertu du principe (nᵒ 26), prouve l'exactitude de ces formules
pour tous les arcs possibles; et le principe que nous venons
de citer en reçoit une nouvelle confirmation.

C'est ainsi que, dans toutes les sciences, les faits se fortifient
et se confirment les uns au moyen des autres.

56. Comme, dans la suite, nous aurons souvent besoin de
rappeler les valeurs corrélatives des lignes trigonométriques,
nous croyons utile d'en présenter ici un tableau qu'on peut
facilement dresser d'après ce qui précède.

TABLEAU

des valeurs corrélatives des lignes trigonométriques.

	sin	cos	tang	séc	cot	coséc
$0°$	0	1	0	1	∞	∞
a	$+\sin a$	$+\cos a$	$+\tang a$	$+\séc a$	$+\cot a$	$+\coséc a$
$-a$	$-\sin a$	$+\cos a$	$-\tang a$	$+\séc a$	$-\cot a$	$-\coséc a$
$\frac{1}{2}\pi - a$	$+\cos a$	$+\sin a$	$+\cot a$	$+\coséc a$	$+\tang a$	$+\séc a$
$\frac{1}{2}\pi$	1	0	∞	∞	0	1
$\frac{1}{2}\pi + a$	$+\cos a$	$-\sin a$	$-\cot a$	$-\coséc a$	$-\tang a$	$+\séc a$
$\pi - a$	$+\sin a$	$-\cos a$	$-\tang a$	$-\séc a$	$-\cot a$	$+\coséc a$
π	0	-1	0	-1	0	∞
$\pi + a$	$-\sin a$	$-\cos a$	$+\tang a$	$-\séc a$	$+\cot a$	$-\coséc a$
$\frac{3}{2}\pi - a$	$-\cos a$	$-\sin a$	$+\cot a$	$-\coséc a$	$+\tang a$	$-\séc a$
$\frac{3}{2}\pi$	-1	0	∞	∞	0	-1
$\frac{3}{2}\pi + a$	$-\cos a$	$+\sin a$	$-\cot a$	$+\coséc a$	$-\tang a$	$-\séc a$
$2\pi - a$	$-\sin a$	$+\cos a$	$-\tang a$	$+\séc a$	$-\cot a$	$-\coséc a$
2π	0	1	0	1	∞	∞
$2\pi + a$	$+\sin a$	$+\cos a$	$+\tang a$	$+\séc a$	$+\cot a$	$+\coséc a$
$2k\pi - a$	$-\sin a$	$+\cos a$	$-\tang a$	$+\séc a$	$-\cot a$	$-\coséc a$
$2k\pi + a$	$+\sin a$	$+\cos a$	$+\tang a$	$+\séc a$	$+\cot a$	$+\coséc a$
$(2k+1)\pi - a$	$+\sin a$	$-\cos a$	$-\tang a$	$-\séc a$	$-\cot a$	$+\coséc a$
$(2k+1)\pi + a$	$-\sin a$	$-\cos a$	$+\tang a$	$-\séc a$	$+\cot a$	$-\coséc a$

57. *Explication de ce tableau.* Pour plus de simplicité, l'on a désigné par π la demi-circonférence ou l'arc de 200° (c'est une notation déjà employée en Géométrie, pour représenter le rapport de la circonférence au diamètre, c'est-à-dire, la demi-circonférence dont le rayon est 1); a représente d'ailleurs un arc moindre que le quart de circonférence, et k un nombre entier quelconque. Dès lors, $\frac{1}{2}\pi$ exprime le *quart* de la circonférence, ou 100°; $\frac{3}{2}\pi$ les *trois quarts* ou 300°; 2π la circonférence entière ou 400°; $2k\pi$, un nombre quelconque de circonférences; $(2k+1)\pi$ ou $2k\pi+\pi$, un nombre entier de circonférences, plus une demi-circonférence.

La première colonne verticale comprend tous les arcs que l'on peut avoir besoin de considérer. Ainsi, par exemple, $\frac{1}{2}\pi+a$ exprime un arc tel que AGC′, plus grand que le *quart* de la circonférence et moindre que la *moitié*; $\pi+a$, un arc tel que AGBC″ plus grand que la *demi*-circonférence et moindre que les *trois quarts*; et ainsi des autres.

La première colonne horizontale contient les lettres initiales de chacune des six lignes trigonométriques, et chacune des petites cases, la valeur corrélative de l'une des lignes trigonométriques qui correspond à un arc donné.

Cela posé, veut-on avoir par exemple, la valeur de la tangente d'un arc tel que AGC′ (*fig.* 44)?

Comme cet arc est compris entre 100° et 200°, il peut être représenté, soit par $\frac{1}{2}\pi+a$, soit par $\pi-a$.

Premier cas: *descendez dans la colonne verticale intitulée* tang, *jusqu'à la colonne horizontale qui correspond à* $\frac{1}{2}\pi+a$, et vous trouverez dans la petite case commune, $-\cot a$.

En effet, l'arc $\frac{1}{2}\pi+a$ a pour *supplément* $\frac{1}{2}\pi-a$, puisque ces deux arcs réunis forment π ou la demi-circonférence; donc

$$(n^\circ \; 52) \qquad \sin\left(\tfrac{1}{2}\pi + a\right) = \sin\left(\tfrac{1}{2}\pi - a\right) = + \cos a \; ;$$

$$\cos\left(\tfrac{1}{2}\pi + a\right) = -\cos\left(\tfrac{1}{2}\pi - a\right) = -\sin a \; ;$$

et par conséquent,

$$\tang\left(\tfrac{1}{2}\pi + a\right) = \frac{\sin\left(\tfrac{1}{2}\pi + a\right)}{\cos\left(\tfrac{1}{2}\pi + a\right)} = \frac{+\cos a}{-\sin a} = -\cot a.$$

Second cas : *Descendez dans la même colonne verticale, jus-qu'à la colonne horizontale qui correspond à* $\pi - a$, et vous trouvez dans la petite case commune, — tang a.

En effet, $\pi - a$ ayant pour supplément a, il s'ensuit que

$$\sin(\pi - a) = + \sin a, \quad \cos(\pi - a) = - \cos a \; ;$$

$$\text{donc} \quad \tang(\pi - a) = \frac{\sin(\pi - a)}{\cos(\pi - a)} = \frac{+\sin a}{-\cos a} = - \tang a.$$

On trouverait de même

$$\séc\left(\tfrac{3}{2}\pi + a\right) = + \coséc a, \quad \cot(2\pi - a) = -\cot a, \text{ etc.} \dots$$

58. *Première remarque.* Il résulte tant de la figure que de l'inspection du tableau, que les lignes trigonométriques de tous les arcs plus grands que le quart de la circonférence ont les mêmes valeurs numériques que celles des arcs plus petits ; il n'y a que les signes qui soient les uns *positifs*, les autres *néga-tifs*. Sur les six lignes, il y en a toujours *quatre* négatives et *deux* positives.

Il faut encore observer que si l'arc renferme dans son expres-sion écrite, un nombre *impair* de quarts de circonférence, la ligne trigonométrique que l'on considère, étant *directe*, se change dans la ligne *indirecte* correspondante, et récipro-quement. C'est ainsi qu'on reconnaît que

$$\mathrm{tang}\left(\frac{3}{2}\,\pi + a\right) = + \cot a,$$

$$\mathrm{coséc}\left(\frac{3}{2}\,\pi + a\right) = - \sec a.$$

Mais si le nombre des quarts de circonférence *est pair*, la ligne que l'on considère, a la même valeur, à l'exception du signe, qui peut être différent, que la ligne *de même nom* de l'arc a.

Ainsi, $\cos(2\pi - a) = +\cos a$; $\mathrm{tang}(\pi + a) = +\mathrm{tang}\,a$.

59. *Seconde remarque.* Des six lignes trigonométriques principales, *deux*, savoir : le sinus et le cosinus, sont toujours comprises entre deux limites déterminées $+\,1$ et $-\,1$. Elles peuvent passer par tous les états de grandeur depuis 0 jusqu'à $+\,1$ et depuis 0 jusqu'à $-\,1$; mais elles ne dépassent jamais ces limites. (Il est bien entendu que le rayon est supposé égal à 1.)

Deux autres, la sécante et la cosécante, peuvent devenir aussi grandes que l'on veut ; mais elles ont $+\,1$ et $-\,1$ pour limites de décroissement, c'est-à-dire qu'elles croissent *positivement* depuis $+\,1$ jusqu'à *l'infini positif*, et *négativement* depuis $-\,1$ jusqu'à *l'infini négatif* ; mais elles ne peuvent avoir de valeurs comprises entre $+\,1$ et $-\,1$.

Les deux dernières enfin, la tangente et la cotangente sont susceptibles de recevoir toutes les valeurs imaginables depuis 0 jusqu'à *l'infini positif* et depuis 0 jusqu'à *l'infini négatif.*

Cette remarque nous sera d'une très grande utilité dans les applications de la Trigonométrie.

Nous ne saurions trop recommander aux commençans de se bien pénétrer des détails dans lesquels nous venons d'entrer sur *les valeurs corrélatives* des lignes trigonométriques.

Détermination des formules principales.

60. Une des questions fondamentales de la Trigonométrie, celle d'où dépend la construction des tables, consiste à *déterminer le sinus et le cosinus de la somme ou de la diffé-*

rence de deux arcs, connaissant déjà le sinus et le cosinus de chacun de ces arcs.

Soient p et q deux arcs donnés, $p + q$ la somme de ces arcs. Appelons a, b, c les cordes qui soutendent respectivement les arcs $2p$, $2q$ et $2(p + q)$. Comme on a vu (n° 47) que *le sinus d'un arc est la moitié de la corde qui soutend l'arc double*, on a nécessairement

$$a = 2\sin p, \quad b = 2\sin q, \quad c = 2\sin(p + q).$$

Cela posé, la formule du n° 39, savoir :

$$c = \frac{a}{2r}\sqrt{4r^2 - b^2} + \frac{b}{2r}\sqrt{4r^2 - a^2}$$

devient, par la substitution des valeurs de a, b, c,

$$2\sin(p+q) = \frac{2\sin p}{2r}\sqrt{4r^2 - 4\sin^2 q} + \frac{2\sin q}{2r}\sqrt{4r^2 - 4\sin^2 p},$$

ou simplifiant,

$$\sin(p+q) = \frac{\sin p}{r}\sqrt{r^2 - \sin^2 q} + \frac{\sin q}{r}\sqrt{r^2 - \sin^2 p}.$$

Mais en vertu de la relation $\sin^2 a + \cos^2 a = 1$, on a

$$\sqrt{r^2 - \sin^2 q} = \cos q, \quad \sqrt{r^2 - \sin^2 p} = \cos p;$$

donc enfin $$\sin(p + q) = \frac{\sin p \times \cos q + \sin q \times \cos p}{r}.$$

Soient maintenant p et q deux arcs donnés (p désignant le plus grand), $p - q$ leur différence. Appelons c la corde qui soutend l'arc $2p$, b celle qui soutend l'arc $2q$, et enfin a celle de l'arc $2(p - q)$.

On a, en vertu du n° 47,

$$c = 2\sin p, \quad b = 2\sin q, \quad a = 2\sin(p - q).$$

Or, on a obtenu (n° 42), pour la formule qui donne la corde de la différence de deux arcs,

$$a = \frac{c}{2r}\sqrt{4r^2 - b^2} - \frac{b}{2r}\sqrt{4r^2 - c^2}.$$

6..

Si, dans cette formule, on remplace a, b, c par leurs valeurs, il vient

$$2\sin(p-q) = \frac{2\sin p}{2r}\sqrt{4r^2 - 4\sin^2 q} - \frac{2\sin q}{2r}\sqrt{4r^2 - 4\sin^2 p},$$

ou, simplifiant et faisant usage de $\sin^2 a + \cos^2 a = 1$,

$$\sin(p - q) = \frac{\sin p \times \cos q - \sin q \times \cos p}{r}.$$

Pour obtenir les valeurs de $\cos(p + q)$ et de $\cos(p - q)$, il suffit de substituer $100° + p$ au lieu de p dans les formules précédentes, ce qui donne d'abord (tableau n° 56),

$$\sin(100° + p + q) = \cos(p + q), \quad \sin(100° + p - q) = \cos(p - q),$$
$$\sin(100° + p) = \cos p, \quad \cos(100° + p) = -\sin p;$$

et les formules deviennent

$$\cos(p + q) = \frac{\cos p \times \cos q - \sin p \times \sin q}{r},$$

$$\cos(p - q) = \frac{\cos p \times \cos q + \sin p \times \sin q}{r}.$$

La démonstration qui vient d'être exposée est remarquable en ce qu'elle se rattache au premier point de vue sous lequel on a d'abord envisagé la Trigonométrie, et qui consistait (n° 45) à faire entrer les arcs dans le calcul par le moyen de leurs cordes.

Elle est d'ailleurs générale, puisqu'on établit les relations entre les cordes, en supposant leurs arcs dans un rapport quelconque avec la circonférence; cependant, comme on est obligé d'admettre des résultats qui sont, jusqu'à un certain point, étrangers à la Trigonométrie telle qu'on l'envisage actuellement, nous allons donner une autre démonstration plus directe et plus simple, puisqu'elle n'est fondée que sur les premiers principes de la Géométrie.

61. *Autre démonstration.* Soit AG un quart de cercle décrit avec un rayon déterminé OA (*fig.* 46); appelons a et b deux arcs

donnés sur cette circonférence, a étant le plus grand. Prenons sur AG, AB $= a$, BC $= b$, d'où ABC $= a + b$; portons BC de B en C', ce qui donne AC' $= a - b$. Tirons la corde CC' et le rayon OB qui est nécessairement perpendiculaire à CC' et en son milieu I, puis abaissons les perpendiculaires BP, CQ et C'Q'.

On a nécessairement, d'après les définitions du sinus et du cosinus,

$$\text{BP} = \sin a, \quad \text{OP} = \cos a, \quad \text{CI} = \sin b, \quad \text{OI} = \cos b, \quad \text{CQ} = \sin(a+b),$$
$$\text{OQ} = \cos(a+b), \quad \text{C'Q'} = \sin(a-b), \quad \text{OQ'} = \cos(a-b).$$

Cela posé, il faut tâcher d'exprimer les quatre dernières lignes en fonction des quatre autres et du rayon.

Or, si par le point I, nous menons IL perpendiculaire et IH parallèle à OA, nous formons ainsi des triangles semblables OBP, OIL, CIH qui, comparés deux à deux, conduisent aux relations demandées.

En effet, la figure donne d'abord

$$\text{CQ} = \sin(a+b) = \text{HQ} + \text{CH} = \text{IL} + \text{CH},$$
$$\text{OQ} = \cos(a+b) = \text{OL} - \text{LQ} = \text{OL} - \text{IH};$$

soit d'ailleurs mené C'H' parallèle à AO, jusqu'à sa rencontre en H' avec IL; les deux triangles C'IH', CIH sont égaux comme ayant un côté égal (C'I $=$ CI) adjacent à deux angles égaux; ce qui donne IH' $=$ CH, C'H' $=$ IH $=$ Q'L.

Donc C'Q' $= \sin(a-b) = $ H'L $=$ IL $-$ IH' $=$ IL $-$ CH,
$$\text{OQ'} = \cos(a-b) = \text{OL} + \text{LQ'} = \text{OL} + \text{IH};$$

d'où l'on voit qu'en dernière analyse, la question est ramenée à déterminer les quatre lignes IL, OL, CH, IH.

Or les triangles semblables OBP, OIL donnent les deux proportions

$$\text{IL} : \text{BP} :: \text{OI} : \text{OB}, \quad \text{ou} \quad \text{IL} : \sin a :: \cos b : r,$$
$$\text{OL} : \text{OP} :: \text{OI} : \text{OB}, \quad \text{ou} \quad \text{OL} : \cos a :: \cos b : r,$$

d'où l'on déduit $\quad \text{IL} = \dfrac{\sin a \times \cos b}{r}, \quad \text{OL} = \dfrac{\cos a \times \cos b}{r}.$

En second lieu, les triangles OBP, CIH sont semblables, comme ayant leurs côtés respectivement perpendiculaires ; ainsi l'on a les deux proportions

$$\text{CH} : \text{OP} :: \text{CI} : \text{OB}, \quad \text{ou} \quad \text{CH} : \cos a :: \sin b : r,$$
$$\text{IH} : \text{BP} :: \text{CI} : \text{OB}, \quad \text{ou} \quad \text{IH} : \sin a :: \sin b : r;$$

d'où l'on tire $\quad \text{CH} = \dfrac{\cos a \times \sin b}{r}, \quad \text{IH} = \dfrac{\sin a \times \sin b}{r}.$

Substituant ces valeurs dans les expressions de $\quad \sin (a + b),$ $\sin (a - b),$ $\cos (a + b),$ $\cos (a - b),$ on obtient enfin

$$\sin (a \pm b) = \frac{\sin a \cos b \pm \sin b \cos a}{r}, \qquad (A)$$

$$\cos (a \pm b) = \frac{\cos a \cos b \mp \sin a \sin b}{r}, \qquad (B)$$

formules dans lesquelles les signes supérieurs se correspondent, ainsi que les signes inférieurs.

62. Dans la construction précédente, on a supposé chacun des arcs , et même leur somme, moindre que le quart de circonférence ; mais on pourrait , par des constructions analogues, vérifier l'exactitude des formules dans tous les cas. Seulement, il faudrait avoir égard aux *valeurs corrélatives* des lignes. Contentons-nous d'examiner l'un de ces nouveaux cas, celui *où l'un des arcs étant plus grand que* 100°, *la somme est plus grande que* 200°.

Soient

Fig. 47. AB=a, BC=BC′=b; d'où ABC=$a+b$, AC′=$a-b$ (*fig.* 47).

Tirons d'ailleurs, comme dans le cas précédent, le rayon OB et la corde CC′; puis abaissons les perpendiculaires BP, CQ, C′Q′. Enfin, menons la perpendiculaire IL et la parallèle IH jusqu'à sa rencontre avec CQ prolongé; puis la parallèle C′H′ jusqu'à sa rencontre avec IL.

Cela fait, observons d'abord que les arcs AB, AC′ étant compris entre 100° et 200°, ils ont un sinus *positif* et un cosinus *négatif*; ainsi l'on a

$BP = \sin a$, $\cos a = -OP$ ou $OP = -\cos a$, $C'Q' = \sin(a - b)$

$$\cos(a - b) = -OQ' \text{ ou } OQ' = -\cos(a - b).$$

Quant à l'arc ABC, dont le sinus et le cosinus sont à la fois *négatifs*, on a

$$CQ = -\sin(a + b), \quad OQ = -\cos(a + b).$$

Maintenant la figure donne

$$CQ = -\sin(a + b) = CH - HQ = CH - IL,$$
$$OQ = -\cos(a + b) = OL + LQ = OL + IH,$$
$$C'Q' = \sin(a - b) = H'L = H'I + IL = CH + IL,$$
$$OQ' = -\cos(a - b) = OL - LQ' = OL - IH.$$

Il ne s'agit donc plus que de calculer CH, IH, IL et OL, au moyen des triangles semblables OBP, CIH et OBP, OIL.

Calculons seulement CH et IL, qui doivent servir à la détermination de $\sin(a + b)$.

Les triangles dont nous venons de parler donnent

$$CH : OP :: CI : OB, \quad \text{ou} \quad CH : -\cos a :: \sin b : r,$$

$$IL : BP :: OI : OB, \quad \text{ou} \quad IL : \sin a :: \cos b : r;$$

d'où $\quad CH = \dfrac{-\cos a \times \sin b}{r}$, et $\quad IL = \dfrac{\sin a \times \cos b}{r}$.

Substituant ces valeurs dans l'expression de CQ, on trouve

$$-\sin(a + b) = \frac{-\cos a \times \sin b}{r} - \frac{\sin a \times \cos b}{r},$$

ou, changeant les signes,

$$\sin(a + b) = \frac{\sin a \times \cos b + \sin b \times \cos a}{r}.$$

On retrouverait de la même manière les trois autres formules.

N. B. Quoique, en apparence, l'expression de $\sin(a + b)$ soit la somme de deux quantités, elle représente réellement une différence, parce que, dans le produit $\sin b \times \cos a$, $\cos a$ est *négatif,* comme étant le cosinus d'un arc compris entre

100° et 200°. On ferait des remarques analogues par rapport aux trois autres expressions. Cela prouve d'ailleurs la nécessité d'avoir égard aux *valeurs corrélatives*, lorsqu'on veut que les formules soient applicables à tous les cas.

CONSÉQUENCES DES FORMULES (A) ET (B). Dans tout ce qui va suivre, nous supposerons $r = 1$, pour abréger les calculs. Cela n'offre aucun inconvénient, puisqu'on sera toujours le maître de rétablir r dans les résultats, d'après la règle de l'homogénéité (n° 26).

63. 1°. *Détermination du sinus et du cosinus d'un multiple quelconque d'un arc,* en fonction du sinus et du cosinus de cet arc.

Reprenons les valeurs de sin $(a + b)$ et de cos $(a + b)$, qui, dans l'hypothèse de $r = 1$, deviennent

$$\sin (a + b) = \sin a \cos b + \sin b \cos a,$$
$$\cos (a + b) = \cos a \cos b - \sin a \sin b.$$

Supposons d'abord $b = a$; il en résulte

$$\sin 2a = 2 \sin a \cos a,$$
$$\cos 2a = \cos^2 a - \sin^2 a,$$

formules qui donnent *le sinus et le cosinus du double d'un arc, en fonction du sinus et du cosinus de cet arc.*

Soit maintenant $b = 2a$; il vient

$$\sin 3a = \sin a \cos 2a + \sin 2a \cos a,$$
$$\cos 3a = \cos a \cos 2a - \sin a \sin 2a;$$

ou bien, mettant à la place de sin $2a$, cos $2a$, leurs valeurs et réduisant,

$$\sin 3a = 3 \sin a \cos^2 a - \sin^3 a,$$
$$\cos 3a = \cos^3 a - 3 \cos a \sin^2 a.$$

Ces formules font connaître le *sinus et le cosinus du triple d'un arc, en fonction du sinus et du cosinus de cet arc.*

Soit encore $b = 3a$; on obtient

$$\sin 4a = \sin a \cos 3a + \sin 3a \cos a,$$
$$\cos 4a = \cos a \cos 3a - \sin a \sin 3a;$$

ou, remplaçant $\sin 3a$, $\cos 3a$ par leurs valeurs et réduisant,

$$\sin 4a = 4 \sin a \cos^3 a - 4 \cos a \sin^3 a,$$
$$\cos 4a = \cos^4 a - 6 \cos^2 a \sin^2 a + \sin^4 a.$$

D'où l'on voit qu'on pourrait obtenir ainsi successivement le sinus et le cosinus d'*un multiple quelconque* d'un arc, au moyen du sinus et du cosinus de l'arc simple.

64. *Remarque.* Les valeurs de $\sin 2a$, $\sin 3a$, $\sin 4a\ldots$, prouvent que, si le sinus augmente en même temps que l'arc (tant que cet arc est au-dessous de 100°), son accroissement n'est pas *proportionnel* à celui de l'arc (le mot *proportionnel* étant pris ici dans le sens d'une proportion géométrique).

En effet, dans l'hypothèse de $r = 1$, $\cos a$ est toujours compris entre 0 et 1 ; ainsi, $\cos a$, $\cos^2 a$, $\cos^3 a$, sont des fractions. Donc $2 \sin a \cos a$ n'est qu'une partie de $2 \sin a$. Il en est de même de $3 \sin a \cos^2 a$, et à plus forte raison de $3 \sin a \cos^2 a - \sin^3 a$, etc.....

On le voit également d'après la formule

$$\sin (a + b) = \sin a \cos b + \sin b \cos a,$$

puisque $\cos a$ et $\cos b$ étant des fractions proprement dites, $\sin (a + b)$ n'est qu'une partie de $\sin a + \sin b$.

On reconnaît même par là que les sinus croissent beaucoup moins rapidement que les arcs.

65. *Détermination du sinus et du cosinus de la moitié d'un arc.*

1re *méthode.* Combinons la formule $\cos 2a = \cos^2 a - \sin^2 a$ avec la relation (1) du n° 50.... $1 = \cos^2 a + \sin^2 a$.

On trouve d'abord, en les ajoutant, $1 + \cos 2a = 2 \cos^2 a$;

d'où l'on déduit $\cos^2 a = \dfrac{1 + \cos 2a}{2}$ et $\cos a = \sqrt{\dfrac{1 + \cos 2a}{2}}$;

puis en les soustrayant, $1 - \cos 2a = 2 \sin^2 a$;

donc $$\sin^2 a = \frac{1 - \cos 2a}{2} \quad \text{et} \quad \sin a = \sqrt{\frac{1 - \cos 2a}{2}}.$$

Comme les arcs a et $2a$ sont liés entre eux de telle manière que le premier est la moitié du second, rien n'empêche de remplacer $2a$ par a, et par conséquent, a par $\frac{1}{2} a$; ce qui donne les deux formules

$$\cos \frac{1}{2} a = \sqrt{\frac{1 + \cos a}{2}}, \quad \sin \frac{1}{2} a = \sqrt{\frac{1 - \cos a}{2}},$$

dont chacune comprend implicitement *deux* valeurs, à cause du double signe qui est censé placé au-devant du radical.

66. 2ᵉ *méthode*. D'après la marche qui vient d'être suivie, l'arc dont on demandait le sinus et le cosinus, était supposé donné par son cosinus, puisque les résultats ne renferment que cette seule ligne. Si l'arc était donné par son sinus, il faudrait opérer de la manière suivante :

On aurait recours à la formule $\sin 2a = 2 \sin a \cos a$, dans laquelle on remplacerait $\cos a$ par $\sqrt{1 - \sin^2 a}$; ce qui donnerait $\sin 2a = 2 \sin a \sqrt{1 - \sin^2 a}$, d'où, élevant au carré, $\sin^2 2a = 4 \sin^2 a \ (1 - \sin^2 a)$; ou, effectuant les calculs et ordonnant,

$$\sin^4 a - \sin^2 a = - \frac{1}{4} \sin^2 2a,$$

équation du 4ᵉ degré résoluble à la manière de celles du 2ᵉ degré.

Soit d'abord $\sin^2 a = y$, d'où $\sin a = \pm \sqrt{y}$; il vient

$$y^2 - y = - \frac{1}{4} \sin^2 2a; \quad \text{donc} \quad y = \frac{1}{2} \pm \frac{1}{2} \sqrt{1 - \sin^2 2a},$$

et par conséquent, $$\sin a = \pm \sqrt{\frac{1}{2} \pm \frac{1}{2} \sqrt{1 - \sin^2 2a}},$$

ou remplaçant $2a$ par a et a par $\frac{1}{2}a$,

$$\sin \frac{1}{2} a = \pm \sqrt{\frac{1}{2} \pm \frac{1}{2} \sqrt{1 - \sin^2 a}}.$$

Si, dans la formule $\sin 2a = 2 \sin a \cos a$, on substituait $\sqrt{1 - \cos^2 a}$ au lieu de $\sin a$, on trouverait par une opération analogue,

$$\cos \frac{1}{2} a = \pm \sqrt{\frac{1}{2} \pm \frac{1}{2} \sqrt{1 - \sin^2 a}}.$$

N. B. Ces deux résultats, qui ont été obtenus indépendamment l'un de l'autre, sont identiques; mais comme $\sin \frac{1}{2} a$ et $\cos \frac{1}{2} a$ sont liés entre eux par la relation $\sin^2 \frac{1}{2} a + \cos^2 \frac{1}{2} a = 1$, il s'ensuit que, si l'on prend le signe supérieur du second radical pour le sinus, on doit prendre le signe inférieur pour le cosinus, et réciproquement; c'est-à-dire qu'on doit avoir

$$\sin \frac{1}{2} a = \pm \sqrt{\frac{1}{2} \pm \frac{1}{2} \sqrt{1 - \sin^2 a}},$$

$$\cos \frac{1}{2} a = \pm \sqrt{\frac{1}{2} \mp \frac{1}{2} \sqrt{1 - \sin^2 a}}.$$

67. *Discussion* des résultats trouvés par les deux méthodes.

Il est à remarquer que chacun des deux derniers résultats comprend *quatre* valeurs, tandis que ceux de la première méthode n'en renferment que *deux,* qui sont même *numériquement* égales.

Pour expliquer cette circonstance, nous observerons que lorsqu'un arc a est donné par son cosinus, on se donne en même temps les arcs $2k\pi + a$, $2k\pi - a$, puisque (tableau n° 56) l'on a

$$\cos (2k\pi \pm a) = \cos a.$$

Donc, si l'on demande $\sin \frac{1}{2} a$ ou $\cos \frac{1}{2} a$ en fonction de

$\cos a$, le calcul doit donner en même temps, les sinus des moitiés de tous les arcs compris dans l'expression générale $2k\pi \pm a$ (k étant un nombre entier quelconque qui peut être nul) ou bien, les cosinus de ces mêmes moitiés; c'est-à-dire qu'on doit obtenir toutes les valeurs comprises dans....

$$\sin\left(\frac{2k\pi \pm a}{2}\right) \quad \text{ou dans} \quad \cos\left(\frac{2k\pi \pm a}{2}\right).$$

Cela posé, soit d'abord k un nombre pair, $2k'$; il vient

$$\text{sn}\left(\frac{4k'\pi \pm a}{2}\right) = \sin\left(2k'\pi \pm \frac{a}{2}\right) = \pm \sin\frac{a}{2} \dots \text{ (n}^\circ \text{ 56)},$$

$$\text{ou } \cos\left(\frac{4k'\pi \pm a}{2}\right) = \cos\left(2k'\pi \pm \frac{a}{2}\right) = + \cos\frac{a}{2}.$$

Soit maintenant k un nombre impair, $2k' + 1$; on a

$$\sin\left(\frac{4k'\pi + 2\pi \pm a}{2}\right) = \sin\left(\pi \pm \frac{a}{2}\right) = \mp \sin\frac{a}{2},$$

$$\text{ou } \cos\left(\frac{4k'\pi + 2\pi \pm a}{2}\right) = \cos\left(\pi \pm \frac{a}{2}\right) = - \cos\frac{a}{2}.$$

On voit donc que les valeurs correspondantes, soit au sinus, soit au cosinus de la moitié d'un arc, sont au nombre de *deux* égales et de signes contraires.

Supposons actuellement que l'arc a soit donné par son sinus.

Comme en vertu du tableau n° 56, on a

$$\sin (2k\pi + a) = \sin a \quad \text{et } \sin (2k\pi + \pi - a) = \sin a,$$

il s'ensuit que le même calcul doit donner les sinus ou les cosinus des moitiés de tous les arcs compris dans les deux expressions $2k\pi + a$, $2k\pi + \pi - a$; c'est-à-dire qu'on doit obtenir en même temps toutes les valeurs comprises dans

$$\sin\left(\frac{2k\pi + a}{2}\right) \quad \text{et } \sin\left(\frac{2k\pi + \pi - a}{2}\right),$$

$$\text{ou } \cos\left(\frac{2k\pi + a}{2}\right) \quad \text{et } \cos\left(\frac{2k\pi + \pi - a}{2}\right).$$

Ne considérons d'abord que les deux expressions du sinus.

Soit $k = 2k'$; il vient

$$\sin\left(\frac{4k'\pi + a}{2}\right) = \sin\left(2k'\pi + \frac{a}{2}\right) = +\sin\frac{a}{2},$$

$$\sin\left(\frac{4k'\pi + \pi - a}{2}\right) = \sin\left(\frac{\pi}{2} - \frac{a}{2}\right) = +\cos\frac{a}{2}.$$

Soit $k = 2k' + 1$; on a

$$\sin\left(\frac{4k'\pi + 2\pi + a}{2}\right) = \sin\left(\pi + \frac{a}{2}\right) = -\sin\frac{a}{2},$$

$$\sin\left(\frac{4k'\pi + 3\pi - a}{2}\right) = \sin\left(\frac{3}{2}\pi - \frac{a}{2}\right) = -\cos\frac{a}{2}.$$

On obtient donc ainsi *quatre* valeurs différentes,

$$+\sin\frac{a}{2}, \quad +\cos\frac{a}{2}, \quad -\sin\frac{a}{2}, \quad -\cos\frac{a}{2}.$$

En opérant sur les expressions du cosinus, on trouverait également *quatre* valeurs qui seraient

$$+\cos\frac{a}{2}, \quad +\sin\frac{a}{2}, \quad -\cos\frac{a}{2}, \quad -\sin\frac{a}{2}.$$

Ces résultats s'accordent d'ailleurs évidemment avec ceux du n° 66.

Il nous reste cependant encore une difficulté à résoudre; c'est de *déterminer parmi les quatre systèmes de valeurs du sinus et du cosinus, quel est celui qu'on doit prendre*, lorsque l'on a en vue de calculer le sinus et le cosinus de la moitié d'un arc particulier; car il est certain qu'un même arc ne peut avoir qu'un seul sinus et un seul cosinus.

Supposons, pour fixer les idées, l'arc a au-dessous de $100°$, ce qui est le cas ordinaire. On a alors

$$\frac{1}{2}a < 50° \quad \text{et} \quad 100° - \frac{1}{2}a > 50°;$$

d'où l'on déduit

$$\sin\frac{1}{2}a < \sin 50°, \quad \text{et} \sin\left(100° - \frac{1}{2}a\right) \text{ ou } \cos\frac{1}{2}a > \sin 50°.$$

On voit donc que, dans ce cas, le sinus est plus petit que le cosinus ; d'ailleurs leurs expressions doivent être *positives*.

Ainsi, des quatre systèmes de résultats obtenus n° 66, celui qui satisfait à la question est

$$\sin \frac{1}{2} a = \sqrt{\frac{1}{2} - \frac{1}{2} \sqrt{1 - \sin^2 a}},$$

$$\cos \frac{1}{2} a = \sqrt{\frac{1}{2} + \frac{1}{2} \sqrt{1 - \sin^2 a}}.$$

Ce système rentre dans celui du n° 65, lorsqu'on remplace $\sqrt{1 - \sin^2 a}$ par sa valeur $\cos a$; car on trouve

$$\sin \frac{1}{2} a = \sqrt{\frac{1}{2} - \frac{1}{2} \cos a} = \sqrt{\frac{1 - \cos a}{2}},$$

$$\cos \frac{1}{2} a = \sqrt{\frac{1}{2} + \frac{1}{2} \cos a} = \sqrt{\frac{1 + \cos a}{2}}.$$

C'est sous cette dernière forme que nous aurons souvent occasion de rappeler les valeurs de $\sin \frac{1}{2} a$ et $\cos \frac{1}{2} a$.

68. La Géométrie fournit une démonstration très simple de ces deux formules.

Fig. 48. Soient $AB = a$, $BP = \sin a$, $OP = \cos a$ (*fig.* 48). Divisons en deux parties égales les arcs AB et BD, aux points C et C' ; puis tirons les cordes AB, BD et les rayons OC, OC' ; il résulte évidemment de cette construction,

$$BI = \sin BC = \sin \frac{1}{2} a, \; BC' = \frac{1}{2} BC'D = \frac{1}{2}(200° - a) = 100° - \frac{1}{2} a;$$

d'où
$$BI' = OI = \cos \frac{1}{2} a.$$

Cela posé, les triangles rectangles ABP, DBP donnent

$$AB \text{ ou } 2 \sin \frac{1}{2} a = \sqrt{\overline{AP}^2 + \overline{BP}^2} = \sqrt{(r - \cos a)^2 + \sin^2 a},$$

$$BD \text{ ou } 2 \cos \frac{1}{2} a = \sqrt{\overline{PD}^2 + \overline{BP}^2} = \sqrt{(r + \cos a)^2 + \sin^2 a}$$

Effectuant les calculs et observant que $\sin^2 a + \cos^2 a = r^2$,

$$2 \sin \tfrac{1}{2} a = \sqrt{2r^2 - 2r \cos a},$$

$$2 \cos \tfrac{1}{2} a = \sqrt{2r^2 + 2r \cos a};$$

d'où, divisant par 2 et supposant $r = 1$,

$$\sin \tfrac{1}{2} a = \sqrt{\frac{1 - \cos a}{2}}, \quad \cos \tfrac{1}{2} a = \sqrt{\frac{1 + \cos a}{2}}.$$

69. *Détermination du sinus du tiers d'un arc en fonction du sinus de cet arc.*

Dans la formule $\sin 3a = 3 \sin a \cos^2 a - \sin^3 a$, trouvée n° 63, remplaçons $\cos a$ par $\sqrt{1 - \sin^2 a}$; il vient

$$\sin 3a = 3 \sin a\,(1 - \sin^2 a) - \sin^3 a = 3 \sin a - 4 \sin^3 a,$$

ou ordonnant, $\qquad \sin^3 a - \dfrac{3}{4} \sin a + \dfrac{1}{4} \sin 3a = 0;$

ou bien enfin, substituant a et $\dfrac{1}{3} a$ au lieu de $3a$ et de a,

$$\sin^3 \tfrac{1}{3} a - \frac{3}{4} \sin \tfrac{1}{3} a + \frac{1}{4} \sin a = 0,$$

équation du 3e degré qu'il faudrait traiter par les méthodes connues de la résolution numérique, après y avoir mis toutefois pour $\sin a$, une valeur numérique quelconque.

Mais, sans nous arrêter à cette résolution, qui n'offrirait aucun intérêt pour notre objet, nous allons faire voir que l'équation a ses *trois* racines réelles, c'est-à-dire que la question proposée est susceptible de *trois* solutions.

En effet, on a déjà vu (n° 67) qu'un arc étant donné par son sinus, ou donne par là même tous les arcs compris dans les expressions $2k\pi + a$, $2k\pi + \pi - a$; donc en demandant le sinus du *tiers* de cet arc, on doit trouver simultanément les valeurs de

$$\sin \frac{2k\pi + a}{3} \qquad \text{et} \qquad \sin \frac{2k\pi + \pi - a}{3}.$$

Cela posé, le nombre entier k peut se présenter sous trois formes différentes, $3k'$, $3k' + 1$ et $3k' + 2$,

Soit d'abord $k = 3k'$; on a pour les deux expressions,

$$\sin \left(\frac{6k'\pi + a}{3}\right) = \sin \left(2k'\pi + \frac{a}{3}\right) = + \sin \frac{a}{3},$$

$$\sin \left(\frac{6k'\pi + \pi - a}{3}\right) = \sin \left(2k'\pi + \frac{\pi}{3} - \frac{a}{3}\right) = + \sin\left(\frac{\pi}{3} - \frac{a}{3}\right).$$

Soit maintenant $k = 3k' + 1$; il en résulte

$$\sin \left(\frac{6k'\pi + 2\pi + a}{3}\right) = \sin\left(\frac{2}{3}\pi + \frac{a}{3}\right) = \sin \left(\pi - \frac{2}{3}\pi - \frac{a}{3}\right),$$
$$= + \sin \left(\frac{\pi}{3} - \frac{a}{3}\right),$$

valeur identique avec la précédente;

$$\sin \left(\frac{6k'\pi + 3\pi - a}{3}\right) = \sin \left(\pi - \frac{a}{3}\right) = + \sin \frac{a}{3},$$

valeur identique avec la première.

Soit enfin, $k = 3k' + 2$; on obtient

$$\sin \left(\frac{6k'\pi + 4\pi + a}{3}\right) = \sin\left(\cdots + \frac{\pi}{3} + \frac{a}{3}\right) = - \sin \left(\frac{\pi}{3} + \frac{a}{3}\right),$$
$$\sin \left(\frac{6\pi k' + 5\pi - a}{3}\right) = \sin \left(2\pi - \frac{\pi + a}{3}\right) = - \sin \left(\frac{\pi}{3} + \frac{a}{3}\right),$$

valeur identique avec la précédente.

On voit donc que les valeurs se réduisent à *trois* généralement différentes, savoir :

$$+ \sin \frac{a}{3}, \quad + \sin \left(\frac{\pi}{3} - \frac{a}{3}\right), \quad - \sin \left(\frac{\pi}{3} + \frac{a}{3}\right).$$

Je dis *généralement*, car si l'on avait, par exemple, $a = \frac{1}{2}\pi$,

il en résulterait $\frac{\pi}{3} - \frac{a}{3} = \frac{1}{6}\pi$; et les deux 1res valeurs seraient égales à $\sin \frac{1}{6}\pi$; la troisième deviendrait

$$-\sin\left(\frac{\pi}{3}+\frac{\pi}{6}\right)=-\sin\frac{1}{2}\pi=-1.$$

Mais il n'en est pas moins vrai que l'équation ci-dessus a ses trois racines réelles.

On reconnaîtrait, par une analyse absolument semblable, que si l'on demandait $\cos\frac{1}{3}a$ en fonction de $\sin a$, on obtiendrait *six* valeurs différentes :

$$+\cos\frac{a}{3},\quad -\cos\frac{a}{3},\quad +\cos\left(\frac{\pi}{3}-\frac{a}{3}\right),\quad -\cos\left(\frac{\pi}{3}-\frac{a}{3}\right),$$

$$+\cos\left(\frac{\pi}{3}+\frac{a}{3}\right)\quad \text{et}\quad -\cos\left(\frac{\pi}{3}+\frac{a}{3}\right).$$

Et en effet, il est aisé de prouver que l'équation d'où dépend la détermination de $\cos\frac{1}{3}a$, est du sixième degré.

Remplaçons dans $\sin 3a = 3\sin a\cos^2 a - \sin^3 a$,

ou $\qquad\qquad \sin 3a = \sin a\,(3\cos^2 a - \sin^2 a)$,

$\sin a$ par sa valeur $\sqrt{1-\cos^2 a}$; il vient

$$\sin 3a = \sqrt{1-\cos^2 a}\,(4\cos^2 a - 1),$$

ou, élevant au carré pour chasser le radical,

$$\sin^2 3a = (1-\cos^2 a)(4\cos^2 a - 1)^2,$$

équation qui, développée et ordonnée, devient

$$16\cos^6 a - 24\cos^4 a + 9\cos^2 a - 1 + \sin^2 3a = 0.$$

Nous engageons les commençans, pour se familiariser avec ces sortes de discussions, à rechercher $\sin\frac{1}{3}a$ et $\cos\frac{1}{3}a$ en fonction de $\cos a$; ils reconnaîtront encore que le sinus doit avoir *six* valeurs, mais que le cosinus n'en a que *trois.*

70. *Détermination de la tangente de la somme ou de la différence de deux arcs, en fonction des tangentes de ces arcs.*

D'après la relation $\tang a = \dfrac{\sin a}{\cos a}$, établie n° 50, on a

$$\tang (a \pm b = \frac{\sin (a \pm b)}{\cos (a \pm b)},$$

ou, remplaçant $\sin (a \pm b)$, $\cos (a \pm b)$ par leurs valeurs (n° 62),

$$\tang (a \pm b = \frac{\sin a \cos b \pm \sin b \cos a}{\cos a \cos b \mp \sin a \sin b}.$$

Afin de n'avoir dans le second membre que des tangentes, divisons haut et bas par $\cos a \cos b$; il vient

$$\tang (a \pm b) = \frac{\dfrac{\sin a}{\cos a} \pm \dfrac{\sin b}{\cos b}}{1 \mp \dfrac{\sin a}{\cos a} \cdot \dfrac{\sin b}{\cos b}};$$

et comme on a $\dfrac{\sin a}{\cos a} = \tang a$, $\dfrac{\sin b}{\cos b} = \tang b$, on obtient enfin

$$\tang (a \pm b) = \frac{\tang a \pm \tang b}{1 \mp \tang a \tang b}.$$

N. B. Si le rayon n'était pas égal à l'unité, il faudrait le rétablir dans cette formule, et l'on aurait (n° 26)

$$\tang (a \pm b) = \frac{r^2(\tang a \pm \tang b)}{r^2 \mp \tang a \tang b}.$$

71. Soit fait $b = a$ dans l'expression

$$\tang (a + b) = \frac{\tang a + \tang b}{1 - \tang a \tang b};$$

on obtient $\qquad \tang 2a = \dfrac{2 \tang a}{1 - \tang^2 a};$

cette nouvelle formule donne la valeur de la tangente du *double* d'un arc en fonction de la tangente de cet arc.

72. Si l'on y remplace $2a$ par a et a par $\dfrac{1}{2} a$, il vient

$$\text{tang } a = \frac{2 \text{ tang } \frac{1}{2} a}{1 - \text{tang}^2 \frac{1}{2} a}, \text{ d'où tang}^2 \tfrac{1}{2} a + \frac{2}{\text{tang } a} \text{ tang } \tfrac{1}{2} a - 1 = 0,$$

équation du second degré qui, étant résolue, donne

$$\text{tang } \tfrac{1}{2} a = - \frac{1}{\text{tang } a} \pm \frac{1}{\text{tang } a} \sqrt{1 + \text{tang}^2 a}.$$

Ainsi, l'on obtient deux valeurs pour la tangente de la *moitié* d'un arc, exprimée en fonction de la tangente de cet arc.

En effet, lorsqu'un arc a est donné par sa tangente, on donne par là même, tous les arcs compris dans les expressions $2k\pi + a$, $2k\pi + \pi + a$, puisque l'on a (tableau n° 56)

$$\text{tang } (2k\pi + a) \text{ et tang } (2k\pi + \pi + a) = \text{tang } a\,;$$

ainsi, le même calcul doit donner les valeurs de

$$\text{tang} \left(\frac{2k\pi + a}{2} \right) \quad \text{et} \quad \text{tang} \left(\frac{2k\pi + \pi + a}{2} \right).$$

Soit $k = 2k'$; on a

$$\text{tang} \left(\frac{4k'\pi + a}{2} \right) = \text{tang} \left(2k'\pi + \frac{a}{2} \right) = + \text{ tang } \frac{a}{2},$$

et

$$\text{tang} \left(\frac{4k'\pi + \pi + a}{2} \right) = \text{tang} \left(\frac{\pi}{2} + \frac{a}{2} \right) = - \cot \frac{a}{2} \dots (\text{n° } 56).$$

Soit $k = 2k' + 1$; on trouve

$$\text{tang} \left(\frac{4k'\pi + 2\pi + a}{2} \right) = \text{tang} \left(\pi + \frac{a}{2} \right) = + \text{ tang } \frac{a}{2},$$

valeur identique avec la première;

$$\text{tang} \left(\frac{4k'\pi + 3\pi + a}{2} \right) = \text{tang} \left(\frac{3\pi}{2} + \frac{a}{2} \right) = - \cot \frac{a}{2},$$

valeur identique avec la seconde.

On voit donc que les valeurs sont au nombre de *deux*, savoir :

$$+ \text{tang } \tfrac{1}{2} a \qquad \text{et} \qquad - \cot \tfrac{1}{2} a.$$

Ce résultat s'accorde d'ailleurs avec la nature de l'équation ci-dessus, dont le dernier terme est égal à — 1.

En effet, la relation $\cot a = \dfrac{1}{\tang a}$, ou $\cot a \times \tang a = 1$ du n° 50, donne

$$\cot \tfrac{1}{2} a \times \tang \tfrac{1}{2} a = 1, \quad \text{ou} \quad - \cot \tfrac{1}{2} a \times \tang \tfrac{1}{2} a = - 1.$$

Quant à la valeur qu'il convient de prendre, lorsqu'on suppose $a < 100°$, ce qui a lieu le plus communément; comme, dans ce cas, $\tang \tfrac{1}{2} a$ doit être *positif*, et que $\tang a$ est aussi positif, il est clair que la réponse à la question est

$$\tang \tfrac{1}{2} a = - \frac{1}{\tang a} + \frac{1}{\tang a} \sqrt{1 + \tang^2 a};$$

et dans cette même circonstance, on a

$$\cot \tfrac{1}{2} a = \frac{1}{\tang a} + \frac{1}{\tang a} \sqrt{1 + \tang^2 a}.$$

73. On parvient à d'autres expressions de $\tang \tfrac{1}{2} a$, d'après les formules

$$\sin \tfrac{1}{2} a = \sqrt{\frac{1 - \cos a}{2}}, \quad \cos \tfrac{1}{2} a = \sqrt{\frac{1 + \cos a}{2}} \dots (\text{n}° 65).$$

En les divisant l'une par l'autre, on trouve

$$1°\dots\, \tang \tfrac{1}{2} a = \sqrt{\frac{1 - \cos a}{1 + \cos a}}.$$

Dans cette première expression, multiplions, sous le radical, haut et bas, par $1 + \cos a$, puis par $1 - \cos a$; il vient

$$2°. \quad \tang \tfrac{1}{2} a = \sqrt{\frac{1 - \cos^2 a}{(1 + \cos a)^2}} = \frac{\sin a}{1 + \cos a};$$

$$3°. \quad \tang \tfrac{1}{2} a = \sqrt{\frac{(1 - \cos a)^2}{1 - \cos^2 a}} = \frac{1 - \cos a}{\sin a}.$$

Ces diverses expressions sont souvent employées dans les applications trigonométriques. La dernière se déduit d'ailleurs facilement de celle qui avait été obtenue dans le n° précédent.

En effet, celle-ci peut être mise sous la forme

$$\tang \frac{1}{2} a = \frac{-1 + \sqrt{1 + \tang^2 a}}{\tang a};$$

mais (n° 50) $\tang a = \dfrac{\sin a}{\cos a}$, $\quad \sqrt{1 + \tang^2 a} = \séc a = \dfrac{1}{\cos a}$;

donc

$$\tang \frac{1}{2} a = \frac{-1 + \dfrac{1}{\cos a}}{\dfrac{\sin a}{\cos a}} = \frac{1 - \cos a}{\sin a}.$$

Les élèves feront bien de s'exercer à la recherche des tangentes du *triple*, du *tiers*, etc., d'un arc, ainsi qu'à la discussion des formules qui y sont relatives. C'est un moyen de leur rendre familières les valeurs corrélatives des lignes trigonométriques. Ils peuvent également rechercher les cotangentes, sécantes, cosécantes, de la somme ou de la différence de deux arcs, du *double*, du *triple*, etc., et de la *moitié*, du *tiers*.... d'un arc.

74. Les formules (A) et (B) du n° 61 donnent encore lieu à quelques résultats utiles dans les applications de la Trigonométrie.

Reprenons d'abord les valeurs de $\sin (a + b)$ et de $\sin (a - b)$;

$$\sin (a + b) = \sin a \cos b + \sin b \cos a,$$
$$\sin (a - b) = \sin a \cos b - \sin b \cos a.$$

Si l'on ajoute ces deux égalités et qu'on les retranche l'une de l'autre, il vient

$$\sin (a + b) + \sin (a - b) = 2\sin a \cos b,$$
$$\sin (a + b) - \sin (a - b) = 2\sin b \cos a;$$

d'où, en divisant ces deux dernières l'une par l'autre, et observant que $\dfrac{\sin a}{\cos a} = \tang a$, $\dfrac{\cos b}{\sin b} = \cot b = \dfrac{1}{\tang b}$,

$$\frac{\sin (a + b) + \sin (a - b)}{\sin (a + b) - \sin (a - b)} = \frac{\tang a}{\tang b} \dots \quad (C)$$

Comme les formules (A) et (B) sont vraies quels que soient les arcs a et b, il en est nécessairement de même de la relation (C).

Cela posé, soient p et q deux arcs quelconques (p étant $> q$).

On peut toujours regarder le plus grand p comme la somme de deux autres arcs a et b, le second q comme la différence de ces mêmes arcs. En effet, si l'on pose

$$\left.\begin{array}{l} a + b = p, \\ a - b = q, \end{array}\right\} \text{ il en résulte, } \left\{\begin{array}{ll} \text{par addition,} & 2b = p - q, \\ \text{par soustraction,} & 2a = p + q; \end{array}\right.$$

$$\text{d'où} \quad \left\{\begin{array}{l} a = \dfrac{p + q}{2}, \\[2mm] b = \dfrac{p - q}{2}. \end{array}\right.$$

Or, si l'on substitue ces valeurs de $a + b$, $a - b$, a et b dans la formule (C), on obtient la nouvelle relation

$$\frac{\sin p + \sin q}{\sin p - \sin q} = \frac{\tang \frac{1}{2}(p + q)}{\tang \frac{1}{2}(p - q)}; \ \dots \quad (D)$$

ce qui démontre que *la somme des sinus de deux arcs est à la différence de ces mêmes sinus, comme la tangente de la demi-somme des arcs est à la tangente de leur demi-différence.*

Combinons de la même manière les deux formules

$$\cos (a + b) = \cos a \cos b - \sin a \sin b,$$
$$\cos (a - b) = \cos a \cos b + \sin a \sin b.$$

Il résulte d'abord de leur addition et de leur soustraction,

$$\cos (a - b) + \cos (a + b) = 2\cos a \cos b,$$
$$\cos (a - b) - \cos (a + b) = 2\sin a \sin b.$$

Divisant ces deux égalités membre à membre, on obtient

$$\frac{\cos(a - b) + \cos(a + b)}{\cos(a - b) - \cos(a + b)} = \cot a \cot b = \frac{\cot a}{\tang b} \dots \quad (E)$$

Soient maintenant $\begin{cases} a+b=p, \\ a-b=q; \end{cases}$ d'où $\begin{cases} a=\dfrac{p+q}{2}, \\ b=\dfrac{p-q}{2}; \end{cases}$

la relation précédente devient

$$\frac{\cos q + \cos p}{\cos q - \cos p} = \cot \tfrac{1}{2}(p+q)\,\cot \tfrac{1}{2}(p-q) = \frac{\cot \tfrac{1}{2}(p+q)}{\tang \tfrac{1}{2}(p-q)}; \cdots (F)$$

résultat qu'on pourrait traduire dans un énoncé analogue au précédent.

75. Ces formules servent principalement à remplacer certaines expressions trigonométriques par d'autres auxquelles les logarithmes puissent s'appliquer.

Soit, par exemple, à calculer numériquement l'expression

$$x = \frac{\sin 30° + \sin 16°}{\sin 30° - \sin 16°};$$

on posera $\begin{cases} p = 30°, \\ q = 16°; \end{cases}$ d'où $\dfrac{p+q}{2} = 23°, \quad \dfrac{p-q}{2} = 7°.$

Substituant ces valeurs dans la relation (D), on aura

$$x = \frac{\sin 30° + \sin 16°}{\sin 30° - \sin 16°} = \frac{\tang 23°}{\tang 7°};$$

et par conséquent, $\log x = \log \tang 23° - \log \tang 7°;$

d'où l'on voit qu'on peut obtenir le logarithme du nombre cherché, par le moyen d'une simple soustraction.

Soit encore l'expression $x = \sin 25° + \cos 47°$, à calculer numériquement (on verra bientôt que les tables ne renferment que les logarithmes des lignes trigonométriques).

Observons d'abord que $\cos 47° = \sin (100° - 47°) = \sin 53°;$

ce qui donne pour la valeur de x, $x = \sin 53° + \sin 25°.$

Mais on a trouvé précédemment

$$\sin (a+b) + \sin (a-b) = 2\sin a \cos b.$$

Posant $\begin{matrix} a + b = 53^o, \\ a - b = 25^o, \end{matrix} \Big\}$ il en résulte $\Big\{ \begin{matrix} a = 39^o, \\ b = 14^o; \end{matrix}$

donc $\sin 53^o + \sin 25^o = 2\sin 39^o \cos 14^o$;

et par conséquent, $\log x = \log 2 + \log \sin 39^o + \log \cos 14^o$.

76. La formule (D) dont nous ferons usage dans la résolution des triangles, se démontre très simplement par la Géométrie.

Fig. 49. Soit décrite une circonférence de cercle avec un rayon OA (*fig.* 49) égal à celui des tables. Tirons le diamètre AA′, et prenons, à partir du point A, $AB = p$, $AC = q$; puis abaissons BP, CQ perpendiculaires sur AA′, en prolongeant BP jusqu'à sa rencontre en B′ avec la circonférence; menons d'ailleurs CI parallèle à AA′.

Il résulte évidemment de cette première construction,

$CQ = \sin AC = \sin q$, $BP = B'P = \sin p$, $DB' = \sin p + \sin q$,

$BD = \sin p - \sin q$.

Joignons maintenant le point I aux points B et B′ ; du même point I comme centre et avec le rayon du cercle, décrivons un arc qui coupe CI en E, et élevons à CI la perpendiculaire GEF.

Comme on a $AB = AB' = p$, $AC = q$, il en résulte

$CAB' = p + q$, $CB = p - q$, $EF = \tang EIF = \tang\frac{1}{2}(p+q)$,

$EG = \tang\frac{1}{2}(p - q)$.

Or, en vertu d'un théorème connu de Géométrie, les trois lignes BI, B′I, CI coupent les deux parallèles GF, BB′ en parties proportionnelles. On a donc

$$DB' : DB :: EF : EG;$$

ou bien, remplaçant ces lignes par leurs valeurs,

$$\sin p + \sin q : \sin p - \sin q :: \tang\frac{1}{2}(p+q) : \tang\frac{1}{2}(p-q).$$

C. Q. F. D.

57. Nous croyons devoir réunir en un tableau, les différentes formules obtenues dans les numéros précédens, en y joignant les relations qui existent entre les lignes trigonométriques d'un même arc. Les jeunes gens pourront alors le consulter au besoin.

TABLEAU

Des Formules principales de la Trigonométrie,

Avec l'indication des *numéros* d'où on les a tirées.

$$(48) \begin{cases} \sin^2 a + \cos^2 a = 1, \qquad \tan a = \dfrac{\sin a}{\cos a}, \\[2mm] \sec a = \dfrac{1}{\cos a}, \qquad \sec^2 a = 1 + \tan^2 a, \\[2mm] \cot a = \dfrac{\cos a}{\sin a}, \qquad \cot a = \dfrac{1}{\tan a}, \\[2mm] \csc a = \dfrac{1}{\sin a}, \qquad \csc^2 a = 1 + \cot^2 a, \end{cases}$$

$$(60, 61) \begin{cases} \sin(a \pm b) = \sin a \cos b \pm \sin b \cos a; \\ \cos(a \pm b) = \cos a \cos b \mp \sin a \sin b, \end{cases}$$

$$(63) \begin{cases} \sin 2a = 2\sin a\cos a \dots\dots\dots \cos 2a = \cos^2 a - \sin^2 a, \\ \sin 3a = 3\sin a\cos^2 a - \sin^3 a, \dots \cos 3a = \cos^3 a - 3\cos a\sin^2 a, \end{cases}$$

$$(65, 66) \begin{cases} \sin\dfrac{1}{2}a = \pm\sqrt{\dfrac{1-\cos a}{2}} \dots \cos\dfrac{1}{2}a = \pm\sqrt{\dfrac{1+\cos a}{2}}, \\[2mm] \sin\dfrac{1}{2}a = \pm\sqrt{\dfrac{1}{2} \pm \sqrt{1-\sin^2 a}}, \\[2mm] \cos\dfrac{1}{2}a = \pm\sqrt{\dfrac{1}{2} \mp \sqrt{1-\sin^2 a}}, \end{cases}$$

$$(69) \quad \sin^3\dfrac{1}{3}a - \dfrac{3}{4}\sin\dfrac{1}{3}a + \dfrac{1}{4}\sin a = 0.$$

$$(70, 71) \quad \tan(a \pm b) = \dfrac{\tan a \pm \tan b}{1 \mp \tan a \tan b},$$

$$\tan 2a = \dfrac{2\tan a}{1 - \tan^2 a},$$

$$(72, 73) \quad \tan \frac{1}{2} a = \frac{-1 \pm \sqrt{1 + \tan^2 a}}{\tan a} = \sqrt{\frac{1 - \cos a}{1 + \cos a}}$$

$$= \frac{\sin a}{1 + \cos a} = \frac{1 - \cos a}{\sin a},$$

$$(74) \quad \begin{cases} \sin (a + b) + \sin (a - b) = 2 \sin a \cos b, \\ \sin (a + b) + \sin (a - b) = 2 \sin b \cos a, \\ \cos (a + b) + \cos (a - b) = 2 \cos a \cos b, \\ \cos (a - b) - \cos (a + b) = 2 \sin a \sin b, \end{cases}$$

$$(74) \quad \frac{\sin p + \sin q}{\sin p - \sin q} = \frac{\tan \frac{1}{2}(p + q)}{\tan \frac{1}{2}(p - q)} \cdots \frac{\cos q + \cos p}{\cos q - \cos p} = \frac{\cot \frac{1}{2}(p + q)}{\tan \frac{1}{2}(p - q)}.$$

(Dans toutes ces formules, on a supposé le rayon égal à l'unité; s'il en était autrement, il faudrait le rétablir d'après la règle du n° 26.)

Construction des Tables trigonométriques.

78. Nous pouvons maintenant faire connaître les moyens qui ont été employés pour dresser des tables trigonométriques.

On appelle ainsi, des tables renfermant d'une part, tous les arcs depuis 0° jusqu'à 100°, et de l'autre, les valeurs des sinus, cosinus, tangentes, etc., correspondantes à ces arcs. Il suffit d'ailleurs qu'elles ne comprennent que les lignes trigonométriques des arcs moindres que 100°, puisque, d'après le tableau n° 56, celles des arcs plus grands sont *numériquement* les mêmes que les lignes trigonométriques des arcs plus petits.

Nous adopterons, dans tout ce qui va suivre, la division centésimale, c'est-à-dire que nous supposerons le *quart* de circonférence ou le *quadrans*, divisé en 100 parties égales, appelées *grades* ou *degrés* (100°); chaque degré divisé en 100 minutes (100′); chaque minute divisée en 100 secondes (100″). Enfin, nous admettrons qu'on ne veuille former que des tables dans lesquelles les arcs croissent de *minute* en *minute*.

Cela posé, d'après les formules précédemment établies, il

est clair qu'il suffit de calculer la valeur de sin $1'$. En effet, la formule $\cos a = \sqrt{1 - \sin^2 a}$ donne d'abord la valeur correspondante de cos $1'$.

Connaissant les valeurs de sin $1'$ et cos $1'$, on obtiendra celles des sinus et cosinus de $2'$, $3'$, $4'\ldots$, en faisant successivement dans les formules

$$\sin 2a = 2 \sin a \cos a, \quad \cos 2a = \cos^2 a - \sin^2 a,$$

$$\sin (a + b) = \sin a \, \cos b + \sin b \, \cos a,$$
$$\cos (a + b) = \cos a \, \cos b - \sin a \, \sin b,$$

$a = 1'$, puis $b = 1'$, $2'$, $3'$, $4'\ldots$; et ainsi de suite, jusqu'à $10000'$ ou $100°$.

Quant aux autres lignes trigonométriques, on déduira facilement leurs valeurs, des formules

$$\operatorname{tang} a = \frac{\sin a}{\cos a}, \quad \cot a = \frac{1}{\operatorname{tang} a}, \quad \sec a = \frac{1}{\cos a}, \quad \operatorname{coséc} a = \frac{1}{\sin a}.$$

On peut toutefois calculer d'une manière plus simple les sinus et cosinus, à l'aide des formules

$$\sin (a + b) + \sin (a - b) = 2\sin a \cos b,$$
$$\cos (a + b) - \cos (a - b) = 2\cos a \cos b,$$

comprises dans le tableau n° 77.

Elles peuvent être mises sous la forme

$$\sin (a + b) = \sin a \times 2\cos b + \sin (a - b) \times -1,$$
$$\cos (a + b) = \cos a \times 2\cos b + \cos (a - b) \times -1;$$

et si l'on y fait $a = mb$, elles deviennent

$$\sin (m + 1)b = \sin mb \times 2\cos b + \sin (m - 1)b \times -1,$$
$$\cos (m + 1)b = \cos mb \times 2\cos b + \cos (m - 1)b \times -1;$$

ce qui démontre que *pour avoir le sinus d'un multiple quelconque* (m + 1)b, *de l'arc* b, *il faut multiplier les sinus des multiples immédiatement inférieurs,* mb *et* (m − 1)b, *respectivement par les quantités constantes* 2cos b *et* − 1, *puis ajouter ces résultats avec leurs signes.* Même loi de formation pour le cosinus.

D'après cela, soit fait $b = 1'$ dans les formules; puis successivement $m = 1, 2, 3\ldots$; il en résulte

$$\sin 2' = \sin 1' \times 2 \cos 1' - 0 = 2 \sin 1' \cos 1';$$
$$\cos 2' = \cos 1' \times 2 \cos 1' + 1 \times -1 = 2 \cos 1' - 1,$$
$$\sin 3' = \sin 2' \times 2 \cos 1' + \sin 1' \times -1,$$
$$\cos 3' = \cos 2' \times 2 \cos 1' + \cos 1' \times -1,$$
$$\sin 4' = \sin 3' \times 2 \cos 1' + \sin 2' \times -1,$$
$$\cos 4' = \cos 3' \times 2 \cos 1' + \cos 2' \times -1,$$

$$\cdots\cdots\cdots\cdots\cdots\cdots\cdots\cdots\cdots\cdots\cdots$$
$$\cdots\cdots\cdots\cdots\cdots\cdots\cdots\cdots\cdots\cdots\cdots$$

et ainsi de suite.

N. B. Ceux qui ont déjà quelques notions des séries récurrentes, reconnaîtront sans peine que la série des sinus forme une suite récurrente dont *l'échelle de relation* se compose des deux quantités $2 \cos 1'$ et $- 1$; il en est de même de la série des cosinus.

Ainsi, toute la difficulté consiste à déterminer avec le plus grand degré d'approximation possible, le sinus du plus petit arc de la table, ou $\sin 1'$..

79. Nous commencerons par démontrer qu'*un arc quelconque est toujours plus grand que son sinus, mais moindre que sa tangente.*

Fig. 50.   Soient en effet un arc quelconque AB (*fig. 50*); BP, BA et AT le sinus, la corde et la tangente de cet arc.

On a d'abord arc AB $>$ corde AB, mais corde AB $>$ BP; donc, à plus forte raison, arc AB $>$ BP.

En second lieu, le secteur circulaire a pour mesure arc AB $\times \frac{1}{2}$ OA, et le triangle OAT est égal à AT $\times \frac{1}{2}$ OA; or, le secteur est évidemment plus petit que le triangle; on a donc arc AB $\times \frac{1}{2}$ OA $<$ AT $\times \frac{1}{2}$ OA; d'où arc AB $<$ AT.

On voit en outre, d'après la figure, que plus l'arc diminue, plus la tangente et le sinus se rapprochent l'un de l'autre et par conséquent de l'arc qui est compris entre les deux. Cela résulte d'ailleurs de la formule $\tang a = \dfrac{\sin a}{\cos a}$ qui donne $\dfrac{\tang a}{\sin a} = \dfrac{1}{\cos a}$; à mesure que l'arc diminue, le cosinus augmente et se rapproche de plus en plus de l'unité; donc aussi plus le rapport $\dfrac{1}{\cos a}$ approche de devenir égal à 1. Si l'arc est très petit, $\dfrac{1}{\cos a}$ ou $\dfrac{\tang a}{\sin a}$ diffère très peu de l'unité.

Soit, par exemple, l'arc qui a pour cosinus 0,99; il vient

$$\frac{\tang a}{\sin a} = \frac{1}{0,99} = \frac{100}{99} = 1 + \frac{1}{99};$$

soit encore $\cos a = 0,99999$; on trouve $\dfrac{\tang a}{\sin a} = 1 + \dfrac{1}{99999}$.

Ce rapport diffère donc d'autant moins de l'unité, que l'arc est plus petit, et il peut en différer d'aussi peu que l'on veut. Il en est de même des rapports $\dfrac{\tang a}{a}$ et $\dfrac{a}{\sin a}$; puisque l'arc est toujours compris entre sa tangente et son sinus.

Ainsi nous pouvons établir, comme une vérité mathématique, que *les rapports* de la tangente au sinus, de la tangente à l'arc, et de l'arc au sinus, *sont trois quantités qui tendent sans cesse vers l'unité, à mesure que l'arc diminue;* et lorsque l'arc est moindre qu'aucune grandeur donnée, *ces rapports diffèrent eux-mêmes de l'unité d'une quantité moindre que toute grandeur donnée.*

En d'autres termes, *ces trois rapports ont pour* LIMITE L'UNITÉ.

Cette proposition joue un très grand rôle dans la haute analyse (*voyez* Algèbre, 3ᵉ édition, n° 447).

80. Puisqu'un arc étant très petit, le rapport $\dfrac{a}{\sin a}$ diffère très peu de l'unité, il s'ensuit que l'arc et le sinus sont aussi très peu différens l'un de l'autre. On peut d'ailleurs, dans

tous les cas, calculer *l'erreur commise*, lorsqu'on prend l'arc pour le sinus, ou réciproquement.

En effet, la relation tang $a > a$ donne $\dfrac{\sin a}{\cos a} > a$, d'où

$\sin a > a \cos a$,

et à plus forte raison, $\sin a > a \cos^2 a$,

puisque cos a est toujours une fraction.

Mettons au lieu de $\cos^2 a$ sa valeur $1 - \sin^2 a$; il en résulte $\sin a > a - a \sin^2 a$, ou *à fortiori*, $\sin a > a - a^3$, puisque l'on a $a > \sin a$ ou $a^2 > \sin^2 a$.

Or, l'inégalité $\sin a > a - a^3$ donne $a - \sin a < a^3$; ce qui prouve que *la différence entre l'arc et le sinus est moindre que le cube de la valeur de l'arc*.

Soit $a = 0,01$ (la longueur de l'arc étant évaluée au moyen du rayon); il en résulte $a - \sin a < 0,000001$. Soit encore $a = 0,001$; il vient $a - \sin a < 0,000000001$.

81. Cela posé, on a vu en Géométrie que, le diamètre étant pris pour unité, la circonférence a pour valeur.......... $\pi = 3,1415926$.

Si, comme nous le supposons, ce n'est plus le diamètre, mais bien le rayon, qu'on prend pour l'unité, la valeur de π représente celle de la demi-circonférence; donc

$$\frac{1}{2}\pi = 1,5707963\ldots$$

exprime la valeur du *quadrans* ou de 100°.

Par conséquent, $1° = 0,015707963$

               $1' = 0,00015797963\ldots$

Comme cette dernière expression est au-dessous de 0,0002, il s'ensuit que $(1')^3$ est moindre que $(0,0002)^3$ ou $0,000000000008$.

D'où l'on voit que l'expression de l'arc de $1'$ représente celle de sin $1'$, à une fraction près, moindre que l'unité de l'ordre du onzième chiffre décimal; ainsi l'on a

$$\sin 1' = 0{,}00015707963 ,$$

jusqu'au onzième chiffre décimal inclusivement.

Cette approximation est plus que suffisante pour le sinus de 1′ lui-même; mais elle est nécessaire pour la détermination des autres sinus qui, comme on l'a vu, dépendent de celui là, ainsi que du cosinus de 1′. Les erreurs se multipliant sans cesse, finissent par refluer sur le 10ᵉ, 9ᵉ, 8ᵉ... chiffre décimal.

Notre intention était de ne donner ici qu'une idée de la manière dont les tables trigonométriques ont pu être construites. Mais il existe des méthodes beaucoup plus expéditives, fondées sur les séries qui donnent le développement du sinus et du cosinus d'un arc en fonction de cet arc. (*Voyez*, Algèbre, troisième édition, chap. X, n° 440.) On trouve même à la fin de ce chapitre une méthode pour calculer le rapport de la circonférence au diamètre, rapport qui a servi de base aux calculs précédens.

82. *Première remarque* sur la composition des *tables centésimales*, et sur la manière d'en faire usage.

Comme dans toutes les applications trigonométriques, les calculs se font par logarithmes, on a jugé à propos de placer dans les tables les logarithmes des sinus, cosinus, tangentes, etc. au lieu de ces lignes elles-mêmes. En outre, leurs logarithmes ont été calculés, non dans l'hypothèse de $r = 1$, mais dans celle de $r = 10^{10}$ ou 10000000000; et en voici la raison.

En supposant $r = 1$, ce qui donnerait $\log r = 0$, on aurait pour les sinus et cosinus, des logarithmes *négatifs*, puisque ces lignes sont toujours plus petites que le rayon; il en serait de même pour les tangentes des arcs moindres que 50° et pour les cotangentes des arcs plus grands. Quant aux sécantes et cosécantes, leurs logarithmes seraient toujours positifs, car on a vu qu'elles sont toujours plus grandes que le rayon; mais ces deux dernières lignes sont employées fort rarement.

Pour obvier à cet inconvénient, on a conçu le rayon des tables, qui ne cesse pas d'être l'unité trigonométrique, rapporté lui-même à une autre unité beaucoup plus petite, et l'on a supposé le rayon représenté par 10^{10}, l'unité nouvelle étant celle des tables de logarithmes ordinaires.

Or, si l'on considère un angle quelconque BOA (*fig.* 51) du sommet duquel on ait décrit deux arcs de cercle a et a' avec les rayons r et r', et que l'on mène les perpendiculaires BP, AT et B'P', A'T', on aura évidemment la proportion

$$BP : B'P' :: OA : OA' \text{ ou } \sin a : \sin a' :: r : r' ;$$

ce qui démontre que *les sinus d'un même angle, correspondans à deux rayons différens, sont proportionnels à ces rayons.*

Même résultat pour les autres lignes trigonométriques.

D'après cela, soient $r = 1$ et $r' = 10^{10}$; il en résulte

$$\sin a' = \sin a \times 10^{10}; \text{ d'où } \log \sin a' = \log \sin a + 10,$$
$$\cos a' = \cos a \times 10^{10}; \text{ d'où } \log \cos a' = \log \cos a + 10,$$

et ainsi des autres lignes.

D'où l'on voit que pour obtenir les logarithmes des lignes trigonométriques dans le cas de $r = 10^{10}$, il *faut augmenter de 10 unités, ceux qui ont été calculés pour* $r = 1$.

Par ce moyen, on est assuré que tous les logarithmes sont *positifs*, quelque petits que soient les arcs. En effet, soit, par exemple, le plus petit arc de la table, ou $1'$.

On a trouvé pour son sinus... $\sin 1' = 0,00015707963..$,

d'où $\log \sin 1' = \log 15707,963 - 8 = - 3,8038801$

(on cherche $\log 15707,963$ dans les tables ordinaires);

donc $\log \sin 1' + 10 = - 3,8038801 + 10 = + 6,1961199$.

Tel est le logarithme qui se trouve dans les tables centésimales.

On aurait même pu supposer seulement $r = 10^4 = 10000$; mais on a préféré l'hypothèse $r = 10^{10}$, parce que les logarithmes ne sont alors autre chose que les *complémens arithmétiques ordinaires* des logarithmes calculés dans le cas de $r = 1$; et il en résulte de grands avantages dans les applications, comme nous le verrons plus loin.

83. *Seconde remarque.* Les Tables centésimales de Callet, que

nous supposons entre les mains des élèves, ne renferment en apparence que les sinus, tangentes et cosinus des arcs compris depuis 1′ jusqu'à 50°; mais elles n'en donnent pas moins les sinus, tangentes et cosinus des arcs plus grands, aussi bien que les trois autres lignes trigonométriques.

En effet, pour le sinus et le cosinus, on observe que le sinus d'un arc plus grand que 50°, est égal au cosinus du complément, qui est alors plus petit que 50°, et réciproquement.

C'est ainsi que sin 69° 47′ = cos 30° 53′,

$$\cos 78°\ 25′ = \sin 21°\ 75′.$$

Les logarithmes de ces lignes sont donc compris dans les tables.

Comme on a $\cot a = \dfrac{r^2}{\operatorname{tang} a}$, il en résulte,

$$\log \cot a = 2\log r - \log \operatorname{tang} a = 10 + \overline{10 - \log \operatorname{tang} a},$$

et réciproquement, $\quad \log \operatorname{tang} a = 10 + \overline{10 - \log \cot a}.$

Cela posé, soit d'abord à trouver log tang 65° 48′; on a

$$\log \operatorname{tang} 65°\ 48′ = \log \cot 34°\ 52′ = 10 + \overline{10 - \log \operatorname{tang} 34°52′}.$$

Pareillement, $\log \cot 23°38′ = 10 + \overline{10 - \log \operatorname{tang} 23°38′}.$

Enfin, $\log \cot 57°\ 29′ = \log \operatorname{tang} 42°\ 71′.$

Ces logarithmes peuvent donc s'obtenir facilement d'après la table. Pour avoir la tangente d'un arc plus grand que 50°, *cherchez le logarithme de la tangente du complément; prenez-en le complément arithmétique à 10, et ajoutez 10 unités au résultat.* Même opération pour la cotangente d'un arc plus petit que 50°, et le logarithme de la cotangente d'un arc plus grand que 50° se trouve immédiatement; c'est le logarithme de la tangente du complément.

Quant aux sécante et cosécante, comme on a

$$\sec a = \frac{r^2}{\cos a} \quad \text{et coséc } a = \frac{r^2}{\sin a},$$

il en résulte

$$\log \sec a = 10 + \overline{10 - \log \cos a},$$
$$\log \csc a = 10 + \overline{10 - \log \sin a};$$

C'est-à-dire qu'*il faut ajouter* 10 *unités, soit au complément de* log cos *a, soit au complément de* log sin *a,* pour avoir les logarithmes de la sécante et de la cosécante.

Au moyen de ces explications, les commençans peuvent aisément résoudre ces deux questions qui constituent l'usage des tables :

1°. *Un arc étant donné en degrés et minutes, trouver le logarithme de l'une quelconque de ses lignes trigonométriques.*

2°. Réciproquement, *le logarithme de l'une de ces lignes étant donné, trouver l'arc correspondant en degrés et minutes.* Si l'on demandait un plus grand degré d'approximation, il faudrait entrer dans de nouveaux détails qui nous entraîneraient beaucoup trop loin.

§ II. *Résolution des Triangles. Application des Tables trigonométriques.*

On a vu, en Géométrie, que des *six* choses qui composent un triangle, savoir : les trois angles et les trois côtés, *trois* quelconques étant données (pourvu que parmi les choses données, il y ait au moins un côté), l'on peut toujours obtenir *graphiquement* les *trois* autres. Actuellement, nous nous proposons de traiter la même question par le calcul, en commençant par les triangles rectangles.

Des Triangles rectangles.

La résolution de ces triangles repose sur quelques principes que nous allons d'abord démontrer.

84. PREMIER PRINCIPE. Dans tout triangle rectangle, *le rayon des tables est au sinus de l'un des angles aigus, comme l'hypoténuse est au côté opposé à cet angle; ou bien, le rayon des tables est au cosinus de l'un des angles aigus, comme l'hypoténuse est au côté adjacent à cet angle.*

En effet, soit un triangle BAC (*fig.* 52) rectangle en A. (Sui- Fig. 52.
vant les notations dont nous sommes déjà convenus n° 35,
nous appellerons A, B, C les trois angles, et a, b, c les côtés
respectivement opposés à ces angles; A sera l'angle droit et a
l'hypoténuse.)

Cela posé, du point B comme centre et avec un rayon BD
égal à celui des tables, décrivons un arc de cercle; et du
point D, abaissons le sinus DE de l'angle B; BE en est le cosinus.

On a évidemment les proportions

$$\text{BD} : \text{DE} :: \text{BC} : \text{CA}, \quad \text{ou} \quad r : \sin \text{B} :: a : b, \dots (1)$$
$$\text{BD} : \text{BE} :: \text{BC} : \text{BA}, \quad \text{ou} \quad r : \cos \text{B} :: a : c; \dots (2)$$

ce qui démontre les deux parties du principe qi-dessus.

Comme on a $\text{B} = 100° - \text{C}$, il en résulte $\sin \text{B} = \cos \text{C}$, et
$\cos \text{B} = \sin \text{C}$; et les deux proportions deviennent

$$r : \cos \text{C} :: a : b,$$
$$r : \sin \text{C} :: a : c,$$

lesquelles s'énoncent de la même manière, par rapport à
l'angle C.

85. *N. B.* Lorsqu'on suppose $r = 1$, les relations (1) et (2)
fournissent les égalités $b = a \sin \text{B}$, $c = a \cos \text{B}$, qu'on peut
traduire ainsi : *l'un quelconque des côtés de l'angle droit
est égal à l'hypoténuse multipliée par le sinus de l'angle opposé à ce côté, ou par le cosinus de l'angle adjacent.*

Nous aurons souvent occasion de rappeler le principe sous
cet énoncé qui est plus-concis.

86. Second principe. Dans tout triangle rectangle, *le rayon
des tables est à la tangente de l'un des angles aigus, comme le
côté adjacent à cet angle est au côté opposé.*

En effet, menons au point G (*fig.* 52), la tangente GH de
l'angle B; on a la proportion

$$\text{BG} : \text{GH} :: \text{BA} : \text{AC}, \quad \text{ou} \quad r : \text{tang B} :: c : b; \dots (3)$$

c'est le principe énoncé.

8..

On aurait pareillement $\quad r : \tan C :: b : c.$

87. Soit $r = 1$, la relation (3) donne $b = c \tan B$, ou $\tan B = \dfrac{b}{c}$, c'est-à-dire que *l'un des côtés de l'angle droit est égal au second côté multiplié par la tangente de l'angle opposé au premier côté ; ou bien encore, ce qui est plus concis, la tangente de l'un des angles est égale au côté opposé divisé par le côté adjacent.*

88. Ces principes suffisent pour la résolution de tous les cas relatifs aux triangles rectangles.

Premier cas. *On donne l'hypoténuse a et l'angle aigu B ;* il faut trouver l'angle C et les côtés b, c.

On a d'abord évidemment $\quad\quad C = 100° - B.$

Ensuite, les relations (1) et (2) donnent

$$b = \frac{a \sin B}{r}, \quad\quad c = \frac{a \cos B}{r};$$

d'où, en appliquant les logarithmes,

$$\log b = \log a + \log \sin B - 10,$$
$$\log c = \log a + \log \cos B - 10.$$

Soient, pour exemple, $a = 45^{\text{mètres}},23$; $B = 34° 45'$.

1°. On a $\quad\quad C = 100° - 34° 45' = 65° 55'.$

Les tables ordinaires de logarithmes donnent

$$\log a \text{ ou } \log 45,23 = 1,6554266,$$

et les tables centésimales, $\quad \log \sin 34° 45' = 9,7119024;$

donc $\log 45,23 + \log \sin 34° 45' - 10$, ou $\log b = 1,3673290$;

et par conséquent, $b = 23,298$ à $0,001$ près.

2°. $\qquad \log a$, ou $\log 45,23 = 1,6554266$.

On a, d'ailleurs, d'après les tables centésimales,

$$\log \cos 34°45' = 9,9330428;$$

donc $\log 45,23 + \log \cos 34°45' - 10$, ou $\log c = 1,5884694$;

et par conséquent, $\qquad c = 38,767$.

SECOND CAS. *On donne un des côtés de l'angle droit* b, *et l'un des angles* B; *on demande* C, a *et* c.

On a premièrement $\qquad C = 100° - B$.

Les relations (1) et (3) donnent ensuite

$$a = \frac{br}{\sin B}, \quad c = \frac{br}{\tang B};$$

d'où, appliquant les logarithmes,
$$\log a = \log b + 10 - \log \sin B,$$
$$\log c = \log b + 10 - \log \tang B.$$

Soient $b = 23,298$, $B = 34°45'$; d'où $C = 65°55'$.

1°. On trouve dans les tables ordinaires,

$$\log 23,298 = 1,3673186,$$

et dans les tables centésimales,

$$\log \sin 34°45' = 9,7119024,$$

d'où $\qquad 10 - \log \sin 34°45' = 0,2880976$;

donc $\log 23,298 + 10 - \log \sin 34°45'$, ou $\log a = 1,6554162$;

et par conséquent, $a = 45,228$, ou $45,23$ à $0,01$ près.

C'est la valeur de a supposée dans l'exemple du premier cas.

2°. On a toujours $\qquad \log 23,298 = 1,3673186$.

Les tables centésimales donnent d'ailleurs

$$\log \tang 34°45' = 9,7788596;$$

d'où $\qquad 10 - \log \tang 34°45' = 0,2211404$;

donc $\log 23,298 + 10 - \log \tang 34°45'$, ou $\log c = 1,5884590$, et par conséquent, $c = 38,7667$, ou $38,767$ à $0,001$ près.

Les légères différences qui existent entre ces valeurs de a, c et celles du premier cas, tiennent à ce que les tables ne donnent jamais des valeurs rigoureusement exactes; mais elles suffisent dans la pratique.

N. B. Les expressions $\overline{10 - \log \sin B}$, $\overline{10 - \log \tang B}$, ne sont autre chose que les *complémens arithmétiques* de $\log \sin B$ et de $\log \tang B$, complémens que l'on peut obtenir d'après l'inspection seule de ces logarithmes.

Nous avons cru devoir traiter un exemple de chacun des cas précédens, pour montrer aux commençans la manière de se servir des tables; mais pour les suivans, nous nous contenterons d'établir les formules.

Troisième cas. *On donne l'hypoténuse* a *et l'un des côtés de l'angle droit* b; on demande B, C et c.

On a d'abord, d'après la relation (1),

$$\log \sin B = \log b + \overline{10 - \log a};$$

ensuite,
$$C = 100° - B;$$

et enfin, la relation (2) donne

$$\log c = a + \log \cos B - 10.$$

Si l'on voulait obtenir directement c, d'après les données a et b, il faudrait avoir recours à la relation $c^2 = a^2 - b^2$, qui donne $c = \sqrt{a^2 - b^2}$, ou bien $c = \sqrt{(a+b)(a-b)}$; d'où, appliquant les logarithmes, $\log c = \frac{1}{2}[\log (a+b) + \log (a-b)]$.

On peut du moins, employer cette dernière formule à la vérification des calculs.

Quatrième cas. *On donne les deux côtés de l'angle droit* b *et* c; on demande B, C et a.

Le second principe donne d'abord

$$\log \tang B = \log b + \overline{10 - \log c}.$$

On a ensuite $$C = 100^d - B;$$

et de la relation (1) on déduit $\log a = \log b + 10 - \log \sin B.$

La relation (2) donnerait aussi $\log a = \log c + 10 - \log \cos B.$

89. *Première remarque.* Comme les questions relatives aux triangles rectangles se réduisent à celles-ci : *deux* des *cinq* choses, B, C, a, b, c, étant données, trouver les *trois* autres, et que 5 quantités combinées 2 à 2 ou 3 à 3, donnent $\frac{5 \times 4}{2}$ ou 10 combinaisons, il s'ensuit que cette question générale présente en apparence *dix* cas différens; mais en les analysant, on reconnaît qu'ils rentrent dans les quatre cas que nous venons d'examiner.

En effet, il faut d'abord faire abstraction de celui où l'on donne les deux angles B et C, puisque, dans ce cas, le triangle est *indéterminé;* c'est-à-dire qu'il y a une infinité de triangles (tous semblables entre eux) qui satisfont à la question.

Quant aux autres cas, ils sont compris sous *deux* hypothèses principales : on donne *un côté et un angle,* ou bien, *deux côtés.*

DANS LA PREMIÈRE HYPOTHÈSE, le côté donné peut être l'*hypoténuse,* ce qui offre les *deux* combinaisons a, B | a, C, qui rentrent évidemment dans l'énoncé du premier cas.

Si le côté donné est *un côté de l'angle droit,* on a les *quatre* combinaisons b, B | b, C | c, B | c, C, qui sont comprises dans l'énoncé du second cas.

DANS LA DEUXIÈME HYPOTHÈSE, l'un des côtés donnés peut être l'*hypoténuse,* ce qui donne les *deux* combinaisons a, b | a, c; et celles-ci rentrent dans le troisième.

Enfin, on peut donner *les deux cotés de l'angle droit,* ce qui n'offre qu'une seule combinaison correspondante au quatrième cas, savoir, b, c.

90. *Seconde remarque.* En réfléchissant sur ces mêmes questions, on reconnaît facilement qu'un triangle rectangle est toujours possible avec les données de chacun des cas examinés n° 88, à l'exception du troisième. Il faut, dans ce cas, pour

que le triangle soit possible, que le côté de l'angle droit ait une *valeur numérique* moindre que l'hypoténuse. Si le contraire avait lieu, la construction géométrique ferait ressortir l'impossibilité du triangle; or, je dis qu'il en est de même de la résolution par la Trigonométrie.

En effet, la formule qui donne, dans ce cas, la valeur de l'angle B, étant $\log \sin B = \log b + 10 - \log a$, si l'on a $b > a$, il s'ensuit $\log b > \log a$; d'où $\log b - \log a > 0$; et par conséquent, $\log \sin B > 10$; ce qui est impossible, puisqu'un sinus doit toujours être moindre que le rayon.

Dans les trois autres cas, il est aisé de voir que les formules donnent des valeurs toujours admissibles.

En général, les expressions

$$\sin a > r, \quad \cos a > r, \quad \sec a < r, \quad \csc a < r,$$

ou $\log \sin a > 10$, $\log \cos a > 10$, $\log \sec a < 10$, $\log \csc a < 10$,

sont, en Trigonométrie, des symboles d'absurdité, comme le sont en Algèbre, les expressions telles que $\sqrt{-a}$.

C'est une remarque que nous avons déjà faite dans le n° 59, où nous avons observé que les tangente et cotangente n'offrent pas de caractère semblable, parce que ces lignes *peuvent passer par tous les états de grandeur.*

Des Triangles quelconques.

La résolution des triangles quelconques repose également sur deux principes dont voici les démonstrations.

91. **Premier principe.** *Dans tout triangle, les sinus des angles sont entre eux respectivement, comme les côtés opposés à ces angles.*

Fig. 53.   Soit ABC (*fig.* 53) un triangle acutangle ou obtusangle en C.

Du point B, abaissons la perpendiculaire BD sur le côté opposé AC, prolongé si cela est nécessaire.

En appliquant aux deux triangles rectangles ADB, BDC, le principe du n° 84, on a les deux proportions

$$r : \sin A :: c : BD, \left.\begin{array}{l}\\\\\end{array}\right\} \text{ d'où l'on tire } BD = \frac{c \sin a}{r}, \; BD = \frac{a \sin C}{r};$$
$$r : \sin C :: a : BD;$$

et par conséquent, $\quad \sin A : \sin C :: a : c.$

Lorsque l'angle C est obtus, c'est l'angle BCD qui entre dans la seconde proportion; mais comme (n° 52) deux angles supplémens l'un de l'autre ont même sinus, il en résulte.......
$\sin BCD = \sin BCA = \sin C$; et la troisième proportion n'en subsiste pas moins.

En considérant les deux angles A, B, et abaissant du point C une perpendiculaire sur AB, on trouverait encore

$$\sin A : \sin B :: a : b.$$

Cette proportion et la troisième peuvent être réunies ainsi,

$$\sin A : \sin B : \sin C :: a : b : c; \; \dots \; (1)$$

ce qui démontre le principe énoncé.

92. SECOND PRINCIPE. *Dans tout triangle, le carré de l'un quelconque des côtés est égal à la somme des carrés des deux autres, moins le double produit de ces deux côtés et du cosinus de l'angle opposé au premier côté. (Le rayon est ici supposé égal à l'unité.)*

Considérons la même figure (*fig.* 53); on a, d'après un théorème connu,

$$\overline{AB}^2 = \overline{BC}^2 + \overline{AC}^2 - 2AC \times CD;$$

ou $\qquad c^2 = a^2 + b^2 - 2b \times CD;$

mais dans le triangle rectangle BDC, on a (n° 85), $CD = a \cos C$; donc, en substituant, $c^2 = a^2 + b^2 - 2ab \times \cos C \dots \; (2)$

Si l'angle C était obtus, on aurait d'abord

$$\overline{AB}^2 = \overline{BC}^2 + \overline{AC}^2 + 2AC \times CD,$$

ou $\qquad c^2 = a^2 + b^2 + 2b \times CD.$

Or, le triangle rectangle BDC donnerait $CD = a \times \cos BCD$; mais comme $BCD = 200^\circ - BCA = 200^\circ - C$, il en résulte (n° 52) cos BCD $= -$ cos C (deux angles supplémens l'un de l'autre ont des cosinus égaux et de signes contraires); ainsi, CD $= a \times -$ cos C $= - a \times$ cos C; et par conséquent, $c^2 = a^2 + b^2 - 2ab$ cos C; d'où l'on voit que le principe énoncé est vrai, quelle que soit la nature de l'angle C.

Si le rayon était différent de l'unité, il faudrait le rétablir dans la formule, et l'on aurait, d'après la règle relative à l'homogénéité,

$$c^2 = a^2 + b^2 - \frac{2ab \times \cos C}{r};$$

mais c'est principalement sous la première forme que nous ferons usage de cette relation.

De même que c est exprimé dans cette formule, au moyen de a et b, on pourrait également chercher b en fonction de a et c, ou a en fonction de b et c; ce qui donnerait les deux nouvelles relations

$$b^2 = a^2 + c^2 - 2ac \times \cos B,$$
$$a^2 = b^2 + c^2 - 2bc \times \cos A.$$

93. Avant de passer à l'examen des différens cas relatifs à la résolution des triangles quelconques, commençons par en déterminer *le nombre*.

Or, la question générale ayant pour but de déterminer *trois* quelconques des *six* choses A, B, C, a, b, c, connaissant les *trois* autres, comme 6 quantités combinées 3 à 3 donnent $\frac{6 \times 5 \times 4}{2 \times 3}$ ou 20 combinaisons, il s'ensuit que cette question offre en apparence *vingt* cas différens; mais une analyse succincte les réduit à *quatre*, comme nous allons le voir.

Nous devons d'abord faire abstraction de celui où l'on donne les angles A, B, C, et qui est *indéterminé*.

Maintenant, on peut donner

1°. *Un côté et deux angles,* ce qui offre les *neuf* combinaisons

$$\left\{ \begin{array}{lll} a,\ A,\ B, & b,\ A,\ B, & c,\ A,\ B, \\ a,\ A,\ C, & b,\ A,\ C, & c,\ A,\ C, \\ a,\ B,\ C, & b,\ B,\ C, & c,\ B,\ C. \end{array} \right\}$$

Il est d'ailleurs indifférent que les deux angles donnés soient A et B, A et C, ou B et C, puisque la relation A + B + C = 200°, fait connaître immédiatement le troisième. Il suffit seulement que la somme des deux angles soit donnée moindre que 200°;

2°. *Deux côtés et l'angle opposé à l'un de ces côtés;* ce qui présente *six* combinaisons :

$$\left\{ \begin{array}{l|l|l} a,\ b,\ \text{A} & a,\ c,\ \text{A} & b,\ c,\ \text{B} \\ a,\ b,\ \text{B} & a,\ c,\ \text{C} & b,\ c,\ \text{C}; \end{array} \right\}$$

et les calculs effectués pour l'une d'elles doivent s'appliquer aux cinq autres;

3°. *Deux côtés et l'angle compris;* ce qui donne les trois combinaisons $a,\ b,\text{C} \mid a,\ c,\text{B} \mid b,\ c,\text{A}$;

4°. Enfin, les *trois côtés;* ce dernier cas n'offre qu'une seule combinaison.

On a donc en tout 19 combinaisons, qui se réduisent à *quatre* cas différens.

94. Premier cas. *On donne un côté* a *et deux angles* A *et* B; il faut trouver C, *b* et *c.*

On a d'abord pour l'angle C, $\text{C} = 200° - (\text{A} + \text{B})$.

Ensuite, les proportions $\sin \text{A} : \sin \text{B} :: a : b$ et $\sin \text{A} : \sin \text{C} :: a : c$, donnent

$$\log b = \log a + \log \sin \text{B} - \log \sin \text{A},$$

et $\log c = \log a + \log \sin \text{C} - \log \sin \text{A}$;

ces formules font connaître $\log b$, $\log c$, et par suite b, c.

95. Second cas. *Étant donnés deux côtés* a, b *et l'angle* A *opposé à l'un d'eux,* trouver B, C et *c.*

On obtient d'abord l'angle B par la proportion

$$\sin \text{A} : \sin \text{B} :: a : b,$$

qui donne $\log \sin \text{B} = \log \sin \text{A} + \log b - \log a$.

Connaissant les deux angles A et B, on en déduit

$$C = 200^\circ - (A + B) \, ;$$

puis, pour déterminer c, l'on a

$$\log c = \log a + \log \sin C - \log \sin A.$$

Discussion. Ce second cas offre diverses circonstances qu'il est important d'examiner.

Comme l'angle B est ici déterminé par son sinus, et que deux angles *supplémens* l'un de l'autre ont *même sinus*, il s'ensuit que, log sin B étant calculé d'après la formule ci-dessus, on peut prendre pour valeur correspondante de l'angle cher-. ché, soit l'angle aigu B qui se trouve dans la table, soit son supplément $200^\circ - B$.

Ces deux valeurs étant transportées dans les formules qui donnent C et c, fourniront également deux valeurs pour chacune de ces grandeurs. D'où l'on voit que la question est, en général, susceptible de *deux* solutions.

Fig. 54. . En effet, la construction géométrique donne lieu aux deux triangles ABC, AB'C (*fig.* 54), dont l'un est acutangle en B, et l'autre obtusangle en B'.

L'indétermination cesse lorsqu'on sait d'avance de quelle espèce est l'angle inconnu B, c'est-à-dire, s'il est *aigu* ou *obtus*. Dans le premier cas, on prend pour valeur correspondante à log sin B, l'angle aigu de la table; et, dans le second cas, on prend son supplément.

Il n'y a d'ailleurs qu'une solution dans deux circonstances principales :

1°. Lorsque l'angle A étant aigu, on donne $a > b$; car alors, comme au plus grand côté doit être opposé le plus grand angle, il est clair qu'on doit avoir $A > B$. On ne peut donc prendre pour B, que l'angle aigu de la table;

2°. Lorsque l'angle A est obtus; car, dans ce cas, B ne peut être qu'un angle aigu.

Enfin, il est deux autres circonstances particulières où la question n'est susceptible que d'*une* solution, ou n'en admet *aucune*. C'est lorsqu'on trouve pour log sin B,

$$\log \sin B = 10, \quad \text{ou} \quad \log \sin B > 10.$$

Pour savoir si cela peut arriver, et quand cela arrive, revenons sur la construction géométrique (*fig. 54*).

Il peut se faire que l'arc de cercle décrit du point C comme centre, qui rencontre généralement AX en deux points, ne fasse que *toucher* cette droite.

Dans ce cas, les deux triangles ABC, AB'C se réduisent au *seul* triangle rectangle ADC. Tâchons d'exprimer algébriquement cette condition. On doit avoir évidemment CB ou $a = \text{CD}$.

Mais le triangle rectangle ADC donne (n° 84)

$$CD = \frac{b \sin A}{r}.$$

La relation précédente devient donc

$$a = \frac{b \sin A}{r}, \quad \text{ou} \quad \frac{b \sin A}{a} = r.$$

Ainsi,

$$\log b + \log \sin A - \log a, \text{ ou } \log \sin B = \log r = 10.$$

D'où l'on voit qu'on parvient à $\log \sin B = 10$, lorsqu'on suppose entre les données a, b, A, la relation $a = \dfrac{b \sin A}{n}$; ou, *géométriquement*, le côté a égal à la perpendiculaire abaissée du point C sur AX.

Enfin, on peut avoir

$$a < \frac{b \sin A}{r}, \quad \text{ou} \quad \frac{b \sin A}{a} > r;$$

il en résulte $\log b + \log \sin A - \log a$, ou $\log \sin B > 10$.

C'est le cas où l'arc de cercle n'atteint pas la droite AX (*fig. 54*), puisqu'alors on a $a < \text{CD}$.

96. **Troisième cas.** *Étant donnés deux côtés* a, b *et l'angle compris* C, *trouver* A, B *et* c.

On ne peut, pour ce cas, faire immédiatement usage du 1er principe, parce que la relation (1) n'existant qu'entre les parties opposées du triangle, on aurait toujours deux inconnues dans l'une quelconque des proportions qu'elle fournit. Cependant, ce principe, combiné avec la proposition du n° 76, donne lieu à une formule qui fait connaître en même temps les deux angles A et B.

En effet, de la proportion $\sin A : \sin B :: a : b$,

on déduit $\sin A + \sin B : \sin A - \sin B :: a + b : a - b$;

mais, en vertu du théorème n° 76, on a

$$\sin A + \sin B : \sin A - \sin B :: \tang \frac{1}{2}(A + B) : \tang \frac{1}{2}(A - B).$$

Comparant entre elles ces deux dernières proportions, on obtient

$$a + b : a - b :: \tang \frac{1}{2}(A + B) : \tang \frac{1}{2}(A - B).$$

Cela posé, comme l'angle C est donné, et qu'on a d'ailleurs $A + B = 200° - C$, il en résulte $\frac{1}{2}(A + B) = 100 - \frac{1}{2}C$; ainsi, l'angle $\frac{1}{2}(A + B)$ est connu, et l'on a

$$\tang \frac{1}{2}(A + B) = \cot \frac{1}{2}C.$$

Les trois premiers termes de la proportion précédente étant connus, on pourra calculer le quatrième terme, savoir, $\tang \frac{1}{2}(A - B)$, et par suite déterminer l'arc $\frac{1}{2}(A - B)$; la formule logarithmique est

$$\log \tang \frac{1}{2}(A - B) = \log (a - b) + \log \cot \frac{1}{2}C - \log (a + b).$$

Soit donc $\frac{1}{2}(A - B) = n$;

n désignant un nombre de degrés connu. Comme on a déjà

$$\frac{1}{2}(A + B) = 100^\circ - \frac{1}{2}C,$$

on obtient, par addition , $A = 100^\circ - \frac{1}{2}C + n,$

et par soustraction , $B = 100^\circ - \frac{1}{2}C - n.$

Connaissant les angles A , B , C, on trouve le 3e côté c par la formule $\log c = \log a + \log \sin C - \log \sin A,$

ou par celle-ci , $\log c = \log b + \log \sin C - \log \sin B.$

97. *Discussion*. La construction d'un triangle dont deux côtés et l'angle compris sont donnés, est toujours possible; et en effet la formule principale d'où dépend, dans ce cas, la détermination des angles A et B, renferme une tangente comme inconnue ; or, on sait qu'une tangente peut passer par tous les états de grandeur.

Considérons le cas particulier de $a = b$; la formule qui donne $\tang \frac{1}{2}(A - B)$, devient

$$\tang\frac{1}{2}(A - B) = 0; \quad \text{d'où} \quad \frac{1}{2}(A - B), \text{ ou } n = 0;$$

ce qui réduit les valeurs de A et B à

$$A = 100^\circ - \frac{1}{2}C, \quad B = 100^\circ - \frac{1}{2}C.$$

Cela doit être, puisque le triangle est isoscèle.

Quant à la valeur de c, l'on a $c = \dfrac{a \sin C}{\sin A}$; mais........

$$\sin A = \sin(100^\circ - \frac{1}{2}C) = \cos\frac{1}{2}C; \text{ et } (\text{n}^\circ\ 63)........$$

$$\sin C = 2\sin\frac{1}{2}C \times \cos\frac{1}{2}C.$$

Substituant ces deux valeurs , on trouve

$$c = 2a \sin\frac{1}{2}C.$$

C'est ce qu'indique la figure correspondante à ce cas particulier. Soit ACB (*fig.* 54) un triangle isoscèle, savoir : BC=AC
ou $a = b$; il en résulte A = B ; et si l'on abaisse la perpendiculaire CD , on a

$$DCB = DCA = \frac{1}{2}C; \quad \text{d'où} \quad A = B = 100° - \frac{1}{2}C.$$

D'ailleurs le triangle rectangle ADC donne (n° 85)

$$BD, \quad \text{ou} \quad \frac{1}{2}c = BC \times \sin BCD = a\sin\frac{1}{2}C;$$

et par conséquent, $c = 2a\sin\frac{1}{2}C.$

98. Quoique la méthode qui vient d'être exposée pour résoudre le troisième cas, soit très simple , et la seule même dont
on se serve ordinairement , nous croyons devoir en faire connaître une seconde , qui consiste à déterminer d'abord le 3ᵉ
côté c en fonction des données, et à en déduire ensuite les
angles, parce qu'elle donne lieu à des transformations trigonométriques que les jeunes gens ne sauraient se rendre trop
familières.

La formule du n° 92 donne $c = \sqrt{a^2 + b^2 - 2ab\cos C},$

et fait connaître immédiatement c en fonction des données
$a, b,$ C. A la vérité, cette valeur, dans son état actuel, ne se
prête pas à l'emploi des logarithmes; mais on peut lui faire
subir une transformation ayant pour objet de la ramener à une
autre qui ne contienne que des symboles de multiplication,
division et extraction de racine; ou bien, si la nouvelle expression renferme encore les signes $+$ et $-$, ces signes ne doivent
réunir que des termes du premier degré.

Dans l'expression ci-dessus, la quantité soumise au radical,
renfermant trois termes, il faut d'abord tâcher d'en diminuer
le nombre.

Pour cela , nous avons recours à la formule $\sin^2\frac{1}{2}a = \frac{1 - \cos a}{2},$

trouvée n° 65; on en déduit $\qquad \cos a = 1 - 2 \sin^2 \frac{1}{2} a,$

ou mettant C au lieu de a, $\qquad \cos C = 1 - 2 \sin^2 \frac{1}{2} C.$

Portons cette valeur dans celle de c; il vient

$$c = \sqrt{a^2 + b^2 - 2ab\left(1 - 2\sin^2 \frac{1}{2} C\right)},$$

expression qui peut se mettre sous la forme

$$c = \sqrt{(a - b)^2 + 4ab \sin^2 \frac{1}{2} C};$$

et déjà, par cette transformation, la quantité soumise au radical est réduite à deux termes.

Actuellement, multiplions en avant du radical, par $a - b$, et divisons sous le radical, par $(a - b)^2$; il en résulte

$$c = (a - b) \sqrt{1 + \frac{4ab \sin^2 \frac{1}{2} C}{(a - b)^2}};$$

et si nous posons $\qquad \dfrac{4ab \sin^2 \frac{1}{2} C}{(a - b)^2} = \operatorname{tang}^2 \varphi,$

d'où $\qquad \operatorname{tang} \varphi = \dfrac{2 \sin \frac{1}{2} C}{a - b} \sqrt{ab},$

la valeur de c devient $\quad c = (a - b) \sqrt{1 + \operatorname{tang}^2 \varphi};$

mais on a vu (n° 50) que $\quad \sqrt{1 + \operatorname{tang}^2 \varphi} = \sec \varphi = \dfrac{1}{\cos \varphi};$

donc enfin $\qquad c = \dfrac{a - b}{\cos \varphi}.$

D'où l'on voit que la valeur de c s'obtiendrait facilement par logarithmes, si l'on connaissait l'angle φ. Or, l'expression de $\operatorname{tang} \varphi$, établie plus haut, peut elle-même être calculée par logarithmes ; on a

$$\log \operatorname{tang} \varphi = \log 2 + \log \sin \frac{1}{2} C + \frac{1}{2} \log a + \frac{1}{2} \log b - \log (a - b).$$

L'angle φ étant ainsi déterminé, on trouve pour c

$$\log c = \log (a - b) - \log \cos \varphi,$$

ou plutôt, $\quad \log c = \log (a - b) + \overline{10 - \log \cos \varphi},$

parce que l'expression $\quad c = \dfrac{a - b}{\cos \varphi} \quad$ n'étant pas homogène,

on doit la rendre telle; ce qui donne $\quad c = \dfrac{(a - b)\, r}{\cos \varphi}.$

(Il n'y a rien à changer à l'expression $\operatorname{tang} \varphi = \dfrac{2 \sin \frac{1}{2} C}{a - b} \sqrt{ab},$

qui est évidemment homogène.)

Il est à remarquer que si, dans la valeur.............
$\log c = \log (a - b) - \log \cos \varphi,$ pour éviter la soustraction, l'on
a recours aux complémens, on a

$$\log c = \log (a - b) + \operatorname{comp} \log \cos \varphi,$$

qui est identique avec la formule

$$\log c = \log (a - b) + \overline{10 - \log \cos \varphi};$$

c'est-à-dire qu'en opérant par les complémens, sur la formule
$c = \dfrac{a - b}{\cos \varphi},$ on trouve, sans être obligé de retrancher 10, le
même résultat que celui qui correspond à l'expression rendue
homogène.

Le côté c une fois connu, l'on obtient les angles A et B par
les formules $\quad \log \sin A = \log \sin C + \log a - \log c,$

$$\log \sin B = \log \sin C + \log b - \log c;$$

et si les calculs de cette méthode ont été exacts, les trois angles
A, B, C doivent satisfaire à la relation $\quad A + B + C = 200°.$

99. *N. B.* Nous observerons à cette occasion, que cette même
relation ne saurait servir à vérifier les calculs de la première
méthode, parce que les angles A et B n'ont pas été déterminés
indépendamment l'un de l'autre, mais au moyen des rélations

$\dfrac{1}{2}(A - B) = n, \quad \dfrac{1}{2}(A + B) = 100° - \dfrac{1}{2} C, \quad$ dont la dernière n'est autre chose que la relation......... $A + B + C = 200°$.

Ainsi, quand bien même on aurait commis une erreur en déterminant n, ce qui forme le calcul principal de la méthode, les angles A, B, C n'en vérifieraient pas moins cette relation.

Les deux expressions $A = 100° - \frac{1}{2}C + n$, $B = 100° - \frac{1}{2}C - n$ donnent en effet par leur addition, $A + B = 200° - C$, ou $A + B + C = 200°$, que n soit exact ou inexact.

100. Voyons ce que deviennent les formules de la seconde méthode, dans le cas particulier de $a = b$.

D'abord, la formule $\tang \varphi = \dfrac{2 \sin \frac{1}{2}C}{a - b} \sqrt{ab}$ devient....

$\tang \varphi = \dfrac{2a \sin \frac{1}{2}C}{0}$; et puisque la tangente est infinie, φ est un angle droit ; donc $\cos \varphi = 0$ et c, ou $\dfrac{a - b}{\cos \varphi} = \dfrac{0}{0}$.

Pour interpréter ce dernier résultat, remarquons qu'afin de rendre la valeur de c calculable par logarithmes, on a été obligé de multiplier cette valeur, haut et bas, par $a - b$; il n'est donc pas surprenant qu'on ait $c = \dfrac{0}{0}$, lorsque l'on pose

$$a = b, \text{ d'où } a - b = 0.$$

Si l'on veut obtenir la vraie valeur de c, il faut remonter à l'expression $c = \sqrt{(a - b)^2 + 4ab \sin^2 \frac{1}{2}C}$, laquelle devient,

dans l'hypothèse de $a = b$, $c = \sqrt{4a^2 \sin^2 \frac{1}{2}C} = 2a \sin \frac{1}{2}C$, comme on l'a trouvé d'après la 1re méthode.

101. Comme le troisième cas est un des plus importans de la résolution des triangles, nous allons appliquer les formules à un exemple particulier, que nous traiterons successivement par les deux méthodes.

Soient $a = 45^m,49$, $b = 34^m,58$, $C = 69° 28'$.

PREMIÈRE MÉTHODE. Les formules sont

$$\log \operatorname{tang} \tfrac{1}{2}(A - B) = \log(a - b) + \log \cot \tfrac{1}{2}C - \log(a + b),$$

$$\log c = \log \sin C + \log a - \log \sin A.$$

Voyons ce qu'elles deviennent dans le cas dont il s'agit.

$$a + b = 80,07; \quad a - b = 10,91;$$

$$A + B = 200^\circ - 69^\circ\,28' = 130^\circ\,72'; \quad \tfrac{1}{2}(A + B) = 65^\circ\,36'.$$

Cela posé, l'on a $\quad \log(a - b) = \log 10,91 = 1,0378248$

$$\log \cot \tfrac{1}{2}C = \log \operatorname{tang} \tfrac{1}{2}(A + B) = \log \operatorname{tang} 65^\circ\,36' = 10,2182093$$

$$\text{comp } \log(a + b) = \text{c. } \log 80,07 = 8,0695302$$

Donc $\quad\quad \log \operatorname{tang} \tfrac{1}{2}(A - B) = 9,3525643;$

(On a supprimé la dizaine du résultat, comme
provenant du complément que l'on a pris.)

d'où $\quad\quad \tfrac{1}{2}(A - B) = 14^\circ\,10';$

mais on a déjà $\quad\quad\quad \tfrac{1}{2}(A + B) = 65^\circ\,36';$

donc $\quad\quad\quad A = 79^\circ\,46' \quad$ et $\quad B = 51^\circ\,26'.$

Il reste à déterminer $c.$

On a $\quad\quad\quad \log \sin C = \log \sin 69^\circ\,28' = 9,9473431$

$$\log a = \log 45,49 = 1,6579159$$

$$\text{comp } \log \sin A = \text{comp } \log \sin 79^\circ\,46 = 0,0230079$$

d'où $\quad\quad \log c = 1,6282669;$

et par conséquent, $c = 42,488 = 42,49.$

SECONDE MÉTHODE. On a pour les formules

$$\log \operatorname{tang}^2 \varphi = \log 2 + \log \sin \tfrac{1}{2}C + \tfrac{1}{2}\log a + \tfrac{1}{2}\log b - \log(a - b),$$

$$\log c = \log (a - b) + 10 - \log \cos \varphi$$
$$\log \sin A = \log \sin C + \log a - \log c$$
$$\log \sin B = \log \sin C + \log b - \log c$$
$$A + B + C = 200^{\circ}.$$

Cherchons d'abord la valeur de $\log \tang \varphi$.

$$\log 2 = 0,3010300$$

$$\log \sin \tfrac{1}{2} C = \log \sin 34^{\circ} 64' = 9,7140519$$

$$\tfrac{1}{2} \log a = \tfrac{1}{2} \log 45,49 = 0,8289579$$

$$\tfrac{1}{2} \log b = \tfrac{1}{2} \log 34,58 = 0,7694125$$

$$\text{comp} \log (a - b) = \text{comp} \log 10,91 = 8,9621752$$

$$\text{donc} \quad \log \tang \varphi = 10,5756275 ;$$

d'où $\qquad \log \cot \varphi = 20 - \log \tang \varphi = 9,4243725.$

Cherchant dans la table l'arc correspondant, on trouve $\qquad \varphi = 83^{\circ} 47'.$

Pour calculer c, l'on a $\quad \log (a - b) = 1,0378248$

$\text{comp} \log \cos \varphi = \text{c.} \log \cos 83^{\circ} 47' = 0,5904983$

$$\text{donc} \quad \log c = 1,6283231 ;$$

d'où $\qquad c = 42,493 = 42,49.$

Il reste à déterminer A et B.

$1^{\circ}.$ $\qquad \log \sin C = \log \sin 69^{\circ} 28' = 9,9473431$

$\qquad \log a = \log 45,49 = 1,6579159$

$\text{comp} \log c = \text{c.} \log 42,49 = 8,3717133$

$$\text{donc} \quad \log \sin A = 9,9769723 ;$$

d'où $\qquad A = 79^{\circ} 45'.$

$$2° \qquad \log \sin C = \log \sin 69° 28' = \quad 9,9473431$$
$$\log b = \log 34,58 = \quad 1,5388250$$
$$\operatorname{comp} \log c = c.\ \log 42,49 = \quad 8,3717133$$
$$\text{donc} \qquad \log \sin B = \quad \overline{9,8578814},$$
$$\text{d'où} \qquad B = \quad 51° 26'$$

$$A + B + C = 79° 45' + 51° 26' + 69° 28' = 199° 99'.$$

Le résultat présente une erreur d'$1'$.

Quoique la première méthode soit plus simple que la seconde, celle-ci a toutefois un avantage, c'est de présenter immédiatement un moyen de vérification. Au reste, rien n'empêche, dans la seconde méthode, de s'arrêter à la valeur de c, seulement pour vérifier les calculs de la première.

102. *Quatrième et dernier cas. Étant donnés les trois côtés* a, b, c, déterminer les angles A, B, C.

Les trois formules du second principe (n° 92) donnent

$$\cos A = \frac{b^2 + c^2 - a^2}{2bc}, \quad \cos B = \frac{a^2 + c^2 - b^2}{2ac}, \quad \cos C = \frac{a^2 + b^2 - c^2}{2ab};$$

mais comme ces expressions ne sont pas calculables par logarithmes, il faut tâcher de les transformer en d'autres qui remplissent ces conditions.

Considérons en particulier la première, $\cos A = \dfrac{b^2 + c^2 - a^2}{2bc}$, et ajoutons 1 aux deux membres ; il vient

$$1 + \cos A = 1 + \frac{b^2 + c^2 - a^2}{2bc} = \frac{(b + c)^2 - a^2}{2bc}$$
$$= \frac{(b + c + a)(b + c - a)}{2bc}.$$

On voit déjà que, par cette transformation, le second membre ne renferme que des multiplications et des divisions à effectuer.

Maintenant, si l'on se rappelle (n° 65) que..........

$$\cos \tfrac{1}{2}A = \sqrt{\frac{1 + \cos A}{2}}\,,\quad \text{et qu'on mette dans cette formule,}$$

au lieu de $1 + \cos A$, sa valeur, on trouve

$$\cos \tfrac{1}{2}A = \sqrt{\frac{(b + c + a)(b + c - a)}{4bc}}.$$

Posons, pour plus de simplicité,

$$a + b + c = 2p\,;\quad \text{d'où}\quad b + c - a = 2p - 2a\,;$$

on obtient

$$\cos \tfrac{1}{2}A = \sqrt{\frac{2p(2p - 2a)}{4bc}}\,;$$

ou, réduisant,

$$\cos \tfrac{1}{2}A = \sqrt{\frac{p(p - a)}{bc}}.$$

En opérant de même sur $\cos B = \dfrac{a^2 + c^2 - b^2}{2ac}$,

$\cos C = \dfrac{a^2 + b^2 - c^2}{2ab}$, on trouverait

$$\cos \tfrac{1}{2}B = \sqrt{\frac{p(p - b)}{ac}}\,,\quad \cos \tfrac{1}{2}C = \sqrt{\frac{p(p - c)}{ab}}.$$

Ces trois résultats, qui font connaître les angles A, B, C par les cosinus de leurs moitiés, sont calculables par logarithmes. On tire en effet du premier,

$$\log \cos \tfrac{1}{2}A = \tfrac{1}{2}\left[\log p + \log (p - a) - \log b - \log c\right],$$

ou, en employant les complémens arithmétiques,

$$\log \cos \tfrac{1}{2}A = \tfrac{1}{2}\left[\log p + \log (p - a) + \text{c. } \log b + \text{c. } \log c\right].$$

N. B. Quoiqu'on ait pris deux complémens, cette dernière expression, telle qu'elle est, n'en donne pas moins la vraie valeur de $\log \cos \tfrac{1}{2}A$, c'est-à-dire, celle qui correspond à $r = 10^{10}$, ou qui se trouve dans la table.

En effet, pour rendre $\cos \frac{1}{2} A = \sqrt{\dfrac{p(p-a)}{bc}}$ homogène, on doit multiplier la quantité soumise au radical par r^2; ce qui donne

$$\cos \frac{1}{2} A = \sqrt{\dfrac{p(p-a)r^2}{bc}};$$

d'où, appliquant les logarithmes,

$$\log \cos \frac{1}{2} A = \frac{1}{2}\left[\log p + \log(p-a) + \overline{10 - \log b} + \overline{10 - \log c}\right],$$

résultat identique avec le précédent.

Comme les angles A, B, C sont déterminés indépendamment les uns des autres, il s'ensuit qu'on peut employer la relation $A + B + C = 200°$, pour la vérification des calculs.

103. *Discussion.* Reprenons la formule $\cos \frac{1}{2} A = \sqrt{\dfrac{p(p-a)}{bc}}$,

et observons que l'angle $\frac{1}{2} A$ étant calculé par le moyen de son cosinus, sa détermination dépend de deux conditions : il faut, 1°. que la quantité sous le radical soit *positive*; 2°. que cette quantité soit moindre que l'unité, puisque l'on a supposé $r = 1$.

Ainsi, l'on doit avoir

$$\frac{p(p-a)}{bc} > 0 \quad \text{et} \quad \frac{p(p-a)}{bc} < 1.$$

La première se réduit à

$$p - a > 0 \quad \text{ou} \quad \frac{a+b+c}{2} > a, \quad \text{ou bien enfin, } b + c > a.$$

La seconde devient

$$\left(\frac{a+b+c}{2}\right)\left(\frac{a+b+c}{2} - a\right) < bc, \text{ou } (a+b+c)(b+c-a) < 4bc,$$

$$\text{ou} \qquad (b+c)^2 - a^2 < 4bc, \quad \text{ou} \quad (b-c)^2 < a^2;$$

condition qui se décompose en deux autres, savoir :

$$b - c < a, \quad \text{d'où} \quad b < a + c, \quad \text{si l'on a} \quad b > c,$$

$$\text{et } c - b < a, \quad \text{d'où} \quad c < a + b, \quad \text{si l'on a} \quad c > b.$$

Donc, pour que le triangle soit possible, il faut que l'on ait

$$a < b + c, \quad b < a + c, \quad c < a + b,$$

ou l'un des côtés moindre que la somme des deux autres. Ce résultat est conforme à celui que donne la Géométrie.

104. *Recherche de quelques autres formules* pour la résolution du 4ᵉ cas.

1°. De la formule $\cos A = \dfrac{b^2 + c^2 - a^2}{2bc}$, on déduit encore

$$1 - \cos A = 1 - \frac{b^2 + c^2 - a^2}{2bc} = \frac{2bc - b^2 - c^2 + a^2}{2bc} = \frac{a^2 - (b - c)^2}{2bc},$$

mais $a^2 - (b - c)^2$ revient à $(a + b - c)(a - b + c)$;

donc

$$1 - \cos A = \frac{(a + b - c)(a - b + c)}{2bc}.$$

Or, on a trouvé (n° 65) $\quad \sin \dfrac{1}{2} A = \sqrt{\dfrac{1 - \cos A}{2}}$;

mettant dans cette expression la valeur de $1 - \cos A$,

on obtient $\quad \sin \dfrac{1}{2} A = \sqrt{\dfrac{(a + b - c)(a - b + c)}{4bc}}.$

Soit fait $a + b + c = 2p$, d'où $a + b - c = 2p - 2c$, $a + c - b = 2p - 2b$; on trouve enfin, toute réduction faite,

$$\sin \frac{1}{2} A = \sqrt{\frac{(p - b)(p - c)}{bc}}.$$

Cette formule qui donne l'angle A par *le sinus de sa moitié*, est tout aussi simple que la valeur de $\cos \dfrac{1}{2} A$, et a l'avantage d'être plus symétrique; mais nous avons préféré faire connaître d'abord celle-ci, parce qu'elle se déduit plus simplement de la valeur de $\cos A$, et qu'elle est d'ailleurs plus commode pour la discussion.

On obtiendrait de même,

$$\sin \tfrac{1}{2} B = \sqrt{\frac{(p-a)(p-c)}{ac}}, \quad \sin \tfrac{1}{2} C = \sqrt{\frac{(p-a)(p-b)}{ab}}.$$

2°. Si nous divisons

$$\sin \tfrac{1}{2} A = \sqrt{\frac{(p-b)(p-c)}{ba}} \quad \text{par} \quad \cos \tfrac{1}{2} A = \sqrt{\frac{p(p-a)}{bc}},$$

il en résulte $\dfrac{\sin \tfrac{1}{2} A}{\cos \tfrac{1}{2} A}$ ou $\tang \tfrac{1}{2} A = \sqrt{\dfrac{(p-b)(p-c)}{p(p-a)}}$;

et cette nouvelle formule peut être également employée avec avantage.

3°. Enfin, des mêmes valeurs de $\sin \tfrac{1}{2} A$ et $\cos \tfrac{1}{2} A$, on déduit

$$2 \sin \tfrac{1}{2} A \cos \tfrac{1}{2} A = 2 \sqrt{\frac{(p-b)(p-c)}{bc}} \cdot \sqrt{\frac{p(p-a)}{bc}},$$

ou, simplifiant et observant que (n° 63)

$$\sin A = 2 \sin \tfrac{1}{2} A \cos \tfrac{1}{2} A,$$

$$\sin A = \frac{2 \sqrt{p(p-a)(p-b)(p-c)}}{bc},$$

résultat auquel on parviendrait également d'après la relation $\sin A = \sqrt{1 - \cos^2 A}$, en mettant à la place de $\cos A$ sa valeur $\dfrac{b^2 + c^2 - a^2}{2bc}$. (Nous engageons les élèves à faire ce calcul.)

Cette dernière formule est beaucoup moins simple que les précédentes, puisque l'on a *sept* logarithmes à chercher, au lieu de *quatre* que présentent les autres formules.

105. Toutefois, elle nous conduit à une conséquence très remarquable, dont nous aurons plus d'une fois occasion de faire usage.

On a trouvé (n° 36), en désignant par S la surface d'un triangle, et par $2p$ son périmètre,

$$S = \sqrt{p(p-a)(p-b)(p-c)}.$$

Cette valeur de S étant substituée dans celle de sin A, donne

$$\sin A = \frac{2S}{bc}; \quad \text{d'où l'on déduit} \quad S = \frac{1}{2} bc \sin A;$$

c'est-à-dire, que *la surface d'un triangle est égale à la moitié du produit de deux des côtés et du sinus de l'angle compris entre ces côtés.*

C'est, au reste, ce qu'on peut vérifier facilement d'après la figure. On a en effet (*fig.* 53) $ABC = \frac{1}{2} AC \times BD = \frac{1}{2} b \times BD$; Fig. 53. mais le triangle rectangle ADB donne (n° 85) $BD = c \sin A$;

donc
$$ABC = \frac{1}{2} b \times c \sin A = \frac{1}{2} bc \sin A.$$

106. Nous pouvons maintenant résoudre la question du n° 45, qui a servi d'introduction à la Trigonométrie.

Il s'agissait de *calculer la hauteur* CD (*fig.* 43) dans le triangle Fig. 43. ACB, connaissant la base $AB = c$ et les angles adjacens A et B.

On a d'abord $C = 200° - (A + B)$, d'où $\sin C = \sin(A + B)$; le principe du n° 91, donne ensuite

$$\sin C : \sin B :: c : b; \quad \text{d'où} \quad b = \frac{c \sin B}{\sin (A + B)}.$$

Enfin, on déduit du triangle rectangle ADC, $DC = b \sin A$;

donc enfin
$$DC = \frac{c \sin A \sin B}{\sin (A + B)},$$

résultat calculable par logarithmes.

Veut-on calculer la surface du triangle, au moyen de ces mêmes données? On a $S = \frac{1}{2} c \times DC$; ou mettant à la place de DC sa valeur, $S = \frac{1}{2} \cdot \frac{c^2 \sin A \sin B}{\sin (A + B)}.$

107. Rapprochons ce résultat de ceux du n° précédent,
$$S = \sqrt{p(p - a)(p - b)(p - c)},$$
$$S = \frac{1}{2} bc \sin A.$$

On voit que le premier donne la surface du triangle, en fonction *d'un côté et de deux angles quelconques ;* le second, en fonction *des trois côtés,* et le troisième en fonction de *deux côtés et de l'angle compris.*

Il reste donc, pour avoir la surface du triangle, exprimée au moyen des données de chacun des cas relatifs à la résolution des triangles, à trouver cette surface en fonction *de deux côtés et de l'angle opposé à l'un d'eux.*

Soient donnés, par exemple, les côtés a, b et l'angle A.

On a d'abord $\qquad$ ABC ou $S = \dfrac{1}{2} c \times CD = \dfrac{1}{2} c . b \sin A.$

Mais la relation $a^2 = b^2 + c^2 - 2bc \cos A$, peut se mettre sous la forme

$$c^2 - 2b \cos A \cdot c = a^2 - b^2,$$

équation qui résolue par rapport à c, donne

$$c = b \cos A \pm \sqrt{b^2 \cos^2 A + a^2 - b^2} = b \cos A \pm \sqrt{a^2 - b^2 \sin^2 A}.$$

Substituant cette valeur dans l'expression de S, on obtient

$$S = \dfrac{1}{2} b \sin A \left(b \cos A \pm \sqrt{a^2 - b^2 \sin^2 A} \right).$$

Mais cette formule n'est pas comme les autres, immédiatement calculable par logarithmes, et nous ne nous arrêterons pas à la rendre telle. On a d'ailleurs deux valeurs pour S, parce qu'en effet, on a vu (n° 95) qu'il existe en général *deux* triangles qui ont pour données a, b et A (*fig. 54.*)

Fig. 54. Pour que ces valeurs soient réelles, il faut que l'on ait

$$a > b \sin A, \text{ ou plutôt}, \ a > \dfrac{b \sin A}{r},$$ en rétablissant le rayon,

c'est-à-dire, CB ou CB' $>$ la perpendiculaire CD.

108. Nous allons joindre à ce qui précède, un tableau de toutes les formules relatives à la résolution des triangles, soit rectangles, soit obliquangles.

TABLEAU

Des Formules relatives à la résolution des triangles,

Avec l'indication des *numéros* d'où on les a tirées.

Triangles rectangles.

. étant donnés... trouver

$$a, B...C, b, c \begin{cases} C = 100° - B \\ \log b = \log a + \log \sin B - 10, \\ \log c = \log a + \log \cos B - 10. \end{cases}$$

$$b, B... C, a, c \begin{cases} C = 100° - B, \\ \log a = \log b + \overline{10 - \log \sin B}, \\ \log c = \log b + \overline{10 - \log \tan B}. \end{cases}$$

$$(88) \begin{cases} a, b....B, C, c \begin{cases} \log \sin B = \log b + 10 - \log a, \\ C = 100° - B, \\ \log \quad c = \log a + \log \cos B - 10, \\ \text{ou } \log \quad c = \frac{1}{2} \left[\log (a + b) + \log (a - b) \right]. \end{cases} \\[2em] b, c... B, C, a \begin{cases} \log \tan B = \log b + \overline{10 - \log c}, \\ C = 100° - B, \\ \log \quad a = \log b + \overline{10 - \log \sin B}. \end{cases} \end{cases}$$

Triangles quelconques.

$$(94)\ a, A, B...C, b, c \begin{cases} C = 200° - (A + B), \\ \log b = \log a + \log \sin B - \log \sin A, \\ \log c = \log a + \log \sin C - \log \sin A. \end{cases}$$

$$(95)\ a, b, A...B, C, c \begin{cases} \log \sin B = \log \sin A + \log \sin b - \log a, \\ C = 200° - (A + B), \\ \log \quad c = \log a + \log \sin C - \log \sin A. \end{cases}$$

Ce second cas admet, en général, deux solutions.

Première méthode.

étant donnés... trouver

$$(96)\ a,b,C...A,B,c\begin{cases} \dfrac{1}{2}(A+B)=100°-\dfrac{1}{2}C=m,\\[2ex] \log\tan\dfrac{1}{2}(A-B)=\log(a-b)+\log\cot\dfrac{1}{2}C\\[1ex] \hspace{6em}-\log(a+b),\\[2ex] \left.\begin{array}{l}\dfrac{1}{2}(A+B)=m\\[1ex] \dfrac{1}{2}(A-B)=n\end{array}\right\}\text{donc } A=\dfrac{m+n}{2},\ B=\dfrac{m-n}{2},\\[2ex] \log c=\log a+\log\sin C-\log\sin A.\end{cases}$$

Deuxième méthode.

même cas.

$$(98)\ a,b,C....c,A,B\begin{cases} \log\tan\varphi=\log 2+\log\sin\dfrac{1}{2}C+\dfrac{1}{2}\log a\\[1ex] \hspace{6em}+\dfrac{1}{2}\log b-\log(a-b),\\[1ex] \log c=\log(a-b)+\text{c. }\log\cos\varphi,\\[1ex] \log\sin A=\log\sin C+\log a-\log c,\\[1ex] \log\sin B=\log\sin C+\log b-\log c;\\[1ex] \text{vérification, } A+B+C=200°.\end{cases}$$

$$(104)\ a,b,c...A,B,C\begin{cases} \log\sin\dfrac{1}{2}A=\dfrac{1}{2}[\log(p-b)+\log(p-c)\\[1ex] \hspace{6em}+\text{c. }\log b+\text{c. }\log c],\\[1ex] \log\sin\dfrac{1}{2}B=\dfrac{1}{2}[\log(p-a)+\log(p-c)\\[1ex] \hspace{6em}+\text{c. }\log a+\text{c. }\log c],\\[1ex] \log\sin\dfrac{1}{2}C=\dfrac{1}{2}[\log(p-a)+\log(p-b)\\[1ex] \hspace{6em}+\text{c. }\log a+\text{c. }\log b];\\[1ex] \text{vérification, } A+B+C=200°.\end{cases}$$

$$\text{ou bien, (102)}\dots\begin{cases} \log\cos\tfrac{1}{2}\mathrm{A} = \tfrac{1}{2}\,[\,\log p + \log(p-a) \\ \qquad\qquad + c.\log b + c.\log c\,], \\[4pt] \log\cos\tfrac{1}{2}\mathrm{B} = \tfrac{1}{2}\,[\,\log p + \log(p-b) \\ \qquad\qquad + c.\log a + c.\log c\,], \\[4pt] \log\cos\tfrac{1}{2}\mathrm{C} = \tfrac{1}{2}\,[\,\log p + \log(p-c) \\ \qquad\qquad + c.\log a + c.\log b\,]; \\[4pt] \qquad\qquad \mathrm{A} + \mathrm{B} + \mathrm{C} = 200°. \end{cases}$$

109. *Remarque* sur les formules relatives à la résolution des triangles. Reprenons les trois formules du n° 92.

$$\left.\begin{aligned} a^2 &= b^2 + c^2 - 2bc\cos\mathrm{A}, \\ b^2 &= a^2 + c^2 - 2ac\cos\mathrm{B}, \\ c^2 &= a^2 + b^2 - 2ab\cos\mathrm{C}, \end{aligned}\right\}\dots(1)$$

et observons que puisqu'elles renferment les six quantités $a, b, c, \mathrm{A}, \mathrm{B}, \mathrm{C}$, il doit être, en général, possible de déterminer à l'aide de ces équations, trois quelconques d'entre elles, connaissant les trois autres. La résolution de tous les cas relatifs aux triangles quelconques est donc comprise dans ces formules; et si, pour les deux premiers cas, on a fait usage du premier principe, c'est parce que l'emploi des formules qui s'y rapportent, est plus commode pour les calculs.

Au reste, il est facile de reconnaître que ces dernières formules se trouvent implicitement renfermées dans les précédentes.

En effet, on déduit de la première, $\cos\mathrm{A} = \dfrac{b^2 + c^2 - a^2}{2bc}$;

d'où $\sin\mathrm{A} = \sqrt{1 - \cos^2\mathrm{A}} = \sqrt{\dfrac{4b^2c^2 - (b^2 + c^2 - a^2)^2}{4b^2c^2}}$;

ou, effectuant les calculs et réduisant,

$$\sin\mathrm{A} = \frac{1}{2bc}\sqrt{2a^2b^2 + 2a^2c^2 + 2b^2c^2 - a^4 - b^4 - c^4}.$$

Soient divisés les deux membres de cette égalité par a ; il vient

$$\frac{\sin A}{a} = \frac{1}{2abc} \sqrt{2a^2b^2 + 2a^2c^2 + 2b^2c^2 - a^4 - b^4 - c^4},$$

égalité dont le second membre est symétrique en a, b, c ; d'où il suit qu'en désignant par k ce second membre, on trouverait de même, en changeant A en B et a en b, b en a, puis A en C et a en c, c en a,

$$\frac{\sin B}{b} = k \quad \text{et} \quad \frac{\sin C}{c} = k \, ;$$

donc $\dfrac{\sin A}{a} = \dfrac{\sin B}{b} = \dfrac{\sin C}{c}$, ou $\sin A : \sin B : \sin C :: a : b : c.$

110. Pour faire ressortir davantage toute la généralité des formules (1), nous allons nous proposer de déterminer les côtés a, b, c, connaissant les angles A, B, C.

Nous devons reconnaître que la question est *indéterminée*, mais que les côtés a, b, c sont *proportionnels aux sinus des angles opposés*.

Ajoutons d'abord ces formules membre à membre ; il vient

$$a^2 + b^2 = a^2 + b^2 + 2c^2 - 2bc \cos A - 2ac \cos B,$$
$$a^2 + c^2 = a^2 + c^2 + 2b^2 - 2bc \cos A - 2ab \cos C,$$
$$b^2 + c^2 = b^2 + c^2 + 2a^2 - 2ac \cos B - 2ab \cos C,$$

équations qui peuvent remplacer les précédentes.

Or, si l'on réduit et qu'on supprime respectivement les facteurs $2c$, $2b$, $2a$, ces équations deviennent

$$o = c - b \cos A - a \cos B,$$
$$o = b - c \cos A - a \cos C,$$
$$o = a - c \cos B - b \cos C,$$

résultats dans lesquels les inconnues a, b, c ne sont plus qu'au premier degré.

[On peut trouver facilement ces résultats par la Géométrie.

Fig. 53. On a évidemment AC ou $b = $ AD $+$ DC (*fig.* 53);

mais les deux triangles rectangles ADB, BDC donnent (n° 85)

$$AD = AB \cos A = c \cos A, \quad DC = BC \cos C = a \cos C;$$

donc $b = c \cos A + a \cos C$ ou $b - c \cos A - a \cos C = 0$;

c'est le second des deux résultats ci-dessus].

Afin de mettre les inconnues en évidence, et de comparer plus aisément ces résultats aux équations du 1er degré à *trois* inconnues, nous remplacerons a, b, c par x, y, z.

On aura, en ordonnant,

$$\left.\begin{array}{l}\cos B.x + \cos A.y - 1 . z = 0, \\ \cos C.x - 1 . y + \cos A.z = 0, \\ 1.x - \cos C.y - \cos B.z = 0, \end{array}\right\}\dots(2)$$

équations qui, comparées aux formules

$$\begin{array}{l}ax + by + cz = d, \\ a'x + b'y + c'z = d', \\ a''x + b''y + c''z = d'', \end{array}$$

donnent $\quad d = 0, \quad d' = 0, \quad d'' = 0;$

puis $\quad a = \cos B, \quad b = \cos A, \quad c = -1;$

$$a' = \cos C, \quad b' = -1, \quad c' = \cos A;$$
$$a'' = 1, \quad b'' = -\cos C, \quad c'' = -\cos B.$$

Or, on a vu (*Alg.* chap. II, n° 78) que lorsqu'on suppose *nulles* à la fois les quantités d, d', d'', les expressions de x, y, z sont *nulles* ou de la forme $\dfrac{0}{0}$, suivant que le dénominateur

$$ab'c'' - ac'b'' + ca'b'' - ba'c'' + bc'a'' - cb'a'',$$ est différent de o ou égal à o.

Cela posé, je dis que dans la circonstance où nous nous trouvons, ce dénominateur est *nul*.

En effet, si l'on y substitue à la place de a, b, c, a', $b'\dots$, les valeurs ci-dessus, on trouve, pour ce dénominateur,

$$\cos^2 B + 2\cos A \cos B \cos C + \cos^2 A + \cos^2 C - 1;$$

mais la relation $A + B + C = 200°$ donne $B + C = 200° - A$;

d'où $\qquad\qquad \cos (B + C) = - \cos A$,

ou, développant $\cos (B + C)$ par la formule connue,

$$\cos B \cos C - \sin B \sin C = - \cos A,$$

ou bien encore, $\quad \cos B \cos C + \cos A = \sin B \sin C.$

Élevant les deux membres au carré, et remplaçant $\sin^2 B$ et $\sin^2 C$ par leurs valeurs $1 - \cos^2 B$, $1 - \cos^2 C$, on obtient

$$\cos^2 B \cos^2 C + 2\cos B \cos C \cos A + \cos^2 A = (1 - \cos^2 B)(1 - \cos^2 C);$$

ou, effectuant les calculs et réduisant,

$$\cos^2 A + \cos^2 B + \cos^2 C + 2\cos A \cos B \cos C - 1 = 0.$$

On voit donc que le dénominateur ci-dessus est nul, et que par conséquent, x, y, z ou a, b, c sont de la forme $\frac{0}{0}$. Ainsi, la question est *indéterminée*. Mais on peut, conformément à ce qui a été dit en Algèbre (n° 78), déterminer les rapports de ces inconnues en fonction des données A, B, C.

Les équations (2) peuvent se mettre sous la forme

$$\cos B \cdot \frac{x}{z} + \cos A \cdot \frac{y}{z} = 1,$$

$$\cos C \cdot \frac{x}{z} - 1 \cdot \frac{y}{z} = - \cos A,$$

$$1 \cdot \frac{x}{z} - \cos C \cdot \frac{y}{z} = \cos B.$$

Multiplions la seconde de ces équations par $\cos A$, et ajoutons la première à la seconde ainsi multipliée; il vient

$$(\cos B + \cos A \cos C) \frac{x}{z} = 1 - \cos^2 A;$$

d'où $\qquad\qquad \dfrac{x}{z} = \dfrac{1 - \cos^2 A}{\cos B + \cos A \cos C};$

mais on a $\quad 1 - \cos^2 A = \sin^2 A,\quad$ et $\quad \cos (A + C) = - \cos B;$

d'où $\qquad \cos A \cos C - \sin A \sin C = - \cos B,$

ou $\qquad \cos B + \cos A \cos C = \sin A \sin C$;

donc enfin, $\qquad \dfrac{x}{z} = \dfrac{\sin^2 A}{\sin A \sin C} = \dfrac{\sin A}{\sin C}$;

c'est-à-dire, $\qquad \dfrac{a}{c} = \dfrac{\sin A}{\sin C}$.

On trouverait également $\dfrac{b}{c} = \dfrac{\sin B}{\sin C}$.

Nous retombons ainsi sur le principe du n° 91.

Applications de la Trigonométrie au levé des plans.

111. **Premier exemple.** *On demande la hauteur d'une tour* **AB**, *du pied de laquelle on peut approcher.*

On commence par mesurer sur le terrain, supposé de niveau ou perpendiculaire à AB (*fig.* 56), *une base* AD qui ne soit ni Fig. 56. trop grande ni trop petite par rapport à la hauteur cherchée; puis au point D, à l'aide d'un instrument (un graphomètre, par exemple), on mesure l'angle ECB que forme l'horizontale EC avec le rayon visuel dirigé du point C au sommet de la tour.

On connaît ainsi dans le triangle rectangle BEC, *l'un des côtés de l'angle droit* EC, et *l'un des angles aigus* ECB; ainsi (n° 88) l'on peut déterminer BE d'après la formule

$$\log BE = \log EC + \log \tang ECB - 10.$$

Connaissant BE, il faut, pour avoir la véritable hauteur de l'édifice, ajouter à BE la hauteur CD de l'instrument.

112. **Second exemple.** *Déterminer la distance* **AB** *d'un point* A *où l'on est placé, à un objet* B *visible mais inaccessible, parce que les deux points sont séparés par une rivière.*

On mesure d'abord sur le terrain *une base* AC (*fig.* 57), telle Fig. 57. qu'en dirigeant de ses deux extrémités des rayons visuels AB et CB, les angles BAC, ACB, ne diffèrent pas trop de 50°. Après avoir mesuré ces angles, on résout le triangle ABC dans lequel on connaît *un côté et deux angles*; et l'on a

$$\log AB = \log AC + \log \sin ACB - \log \sin ABC.$$

Remarque. Si, dans le premier exemple, on supposait que le pied de l'édifice fût visible, mais *inaccessible,* on déterminerait AD ou EC (*fig.* 56), comme dans le second exemple, et la question serait ramenée au cas où le pied est *accessible.*

113. TROISIÈME EXEMPLE. *On demande la distance* CD *de deux objets visibles mais inaccessibles,* comme étant séparés par une rivière, du lieu où l'on est placé.

Fig. 58. Après avoir mesuré *une base* AB (*fig.* 58) qui ne soit ni trop grande ni trop petite par rapport à CD, on dirige à l'aide d'un instrument, des rayons visuels AC, AD et BC, BD; puis on mesure les angles CAB, DAB et DBA, CBA.

On calculera alors, comme dans l'exemple précédent, le côté AC du triangle ABC et le côté AD du triangle ABD, puisque l'on connaît, dans chacun de ces triangles, un côté AB et les angles adjacens.

On a d'ailleurs CAD = CAB — DAB; ainsi, dans le triangle CAD, l'on connaîtra les deux côtés CA, AD et l'angle compris CAD; dès lors on pourra calculer le 3ᵉ côté CD, d'après l'une des deux méthodes relatives au 3ᵉ cas d'un triangle quelconque.

Nous ne nous arrêterons pas à des applications particulières de ces questions, parce que les exemples que nous avons donnés précédemment, suffisent pour mettre au fait de ces sortes de calculs. Mais nous terminerons par une question assez importante qui nous fournira une nouvelle occasion d'appliquer quelques-unes des formules trigonométriques.

114. QUATRIÈME EXEMPLE. *Trois points* A, B, C, (*fig.* 59) *étant donnés sur la carte d'un pays, on propose de déterminer la position d'un 4ᵉ point* M*, d'où l'on aurait mesuré les angles* AMC, CMB. (Les quatre points sont supposés sur un même plan.)

On peut d'abord donner de ce problème une solution purement géométrique.

Décrivez sur AC *un segment de cercle capable de l'angle*

donné AMC, *et sur* CB *un second segment capable de l'angle* *donné* CMB.

Comme il n'y a que les points du premier pour lesquels les rayons visuels menés aux deux points A et C, puissent former entre eux le premier angle donné, et que la même chose a lieu pour le second segment, il s'ensuit que le point cherché se trouvera à l'intersection de ces deux segmens.

Mais on demande la solution par le calcul.

Appelons a, b, c les trois côtés du triangle ABC, et posons.

$$AMC = \alpha, \quad CMB = \beta.$$

1°. Puisque les trois points A, B, C sont donnés de position, on connaît les grandeurs de a, b, c; dès lors on peut obtenir par l'une des formules relatives au 4° cas de la résolution des triangles, la valeur de l'angle ACB que nous désignerons par C.

2°. On connaît par hypothèse les angles $AMC = \alpha$, $CMB = \beta$, et par conséquent, leur somme AMB, ou $\alpha + \beta$. Mais, dans le quadrilatère AMBC, la somme des angles est égale à 400°;

donc
$$MAC + MBC = 400° - (C + \alpha + \beta),$$

d'où
$$\frac{MAC + MBC}{2} = 200° - \frac{C + \alpha + \beta}{2};$$

ainsi, la *demi-somme* des angles MAC, MBC est connue.

3°. Pour avoir leur différence, désignons MAC par x et MBC par y; les deux triangles AMC, CMB donnent (n° 91),

$$MC:AC::\sin x:\sin \alpha \atop MC:CB::\sin y:\sin \beta \Big\} \text{ d'où } MC = \frac{b \sin x}{\sin \alpha}, \quad MC = \frac{a \sin y}{\sin \beta};$$

donc
$$\frac{\sin x}{\sin y} = \frac{a \sin \alpha}{b \sin \beta} = \frac{a}{b'} \left(\text{en posant et calculant } b' = \frac{b \sin \beta}{\sin \alpha} \right),$$

De cette équation qui renferme deux inconnues, l'on déduit

$$\frac{\sin x + \sin y}{\sin x - \sin y} = \frac{a + b'}{a - b'}.$$

Mais on a (n° 96)
$$\frac{\sin x + \sin y}{\sin x - \sin y} = \frac{\tang \frac{1}{2}(x+y)}{\tang \frac{1}{2}(x-y)}.$$

Donc
$$\frac{a+b'}{a-b'} = \frac{\tang \frac{1}{2}(x+y)}{\tang \frac{1}{2}(x-y)},$$

formule qui fera connaître $\tang \frac{1}{2}(x-y)$ dès qu'on aura obtenu la valeur de b' par la relation $b' = \dfrac{b \sin \beta}{\sin \alpha}$, qui donne

$$\log b' = \log b + \log \sin \beta - \log \sin \alpha.$$

Soient maintenant $\dfrac{1}{2}(x+y) = 200^\circ - \dfrac{A + \alpha + \beta}{2} = m,$

$$\frac{1}{2}(x-y) = n;$$

il en résulte $x = m + n$ et $y = m - n$.

4°. Connaissant les deux angles MAC, MBC, on pourra calculer les lignes AM, CM, BM, puisque dans chacun des triangles AMC, CMB, l'on connaît *un côté et deux angles*.

115. Scholie général. Nous avons déjà observé (n° 34) que,
dans la résolution des problèmes de Géométrie par le secours
de l'Algèbre, on devait en général, préférer le calcul numérique
des résultats aux constructions géométriques, dont le plus ou
moins d'exactitude dépend du degré de perfection des instru-
mens et de l'adresse de celui qui opère, tandis que le calcul
n'a d'autres bornes que celles qu'on veut lui assigner. Cependant les tables trigonométriques employées d'après les seuls
principes qui ont été précédemment exposés, ne donnent pas
toujours le degré d'exactitude qu'on désire obtenir. Mais il
existe des moyens d'augmenter cette précision, qui se trouvent développés dans toutes les tables dont on se sert ordinairement.

APPENDICE AU CHAPITRE II.

Trigonométrie sphérique.

116. Nous croyons devoir placer à la suite de la Trigonométrie
rectiligne, un précis des formules principales de la Trigonométrie sphérique, non à cause de leur utilité immédiate, puisque
nous n'aurons à en faire usage que dans la troisième section de
cet Ouvrage ; mais parce que les élèves étant exercés à la recherche des formules trigonométriques, entendront plus facilement
la détermination de nouvelles formules qui ont beaucoup d'a-
nalogie avec celles de la Trigonométrie rectiligne.

Nous admettrons dans tout ce qui va suivre, la connaissance
des *dix* premières propositions du 7e livre de la Géométrie de
Legendre, ainsi que les définitions placées en tête de ce livre.
Ce sont les seules notions sur la sphère et sur les triangles
sphériques, dont nous ayons besoin pour l'objet que nous nous
proposons.

Des triangles sphériques quelconques.

117. Soit ABC un triangle sphérique tracé sur la sphère dont
le centre est en O (*fig.* 60); nous conviendrons, comme pour les
triangles rectilignes, de désigner par A, B, C les trois angles, et
par a, b, c les côtés respectivement opposés à ces angles.

Comme ces côtés ne sont autre chose que des arcs de grand
cercle, on conçoit qu'ils ne peuvent entrer dans les calculs que
par le moyen de leurs lignes trigonométriques, c'est-à-dire,
par leurs sinus, cosinus, tangentes, etc....

Cela posé, le problème général de la Trigonométrie sphérique a pour but : *Etant donnés trois des six choses qui constituent
un triangle sphérique, déterminer les trois autres.*

Pour résoudre tous les cas relatifs à cette question, il suffirait d'avoir autant de relations entre quatre des six quantités

Fig. 60.

A, B, C, a, b, c, qu'on peut former de combinaisons, *quatre à quatre*, avec ces six quantités. Or, le nombre de ces combinaisons est, comme on le sait, exprimé par $6 \times \dfrac{5}{2}$ ou 15.

Ainsi, il devrait y avoir en apparence 15 relations différentes à déterminer. Mais il est facile de reconnaître qu'elles se réduisent à *quatre* principales.

En effet, si l'on en trouve une

1°. Entre a, b, c, A, on peut en former de semblables entre..................$\begin{cases} a, b, c, B, \\ a, b, c, C. \end{cases}$

2°. a, b, A, B..................$\begin{cases} a, c, A, C, \\ b, c, B, C. \end{cases}$

3°. a, b, A, C..................$\begin{cases} a, b, B, C, \\ a, c, A, B, \\ a, c, B, C, \\ b, c, A, B, \\ b, c, A, C. \end{cases}$

4°. a, A, B, C..................$\begin{cases} b, A, B, C, \\ c, A, B, C. \end{cases}$

En tout *quinze* combinaisons dont *quatre* de nature différente.

118. Proposons-nous d'abord de déterminer une relation entre a, b, c, et A, c'est-à-dire, *entre les trois côtés et un angle.*

Soient ABC (*fig.* 60) le triangle sphérique proposé, O le centre de la sphère; tirons les rayons OA, OB, OC. Au point A, soient menées AD, AE tangentes aux arcs AC, AB, et joignons les points D, E où ces tangentes rencontrent OC, OB.

Comme ces tangentes sont l'une et l'autre perpendiculaires au rayon OA, l'angle DAE est la mesure de *l'angle sphérique* A (Leg., 7e livre, prop. 8.)

Cela posé, les deux triangles ODE, ADE donnent, en vertu du principe n° 92,

$$\overline{DE}^2 = \overline{OD}^2 + \overline{OE}^2 - 2OD \times OE . \cos a \ldots (DOE = a),$$

$$\overline{DE}^2 = \overline{AD}^2 + \overline{AE}^2 - 2AD \times AE . \cos A ;$$

d'où, en soustrayant et observant qu'à cause des triangles rectangles OAD, OAE, l'on a $\overline{OD}^2 - \overline{AD}^2 = \overline{OA}^2$, $\overline{OE}^2 - \overline{AE}^2 = \overline{OA}^2$,

$$o = 2\overline{OA}^2 - 2OD \times OE . \cos a + 2AD \times AE . \cos A.$$

Mais du triangle rectangle OAD, l'on déduit (n°s 84 et 85)

$$OD = \frac{OA}{\cos AOD} = \frac{OA}{\cos b}, \quad AD = OA . \tang b ;$$

pareillement, on a dans le triangle rectangle OAE,

$$OE = \frac{OA}{\cos AOE} = \frac{OA}{\cos c}, \quad AE = OA . \tang c.$$

Donc, substituant et supprimant le facteur commun $2\overline{OA}^2$,

on trouve $\qquad o = 1 - \dfrac{\cos a}{\cos b . \cos c} + \tang b \ \tang c . \cos A,$

ou, chassant le dénominateur et se rappelant que

$$\frac{\sin b}{\cos b} = \tang b, \qquad \frac{\sin c}{\cos c} = \tang c,$$

d'où $\qquad \sin b = \cos b \ \tang b, \quad \sin c = \cos c \ \tang c,$

$$o = \cos b \cos c - \cos a + \sin b \sin c \ \cos A.$$

Donc, enfin, $\quad \cos a = \cos b \cos c + \sin b \sin c \cos A, \ldots\ldots (1)$

relation qui donne la valeur du côté a en fonction des deux autres côtés b, c et de l'angle opposé A.

On a pareillement, par un simple échange de lettres,

$$\cos b = \cos a \cos c + \sin a \sin c \cos B, \ldots (2)$$

$$\cos c = \cos a \cos b + \sin a \sin b \cos C \ldots (3).$$

Ces trois formules sont, pour les triangles sphériques, ce que sont les formules du n° 92, pour les triangles rectilignes ; et elles renferment implicitement toutes les autres , comme nous allons le voir.

119. Il faut trouver maintenant *une relation entre les côtés* a, b *et les angles* A , B:

On tire de la formule (1),
$$\cos A = \frac{\cos a - \cos b \cos c}{\sin b \sin c},$$

$$\sin A = \sqrt{1 - \cos^2 A} = \sqrt{\frac{\sin^2 b \sin^2 c - (\cos a - \cos b \cos c)^2}{\sin^2 b \sin^2 c}},$$

ou, développant les calculs et observant que $\sin^2 b \sin^2 c$ est égal à $(1 - \cos^2 b)(1 - \cos^2 c)$,

$$\sin A = \frac{1}{\sin b . \sin c} \sqrt{1 - \cos^2 a - \cos^2 b - \cos^2 c + 2 \cos a \cos b \cos c}.$$

Divisons les deux membres par $\sin a$; il vient

$$\frac{\sin A}{\sin a} = \frac{1}{\sin a \sin b \sin c} \sqrt{1 - \cos^2 a - \cos^2 b - \cos^2 c + 2 \cos a \cos b \cos c},$$

résultat dont le second membre est évidemment symétrique en a, b, c ; d'où il suit que si, à l'aide des relations (2) et (3), on recherchait les valeurs de $\dfrac{\sin B}{\sin b}$, $\dfrac{\sin C}{\sin c}$, on trouverait également $\dfrac{\sin B}{\sin b} = k$, $\dfrac{\sin C}{\sin c} = k$; k désignant ce second membre.

On a donc la relation

$$\frac{\sin A}{\sin a} = \frac{\sin B}{\sin b} = \frac{\sin C}{\sin c};$$

ce qui veut dire que *les sinus des angles d'un triangle sphérique sont proportionnels aux sinus des côtés respectivement opposés à ces angles* ; cette proposition correspond au principe du n° 91 sur les triangles rectilignes; et la manière dont nous y sommes parvenu , est d'ailleurs analogue à celle qu'on a employée n° 109.

On pourrait également obtenir ce résultat, en éliminant $\sin b$ et $\cos b$ entre les équations (1) et (2), et substituant leurs valeurs dans la relation $\sin^2 b + \cos^2 b = 1$. Mais ce moyen serait beaucoup plus long, comme on peut s'en convaincre.

La proposition ci-dessus donne lieu aux trois égalités suivantes:

$$\sin b \, \sin A = \sin a \, \sin B, \ldots (4)$$
$$\sin c \, \sin A = \sin a \, \sin C, \ldots (5)$$
$$\sin c \, \sin B = \sin b \, \sin C \ldots (6)$$

120. Cherchons actuellement *une relation entre les deux côtés* a , b *et les deux angles* A et C *dont l'un est opposé.*

Il faut, pour cela, éliminer $\sin c$ et $\cos c$ entre les équations (1), (3) et (5) qui renferment ces deux quantités et les quatre parties a, b, A, C.

D'abord l'équation (5) donne $\qquad \sin c = \dfrac{\sin a . \sin C}{\sin A}$,

d'où, substituant dans l'équation (1),

$$\cos a = \cos b \, \cos c + \sin b \, . \, \frac{\sin a \, \sin C}{\sin A} \, . \, \cos A,$$

ou $\qquad \cos a = \cos b \, \cos c + \sin a \, \sin b \, \sin C \cot A,$

$$\left(\text{à cause de } \cot A = \frac{\cos A}{\sin A} \right).$$

Portons dans celle-ci, la valeur de $\cos c$ que donne (3); il vient

$$\cos a = \cos^2 b \, \cos a + \cos b \, \sin a \, \sin b \, \cos C$$
$$+ \sin a \, \sin b \, \sin C \cot A,$$

ou, transposant $\cos^2 b \, \cos a$, et divisant les deux membres par le facteur $\sin a \, \sin b$,

$$\cot a \, \sin b = \cos b \, \cos C + \sin C \cot A, \ldots (7)$$

résultat qu'on ne peut simplifier davantage, et qui ne contient que les quantités a, b, A, C.

On obtient pareillement, par de simples échanges de lettres,

$$\cot b \sin a = \cos a \cos C + \sin C \cot B, \ldots \quad (8)$$
$$\cot a \sin c = \cos c \cos B + \sin B \cot A, \ldots \quad (9)$$
$$\cot c \sin a = \cos a \cos B + \sin B \cot C, \ldots \quad (10)$$
$$\cot b \sin c = \cos c \cos A + \sin A \cot B, \ldots \quad (11)$$
$$\cot c \sin b = \cos b \cos A + \sin A \cot C. \ldots \quad (12)$$

121. Il ne reste plus qu'à déterminer *une relation entre* le côté a et les trois angles A, B, C.

Pour y parvenir, nous combinerons entre elles les relations (4), (7) et (8), afin d'éliminer b.

On a d'abord $\quad \cot a \sin b = \cos a \cdot \dfrac{\sin b}{\sin a} = \cos a \cdot \dfrac{\sin B}{\sin A}$;

de même, $\qquad \cot b \sin a = \cos b \cdot \dfrac{\sin a}{\sin b} = \cos b \cdot \dfrac{\sin A}{\sin B}$.

Par cette transformation, les égalités (7) et (8) deviennent
$$\cos a \sin B = \cos b \sin A \cos C + \cos A \sin C,$$
$$\cos b \sin A = \cos a \sin B \cos C + \cos B \sin C;$$

d'où , substituant dans la première équation la valeur de $\cos b \sin A$, tirée de la seconde,

$$\cos a \sin B = \cos a \sin B \cos^2 C + \cos B \sin C \cos C + \cos A \sin C.$$

Cette équation, qui ne renferme plus que a, A, B, C, peut encore être simplifiée. Transportons le terme........ $\cos a \sin B \cos^2 C$ dans le premier membre, et mettons à la place de $1 - \cos^2 C$ sa valeur $\sin^2 C$, puis divisons les deux membres par $\sin C$; il vient

$$\cos a \sin B \sin C = \cos B \cos C + \cos A;$$

d'où $\quad \cos A = - \cos B \cos C + \sin B \sin C \cos a \ldots \quad (13)$

On obtiendrait également, par un simple échange de lettres,

$$\cos B = - \cos A \cos C + \sin A . \sin C \cos b, \ldots \quad (14)$$
$$\cos C = - \cos A \cos B + \sin A \sin B \cos c. \ldots \quad (15)$$

Ces formules sont, au signe près, pour l'un des termes, composées en a, A, B, C, ou b, A, B, C, ou c, A, B, C, comme les formules (1), (2), (3) le sont en A, a, b, c, ou B, a, b, c, ou C, a, b, c.

Au reste, on peut les déduire de celles-ci, par le moyen de la propriété *des triangles polaires* (Leg. 7ème livre, prop. 9 et 10). Cette propriété consiste, 1° en ce que, si l'on considère un second triangle A'B'C' dont les sommets A', B', C' soient les pôles des côtés a, b, c, réciproquement, *les sommets* A, B, C *du triangle* ABC *sont les pôles des côtés* a', b', c'; 2°. les angles A', B', C' du triangle polaire A'B'C' *sont les supplémens des côtés* a, b, c *du triangle* ABC, et réciproquement, les angles A, B, C du triangle ABC, *sont les supplémens des côtés* a', b', c' *du triangle* A'B'C'.

Cette seconde partie de la propriété a fait donner aussi le nom de triangle *supplémentaire* au triangle A'B'C'.

Cela posé, puisque l'on a, d'après cette propriété,

$$A' = 200° - a, \quad B' = 200° - b, \quad C' = 200° - c, \quad a' = 200° - A,$$
$$b' = 200° - C, \quad c' = 200° - A,$$

la formule (1) devient, par rapport au triangle polaire,

$$\cos a' = \cos b' \, \cos c' + \sin b' \, \sin c' \, \cos A',$$

ou, mettant à la place de a', b', c', A' leurs valeurs, et observant que $\cos a' = -\cos A$, $\cos b' = -\cos B$, ...

$$-\cos A = \cos B \, \cos C - \sin B \, \sin C \, \cos a;$$

ou, changeant les signes,

$$\cos A = -\cos B \, \cos C + \sin B \, \sin C \, \cos a.$$

Des triangles sphériques rectangles.

122. *Observation préliminaire.* Quoique dans un triangle sphérique on puisse supposer les trois angles A, B, C, droits à la fois (ce qui aurait lieu si les plans qui déterminent les trois arcs de grand cercle étaient perpendiculaires entre eux), il est inutile de considérer les cas où le triangle renferme *deux* ou *trois* angles droits. Car supposons, par exemple, que les deux angles A et B (*fig.* 61) soient droits; les deux plans AOC, AOB sont perpendiculaires entre eux, et il en est de même des deux plans COB, AOB. Donc les angles rectilignes COA, COB sont droits; c'est-à-dire que les côtés a et b sont

Fig. 61.

chacun de 100°, ainsi que les angles A et B. D'ailleurs, l'angle C se mesure par l'angle rectiligne AOB ou par le côté sphérique c.

Fig. 62.   Si les trois angles A, B, C (*fig.* 62) sont droits, les rayons OA, OB, OC sont perpendiculaires entre eux; donc les côtés a, b, c sont chacun de 100°.

Ainsi, dans l'un et l'autre cas, il n'y a aucune question à résoudre.

Fig. 63.   123. Considérons donc un triangle sphérique BAC (*fig.* 63) rectangle en A, dont les deux autres angles soient aigus ou obtus en même temps, ou l'un aigu et l'autre obtus. (On est convenu de désigner ces angles sous le nom d'*angles obliques ;* le côté a est d'ailleurs appelé l'*hypoténuse du triangle*.)

Pour obtenir les formules relatives à la résolution de ce triangle, nous allons supposer A $= 100°$ dans celles des 15 formules déjà trouvées, qui renferment cet angle, en ayant soin de faire ressortir les formules qui rentrent les unes dans les autres.

La formule (1) donne...... $\cos a = \cos b \, \cos c$, .. (1)
(4) .... $\sin b = \sin a \, \sin B$, .. (2)
(5) formule analogue...... $\sin c = \sin a \, \sin C$,. . (3)
(7) $\cot a \, \sin b = \cos b \, \cos C$, ou $\tang b = \tang a \, \cos C$, . (4)
(9) formule analogue....... $\tang c = \tang a \, \cos B$, . (5)
(11) $\cot b \, \sin c = \cot B$, ... ou $\tang b = \sin c \, \tang B$, . (6)
(12) formule analogue........ $\tang c = \sin b \, \tang C$, . (7)
(13) .... $\cos a = \cot B \, \cot C$, . (8)
(14) .... $\cos B = \sin C \, \cos b$, .. (9)
(15) formule analogue........ $\cos C = \sin B \, \cos c$....(10)

En tout 10 relations, dont 6 essentiellement différentes.

Ces relations suffisent pour la résolution de tous les cas qui peuvent se présenter, puisqu'elles renferment toutes les combinaisons possibles des cinq quantités a, b, c, B, C, 3 à 3 (le nombre de ces combinaisons est, comme l'on sait, exprimé par $5 \times \dfrac{4}{2} \times \dfrac{3}{3}$ ou 10).

124. *Remarque.* La formule (1) relative au triangle sphérique rectangle, s'énonce ainsi : *le cosinus de l'hypoténuse est égal au produit des cosinus des deux côtés de l'angle droit ;* elle correspond à la relation $a^2 = b^2 + c^2$ du triangle rectiligne.

La formule (2) veut dire que *le sinus de l'un des côtés de l'angle droit est égal au sinus de l'hypoténuse multiplié par le sinus de l'angle oblique opposé à ce côté ;* ou bien encore, *que le rayon des tables est au sinus de l'un des angles obliques, comme le sinus de l'hypoténuse est au sinus du côté opposé à cet angle oblique.* Elle correspond à la relation $b = a \sin B$, du triangle rectiligne.

On énoncerait d'une manière analogue les formules (4) et (6), qui ont pour correspondantes les relations $c = a \cos B$, et $b = c$ tang B du triangle rectiligne.

Les formules suivantes (8), (9) et (10) n'en ont point de semblables dans la Trigonométrie rectiligne.

125. *Résolution des triangles quelconques.* La question générale du n° 117 se subdivise en *six* cas principaux, comme on peut s'en convaincre.

En effet, on peut se donner

1°. *Les trois côtés* a, b, c; et l'on demande A, B, C;

2°. *Deux côtés* a, b, *l'angle opposé à l'un deux,* A; et il s'agit de trouver c, B, C;

3°. *Deux côtés* a, b, *l'angle compris* C; et l'on demande c, A, B;

4°. *Un côté* a, *les deux angles adjacens* B, C; il faut obtenir b, c, A;

5°. *Un côté* a, *un angle adjacent* B, *l'angle opposé* A; on demande b, c, C;

6°. Enfin, *les trois angles* A, B, C; il s'agit de trouver les trois côtés a, b, c.

126. A la vérité, la résolution des trois derniers cas se ramène à celle des trois premiers, au moyen de la propriété *du triangle supplémentaire;* car lorsqu'on donne, par exemple, le côté a et les angles adjacens B, C du triangle ABC, on donne par cela même, les parties $A' = 200° — a$, $b' = 200° — B$, $c' = 200° — C$, c'est-à-dire, deux côtés et l'angle compris du triangle supplémentaire A'B'C' ; et après avoir trouvé, d'après les formules relatives au troisième cas, les valeurs des parties inconnues a', B', C', de ce même triangle, on en déduit ensuite les parties $A = 200° — a'$, $b = 200° — B'$, $c = 200° — C'$, du premier triangle ABC.

De même, si l'on donne les angles A, B, C du triangle ABC, on donne par cela seul, les côtés a', b', c' du triangle polaire ; et après avoir résolu ce dernier triangle d'après les formules du premier cas, on déduit des valeurs de A', B', C', celles de a, b, c, puisque l'on a $a = 200° — A'$, $b = 200° — B'$, $c = 200° — C'$. Ceci nous conduit à une remarque importante, c'est qu'un triangle sphérique est tout aussi bien déterminé par ses trois angles que par ses trois côtés ; ce qui n'a pas lieu pour les triangles rectilignes, dans lesquels le cas où l'on donne les trois angles, est tout-à-fait *indéterminé*.

127. Nous n'examinerons pas en détail chacun des cas précédemment énoncés ; et nous nous bornerons à cette observation que, pour trouver les valeurs des *trois* choses inconnues au moyen des trois choses données, il *faut avoir recours à celles des 15 formules qui renferment les trois données à la fois et l'une des parties inconnues séparément.*

Ainsi, dans le 3ᵉ cas, par exemple, où l'on donne a, b et C, pour obtenir successivement c, A, B, on prend les formules (3), (7) et (8).

La formule (3) donne immédiatement la valeur de $\cos c$,

$$\cos c = \cos a \, \cos b + \sin a \, \sin b \, \cos C ;$$

on déduit de (7)
$$\cot A = \frac{\cot a \, \sin b — \cos b \, \cos C}{\sin C} ;$$

et de la formule (8),
$$\cot B = \frac{\cot b \, \sin a — \cos a \, \cos C}{\sin C}.$$

Aucun de ces trois résultats n'est calculable par logarithmes;

ainsi il faudrait, dans les applications, leur faire subir des modifications. Nous donnerons (n° 130) un exemple de ces sortes de transformations.

Nous ajouterons que lorsqu'une des parties inconnues est obtenue par le moyen de *son sinus*, il y a lieu d'examiner de quelle nature est cette partie inconnue, puisqu'on sait qu'à un même sinus correspondent deux angles différens. C'est ce qui constitue dans la Trigonométrie sphérique, *les cas douteux* dont l'examen ne laisse pas d'offrir quelques difficultés. Il n'y a pas d'ambiguité, toutes les fois que la partie inconnue est déterminée par son cosinus, sa tangente ou sa cotangente; le signe dont la valeur de l'une de ces lignes est affectée, fait connaître la nature de l'angle.

128. *Résolution des triangles rectangles.* La question générale, relative aux triangles sphériques rectangles, a pour objet : DEUX *quelconques des cinq choses* a, b, c, B, C *étant données, de déterminer les* TROIS *autres;* et elle se subdivise également en *six* cas différens, savoir :

Étant donnés, 1°. *l'hypoténuse et un côté;* 2°. *les deux côtés;* 3°. *l'hypoténuse et un angle oblique;* 4°. *un côté et l'angle oblique opposé;* 5°. *un côté et l'angle oblique adjacent;* 6°. *les deux angles obliques,* déterminer les autres parties.

Pour résoudre chacun de ces cas, il faut prendre successivement parmi les dix formules relatives au triangle rectangle, celles qui renferment les *deux* choses données et *l'une* des parties inconnues.

Ces formules sont toutes immédiatement calculables par logarithmes; mais il se présente, comme pour les triangles quelconques, un assez grand nombre de *cas douteux,* puisque quelques-unes d'entre elles font connaître les côtés ou les angles par leurs *sinus.*

129. SCHOLIE GÉNÉRAL. En réfléchissant sur ce qui précède, on voit que toute la Trigonométrie sphérique repose sur un seul principe; c'est la proposition du n° 118. Les conséquences que l'on en déduit forment autant de nouveaux principes dont plu-

sieurs pouvaient être démontrés directement par la Géométrie; mais la marche que nous avons suivie nous a semblé préférable, en ce qu'elle nous a permis de resserrer dans un cadre très étroit, tout ce qu'il y avait d'essentiel à connaître sur cette partie des Mathématiques.

Nous renvoyons, pour de plus amples détails, aux Trigonométries de *Legendre* et de *Cagnoli*; ce dernier ouvrage doit être regardé comme un ouvrage complet sur les deux Trigonométries rectiligne et sphérique.

Nous terminerons par une application assez importante, qui nous fournira l'occasion de montrer comment on peut rendre quelques-unes des formules précédentes calculables par logarithmes.

Fig. 64.

130. *Réduire un angle à l'horizon.* D'un point O (*fig.* 64) situé dans l'espace, on a dirigé des rayons visuels vers deux objets Q, R; et l'on a mesuré l'angle QOR que forment entre eux ces rayons visuels. On a mesuré également les angles QOP, ROP que forment ces mêmes rayons visuels avec la verticale OP abaissée du point O sur l'horizon. Cela posé, si l'on abaisse des points Q et R les verticales QQ', RR', et qu'on tire les droites PQ', PR' qui, en termes de Géométrie descriptive, sont appelées les projections des rayons visuels OQ, OR, *on demande la grandeur de l'angle* Q'PR', qui n'est autre chose que *la projection horizontale* de l'angle QOR.

(*Voyez*, pour la solution géométrique de cette question, le Traité de Géométrie descriptive de Monge, n° 22, 9ᵉ question).

Solution trigonométrique. Regardons le point O comme le centre d'une sphère dont les intersections avec les plans QOR, QOP, ROP soient les arcs AB, AC, BC. On forme ainsi un triangle sphérique ABC dans lequel on connaît *les trois côtés* AB = c, AC = b, BC = a, puisqu'ils mesurent respectivement les trois angles qu'on suppose connus; et il s'agit de déterminer l'angle C de ce triangle; car cet angle n'est autre chose que celui des deux plans QOR, ROP, lequel se mesure par l'angle cherché Q'PR'.

Or, la formule (3) du n° 118 donne

$$\cos C = \cos P = \frac{\cos c - \cos a \, \cos b}{\sin a \, \sin b};$$

ce résultat fait connaître P en fonction de c, a, b, c'est-à-dire, en fonction de l'angle des deux rayons visuels et de ceux que forment ces rayons avec la verticale; mais il n'est pas calculable par logarithmes.

Pour remplir cette condition, nous emploierons un procédé semblable à celui du n° 102; ajoutons l'unité aux deux membres de cette égalité; il vient

$$1 + \cos P, \text{ ou } 2\cos^2 \tfrac{1}{2} P = \frac{\sin a \sin b + \cos c - \cos a \cos b}{\sin a \sin b},$$

ou, à cause de la formule $\cos(a+b) = \cos a \cos b - \sin a \sin b$,

$$2\cos^2 \tfrac{1}{2} P = \frac{\cos c - \cos(a+b)}{\sin a \, \sin b};$$

d'où

$$\cos \tfrac{1}{2} P = \sqrt{\frac{\cos c - \cos(a+b)}{2 \sin a \sin b}}.$$

Posons $a+b=p$, $c=q$; il en résulte

$$\cos c - \cos(a+b) = \cos q - \cos p;$$

mais on a trouvé (n° 74)

$$\cos q - \cos p = 2 \sin \tfrac{1}{2}(p+q) \, \sin \tfrac{1}{2}(p-q);$$

donc $\cos c - \cos(a+b) = 2 \sin \tfrac{1}{2}(a+b+c) \, \sin \tfrac{1}{2}(a+b-c),$

et par conséquent, $\cos \tfrac{1}{2} P = \sqrt{\dfrac{\sin \tfrac{1}{2}(a+b+c) \sin \tfrac{1}{2}(a+b-c)}{\sin a \, \sin b}}.$

On aurait pu trouver également P par le sinus de sa moitié, et l'on serait parvenu à la formule

$$\sin \tfrac{1}{2} P = \sqrt{\frac{\sin \tfrac{1}{2}(b+c-a) \, \sin(a+c-b)}{\sin a \, \sin b}},$$

résultat tout aussi simple à calculer par logarithmes.

GÉOMÉTRIE ANALYTIQUE

A DEUX DIMENSIONS.

SECONDE SECTION.

CHAPITRE III.

Des Points, de la Ligne droite et du Cercle.

131. Après avoir développé les moyens de faire entrer dans les calculs, soit algébriques, soit numériques, les angles aussi bien que les lignes, nous pourrions continuer l'application des méthodes établies dans le premier chapitre, à de nouvelles questions de Géométrie ; mais, outre que ces méthodes ne sont pas assez générales , elles n'offriraient plus aucun intérêt, parce que nous en avons fait connaître les principales difficultés. Nous allons donc passer immédiatement à l'exposition de la méthode générale connue sous le nom d'Analyse de Descartes, l'illustre philosophe qui en a donné la première idée ; de cette méthode qui consiste à *exprimer, par des équations, la position respective des points et des lignes droites ou courbes faisant partie de la figure d'une question proposée, puis à combiner ces équations de manière à remplir le but indiqué par l'énoncé de la question.*

A proprement parler, c'est le développement des principes de cette méthode , qui constitue la *Géométrie analytique* telle qu'on l'envisage maintenant. Elle se divise en deux parties distinctes , Géométrie analytique *à deux dimensions,* et Géométrie analytique *à trois dimensions*, suivant que les objets que l'on considère, sont situés sur un même plan ou d'une manière quelconque dans l'espace.

Dans ce chapitre, il ne sera question que de points, de lignes droites ou de cercles situés sur un même plan.

§ Ier. PRINCIPES GÉNÉRAUX.

Manière de fixer la position d'un point sur un plan.

132. Pour peu qu'on réfléchisse sur la nature d'un problème de Géométrie, on voit que la plupart reviennent, en dernière analyse, à trouver la distance d'un ou de plusieurs points inconnus à d'autres points ou à des droites fixes et déjà déterminées de position. Si donc l'on avait un moyen de fixer *analytiquement* la position d'un point par rapport à des points ou à des lignes connues de position, on serait en état de résoudre toute espèce de questions géométriques.

133. Soient deux droites rectangulaires AX, AY (*fig.* 65) Fig. 65.
fixes et données de position sur un plan, M un point quelconque dont il s'agit de déterminer la position sur ce plan.

Si de ce point, on abaisse les perpendiculaires MP, MQ, il est visible que le point M sera *fixé*, dès que l'on connaîtra les longueurs des deux côtés contigus AP, AQ du rectangle APMQ. Car ces côtés sont les distances du point M aux deux lignes fixes AX et AY ; donc, si l'on mène respectivement à ces distances, deux parallèles PM et QM aux lignes AX et AY, le point d'intersection de ces deux parallèles sera le point demandé.

On est convenu de donner le nom d'*axes* aux deux lignes fixes AX et AY.

La distance AP ou QM du point M à l'axe AY, s'appelle *l'abscisse* de ce point, et se désigne algébriquement par x.

La distance AQ ou PM du même point M à l'axe AX, est dite l'*ordonnée* de ce point, et s'exprime par y.

Ces deux distances portent conjointement le nom de *coordonnées du point.*

Les deux axes se distinguent l'un de l'autre par les dénominations d'*axe des abscisses* ou des x, donnée à la ligne AX sur laquelle se comptent les abscisses, et d'*axe des ordonnées* ou des y, donnée à la ligne AY sur laquelle se comptent les ordonnées.

Enfin, le point A est ce qu'on appelle l'*origine des coordonnées,* parce que c'est à partir de ce point que se comptent ces distances.

134. *Equations d'un point.* Le caractère de tout point considéré sur l'axe des y, est $x = 0$, puisque cette équation exprime que la distance du point à cet axe est *nulle.*

De même, le caractère de tout point placé sur l'axe des x est $y = 0$.

Donc le système des deux équations $x = 0$, $y = 0$, caractérise l'origine A des coordonnées, car elles n'ont lieu en même temps que pour ce point.

En général, les deux équations $x = a$, $y = b$, considérées simultanément, caractérisent un point situé à une distance a de l'axe des y et à une distance b de l'axe des x. En effet, la première appartient à tous les points d'une parallèle à AY, menée à une distance AP $= a$; la seconde, à tous les points d'une parallèle à AX, menée à une distance AQ $= b$. Donc le système des deux équations appartient au point d'intersection M, et n'appartient qu'à lui. Elles en sont, pour ainsi dire, la représentation analytique.

On les nomme, pour cette raison, les *équations du point.*

135. *Remarque.* On doit toutefois considérer, dans les expressions a et b, non - seulement les valeurs absolues ou numériques des distances du point aux deux axes, mais encore les signes dont elles peuvent être affectées, eu égard à la position du point dans le plan des axes AX et AY. Car, d'après le

principe établi (n° 26), si l'on convient de regarder comme *positives* les distances telles que AP, comptées sur AX à la droite du point A (*fig.* 65), on doit regarder comme *négatives* les distances telles que AP', comptées à la gauche de ce même point. De même, si l'on regarde comme *positives* les distances AQ comptées au-dessus du point A sur AY, on doit regarder comme *négatives* les distances comptées au-dessous de ce même point.

A la vérité, le principe que nous venons de rappeler a été établi pour des distances de points situés de côté et d'autre sur une même droite, par rapport à un point fixe. Mais il a lieu également pour des distances de points *à des droites fixes.* Il suffirait, pour s'en convaincre, de prendre une nouvelle origine et de nouveaux axes parallèles aux premiers, et par rapport auxquels tous les points considérés fussent situés du même côté.

Nous avons eu d'ailleurs occasion d'envisager le principe sous ce point de vue, dans la détermination des *valeurs corrélatives* des lignes trigonométriques.

D'après cela, si nous mettons en évidence les signes dont a et b peuvent être affectés, nous aurons les *quatre* systèmes d'équations

$$x = + a, \quad x = - a, \quad x = + a, \quad x = - a,$$
$$y = + b, \quad y = + b, \quad y = - b, \quad y = - b,$$

pour caractériser les *quatre* positions essentiellement différentes du point, savoir, M, M', M", M'".

On trouvera, en vertu de cette remarque,

1°. Que le point dont les équations sont $x = + 1$, $y = - 3$, est situé dans l'angle Y'AX (*fig.* 66) à une distance AP $= 1$ Fig. 66. de l'axe des y, et à une distance PM $= 3$ de l'axe des x.

2°. Que le point exprimé par $x = 0$, $y = - 2$, est (n° 134) situé sur l'axe AY à une distance AM' $= 2$ (*fig.* 67). Fig. 67.

3°. Que le point $x = - 1$, $y = 0$, est situé sur l'axe AX vers la gauche de A, à une distance AM $= 1$.

136. Nous avons supposé jusqu'à présent que les axes fussent *perpendiculaires entre eux*, parce que c'est la position la plus simple, et que cela est d'usage. Cependant il y a des

questions dont la résolution exige que l'on considère des axes faisant entre eux un angle quelconque.

Dans ce cas, les *coordonnées* ne sont plus des perpendiculaires abaissées sur les axes, mais bien des parallèles à ces axes ; c'est-à-dire que les distances AP ou QM, AQ ou PM, se comptent parallèlement aux axes AY, AX (*fig.* 68).

Du reste, tout ce qui a été dit dans l'hypothèse où les axes sont rectangulaires, s'applique également au cas où ils sont obliques.

137. Pour compléter la théorie du point, proposons-nous de *rechercher l'expression analytique de la distance entre deux points donnés sur un plan.* Cette question est d'un usage continuel dans la Géométrie analytique.

Soïent x', y' les coordonnées d'un premier point M; x'', y'', les coordonnées d'un second point M', en sorte que l'on ait

$$x = x' \quad \text{et} \quad x = x''$$
$$y = y' \qquad\quad y = y'',$$

pour les équations de ces points qu'on suppose connus de position.

Il s'agit d'exprimer la distance MM' (*fig.* 69), que nous appellerons D, en fonction des coordonnées x', y', x'', y''.

Pour cela, menons les ordonnées MP, M'P' de ces deux points, et tirons M'R parallèle à AX.

Le triangle rectangle MRM' donne $\overline{MM'}^2 = \overline{MR}^2 + \overline{M'R}^2$;

mais $MR = MP - RP = y' - y''$, $M'R = PP' = x' - x''$;

donc $\overline{MM'}^2$ ou $D^2 = (y' - y'')^2 + (x' - x'')^2$,

et par conséquent, $D = \sqrt{(y' - y'')^2 + (x' - x'')^2}$.

Cette formule est générale, et convient même au cas où les deux points sont situés *en sens contraire,* par rapport à l'un des axes. Il suffit d'y introduire les changemens de signe qui correspondent aux changemens de position.

Ainsi, par exemple, pour obtenir la distance de deux points

dont l'un M, est placé dans l'angle YAX et dont l'autre M' est placé dans l'angle YAX' (*fig.* 70), il faut changer le signe de Fig. 70. x'', ce qui donne

$$D = \sqrt{(y' - y'')^2 + (x' + x'')^2};$$

et, en effet, la nouvelle figure donne $\overline{MM'}^2 = \overline{MR}^2 + \overline{M'R}^2$;

mais $\quad MR = y' - y'', \quad M'R = AP + AP' = x' + x'';$

donc $\quad\quad D = \sqrt{(y' - y'')^2 + (x' + x'')^2}.$

Si l'un des points donnés, M' par exemple, est l'origine des coordonnées, comme on a alors $x'' = o$ et $y'' = o$, la formule devient

$$D = \sqrt{y'^2 + x'^2}.$$

En effet, le triangle AMP (*fig.* 70) donne sur-le-champ,

$$\overline{AM}^2 = \overline{MP}^2 + \overline{AP}^2.$$

138. Lorsque les axes sont obliques, la formule est différente. En effet, le triangle MM'R (*fig.* 71), est obliquangle et Fig. 71. donne, en vertu de la formule trigonométrique n° 92,

$$\overline{MM'}^2 = \overline{MR}^2 + \overline{M'R}^2 - 2MR \times M'R \cdot \cos MRM';$$

on a toujours $\quad MR = y' - y'', \quad M'R = x' - x'';$

d'ailleurs, $\quad \cos MRM' = -\cos MRK = -\cos \beta$ (β désignant l'angle MRK qui n'est autre chose que celui des deux axes);

donc $\quad D^2 = (y' - y'')^2 + (x' - x'')^2 + 2(y' - y'')(x' - x'') \cdot \cos \beta;$

d'où $\quad D = \sqrt{(y' - y'')^2 + (x' - x'')^2 + 2(y' - y'')(x' - x'') \cdot \cos \beta}.$

Ce résultat, beaucoup plus compliqué que le précédent, fait sentir la nécessité de supposer les axes rectangulaires, lorsqu'on doit faire entrer dans les calculs, la distance entre deux points donnés, et que le choix des axes est arbitraire.

Manière de fixer analytiquement la position d'une droite.

139. Soit une droite L'BL indéfinie et située à volonté dans un plan. Prenons dans ce plan deux axes rectangulaires ou obliques AX , AY (*fig.* 72 et 73), par rapport auxquels la droite soit placée d'une manière quelconque.

Menons d'ailleurs de différens points M, M', M"... pris sur cette droite, les ordonnées MP, M'P', M"P"...., et par le point B où la droite rencontre l'axe des y, tirons BH parallèle à AX.

Cela posé, les triangles semblables BQM , BQ'M', BQ"M"... donnent la suite des rapports égaux

$$\frac{MQ}{BQ} = \frac{M'Q'}{BQ'} = \frac{M"Q"}{BQ"} \cdots\cdots$$

ou bien, $\dfrac{MP - AB}{AP} = \dfrac{M'P' - AB}{AP'} = \dfrac{M"P" - AB}{AP"} \cdots\cdots;$

ce qui prouve que *la différence entre l'ordonnée d'un point quelconque de la droite et celle qui passe par l'origine, est à l'abscisse du même point, dans un rapport constant.*

Désignons donc par x et y les coordonnées d'un point pris au hasard sur la droite, par b la distance AB (que l'on appelle l'*ordonnée à l'origine*), et par a le rapport constant, dont nous venons de parler. Nous aurons la relation

$$\frac{y - b}{x} = a; \quad \text{d'où} \quad y = ax + b\ldots\ldots(1),$$

laquelle sera satisfaite pour tous les points de la droite L'BL, à l'exclusion de tout autre point. Car soit N un point pris au-dessus ou au-dessous de cette droite , comme l'ordonnée NP de ce point est plus grande ou plus petite que l'ordonnée MP correspondante à la même abscisse, et que, par hypothèse, on a pour le point M,.... MP $= a$. AP $+ b$, il s'ensuit que NP est plus grand ou plus petit que a . AP $+ b$; ainsi l'on a, pour les coordonnées de ce point, $y \gtrless ax + b.$

On voit donc que la relation (1) caractérise tous les points de la droite, et qu'elle en est, pour ainsi dire, *la représentation analytique*, en ce sens, que si, au moyen de cette équation, l'on veut retrouver les différens points de la droite, il suffit de donner à x une série de valeurs que l'on porte de A en P, P′, P″....; menant ensuite par les points P, P′, P″.... des parallèles à AY, et prenant sur ces parallèles des parties PM, P′M′, P″M″.... égales aux valeurs de y correspondantes et tirées de l'équation (1), on aura M, M′, M″.... pour autant de points de la droite.

On appelle, pour cette raison, la relation (1) *l'équation de la droite* L′BL.

Les quantités x et y qui expriment les coordonnées des différens points de la droite, sont *des variables*; et les quantités a et b qui, pour la même droite, ne changent pas, sont appelées *les constantes* de cette équation.

140. Le rapport a est susceptible de deux acceptions différentes, suivant que les axes sont rectangulaires ou obliques.

1°. Si les axes sont rectangulaires, le triangle rectangle MBQ (*fig.* 72), donne (Trigonométrie, n° 87),

Fig. 72.

$$\frac{MQ}{BQ} \quad \text{ou} \quad a = \frac{\text{tang MBQ}}{r};$$

appelons α l'angle MBQ égal à LCX, et supposons, pour plus de simplicité, le rayon des tables égal à 1 ; il en résulte

$$a = \text{tang } \alpha;$$

ainsi, le rapport constant est égal à *la tangente trigonométrique de l'angle que forme la droite avec l'axe des x.*

2°. Lorsque les axes sont obliques, on a, d'après le principe (n° 91) relatif aux triangles obliquangles (*fig.* 73),

Fig. 73.

$$\frac{MQ}{BQ} \quad \text{ou} \quad a = \frac{\sin MBQ}{\sin BMQ} = \frac{\sin MBQ}{\sin LBY};$$

ou bien, désignant par β l'angle YAX, d'où LBY $= \beta - \alpha$,

$$a = \frac{\sin \alpha}{\sin (\beta - \alpha)};$$

c'est-à-dire que, dans ce cas, le rapport constant est égal à *celui des sinus des deux angles que la droite forme avec les axes des* x *et des* y.

Cette dernière valeur rentre dans la précédente, lorsqu'on suppose $\beta = 100°$; car on a

$$\frac{\sin \alpha}{\sin (100° - \alpha)} = \frac{\sin \alpha}{\cos \alpha} = \mathrm{tang}\, \alpha.$$

Discussion de l'équation

$$y = ax + b.$$

141. Nous considérerons particulièrement, dans cette discussion, le cas où les axes sont à angle droit, parce que c'est le cas le plus ordinaire.

Les constantes a et b qui sont fixes et déterminées pour tous les points d'une même droite, peuvent toutefois, d'après leur nature, passer par tous les états de grandeur soit *positifs,* soit *négatifs,* puisque la première est une tangente trigonométrique et que la seconde exprime la distance du point fixe A, à un point placé sur la ligne AY. Ces divers états de grandeur dépendent de la position que peut avoir la droite donnée, par rapport aux axes. Nous allons examiner ces différentes circonstances.

142. Considérons, *en premier lieu,* le cas où la droite passe par l'origine.

Fig. 74. Dans ce cas, ou a $b = 0$ (*fig.* 74), et l'équation devient

$$y = ax, \quad \text{d'où} \quad \frac{y}{x} = a;$$

ce qui démontre que *l'ordonnée d'un point quelconque de la droite est à son abscisse dans un rapport constant.*

Cette propriété caractérise toutes les droites qui passent par l'origine; car ce point se trouvant sur chacune d'elles, ses coordonnées $(x = 0, \ y = 0)$ doivent vérifier leur équation; ce qui exige que le terme indépendant de x et de y manque dans cette équation.

Faisons actuellement tourner la droite autour de l'origine, et voyons ce que devient a dans ce mouvement.

D'abord, si la droite est couchée sur AX, l'angle α est *nul*, et l'on a tang α ou $a = 0$, ce qui réduit l'équation à $y = 0$, qui n'est autre chose que l'équation de l'axe des x (n° 134).

Tant que la droite, en tournant au-dessus de l'axe des x, sera placée dans l'angle YAX, l'angle α sera plus petit que 100°, et tang α ou a sera *positif*, mais augmentera de plus en plus. Il est d'ailleurs évident, d'après l'équation $y = ax$, qu'à des abscisses positives AP, ou négatives AP', correspondront des ordonnées de même signe qu'elles, MP, M'P'.

Si la droite vient à se confondre avec AY, comme on a alors $\alpha = 100°$, il en résulte $a = \infty$ et $\frac{1}{a} = 0$; d'où l'on peut conclure que l'équation, qui peut se mettre sous la forme $x = \frac{1}{a}.y$, se réduit à $x = 0$, qui est en effet l'équation de l'axe des y (n° 134).

Supposons maintenant que la droite soit placée dans l'intérieur de l'angle YAX', comme L"AL"', l'angle α est obtus; donc tang α ou a devient *négatif*, et diminue de plus en plus, *numériquement*, à mesure que la droite se rapproche de AX'; et si l'on met le signe de a en évidence, on a pour l'équation de la droite L"AL"', $\qquad y = - ax$; d'où l'on voit qu'à des abscisses *positives* AP"' correspondent des ordonnées *négatives* P"'M"'; et à des abscisses *négatives* AP" correspondent des ordonnées *positives* P" M". Ce résultat s'accorde avec la figure.

N. B. Lorsque les axes sont obliques, le changement de signe de a correspond au cas où l'angle α ou L'AX (*fig.* 75) devient plus grand que l'angle ε des deux axes. En effet, dans l'expression $a = \dfrac{\sin \alpha}{\sin (\varepsilon - \alpha)}$, le dénominateur $\sin(\varepsilon - \alpha)$, pour

Fig. 75.

$a > б$, se change en $-\sin(a - б)$, et l'on trouve

$$y = - \frac{\sin a}{\sin(б - a)} \cdot x.$$

Revenons à notre objet. Si la droite, continuant de tourner, se place sur AX', tang a redevient *nul*, et l'équation se réduit de nouveau à $y = 0$, ou à l'équation de l'axe des x.

La droite passant dans l'angle $X'AY'$, a est $> 200°$, mais $< 300°$; donc (n° 53) tang a ou a est positif, et l'équation redevient $y = ax$.

Et, en effet, la droite étant prolongée au-dessus de l'axe des x, reprend les positions qu'elle avait prises d'abord dans l'angle YAX.

Enfin, lorsque la droite passe dans l'angle $Y'AX$, auquel cas on a $a > 300°$, mais $< 400°$, tang a ou a redevient négatif, et l'on reproduit l'équation $y = -ax$.

143. Considérons, *en second lieu*, le cas où la droite passe par un point B (*fig.* 76) de l'axe des y situé au-dessus de l'origine.

Fig. 76.

Dans ce cas, *l'ordonnée à l'origine*, ou b, est positif, et l'on a pour l'équation, $y = ax + b$.

La quantité b est essentiellement positive; mais il n'en est pas de même de a. Car si l'on conçoit que la droite tourne autour du point B, comme dans ce mouvement, elle prendra nécessairement des positions parallèles à toutes celles qu'elle avait prises autour de l'origine, il s'ensuit que a sera *positif* ou *négatif* dans les mêmes circonstances. En sorte que l'équation $y = +ax + b$ convient à toutes les droites telles que LBL' qui forment, avec l'axe des x, un angle moindre que $100°$, ou plus grand que $200°$, mais moindre que $300°$; et l'équation $y = -ax + b$, à toutes les droites, telles que $L''BL''$, formant avec l'axe des x un angle plus grand que $100°$, et moindre que $200°$, ou plus grand que $300°$, mais moindre que $400°$.

Lorsque la droite est assujettie à passer par un point B' situé au-dessous de l'origine, b est négatif, et l'équation devient

$y = + ax - b$ pour toutes les droites telles que L'B'L,

et $y = - ax - b$ pour toutes les droites telles que L"B'L".

144. Examinons, comme cas particuliers, ceux où la droite devient parallèle à chacun des deux axes.

1°. Lorsque la droite est parallèle à l'axe des x, on a évidemment tang α ou $a = 0$; d'ailleurs, b est positif ou négatif; ainsi l'équation se réduit à

$$y = \pm b;$$

résultat qui s'accorde avec ce qui a été dit n° 134.

2°. Si la droite est parallèle à l'axe des y, tang α doit être infini et de la forme ∞. Il en est de même de b qui, exprimant la distance de l'origine au point où la droite rencontre l'axe des y, devient nécessairement *plus grand qu'aucune quan- tité donnée,* dans le cas dont il s'agit.

Ces deux conditions introduites dans $\qquad y = ax + b,$

qu'on peut mettre sous la forme $\qquad x = \frac{1}{a} y - \frac{b}{a},$

la réduisent à $\qquad x = - \frac{\infty}{\infty}.$

Pour interpréter ce résultat, remarquons qu'afin d'obtenir la droite dans toutes les situations possibles, par rapport aux axes, nous avons supposé (n° 143) que la droite tourne autour du point B, regardé comme fixe. Dans cette hypothèse, b a une valeur finie et déterminée, et il est impossible d'en déduire le cas où la droite devient parallèle à AY.

(On trouve seulement, dans la supposition de $a = \infty$, $x = 0$ ou l'équation de l'axe des y.)

Si l'on veut obtenir le cas particulier en question, il faut changer *le centre de mouvement* de la droite et prendre, par exemple, le point C, où la droite rencontre l'axe des x. Or, si l'on désigne par c la distance AC, on a évidemment (n° 87)

$$\frac{AB}{AC} = \text{tang } \alpha, \quad \text{ou} \quad \frac{b}{c} = a; \quad \text{d'où } c = \frac{b}{a}; \quad \text{et l'équation devient}$$

$$x = \frac{1}{a} y - c.$$

Supposons maintenant que la droite tournant autour du point C, devienne parallèle à AY; tang α ou a devient *infini* et c ne change pas.

Donc l'équation se réduit à $x = -c$, équation qui exprime en effet (n° 134) une parallèle à l'axe des y.

Le signe de $-c$ dépend de la position du point C, par rapport à l'origine A; il peut être en C ou C'.

L'expression de c, ou $\frac{b}{a}$, offre l'exemple d'une fraction qui reste *constante*, bien que ses deux termes deviennent *infinis*. C'est ainsi qu'une fraction $\frac{a}{b}$, qui se réduit à $\frac{0}{0}$, lorsqu'on suppose $a = 0$, $b = 0$, acquiert dans certains cas (n° 79) une valeur finie et déterminée.

145. Nous observerons en passant que la relation $a = \frac{b}{c}$ introduite dans l'équation $y = ax + b$, la ramène à la forme $y = \frac{b}{c} x + b$, d'où $cy - bx = bc$, équation qui renferme comme *constantes* les distances de l'origine A aux points où la droite rencontre les axes.

En y faisant $x = 0$, on trouve $y = b$; ce sont les coordonnées du point B, où la droite rencontre l'axe des y.

Soit encore $y = 0$, on obtient $x = -c$; ce sont les coordonnées du point C, où la même droite rencontre l'axe des x.

Il y a quelquefois de l'avantage à employer l'équation de la droite sous cette forme, à cause de l'homogénéité de ses termes. Elle convient même aux cas où les axes sont *obliques*; car le Fig. 73. triangle BAC donne (*fig.* 73)

$$\frac{\sin BCA}{\sin CBA}, \quad \text{ou} \quad a = \frac{AD}{AC} = \frac{b}{c}.$$

146. Il résulte de la discussion précédente, que l'équation $y = ax + b$ comprend implicitement les équations de la droite considérée dans toutes les situations qu'elle peut avoir par rapport aux axes. Il suffit d'y substituer pour a et b les valeurs correspondantes à ces diverses situations.

Questions préliminaires relatives à la ligne droite.

147. Toutes les fois que la position d'une droite sera donnée par celle du point B où la droite rencontre l'axe des y, et par l'angle qu'elle forme avec l'axe des x, les constantes a et b auront une valeur déterminée. Mais on peut imposer à une droite d'autres conditions, telles, par exemple, que celles de passer par deux points pris à volonté sur un plan; de passer par un point donné et d'être parallèle ou perpendiculaire à une droite déjà connue de position; de passer par un point et de faire avec une autre droite un angle donné, etc.

Dans ces différens cas, a et b doivent être regardées comme des *constantes indéterminées,* dont les valeurs dépendent des conditions imposées à la droite.

La recherche de ces valeurs donne lieu à une série de questions qui servent de base à la Géométrie analytique, et que nous allons développer successivement.

148. PREMIÈRE QUESTION. *Trouver l'équation d'une droite assujettie à passer par deux points donnés sur un plan.*

(Dans cette question, les axes peuvent être indifféremment rectangulaires ou obliques.)

Soient M et M′ (*fig.* 69 et 71) deux points fixés sur un plan par leurs coordonnées x', y' et x'', y''. Fig. 69 et 71.

L'équation cherchée sera de la forme $y = ax + b$; ... (1) a et b étant deux constantes (inconnues pour le moment) qu'il s'agit d'exprimer en fonction de x', y', x'', y'', qui sont supposées connues.

Or, puisque chacun des deux points M et M′ se trouve sur la droite, leurs coordonnées mises à la place de x et y dans l'équation (1), doivent la vérifier. Ainsi, l'on doit avoir les

deux relations
$$\left\{ \begin{array}{l} y' = ax' + b, \ldots \ (2) \\ y'' = ax'' + b. \ldots \ (3) \end{array} \right.$$

Comme ces équations ne contiennent a et b qu'au premier degré, on en tire facilement les valeurs de ces inconnues.

D'abord, si l'on soustrait (3) de (2), il vient

$$y' - y'' = a(x' - x''); \quad \text{d'où} \quad a = \frac{y' - y''}{x' - x''}.$$

Portant cette valeur dans l'équation (2), on trouve

$$b = y' - \frac{y' - y''}{x' - x''} \cdot x' = \frac{x'y'' - y'x''}{x' - x''};$$

et substituant ces valeurs de a et b dans l'équation (1), on obtient enfin

$$y = \frac{y' - y''}{x' - x''} \cdot x + \frac{x'y'' - y'x''}{x' - x''} \ldots \ldots \ (4)$$

pour l'équation demandée.

Autre méthode. Retranchons d'abord l'équation (2) de l'équation (1); il vient $y - y' = a(x - x')$, équation qui contient encore l'inconnue a; mais, en soustrayant (3) de (2), on obtient

$$y' - y'' = a(x' - x''); \quad \text{d'où} \quad a = \frac{y' - y''}{x' - x''}.$$

Portant cette valeur de a dans l'équation précédente, on a

$$y - y' = \frac{y' - y''}{x' - x''} (x - x'), \ldots \ (5)$$

équation qui, ne renfermant plus que les variables nécessaires x, y, et les données x', y', x'', y'', convient encore à la droite cherchée.

L'identité des équations (4) et (5) peut être établie facilement. En effet, on tire de l'équation (5),

$$y = y' + \frac{y' - y''}{x' - x''} \cdot x - \frac{y' - y''}{x' - x''} \cdot x';$$

ou réduisant,

$$y = \frac{y' - y''}{x' - x''} \cdot x + \frac{x'y'' - y'x''}{x' - x''}.$$

La seconde méthode, qui est sans contredit plus simple et plus élégante que la première, donne lieu à un résultat dont l'emploi dans les calculs est, en général, plus commode.

Toutefois, l'équation (4) a l'avantage de laisser en évidence la quantité b, ou l'*ordonnée à l'origine*.

149. *Remarque.* L'équation $y - y' = a(x - x')$ qu'on a d'abord trouvée en employant la seconde méthode, joue un grand rôle dans la Géométrie analytique. Elle offre un caractère particulier; c'est de représenter toutes les droites qui passent par le point particulier (x', y').

En effet, on y est parvenu par la combinaison de l'équation

générale $$y = ax + b,$$

avec la relation particulière $$y' = ax' + b,$$

qui exprime que le point (x', y') se trouve sur la droite.

D'ailleurs, si l'on y fait à la fois $y = y'$, $x = x'$, elle se réduit à $o = o$; ce qui prouve évidemment que la droite passe par le point (x', y').

Quant à la quantité a qui subsiste encore dans l'équation, c'est une *constante indéterminée* dont la valeur dépend d'une seconde condition qui peut être imposée à la droite. Dans la question précédente, cette condition consiste à faire passer la droite par un second point (x'', y''), ce qui détermine complètement la position de cette droite; et l'on trouve, en effet,

$$a = \frac{y' - y''}{x' - x''}.$$

150. Seconde question. *Mener par un point donné une droite parallèle à une autre déjà connue de position.*

Commençons par établir *analytiquement* la condition de parallélisme des deux droites.

Fig. 77.   Soient $\left\{\begin{array}{l} y = ax + b, \\ y = a'x + b', \end{array}\right\}$ les équations des deux droites BL et DH (*fig.* 77).

Puisque ces droites sont parallèles, les angles α' et α qu'elles forment avec l'axe des x sont égaux ; ainsi l'on a

$$\tang \alpha' = \tang \alpha, \quad \text{ou} \quad a' = a.$$

Cette relation entre les coefficiens de x, des deux équations, est indépendante de l'inclinaison des axes; car de ce que les angles α' et α sont égaux, on déduit nécessairement

$$\frac{\sin \alpha'}{\sin (\beta - \alpha')} = \frac{\sin \alpha}{\sin (\beta - \alpha)}, \quad \text{ou} \quad a' = a.$$

La relation $a' = a$ peut encore se démontrer par la figure.

Si l'on désigne par Y et y les ordonnées MP, NP des deux droites DH et BL correspondantes à une même abscisse AP ou x, on a, d'après les deux équations ci-dessus,

$$Y - y = (a' - a)x + b' - b.$$

Mais il est évident que, les deux droites étant parallèles,

$$\begin{array}{lll} MP - NP, & \text{ou} & MN = DB, \\ M'P' - N'P', & \text{ou} & M'N' = DB, \end{array}$$

. . . .

puisque les parties de parallèles comprises entre parallèles sont égales. Donc $Y - y = b' - b$, quantité constante.

Or, pour que cette équation s'accorde avec la précédente, quel que soit x, il faut nécessairement que l'on ait

$$a' - a = 0; \quad \text{d'où } a' = a.$$

Réciproquement, si l'on a $a' = a$, ou $a' - a = 0$,

il en résulte $Y - y = b' - b$ ou $MN = DB$;

donc les lignes DM et BN sont parallèles.

La relation $a' = a$ est donc une condition caractéristique du parallélisme de deux droites.

151. Reprenons maintenant le problème proposé.

Soient x', y' les coordonnées du point M par lequel on veut mener une parallèle DH à une droite donnée BL.

L'équation de cette première droite étant $y = ax + b$,...(1) celle de la droite cherchée sera de la forme $y = a'x' + b'$;...(2) a' et b' étant deux constantes qu'il s'agit de déterminer.

Or, la droite DH devant, par hypothèse, passer par le point M, on a l'équation particulière .... $y' = a'x' + b'$...(3)

Retranchons les équations (2) et (3) l'une de l'autre; il vient $y - y' = a'(x - x')$... (*voyez le n° 149*).

D'ailleurs, à cause du parallélisme des deux droites, on a

$$a' = a ;$$

donc enfin, $\qquad y - y' = a(x - x')$.

Telle est l'équation de la droite cherchée; elle ne diffère de l'équation (1) que par l'ordonnée à l'origine qui est ici $y' - ax'$.

152. TROISIÈME QUESTION. *Deux droites étant données sur un plan, on propose de déterminer* 1°. *leur point d'intersection;* 2°. *l'angle qu'elles forment entre elles.*

Soient $\begin{cases} y = ax + b, \\ y = a'x + b', \end{cases}$ les équations des deux droites BL et DH (*fig.* 78).

Fig. 78.

1°. Pour obtenir les coordonnées de leur point d'intersection M, et en fixer ainsi la position, il faut remarquer que, le point se trouvant à la fois sur les deux droites, ses coordonnées AP et MP, doivent vérifier les équations de ces droites; elles ne sont donc autre chose que les valeurs de x et de y propres à satisfaire simultanément à ces deux équations. Ainsi, en éliminant x et y entre ces équations, les valeurs que l'on obtiendra seront les coordonnées cherchées.

Retranchant d'abord la 1re équation de la 2e, on trouve

$$o = (a' - a)x + b' - b; \quad \text{d'où} \quad x = \frac{b - b'}{a' - a}.$$

Portons cette valeur dans la 1re équation; il vient

$$y = a \cdot \frac{b - b'}{a' - a} + b, \text{ ou, réduisant, } y = \frac{ba' - ab'}{a' - a}.$$

Donc, $x = \dfrac{b - b'}{a' - a}$, $y = \dfrac{ba' - ab'}{a' - a}$ sont les coordonnées

du point d'intersection M.

Soit, comme cas particulier, $a' = a$; il en résulte

$$x = \frac{b - b'}{o}, \quad y = \frac{a\,(b - b')}{o};$$

c'est-à-dire, que ces valeurs deviennent infinies; ce qui doit être, puisqu'alors les deux droites sont parallèles (n° 150).

Si, à la condition $a' = a$, on ajoute la suivante $b' = b$, on trouve

$$x = \frac{o}{o}, \quad y = \frac{o}{o}, \text{ \textit{valeurs indéterminées} ;}$$

et, en effet, dans ce cas, les deux droites se confondent, puisque leurs équations deviennent identiques; donc elles se rencontrent en une infinité de points.

Les résultats obtenus pour cette première partie du problème proposé, sont vrais, quelle que soit l'inclinaison des axes. Mais il n'en est pas de même de la seconde partie.

153. 2°. Pour déterminer l'angle des deux droites, que nous désignerons par V, observons que le triangle EMG donne MGX = EMG + MEG; d'où EMG ou V = MGX — MEG = $a' - a$ (a' et a désignant les angles que les deux droites forment avec l'axe des x).

Mais on a obtenu (n° 70),

$$\tan (a - b) = \frac{\tan a - \tan b}{1 + \tan a \tan b};$$

donc $\quad$ $\tang(\alpha' - \alpha)$ ou $\tang V = \dfrac{\tang \alpha' - \tang \alpha}{1 + \tang \alpha' \, \tang \alpha} \dots (1)$

Cela posé, si les axes sont rectangulaires, on a $\tang \alpha' = a'$,

$\tang \alpha = a$; $\quad$ d'où l'on déduit $\quad$ $\tang V = \dfrac{a' - a}{1 + aa'} \dots (2)$

154. Lorsque les axes sont obliques, les valeurs de $\tang \alpha'$, $\tang \alpha$ ne sont plus représentées par a', a ; et il faut les tirer des relations $\quad \dfrac{\sin \alpha'}{\sin (\beta - \alpha')} = a'$, $\quad \dfrac{\sin \alpha}{\sin (\beta - \alpha)} = a$.

Or, la seconde relation revient à $\sin \alpha = a \sin (\beta - \alpha)$, ou développant $\sin (\beta - \alpha)$ d'après la formule (n° 61) qui donne $\sin (a - b)$, ... $\sin \alpha = a \sin \beta \cos \alpha - a \sin \alpha \cos \beta$.

Pour mettre $\tang \alpha$ en évidence, divisons les deux membres par $\cos \alpha$, et transposons ; il vient

$$\tang \alpha (1 + a \cos \beta) = a \sin \beta ; \quad \text{d'où } \tang \alpha = \frac{a \sin \beta}{1 + a \cos \beta} ;$$

on obtiendrait de la même manière, $\quad \tang \alpha' = \dfrac{a' \sin \beta}{1 + a' \cos \beta}$.

Substituons actuellement ces valeurs dans l'équation (1),

on a $\qquad \tang V = \dfrac{\dfrac{a' \sin \beta}{1 + a' \cos \beta} - \dfrac{a \sin \beta}{1 + a \cos \beta}}{1 + \dfrac{aa' \sin \beta}{(1 + a' \cos \beta)(1 + a \cos \beta)}} ;$

ou, réduisant au même dénominateur, simplifiant et observant que $\sin^2 \beta + \cos^2 \beta = 1$,

$$\tang V = \frac{(a' - a) \sin \beta}{1 + aa' + (a + a') \cos \beta} \dots (3)$$

Supposons $\beta = 100^o$, d'où $\sin \beta = 1$ et $\cos \beta = 0$; la formule se réduit à $\quad \tang V = \dfrac{a' - a}{1 + aa'}$, comme ci-dessus.

155. Considérons le cas particulier où les deux droites *sont perpendiculaires entre elles.*

Dans ce cas, on doit avoir $V = 100°$, d'où $\tang V = \infty$; ce qui donne, lorsque les axes sont rectangulaires,

$$\frac{a' - a}{1 + aa'} = \infty, \quad \text{ou} \quad \frac{1 + aa'}{a' - a} = 0, \quad \text{par conséquent,} \quad 1 + aa' = 0 ;$$

et lorsque les axes sont obliques, $1 + aa' + (a + a')\cos\beta = 0$.

La relation $1 + aa' = 0$, que nous aurons souvent occasion de rappeler, peut être démontrée directement au moyen de la figure.

Fig. 79. Puisque le triangle EMG (*fig.* 79) est rectangle en M, les deux angles MEG, MGE sont complémens l'un de l'autre ; et l'on a $\tang \text{MGE} = \cot \text{MEG} = \dfrac{1}{\tang \text{MEG}} \ldots$ (*voyez* n° 50).

Mais $\tang \text{MGX}$ ou $a' = -\tang \text{MGE}$; $\tang \text{MEG} = a$;

donc, $\qquad a' = -\dfrac{1}{a}$, ou bien, $aa' + 1 = 0$.

156. QUATRIÈME QUESTION. *D'un point donné hors d'une droite on propose, 1°. d'abaisser une perpendiculaire sur cette droite ; 2°. de trouver la longueur de cette perpendiculaire, c'est-à-dire, la distance du point donné, à la première droite.*

Fig. 80. Soient BL (*fig.* 80) la droite donnée, MG la perpendiculaire à BL, assujettie à passer par le point M, dont nous désignerons les coordonnées par x' et y'.

Supposons que l'équation de la droite BL soit

$$y = ax + b \ldots \ldots (1)$$

Puisque la droite MG passe par le point x', y', son équation sera (n° 149) de la forme $y - y' = a'(x - x'), \ldots a'$ étant une constante indéterminée.

Mais les deux droites devant être perpendiculaires l'une à l'autre, on a (n° 155) la relation $1 + aa' = 0$; d'où

$$a' = -\frac{1}{a}.$$

Donc l'équation précédente devient

$$y - y' = -\frac{1}{a}(x - x') \ldots (2)$$

Telle est l'équation de la perpendiculaire MG; et cette droite est ainsi déterminée de position.

157. Maintenant, il s'agit d'obtenir l'expression de la distance du point M au point H où les deux lignes se rencontrent.

On connaît déjà les coordonnées x', y' du point M; si l'on pouvait déterminer celles du point H, il suffirait de substituer ces quatre coordonnées dans l'expression de la distance entre deux points donnés, formule trouvée n° 137; et l'on aurait la valeur de MH.

Comme le point H est le point d'intersection de BL et MG, il faudrait (n° 152) éliminer x et y entre les équations (1) et (2); mais observons que, d'après la formule déjà citée, ce sont moins les coordonnées des deux points M et H, que leurs différences, qu'il est important d'obtenir; ainsi la question est ramenée à éliminer entre (1) et (2) les quantités $x - x'$, $y - y'$, considérées comme inconnues; et les valeurs de ces quantités étant substituées, dans l'expression

$$D = \sqrt{(x' - x'')^2 + (y' - y'')^2},$$

à la place de $x' - x''$, $y' - y''$, donneront la distance demandée.

Afin de mettre en évidence ces deux inconnues dans l'équation (1), comme elles le sont dans l'équation (2), nous la mettrons sous la forme $y - y' = a(x - x') - y' + ax' + b, \ldots (3)$ ce qui se fait en ajoutant $- y'$ aux deux membres, puis retranchant et ajoutant ax' dans le second membre.

Cela posé, retranchons l'équation (2) de l'équation (3); il vient

$$0 = \left(a + \frac{1}{a}\right)(x - x') - y' + ax' + b; \text{ d'où } x - x' = \frac{y' - ax' - b}{a + \frac{1}{a}},$$

ou réduisant, $\qquad x - x' = \dfrac{a(y' - ax' - b)}{a^2 + 1}.$

Cette valeur étant portée dans l'équation (2), donne

$$y - y' = - \frac{1}{a} \cdot \frac{a\,(y' - ax' + b)}{a^2 + 1} = \frac{-(y' - ax' - b)}{a^2 + 1}.$$

Substituons ces valeurs de $x - x'$, $y - y'$ dans celle de D, et désignons par P la perpendiculaire ; on trouve

$$P = \frac{\sqrt{a^2\,(y' - ax' - b)^2 + (y' - ax' - b)^2}}{(a^2 + 1)^2}.$$

Le facteur $(y' - ax' - b)^2$ peut être mis en évidence, sous le radical, ce qui donne pour le numérateur, $(a^2 + 1)(y' - ax' - b)^2$.

Supprimant le facteur $a^2 + 1$, commun aux deux termes, puis extrayant la racine carrée de ces deux termes,

on obtient enfin $\qquad P = \dfrac{\pm\,(y' - ax' - b)}{\sqrt{a^2 + 1}}$

pour la longueur de la distance MH.

158. *Discussion*. Le double signe $\pm$ dont ce résultat est affecté, a besoin d'être interprété.

En cherchant à traduire géométriquement la valeur de la quantité $y' - ax' - b$, on voit que, y' désignant l'ordonnée MP, $ax' + b$ exprime aussi l'ordonnée NP de BL, correspondante à l'abscisse x' ou AP (car si l'on fait $x = x'$ dans $y = ax + b$, on a y ou $NP = ax' + b$) ; donc $y' - ax' - b$ représente la distance MN. Or, cette distance peut être (n° 26) *positive* ou *négative*,

c'est-à-dire, $\gtrless$ o, suivant que le point M est placé au-dessus.

ou au-dessous de BL. Par exemple, si le point était en M', on aurait $M'N' = N'P' - M'P' = ax' + b - y'$.

D'un autre côté, lorsqu'on demande la distance du point M à la droite BL, on est censé en demander la valeur absolue ; d'où il suit que *si le point* M *est placé au-dessus de la droite* BL, auquel cas, $y' - ax' - b$ est $> o$, on doit avoir

$$P = \frac{y' - ax' - b}{\sqrt{a^2 + 1}} ;$$

et *si le point* M *est placé au-dessous*, auquel cas......

$y' - ax' - b$ est $< o$, on aura

$$P = \frac{ax' + b - y'}{\sqrt{a^2 + 1}}.$$

Chacun de ces deux résultats peut être obtenu par la Géométrie. En effet, MP, MH étant respectivement perpendiculaires à AP, BL, il s'ensuit que l'on a angl. NMH = angl. BL'K = α.

Cela posé, le triangle rectangle NMH donne (n° 88)

$$MH = MN \cos \alpha = \frac{MN}{\sec \alpha} = \frac{MN}{\sqrt{1 + \tang^2 \alpha}} \quad (voyez \ n° 50) ;$$

mais $\quad MN = MP - NP = y' - ax' - b, \quad \tang \alpha = a ;$

donc $\qquad MH, \quad$ ou $\quad P = \dfrac{y' - ax' - b}{\sqrt{a^2 + 1}}.$

Si le point M était placé au-dessous de BL, on aurait

$$M'N' = ax' + b - y', \quad d'où \quad P = \frac{ax' + b - y'}{\sqrt{a^2 + 1}}.$$

159. Examinons quelques cas particuliers :

1°. Supposons (*fig.* 81) que le point duquel on veut abaisser Fig. 81. la perpendiculaire soit l'origine des coordonnées.

On a, dans ce cas $\quad x' = o, \ y' = o,$ et l'expression devient

$$P = \frac{\mp b}{\sqrt{a^2 + 1}},$$

résultat *positif* ou *négatif*, suivant que le point B est placé au-dessus ou au-dessous de l'origine.

2°. Supposons que la droite BL (*fig.* 82) passe par l'origine. Fig. 82. On a alors $\quad b = o; \quad$ et l'expression se réduit à

$$P = \frac{y' - ax'}{\sqrt{a^2 + 1}}, \quad ou \quad P = \frac{ax' - y'}{\sqrt{a^2 + 1}}.$$

160. *N. B.* Dans la question précédente, nous avons supposé les axes rectangulaires; s'ils étaient obliques, il faudrait, pour la première partie, faire usage de la relation..........

$1 + aa' + (a + a') \cos \mathscr{C} = o;$ qui donnerait

$$a' = - \frac{(1 + a \cos \mathscr{C})}{a + \cos \mathscr{C}},$$

et substituer cette valeur dans l'équation $\quad y - y' = a'(x - x').$

Quant à la seconde partie, après avoir effectué l'élimination de $x — x'$, $y — y'$, entre les équations des deux droites, on porterait ces valeurs dans l'expression générale de D (n° 138); et l'on trouverait, tout calcul fait,

$$P = \frac{(y' — ax' — b) \sin \zeta}{\sqrt{a^2 + 2a \cos \zeta + 1}}.$$

Nous laissons aux commençans le soin d'exécuter ce calcul, qui, quoiqu'assez compliqué, n'offre rien de difficile.

161. CINQUIÈME QUESTION. *Par un point donné hors d'une droite, en mener une seconde qui forme avec la première un angle donné.*

Appelons x', y' les coordonnées du point, m la tangente de l'angle donné. L'équation de la première droite étant $y = ax + b$, celle de la seconde droite sera de la forme $y — y' = a'(x — x')$; et puisque ces droites doivent former un angle dont la tangente est m, on doit avoir (n° 153)

$$\frac{a' — a}{1 + aa'} = m, \quad \text{ou bien,} \quad \frac{a — a'}{1 + aa'} = m.$$

(L'une et l'autre des deux quantités $\dfrac{a' — a}{1 + aa'}$, $\dfrac{a — a'}{1 + aa'}$ sont également propres à exprimer la tangente de l'angle donné).

On peut comprendre les deux relations précédentes dans une seule,

$$\frac{a' — a}{1 + aa'} = \pm m; \quad \text{d'où} \quad a' = \frac{a \pm m}{1 \mp am};$$

ce qui donne pour l'équation de la droite cherchée,

$$y — y' = \frac{a \pm m}{1 \mp am} (x — x').$$

La question admet donc deux solutions; et cela est évident, car, de part et d'autre de la perpendiculaire abaissée du point donné sur la droite $y = ax + b$, on peut mener deux droites qui fassent avec celle-là l'angle donné.

Soit cet angle égal à 100°, auquel cas on a $m = \infty$; il en résulte $\dfrac{a \pm m}{1 \mp am}$, ou $\dfrac{\dfrac{a}{m} \pm 1}{\dfrac{1}{m} \mp a} = — \dfrac{1}{a}$;

d'où $\quad y - y' = -\dfrac{1}{a}(x - x')$, $\quad$ équation obtenue (n° 156).

Nous ne considérons pas le cas où les axes sont obliques, parce que les résultats n'en sont pas assez simples.

162. *Scholie général.* Les différentes questions que nous venons de résoudre, se reproduiront presque à chaque instant dans tout le cours de la Géométrie analytique. Mais, en réfléchissant sur les résultats auxquels on a été conduit par leur résolution, l'on doit sentir la nécessité d'éviter, autant que faire se peut, le système des axes obliques, pour que les calculs soient les plus simples possibles. Il faut toutefois en excepter les cas où l'on n'a à faire entrer en considération que l'équation d'une droite passant par deux points donnés, et la condition de parallélisme de deux droites, résultats qui sont indépendans de l'inclinaison des axes.

Manière de fixer analytiquement la position d'un cercle sur un plan.

163. Soit un cercle de rayon quelconque r, dont le centre est en O. Traçons dans son plan deux axes rectangulaires AX, AY (*fig.* 83), et proposons-nous d'en fixer la position par rapport à ces axes. $\quad$ Fig. 83.

Si l'on désigne par p, q les coordonnées AB, OB du centre, et par x, y les coordonnées AP, MP d'un point quelconque M de la circonférence, on aura, en vertu de la formule du n° 137,

$$(x - p)^2 + (y - q)^2 = r^2 \ldots (1)$$

Cette relation caractérise tous les points de la circonférence, en ce qu'elle est évidemment satisfaite par les coordonnées de chacun de ses points, et qu'elle ne peut l'être que par elles.

En effet, soit N un point quelconque pris à l'extérieur ou dans l'intérieur de cette circonférence; on a, en désignant toujours par x et y les coordonnées de ce point,

$$(x - p)^2 + (y - q)^2 \quad \text{pour le carré de la distance ON;}$$

mais il est évident que ON est $>$ ou $<$ OM, suivant que le point est extérieur ou intérieur à la circonférence ; d'où il résulte nécessairement $(x-p)^2+(y-q)^2 >$ ou $< r^2$.

Ainsi, l'équation (1) ne saurait être vérifiée pour un point qui ne se trouve pas sur la circonférence.

Cette équation est donc l'*équation du cercle*, en ce sens qu'elle fixe complètement la position de chacun des points de la circonférence.

Les *constantes* qui y entrent, sont les coordonnées du centre et le rayon ; et en effet, un cercle est complètement déterminé avec ces données.

164. L'équation est beaucoup plus compliquée, lorsque les axes sont obliques (*fig.* 84) ; car, d'après la formule du n° 138, l'on a $(x-p)^2+(y-q)^2+2(x-p)(y-q)\cos\mathcal{C}=r^2$ ($\mathcal{C}$ désignant l'angle des deux axes).

Fig. 84.

165. L'équation (1) prend une forme plus ou moins simple, suivant les diverses positions du cercle par rapport aux axes.

Fig. 83.

1°. L'origine peut être placée en un point A′ (*fig.* 83) de la circonférence.

Dans ce cas, on a évidemment entre p, q et r, la relation

$$p^2 + q^2 = r^2;$$

mais si l'on développe l'équation (1), elle devient

$$x^2 - 2px + p^2 + y^2 - 2qy + q^2 = r^2;$$

ou, supprimant les deux quantités égales, p^2+q^2 et r^2,

$$x^2 - 2px + y^2 - 2qy = 0 \dots (2)$$

Telle est, dans ce cas, la forme de l'équation du cercle.

En effet, si l'on pose $y=0$ dans cette nouvelle équation, il en résulte $x^2 - 2px = 0$, ou $x(x-2p)=0$; d'où $x=0$, $x=2p$;

ce qui prouve que le point $(x=0, y=0)$, ou l'origine, se trouve placé sur la circonférence.

Remarque. Comme à l'hypothèse $y = 0$, correspond encore l'abscisse $x = 2p$, il s'ensuit que la circonférence coupe l'axe des x en un second point C tel que A'C est double de A'D $= p$; ce qui démontre que *la corde A'C est divisée en deux parties égales par la perpendiculaire abaissée du centre sur cette corde.*

Cette propriété est connue en Géométrie; mais on voit comment on la met en évidence, à l'aide de l'équation du cercle.

La démonstration est d'ailleurs générale, puisqu'on peut faire varier à volonté la direction de l'axe A'X', pourvu que le second axe A'Y' lui soit mené perpendiculairement.

166. 2°. L'origine peut être placée à l'extrémité A″ d'un diamètre A″G, qui serait lui-même l'axe des x.

Dans cette nouvelle position des axes, on a

$$p = r \quad \text{et} \quad q = 0;$$

ainsi, l'équation (1) devient $\quad (x - r)^2 + y^2 = r^2,$

ou réduisant, $\qquad y^2 = 2rx - x^2 \dots \ (3)$

On déduit encore celle-ci de l'équation (2), en y faisant $p = r$ et $q = 0$.

On démontre facilement, au moyen de l'équation (3) deux autres propriétés du cercle.

Elle peut se mettre sous la forme $\quad y^2 = x(2r - x);$

mais, d'après la figure, on a

$$y = \text{MR}, \ x = \text{A}''\text{R}; \quad \text{d'où} \quad 2r - x = \text{A}''\text{G} - \text{A}''\text{R} = \text{GR};$$

donc $\overline{\text{MR}}^2 = \text{A}''\text{R} \times \text{GR},$ ou bien, $\text{A}''\text{R} : \text{MR} :: \text{MR} : \text{GR};$

c'est-à-dire que *la perpendiculaire, abaissée d'un point de la circonférence sur un diamètre; ou l'ordonnée à ce diamètre, est moyenne proportionnelle entre les deux segmens.*

La même équation revient à $\quad y^2 + x^2 = 2r.x;$

mais si l'on tire la corde A″M, on a évidemment

$$y^2 + x^2 \text{ ou } \overline{\text{MR}}^2 + \overline{\text{A}''\text{R}}^2 = \overline{\text{A}''\text{M}}^2, \ 2r = \text{A}''\text{G}, \ x = \text{A}''\text{R};$$

donc $\overline{A''M}^2 = A''G \times A''R$, ou bien, $A''G : A''M :: A''M : A''R$;

ce qui prouve que *la corde menée par l'une des extrémités d'un diamètre, est moyenne proportionnelle entre ce diamètre et le segment adjacent formé par la perpendiculaire abaissée de l'extrémité de la corde sur ce diamètre.*

167. 3°. Enfin, l'origine des coordonnées peut être placée au centre.

Dans ce cas, qui est celui que nous aurons à considérer le plus fréquemment, les coordonnées p et q sont *nulles*, et l'équation (1) se réduit à

$$x^2 + y^2 = r^2 \ldots \ldots (4)$$

C'est l'équation du cercle *rapporté à son centre comme origine.* On y parvient directement d'après le triangle rectangle OMR, qui donne

$$\overline{OR}^2 + \overline{MR}^2 = \overline{OM}^2 \quad \text{ou} \quad x^2 + y^2 = r^2.$$

Si les axes sont obliques, on a pour équation

$$x^2 + y^2 + 2xy . \cos C = r^2.$$

(*Voyez* le triangle obliquangle OMR, *fig.* 84.)

Des Lieux géométriques.

168. Avant de passer aux applications des principes précédens, et de montrer comment, à l'aide des équations de la ligne droite et du cercle, on parvient à résoudre toute espèce de question relative à ces lignes, nous ferons quelques observations générales sur les équations des lignes et sur l'usage qu'on peut en faire.

Nous avons déjà vu que la position d'une droite ou d'un cercle est fixée sur un plan par le moyen d'une équation entre les coordonnées x et y de chacun de ses points, et un certain nombre de *constantes* dont la connaissance suffit pour déterminer cette position géométriquement.

Supposons actuellement que x et y désignant toujours les distances d'un point à deux axes rectangulaires ou obliques, la résolution d'une question ait conduit à une équation de la forme $F(x, y) = 0$. (Le caractère F veut dire *fonction de*.)

Je dis que, si l'on veut fixer la position du point qui satisfait à l'énoncé de la question, ou dont les coordonnées vérifient l'équation, on en obtiendra une infinité; et la série de ces points formera une ligne *droite* ou *courbe,* suivant la nature de l'équation.

En effet, puisque l'on n'a qu'une seule équation entre x et y, on peut disposer arbitrairement de l'une d'elles (ces quantités sont, pour cette raison, appelées *variables*), et l'équation donnera les valeurs correspondantes de l'autre variable.

Donnons, par exemple, à l'abscisse x la suite de valeurs

$$x = a, a', a'', a''', a^{IV}, a^{V}\ldots$$

Si l'équation n'est que du *premier degré* en y, on en déduira successivement pour les valeurs correspondantes de cette variable,

$$y = b, b', b'', b''', b^{IV}, b^{V}\ldots$$

En portant sur AX (*fig.* 85) les valeurs de x, et élevant par les points P, P', P'', P'''.... des perpendiculaires, ou plutôt, des parallèles à AY égales aux valeurs de y, on aura différens points M, M', M'', M'''...., qui satisferont également à la question.

Comme rien n'empêche de donner à x des valeurs extrêmement peu différentes les unes des autres, et qu'alors les valeurs de y seront elles-mêmes, en général, très peu différentes les unes des autres, on doit en conclure que les points M, M', M''.... seront très voisins; et l'on pourra ensuite lier ces points entre eux par une ligne continue MM'M''M''',...dont tous les points seront autant de *solutions* de la question, parce que les points intermédiaires sont censés correspondre aux valeurs de x, y tirées de l'équation du problème et comprises entre celles qui ont été déjà construites.

Cette courbe sera d'autant plus rigoureusement déterminée, que les points M, M', M''.... seront plus rapprochés les uns des autres.

Supposons maintenant que l'équation soit, par rapport à y, d'un degré supérieur au premier. Comme, dans ce cas, à chaque valeur de x il doit correspondre *deux* ou plusieurs va-leurs de y (*fig.* 86), il s'ensuit que la courbe est composée de *deux* ou plusieurs branches MM′M″.... NN′N″.... RR′R″....

Fig. 86.

169. Soit, par exemple, à construire l'équation $y^2 = 2x$; on en déduit $y = \pm \sqrt{2x}$.

Fig. 87.

Ce qui prouve d'abord qu'à une même valeur de x il corres-pond deux valeurs de y (*fig.* 87) égales et de signe contraire; en second lieu, qu'à des valeurs de x négatives il ne corres-pond que des valeurs de y imaginaires, c'est-à-dire, que la courbe ne peut avoir aucun point situé à la gauche de l'ori-gine ou de AY.

Cela posé, faisons d'abord $x = 0$, ce qui donne $y = 0$. On peut conclure que l'origine des coordonnées appartient à la courbe, ou que *la courbe passe par l'origine*.

Soit maintenant $x = 1$; il en résulte

$$y = \pm \sqrt{2} = \pm 1,4 \text{ à } 0,1 \text{ } près.$$

Après avoir pris sur AX une distance AP égale à l'unité linéaire, si l'on mène par le point P une parallèle à AY, et que l'on prenne au-dessus et au-dessous de AX, deux distances PM, PN égales à $1,4$... on aura M, N pour deux points de la courbe demandée.

Soit encore $x = 2$; d'où $y = \pm 2$. Ces valeurs étant construites comme les précédentes, donnent M′ et N′ pour deux nouveaux points.

En continuant ainsi de donner à x différentes valeurs, et construisant les valeurs correspondantes de y, on obtiendra une courbe de la forme LAH qui s'étend indéfiniment à la droite de l'axe des y, puisque, tant que x est *positif*, les valeurs de y sont réelles.

170. Proposons-nous, pour second exemple, l'équation $y^2 - x^2 = 4$, de laquelle on tire $y = \pm \sqrt{x^2 + 4}$.

On voit, *premièrement*, qu'à une même valeur de x correspondent deux valeurs de y égales et de signes contraires ; *secondement*, que, quelque valeur *positive* ou *négative* que l'on donne à x, on a toujours pour y des valeurs réelles. Donc, déjà, l'on est certain que la courbe s'étend indéfiniment au-dessus et au-dessous de l'axe des x, à droite et à gauche de l'axe des y.

Faisons maintenant quelques hypothèses.

Soit d'abord $x = 0$ (*fig.* 88), on tire de l'équation ,   Fig. 88.

$$y = \pm \sqrt{4} = \pm 2.$$

Prenons sur AY deux distances AB, AC égales à 2 ; les points B et C appartiennent à la courbe.

Soit, en second lieu ,

$$x = 1 ; \quad \text{d'où} \quad y = \pm \sqrt{5} = \pm 2{,}2 \text{ à } 0{,}1 \text{ } près.$$

Si l'on prend sur AX, AP $= 1$, qu'on porte sur une parallèle à AY menée par le point P, deux parties PM, PN égales à $2\frac{1}{5}$, M et N seront deux nouveaux points de la courbe.

Soit encore $x = 2$, ce qui donne

$$y = \pm \sqrt{8} = \pm 2{,}8 \ldots \text{ à } 0{,}1 \text{ } près.$$

En construisant ces valeurs comme les précédentes, on obtiendra les deux points M′ et N′.

Et ainsi de suite, dans le sens positif de l'axe des x.

Actuellement, pour obtenir les points situés à la gauche de AY, remarquons que, puisqu'à des valeurs de x positives ou négatives, mais *numériquement* les mêmes, correspondent les mêmes valeurs de y, il suffit, après avoir pris des distances Ap, Ap'... égales à AP, AP′,... de mener par les points p, p'.... des parallèles à AY, et par les points M , M′,... N, N′... des parallèles à AX. Les points m, m',... n, n'... seront aussi des points de la courbe, qui sera évidemment composée de deux branches distinctes et opposées LBL′, HCH′.

Ces exemples suffisent pour donner une idée de ces sortes de constructions sur lesquelles nous reviendrons plus en détail par la suite.

171. La courbe représentée par l'équation $F(x, y) = 0$, est appelée le *lieu géométrique* de cette équation.

Réciproquement, une courbe étant tracée sur un plan, si, par un moyen quelconque, fondé sur la définition ou sur une propriété caractéristique de cette courbe, on parvient à une équation qui existe entre les coordonnées x et y de tous les points de cette courbe, et n'existe que pour ces points, la relation ainsi obtenue, est dite *l'équation de la courbe.* (*Voyez* nᵒˢ 139, 163.)

Nous terminerons les notions générales sur les lieux géométriques par deux propositions qui seront d'un usage continuel.

172. PREMIÈRE PROPOSITION. On a vu précédemment que l'équation générale d'une ligne droite est de la forme.......
$y = ax + b, \ldots$ (1); les quantités a et b pouvant passer par tous les états de grandeur. Je dis que, réciproquement, *toute équation du premier degré entre deux variables* x *et* y *a pour lieu géométrique une ligne droite.*

En effet, quelle que soit l'équation proposée, on peut toujours la ramener à la forme $y = mx + n. \ldots$ (2)

Comparons entre elles les équations (1) et (2).

Fig. 72.   1°. Si les axes sont rectangulaires, on peut poser (*fig.* 72)

$$a \text{ ou } \tang \alpha = m \text{ et } b = n.$$

Prenant alors sur AY une distance $AB = n$, et menant par le point B une droite qui forme avec AX un angle α, dont m soit la tangente trigonométrique, on aura (n° 140) pour l'équation de cette droite ainsi fixée de position,

$$y = x \tang \alpha + b, \text{ ou bien, } y = mx + n.$$

Donc, réciproquement, cette dernière équation a pour *lieu géométrique* une ligne droite.

2°. Si les axes sont obliques, on pose

$$a \text{ ou } \frac{\sin \alpha}{\sin(\beta - \alpha)} = m \text{ et } b = n.$$

Fig. 73.   Prenant sur AY (*fig.* 73) une partie AB égale à n, et menant par le point B une droite qui forme avec AX un angle α tel que l'on ait $\dfrac{\sin \alpha}{\sin(\beta - \alpha)} = m$, on aura (n° 140) pour son équation,

$$y = x \,\frac{\sin \alpha}{\sin (\beta - \alpha)} + n, \quad \text{ou bien}, \quad y = mx + n.$$

Donc, réciproquement , etc.....

Il reste à savoir toutefois si l'angle α peut toujours être déterminé d'après la relation $\dfrac{\sin \alpha}{\sin (\beta - \alpha)} = m$.

Or, on a reconnu (n° 154) que cette relation donne....
tang $\alpha = \dfrac{m \sin \beta}{1 + m \cos \beta}$; et l'on sait qu'une tangente peut passer par tous les états de grandeur; ainsi l'angle α est toujours susceptible de détermination.

173. Comme deux points déterminent la position d'une droite, il s'ensuit qu'une équation du premier degré en x et y étant donnée, il suffira, pour en construire *le lieu géométrique,* de fixer la position de deux de ses points.

Les plus remarquables sont ceux où la droite rencontre les axes; et, pour les obtenir , on fait successivement, dans l'équation, $y = 0$, puis $x = 0$; et les valeurs obtenues pour x, dans la première hypothèse, et pour y, dans la deuxième, représentent, l'une, l'abscisse du point de rencontre avec l'axe des x; l'autre, l'ordonnée du point de rencontre avec l'axe des y.

Si l'équation est de la forme $y = mx$, comme en faisant $y = 0$, on obtient $x = 0$, et réciproquement, il s'ensuit que la droite passe par l'origine; et pour avoir un second point, il suffit de donner à x une valeur particulière, et de construire la valeur correspondante de y.

174. *Cas particuliers.* On propose de construire $2y - 3x = 1$ en supposant les axes rectangulaires).

Pour $y = 0$ (*fig.* 89) , l'on trouve $x = -\dfrac{1}{3}$; et pour Fig. 89.

$x = 0, y = \dfrac{1}{2}.$

Prenant donc sur AX une distance $AC = -\frac{1}{3}$, et sur AY une distance $AB = \frac{1}{2}$, on obtient CBL pour le *lieu géométrique* demandé.

Soit encore à construire l'équation $3y + 5x + 4 = 0$

Fig. 90. (*fig.* 90).

Pour $y = 0$, l'on a $x = -\frac{4}{5}$; et pour $x = 0, \ldots y = -\frac{4}{3}$.

Prenons sur AX, $AC' = -\frac{4}{5}$, et sur AY, $AB' = -\frac{4}{3}$, on obtient B'C'L' pour la droite demandée.

On peut avoir besoin de construire la tangente de l'angle α. Or, la première équation donnant $y = \frac{3}{2}x + \frac{1}{2}$, il en résulte

$$\text{tang}\ \alpha = \frac{3}{2}.$$

D'après cela, soit pris sur AY (*fig.* 89) la distance $AB = \frac{1}{2}$. Menons par le point B une parallèle BH à l'axe des x; prenons sur BH, une partie $BD = 1$, et élevons une perpendiculaire $DE = \frac{3}{2}$; nous aurons tang $EBD = \frac{3}{2}$; ainsi le point E appartiendra à la droite CBL.

La deuxième équation donne $y = -\frac{5}{3}x - \frac{4}{3}$, d'où ......

$\text{tang}\ \alpha = -\frac{5}{3}$.

Après avoir pris sur AY (*fig.* 90) une partie $AB' = -\frac{4}{3}$, si l'on mène B'H' parallèle à AX, qu'on prenne $B'D' = 1$, et que l'on élève une perpendiculaire $D'E' = \frac{5}{3}$, on aura nécessairement tang $E'B'D' = \frac{5}{3}$; d'où tang $E'B'X' = -\frac{5}{3}$; et le point E' appartiendra à la droite C'B'L'.

Toutes les constructions précédentes s'appliquent au cas où

les axes sont obliques. Seulement, les quantités $\frac{3}{2}$ et $-\frac{5}{3}$ construites en dernier lieu, n'expriment plus des tangentes, mais bien, le rapport $\dfrac{\sin \alpha}{\sin(\beta - \alpha)}$.

175. Soit pour troisième et dernier exemple, l'équation $y = x$ (les axes étant supposés quelconques).

Pour $y = 0$ (*fig.* 91.), l'on a $x = 0$; donc la droite passe par l'origine. Faisons maintenant $x = 1$, on obtient $y = 1$; et l'on aurait de même pour $x = 2, \ldots y = 2$.

D'où l'on voit que la droite ABB' ainsi déterminée, divise en deux parties égales l'angle des deux axes.

Si les axes sont rectangulaires, l'angle BAX est égal à 5o°.

176. *Remarque.* L'équation proposée peut être en x seulement, ou bien en y, c'est-à-dire, ne renfermer qu'une seule coordonnée.

Dans ce cas, le *lieu géométrique se réduit à une ou plusieurs droites parallèles à l'un des axes,* suivant le degré de l'équation.

Soit l'équation $2x - 3 = 0$, d'où l'on tire $x = \frac{3}{2}$.

Prenons sur AX (*fig.* 92), une distance $AB = \frac{3}{2}$, et me-nons par le point B, BC parallèle à AY ; il est évident que tous les points de cette droite jouiront *exclusivement* de la propriété d'avoir $\frac{3}{2}$ pour abscisse, quel que soit d'ailleurs y.

Soit encore l'équation $y^2 + y - 2 = 0$, qui, étant résolue, donne $y = -\frac{1}{2} \pm \sqrt{\frac{1}{4} + 2}$; d'où $y = 1$ et $y = -2$.

Si l'on prend sur AY (*fig.* 93) deux distances $AB = 1$, $AB' = -2$, et qu'on mène GH, G'H' parallèle à AX, ces droites seront telles qu'on aura toujours $y = 1$ pour la pre-mière, et $y = -2$ pour la deuxième, quel que soit x.

177. SECONDE PROPOSITION. On a trouvé (n° 163) pour l'équa-

tion générale du cercle rapporté à des axes rectangulaires,

$$(x - p)^2 + (y - q)^2 = r^2;$$

ou développant , $x^2 + y^2 - 2px - 2qy + p^2 + q^2 - r^2 = 0\dots (1).$

Réciproquement, *toute équation du second degré*, de la forme $x^2 + y^2 + Ax + By + C = 0,\dots$ (2), c'est-à-dire, *qui ne renferme pas le rectangle* xy *des variables, et dans laquelle les coefficiens des carrés sont égaux à l'unité ou égaux entre eux* (parce qu'on peut toujours diviser l'équation par ce coefficient commun), *appartient à une circonférence de cercle.*

En effet, comparons l'une à l'autre les équations (1) et (2), et posons $- 2p = A, \quad - 2q = B, \quad p^2 + q^2 - r^2 = C;$ on en déduit

$$p = - \frac{A}{2}, \quad q = - \frac{B}{2}, \quad r = \sqrt{p^2 + q^2 - C} = \sqrt{\frac{A^2 + B^2}{4} - C}.$$

Cela posé, soient tracés deux axes rectangulaires AX, AY (*fig.* 94), et construisons le point O, dont les coordonnées soient $- \frac{A}{2}$ pour l'abscisse, et $- \frac{B}{2}$ pour l'ordonnée. Puis, du point O comme centre, et avec un rayon égal à $\sqrt{\frac{A^2 + B^2}{4} - C}$,
décrivons une circonférence de cercle; elle aura nécessairement pour équation,

$$(x - p)^2 + (y - q)^2 = r^2;$$

ou, si l'on remplace p , q , r par leurs valeurs,

$$\left(x + \frac{A}{2}\right)^2 + \left(y + \frac{B}{2}\right)^2 = \frac{A^2 + B^2}{4} - C;$$

ou développant et réduisant,

$$x^2 + Ax + y^2 + By + C = 0,$$

résultat identique avec l'équation (2). Donc, etc....

On peut encore démontrer la proposition , ainsi qu'il suit :

Commençons par ajouter aux deux membres de l'équation (2)

la quantité $\dfrac{A^2}{4} + \dfrac{B^2}{4}$, afin de compléter les carrés $x^2 + Ax$,

et $y^2 + By$; il vient

$$x^2 + Ax + \frac{A^2}{4} + y^2 + By + \frac{B^2}{4} = \frac{A^2 + B^2}{4} - C,$$

ou bien, $\qquad \left(x + \dfrac{A}{2}\right)^2 + \left(y + \dfrac{B}{2}\right)^2 = \dfrac{A^2 + B^2}{4} - C,\ldots(3)$

équation que l'on peut comparer immédiatement avec

$$(x - p)^2 + (y - q)^2 = r^2,$$

en posant $\qquad p = -\dfrac{A}{2}, \quad q = -\dfrac{B}{2}, \quad r = \sqrt{\dfrac{A^2 + B^2}{4} - C};$

d'où il suit que l'équation (3), et par conséquent, l'équation (2) dont (3) n'est qu'une transformée, exprime une circonférence de cercle qui a pour centre le point déterminé par les coordonnées $-\dfrac{A}{2},\ -\dfrac{B}{2}$, et pour rayon, $\sqrt{\dfrac{A^2 + B^2}{4} - C}$.

La seconde démonstration peut paraître plus simple que la première; mais elle est moins analytique.

178. *Première remarque.* Les quantités A, B, C étant quelconques, peuvent être telles, que l'on ait $\dfrac{A^2 + B^2}{4} - C = 0$, ou < 0.

Dans le premier cas, le rayon r est *nul*, et la courbe se réduit à *un point* qui est le centre lui-même.

Dans le deuxième, le rayon r est *imaginaire*; ce qui veut dire qu'il n'y a pas de courbe; et l'on dit alors que le *cercle est imaginaire.*

Seconde remarque. La proposition précédente suppose que les axes soient rectangulaires; car on a vu (n° 164) que l'équation d'un cercle rapporté à des axes obliques, renferme nécessairement le rectangle $2xy \cos \beta$, terme qui ne peut disparaître qu'autant que l'on a $\beta = 100°$.

L'équation (2), dans le cas où les axes sont obliques, est celle d'une courbe qui, comme nous le verrons plus tard, présente quelqu'analogie avec le cercle.

179. *Cas particuliers.* Soit à construire l'équation

$$2x^2 + 2y^2 - 3x + 4y - 1 = 0;$$

elle peut d'abord être mise sous la forme

$$x^2 + y^2 - \frac{3}{2}x + 2y = \frac{1}{2},$$

ou, ajoutant les carrés de la moitié du coefficient $-\frac{3}{2}$ et de la moitié du coefficient 2, c'est-à-dire, $\frac{9}{16} + 1$, ou $\frac{25}{16}$,

$$\left(x - \frac{3}{4}\right)^2 + (y + 1)^2 = \frac{25}{16} + \frac{1}{2} = \frac{33}{16}.$$

Fig. 95.   Cela posé, construisons d'abord le point O (*fig.* 95) qui a $\frac{3}{4}$ pour abcisse, et -1 pour ordonnée.

Ensuite du point O comme centre, et avec un rayon égal à $\frac{1}{4}\sqrt{33}$ (ou 1, 4... à 0,1 *près*) décrivons une circonférence; cette courbe sera le lieu géométrique demandé.

Soit, en second lieu, l'équation $x^2 + y^2 - 3y + 2x = 0$, qui peut se mettre sous la forme

$$(x + 1)^2 + \left(y - \frac{3}{2}\right)^2 = 1 + \frac{9}{4} = \frac{13}{4}.$$

Après avoir fixé la position du point qui à -1 pour abcisse et $\frac{3}{2}$ pour ordonnée, si de ce point O (*fig.* 96) comme

Fig. 96.

centre, avec un rayon égal à $\frac{1}{2}\sqrt{13}$ où 1,8, on décrit une circonférence, ce sera la courbe représentée par l'équation.

Il faut observer, toutefois, que, dans cet exemple, comme l'équation est satisfaite simultanément par $x = 0$, $y = 0$, la courbe passe nécessairement par l'origine; d'où il suit que le rayon se trouve tout construit, et est représenté par OA. En effet, l'on a

$$OA = \sqrt{\overline{AB}^2 + \overline{BO}^2}, \text{ ou bien}, \ OA = \sqrt{\frac{9}{4} + 1} = r.$$

On reconnaîtrait pareillement, 1°. que l'équation

$$x^2 + y^2 - 3x + 1 = 0$$

représente un cercle dont le centre a pour coordonnées $\frac{3}{2}$ et 0, et qui a pour rayon $\frac{1}{2}\sqrt{5}$;

2°. Que l'équation $4x^2 + 4y^2 - 12x - 8y + 13 = 0$ représente *un point* ayant pour coordonnées $\frac{3}{2}$ et 1. En effet, on peut la transformer en $\left(x - \frac{3}{2}\right)^2 + (y - 1)^2 = 0$; et cette équation, dont le premier membre est *la somme de deux carrés* essentiellement *positifs*, ne peut être satisfaite qu'en posant

$$\left(x - \frac{3}{2}\right)^2 = 0, \quad (y - 1)^2 = 0,$$

ce qui donne $\quad x = \frac{3}{2} \quad$ et $\quad y = 1$;

3°. Que l'équation $x^2 + y^2 + 4x - 2y + 7 = 0$ ne représente *rien;* car on peut lui donner la forme

$$(x + 2)^2 + (y - 1)^2 = - 2,$$

équation dont le premier membre, étant *la somme de deux carrés positifs*, ne peut être égal à une quantité *négative*.

180. Ces notions générales sur les lieux géométriques étant bien entendues, voyons le parti qu'on peut en tirer dans la résolution des problèmes de Géométrie *déterminés* ou *indéterminés*.

Considérons d'abord le cas où la question est *indéterminée*, et supposons que cette question revienne à fixer la position d'un certain point sur le plan d'une figure.

En rapportant le point cherché et les autres parties de la figure à deux axes, et désignant les coordonnées de ce point par x et y, on obtiendra par la traduction algébrique de l'énoncé, une certaine relation, $F(x, y) = 0$, entre ces coordonnées et les quantités connues, qui sera dite *l'équation du problème ;* et si, conformément aux principes établis précédemment, on construit le *lieu géométrique* de cette équation, la série des points faisant partie de ce lieu géométrique, satisfera à l'énoncé de la question ; et les coordonnées de ces points représenteront *géométriquement* tous les systèmes de valeurs de x et de y, propres à vérifier l'équation $F(x, y) = 0$.

181. Non-seulement les lieux géométriques servent à résoudre les questions indéterminées; mais on peut encore en faire usage dans les problèmes déterminés à deux inconnues.

Admettons en effet que l'énoncé d'une question ait conduit aux deux équations $F(x, y) = 0$, $F'(x, y) = 0$; x et y représentant les coordonnées d'un certain point. On pourrait d'abord éliminer x et y entre ces équations, puis construire tous les systèmes de valeurs que l'on obtiendrait; chacun des points ainsi déterminés satisferait à l'énoncé.

Mais, sans effectuer l'élimination qui, le plus souvent, conduit à des résultats compliqués, et n'est pas elle-même toujours facile, on peut fixer la position de ces mêmes points.

En effet, l'équation $F(x, y) = 0$, considérée seule, représente une certaine ligne, *lieu* de tous les points dont les coordonnées vérifient cette équation. Supposons-la construite, et soit LBH (*fig.* 97) ce lieu géométrique.

De même, l'équation $F'(x, y) = 0$ est celle d'une seconde ligne dont tous les points sont tels, que leurs coordonnées vérifient cette équation ; supposons cette ligne construite par rapport aux mêmes axes que la précédente, et représentée par KCI.

Cela posé, il est évident que les points M, M'... où ces lignes se rencontrent, sont ceux qui satisfont à l'énoncé, puisque leurs coordonnées forment des systèmes de valeurs de x et de y, qui vérifient en même temps les deux équations. Ainsi les points M,

M'... sont autant de *solutions* de la question dont ces équations sont la traduction algébrique, si toutefois, on a eu pour objet de fixer, sur un plan, la position d'un point d'après certaines conditions.

Lorsque les inconnues x et y n'expriment pas primitivement des distances à des axes fixes, mais des lignes quelconques, les coordonnées des points, M, M'.... en représentent alors les valeurs géométriques.

En substituant ainsi les intersections de deux lieux géométriques à l'élimination entre leurs équations, on parvient souvent à des constructions simples et élégantes du problème. La suite de ce chapitre nous en fournira plusieurs exemples.

182. Pour le moment, nous nous contenterons de faire l'application de ces principes au problème n° 21, résolu dans le premier chapitre, par deux méthodes différentes.

Reprenons les deux équations qui ont été obtenues par la première méthode, savoir :

$$(b - x)^2 + (c - y)^2 = r^2,\dots \ (1)$$
$$a(x^2 + y^2) = m^2(a - 2b + 2x);\dots \ (2)$$

et observons d'abord que ces équations seraient celles qu'on trouverait en rapportant le point inconnu D (*fig.* 19 et 20) à deux axes rectangulaires dont l'un serait AB, et l'autre une perpendiculaire élevée au point A.

Fig. 19 et 20.

Cela posé, au lieu d'éliminer x et y entre ces équations qui, comme on l'a vu n° 21, conduit à des résultats très compliqués, tâchons de construire les lieux géométriques qu'elles représentent.

La première est évidemment celle du cercle donné ; car r étant le rayon, b et c sont les coordonnées du centre.

Quant à *la seconde* qui peut se transformer ainsi :

$$x^2 + y^2 - 2\frac{m^2}{a}x = m^2 - 2b.\frac{m^2}{a},$$

ou bien encore,
$$\left(x - \frac{m^2}{a}\right)^2 + y^2 = \frac{m^4}{a^2} + m^2 - 2b \cdot \frac{m^2}{a},$$

elle représente (n° 177) un cercle dont le centre est sur AB, en un point K pour lequel on a $\quad AK = \dfrac{m^2}{a}$,

et qui a pour rayon,
$$r' = \sqrt{\frac{m^4}{a^2} + m^2 - 2b \cdot \frac{m^2}{a}}.$$

Or, le triangle rectangle ACL donne $\overline{AL}^2$ ou $m^2 = \overline{AC}^2 - \overline{CL}^2$, ou bien, $\quad m^2 = b^2 + c^2 - r^2$; ainsi l'on a

$$r' = \sqrt{\frac{m^4}{a^2} - 2b \cdot \frac{m^2}{a} + b^2 + c^2 - r^2} = \sqrt{\left(b - \frac{m^2}{a}\right)^2 + c^2 - r^2}.$$

D'ailleurs, $\quad b - \dfrac{m^2}{a}$ est égal à KF; ce qui donne

$$\overline{KC}^2 = c^2 + \left(b - \frac{m^2}{a}\right)^2.$$

Donc enfin $\qquad r' = \sqrt{\overline{KC}^2 - r^2}.$

Mais si l'on mène du point K une tangente KD ou KD′ au cercle donné, on a évidemment $\overline{KD}^2$ ou $\overline{KD'}^2 = \overline{KC}^2 - r^2$.

D'où l'on voit que ces deux tangentes donnent non-seulement le rayon du second cercle, mais encore les points où les deux circonférences se coupent; c'est-à-dire, ceux dont on demandait de fixer la position.

Il est remarquable que la première méthode, employée pour résoudre la question, conduise, par le secours des lieux géométriques, à la même construction que la seconde. Mais il faut un peu de réflexion pour découvrir ce rapprochement.

§ II. *Application des Principes généraux.*

Propositions sur les triangles.

183. 1°. Rechercher par l'analyse les points d'intersection *deux à deux* des droites menées par les sommets A, B, C d'un triangle, et par les milieux F, E, D (*fig.* 98) des côtés opposés. Fig.98.

Prouver que ces trois droites se coupent en un même point.

Prenons deux axes rectangulaires AX, AY, dont l'un, celui des x, se confonde avec l'un des côtés AB du triangle, l'origine étant d'ailleurs placée au sommet A. La question consiste à former les équations des droites AF, BE, CD, puis (n° 148) à éliminer x et y entre ces équations combinées deux à deux. Mais auparavant, il est nécessaire d'établir les coordonnées des points A, B, C, D, E, F:

On a d'abord pour les coordonnées de A, $(y = 0, x = 0)$; soit $AB = c$; il en résulte pour celles de B, $(y = 0, x = c)$; posons d'ailleurs pour le point....... C, $(y = y', x = x')$.

Maintenant, comme D, E, F sont les milieux de AB, AC, CB, on en déduit

$$AD = \frac{AB}{2} = \frac{c}{2}, \quad EI = \frac{CH}{2} = \frac{y'}{2}, \quad AI = \frac{x'}{2},$$

$$FG = \frac{CH}{2} = \frac{y'}{2}, \quad GH = \frac{BH}{2} = \frac{c - x'}{2},$$

d'où $AG = x' + \dfrac{c - x'}{2} = \dfrac{c + x'}{2}$;

ce qui donne pour les coordonnées des points

$$D.... \left(y = 0, x = \frac{c}{2}\right),$$

$$E.... \left(y = \frac{y'}{2}, x = \frac{x'}{2}\right),$$

$$F.... \left(y = \frac{y'}{2}, x = \frac{c + x'}{2}\right).$$

Connaissant pour chacune des droites AF, BE, CD, les coordonnées de deux de ses points, nous pourrions obtenir son équation en substituant dans la formule du n° 148,

$$y - y' = \frac{y' - y''}{x' - x''} (x - x'),$$

à la place de x', y', x'', y'', les valeurs correspondantes à la figure actuelle; mais il est plus élégant d'opérer de la manière suivante :

Comme AF passe par l'origine, son équation est de la forme

$$y = ax;$$

et puisque cette droite passe par le point F, ou $\left(\dfrac{y'}{2}, \dfrac{c + x'}{2}\right)$, on a la relation particulière

$$\frac{y'}{2} = a \left(\frac{c + x'}{2}\right), \quad \text{d'où} \quad a = \frac{y'}{c + x'};$$

ainsi l'équation de AF est $\quad y = \dfrac{y'}{c + x'} x \ldots \ldots (1)$

La droite BE passant par le point B, ou (o, c), son équation est de la forme $\quad y = a' (x - c.)$

(Il faut remplacer dans l'équation $\quad y - y' = a(x - x')$, du n° 149, y' par o, et x' par c, puis a par a'.)

Mais, comme cette même droite passe par le point E, ou $\left(\dfrac{y'}{2}, \dfrac{x'}{2}\right)$, on a la relation

$$\frac{y'}{2} = a' \left(\frac{x'}{2} - c\right), \quad \text{d'où} \quad a' = \frac{y'}{x' - 2c};$$

donc l'équation de BE est $\quad y = \dfrac{y'}{x' - 2c} (x - c) \ldots \ldots (2)$

On trouverait de même pour CD, $\quad y = \dfrac{y'}{2x' - c} (2x - c) \ldots (3)$

Il reste actuellement à combiner ces trois équations. Premièrement, on déduit des équations (1) et (2),

$$\frac{y'}{c + x'} \cdot x = \frac{y'}{x' - 2c}(x - c),$$

ou, chassant les dénominateurs et effectuant les calculs,

$$x'y' \cdot x - 2cy' \cdot x = cy' \cdot x - c^2y' + x'y' \cdot x - cx'y';$$

ou, réduisant, $3cy' \cdot x = cy'(c + x')$;   donc $x = \dfrac{c + x'}{3}$.

Portant cette valeur dans (1), on trouve..... $y = \dfrac{y'}{3}$.

En second lieu, les équations (1) et (3) donnent

$$\frac{y'}{c + x'} \cdot x = \frac{y'}{2x' - c}(2x - c),$$

ou $2x'y' \cdot x - cy' \cdot x = 2cy' \cdot x - c^2y' + 2x'y' \cdot x - cx'y';$

ou, réduisant, $3cy' \cdot x = cy'(c + x')$;   donc $x = \dfrac{c + x'}{3}$,

et par conséquent, ... $y = \dfrac{y'}{3}$;

D'où l'on voit que les coordonnées du point d'intersection des deux droites AF, BE, sont identiques avec celles du point d'intersection de AF et CD. Ainsi, *ces trois droites se coupent en un même point.*

Si du point O commun à ces trois droites, on abaisse l'ordonnée OP, les deux triangles semblables DCH, DOP donnent

OP : CH :: DO : DC;   mais on a $OP = \dfrac{1}{3}y' = \dfrac{CH}{3}$;

donc aussi $DO = \dfrac{DC}{3}$.

Ce point est connu en STATIQUE, sous le nom de *centre de gravité* du triangle.

En réfléchissant sur l'analyse précédente, on reconnaît aisément que les calculs sont les mêmes, quelle que soit l'inclinaison des axes.

Cependant, ils deviennent plus simples, lorsqu'en conservant

Fig. 99. AB (*fig.* 99), pour axe des x, on prend pour axe des ordonnées une droite AY parallèle à CD; ce qui est permis, puisque la droite CD est connue de position.

Dans ce cas, il est évident que l'abscisse x' du point C devient égale à AD ou $\dfrac{c}{2}$; d'où $c = 2x'$; et les équations (1), (2), (3) deviennent, savoir :

L'équation de la droite AF... $y = \dfrac{y'}{3x'}\, x$,

celle de la droite BE... $y = -\dfrac{y'}{3x'}\,(x - 2x')$,

et celle de la droite CD... $x = x'$,

(puisque cette dernière droite est parallèle à AY).

Cela posé, combinons la dernière équation $x = x'$ avec la première; il en résulte . . . . $y = \dfrac{y'}{3}$:

en la combinant avec la seconde, on trouve encore $y = \dfrac{y'}{3}$.

Ainsi, les coordonnées des points d'intersection de CD, AF, et de CD, BE, sont $x = x'$, $y = \dfrac{y'}{3} = \dfrac{DC}{3}$.

Ceci prouve combien le choix des axes peut influer sur la simplicité des calculs, dans la résolution des questions, par le secours de la Géométrie analytique.

184. 2°. *Déterminer les points d'intersection deux à deux des perpendiculaires menées par les trois sommets du triangle ABC, aux côtés opposés. Démontrer que ces perpendiculaires se coupent en un même point O.*

Fig. 101. Ici, les axes doivent être rectangulaires (*fig.* 101), puisque nous devons faire entrer en considération la relation de perpendicularité de deux droites (*voyez* n° 155).

Prenons encore pour axe des abscisses la ligne AB, et pour axe des ordonnées la perpendiculaire élevée au sommet A.

En désignant toujours par c la distance AB ou l'abscisse du point B, et par x', y' les coordonnées du point C, on aura d'abord pour l'équation de CD, $x = x'$, ... (1) (puisque cette droite est parallèle à l'axe des y).

Avant de rechercher les équations de AF et BE, nous devons commencer par déterminer celles des lignes CB, AC auxquelles elles sont perpendiculaires.

Or, la droite CB passant par les deux points (y', x') et (o, c); son équation est (n° 148), $y - y' = a(x - x')$, a ayant pour valeur $\dfrac{y'}{x' - c}$, puisque l'on a $y'' = o$, $x'' = c$.

Celle de la droite AC passant par l'origine, est $y = mx$; m ayant pour valeur $\dfrac{y'}{x'}$, puisque le point C se trouve sur cette droite.

Cela posé, comme AF passe par l'origine, elle a une équation de la forme $y = a'x$; et de ce qu'elle est perpendiculaire à CB, on déduit (n° 155) la relation $aa' + 1 = o$; d'où $a' = -\dfrac{1}{a} = \dfrac{c - x'}{y'}$.

Ainsi l'équation de AF est $y = \dfrac{c - x'}{y'} . x \ldots$ (2),

La droite BE étant assujettie à passer par le point B ou (o, c), on a pour son équation, $y = m'(x - c)$; mais puisqu'elle est perpendiculaire à AC, on a la relation

$$mm' + 1 = o; \quad \text{d'où} \quad m' = -\dfrac{1}{m} = -\dfrac{x'}{y'}.$$

Donc enfin l'équation de BE est $y = -\dfrac{x'}{y'}(x - c) \ldots$ (3)

Maintenant, si l'on combine les équations (1) et (2), on trouve pour $x = x'$, $y = \dfrac{(c - x')x'}{y'}$.

Combinant de même les équations (1) et (3), on obtient pour $x = x'$, $y = -\dfrac{x'}{y'}(x' - c) = \dfrac{(c - x')x'}{y'}$.

Donc les coordonnées du point d'intersection des droites CD, AF, sont les mêmes que celles du point d'intersection des droites CD, BE; ainsi *ces trois droites se coupent en un même point.*

185. 3°. *Déterminer les points d'intersection deux à deux des perpendiculaires élevées par les milieux des côtés d'un triangle* ABC (*fig.* 100), *à ces mêmes côtés. Prouver que ces trois perpendiculaires se coupent en un même point.*

Pour plus de simplicité, nous prendrons encore pour axe des x la ligne AB, et pour axe des y la perpendiculaire élevée au point A.

Soient toujours $AB = c$, $AH = x'$, $CH = y'$; on a déjà trouvé (n° 183) pour les coordonnées des points D, E, F,

$$D\ldots\left(o,\ \frac{c}{2}\right);\quad E\ldots\left(\frac{y'}{2},\frac{x'}{2}\right),\quad F\ldots\left(\frac{y'}{2},\ \frac{c+x'}{2}\right).$$

Cela posé, on a pour équation de DL,$\ldots\quad x = \frac{c}{2},\ldots$ (1)

puisque DL est parallèle à AY.

La droite EM passant par le point E, ou $\left(\frac{y'}{2},\ \frac{x'}{2}\right)$, son équation est de la forme $\quad y - \frac{y'}{2} = a\left(x - \frac{x'}{2}\right);$

et puisqu'elle doit être perpendiculaire à AC dont l'équation est $y = \frac{y'}{x'}\,x$, il en résulte $a = -\dfrac{x'}{y'}$.

Ainsi, la droite EM a pour équation,

$$y - \frac{y'}{2} = -\frac{x'}{y'}\left(x - \frac{x'}{2}\right);\ldots\text{(2)}$$

on trouverait de même pour équation de FN,

$$y - \frac{y'}{2} = \frac{c-x'}{y'}\left(x - \frac{c+x'}{2}\right)\ldots\text{(3)}$$

Combinons entre elles les équations (1) et (2); il vient pour

$$x = \frac{c}{2},\quad y = \frac{y'}{2} + \frac{x'^2 - cx'}{2y'} = \frac{x'^2 + y'^2 - cx'}{2y'}.$$

Les équations (1) et (3) combinées de la même manière, donnent

pour $\quad x = \dfrac{c}{2}, \quad y = \dfrac{y'}{2} + \dfrac{(x' - c)x'}{2y'} = \dfrac{x'^2 + y'^2 - cx'}{2y'}.$

Ainsi, *les trois droites se réunissent en un même point.*

186. *N. B.* Si, dans le résultat qu'on vient d'obtenir pour y, on met à la place de $x'^2 + y'^2$, sa valeur $\overline{AC}^2$ ou b^2 que donne la figure, on trouve pour les coordonnées du point O commun aux trois droites, lequel n'est autre chose que *le centre du cercle circonscrit,*

$$x = \dfrac{c}{2}, \quad y = \dfrac{b^2 - cx'}{2y'},$$

Calculons maintenant la distance AO ; on a

$$AO = \sqrt{x^2 + y^2} = \sqrt{\dfrac{c^2}{4} + \dfrac{(b^2 - cx')^2}{4y'^2}} = \dfrac{1}{2y'}\sqrt{c^2 y'^2 + (b^2 - cx')^2},$$

ou développant la quantité sous le radical, et ayant égard à la relation $\quad x'^2 + y'^2 = b^2, \quad AO = \dfrac{b}{2y'}\sqrt{b^2 + c^2 - 2cx'}.$

Or, l'expression $\sqrt{b^2 + c^2 - 2cx'}$ n'est autre chose, en vertu d'un théorème de Géométrie, que la valeur du côté CB ou a.

Donc enfin, $\quad AO = \dfrac{ab}{2y'}$; d'où, en posant $\quad AO = r,$

$$2r \cdot y' = a \cdot b ;$$

ce qui prouve que *le rectangle de deux côtés d'un triangle est égal au rectangle compris par le diamètre du cercle circonscrit et la perpendiculaire abaissée sur le troisième côté, du sommet opposé.* (*Voyez* Legendre, liv. III, prop. 32.)

Remarquons encore que la surface du triangle ABC ayant pour valeur, ABC ou $S = \dfrac{cy'}{2}$, il en résulte $2y' = \dfrac{4S}{c}.$

Donc, l'expression de AO ou r, devient

$$r = \dfrac{abc}{4S},$$

résultat auquel nous sommes déjà parvenus (n° 43).

 187. La construction sur la même figure (*fig.* 102) des points de concours relatifs aux trois propositions précédentes, donne lieu à une circonstance fort curieuse, qui consiste en ce que *ces trois points se trouvent placés sur une même ligne droite.*

Pour nous en convaincre par l'analyse, observons d'abord qu'en général, on reconnaît que trois points (x', y'), (x'', y'') et (x''', y''') sont en ligne droite, toutes les fois que les deux rapports $\dfrac{y'-y''}{x'-x''}$, $\dfrac{y'-y'''}{x'-x'''}$ sont égaux.

En effet, ces rapports ne sont autre chose (n° 148), que les coefficiens de x dans les équations des droites qui joignent le premier point au second et le premier au troisième; et s'ils sont égaux, c'est une preuve que *les droites sont parallèles* (n° 150). D'ailleurs ces droites ont déjà le point commun (x', y'); donc *elles se confondent.*

Si l'un des points (x', y') est l'origine des coordonnées, il suffit que l'on ait $\dfrac{y''}{x''} = \dfrac{y'''}{x'''}$, ou bien, $y''x''' - x''y''' = 0$.

Cela posé, admettons que les points O, O', O'' correspondans aux trois propositions, soient rapportés aux mêmes axes AX, AY, dont l'un soit la base AB du triangle, l'autre la perpendiculaire élevée au point A; et afin de conserver les notations employées précédemment pour les points B et C, convenons de désigner les points O, O', O'' par $(x_1$ et $y_1)$, $(x_2$ et $y_2)$, $(x_3$ et $y_3)$.

La question est ramenée à calculer $\dfrac{y_1-y_2}{x_1-x_2}$, $\dfrac{y_1-y_3}{x_1-x_3}$.

Or, on a trouvé, n°s 183, 184 et 185,

$$\left(y_1 = \frac{y'}{3}, \quad x_1 = \frac{c+x'}{3} \right), \qquad \left(y_2 = \frac{(c-x')x'}{y'}, \quad x_2 = x' \right),$$

$$\left(y_3 = \frac{x'^2 + y'^2 - cx'}{2y'}, \quad x_3 = \frac{c}{2} \right).$$

Donc, 1°. $\dfrac{y_1-y_2}{x_1-x_2} = \dfrac{\dfrac{y'}{3} - \dfrac{(c-x')x'}{y'}}{\dfrac{c+x'}{3} - x'} = \dfrac{y'^2 + 3x'^2 - 3cx'}{(c-2x')y'}$;

$$2^{\circ}.\quad \frac{y_1 - y_3}{x_1 - x_3} = \frac{\dfrac{y'}{3} - \dfrac{y'^2 + x'^2 - cx'}{2y'}}{\dfrac{c + x'}{3} - \dfrac{c}{2}} = \frac{-y'^4 - 3x'^2 + 3cx'}{(2x' - c)y'}.$$

Ces deux résultats sont identiques. Ainsi, *les trois points O, O', O'' sont en ligne droite.*

Propositions sur le cercle.

188. Rechercher par l'analyse les conditions qui expriment que deux circonférences de cercle *se coupent, se touchent* ou *n'ont aucun point commun.*

Soient O , O' (*fig.*103) les centres de deux circonférences de Fig. 103. cercle, r, r' leurs rayons et $OO' = d$, la distance des centres.

Prenons pour axe des x la ligne des centres, et pour axe des y la perpendiculaire OY élevée par le point O.

Le cercle dont le rayon est r, étant rapporté à son centre et à deux axes rectangulaires, on a (n° 167) pour l'équation de ce cercle

$$y^2 + x^2 = r^2 \ldots\ldots (1)$$

Celle du second cercle, dont le centre a pour coordonnées $p = d$, $q = 0$, est (n° 163)

$$y^2 + (x - d)^2 = r'^2 \ldots (2)$$

Cela posé, pour exprimer que les deux circonférences de cercle se coupent, et obtenir leurs points d'intersection, il faut (n° 152) établir que leurs équations ont lieu en même temps, et éliminer x, y entre ces équations.

A cet effet, retranchons (2) de (1), il vient

$$2dx - d^2 = r^2 - r'^2;$$

d'où l'on tire
$$x = \frac{r^2 - r'^2 + d^2}{2d}.$$

Cette valeur portée dans l'équation (1), donne, toute réduction faite,
$$y = \pm \frac{1}{2d} \sqrt{4d^2 r^2 - (r^2 - r'^2 + d^2)}.$$

Discussion. L'inspection seule de ces valeurs prouve d'abord que, dans l'hypothèse où la quantité sous le radical de la valeur de y est *positive*, auquel cas les valeurs de x, y sont réelles, et *les circonférences ont deux points communs*, prouve, dis-je, que les deux points d'intersection ont une même abscisse QP, mais deux ordonnées égales et de signe contraire.

Donc, toutes les fois que deux circonférences se coupent, *la ligne des centres est perpendiculaire à la corde commune, et la divise en deux parties égales* (Legendre, livre II, prop. XI).

Maintenant, afin de savoir quand y sera *réel* ou *imaginaire* (car x est toujours réel), nous ferons subir à l'expression ci-dessus une transformation.

La quantité, sous le radical, étant évidemment la différence de deux carrés, peut être décomposée dans le produit

$$(2dr + r^2 + d^2 - r'^2)\,(2dr - r^2 - d^2 + r'^2)\,;$$

mais chacun des deux facteurs entre parenthèses est lui-même la différence de deux carrés $(r+d)^2 - r'^2$ et $r'^2 - (r-d)^2$; et l'on a pour le premier, $\quad (r+d+r')\,(r+d-r')$,

pour le second, $\quad\quad\quad\quad (r'+r-d)\,(r'-r+d)$.

Donc enfin, la valeur de y devient

$$y = \pm \frac{1}{2d}\sqrt{(r+r'+d)\,(r+d-r')\,(r+r'-d)\,(r'+d-r)}.$$

Sous cette forme, comme le premier facteur soumis au radical est essentiellement *positif*, on voit que y sera *réel*, tant que les trois autres seront positifs, ou l'un d'eux positif, et les deux autres négatifs. Mais cette dernière circonstance ne peut jamais exister, car dès qu'un de ces trois facteurs est *négatif*, les deux autres sont nécessairement *positifs*.

Soit, par exemple, $\quad r+d-r' < 0$, d'où $r+d < r'$;

il en résulte nécessairement $\quad r < r'$ et $d < r'$;

donc $\quad\quad\quad r'-r+d$ et $r'-d+r$ sont *positifs*.

A plus forte raison, les trois facteurs ne sauraient être *négatifs* à la fois.

Ainsi, il ne peut se présenter que *deux* cas : Ou les trois facteurs sont *positifs* à la fois, et dans ce cas y est *réel*; donc *deux circonférences se coupent toutes les fois que l'on a*

$$r + d > r', \quad r + r' > d, \quad r' + d > r;$$

c'est-à-dire, *chacune des trois choses*, les rayons et la distance des centres, *moindre que la somme des deux autres;*

Ou bien, l'un des trois facteurs est *négatif* et les deux autres *positifs;* dans ce cas y est *imaginaire*, et il n'y a pas de point d'intersection. Ainsi *deux circonférences n'ont aucun point commun*, lorsque l'une des inégalités ci-dessus a lieu dans un ordre inverse.

Il peut néanmoins arriver que l'on ait

$$r + d - r' = 0, \text{ ou } r + r' - d = 0, \text{ ou } r' + d - r = 0;$$

c'est-à-dire, $r + d = r'$, ou $r + r' = d$, ou $r' + d = r$.

Dans ce cas, les deux valeurs de y se réduisent à o, et les deux circonférences n'ont plus qu'*un point commun*, lequel est nécessairement placé sur la ligne des centres, puisque son ordonnée est *nulle*.

Donc, *deux circonférences de cercle se touchent, toutes les fois que la distance des centres est égale à la somme ou à la différence des rayons.*

Ces résultats sont conformes aux théorèmes établis en Géométrie sur les intersections et les contacts de deux circonférences.

189. *Cas particuliers.* Soit $d = 0$, auquel cas les deux circonférences sont concentriques; les valeurs de x et de y deviennent

$$x = \frac{r^2 - r'^2}{0} \text{ et } y = \frac{\sqrt{-(r^2 - r'^2)^2}}{0},$$

expressions de *forme infinie*. Mais observons que la quantité sous le radical de la valeur de y, étant essentiellement négative, cette valeur n'en est pas moins *imaginaire;* ce qui doit être, puisque les circonférences ne peuvent avoir aucun point commun.

Si cependant, on avait en même tems $d = o$ et $r = r'$, les valeurs de x et de y se réduiraient à $\quad x = \dfrac{o}{o}, y = \dfrac{o}{o}$.

En effet, dans ce cas, les deux circonférences se confondent et ont une infinité de points communs.

Remarquons encore que les résultats ci-dessus, de *forme infinie*, sont analogues à ceux qui ont été obtenus (n° 152) dans le cas du parallélisme de deux droites dont on recherche le point d'intersection; effectivement, il existe alors une espèce de parallélisme entre les deux circonférences, puisque leurs points sont partout *également distans*.

190. *Faire passer une circonférence de cercle par trois points donnés.*

Toutes les fois que l'on connaîtra la position du centre d'un cercle sur un plan, et la longueur de son rayon, les quantités constantes p, q, r qui entrent dans l'équation

$$(x - p)^2 + (y - q)^2 = r^2,$$

devront être regardées comme données *à priori;* et le cercle sera complètement déterminé par cette équation. Mais on peut, comme pour la droite, se proposer de déterminer un cercle qui satisfasse à certaines conditions, comme celles de passer par des points donnés, d'être tangent à une ou plusieurs droites, à un ou plusieurs cercles, etc.; dans ce cas, p, q, r sont des *constantes indéterminées* dont les valeurs dépendent de ces diverses conditions; et comme les indéterminées sont au nombre de *trois*, il s'ensuit que l'on peut imposer à un cercle trois conditions différentes, celles, par exemple, de passer par *trois* points donnés.

Soient en général (x', y'), (x'', y''), (x''', y''') trois points donnés sur un plan par rapport à deux axes rectangulaires, et appelons p, q, r les coordonnées de son centre et le rayon; son équation sera de la forme $\quad (x - p)^2 + (y - q)^2 = r^2 \ldots \quad (1)$ p, q, r étant des quantités qu'il s'agit de déterminer.

Or, puisque chacun des trois points donnés se trouve sur la circonférence, on doit avoir les relations

$$(x' - p)^2 + (y' - q)^2 = r^2,$$
$$(x'' - p)^2 + (y'' - q)^2 = r^2,$$
$$(x''' - p)^2 + (y''' - q)^2 = r^2;$$

et la question est réduite à éliminer p, q, r entre ces relations, pour les reporter ensuite dans l'équation (1).

En développant, puis soustrayant successivement la seconde et la troisième relations de la première, on trouve

$$x'^2 - x''^2 + y'^2 - y''^2 - 2p(x' - x'') - 2q(y' - y'') = 0, \dots (2)$$
$$x'^2 - x'''^2 + y'^2 - y'''^2 - 2p(x' - x''') - 2q(y' - y''') = 0, \dots (3)$$

équations du 1er degré en p, q, d'où l'on peut tirer facilement les valeurs de ces inconnues. Après quoi, en les substituant dans la première des relations ci-dessus, on obtiendrait la valeur correspondante de r. Nous n'entrerons pas dans les détails de ces calculs, qui n'offrent aucune difficulté réelle, et présenteraient d'ailleurs peu d'intérêt, à cause de leur complication. Mais nous allons tâcher de traduire, en Géométrie, les équations (2) et (3) elles-mêmes.

Chacune de ces équations, considérée seule, étant du 1er degré en p et q qui expriment les coordonnées d'un point, représente (n° 172) une ligne droite; et si on les construit successivement par rapport aux mêmes axes, le point où ces lignes se rencontreront sera (n° 152) le centre du cercle demandé.

Occupons-nous d'abord de l'équation (2); elle peut être mise sous la forme

$$q = -\frac{x' - x''}{y' - y''} \cdot p + \frac{y'^2 - y''^2 + x'^2 - x''^2}{2(y' - y'')},$$

ou bien encore, $q - \dfrac{y' + y''}{2} = -\dfrac{x' - x''}{y' - y''}\left(x - \dfrac{x' + x''}{2}\right) \dots (4)$

Cela posé, soient M, M', M'' (*fig.* 104) les points dont les coordonnées sont (x', y'), (x'', y''), (x''', y''').

L'équation de la droite MM' est (n° 148)

$$y - y' = \frac{y' - y''}{x' - x''}(x - x') \dots (5)$$

D'un autre côté, les trapèzes MM'P'P, MM'R'R donnent, pour les coordonnées NQ, NS du point N, milieu de MM',

$$NS = \frac{x' + x''}{2}, \quad NQ = \frac{y' + y''}{2};$$

ainsi déjà, l'équation (4) est celle d'une droite passant par le point N.

En outre, si l'on compare les deux coefficiens $\frac{y' - y''}{x' - x''}$ et $-\frac{x' - x''}{y' - y''}$ des équations (4) et (5), on voit qu'ils satisfont à la relation $aa' + 1 = 0$, qui exprime (n° 155) que deux droites sont perpendiculaires entre elles.

D'où l'on peut conclure que l'équation (4), ou l'équation (2), représente la droite élevée par le point N milieu de MM', perpendiculairement à cette dernière ligne. Ainsi, sa construction est facile.

On reconnaîtrait de même que l'équation (3) représente la perpendiculaire élevée au milieu N' de MM'' dont l'équation est

$$y - y' = \frac{y' - y''}{x' - x''} (x - x').$$

Le centre se trouve donc déterminé de position, et la construction que nous venons d'en donner, est précisément celle des élémens de Géométrie.

191. On serait parvenu à des résultats beaucoup plus simples, en prenant pour origine des coordonnées le point M (*fig.* 105), et pour axe des abscisses la ligne MM'. Cela est permis, puisqu'on peut disposer des axes à volonté.

Fig. 105.

Dans cette hypothèse, on a

$$x' = 0, \quad y' = 0; \quad y'' = 0,$$

et les équations (2) et (3) deviennent

$$- x''^2 + 2px'' = 0,$$
$$- x'''^2 - y'''^2 + 2px''' + 2qy''' = 0.$$

De la première, on déduit $p = \dfrac{x''}{2}$, équation qui exprime évidemment une droite parallèle à MY, menée par le point N milieu de MM'.

Quant à la seconde, on peut la mettre sous la forme

$$q = -\frac{x''}{y''}\, p + \frac{x''^2 + y''^2}{2y''},$$

ou

$$q - \frac{y''}{2} = -\frac{x''}{y''}\left(p - \frac{x''}{2}\right),$$

équation qui représente une droite passant par le point N', milieu de MM'', et perpendiculaire à la droite MM'' ou $y = \dfrac{y''}{x''}\, x$.

Les équations (2) et (3) ne sont si compliquées que parce que les axes ont été pris dans une situation quelconque par rapport aux trois points donnés. On voit donc encore combien il est important, pour la simplicité des calculs, de choisir les axes convenablement.

192. Supposons actuellement qu'il s'agisse de faire passer un cercle par deux points donnés, en l'assujettissant en outre à être tangent à un autre cercle donné de position et de grandeur.

En désignant par (x', y'), (x'', y'') les coordonnées des deux points, par p, q, r les constantes du cercle cherché, nous aurons d'abord les deux relations

$$(x' - p)^2 + (y' - q)^2 = r^2, \dots (x'' - p)^2 + (y'' - q)^2 = r^2.$$

D'un autre côté, soient p', q', r' les constantes du cercle donné, D la distance des centres des deux cercles ; on a, en vertu de ce qui a été dit, n° 188, sur le contact des cercles,

$$D^2 = (r' \pm r)^2 ;$$

donc (n° 137) la condition de contact est exprimée par la relation

$$(p' - p)^2 + (q' - q)^2 = (r' \pm r)^2,$$

qui, jointe aux deux précédentes, renferme tous les élémens nécessaires à la détermination des inconnues p, q, r.

Si le cercle devait passer par un point donné (x', y'), et être tangent à deux autres cercles donnés par les constantes (p', q', r'), (p'', q'', r''), on aurait les trois relations

$$(x' - p)^2 + (y' - q)^2 = r^2, \quad (p' - p)^2 + (q' - q)^2 = (r' \pm r)^2,$$
$$(p'' - p)^2 + (q'' - q)^2 = (r'' \pm r)^2.$$

Toute la difficulté, dans la résolution de ces sortes de questions, consiste à choisir les axes coordonnés de telle manière que les équations et les calculs soient les plus simples possibles, et qu'on puisse en tirer des constructions faciles et élégantes.

Il nous reste encore à établir les conditions relatives au contact des droites avec les circonférences. Or, la théorie des tangentes est une des plus importantes de la Géométrie analytique.

Problème des tangentes.

193. Commençons par fixer le véritable sens qu'on doit attacher au mot *tangente*.

On définit, en Géométrie, la tangente au cercle, une droite qui n'a qu'un point commun avec la circonférence; mais il est aisé de voir que cette définition ne convient pas à toutes les courbes.

Fig. 106.   Soit, en effet, une ligne telle que LN'NKMH (*fig.* 106) composée de parties, les unes concaves, les autres convexes. Si, en un point quelconque M, on mène une droite MNN', qui semble se trouver, par rapport à la partie KMH, dans la même situation que la tangente au cercle, cette droite peut être supposée n'avoir qu'un point commun avec cette partie de la courbe; mais prolongée indéfiniment, elle passera par d'autres points N, N'.... de la courbe. Donc il ne serait pas exact de dire qu'elle n'a qu'un seul point commun avec LN'NKMH.

Pour avoir une définition qui puisse s'appliquer à toutes les courbes, il faut imaginer qu'une droite MG ayant plusieurs points M, M', M'' communs avec la courbe, tourne autour de l'un de ces points, M par exemple, de manière à prendre les diverses positions MM'M", m'M$m''m'''$...; on voit que, dans ce mouvement, le point M', qui se trouvait d'abord placé à la gauche du point M, se trouve maintenant à droite de ce même point, en m'. Or, dans le passage de la première à la seconde position, il doit nécessairement en exister une intermédiaire où le point M' vient à se confondre avec le point M; et c'est dans cette position, représentée par MNN', que la droite est dite une *tangente*. On doit donc regarder une tangente comme une sécante à la courbe dont deux des points d'intersection *viennent à se réunir en un seul.*

Il n'est pas absolument nécessaire que le mouvement de la droite se fasse autour de l'un des points d'intersection; il peut se faire autour d'un point quelconque. La droite peut même, dans certaines circonstances, se mouvoir parallèlement à elle-même.

Reprenons la courbe $y^2 = 2x$, d'où $y = \pm \sqrt{2x}$ (*fig.* 87), qui a déjà été discutée n° 169.

Fig. 87.

Comme à chaque valeur de x positive, il correspond deux valeurs de y égales et de signes contraires, il s'ensuit que toute parallèle à AY, menée à la droite de cet axe, est une sécante qui a deux points communs avec la courbe; mais à mesure que x diminue, les distances M'N', MN.... entre ces points d'intersection diminuent; et lorsqu'enfin on suppose $x = 0$, auquel cas la valeur de y devient $y = \pm 0$, les deux points d'intersection se réunissent au point A, et la droite AY est dite *tangente*.

On reconnaîtrait de même que, dans la courbe discutée n° 170, et qui a pour équation

$$y^2 - x^2 = 4, \quad \text{d'où} \quad x = \pm \sqrt{y^2 - 4},$$

la droite IK (*fig.* 88), parallèle à AX, et située à la distance $y = 2$, est une sécante dont les deux points d'intersection se réunissent au point B.

Fig. 88.

Une courbe étant ordinairement regardée comme un polygone d'une infinité de côtés, ou comme la trace d'un point qui change à chaque instant de direction, on peut encore dire que la tangente à une courbe en point donné, est *l'élément de la courbe, qui correspond à ce point, et qu'on suppose prolongé in-définiment.* C'est ainsi qu'on l'envisage dans la haute analyse ; mais ici nous la considérerons *comme une sécante dont deux points d'intersection se réunissent en un seul ;* et c'est ce caractère que nous allons essayer de traduire analytiquement.

194. Soient, en général, $F(x, y) = 0$ l'équation d'une courbe, et $y = ax + b$ l'équation d'une droite rapportée aux mêmes axes.

Pour déterminer les points communs à la courbe et à la droite, il faut (n° 152) exprimer que ces deux équations ont lieu en même temps. En substituant dans la première, pour y, sa valeur tirée de la seconde, on obtiendra une nouvelle équation en x, dont les valeurs seront les abscisses des différens points d'intersection ; et ces valeurs, reportées dans l'équation $y = ax + b$, feront connaître les ordonnées correspondantes de ces mêmes points.

Actuellement, si l'on veut fixer la position de la droite de manière qu'elle devienne tangente, il suffit d'exprimer, par les moyens connus en Algèbre, la condition que deux des valeurs de x soient égales ; ce qui, d'après l'équation $y = ax + b$, entraîne aussi généralement la condition que les valeurs de y soient égales. La première condition, exprimée analytiquement, n'est autre chose qu'une certaine relation entre les quantités a et b considérées comme des *constantes indéterminées ;* et si, à cette relation, on joint la suivante, $y' = ax' + b$, qui exprime que la droite passe par un point donné, on aura tout ce qu'il faut pour déterminer complètement a et b.

195. Si l'équation de la courbe est du second degré, la substitution de $ax + b$ à la place de y, dans cette équation, donne lieu à une équation du second degré de la forme

$$mx^2 + nx + p = 0 ;$$

ce qui prouve, en passant, qu'une ligne droite ne peut jamais avoir plus de *deux* points communs avec une courbe du second degré.

Or, on a vu (*Alg.*, chap. III, n° 112) que, pour que les deux racines d'une équation du second degré soient égales, il faut qu'on ait, entre m, n, p, la relation $n^2 - 4mp = 0$. C'est donc cette condition qu'il s'agit de développer pour toutes les courbes du second degré, en commençant par le cercle, qui n'en est qu'un cas particulier.

196. *Par un point donné* (x′, y′), *mener une tangente à un cercle*, qu'on suppose rapporté à des axes rectangulaires passant par son centre.

L'équation du cercle étant $y^2 + x^2 = r^2, \dots$ (1)

celle de la droite cherchée est de la forme

$$y - y' = a\,(x - x'); \dots (2)$$

et la quantité b se trouve déjà éliminée (n° 149).

Pour exprimer d'abord que le cercle et la droite se coupent, il faut combiner leurs équations, en supposant que les x et les y sont les mêmes. Or, l'équation (2) donne

$$y = ax + y' - ax';$$

d'où, substituant dans l'équation (1) et réduisant,

$$(a^2 + 1)\,x^2 + 2a\,(y' - ax')\,x + (y' - ax')^2 - r^2 = 0 \dots (3)$$

En attribuant à a des valeurs particulières, on obtiendrait une série de sécantes à la courbe, dont les deux points d'intersection auraient pour abscisses les valeurs de x tirées de l'équation (3), et pour ordonnées les valeurs de y déduites de l'équation (2), après qu'on y aurait mis pour a et x leurs valeurs.

Maintenant, si l'on veut que la droite devienne tangente, il faut que les deux racines de l'équation (3) soient égales; ce qui donne, en vertu de la relation $n^2 - 4mp = 0$ (n° 195),

$$4a^2\,(y' - ax')^2 - 4\,(a^2 + 1)\,[\,(y' - ax')^2 - r^2\,] = 0, \dots (4)$$

ou, divisant par 4 et supprimant les deux quantités

$$a^2\,(y' - ax')^2, \quad -a^2\,(y' - ax')^2$$

15

qui se détruisent,... $-(y'-ax')^2 + (a^2 + 1)r^2 = 0$,

équation qui, lorsqu'on a développé les calculs et ordonné par rapport à a, devient

$$(r^2 - x'^2)\,a^2 + 2x'y'.a + r^2 - y'^2 = 0\ldots\quad (5)$$

On déduit de cette équation, toute réduction faite,

$$a = - \frac{x'y'}{r^2 - x'^2} \pm \frac{r}{r^2 - x'^2}\sqrt{x'^2 + y'^2 - r^2},\ldots(6)$$

expression qui substituée dans l'équation (2), donnera l'équation de la tangente demandée.

Fig. 107. Le résultat (6) démontre que par un point donné N (*fig.* 107), il est, en général, possible de mener deux tangentes NM, NM′ à la circonférence. Toutefois, comme il faut, pour cela, que les deux valeurs de a soient réelles et inégales, on doit avoir

$$x'^2 + y'^2 > r^2,\ \text{ou à cause de}\ x'^2 + y'^2 = \overline{ON}^2,\ldots\overline{ON}^2 > \overline{OH}^2;$$

donc le point (x', y') doit être situé hors du cercle.

Si l'on suppose $x'^2 + y'^2 = r^2$, auquel cas le point donné se trouve sur la courbe, la double valeur de a se réduit à une seule

$$a = - \frac{x'y'}{r^2 - x'^2},\ \text{ou}\ a = -\frac{x'}{y'},\ \text{à cause de}\ y'^2 = r^2 - x'^2.$$

On reconnaît en effet que, d'après cette supposition, l'équation (5) devient $a^2 y'^2 + 2ax'y' + x'^2 = 0$, ou $(ay' + x')^2 = 0$; d'où $a = -\dfrac{x'}{y'}$.

Pour distinguer ce cas, du cas général, nous conviendrons de désigner le point donné, qui n'est autre chose que le point de contact, par (x'', y''); et alors on aura pour l'équation de la tangente au cercle, en un point de cette courbe,

$$y - y'' = - \frac{x''}{y''}(x - x'')\ldots a = - \frac{x''}{y''}.$$

197. *Remarque* sur la méthode précédente. En formant à l'aide des équations (1) et (2) une équation en y seulement, ce

qui revient à substituer dans (1) la valeur $x = \dfrac{y - (y' - ax')}{a}$,

tirée de l'équation (2), on trouve

$$(a^2 + 1) y^2 - 2 (y' - ax') y + (y' - ax')^2 - a^2 r^2 = 0;$$

et si l'on veut que la droite devienne tangente, il faut exprimer que les deux racines de cette équation sont égales; ce qui donne entre les coefficiens la relation

$$4 (y' - ax')^2 - 4 (a^2 + 1) [(y' - ax')^2 - a^2 r^2] = 0,$$

ou, divisant par 4 et supprimant les quantités $(y' - ax')^2$, $-(y' - ax')^2$ qui se détruisent,

$$a^2 [(y' - ax')^2 - r^2(a^2 + 1)] = 0.$$

Or cette équation peut être satisfaite de deux manières, soit en posant $a^2 = 0$, soit en posant $(y' - ax')^2 - r^2(a^2 + 1) = 0$.

La dernière de ces deux relations est bien identique avec la relation (5) obtenue d'après l'équation en x; mais on trouve en même temps pour solution, $a^2 = 0$.

Il y a plus, si nous remontons à l'équation (4) du numéro précédent, et que, sans avoir égard aux réductions des termes semblables, nous développions les calculs, nous obtenons une équation du quatrième degré en a dont, à la vérité, les coefficiens de a^4 et de a^3 sont *nuls*. Mais on sait en Algèbre qu'une semblable équation a deux de ses racines *infinies*. Ainsi l'équation (4), outre les deux valeurs que donne l'équation (5), renferme encore implicitement deux racines infinies, $a = \infty$, $a = \infty$.

Tâchons d'interpréter ces solutions $a = 0$, $a = \infty$ qui semblent étrangères à la question proposée. Pour cela, nous observerons qu'en prenant un point N' (*fig.* 107) situé hors du cercle et tel que les perpendiculaires abaissées de ce point sur l'axe des x et l'axe des y, rencontrent la courbe aux points i, i', l, l', si l'on veut ensuite exprimer que, pour une droite menée du point N', les deux valeurs de x des points d'intersection de cette droite avec la courbe, sont égales, sans rien dire pour y, cette condition ne convient pas plus aux deux tangentes N'm, N'm' que l'on peut mener par ce point, qu'à la ligne N'ii' perpendiculaire à l'axe des x. Ainsi, l'analyse doit donner, outre les solutions relatives aux deux tangentes, la solution $a = \infty$ correspondante à cette perpendiculaire.

L'équation (2), qui revient à $x = \dfrac{y - y'}{a} + x'$, donne en effet pour $a = \infty$, $x = x'$, ce qui n'apprend rien pour y. Mais pour avoir sa valeur, il suffit de remonter à l'équation (1) qui donne $y = \pm \sqrt{r^2 - x'^2}$.

Telles sont en effet les valeurs de Op, ip, $i'p$ correspondantes à N'ii'.

De même, si l'on exprime que les deux valeurs de y sont égales, sans rien dire pour y, cette condition convient non-seulement aux deux tangentes, mais encore à la droite N'll' parallèle à l'axe des x. Ainsi l'analyse doit donner à la fois les solutions relatives aux deux tangentes, et la solution $a = 0$ correspondante à N'll'.

L'équation (2) donne pour $a = 0$, $y = y'$, ce qui n'apprend rien pour x; mais de l'équation (1) on déduit

$$x = \pm \sqrt{r^2 - y'^2}.$$

Telles sont en effet les valeurs de Oq, Oq', lq, $l'q'$.

Concluons de là que, pour exprimer le contact d'une droite avec une courbe, il faut *écrire à la fois analytiquement les deux conditions, pour que deux des valeurs de* x *et deux des valeurs de* y *correspondantes aux points d'intersection, soient égales, puis considérer à part la relation commune qui se trouve implicitement renfermée dans les deux relations générales établies d'abord séparément.*

La remarque qui vient d'être faite, fournit un nouvel exemple d'une question dont les équations sont plus générales que la question elle-même, et le moyen de dégager le résultat des solutions étrangères.

198. Nous avons cru devoir résoudre le problème des tangentes de la manière la plus générale, afin de faire voir aux

commençans comment on interprète certains résultats de l'analyse. Mais comme nous aurons souvent besoin de rappeler l'équation de la tangente, dans le cas particulier où l'on donne le point de contact, il est bon d'indiquer un moyen direct d'y parvenir. Cette autre méthode est également susceptible de s'appliquer à toutes les courbes, quelle que soit l'inclinaison des axes.

Appelons (x', y'), (x'', y'') les coordonnées de deux points de la courbe, dont l'un (x'', y'') doit devenir un point de contact.

La droite qui joint ces deux points, a pour équation

$$ y - y' = \frac{y' - y''}{x' - x''} (x - x'); \dots \qquad (1) $$

et si l'on y réunit les deux relations $\begin{cases} y'^2 + x'^2 = r^2, \dots (2) \\ y''^2 + x''^2 = r^2, \dots (3) \end{cases}$

le système de ces trois équations convient à la sécante menée par les deux points.

Or, en soustrayant (3) de (2), on a

$$ y'^2 - y''^2 + x'^2 - x''^2 = 0, \dots \qquad (4) $$

équation qui peut remplacer l'une des deux précédentes, celle (3), par exemple; et comme la relation (4) revient à

$$ (y' + y'') (y' - y'') + (x' + x'') (x' - x'') = 0, $$

d'où $\qquad \dfrac{y' - y''}{x' - x''} = - \dfrac{x' + x''}{y' + y''},$

il s'ensuit que la sécante est finalement représentée par le système des deux équations

$$ y - y' = - \frac{x' + x''}{y' + y''} (x - x') \quad \text{et} \quad y'^2 + x'^2 = r^2. $$

Si, maintenant, on veut que la sécante devienne tangente, c'est-à-dire, que les deux points d'intersection se réunissent en un seul, il suffit d'établir $x' = x''$ et $y' = y''$; ce qui donne

$$y - y'' = -\frac{x''}{y''}(x - x'') \quad \text{et} \quad y''^2 + x''^2 = r^2.$$

(Ordinairement, on ne considère que la première de ces équations pour représenter la tangente; mais la seconde est toujours sous-entendue.)

N. B. L'artifice de calcul employé ci-dessus et qui consiste à retrancher (3) de (2), a pour but de transformer le coefficient $\dfrac{y' - y''}{x' - x''}$ de l'équation (1), afin d'y introduire ensuite les deux conditions $y' = y''$, $x' = x''$; car si, avant cette transformation, on faisait cette double hypothèse, on obtiendrait $\dfrac{0}{0}$ pour valeur de ce coefficient.

199. L'équation $y - y'' = -\dfrac{x''}{y''}(x - x'')$ peut être ramenée à une forme beaucoup plus simple, au moyen de la relation $y''^2 + x''^2 = r^2$ qui y est jointe.

Chassons le dénominateur et transposons; il vient

$$yy'' + xx'' = y''^2 + x''^2, \quad \text{ou bien}, \quad yy'' + xx'' = r^2.$$

Cette nouvelle forme est facile à retenir, en ce qu'elle se déduit de celle du cercle, $y^2 + x^2 = r^2$, en y remplaçant les carrés y^2 et x^2 par les rectangles yy'' et xx''.

Soit fait, dans l'équation simplifiée de la tangente, $y = 0$; il en résulte $x = \dfrac{r^2}{x''}$; c'est l'abscisse OR du point où la tangente rencontre l'axe des x.

D'un autre côté l'on a, d'après la figure,

$$PR = OR - OP; \quad \text{d'où} \quad PR = \frac{r^2}{x''} - x'' = \frac{r^2 - x''^2}{x''}.$$

Cette distance PR, comprise entre le pied de l'ordonnée du point de contact et le point où la tangente rencontre l'axe des x, est ce qu'on nomme la *soutangente*; et sa considération est souvent utile dans la théorie des courbes.

N. B. Puisqu'on obtient sa valeur en supposant $y = 0$ dans l'équation simplifiée de la tangente, et retranchant ensuite x'' de la valeur de x correspondante à $y = 0$, il s'ensuit que pour l'avoir directement d'après l'équation non simplifiée de la tangente, il suffit d'y faire $y = 0$, et de chercher la valeur correspondante de $x - x''$.

On trouve, en effet, pour $y = 0$, $\quad x - x'' = \dfrac{y''^2}{x''} = \dfrac{r^2 - x''^2}{x''}$;

200. Reprenons également le cas où la tangente doit être menée par un point pris hors du cercle, et proposons-nous d'exprimer les coordonnées inconnues x'', y'' du point de contact, en fonction des coordonnées x', y' du point donné.

La tangente devant passer par le point x', y', son équation est de la forme $y - y' = a(x - x')$; a ayant (n° 196) pour valeur, $a = -\dfrac{x''}{y''}$; et la question a pour objet de déterminer x'' et y''.

Or l'équation de la tangente étant aussi (n° 199)... $yy'' + xx'' = r^2$, comme cette droite passe par le point (x', y'), on a nécessairement la relation $\quad y'y'' + x'x'' = r^2 \dots\dots (1)$

D'ailleurs, puisque le point x'', y'', se trouve sur la courbe, on a aussi $\qquad y''^2 + x''^2 = r^2 \dots\dots (2)$

Telles sont les équations à l'aide desquelles il faut calculer x'' et y''.

On tire de la première, $\quad y'' = \dfrac{r^2 - x'x''}{y'} , \dots \quad (3)$

d'où substituant dans l'équation (2) et ordonnant par rapport à x,

$$(x'^2 + y'^2)x''^2 - 2r^2 x' . x'' = r^2 y'^2 - r^4 ,$$

ou, résolvant et simplifiant, $\quad x'' = \dfrac{r(rx' \pm y' \sqrt{x'^2 + y'^2 - r^2})}{x'^2 + y'^2}$.

Remplaçons x'' par sa valeur dans l'équation (3), on obtient, toute réduction faite, $\quad y'' = \dfrac{r(ry' \mp x' \sqrt{x'^2 + y'^2 - r^2})}{x'^2 + y'^2}$.

Donc
$$a = - \frac{x''}{y''} = - \frac{rx' \pm y' \sqrt{x'^2 + y'^2 - r^2}}{ry' \mp x' \sqrt{x'^2 + y'^2 - r^2}}.$$

Pour prouver l'identité de ce résultat avec celui du n° 196, multiplions haut et bas par $ry' \pm x' \sqrt{x'^2 + y'^2 - r^2}$, en observant que les signes supérieurs se correspondent, ainsi que les signes inférieurs; il vient

$$a = - \frac{r^2 x' y' \pm r(y'^2 + x'^2)\sqrt{x'^2 + y'^2 - r^2} + y' x'(x'^2 + y'^2 - r^2)}{r^2 y'^2 - x'^2(x'^2 + y'^2 - r^2)},$$

ou

$$a = - \frac{x' y'(x'^2 + y'^2) \pm r(x'^2 + y'^2)\sqrt{x'^2 + y'^2 - r^2}}{(x'^2 + y'^2)(r^2 - x'^2)};$$

ou bien enfin,
$$a = - \frac{(x' y' \pm r\sqrt{x'^2 + y'^2 - r^2})}{r^2 - x'^2}.$$

201. Si l'on voulait fixer géométriquement la position du point (x'', y''), il faudrait construire les valeurs obtenues ci-dessus. Mais comme elles sont très compliquées, nous aurons recours aux principes sur les lieux géométriques (n° 181).

Première construction. Reprenons les équations

$$y' y'' + x' x'' = r^2, \quad \ldots \quad (1)$$
$$y''^2 + x''^2 = r^2, \quad \ldots \quad (2)$$

qui ont servi à déterminer x'', y''.

En retranchant la première de la seconde, on obtient

$$y''^2 - y' y'' + x''^2 - x' x'' = 0, \quad \ldots \quad (3)$$

équation que nous pouvons substituer à la première; et si l'on construit par rapport aux mêmes axes, chacune des équations (2) et (3), considérée comme renfermant deux variables x'', y'', les points d'intersection des deux lieux géométriques seront les points de contact demandés.

D'abord l'équation (2) représente un cercle ayant son centre

Fig. 108. à l'origine, et pour rayon r (*fig.* 108); c'est donc le cercle déjà construit.

Quant à l'équation (3) qui est comprise dans la forme générale du n° 177, comme elle peut être ramenée à celle-ci:

$$\left(y'' - \frac{y'}{2}\right)^2 + \left(x'' - \frac{x'}{2}\right)^2 = \frac{y'^2 + x'^2}{4},$$

elle représente une circonférence dont le centre a pour coordonnées $\dfrac{x'}{2}$, $\dfrac{y'}{2}$, et qui a pour rayon, $\dfrac{1}{2}\sqrt{x'^2 + y'^2}$.

Or, si l'on joint le point O au point N par lequel on se propose de mener une tangente, on a évidemment

$$\text{OL} \text{ ou } \frac{\text{OP}}{2} = \frac{x'}{2}, \quad \text{IL} = \frac{\text{NP}}{2} = \frac{y'}{2}, \quad \text{OI} = \frac{1}{2}\sqrt{x'^2 + y'^2}.$$

Donc la circonférence décrite sur ON comme diamètre, est le lieu géométrique de l'équation (3).

Ainsi, les points M, M', où les deux circonférences se coupent, sont les points de contact; et en les joignant au point N, on a les deux tangentes cherchées.

Cette construction est précisément celle qui se trouve indiquée dans les *Elémens* de Géométrie.

202. *Seconde construction.* On peut opérer directement sur les équations (1) et (2), dont la construction donne lieu à une propriété très remarquable.

L'équation (2) représente toujours le cercle donné.

L'équation (1) étant du 1er degré en x'', y'', représente une ligne droite; et comme les points où elle doit rencontrer la circonférence, ne sont autre chose que les points de contact, il s'ensuit que cette droite est *la ligne de jonction des points de contact.*

Pour en fixer la position, soit fait successivement dans l'équation (1) $y'' = 0$, et $x'' = 0$; il en résulte

$$\text{pour } y'' = 0, \quad x'' = \frac{r^2}{x'},$$

$$\text{pour } x'' = 0, \quad y'' = \frac{r^2}{y'}.$$

Fig. 109.   Le premier point $y'' = 0$, $x'' = \dfrac{r^2}{x'}$, est le point B (*fig.* 109) où la droite rencontre l'axe des x, et ce point s'obtient par la construction de la 3ᵉ proportionnelle $x' : r :: r : x''$.

Le second point $x'' = 0$, $y'' = \dfrac{r^2}{y'}$, est le point C où la droite rencontre l'axe des y, et il s'obtient de la même manière.

La droite BC, qui joint ces deux points, rencontre la circonférence aux points M et M' qui sont les points de contact des tangentes menées par le point N.

203. *Remarque.* Comme la valeur $x'' = \dfrac{r^2}{x'}$ correspondante à $y'' = 0$, dans l'équation de la ligne de jonction des deux points de contact, est indépendante de l'ordonnée y' du point par lequel on veut mener les deux tangentes, on peut conclure que, pour un second point quelconque N' pris sur la perpendiculaire LL', la ligne qui joint les points de contact des tangentes menées par ce point, rencontre l'axe des x au même point B.

En effet, soient x' et $y_{\prime}$ les coordonnées du point N'; on aurait pour l'équation de la ligne M''M''', $y_{\prime}y'' + x'x'' = r^2$; or, en faisant $y'' = 0$, l'on trouve $x'' = \dfrac{r^2}{x'} = OB$.

Observons d'ailleurs que, l'axe OX étant une ligne menée à volonté dans le plan du cercle, la droite LL' qui lui est perpendiculaire, peut elle-même être regardée comme une droite tracée d'une manière quelconque dans ce plan, puisqu'on pourrait d'abord tracer cette dernière ligne arbitrairement, et prendre ensuite pour axe des x la perpendiculaire abaissée du centre sur la droite.

On déduit de là le théorème suivant : *Si des différens points d'une ligne indéfinie* LL', *on mène des tangentes à un cercle, toutes les droites qui joignent les points de contact des tangentes partant du même point, se réunissent en un point commun* B; *lequel se trouve placé sur la perpendiculaire abaissée du centre* O *sur la droite* LL'.

N. B. Il résulte de l'expression $x'' = \dfrac{r^2}{x'}$, que, toutes les fois que la droite LL′ est extérieure au cercle, auquel cas on a $x' > r$, le point B est intérieur, puisqu'alors x'' est $< r$.

Si, au contraire, LL′ (*fig.* 110) est sécante à la courbe, le point B Fig. 110. est extérieur ; car on a, dans ce cas, $x' < r$, d'où $\dfrac{r^2}{x'}$ ou $x'' > r$.

Les problèmes suivans se rattachent au problème des tangentes et donnent lieu à quelques circonstances assez remarquables, sous le rapport de la discussion.

204. 1°. *Etant donnés un cercle OAMB (fig. 111) et un* Fig. 111. *point N, on propose de mener par ce point une droite de telle manière que la partie MM′ interceptée dans le cercle, soit égale à une ligne donnée* 2m.

Supposons le cercle rapporté à deux axes rectangulaires OX, OY, et appelons x', y', les coordonnées du point N. Désignons d'ailleurs par z la distance de ce point à l'un des points d'intersection de la ligne cherchée avec la circonférence.

Nous aurons les équations

$$x^2 + y^2 = r^2, \ldots \ldots \ldots \ldots (1)$$
$$y - y' = a(x - x'), \ldots \ldots \ldots (2)$$
$$z^2 = (x - x')^2 + (y - y')^2; \quad (3)$$

($x - x'$, $y - y'$, expriment ici les différences entre les coordonnées du point N et les coordonnées x, y, propres à vérifier en même temps les équations (1) et (2) qui sont celles du cercle et de la droite.)

Cela posé, pour résoudre la question proposée, nous éliminerons d'abord x et y entre ces trois équations, ce qui nous donnera une équation en z, a, x', y', r. Résolvant cette équation par rapport à z, nous obtiendrons deux valeurs dont la différence, égalée à 2m, conduira à une dernière équation en a et en quantités connues x', y', r, m, dont la résolution fera connaître a, et fixera par conséquent la position de la droite cherchée. Effectuons tous ces calculs.

Si dans l'équation (3) on remplace $y - y'$ par sa valeur tirée de l'équation (2), on a $z^2 = (x - x')^2 (1 + a^2)$; d'où l'on déduit

$$x - x' = \frac{z}{\sqrt{1 + a^2}} \quad \text{et} \quad x = x' + \frac{z}{\sqrt{1 + a^2}};$$

$$\text{donc } y - y' = \frac{az}{\sqrt{1 + a^2}} \quad \text{et} \quad y = y' + \frac{az}{\sqrt{1 + a^2}}.$$

Substituant ces deux valeurs dans l'équation (1) et ordonnant par rapport à z, on obtient

$$z^2 + 2 \frac{ay' + x'}{\sqrt{1 + a^2}} \cdot z + x'^2 + y'^2 - r^2 = 0; \quad \ldots \quad (4)$$

d'où

$$z = - \frac{ay' + x'}{\sqrt{1 + a^2}} \pm \frac{1}{\sqrt{1 + a^2}} \sqrt{(r^2 - x'^2) a^2 + 2ay'x' + r^2 - y'^2}.$$

Appelons z', z'', les distances NM, NM', qui ne sont autre chose que les deux valeurs de z qu'on vient de trouver. On a

$$z' - z'' = \frac{2}{\sqrt{1 + a^2}} \cdot \sqrt{(r^2 - x'^2) a^2 + 2ax'y' + r^2 - y'^2};$$

mais, par hypothèse, on doit avoir $z' - z'' = 2m$.

On obtient donc enfin, pour l'équation du problème,

$$m \sqrt{1 + a^2} = \sqrt{(r^2 - x'^2) a^2 + 2ax'y' + r^2 - y'^2},$$

ou, élevant au carré et ordonnant par rapport à a,

$$(x'^2 + m^2 - r^2) a^2 - 2x'y' \cdot a + y'^2 + m^2 - r^2 = 0 \ldots (5)$$

Comme cette équation est du second degré, il s'ensuit que, par le point N, on peut mener deux droites NM, NM'', qui satisfont également à la question.

N. B. Le problème des tangentes peut être regardé comme un cas particulier de celui-ci. En effet, pour établir que la droite menée par le point N est tangente à la courbe, il suffit d'exprimer que la partie MM' ou M''M''' de la sécante est *nulle*, c'est-à-dire que l'on a $m = 0$; ce qui réduit l'équation (5) à celle-ci : $(x'^2 - r^2)a^2 - 2x'y' . a + y'^2 - r^2 = 0$, résultat identique avec celui qui a été obtenu (n° 196).

205. Pour simplifier la construction des valeurs de l'équation (5), supposons, ce qui est permis, que l'axe des x passe par le point donné N (*fig.* 112).

Dans ce cas, on a $y' = 0$, et l'équation devient

$$(x'^2 + m^2 - r^2)a^2 = r^2 - m^2; \quad \text{d'où}$$

$$a = \frac{\pm\sqrt{r^2 - m^2}}{\sqrt{x'^2 + m^2 - r^2}} = \frac{\pm h}{\sqrt{x'^2 - h^2}} \quad \text{(en posant } \sqrt{r^2 - m^2} = h\text{)}.$$

Pour que cette expression de a soit réelle, il faut qu'on ait *premièrement,* $m < r$ ou $2m < 2r$; ce qui doit être, puisque $2m$ représente une des cordes du cercle donné;

Secondement, $x'^2 - h^2$ ou $x'^2 - r^2 + m^2 > 0$; d'où $m > \sqrt{r^2 - x'^2}$.

Cette dernière condition est toujours satisfaite, tant que le point N est extérieur au cercle; car l'on a alors $x' > r$, d'où, *à fortiori,* $x'^2 - r^2 + m^2 > 0$.

Mais si le point N (*fig.* 113) est intérieur, comme en me- Fig. 113. nant NK perpendiculaire à OX, on a $NK = \sqrt{r^2 - x'^2}$, il s'ensuit que la ligne donnée $2m$ doit être moindre que la corde KK'; et en effet cette corde est la plus petite de toutes celles qu'on peut mener par le point N dans le cercle donné.

Admettons que les deux conditions $m < r$, $m > \sqrt{r^2 - x'^2}$ soient satisfaites, et construisons le problème.

Décrivons sur OB (*fig.* 112) une demi-circonférence, et pre- Fig. 112. nons, à partir du point B, une corde BL égale à m; il en résulte

$$OI = \sqrt{r^2 - m^2} = h.$$

Maintenant, sur $ON = x'$, décrivons une demi-circonfé-rence, et rabattons OI de O en L, puis tirons la droite NL; on en déduit

$$NL = \sqrt{x'^2 - h^2}.$$

Je dis, d'ailleurs, que cette droite NLM et la droite NL'M″ placée symétriquement au-dessous de OX, représentent les deux droites cherchées. Car le triangle rectangle OLN donne

$$\tan \text{LNO} = \frac{\text{OL}}{\text{NL}} = \frac{h}{\sqrt{x'^2 - h^2}}; \quad \text{d'où} \quad \tan \text{LNX} = \frac{-h}{\sqrt{x'^2 - h^2}}.$$

On a pareillement
$$\tan \text{L'NO} = \frac{+h}{\sqrt{x'^2 - h^2}}.$$

Fig. 113.   La construction est la même, lorsque le point N (*fig.* 113) est intérieur. Seulement, la corde BI ou *m* doit être moindre que BO ou *r*, et plus grande que NK ou $\sqrt{r^2 - x'^2}$, d'après ce qui a été dit ci-dessus.

206. *Remarque.* L'équation (4)', à laquelle on a été conduit dans la résolution du problème précédent (*voyez* n° 204), démontre très simplement que *deux sécantes sont réciproquement proportionnelles à leurs parties extérieures,* ou bien, que *deux cordes se coupent en parties réciproquement proportionnelles,* suivant que le point N est extérieur ou intérieur au cercle.

En effet, on sait que, dans toute équation du second degré, le dernier terme est égal au produit des deux racines. Fig. 111. On a donc, en appelant z', z'' (*fig.* 111) les racines de l'équation (4) (n° précédent),

$$z' \times z'', \quad \text{ou} \quad \text{NM} \times \text{NM}' = x'^2 + y'^2 - r^2.$$

Le second membre de cette relation étant indépendant de *a*, c'est-à-dire, de la constante qui fixe l'inclinaison de la droite NM, il s'ensuit qu'elle serait encore la même pour toute autre sécante NR menée par le point N. On déduit de là

$$\text{NM} \times \text{NM}' = \text{NR} \times \text{NR}'.$$

et par conséquent, $\quad \text{NM} : \text{NR} :: \text{NR}' : \text{NM}'.$

Si le point est intérieur au cercle, comme N', on a également

$$N'M \times N'M' = N'S \times N'S',$$

et par conséquent, $\quad$ N'M : N'S :: N'S' : N'M'. $\quad$ C. Q. F. D.

Le cas où le point est extérieur est caractérisé (n° 196) par la condition $\quad x'^2 + y'^2 - r^2 > 0$; $\quad$ c'est-à-dire que les deux racines sont positives à la fois; et le cas où le point est intérieur, par la condition $\quad x'^2 + y'^2 - r^2 < 0$; $\quad$ et, en effet, les deux racines étant représentées géométriquement par N'M et N'M, doivent être de signes contraires.

207. 2°. *Deux cercles étant donnés sur un plan, mener une droite à travers, de manière que les parties* MM', NN' (*fig. 114*), *interceptées par les deux circonférences, soient* Fig. 114. *égales entre elles et à une ligne donnée* 2m.

Rapportons les cercles à deux axes rectangulaires dont l'un soit la ligne des centres, et l'autre passe par le centre de l'un d'eux.

Prolongeons d'ailleurs la ligne cherchée MN' jusqu'à sa rencontre en A avec la ligne OO'. Il est évident que cette droite serait déterminée de position si l'on connaissait la distance OA; car tout se réduirait alors à mener par le point A, une ligne AM telle que MM' fût égal à 2m, et la question rentrerait dans la précédente.

Cela posé, soient

$$OA = x', \quad OO' = d; \quad \text{d'où} \quad O'A = x' - d;$$

faisons d'ailleurs OB $= r$, O'B' $= r'$, et appelons a la tangente de l'angle que forme AM avec l'axe des x.

On a trouvé (n° 205)

$$a = \frac{\pm h}{\sqrt{x'^2 - h^2}} \qquad (h \text{ étant égal à } \sqrt{r^2 - m^2}).$$

D'un autre côté, si l'on nomme a' la tangente de l'angle que forme avec OX une droite AN qui remplisse, par rapport au second cercle, la même condition $\quad$ NN' $= 2m$, $\quad$ et qu'on désigne O'A ou $x' - d$ par x'', $\sqrt{r'^2 - m^2}$ par h', on a pareillement,

$$a' = \frac{\pm h'}{\sqrt{x''^2 - h'^2}} = \frac{\pm h'}{\sqrt{(x' - d)^2 - h'^2}}.$$

Mais, d'après l'énoncé de la question, les droites AM, AN doivent n'en former qu'une seule ; ainsi l'on doit avoir $a' = a$; et l'on obtient, pour équation du problème proposé,

$$\pm \frac{h}{\sqrt{x'^2 - h^2}} = \frac{\pm h'}{\sqrt{(x' - d)^2 - h'^2}},$$

ou, chassant les dénominateurs et élevant au carré,

$$h^2 [(x' - d)^2 - h'^2] = h'^2 (x'^2 - h^2),$$

ou, supprimant le terme $- h^2 h'^2$ commun aux deux membres,

$$h^2 (x' - d)^2 = h'^2 x'^2.$$

On tire de cette équation,

$$h (x' - d) = \pm h' x' ; \quad \text{d'où} \quad x' = \frac{hd}{h \mp h'} ;$$

et si l'on remplace h et h' par leurs valeurs,

$$x' = \frac{d \sqrt{r^2 - m^2}}{\sqrt{r^2 - m^2} \mp \sqrt{r'^2 - m^2}}.$$

Cette double valeur de x' prouve qu'en général, il existe deux points A et A', par chacun desquels on peut mener deux droites susceptibles de satisfaire à la question ; ce qui donne en tout *quatre* solutions différentes AM et A*m*, RA′S et *r*A′*s*.

Nous n'insisterons pas davantage sur ce problème, dont la construction et la discussion résulteront d'ailleurs très simplement de celle du problème qui va suivre.

208. 3°. *Mener une tangente commune à deux cercles donnés.*

Soit fait dans le problème précédent, $m = 0$, ce qui établit la condition que la droite cherchée soit tangente à la fois aux deux cercles. Comme on a alors

$$h \text{ ou } \sqrt{r^2 - m^2} = r, \text{ et } h' \text{ ou } \sqrt{r'^2 - m^2} = r',$$

la double valeur de x' se réduit à

$$x' = \frac{dr}{r \mp r'}.$$

L'expression qui correspond au signe supérieur, étant évidemment plus grande que la seconde, correspond au cas, où les cercles sont placés d'un même côté par rapport à la tangente ; et celle qui correspond au signe inférieur, au cas où les cercles sont placés de côtés différens. On dit, dans le premier, que la tangente est *extérieure* aux deux cercles, et dans le second, qu'elle est *intérieure*.

Pour construire le résultat $x' = \dfrac{dr}{r - r'}$ ou $r - r' : r :: d : x'$ (*fig.* 115), *tirez une ligne indéfinie* OL ; *prenez sur cette ligne, à partir du point* K, *une partie* KH *égale à* O'B' *ou* r' ; *vous avez ainsi* OK $= r$, OH $= r - r'$. *Joignez* H *et* O', *et par le point* K, *menez* KA *parallèle à* HO'. *Le point* A *sera le point demandé.*

Car on a

OH:OK::OO':OA , ou $r - r' : r :: d :$ OA ; donc OA $= x'$.

Il ne s'agit plus que de mener par le point A les deux tangentes ANM et A*nm* au premier cercle ; et elles le sont nécessairement au second.

Quant au second résultat $x' = \dfrac{dr}{r + r'}$, ou $r + r' : r :: d : x'$, il suffit de *prendre, sur la même ligne* OL, *une partie* KH' *égale à* O'B' ; ce qui donne OH' $= r + r'$. *Tirant ensuite* H'O', *et* KA' *parallèle à* H'O', on a A' pour seconde solution de la question ; c'est-à-dire que, si du point A' on mène A'M' et A'*m'* tangentes au premier cercle, elles le seront également au second.

La construction du problème précédent se déduit facilement de celle du problème actuel.

En effet, si l'on inscrit aux cercles donnés deux cordes CD, *cd* (*fig.* 114) égales à $2m$, et que des points O , O', on trace deux circonférences dont les rayons soient égaux aux perpendiculaires abaissées sur ces cordes, il est évident que les tangentes communes à ces nouveaux cercles, seront telles que les parties MM', NN' et RR', SS', interceptées par les deux premiers, seront égales à CD ou $2m$.

Fig. 114.

Le problème qui fait l'objet de ce numéro présente, sous le rapport de la discussion, diverses circonstances qui méritent d'être développées. Elle complétera tout ce qui a été dit dans le premier chapitre sur la discussion des problèmes en général.

209. Considérons les deux cercles dans toutes les situations qu'ils peuvent avoir l'un par rapport à l'autre, en supposant toutefois que le cercle qui a le plus grand rayon soit celui dont le centre est à gauche , parce que les circonstances relatives à l'hypothèse contraire seraient absolument semblables.

1°. *Soient les cercles tout-à-fait extérieurs l'un à l'autre* (*fig.* 116).

Fig. 116.

Cette circonstance est exprimée analytiquement par la condition $d > r + r'$, d'où, à *fortiori*, $d > r - r'$.

Dans ce cas, l'expression $x' = \dfrac{dr}{r - r'}$, qui, par la division, peut se mettre sous la forme $x' = d + \dfrac{dr'}{r - r'}$, est évidemment plus grande que $d + r'$ ou OB'. Donc le point A correspondant à cette valeur de x' est extérieur à l'un et l'autre cercles; et les deux tangentes *extérieures* peuvent être tracées.

L'expression $x' = \dfrac{dr}{r + r'}$ est d'abord plus grande que r ou OB (à cause de $d > r + r'$).

D'ailleurs, elle peut être mise sous la forme

$$x' = d - \dfrac{dr'}{r + r'};$$

et comme on a $d > r + r'$, il en résulte $\dfrac{dr'}{r+r'} > r'$;

donc x' est moindre que $d - r'$, ou moindre que OC'. Ainsi le point A' correspondant à la seconde valeur de x', est encore extérieur aux deux cercles; et l'on peut mener les deux tangentes *intérieures*.

La première circonstance offre donc *quatre* solutions.

Dans le cas particulier de $r = r'$ (*fig.* 117), l'expression Fig 117. $x' = \dfrac{dr}{r+r'}$ se réduit à $x' = \dfrac{d}{2}$; c'est-à-dire que le point A' est le milieu de la distance OO' des deux centres.

L'expression $x = \dfrac{dr}{r-r'}$ devient $\dfrac{dr}{0}$ ou infinie ; ce qui veut dire que les deux tangentes extérieures sont parallèles à la ligne des centres.

Ces résultats s'expliquent facilement par la figure.

2°. *Les cercles peuvent se toucher extérieurement;* ou analytiquement, on peut avoir (*fig.* 118) Fig. 118.

$$d = r + r' ; \quad \text{d'où} \quad d > r - r'.$$

La valeur $x' = \dfrac{dr}{r-r'} = d + \dfrac{dr'}{r-r'}$, est plus grande que $d + r'$ ou OB'. Ainsi les deux tangentes extérieures existent, puisque le point A est extérieur aux deux cercles.

Mais la valeur $x' = \dfrac{dr}{r+r'}$ se réduit à $x' = r$; ce qui prouve que les tangentes intérieures se confondent en une seule LL'.

Le problème n'admet donc alors que *trois* solutions.

3°. *Les cercles peuvent se couper.* Cette circonstance est exprimée (n° 188) par les deux conditions $d < r + r'$, $d > r - r'$ (*fig.* 119). Fig. 119.

L'expression $x' = \dfrac{dr}{r-r'} = d + \dfrac{dr'}{r-r'}$, est plus grande que $d + r'$ ou OB' ; ainsi les deux tangentes extérieures existent.

Mais l'expression $x' = \dfrac{dr}{r+r'}$ est moindre que r; donc le point A' est intérieur au cercle dont le centre est en O; par conséquent, on ne peut mener les tangentes intérieures.

La question n'admet donc, dans ce cas, que *deux* solutions.

4°. *Les cercles peuvent se toucher intérieurement ;* ce qui exige que l'on ait (*fig.* 120) $d = r - r'$, d'où $d < r + r'$.

La première valeur $x' = \dfrac{dr}{r-r'}$, se réduit à $x' = r$ ou $x' = $ OB; donc les deux tangentes extérieures se confondent en une seule LL'.

La seconde $x' = \dfrac{dr}{r+r'}$ est moindre que r, à cause de $d < r + r'$; donc il n'existe pas de tangentes intérieures.

Ainsi, la question n'est susceptible que d'*une seule* solution.

5°. *Enfin, les cercles peuvent être tout-à-fait intérieurs l'un à l'autre.* Cette circonstance est exprimée par $d < r - r'$ et, *à fortiori*, $d < r + r'$.

Les deux valeurs $x' = \dfrac{dr}{r-r'}$, $x' = \dfrac{dr}{r+r'}$ (*fig.* 121) sont l'une et l'autre moindres que r. Ainsi, dans ce cas, il n'y a *aucune* solution possible.

Il est remarquable que les circonstances dans lesquelles le problème cesse d'admettre quatre solutions, ne correspondent à aucun résultat algébrique qui soit absurde en lui-même, comme le sont les expressions imaginaires dans les équations du second degré. Cela tient à ce que le problème proposé dépend d'un autre (*mener par un point donné une tangente à un cercle*), qui, pour être susceptible de solution, exige déjà (n° 196) que les données satisfassent à certaines conditions.

La discussion du problème n° 207, rentre dans celle-ci, avec cette seule différence que les rayons r, r' doivent y être remplacés par les quantités h, h', ou $\sqrt{r^2 - m^2}$, $\sqrt{r'^2 - m^2}$.

Ces deux dernières expressions prouvent qu'il faut d'abord que l'on ait m moindre que le plus petit des rayons r et r'. C'est une condition à ajouter à celles de la discussion précédente.

210. Nous proposerons, pour exercice de calcul, de trouver la démonstration du théorème suivant :

Trois circonférences de cercle étant tracées sur un plan, si, en les considérant deux à deux, on leur mène des tangentes communes tant extérieures qu'intérieures, les points de rencontre de ces tangentes avec les lignes des centres seront TROIS A TROIS *en ligne droite.*

Ainsi, soient O, O′, O″ (*fig.* 122)′, les centres des trois circonférences ; A, A′, A″, a, a', a'' les points où les tangentes extérieures et intérieures coupent les lignes des centres ; 1°. A, A′, A″ sont en ligne droite ; 2°. il en est de même de

$$A, a'', a' \mid A', a'', a \mid A'', a', a.$$

Voici les élémens nécessaires à la résolution de cette question.

En appelant r, r', r'' les rayons des cercles qui ont leurs centres en O, O′, O″, et d, d', d'' les distances OO′, OO″, O′O″, on a trouvé (n° 208)

$$\text{OA} = \frac{dr}{r - r'}, \text{ d'où } \text{O′A} = \frac{dr}{r - r'} - d = \frac{dr'}{r - r'} ;$$

$$\text{O}a = \frac{dr}{r + r'}, \text{ d'où } \text{O′}a = d - \frac{dr}{r + r'} = \frac{dr'}{r + r'}.$$

On trouverait de même

$$\text{OA′} = \frac{d'r}{r - r''}, \quad \text{O″A′} = \frac{d'r''}{r - r''}, \quad \text{O}a' = \frac{d'r}{r + r''}, \quad \text{O″}a' = \frac{d'r''}{r + r''}$$

et

$$\text{O′A″} = \frac{d''r'}{r' - r''}, \quad \text{O″A″} = \frac{d''r''}{r' - r''}, \quad \text{O′}a'' = \frac{d''r'}{r' + r''}, \quad \text{O″}a'' = \frac{d''r''}{r' + r''}.$$

Avec ces données, on peut fixer la position des points A, A′, A″, a, a', a'', par rapport à deux axes, pour en déduire ensuite (n° 187) les rapports des différences entre les coordonnées de ces points. Nous observerons, toutefois, que le choix des axes n'est pas indifférent pour la simplicité des calculs. Nous avons indiqué dans la figure, un des systèmes les plus convenables ; l'axe des abscisses est la ligne des centres OO′, et l'axe des ordonnées, une parallèle à O′O″, menée par le point extérieur A.

Il suffit, en effet, de démontrer la proposition pour les points A, A′, A″ et A, a', a''; ce qui peut se faire en prouvant que

$$\frac{\text{A}'\text{P}'}{\text{AP}'} = \frac{\text{A}''\text{O}'}{\text{AO}'} \quad \text{et} \quad \frac{a'p'}{\text{A}p'} = \frac{a''\text{O}'}{\text{AO}'}.$$

211. Nous terminerons ce chapitre par la résolution de quelques problèmes indéterminés.

Premier problème. *Deux points* A *et* B *étant donnés, on en*
Fig. 123. *demande un troisième* M *(fig.* 123) *tel qu'en le joignant aux points* A *et* B, *la somme des carrés des distances* AM, BM *soit égale à un carré donné* m^2.

Il est d'abord évident que la question est *indéterminée*; car en appelant z, z' les distances AM, BM, on a pour condition unique, $z^2 + z'^2 = m^2$.

Cela posé, donnons à z une valeur quelconque α, il en résulte pour z' la valeur correspondante $z' = \sqrt{m^2 - \alpha^2}$; et si du point A comme centre, avec un rayon égal à α, on décrit une circonférence, que du point B comme centre, avec un rayon égal à $\sqrt{m^2 - \alpha^2}$, on décrive une autre circonférence, les points M, M′ où ces deux circonférences se coupent, satisfont à l'énoncé.

Soit encore $z = \alpha'$; on déduit de l'équation, $z' = \sqrt{m^2 - \alpha'^2}$; et l'on obtiendra deux nouveaux points M″, M‴; et ainsi de suite. D'où l'on voit qu'il existe une infinité de points susceptibles de vérifier l'énoncé.

On reconnaît en même temps que le lieu géométrique de tous ces points est une courbe *limitée dans tous les sens*; car l'équation ci-dessus donnant $z = \sqrt{m^2 - z'^2}$ et $z' = \sqrt{m^2 - z^2}$, aucune des distances z et z' ne peut être plus grande que m.

Actuellement, il s'agit de trouver *l'équation de cette courbe, c'est-à-dire* (n° 171), *une relation entre les coordonnées de chacun de ses points rapportés à deux axes fixes.* Mais afin de choisir le système le plus simple, nous ferons une nouvelle observation; c'est que cette courbe est *symétrique* par rapport à AB et à la perpendiculaire OC élevée par le milieu O de cette droite.

Cela est évident pour AB, d'après la construction indiquée ci-dessus, car les points M et M′ sont situés sur une perpendiculaire à AB, et à égale distance de AB.

Quant à OC, soient deux points M et M″ situés sur une même perpendiculaire MM″ à OC, et tels qu'on ait MQ = QM″.

Abaissons les perpendiculaires MP, M″P″. Comme OP = OP″ et AO = OB, il en résulte AP = BP″; on a d'ailleurs MP = M″P″; ainsi les deux triangles rectangles APM, BP″M″ sont égaux et donnent AM = BM″. On prouverait pareillement que BM = AM″.

Donc si l'on a $\overline{AM}^2 + \overline{BM}^2 = m^2$, on doit avoir aussi $\overline{AM''}^2 + \overline{BM''}^2 = m^2$.

D'après cela, nous prendrons pour systèmes d'axes, les deux lignes AB et OC.

Appelons x et y les coordonnées d'un point quelconque M de la courbe, $2a$ la distance AB; d'où OA = OB = a.

Les deux triangles rectangles APM, BPM donnent

$$y^2 + (x + a)^2 = z^2, \dots \ (1)$$
$$y^2 + (x - a)^2 = z'^2. \dots \ (2)$$

On a d'ailleurs trouvé plus haut entre z et z' la relation

$$z^2 + z'^2 = m^2; \dots \ (3)$$

et si, entre ces trois équations qui existent pour un point quelconque de la courbe, on élimine z et z', l'équation résultante, en x, y, existera également pour ce point et sera par conséquent l'équation de la courbe.

Ajoutant les équations (1) et (2), puis mettant pour $z^2 + z'^2$ sa valeur m^2, on obtient sur le champ,

$$y^2 + (x + a)^2 + y^2 + (x - a)^2 = m^2,$$

ou réduisant, $\quad y^2 + x^2 = \dfrac{m^2 - 2a^2}{2} \dots \ (4)$

Cette équation est évidemment celle d'une circonférence de

cercle dont le centre est à l'origine O , et qui a pour rayon,

$$r = \sqrt{\frac{m^2 - 2a^2}{2}} = \frac{1}{2}\sqrt{2\,(m^2 - 2a^2)}.$$

Pour le construire, *soit décrit sur* OB *le carré* OBGH; il en résulte $\overline{OG}^2 = 2a^2$; d'où OG $= a\sqrt{2}$. *Au point* O *élevez* ON *perpendiculaire à* OG , *et du point* G *comme centre avec* m *pour rayon, décrivez un arc de cercle qui coupe* ON *au point* F, *puis achevez le carré* OFIK; le triangle rectangle OFG donne

$$\overline{OF}^2 = \overline{FG}^2 - \overline{OG}^2 = m^2 - 2a^2; \text{ d'où } \overline{OI}^2 = 2\overline{OF}^2 = 2(m^2 - 2a^2);$$

donc OL moitié de OI est le rayon cherché; car

$$OL = \frac{1}{2}OI = \frac{1}{2}\sqrt{2\,(m^2 - 2a^2)}.$$

Donc la circonférence décrite du point O comme centre et avec OL pour rayon, est *le lieu géométrique demandé.*

N. B. La ligne donnée. m a évidemment pour *minimum* $a\sqrt{2}$, ou bien, la diagonale OG du carré décrit sur OB ; mais elle n'a point de *maximum*, c'est-à-dire qu'elle peut recevoir une valeur aussi grande que l'on veut. Ainsi, le diamètre DD' qui, dans la figure actuelle, est moindre que la distance AB, peut être plus grand dans d'autres cas.

Pour savoir dans quelle circonstance ce diamètre est égal à AB ou $2a$, il n'y a qu'à poser $\frac{1}{2}\sqrt{2\,(m^2 - 2a^2)} = a$; ce qui donne

$$2(m^2 - 2a^2) = 4a^2 \text{ ou } 2m^2 = 8a^2; \text{ donc } m^2 = 4a^2 \text{ et } m = 2a.$$

Soit $m = a\sqrt{2}$; il en résulte $r = 0$, et la courbe se réduit à un point qui n'est autre chose que l'origine.

212. *Etant donnés deux points* A , B, *déterminer un autre point* M , *tel que la différence des carrés des distances* AM , BM *soit égale à un carré* m².

Par des raisonnemens analogues à ceux qui ont été faits dans le problème précédent, on prouverait que la question est *indé-terminée*, et que le lieu géométrique est symétriquement placé par rapport aux deux droites AB et OC (*fig.* 124.)   Fig. 124.

Mais ce lieu géométrique doit être une ligne indéfinie; car l'équation de condition étant

$$\overline{AM}^2 - \overline{BM}^2 = m^2, \quad \text{d'où} \quad AM = \sqrt{m^2 + \overline{BM}^2},$$

on peut donner à BM une valeur aussi grande que l'on veut, et il en résulte toujours pour AM une valeur réelle correspondante.

Cela posé, prenons AB et OC pour systèmes d'axes, et appelons toujours $2a$ la distance AB, z, z' les distances AM et BM, x, y les coordonnées du point M rapportées à ces axes. On a d'abord, comme dans le problème précédent, les équations

$$y^2 + (x + a)^2 = z^2, \dots \quad (1)$$
$$y^2 + (x - a)^2 = z'^2. \dots \quad (2)$$

Quant à l'équation de condition ci-dessus, observons que, pour tous les points situés à la droite de OY, on a AM $>$ BM, d'où $\overline{AM}^2 - \overline{BM}^2 > 0$; mais que pour ceux qui sont situés à gauche, on a au contraire AM $<$ BM, d'où $\overline{AM}^2 - \overline{BM}^2 < 0$; donc la différence des carrés, $\overline{AM}^2 - \overline{BM}^2$, doit être exprimée par $\pm m^2$; et l'on a $z^2 - z'^2 = \pm m^2. \dots \quad (3)$

Si, entre ces trois équations qui ont lieu pour un point quelconque de la ligne cherchée, on élimine z et z', l'équation en x, y qu'on obtiendra, sera l'équation de ce lieu géométrique. Or, en retranchant (2) de (1) et remplaçant $z^2 - z'^2$ par sa valeur $\pm m^2$, on trouve $4ax = \pm m^2$;

d'où l'on déduit
$$x = \frac{\pm m^2}{4a}.$$

Cette équation ne renfermant pas la variable y, représente (n° 176) le système de deux droites parallèles à OY et menées à égale distance du point O.

Pour les construire, *prenez sur* OB$=$a, *une distance* OF$=\dfrac{m}{2}$, *et sur la perpendiculaire* OY', *une distance* OH $= \dfrac{m}{2}$. *Tirez ensuite* BH, *et par le point* F *menez* FG *parallèle à* BH; *vous aurez évidemment* OG $= \dfrac{m^2}{4a}$.

Il ne s'agit plus ensuite que de rabattre OG de O en I et de O en I', puis de mener par les points I et I' les droites IL, I'L' parallèles à OY.

La quantité *m* peut recevoir toutes les valeurs possibles depuis o jusqu'à l'infini.

Soit $m = $ o, il en résulte $x = $ o; et les deux lignes IL, I'L' se confondent en une seule qui n'est autre chose que l'axe des y.

En effet, pour un point quelconque C de cette droite, on a

$$\overline{AC}^2 = \overline{BC}^2, \quad \text{d'où} \quad \overline{AC}^2 - \overline{BC}^2 = m^2 = \text{o}.$$

Soit $m = 2a$; on trouve $x = \dfrac{\pm 4a^2}{4a} = \pm a$; et les deux droites se confondent avec les perpendiculaires élevées aux points A et B.

Pour $m > 2a$, ces droites seront placées à droite et à gauche sur les prolongemens de la ligne AB.

213. Troisième problème. *Étant donnés deux points* A *et* B, trouver un autre point M *(fig.* 125) *tel qu'en le joignant aux points* A *et* B, *l'angle* AMB *formé par ces deux lignes de jonction, soit égal à un angle donné* v.

Fig. 125.

Prenons pour axes la ligne qui joint les points A et B, et la perpendiculaire élevée par le point O, milieu de AB. Nommons d'ailleurs $2x'$ la distance AB.

La droite BM étant assujettie à passer par le point B dont les coordonnées sont $(y = \text{o}, x = x')$, a pour équation,

$$y = a (x - x') \ldots \ldots \; (1)$$

On a de même pour l'équation de la droite AM,

$$y = a'(x + x') \ldots \ldots \; (2)$$

(puisque l'abscisse OA est exprimée par $-x'$) ; et comme, d'après l'énoncé, ces deux droites doivent former un angle donné v, les quantités a et a' sont liées entre elles par la relation

$$\frac{a - a'}{1 + aa'} = \operatorname{tang} v \ldots (3)$$

En donnant à a une valeur tout-à-fait arbitraire, ce qui fixerait l'une des positions de la droite BM, on tirerait de l'équation (3) une valeur correspondante pour a', ce qui déterminerait aussi une position particulière de la droite AM ; et le point d'intersection de ces deux droites appartiendrait au lieu géométrique demandé ; mais si, entre les équations (1), (2) et (3) qui ont lieu en même temps pour un point quelconque M du lieu géométrique, on élimine a et a', l'équation résultante en x et y sera nécessairement l'équation de ce lieu géométrique.

Or, pour effectuer l'élimination, il suffit de remplacer dans l'équation (3) les quantités a et a' par leurs valeurs tirées des équations (1) et (2). On obtient par cette substitution,

$$\frac{\dfrac{y}{x - x'} - \dfrac{y}{x + x'}}{1 + \dfrac{y^2}{x^2 - x'^2}} = \operatorname{tang} v ,$$

d'où, chassant les dénominateurs et réduisant,

$$x^2 + y^2 - 2 \frac{x'}{\operatorname{tang} v} y - x'^2 = 0, \ldots (4)$$

équation d'une circonférence de cercle dont le centre a (n° 177) pour coordonnées, $p = 0$, $q = \dfrac{x'}{\operatorname{tang} v}$, et qui a pour rayon,

$$r = \sqrt{x'^2 + \frac{x'^2}{\operatorname{tang}^2 v}} = \frac{x'}{\operatorname{tang} v} \sqrt{1 + \operatorname{tang}^2 v}.$$

Mais comme l'hypothèse $y = 0$ donne $x^2 - x'^2 = 0$, d'où $x = \pm x'$, ce qui prouve que le cercle passe par les points A et B, il est clair que le cercle sera tout-à-fait déterminé, dès qu'on aura construit sur OY, l'expression $q = \dfrac{x'}{\tang \nu}$, puisque le centre sera alors fixé de position.

Faites au point B un angle ABL égal à l'angle donné ; puis élevez en ce même point, BI perpendiculaire à BL ; le point I d'intersection avec OY sera le centre du cercle.

En effet, le triangle rectangle OBI donne (Trigon., n° 88),

$$OI = OB \; \tang \; OBI = OB \; \cot \; OBL = \frac{x'}{\tang \; \nu}.$$

Cette construction est évidemment celle qu'on donne dans les élémens de Géométrie, pour *décrire sur une droite un segment de cercle capable d'un angle donné.*

DISCUSSION. Tant que l'angle ν sera aigu, $\dfrac{x'}{\tang \nu}$ sera positif, et le centre du cercle sera situé au-dessus de la ligne AB. Mais si l'angle ν est obtus, comme $\tang \nu$ est alors négatif, il en est de même de $\dfrac{x'}{\tang \nu}$; et le centre se trouve placé au-dessous de AB.

Soit $\nu = 100°$, d'où $\tang \nu = \infty$ et $\dfrac{x'}{\tang \nu} = 0$; l'équation (4) se réduit à $x^2 + y^2 = x'^2$ et représente une circonférence décrite sur AB comme diamètre.

Soit encore $\nu = 0$, d'où $\tang \nu = 0$; les expressions $q = \dfrac{x'}{\tang \nu}$ et $r = \dfrac{x'}{\tang \nu} \sqrt{1 + \tang^2 \nu}$ deviennent *infinies*, et le cercle est lui-même d'une grandeur infinie.

Il faut d'ailleurs observer que tous les points de la partie supérieure AMB de la circonférence donnée par l'équation (4) satisfont à l'énoncé de la question, mais que pour la partie inférieure AM'B, ce n'est plus l'angle AM'B, mais son supplément AM'H qui est égal à l'angle donné.

On a en effet pour cet angle, $AM'H = M'AB + ABM'$;

d'où (n° 70) $\tang AM'H = \dfrac{\tang \; M'AB + \tang \; ABM'}{1 - \tang M'AB \, . \, \tang ABM'}$;

mais

$$\tang M'AB = -\tang KAX = -a'; \quad \tang ABM' = \tang H'BX = a;$$

donc

$$\tang AM'H = \frac{-a' + a}{1 + aa'} = \frac{a - a'}{1 + aa'}.$$

Ainsi, c'est pour cet angle que l'équation (3) est satisfaite.

214. SCHOLIE GÉNÉRAL sur les problèmes indéterminés.

En réfléchissant sur la manière dont les trois questions précédentes ont été résolues, on voit que pour obtenir l'équation d'un lieu géométrique, il faut commencer par établir des équations entre les coordonnées x et y de l'un quelconque de ses points, et d'autres quantités qui varient avec la position du point. Le nombre de ces équations doit être *moindre d'une unité* que le nombre total des variables, y compris x et y. Ces équations une fois formées, on élimine les variables autres que x, y, et l'équation résultante est l'équation demandée, puisqu'elle exprime une relation entre les coordonnées d'un point quelconque de la courbe, et des quantités connues.

On doit toutefois avoir le soin de choisir convenablement les axes, pour que les calculs soient simples et qu'on puisse construire facilement les résultats.

Si, dans le problème précédent, par exemple, on prenait les deux axes dans une situation quelconque, par rapport aux deux points A et B, les équations seraient

$$y - y' = a(x - x'), \quad y - y'' = a'(x - x''), \quad \frac{a - a'}{1 + aa'} = \tang v;$$

d'où, en éliminant a et a',

$$\frac{\dfrac{y - y'}{x - x'} - \dfrac{y - y''}{x - x''}}{1 + \dfrac{(y - y')\,(y - y'')}{(x - x')\,(x - x'')}} = \tang v;$$

ou, réduisant et ordonnant par rapport à y et x,

$$y^2 + x^2 - \left(y' + y'' + \frac{x' - x''}{\tang v}\right)y - \left(x' + x'' - \frac{y' - y''}{\tang v}\right)x$$

$$+ x'x'' + y'y'' + \frac{x'y'' - y'x''}{\tang v} = 0.$$

On reconnaît bien à l'inspection de cette équation qu'elle appartient à une circonférence de cercle; mais la détermination du centre et du rayon ne serait pas facile, et l'on aurait surtout beaucoup de peine à faire ressortir des résultats la construction indiquée ci-dessus.

On peut même affirmer que la principale difficulté qui se présente dans la résolution des questions par les principes de la Géométrie analytique, consiste dans le choix des axes.

Assez ordinairement, les équations à établir se réduisent *premièrement,* à celles de deux lignes droites ou de deux circonférences de cercle dont les points d'intersection appartiennent au lieu géométrique cherché (ces équations renfermant outre les coordonnées x, y, deux autres quantités qui varient avec la position du point); *secondement,* à une relation entre ces deux dernières variables, laquelle est fournie immédiatement par l'énoncé. Les problèmes précédens en offrent des exemples.

Fig. 123 et 124. Dans les deux premiers, le point M (*fig.* 123 et 124) est déterminé par l'intersection de deux circonférences ayant leurs centres en A, B, et pour rayons z, z'; ces variables sont d'ailleurs liées entre elles par la relation

$$z^2 + z'^2 = m^2 \quad \text{ou} \quad z^2 - z'^2 = \pm m^2.$$

Dans le troisième, le point M est donné par l'intersection de deux droites passant par les points A, B; et les variables a, a' qui entrent dans leurs équations, sont liées entre elles par la

relation $\dfrac{a - a'}{1 + aa'} = \tang v.$

Cependant il peut arriver que le nombre des variables à éliminer soit plus considérable, comme on va le voir dans le problème que nous allons nous proposer en dernier lieu.

Fig. 126. 215. *Un cercle et un point* B (*fig.* 126) *étant donnés sur un plan, si, de ce point, on tire une droite quelconque KK′ qui rencontre la circonférence en deux points M, M′, et que par ces points on mène les tangentes MN, M′N, on demande le lieu de tous les points, tels que N, où ces tangentes se rencontrent.*

Nous prendrons pour axe des x la ligne OB menée par le centre et le point donné; pour axe des y la perpendiculaire élevée au point O.

Soient x, y les coordonnées du point N, $x′$ et $y′$ les coordonnées du point M, $x″$ et $y″$ celles du point M′; $x′, y′, x″, y″$ sont des quantités qui varient avec la position de la droite KK′, et par conséquent avec la position du point N. Nommons d'ailleurs α la distance OB et r le rayon du cercle.

Cela posé, on a (n° 200) pour les équations des deux tangentes dont l'intersection donne un point du lieu géométrique,

$$yy′ + xx′ = r^2, \ldots \text{(1)}$$

$$yy″ + xx″ = r^2 \ldots \text{(2)}.$$

Comme ces équations renferment quatre variables à éliminer, il nous faut encore (n° 214) trois autres équations.

D'abord, les points $x′, y′$ et $x″, y″$ se trouvant sur le cercle, on a les relations

$$y′^2 + x′^2 = r^2, \ldots \text{(3)}$$

$$y″^2 + x″^2 = r^2 \ldots \text{(4)}$$

De plus, nous avons à exprimer que la droite KK′ passe par le point B. Or, l'équation de la droite menée par les deux points $x′, y′, x″, y″$, étant (n° 148) de la forme $y - y′ = \dfrac{y′ - y″}{x′ - x″} (x - x′)$,

pour écrire que le point B se trouve sur cette droite, il faut faire $y = 0$ et $x = \alpha$, ce qui donne la nouvelle relation

$$-y′ = \dfrac{y′ - y″}{x′ - x″} (\alpha - x′) \ldots \text{(5)}$$

Telles sont les cinq équations entre lesquelles on doit éliminer $x′, y′, x″, y″$.

Retranchons les équations (1) et (2) l'une de l'autre; il vient

$$y\,(y'-y'')+x\,(x'-x'')=0;\quad\text{d'où}\ \frac{y'-y''}{x'-x''}=-\frac{x}{y}.$$

D'un autre côté, l'équation (5) donne $\dfrac{y'-y''}{x'-x''}=\dfrac{-y'}{\alpha-x'}$;

d'où, égalant ces deux valeurs de $\dfrac{y'-y''}{x'-x''}$, entre elles,

$$-\frac{x}{y}=\frac{-y'}{\alpha-x'},\quad\text{ou}\quad xx'+yy'-\alpha x=0;$$

mais on a déjà $\qquad\qquad xx'+yy'=r^2$;

il en résulte donc $\ r^2-\alpha x=0$, et par conséquent,

$$x=\frac{r^2}{\alpha}.$$

Cette équation, en x seulement, *représente une parallèle à l'axe des* y *menée à une distance du centre, marquée par* $\dfrac{r^2}{\alpha}$.

Tant que le point B sera *intérieur* au cercle, la quantité $\dfrac{r^2}{\alpha}$ sera plus grande que r, et le lieu géométrique LL′ sera *extérieur* au cercle. Le contraire aurait lieu, si le point B était extérieur.

Cette proposition peut être regardée comme la réciproque de celle qui a été démontrée (n° 203).

N. B. Il est à remarquer que, dans l'élimination, nous n'avons fait aucun usage des équations (3) et (4). Cela tient à ce que les équations (1) et (2) renferment implicitement ces deux relations (*voyez* n° 197).

CHAPITRE IV.

DES COURBES DU SECOND DEGRÉ.

§ Ier. *Transformation des Coordonnées.*

216. *Introduction.* Nous nous proposons dans ce chapitre et les deux suivans, de faire connaître la nature et les propriétés des courbes exprimées analytiquement par des équations du second degré à deux variables. Mais auparavant, il est nécessaire de résoudre une question qu'on doit regarder comme une des plus importantes de la Géométrie analytique; c'est celle de la transformation des coordonnées.

En jetant les yeux sur les équations de la ligne droite et du cercle, considérés dans les diverses situations que ces lignes peuvent avoir par rapport à deux axes, on reconnaît qu'une même ligne peut être représentée par une équation plus ou moins simple, suivant que sa position à l'égard des axes, est plus ou moins simple, et suivant que les axes eux-mêmes sont rectangulaires ou obliques.

Ainsi, l'équation la plus générale de la ligne droite étant $y = ax + b$, celle d'une droite passant par l'origine, est $y = ax$, a ayant dans l'une et l'autre équations, une acception différente, selon que les axes sont rectangulaires ou obliques.

L'équation d'une parallèle à l'un des axes est $x = a$, ou $y = b$.

De même, l'équation la plus générale du cercle étant.....
$(x - p)^2 + (y - q)^2 + 2(x - p)(y - q)\cos \theta = r^2$, celle du cercle rapporté à deux axes rectangulaires menés par son centre, est $x^2 + y^2 = r^2$.

On conçoit donc que, lorsqu'une courbe est déjà fixée de position sur un plan par le moyen d'une équation, si l'on s'aperçoit que cette courbe est dans une situation plus simple par rapport à deux nouvelles droites que par rapport aux axes primitifs, il est bon, pour faciliter la recherche de ses propriétés, de chercher à déduire l'équation de la courbe rapportée aux nouveaux axes, de l'équation de la même courbe rapportée aux premiers. Tel est l'objet qu'on se propose dans le problème de la transformation des coordonnées, lequel peut s'énoncer ainsi : *Étant donnée l'équation d'une courbe rapportée à deux axes quelconques, trouver l'équation de la même courbe rapportée à deux nouveaux axes.*

Fig. 127. 217. Soient AX, AY (*fig.* 127) deux droites par rapport auxquelles une courbe MM'M".... est fixée de position, au moyen de l'équation $F(x, y) = 0$, et A'X', A'Y' deux nouveaux axes dont la situation est reconnue plus simple à l'égard de la courbe. Nommons x, y les coordonnées AP, MP d'un point quelconque M de la courbe rapportée aux premiers axes, et x', y' les nouvelles coordonnées A'P', MP'.

Si l'on parvient à exprimer x, y en fonction de x', y' et de quantités connues, il ne s'agira que de substituer ces valeurs dans l'équation ci-dessus, et l'on obtiendra l'équation demandée.

Pour trouver ces valeurs, soient menés A'X" et P'H parallèles à AX, puis A'Y" et P'K parallèles à AY, en prolongeant toutefois A'Y" jusqu'à sa rencontre en B avec AX.

Faisons d'ailleurs AB $= a$, A'B $= b$, X'A'X" $= \alpha$, Y'A'X" $= \alpha'$, et Y"A'X" $= \mathfrak{C}$; a, b sont des quantités connues, puisqu'elles ne sont autre chose que les coordonnées de la nouvelle origine, qu'on suppose donnée de position par rapport aux anciens axes; il en est de même des angles α, α' que chacun des nouveaux axes forme avec l'ancien axe des x, et de l'angle $\mathfrak{C}$ qui est égal à l'angle YAX des anciens axes.

Cela posé, la figure donne évidemment

$$\text{AP ou } x = \text{AB} + \text{BP} = a + \text{A'K} + \text{P'H},$$

$$\text{MP ou } y = \text{A'B} + \text{ML} = b + \text{P'K} + \text{MH};$$

ainsi, tout se réduit à déterminer A'K, P'K, P'H et MH.

Or, on a dans les triangles A'P'K, MP'H, en vertu du principe de Trigonométrie, n° 91,

1°. A'K : A'P' :: sin A'P'K : sin A'KP' ;

ou, à cause de A'P'K = P'A'Y'' = $6 - \alpha$, et de . . . . .
A'KP' = A'LM = 200° — MLX'' = 200° — 6,

A'K : x' :: sin $(6 - \alpha)$: sin 6; d'où $A'K = \dfrac{x' \sin(6 - \alpha)}{\sin 6}$;

2°. P'K : A'P' :: sin P'A'K : sin A'KP'; d'où $P'K = \dfrac{x' \sin \alpha}{\sin 6}$;

3°. P'H : MP' :: sin P'MH : sin P'HM;

ou, à cause de P'MH = Y'A'Y'' = $6 - \alpha'$, et de . . . . .
P'HM = A'LM = 200° — 6,

P'H : y' :: sin $(6 - \alpha')$: sin 6; d'où $P'H = \dfrac{y' \sin(6 - \alpha')}{\sin 6}$;

4°. MH : MP' :: sin MP'H : sin P'HM; d'où $MH = \dfrac{y' \sin \alpha'}{\sin 6}$.

Donc, en portant ces valeurs dans les expressions de x, y, on obtient

$$\left. \begin{aligned} x &= \frac{x' \sin(6 - \alpha) + y' \sin(6 - \alpha')}{\sin 6} + a, \\ y &= \frac{x' \sin \alpha + y' \sin \alpha'}{\sin 6} + b \end{aligned} \right\} \quad \ldots \ (1)$$

Telles sont les formules les plus générales de la transformation des coordonnées, dont il est facile de déduire les formules particulières correspondantes à toutes les positions de la nouvelle origine et aux différentes directions des nouveaux axes par rapport aux anciens, en donnant à a, b des valeurs convenables positives ou négatives, et aux angles α, α' toutes les valeurs depuis 0° jusqu'à 200°.

Quant à l'angle 6, il est toujours donné *à priori*, puisque c'est l'angle des anciens axes.

Nous nous contenterons d'indiquer ici les cas principaux.

218. PREMIER CAS. Le plus simple de tous est *celui où les deux nouveaux axes sont parallèles aux anciens;* c'est-à-dire

que les axes conservent *la même direction; l'origine seule est
différente.*

Dans ce cas, on a $\alpha = 0$, et $\alpha' = \zeta$; ce qui donne

$$\sin(\zeta - \alpha) = \sin\zeta,\ \sin(\zeta - \alpha') = 0,\ \sin\alpha = 0,\ \sin\alpha' = \sin\zeta;$$

ainsi, les formules se réduisent à $\left\{ \begin{aligned} x &= x' + a, \\ y &= y' + b. \end{aligned} \right\}\ \ldots\ (2)$

On peut les vérifier directement d'après la figure. En effet,
Fig. 128. on reconnaît que (*fig.* 128) $AP = AB + A'P = a + x'$,
$MP = A'B + MP' = a + y'$.

219. SECOND CAS. On propose de *passer d'un système rectangulaire à un système oblique.*

Fig. 129.　Dans cette hypothèse, il suffit de faire (*fig.* 129) $\zeta = 100°$;

d'où $\sin\zeta = 1$, $\sin(\zeta - \alpha) = \cos\alpha$, et $\sin(\zeta - \alpha') = \cos\alpha'$;

et les formules deviennent $\left\{ \begin{aligned} x &= x'\cos\alpha + y'\cos\alpha' + a, \\ y &= x'\sin\alpha + y'\sin\alpha' + b. \end{aligned} \right\}\ \ldots\ (3)$

220. TROISIÈME CAS. *Passer d'un système rectangulaire à un
système aussi rectangulaire;* c'est un des cas les plus usités.

Fig. 130.　On a, dans ce cas (*fig.* 130), $\zeta = 100°$,

$$\alpha' \text{ ou } Y'A'X'' = Y'A'X' + X'A'X'' = 100° + \alpha;$$

d'où 　　$\sin\zeta = 1$, $\sin(\zeta - \alpha) = \cos\alpha$,

$$\sin(\zeta - \alpha') = \sin(100° - 100° - \alpha) = -\sin\alpha,$$
$$\sin\alpha' = \sin(100° + \alpha) = \cos\alpha;$$

et l'on a pour formules correspondantes,

$$x = x'\cos\alpha - y'\sin\alpha + a, \left.\begin{aligned} \ \\ \ \end{aligned}\right\} \cdots (4)$$
$$y = x'\sin\alpha + y'\cos\alpha + b.$$

N. B. Ce dernier cas peut être déduit du second, en y faisant
simplement $\alpha' = 100° + \alpha$; ce qui donne $\cos\alpha' = -\sin\alpha$, et
$\sin\alpha' = \cos\alpha$.

221. QUATRIÈME CAS. *Passer d'un système oblique à un système
rectangulaire.*

Il suffit de faire dans les formules générales (*fig.* 131), Fig. 131.

$$a' \text{ ou } Y'A'X'' = 100^\circ + \alpha; \quad \text{d'où} \quad \sin a' = \cos \alpha,$$

$$\sin(\zeta - \alpha') = \sin(\zeta - 100^\circ - \alpha)$$
$$= -\sin[100^\circ - (\zeta - \alpha)] = -\cos(\zeta - \alpha).$$

Ces formules deviennent alors

$$\left. \begin{array}{l} x = \dfrac{x' \sin(\zeta - \alpha) - y' \cos(\zeta - \alpha)}{\sin \zeta} + a, \\[2mm] y = \dfrac{x' \sin \alpha + y' \cos \alpha}{\sin \zeta} + b. \end{array} \right\} \dots (5)$$

Chacun des trois systèmes précédens peut être obtenu directement au moyen de la figure; mais nous nous contenterons de rechercher celui qui correspond au dernier cas.

Soient toujours menées par les points A' et P', A'X'' et P'H parallèles à AX, puis A'Y'' et P'K parallèles à AY.

Il résulte de cette construction,

$$\text{AP ou } x = \text{AB} + \text{A'K} - \text{P'H},$$
$$\text{MP ou } y = \text{A'B} + \text{P'K} + \text{MH}.$$

On trouve d'abord, comme dans le problème général,

$$\text{A'K} = \frac{x' \sin(\zeta - \alpha)}{\sin \zeta} \quad \text{et} \quad \text{P'K} = \frac{x' \sin \alpha}{\sin \zeta}.$$

D'un autre côté, le triangle MP'H donne

1°. $\text{P'H} : \text{MP'} :: \sin \text{HMP'} : \sin \text{MHP'};$

ou, comme $\text{HMP'} = Y'A'Y'' = Y'A'X' - Y''A'X' = 100^\circ - (\zeta - \alpha),$

$$\text{P'H} : y' :: \cos(\zeta - \alpha) : \sin \zeta; \text{ d'où } \text{P'H} = \frac{y' \cos(\zeta - \alpha)}{\sin \zeta};$$

2°. $\text{MH} : \text{MP'} :: \sin \text{MP'H} : \sin \text{MHP'};$

mais $\text{MP'H} = \text{MP'A'} - \text{HP'A'} = 100^\circ - X'A'X'' = 100^\circ - \alpha;$

ainsi $\text{MH} : y' :: \cos \alpha : \sin \zeta; \quad \text{d'où } \text{MH} = \frac{y' \cos \alpha}{\sin \zeta}.$

Donc enfin,
$$\begin{cases} x = \dfrac{x' \sin(\mathcal{C}-\alpha) - y' \cos(\mathcal{C}-\alpha)}{\sin \mathcal{C}} + a, \\[2ex] y = \dfrac{x' \sin \alpha + y' \cos \alpha}{\sin \mathcal{C}} + b. \end{cases}$$

Dans le second et le troisième cas, les triangles A'P'K, MHP', sont rectangles, et la détermination des lignes A'K, P'K, P'H et MH n'en est que plus facile.

222. Enfin, si, dans les formules générales et celles qui en ont été déduites, on suppose $a = o$ et $b = o$, on obtiendra de nouvelles formules qui correspondront au cas où l'on *veut changer seulement la direction des axes, sans déplacer l'origine.*

Ainsi,
$$\begin{array}{l} x = x' \cos \alpha + y' \cos \alpha', \\ y = x' \sin \alpha + y' \sin \alpha', \end{array} \quad \text{et} \quad \begin{array}{l} x = x' \cos \alpha - y' \sin \alpha, \\ y = x' \sin \alpha + y' \cos \alpha, \end{array}$$

sont les formules propres à faire passer d'un système rectangulaire à un autre système oblique ou rectangulaire *de même origine.*

En général, on distingue deux espèces principales de transformations de coordonnées, *le déplacement de l'origine* et *le changement de direction d'axes ;* lorsque la question exige cette double transformation, il y a souvent de l'avantage à ne les exécuter que successivement ; nous en verrons bientôt des exemples.

223. Nous terminerons cette théorie générale par l'examen de deux cas particuliers : 1°. on peut demander de *passer d'un système oblique à un système rectangulaire, l'origine restant* Fig. 132. *la même, et l'axe des* x *(fig.* 132 *) restant aussi le même.*

Dans ce cas, on a $a = o$, $b = o$, $\alpha = o$, $\alpha' = 100°$; d'où l'on tire $\sin \alpha = o$, $\sin \alpha' = 1$, $\sin(\mathcal{C}-\alpha) = \sin \mathcal{C}$, $\sin(\mathcal{C}-\alpha') = -\cos \mathcal{C}$;

et les formules (1) se réduisent à
$$\begin{cases} x = x' - y' \cot \mathcal{C}, \\[2ex] y = \dfrac{y'}{\sin \mathcal{C}} = y' \operatorname{coséc} \mathcal{C}. \end{cases}$$

On fait usage de celles-ci, lorsqu'une courbe étant rapportée à un système d'axes obliques, on veut rendre le système rectangulaire.

2°. On peut, *en conservant le même système d'axes , exiger que l'axe des* y' *se confonde avec celui des* x, *et réciproquement.*

Dans ce cas, on doit avoir $\alpha' = 0$ et $\alpha = \mathfrak{C}$ (*fig.* 133); d'où Fig. 133. $\sin \alpha = \sin \mathfrak{C}$, $\sin \alpha' = 0$, $\sin (\mathfrak{C} - \alpha) = 0$, $\sin (\mathfrak{C} - \alpha') = \sin \mathfrak{C}$. On a, en outre, $a = 0$, $b = 0$; ainsi, les formules (1) se réduisent à $x = y'$ et $y = x'$; ce qui est d'ailleurs évident; car on ne fait ici que changer les dénominations des axes.

On tire de là cette conséquence : Lorsque les équations de deux courbes sont telles que la seconde est composée en x et y, comme la seconde l'est en y et x, on peut affirmer que les deux courbes sont *identiques,* puisqu'on passe de l'une à l'autre équation, en changeant x en y, et , réciproquement, y en x. Il n'y a réellement, dans ce cas, que la position de la courbe par rapport aux axes, qui soit renversée.

224. *Première remarque.* Comme, pour une même question , on a souvent besoin d'effectuer plusieurs transformations de coordonnées , nous conviendrons de supprimer les accens dans les seconds membres des formules relatives à ces diverses transformations, c'est-à-dire que nous désignerons toujours par x et y les anciennes et les nouvelles coordonnées, quoique leurs valeurs et leurs positions soient différentes; mais l'emploi successif des formules suffira pour indiquer que la courbe, étant rapportée à un premier système, se trouve ensuite rapportée à un second, à un troisième, ... système.

Ainsi, pour passer d'un système oblique ou rectangulaire à un système de coordonnées parallèles, nous ferons dans l'équation de la courbe, $x = x + a$, et $y = y + b$; les x et y du second membre désignant les coordonnées rapportées aux nouveaux axes, dont l'origine a d'ailleurs a et b pour ses coordonnées rapportées aux anciens axes.

De même, pour passer d'un système rectangulaire à un système oblique de même origine, nous ferons usage des formules $x = x \cos \alpha + y \cos \alpha'$, et $y = x \sin \alpha + y \sin \alpha'$.

Cette convention a pour but de simplifier les calculs en évitant la multiplicité des accens.

225. *Seconde remarque.* Les quantités a, b, α, α' qui entrent dans les formules, sont des constantes dont les valeurs fixent la position de la nouvelle origine et les directions des nouveaux axes par rapport aux anciens dont l'angle est exprimé par $\mathcal{C}$. Ces quatre quantités doivent être regardées comme connues et données *à priori*, toutes les fois qu'on veut rapporter la courbe à de nouvelles lignes, dont on a reconnu que la position par rapport à cette courbe, est plus simple que celle des anciens axes.

Mais il arrive souvent qu'on exécute une transformation de coordonnées, avec le dessein d'introduire un changement déterminé dans l'équation de la courbe; par exemple, pour faire disparaître certains termes. Dans ce cas, a, b, α, α' sont des *constantes, indéterminées* pour le moment, que l'on tâche ensuite de calculer de manière qu'il en résulte les simplications exigées. Quant à l'angle $\mathcal{C}$, on ne peut en disposer, puisque c'est l'angle des deux axes primitifs, lequel est toujours donné *à priori*.

Le nombre des termes à faire disparaître de l'équation, indique le nombre des indéterminées à introduire dans le calcul, et, par conséquent, le système de formules dont il faut faire usage.

Tout ceci s'éclaircira par les applications nombreuses que nous aurons occasion d'effectuer par la suite.

§ II. *Notions préliminaires sur les Courbes du second degré.*

Afin de présenter la théorie des courbes du second degré d'une manière simple et tout-à-fait élémentaire, nous commencerons par rechercher les équations de *trois* courbes dont chacune jouit d'une propriété qui lui est particulière. Nous ferons voir ensuite que ces courbes sont *les seules* que

puisse représenter une équation quelconque du second degré à
deux variables. Enfin, nous démontrerons que ces mêmes courbes sont celles qu'on obtient en coupant par un plan le cône
droit ou oblique, tel qu'on le considère en Géométrie ; ce qui
leur a fait donner aussi le nom de *sections coniques.*

De l'Ellipse.

·226. *On demande l'équation d'une courbe telle, que si l'on
joint chacun de ses points M (fig. 134) à deux points fixes* Fig.134.
F *et* F', *la somme des distances* FM + F'M *soit égale à une
ligne donnée* 2A.

Cette courbe est ce qu'on nomme *une ellipse.* Les points F,
F' en sont dits *les foyers,* et l'on appelle *rayons vecteurs* les distances FM, F'M. Nous verrons plus loin la raison de ces dénominations.

Pour construire cette courbe d'après sa définition, *prenons
le milieu* O *de la distance* FF', *et, à partir de ce point, portons
la moitié de* 2A , *de* O *en* B, *et de* O *en* A; les points A
et B appartiendront d'abord à la courbe. En effet, il résulte
de cette construction ,

$$OB - OF, \quad \text{ou} \quad FB = OA - OF', \quad \text{ou} \quad F'A,$$

c'est-à-dire, FB = F'A ; donc,

$$1°. \quad FB + F'B = F'A + F'B = 2A,$$

$$2°. \quad F'A + FA = FB + FA = 2A,$$

De même, si *des points* F , F', *comme centres, avec un
rayon égal à* A, *l'on décrit deux circonférences qui se coupent aux points* C , D , *ces points appartiendront encore à
la courbe; car on aura évidemment*

$$FC + F'C = 2A \quad \text{et} \quad FD + F'D = 2A.$$

Ces points se trouvent d'ailleurs sur la perpendiculaire élevée du point O.

Pour obtenir des points intermédiaires, *marquez sur* AB *et entre les points* F, F', *un point quelconque* L ; *puis, des points* F' *et* F *comme centres et avec des rayons respectivement égaux à* AL, LB, *décrivez deux circonférences qui se coupent en* M , *m* ; vous aurez deux nouveaux points de la courbe. En effet, la construction donne

$$1^{\circ}.\ F'M + FM = AL + LB = 2A, \quad 2^{\circ}.\ F'm + Fm = 2A.$$

Ces points sont symétriquement placés par rapport à AB.

Réciproquement, si *des points* F , F' *comme centres, et avec les mêmes rayons* AL , LB, *vous décrivez deux circonférences, vous obtiendrez deux nouveaux points* M' , *m'*, qui seront, avec les points M , *m*, dans une position symétrique par rapport à la ligne CD. Cela est évident.

Après avoir ainsi déterminé une série de points suffisamment rapprochés les uns des autres, on pourra les joindre par une ligne continue ACBDA , qui sera la courbe demandée.

N. B. Pour que la construction précédente puisse s'effectuer, il faut que la distance des centres FF' soit moindre que la somme des rayons ou 2A, et en même temps plus grande que leur différence. Or, je dis que cette dernière condition exige que le point L soit entre O et F. En effet, prenons, par exemple, un point L' qui soit placé entre F et B; on aurait

$$AL' > AF \quad et \quad L'B < FB;$$

d'où l'on déduirait

$$AL' - L'B > AF - FB > AF - F'A, \quad ou \quad FF';$$

donc la distance FF' serait moindre que la somme des rayons AL' et L'B, et les deux circonférences décrites seraient intérieures l'une à l'autre, sans se couper.

227. On peut encore construire l'ellipse d'un mouvement continu, ainsi qu'il suit :

Fixez aux points F *et* F', *par le moyen de deux épingles, un fil dont la longueur soit égale à* 2A. *Faites ensuite glisser un style ou un crayon qui tienne ce fil toujours tendu ; et la courbe se trouve tracée quand l'instrument mobile a fait deux demi - révolutions, l'une au - dessus de FF', et l'autre au-dessous.*

Enfin, si l'ellipse doit être tracée sur le terrain, on se sert d'un cordeau d'une longueur égale à 2A et de trois piquets, dont deux fixent les extrémités du cordeau aux points F, F', et le troisième sert à tracer la courbe, en tenant le cordeau toujours tendu.

228. L'ellipse étant ainsi déterminée de forme et de position, recherchons son équation, c'est-à-dire (n° 171) une relation entre les coordonnées de chacun de ses points rapportés à deux axes fixes.

Comme, d'après la construction précédente, la courbe se compose de points symétriquement placés par rapport aux lignes AB, CD, il convient de prendre celles-ci pour axes.

Soient $\qquad$ OP $= x$, MP $= y$, FF' $= 2c$,

d'où $\qquad$ OF $=$ OF' $= c$, FM $= z$, F'M $= z'$.

On a d'abord, pour les équations des deux circonférences qui ont leurs centres en F, F', et dont la rencontre détermine le point M,

$$y^2 + (x - c)^2 = z^2, \ldots \ldots (1)$$
$$y^2 + (x + c)^2 = z'^2 \ldots \ldots (2)$$

En outre, la définition même de la courbe donne l'équation de condition

$$z + z' = 2A ; \ldots \ldots (3)$$

et si entre ces trois équations on élimine z et z', l'équation résultante en x, y, sera (n° 214) l'équation cherchée.

Pour y parvenir facilement, ajoutons entre elles et retranchons l'une de l'autre les équations (1) et (2) ; il vient

$$2y^2 + 2x^2 + 2c^2 = z'^2 + z^2, \ldots \ldots (4)$$
$$4cx = z'^2 - z^2 ; \ldots \ldots (5)$$

mais celle-ci revient à

$$(z' + z)(z' - z) = 4cx, \text{ ou } 2A(z' - z) = 4cx;$$

d'où l'on tire

$$z' - z = \frac{2cx}{A}.$$

Or, on a déjà

$$z' + z = 2A;$$

donc

$$z' = A + \frac{cx}{A} \text{ et } z = A - \frac{cx}{A}.$$

Substituant ces valeurs dans l'équation (4), on trouve

$$y^2 + x^2 + c^2 = A^2 + \frac{c^2 x^2}{A^2},$$

ou, chassant le dénominateur et ordonnant,

$$A^2 y^2 + (A^2 - c^2)x^2 = A^2(A^2 - c^2).$$

Suivant ce qui a été dit plus haut, on doit avoir FF' ou $2c < 2A$; donc $A^2 - c^2$ est essentiellement positif, et si l'on pose

$$A^2 - c^2 = B^2,$$

l'équation prend enfin la forme

$$A^2 y^2 + B^2 x^2 = A^2 B^2 \ldots \ldots (6)$$

Telle est l'équation la plus simple de l'ellipse.

229. En la résolvant par rapport à y, puis, par rapport à x, ce qui donne

$$y = \pm \frac{B}{A}\sqrt{A^2 - x^2}, \quad x = \pm \frac{A}{B}\sqrt{B^2 - y^2},$$

on reconnait, *en premier lieu*, que la courbe est *symétrique* par rapport aux exes OX, OY; puisque chacun d'eux divise en deux parties égales toutes les cordes telles que Mm, MM' menées parallèlement à l'autre.

Secondement, comme pour $y = 0$ on trouve $x = \pm$ A,

et $\ldots\ldots\ldots\ldots\ldots\ldots\ldots$ pour $x = 0\ldots\ldots\ldots$ $y = \pm$ B, il s'ensuit que la courbe rencontre l'axe des x aux points A et B, l'axe des y aux points C, D, pour lesquels on a OC ou OD $= \mathrm{B} = \sqrt{\mathrm{A}^2 - c^2}$.

En effet, le triangle isocèle FCF' donne, à cause de.... FC $=$ F'C $=$ A,

$$\mathrm{OC} = \sqrt{\overline{\mathrm{CF}}^2 - \overline{\mathrm{OF}}^2} = \sqrt{\overline{\mathrm{CF}'}^2 - \overline{\mathrm{OF}'}^2} = \sqrt{\mathrm{A}^2 - c^2}.$$

Troisièmement, l'hypothèse $x = \mathrm{A}$ ou $x = - \mathrm{A}$, réduisant la double valeur de y à une seule, $y = \pm c$, on peut conclure (n° 194) que la courbe est tangente en A et B aux deux droites RS, R'S' menées parallèlement à l'axe des y.

De même, $y = \mathrm{B}$ ou $y = - \mathrm{B}$ donnant $x = \pm c$, la courbe est tangente en C et D aux deux parallèles RR', SS' à l'axe des x.

Il est visible d'ailleurs que, dès qu'on suppose $x > \mathrm{A}$ ou $y > \mathrm{B}$, la valeur de y ou de x, correspondante, est imaginaire. Donc la courbe est tangente aux quatre côtés du rectangle RSS'R' et est entièrement comprise dans ce rectangle.

Soit encore proposé d'évaluer la distance du point O à un point quelconque (x, y) de la courbe.

On a pour expression de cette distance, $\mathrm{D} = \sqrt{x^2 + y^2}$;

ou, mettant pour y^2, sa valeur $\dfrac{\mathrm{B}^2}{\mathrm{A}^2}(\mathrm{A}^2 - x^2)$,

$$\mathrm{D} = \sqrt{\mathrm{B}^2 + \frac{\mathrm{A}^2 - \mathrm{B}^2}{\mathrm{A}^2}.x^2}.$$

En faisant $x = c$, on trouve d'abord D $=$ B ou OC.

A mesure que x augmente, la quantité D augmente, et elle acquiert son *maximum*, lorsqu'on donne à x la plus grande valeur possible, qui est $x = \mathrm{A}$; d'où l'on tire

$$\mathrm{D} = \sqrt{\mathrm{B}^2 + \frac{\mathrm{A}^2 - \mathrm{B}^2}{\mathrm{A}^2}.\mathrm{A}^2} = \mathrm{A}, \text{ ou OB}.$$

Ainsi *la plus petite distance du point* O *à la courbe, est* OC, *et la plus grande*, OB ; en d'autres termes, CD *est si petit petite* corde qu'on puisse mener par le point O, et AB *la plus grande.*

Ces diverses circonstances suffisent pour donner aux commençans une idée assez exacte de la forme de l'ellipse.

230. Les deux lignes 2A, 2B ou AB, CD ont reçu le nom d'*axes principaux*; et l'équation (6) est dite l'*équation de l'ellipse rapportée à ses axes.*

On les appelle encore *premier* et *second* axes, ou bien, *grand axe* et *petit axe.* La dénomination de grand axe vient probablement de ce qu'en effet, AB est la plus grande corde qui puisse être menée dans l'intérieur de l'ellipse.

Car, soit IK une corde quelconque; si l'on joint le point O aux points I et K, le triangle OIK donne IK $<$ OI $+$ OK; mais on a vu plus haut que OK est $<$ OB et OI $<$ OA; donc, à plus forte raison, l'on a IK $<$ OB $+$ OA $<$ AB.

Les points A, B sont dits *les sommets* du premier axe, et les points C, D, *les sommets* du second axe.

Enfin, le point O pris actuellement pour origine des coordonnées, est appelé *le centre* de la courbe, parce qu'il jouit de cette propriété que toutes les cordes, telles que M*m'*, qui passent par ce point, *y sont divisées en deux parties égales.*

Pour le démontrer, combinons l'équation $A^2 y^2 + B^2 x^2 = A^2 B^2$, avec celle-ci : . . . ., $y = ax$ qui représente une droite quelconque passant par l'origine.

En mettant pour y sa valeur ax dans la première, on trouve

$$(A^2 a^2 + B^2)x^2 = A^2 B^2 ; \quad \text{d'où} \quad x = \frac{\pm AB}{\sqrt{A^2 a^2 + B^2}},$$

et par conséquent,

$$y = \frac{\pm ABa}{\sqrt{A^2 a^2 + B^2}}.$$

Ces valeurs de x et de y qui expriment les coordonnées M, *m'* des points d'intersection de la droite avec la courbe, sont égales et de signes contraires; donc, les distances OP, OP' et MP, *m'*P' sont égales et les deux triangles OPM, OP'*m'* étant égaux donnent OM $=$ O*m'*.

231. Supposons que dans la recherche d'un lieu géométrique rapporté à des axes rectangulaires, on soit parvenu à l'équation

$$My^2 + Nx^2 = P,$$

M, N, P étant des quantités essentiellement positives.

Faisons successivement dans cette équation $y = 0$ et $x = 0$; il en résulte pour $y = 0$, $x = \pm \sqrt{\dfrac{P}{N}}$, et pour $x = 0$,

$$y = \pm \sqrt{\dfrac{P}{M}}.$$

Cela posé, soient $\sqrt{\dfrac{P}{N}} = A$, $\sqrt{\dfrac{P}{M}} = B$; d'où $N = \dfrac{P}{A^2}$, $M = \dfrac{P}{B^2}$; l'équation ci-dessus devient, par la substitution,

$$\frac{P}{B^2} y^2 + \frac{P}{A^2} x^2 = P, \quad \text{ou, réduisant,} \quad A^2 y^2 + B^2 x^2 = A^2 B^2.$$

D'où l'on voit que l'équation proposée est celle d'une ellipse dont les axes principaux sont $2\sqrt{\dfrac{P}{N}}$ et $2\sqrt{\dfrac{P}{M}}$, ou en d'autres termes, sont le double de la valeur x correspondante à $y = 0$, et le double de la valeur de y correspondante à $x = 0$.

Connaissant les deux axes $2A$, $2B$ ou $2\sqrt{\dfrac{P}{N}}$, $2\sqrt{\dfrac{P}{M}}$, pour obtenir les foyers, on a recours à la relation $B^2 = A^2 - c^2$ qui donne $c = \pm \sqrt{A^2 - B^2}$.

Soient pris sur deux lignes indéfinies à angle droit (*fig.* 135), Fig. 135. $OB = OA = A$, et $OC = OD = B$. Puis du point C comme centre avec un rayon égal à A, décrivons un arc de cercle qui coupe AB en deux points F, F'; ce seront les deux foyers, car

$$OF = \sqrt{\overline{CF}^2 - \overline{OC}^2} = \sqrt{A^2 - B^2}.$$

Comme, par rapport à l'équation $My^2 + Nx^2 = P$, on a

$$A^2 = \frac{P}{N} \quad \text{et} \quad B^2 = \frac{P}{M}, \quad \text{il s'ensuit que}$$

$$c = \sqrt{\frac{P}{N} - \frac{P}{M}} = \sqrt{\frac{P(M - N)}{MN}}.$$

232. Puisque, dans toute ellipse, on doit avoir $2A > 2B$, il faut supposer $\frac{P}{N} > \frac{P}{M}$, d'où $M > N$.

S'il en était autrement, c'est-à-dire, si l'on avait $M < N$, on changerait (n°223) y en x et x en y. Par là, l'équation deviendrait $Ny^2 + Mx^2 = P$, et représenterait encore une ellipse ayant pour premier axe, $2\sqrt{\frac{P}{M}}$, et pour second axe, $2\sqrt{\frac{P}{N}}.$

N. B. Avant la transformation des coordonnées, la courbe est dans la position indiquée par la *figure* 136; mais après, elle prend la position qu'on lui suppose ordinairement (*fig.* 134).

232. Soit comme cas particulier $M = N$; l'équation se réduit alors à $y^2 + x^2 = \frac{P}{M},$

c'est-à-dire, à l'équation d'un cercle ayant $\sqrt{\frac{P}{M}}$ pour rayon; la quantité c, ou $\sqrt{\frac{P(M - N)}{MN}}$, devient *nulle*; ainsi les deux foyers se réunissent au centre.

Le cercle peut donc être regardé comme une ellipse dont *les deux axes* $2A$, $2B$ *sont égaux,* ou bien, dont les deux foyers viennent à se confondre.

233. Comme nous aurons souvent besoin de ramener une équation telle que $My^2 + Nx^2 = P$, à la forme $A^2y^2 + B^2x^2 = A^2B^2$, nous indiquerons un procédé simple et facile pour y parvenir.

Soient multipliés les deux membres de la première équation par un facteur indéterminé l; il vient $Mly^2 + Nlx^2 = Pl$.

Mais, par hypothèse, on veut avoir $Pl = Ml \times Nl = MN.l^2$; d'où l'on déduit $l = \dfrac{P}{MN}$. Donc il suffit de *multiplier les deux membres de la proposée par le quotient du second membre divisé par le produit des coefficiens de* y^2 *et de* x^2.

Il vient, en effet, par cette multiplication,

$$\frac{P}{N} y^2 + \frac{P}{M} x^2 = \frac{P^2}{MN};$$

ce qui donne $A^2 = \dfrac{P}{N}$, $B^2 = \dfrac{P}{M}$, $c^2 = A^2 - B^2 = \dfrac{P(M-N)}{MN}$.

Prenons pour exemple l'équation $\qquad 5y^2 + 3x^2 = 6.$

On trouve, en multipliant par $\dfrac{6}{5 \times 3}$ ou $\dfrac{2}{5}$,

$$2y^2 + \frac{6}{5} x^2 = \frac{12}{5};$$

donc $A^2 = 2$, $B^2 = \dfrac{6}{5}$, $c^2 = \dfrac{4}{5}$: ou bien, $A = \sqrt{2}$,

$B = \dfrac{1}{5} \sqrt{30}$, $c = \dfrac{2}{5} \sqrt{5}.$

Soit encore l'équation $\qquad 3y^2 + 4x^2 = 5.$

Multipliant par $\dfrac{5}{3 \times 4}$ ou $\dfrac{5}{12}$, on obtient

$$\frac{5}{4} y^2 + \frac{5}{3} x^2 = \frac{25}{12};$$

ou changeant y en x, et réciproquement, $\dfrac{5}{3} y^2 + \dfrac{5}{4} x^2 = \dfrac{25}{12};$

donc $\qquad A = \dfrac{1}{3} \sqrt{15}$, $B = \dfrac{1}{2} \sqrt{5}$, $c = \dfrac{1}{6} \sqrt{15}.$

De l'Hyperbole.

234. On demande l'équation d'une courbe telle, que si l'on Fig. 137. *joint chacun de ses points* M *(fig. 137) à deux points fixes* F, F', *la différence des distances,* F'M — FM, *soit égale à une ligne donnée* 2A.

Cette courbe est ce qu'on appelle *une hyperbole*; les points F, F' en sont *les foyers*, et l'on nomme *rayons vecteurs*, les lignes FM, F'M.

Commençons par indiquer un moyen de construire cette courbe.

Prenez à partir du point O, *milieu de* FF', *deux distances* OA, OB *égales à* A; les deux points A et B appartiennent à la courbe. En effet, il résulte de cette construction,

$$BF = AF', \quad \text{d'où} \quad AF - AF' = AF - BF = 2A,$$

et $$BF' - BF = BF' - AF' = 2A.$$

N. B. Les points A, B sont nécessairement situés entre F et F', car autrement, ce serait la somme des distances de chacun de ces points aux points F et F', et non leur différence, qui serait égale à 2A. Ceci prouve que 2A doit être donné *moindre que* FF'.

Pour obtenir d'autres points de la courbe, *marquez sur la ligne* OF *et à droite du point* F, *un point quelconque* L; *puis, des points* F', F *comme centres, avec les rayons* AL, BL, *décrivez successivement deux circonférences qui se coupent en* M, m; vous obtiendrez ainsi deux points de la courbe; car en joignant le point M, par exemple, aux points F', F, vous avez

$$F'M - MF = AL - BL = 2A.$$

Réciproquement, *des points* F, F' *comme centres et avec les mêmes rayons, décrivez deux circonférences;* vous aurez deux nouveaux points M', m' qui seront, avec les points M, m, symétriquement placés par rapport à la perpendiculaire OC.

Cette construction exige que le point L soit situé à la droite du point F ; car s'il était en L′, comme on aurait BL′ $<$ BF, il s'ensuivrait AL′+ BL′ ou AB + 2BL′ $<$ AB + 2BF, ou $<$ FF′. Ainsi, les deux circonférences seraient telles, que la distance des centres FF′ serait plus grande que la somme des rayons ; donc elles seraient tout-à-fait extérieures l'une à l'autre et ne se couperaient pas.

Mais le point L peut être pris vers la droite du point F à une distance aussi grande qu'on veut. D'où l'on voit que la courbe se compose *de deux branches égales et opposées, mBM, m′AM′, qui s'étendent indéfiniment à droite du point B et à gauche du point A, tant au-dessus qu'au-dessous de la ligne AB.*

Il existe bien un procédé pour tracer l'hyperbole d'un mouvement continu ; mais nous le passerons sous silence, parce que la pratique en est peu commode, et que d'ailleurs on ne peut tracer la courbe que par parties.

Nous allons maintenant nous occuper de la recherche de son équation.

235. L'hyperbole étant, ainsi que l'ellipse, symétrique par rapport à AB et OC, nous prendrons ces deux lignes pour les axes des coordonnées.

Soient donc

$$OP = x, \quad MP = y, \quad OF = OF′ = c, \quad FM = z, \quad F′M = z′.$$

On a d'abord, comme pour l'ellipse, les deux équations

$$y^2 + (x - c)^2 = z^2, \dots \text{(1)}$$
$$y^2 + (x + c)^2 = z'^2, \dots \text{(2)}$$

auxquelles on doit ajouter, d'après l'énoncé, l'équation de condition

$$z' - z = 2A. \dots \text{(3)}$$

Pour éliminer z et z', ajoutons et retranchons (1) et (2) ; il vient

$$2y^2 + 2x^2 + 2c^2 = z'^2 + z^2, \dots \text{(4)}$$
$$4cx = z'^2 - z^2 ; \dots \text{(5)}$$

mais celle-ci donne $(z' - z)(z' + z)$ ou $2A(z' + z) = 4cx$,

d'où l'on déduit $\qquad z' + z = \dfrac{2cx}{A}$;

or, on a déjà $\qquad z' - z = 2A$;

donc $\qquad z' = \dfrac{cx}{A} + A \quad$ et $\quad z = \dfrac{cx}{A} - A$.

Portant ces valeurs dans l'équation (4), on obtient

$$y^2 + x^2 + c^2 = \dfrac{c^2 x^2}{A^2} + A^2,$$

ou, chassant le dénominateur et transposant,

$$A^2 y^2 + (A^2 - c^2)x^2 = A^2(A^2 - c^2).$$

Mais, comme il a été reconnu précédemment que la distance FF', ou $2c$, doit toujours être plus grande que $2A$, il s'ensuit que $A^2 - c^2$ est essentiellement *négatif*. Donc en posant

$$c^2 - A^2 = B^2,$$

on trouve enfin pour l'équation de l'hyperbole,

$$A^2 y^2 - B^2 x^2 = - A^2 B^2 \ldots \text{(6)}$$

Cette équation ne diffère de celle de l'ellipse qu'en ce que B^2 est remplacé par $- B^2$. Aussi les deux courbes, quoique étant de forme très différente, puisque l'une est limitée en tout sens et l'autre est illimitée, jouissent-elles de propriétés analogues.

Soit fait $y = 0$ dans l'équation ; il en résulte $x = \pm A$; ce qui prouve que la courbe passe par les points A et B, circonstance que nous avons déjà reconnue.

Soit encore $x = 0$, on trouve $y^2 = - B^2$, d'où $y = \pm B \sqrt{-1}$; ce qui fait voir que la courbe ne rencontre pas l'axe des y.

Cependant on peut convenir de marquer sur cet axe deux points C et D dont la distance au point O soit exprimée par B ou $\sqrt{c^2 - A^2}$.

Pour fixer la position de ces points, il suffit de décrire du point B comme centre et d'un rayon égal à c ou OF, un arc de cercle qui coupe OY aux deux points demandés; car on a

$$OC = \sqrt{\overline{OF}^2 - \overline{OB}^2} = \sqrt{c^2 - A^2}.$$

Comme en faisant $x = + A$, ou $x = - A$, dans l'équation résolue par rapport à y,... $y = \pm \dfrac{B}{A} \sqrt{x^2 - A^2}$, on trouve $y = \pm\, 0$, et qu'en donnant à x des valeurs positives ou négatives, *numériquement* plus petites que A, on obtient des valeurs *imaginaires* pour y, on peut conclure, 1°. que la courbe est tangente en A et B aux deux parallèles R′S′, RS à l'axe des y; 2°. qu'elle s'étend indéfiniment à la gauche du point A et à la droite du point B.

On voit enfin que la courbe est composée de deux branches égales et opposées dont chacune est divisée en deux parties égales par la ligne AB; en sorte que si l'on pliait la figure soit suivant la ligne CD soit suivant la ligne AB, les quatre parties de la courbe se couvriraient parfaitement deux à deux.

Presque toutes ces circonstances avaient été reconnues par la Géométrie.

236. Les quantités 2A, 2B sont, comme dans l'ellipse, appelées *les axes principaux* de l'hyperbole, ou l'un, *le premier axe,* et l'autre *le second axe*. Mais comme il peut y avoir une relation de grandeur quelconque entre A et B, les dénominations de *grand axe* et de *petit axe* seraient impropres.

On désigne encore le premier axe sous le nom *d'axe transverse* et le second sous celui *d'axe non transverse,* parce que l'un rencontre la courbe et l'autre ne la rencontre pas.

On peut avoir A = B, auquel cas l'équation se réduit à

$$y^2 - x^2 = - A^2.$$

Dans ce cas, on dit que l'hyperbole est *équilatère,* comme ayant ses deux axes égaux. *L'hyperbole équilatère* est à l'hyperbole quelconque ce que le cercle est à l'ellipse.

. Enfin, les points A' et B sont dits *les deux sommets* de la courbe.

237. Démontrons comme dans l'ellipse, que le point O est le *centre* de la courbe, c'est-à-dire, que *toutes les droites passant par le point* O *et terminées à la courbe, sont divisées en deux parties égales par ce point.*

Soit m'M une ligne quelconque menée par le point O ; si l'on combine entre elles les deux équations

$$A^2 y^2 - B^2 x^2 = - A^2 B^2,$$
$$y = ax,$$

on trouve, en mettant pour y sa valeur ax dans la première ,

$$(A^2 a^2 - B^2) x^2 = - A^2 B^2; \quad \text{d'où l'on déduit} \quad x = \frac{\pm AB}{\sqrt{B^2 - A^2 a^2}},$$

et par conséquent, à cause de $y = ax$, $y = \dfrac{\pm ABa}{\sqrt{B^2 - A^2 a^2}}.$

Il résulte de là que OP = OP' et MP = m'P' ; ainsi, les deux triangles OPM, OP'm' sont égaux, et l'on a OM = Om'.

238. En jetant les yeux sur ces valeurs de x et de y, on voit qu'elles ne sont réelles, c'est-à-dire, que les diamètres ne rencontrent la courbe, qu'autant que l'on a $B^2 - A^2 a^2 > 0$, ou $a^2 < \dfrac{B^2}{A^2}.$

Soit $B^2 - A^2 a^2 = 0$, d'où l'on tire $a = \pm \dfrac{B}{A}$; les valeurs de x et de y deviennent *infinies ;* ce qui prouve que les deux droites correspondantes, qui sont placées l'une au-dessus, l'autre au-dessous de l'axe des x, ne rencontrent l'hyperbole qu'à *une distance infinie.*

Construisons ces deux droites, $y = + \dfrac{B}{A} x, y = - \dfrac{B}{A} x,$ qui méritent une attention particulière.

Pour cela, soit achevé sur les deux lignes AB = 2A,

$CD = 2B$, le rectangle $R'RSS'$; on a évidemment $BR = BS = B$;

d'où tang $BOR = \dfrac{BR}{BO} = \dfrac{B}{A}$; tang $BOS = -\dfrac{B}{A}$.

Donc les droites OR', OS' menées par le point O et par les points R, S, sont les deux droites demandées.

Résolvons l'équation de l'hyperbole par rapport à y; on trouve $y = \pm \dfrac{B}{A} \sqrt{x^2 - A^2}$, ou bien, $y = \pm \dfrac{Bx}{A} \sqrt{1 - \dfrac{A^2}{x^2}}$.

Sous cette dernière forme, il est évident que plus x augmente, plus $\dfrac{A^2}{x^2}$ diminue; par conséquent, plus la valeur de y approche de devenir égale à $\pm \dfrac{B}{A} x$. Si l'on suppose à x une valeur *plus grande qu'aucune quantité donnée*, ou $x = \infty$, le terme $\dfrac{A^2}{x^2}$ devient *nul*, et la valeur de y se réduit à.....

$y = \pm \dfrac{B}{A} x$, c'est-à-dire, à l'ordonnée du système des deux droites $S'R$ et SR'.

Ces droites, désignées sous le nom d'*asymptotes*, sont donc telles *que la courbe s'en approche sans cesse, et autant qu'on veut, sans pouvoir cependant jamais les atteindre autre part qu'à l'infini.*

Dans la question qui nous occupe, les asymptotes $S'R$, SR' peuvent être regardées comme *deux lignes qui séparent les diamètres rencontrant la courbe, de ceux qui ne la rencontrent pas.*

En effet, soit un diamètre $m'M$, pour lequel on a angle $MOX <$ angle ROX, d'où $a < \dfrac{B}{A}$; les valeurs de x et de y obtenues précédemment sont *réelles*; mais pour un diamètre tel que $K'K$, comme l'angle KOX est plus grand que l'angle ROX, il en résulte $a > \dfrac{B}{A}$; et les valeurs de x, y sont *imaginaires.*

Lorsqu'on suppose l'hyperbole *équilatère* (n° 236), c'est-à-dire, $B = A$, $\pm \dfrac{B}{A}$ devient égal à ± 1; donc les angles ROX, S'OX sont chacun de 50°, et les deux asymptotes sont *perpendiculaires entre elles*.

Nous reviendrons plus tard sur ces droites, qui se reproduisent souvent dans la théorie de l'hyperbole.

239. Supposons maintenant qu'on ait obtenu pour l'équation d'un lieu géométrique,

$$My^2 - Nx^2 = -P;$$

et multiplions (n° 233) les deux membres de cette équation par $\dfrac{P}{MN}$; il vient $\dfrac{P}{N} y^2 - \dfrac{P}{M} x^2 = -\dfrac{P^2}{MN}$.

Cette nouvelle équation comparée à celle de l'hyperbole,

$$A^2 y^2 - B^2 x^2 = -A^2 B^2,$$

donne

$$A^2 = \frac{P}{N}, \quad \text{et} \quad B^2 = \frac{P}{M}; \quad \text{d'où} \quad A = \pm \sqrt{\frac{P}{N}}, \quad B = \pm \sqrt{\frac{P}{M}};$$

donc la proposée représente une hyperbole dont *le premier axe* est $2\sqrt{\dfrac{P}{N}}$, et *le second*, $2\sqrt{\dfrac{P}{M}}$.

La relation $B^2 = c^2 - A^2$, donne $c = \pm\sqrt{A^2 + B^2}$;

d'où, mettant pour A et B leurs valeurs, $c = \pm \sqrt{\dfrac{P(M + N)}{MN}}$.

Pour fixer la position des foyers, connaissant les axes, *prenez sur deux droites rectangulaires*, $OB = OA = A = \sqrt{\dfrac{P}{N}}$,

Fig. 138. $OC = OD = B = \sqrt{\dfrac{P}{M}}$ (*fig.* 138); *puis élevez au point* B *une perpendiculaire* BD *égale à* B, *et tirez* OD. La circonférence décrite du point O comme centre avec le rayon OD , coupera AB en deux points F, F', qui seront les points demandés; car on a

$$OF = OF' = \sqrt{\overline{OB}^2 + \overline{BD}^2} = \sqrt{A^2 + B^2}.$$

Il est remarquable que cette construction donne en même temps la direction OD de l'une des asymptotes; quant à la seconde, elle s'obtient en prolongeant DB d'une quantité.... BD' = BD, et tirant OD'.

240. Si l'équation était de la forme $My^2 - Nx^2 = P$, on changerait y en x, et x en y; ce qui donnerait $Ny^2 - Mx^2 = -P$; et l'équation n'en serait pas moins celle d'une hyperbole ayant pour premier axe, $2\sqrt{\dfrac{P}{M}}$, et pour second axe, $2\sqrt{\dfrac{P}{N}}$.

Avant la transformation, la courbe a la position indiquée par la *figure* 139; mais après, elle reprend la position de la *figure* 137.

Multiplions les deux membres de l'équation proposée, par $\dfrac{P}{MN}$; il vient $\dfrac{P}{N}y^2 - \dfrac{P}{M}x^2 = \dfrac{P^2}{MN}$,

ou $B^2y^2 - A^2x^2 = A^2B^2$, en posant $\dfrac{P}{N} = B^2$, $\dfrac{P}{M} = A^2$.

Telle est la forme de l'équation de l'hyperbole *rapportée à son second axe*, ou *à son axe non transverse*, comme axe des x.

On en déduit $y = \pm \dfrac{A}{B}\sqrt{x^2 + B^2}$; ce qui prouve que, quelle que soit la valeur de x, y est toujours réel.

Pour $x = 0$, l'on a $y = \pm A$; et cette valeur est le *minimum* de toutes celles que peut recevoir y.

De la Parabole.

241. *Trouver l'équation d'une courbe telle, que la distance de chacun de ses points M (fig. 140) à un point fixe F (appelé foyer), soit égale à la distance de ce même point M à une droite fixe LL', appelée directrice.*

Voici d'abord le moyen de construire par points cette courbe, connue sous le nom de *parabole*.

Fig. 140.

Après avoir abaissé du point F *une perpendiculaire sur* LL′, *prenez le milieu* A *de la distance* FG; *et le point* A appartient à la courbe, puisque les deux distances AF et AG sont égales.

Ce point est dit *le sommet* de la parabole.

Pour obtenir d'autres points, *élevez en un point quelconque* P *pris vers la droite de* A, *une perpendiculaire à* GF; *puis du point* F *comme centre, avec le rayon* GP, *décrivez un arc de cercle qui coupe la perpendiculaire en deux points* M, *m* ; vous aurez ainsi *deux* points de la courbe; car il résulte de cette construction, FM ou F*m* = GP = MQ.

D'où l'on voit que la parabole se compose de deux parties AMM′, A*mm*′ symétriques par rapport à GF.

Elle peut être aussi décrite d'un mouvement continu.

Prenez une équerre dont l'un des côtés de l'angle droit QR (*fig.* 141) *soit assujetti à glisser suivant la direction* LL′. *Fixez aux points* F *et* V *les deux extrémités d'un fil, dont la longueur soit égale au second côté* QV *de l'équerre. Faites ensuite mouvoir cette équerre le long de* LL′, *en ayant soin de tenir le fil tendu au moyen d'un style ou crayon qui s'appuie constamment sur* QV. *La trace de ce style sera nécessairement une parabole.*

Fig. 141.

En effet, pour une position quelconque QRV de l'équerre, on a FM + MV = MQ + MV; d'où FM = MQ.

Lorsque l'équerre est arrivée dans une position Q′R′V′ telle que Q′V′ passe par le point F, le fil se replie sur lui-même de F en A, et le point A est le sommet de la courbe; car l'on a

$$FA + AV′ = AQ′ + AV′; \text{ d'où } FA = AQ′.$$

Pour tracer la partie inférieure de la courbe, il suffit de renverser la position de l'équerre.

N. B. Cette méthode ne donne qu'une portion de la courbe; portion d'autant plus grande, que le côté QV de l'équerre a plus de longueur, et qui se termine au point V″, pour lequel on a FV″ = V″Q″ = VQ.

C'est probablement ce moyen de description qui a fait donner à LL′ le nom de *directrice*.

242. Recherchons actuellement l'équation de la parabole.

Nous prendrons pour axe des x la ligne GF (*fig.* 140) comme divisant la courbe en deux parties égales, et pour origine le point A qui appartient à la courbe. Fig. 140.

Soient x, y les coordonnées AP, MP du point M, z la distance FM, et p la distance FG ; d'où

$$AF = AG = \frac{p}{2} \quad \text{et} \quad GP = \frac{p}{2} + x.$$

La circonférence, décrite du point F comme centre avec le rayon FM, a pour équation

$$y^2 + \left(x - \frac{p}{2}\right)^2 = z^2; \dots \text{(1)}$$

mais on a l'équation de condition FM = PG, ou

$$z = x + \frac{p}{2} \dots \text{(2)}$$

Éliminant z entre ces deux équations, on trouve pour l'équation de la courbe,

$$y^2 + \left(x - \frac{p}{2}\right)^2 = \left(x + \frac{p}{2}\right)^2,$$

ou réduisant, $y^2 = 2px \dots \text{(3)}$

Telle est l'équation de la parabole *rapportée à ses axes principaux*. AX est dit le *premier* axe principal, et AY le *second*.

On déduit de cette équation, $y = \pm \sqrt{2px}$; et comme pour $x = 0$, on a $y = \pm 0$, il s'ensuit, 1°. que la courbe est tangente en A à l'axe des y ; 2°. qu'elle s'étend indéfiniment à la droite de cet axe ; tant au-dessus qu'au-dessous de cet axe.

243. On nomme *paramètre* le coefficient de x, $2p$, c'est-à-dire, *le double de la distance du foyer à la directrice.*

Ce paramètre est encore égal *à la double ordonnée qui passe par le foyer;* car, d'après la définition de la courbe, la perpendiculaire FN doit être égale à NH ou FG.

D'ailleurs si, dans l'équation $y^2 = 2px$, on fait $x = \dfrac{p}{2} = AF$, on trouve $y^2 = p^2$, d'où $y = \pm p$.

244. Quoique la définition de la parabole n'offre aucune analogie avec celles de l'ellipse et de l'hyperbole, on peut néanmoins établir un rapprochement entre ces courbes, au moyen d'une transformation de coordonnées exécutée par rapport aux deux dernières.

Reprenons l'équation $\quad A^2 y^2 + B^2 x^2 = A^2 B^2, \ldots\ldots$ (1)

Fig. 134 et proposons-nous de rapporter l'ellipse au sommet A (*fig.* 134) comme origine, en conservant la même direction pour les axes. Pour cela, il faut (n° 218) faire usage des formules $x = x + a$, $y = y + b$; et comme a, b expriment ici les coordonnées du point A, ce qui donne

$$ b = 0, \quad a = - A, $$

il s'ensuit que les formules se réduisent à

$$ x = x - A, \quad y = y, $$

c'est-à-dire qu'il suffit de remplacer, dans l'équation ci-dessus, x par $x - A$, en laissant y tel qu'il est.

Il vient, par cette substitution , $A^2 y^2 + B^2 x^2 - 2AB^2 x = 0$;

d'où l'on déduit $\quad y^2 = \dfrac{B^2}{A^2}(2Ax - x^2)\ldots\ldots$ (2).

C'est l'équation de l'ellipse *rapportée à son sommet de gauche, pris pour origine.*

Cela posé, cette équation peut être mise sous la forme

$$ y^2 = 2\frac{B^2}{A}x - \frac{B^2}{A^2}x^2, \quad \text{ou bien,} \quad y^2 = 2px - \frac{p}{A}x^2\ldots\ldots \text{(3)} $$

$$ \left(\text{en faisant } \frac{B^2}{A} = p\right). $$

Or, si l'on suppose que les deux quantités A et B croissent indéfiniment, de manière cependant, que la quantité p ou $\dfrac{B^2}{A}$ reste constante (cela est permis d'après l'équation $\dfrac{B^2}{A} = p$, dans laquelle, après avoir pris pour p une valeur fixe et déterminée, on peut donner à A différentes valeurs, et calculer ensuite une valeur correspondante pour B), il est clair que, dans cette hypothèse, plus A augmente, plus le terme $\dfrac{p}{A}$ diminue; et lorsqu'on suppose A $= \infty$, il en résulte $\dfrac{p}{A} = 0$. Donc l'équation (3) se réduit à $y^2 = 2px$, qui n'est autre chose que l'équation d'une parabole.

D'où l'on peut conclure que la parabole est une ellipse dont le *grand axe est infini*, ou dont le centre est situé à l'infini.

245. Le même rapprochement peut être fait entre la parabole et l'hyperbole; mais il faut alors rapporter cette dernière courbe à son sommet B (*fig.* 137); ce qui revient à porter, Fig. 137. dans l'équation $A^2y^2 - B^2x^2 = - A^2B^2$, à la place de x, $x + A$.

Elle devient $\qquad A^2y^2 - B^2x^2 - 2AB^2x = 0$;

d'où $y^2 = \dfrac{B^2}{A^2}(2Ax + x^2)$, ou $y^2 = 2px + \dfrac{p}{A}x^2 \dots\dots$ (4)

$\left(\text{en posant, comme pour l'ellipse, } \dfrac{B^2}{A} = p\right).$

Actuellement, faisons augmenter A et B de manière que p reste constant; il vient pour A $= \infty$, $\dfrac{p}{A} = 0$, et l'équation (4) se réduit à $y^2 = 2px$.

Dans ce cas, la seconde branche, le centre, les asymptotes (n° 238) disparaissent, ou sont situés à l'infini.

246. Il résulte de ce qui vient d'être dit, que les trois

courbes peuvent être, en général, représentées par l'équation

$$y^2 = 2px + qx^2.$$

Lorsque la courbe est une parabole, on a $q = 0$, et l'équation se réduit à $y^2 = 2px$.

Si c'est une ellipse, on a $2p = \dfrac{2\,B^2}{A}$, $q = -\dfrac{B^2}{A^2}$.

Enfin, dans le cas de l'hyperbole, on a

$$2p = \frac{2\,B^2}{A}, \quad q = +\frac{B^2}{A^2}.$$

Par analogie avec la parabole, on nomme *paramètre* de l'ellipse ou de l'hyperbole, la quantité $2p$ ou $\dfrac{2\,B^2}{A}$, qui forme le coefficient de x dans l'équation de la courbe rapportée à l'un de ses sommets.

Cette quantité, qui peut être mise sous la forme $\dfrac{4\,B^2}{2A}$, ou $\dfrac{2B.2B}{2A}$, n'est autre chose qu'*une 3e proportionnelle au premier et au second axe.*

C'est aussi, comme dans la parabole, *le double de l'ordonnée qui passe par le foyer* F *ou* F′ ; car si l'on fait. . . . . . $x = \pm c = \pm \sqrt{A^2 - B^2}$, dans l'équation $A^2 y^2 + B^2 x^2 = A^2 B^2$, par exemple, on trouve

$$A^2 y^2 + A^2 B^2 - B^4 = A^2 B^2 ; \quad \text{d'où} \quad y = \pm \frac{B^2}{A}.$$

Même résultat pour l'hyperbole.

Ce dernier caractère du foyer, dans les trois courbes, sert souvent à fixer la position de ce point, et à en faire reconnaître l'existence en tel ou tel lieu du plan de la courbe.

247. Au reste, la liaison qui existe entre ces courbes peut encore être établie au moyen de la question suivante, dont celle qui a servi à la définition de la parabole, n'est qu'un cas particulier.

*On demande l'équation d'une courbe telle , que la distance
de chacun de ses points* M *(fig.* 142*) à un point fixe* F *, soit à
la distance de ce même point à une droite* LL′ *donnée de position dans un rapport donné* m : 1; *en sorte que l'on ait*

$$\text{MF} : \text{MQ} :: m : 1.$$

Du point F abaissons FG perpendiculaire sur LL′ , et divisons cette distance FG dans le rapport $m : 1$; le point A est un
des points de la courbe.

Pour construire d'autres points , marquons un point quelconque P sur GF , et élevons en ce point une perpendiculaire ;
puis·du point F comme centre avec un rayon égal à la 4^e
proportionnelle $1 : m :: \text{GP} : x$,   décrivons un arc de cercle
qui coupe la perpendiculaire aux points M et M′; ces points appartiendront à la courbe; car on a , d'après cette construction ,

$$\text{FM ou } x : \text{GP ou MQ} :: m : 1;$$

et ainsi de suite.

Afin de déterminer l'équation du lieu géométrique , nous
prendrons pour axe des x la ligne GF , par rapport à laquelle
la courbe est symétrique ; pour axe des y la perpendiculaire
élevée au point A qui appartient à la courbe , et peut en être
regardée comme *le sommet.*

Soient donc

$$\text{AP} = x, \quad \text{MP} = y, \quad \text{FM} = z, \quad \text{AF} = a; \quad \text{d'où} \quad \text{AG} = \frac{a}{m}$$

(puisque l'on a $\text{FA} : \text{AG} :: m : 1$).

L'équation de la circonférence , qui a son centre en F et
pour rayon FM , est . . . . $y^2 + (x - a)^2 = z^2 \dots$ (1)

De plus, on doit avoir $\text{FM} : \text{GP} :: m : 1$;

d'où $z : x + \dfrac{a}{m} :: m : 1$, ou bien, $z = mx + a \dots$ (2)

Ainsi, en éliminant z entre ces équations, on obtiendra
(n° 214) l'équation demandée. Il vient, toute réduction faite ,

$$y^2 + (1 - m^2) x^2 - 2a (1 + m) x = 0 \dots \quad (3)$$

Cette équation est privée du terme indépendant de x et de y ; et cela doit être, puisque, la courbe passant par l'origine, il faut que son équation soit satisfaite, lorsqu'on y fait $y = 0$ et $x = 0$.

Examinons successivement les circonstances qui correspondent aux trois hypothèses $m < 1$, $m = 1$, $m > 1$.

Soit d'abord, comme le cas le plus simple, $m = 1$.

L'équation (3) se réduit à $y^2 = 4ax$, et est immédiatement comparable à celle-ci, $y^2 = 2px$, en posant

$$4a = 2p, \quad \text{d'où} \quad p = 2a.$$

Ainsi la courbe est *une parabole* dont le foyer est en F, et qui a pour directrice LL'. Le point A est d'ailleurs le milieu de la distance FG, puisque l'on a

$$\text{FG} : \text{AG} :: 1 : 1.$$

Soit actuellement $m < 1$, auquel cas le coefficient de x^2 est *essentiellement positif*.

L'équation peut se mettre sous la forme

$$y^2 = (1 - m^2)\left(\frac{2a}{1 - m} \cdot x - x^2\right);$$

et en la comparant à celle-ci, $y^2 = \frac{\text{B}^2}{\text{A}^2}(2\text{A}x - x^2)$,

on en déduit $\text{A} = \frac{a}{1 - m}$, $\quad \frac{\text{B}^2}{\text{A}^2} = 1 - m^2$;

d'où $\quad \frac{\text{B}^2}{\text{A}} = \frac{a\,(1 - m^2)}{1 - m} = a(1 + m),$

et $\quad \text{B}^2 = \frac{a^2\,(1 - m^2)}{(1 - m)^2}$, d'où $\text{B} = \pm \frac{a}{1 - m}\sqrt{1 - m^2}.$

Ainsi, la courbe est *une ellipse* dont les axes principaux

sont $\dfrac{2a}{1 - m}$, $\quad \dfrac{2a}{1 - m}\sqrt{1 - m^2}$, et le paramètre, $2a(1 + m)$.

Le point F est d'ailleurs l'un des foyers dont la définition se trouve comprise dans celle de l'ellipse (*voyez* n° 226).

En effet, soit posé $x = \alpha$ dans l'équation

$$y^2 = (1 - m^2)\left(\frac{2\alpha}{1 - m}\, x - x^2\right);$$

il en résulte $y^2 = (1 - m^2)\dfrac{\alpha^2(1 + m)}{1 - m} = \alpha^2(1 + m)^2;$

d'où $\qquad y = \pm\, \alpha(1 + m) = \pm\, \dfrac{B^2}{A};$

or, on a vu (n° 246) que cette valeur est celle de l'ordonnée qui passe par chacun des foyers.

La construction du premier axe AB se réduit à trouver sur GF deux points A et B tels, qu'on ait

1°. $m : 1 :: FA : AG$, d'où $1 + m : m :: FG : FA;$

2°. $m : 1 :: FB : BG$, d'où $1 - m : m :: FG : FB;$

ce sont deux *quatrièmes proportionnelles* faciles à obtenir.

Quant au second axe, comme on connaît déjà le foyer F, il suffit de décrire de ce point comme centre et avec un rayon OA, moitié de AB, un arc de cercle qui coupe en deux points C, D, la perpendiculaire élevée par le point O.

Le second foyer F' s'obtient en prenant OF' = OF.

Soit enfin $m > 1$, auquel cas le coefficient de x^2 est *négatif* dans l'équation (3).

Elle peut être mise sous la forme

$$y^2 = (m^2 - 1)\left(\frac{2\alpha}{m - 1}\, x + x^2\right),$$

et comparée à $\qquad y^2 = \dfrac{B^2}{A^2}\,(2Ax + x^2),$

elle donne $\qquad A = \dfrac{\alpha}{m - 1}, \quad \dfrac{B^2}{A^2} = m^2 - 1,$

d'où $\quad \dfrac{B^2}{A} = \alpha(m + 1)$ et $B = \pm\, \dfrac{\alpha}{m - 1}\,\sqrt{m^2 - 1};$

donc la courbe est *une hyperbole* dont le premier axe, ou

l'axe transverse, est $\dfrac{2\alpha}{m-1}$, le second, $\dfrac{2\alpha}{m-1}\sqrt{m^2-1}$,
et le paramètre, $2\alpha(m+1)$.

Soit fait dans l'équation, $x = \alpha$; il en résulte

$$y^2 = (m^2 - 1)\,\frac{\alpha^2(1+m)}{1-m} = \alpha^2(m+1)^2;$$

d'où $\qquad\qquad y = \pm\,\alpha(m+1) = \pm\,\dfrac{B^2}{A};$

ce qui prouve que le point F est un des foyers de la courbe.

La construction des axes s'effectuerait comme pour l'ellipse ; mais il faut observer qu'elle doit s'effectuer de droite à gauche du point F ; car si l'on fait dans l'équation, $y = 0$, il vient

$$\frac{2\alpha}{m-1}\,x + x^2 = 0, \quad \text{ou} \quad x\left(\frac{2\alpha}{m-1} + x\right) = 0;$$

ce qui donne $\qquad x = 0 \quad \text{et} \quad x = -\dfrac{2\alpha}{m-1}.$

Ainsi les sommets A, B′ sont situés d'un même côté, par rapport au point F. Le contraire avait lieu dans l'ellipse.

N. B. On peut trouver dans les caractères $m < 1$, $m = 1$, $m > 1$, le motif des dénominations attribuées aux trois courbes.

L'hypothèse $m < 1$ donne l'ellipse ou *la courbe par défaut,*
$\qquad\qquad m = 1$ .... la parabole ou *la courbe par égalité,*
$\qquad\qquad m > 1$ .... l'hyperbole ou *la courbe par excès.*

On trouve encore ce motif dans les relations $y^2 < 2px$, $y^2 = 2px$, $y^2 > 2px$, déduites de l'équation $y^2 = 2px + qx^2$, suivant que q est < 0, $= 0$, ou > 0.

248. Dans l'ellipse et l'hyperbole, comme dans la parabole, la droite LL′ porte le nom de *directrice.*

Dans la parabole dont l'équation est $y^2 = 2px$, il suffit, pour obtenir la directrice, de prendre à la gauche de l'origine une distance AG $=$ AF $= \dfrac{p}{2}$, c'est-à-dire, une distance égale *au quart du paramètre,* puis d'élever au point G une perpendiculaire.

Dans l'ellipse qui a pour équation $A^2 y^2 + B^2 x^2 = A^2 B^2$, comme on a trouvé précédemment, $\dfrac{B^2}{A^2} = 1 - m^2$, on en déduit

$$ m^2 = 1 - \frac{B^2}{A^2} = \frac{A^2 - B^2}{A^2} = \frac{c^2}{A^2}, \quad \text{d'où} \quad m = \frac{c}{A}. $$

Le rapport $m : 1$ étant connu, et les points A , F étant d'ailleurs donnés de position , il suffit, pour déterminer le point G, de construire la quatrième proportionnelle

$$ c : A :: AF : AG. $$

On a de même, pour l'hyperbole, $m^2 - 1 = \dfrac{B^2}{A^2}$; d'où

$$ m^2 = \frac{A^2 + B^2}{A^2}, \text{ et par conséquent } m = \frac{c}{A}. $$

Enfin, il est évident que, dans chacune des **deux dernières courbes**, il existe deux directrices qui sont situées à égale distance du centre, sur le prolongement de AB pour l'ellipse, et entre les points A , B', pour l'hyperbole.

§ III. *Transformation de l'équation générale du second degré à deux variables*

$$ Ay^2 + Bxy + Cx^2 + Dy + Ex + F = 0. $$

249. *Introduction.* Pour compléter les notions préliminaires sur les courbes du second degré, il reste à faire voir que l'ellipse, l'hyperbole et la parabole, telles que nous les avons définies précédemment, *sont les seules courbes renfermées dans une équation quelconque du second degré à deux variables.*

Il semble, au premier abord, difficile de concevoir qu'il puisse y avoir identité entre toutes les courbes représentées par une équation aussi compliquée que celle ci-dessus , et les courbes dont les équations sont de la forme

$$My^2 + Nx^2 = P, \quad \text{ou} \quad y^2 = Qx.$$

La première désignant une ellipse ou une hyperbole, suivant que M, N, P sont positifs à la fois (n° 231), ou bien, que M étant positif, N est négatif et P négatif ou positif (n°ˢ 239 et 240); *la seconde* est comparable à l'équation de la parabole.

Mais observons que si, dans ces deux équations, on substitue à la place de x et de y, les valeurs

$$x = x \cos \alpha + y \cos \alpha' + a,$$
$$y = x \sin \alpha + y \sin \alpha' + b,$$

au moyen desquelles (n° 219) on passe d'un système de coordonnées rectangulaires à un système oblique d'origine différente, l'équation qui en résulte est de même forme que l'équation complète. Or, il est évident que cette transformation de coordonnées n'a changé en aucune manière la nature de la courbe; seulement, comme les nouveaux axes auxquels la courbe est rapportée, se trouvent dans une situation quelconque à l'égard de la courbe, l'équation qui la représente est plus compliquée que lorsqu'elle est rapportée à ses axes principaux.

Nous sommes donc en droit de conclure, par analogie, que lorsqu'une courbe exprimée par une équation complète du second degré, a été construite au moyen de cette équation, il existe dans le plan de cette courbe d'autres systèmes d'axes par rapport auxquels l'équation est plus simple et susceptible d'avoir l'une ou l'autre des deux formes ci-dessus indiquées.

250. C'est cette proposition que nous allons développer, en faisant voir que toute équation du second degré a deux variables, telle que

$$Ay^2 + Bxy + Cx^2 + Dy + Ex + F = 0, \dots (1)$$

peut toujours, par une transformation de coordonnées, être ramenée à l'une ou à l'autre des deux formes

$$M y^2 + N x^2 = P, \qquad y^2 = Q x.$$

Remarquons, avant tout, que rien n'empêche de supposer que la courbe soit primitivement rapportée à des axes rectangulaires ; car s'il en était autrement, on pourrait (n° 223) en conservant la même origine et le même axe des x, les rendre rectangulaires ; et l'équation résultante étant de même forme que l'équation (1), serait celle sur laquelle on aurait à opérer.

Cela posé, nous allons d'abord démontrer que, par un changement de direction d'axes, *on peut toujours faire évanouir le terme en* xy.

Pour cela, nous prendrons les formules

$$x = x \cos \alpha - y \sin \alpha,$$
$$y = x \sin \alpha + y \cos \alpha,$$

au moyen desquelles (n° 220) on passe d'un système rectangulaire à un système de même espèce ; l'angle α est ici une indéterminée (n° 225) qu'il s'agit de calculer d'après la condition que l'équation transformée soit privée du terme en xy, c'est-à-dire, de manière que le coefficient de ce terme soit *nul*.

Il vient par la substitution des valeurs de x et de y ci-dessus, dans l'équation (1),

$$
\begin{array}{l|l|l|l|l|l}
\begin{aligned}&A\cos^2\alpha\\&-B\sin\alpha\cos\alpha\\&+C\sin^2\alpha\end{aligned} &
\begin{aligned}&y^2+2A\sin\alpha\cos\alpha\\&\quad+B\cos^2\alpha\\&\quad-B\sin^2\alpha\\&\quad-2C\sin\alpha\cos\alpha\end{aligned} &
\begin{aligned}&xy+A\sin^2\alpha\\&\quad+B\sin\alpha\cos\alpha\\&\quad+C\cos^2\alpha\end{aligned} &
\begin{aligned}&x^2+D\cos\alpha\\&\quad-E\sin\alpha\end{aligned} &
\begin{aligned}&y+D\sin\alpha\\&\quad+E\cos\alpha\end{aligned} &
x+F=0
\end{array}
\quad \dots (2)
$$

Or, par hypothèse, le terme en xy doit disparaître de cette équation ; il faut donc trouver pour α une valeur telle, que l'on

ait $\qquad 2A \sin \alpha \cos \alpha + B \cos^2 \alpha - B \sin^2 \alpha - 2C \sin \alpha \cos \alpha = 0 ,$

ou bien , $\quad (A - C).2 \sin \alpha \cos \alpha + B (\cos^2 \alpha - \sin^2\alpha) = 0 ;$

ou , à cause de $\sin 2\alpha = 2\sin \alpha \cos \alpha, \ \cos 2\alpha = \cos^2\alpha - \sin^2 \alpha,$

$$(A - C) \sin 2\alpha + B \cos 2\alpha = 0 ;$$

équation d'où l'on tire, après avoir divisé par $\cos 2\alpha ,$

$$\tan g \ 2\alpha = -\frac{B}{A - C}.$$

Comme une tangente peut passer par tous les états de grandeur positive ou négative, même infinie, il s'ensuit que l'angle α est susceptible d'une détermination réelle, quels que soient les coefficiens A, B, C; par conséquent, *il est toujours possible de faire disparaître le terme en* xy.

Soient AX, AY les axes primitifs; pour construire les nouveaux, menons par le point A (*fig.* 143) une droite AL qui forme avec AX un angle ayant pour tangente, $-\dfrac{B}{A - C}$; divisons ensuite cet angle en deux parties égales par la ligne AB; cette dernière droite sera le nouvel axe des x, et AC perpendiculaire à AB, le nouvel axe des y.

Les formules (n° 49)

$$\cos 2\alpha = \frac{1}{\sqrt{1 + \tan g^2 \ 2\alpha}}, \ \sin 2\alpha = \cos 2\alpha \ \tan g \ 2\alpha,$$

donnent d'ailleurs pour les valeurs de $\cos 2\alpha$, $\sin 2\alpha$, correspondantes à celle de $\tan g \ 2\alpha$,

$$\cos. \ 2\alpha = \frac{A - C}{\sqrt{(A - C)^2 + B^2}}, \ \sin 2\alpha = \frac{- B}{\sqrt{(A - C)^2 + B^2}}.$$

Quant aux valeurs de $\sin \alpha$, $\cos \alpha$ qui entrent dans les coefficiens de l'équation (2), on les obtiendra, au moyen des formules (n° 65),

$$\sin \alpha = \sqrt{\frac{1 - \cos 2\alpha}{2}}, \ \ \cos \alpha = \sqrt{\frac{1 + \cos 2\alpha}{2}}.$$

Reportant ces valeurs dans (2), on parviendra à une équation telle que

$$M y^2 + N x^2 + R y + S x + F = 0 \ldots \ (3),$$

privée du terme en xy, et dans laquelle la quantité indépendante de x et de y, est restée la même que dans l'équation (1).

251. Tâchons actuellement, par une translation d'origine, de faire évanouir les termes du premier degré en x et en y.

Pour cela, faisons dans l'équation (3), $\left\{\begin{array}{l} x = x + a, \\ y = y + b, \end{array}\right\}$;
il vient

$$ My^2 + Nx^2 + (2Mb + R)y + (2Na + S)x \ldots. $$
$$ + Mb^2 + Na^2 + Rb + Sa + F = 0; \ldots (4) $$

et comme on veut que les termes en x et en y disparaissent, on
doit avoir $\left\{\begin{array}{l} 2Mb + R = 0, \\ 2Na + S = 0; \end{array}\right\}$ d'où $b = -\dfrac{R}{2M}$, $a = -\dfrac{S}{2N}$.

En considérant ces valeurs de a, b, on peut établir plusieurs
hypothèses qui vont être examinées successivement :

PREMIÈREMENT. Les coefficiens M, N des carrés y^2 et x^2 *peuvent être l'un et l'autre différens de* 0.

Dans ce cas, il est évident que a, b ont des valeurs *réelles
et finies*; on peut donc transporter l'origine en un nouveau
point A′ ayant pour coordonnées, $-\dfrac{S}{2N}$, $-\dfrac{R}{2M}$, et pour lequel
l'équation de la courbe rapportée aux axes A′X″, A′Y″, sera de
la forme $\qquad My^2 + Nx^2 = P$;

P désignant ce que devient $-(Mb^2 + Na^2 + Rb + Sa + F)$,
lorsqu'on y a mis pour a, b, leurs valeurs.

On pourrait avoir, soit R $= 0$, soit S $= 0$; auquel cas b
ou a serait nul; c'est-à-dire que la nouvelle origine se trouverait
placée sur l'axe AX′ ou sur l'axe AY′.

Ainsi, tant que M et N sont différens de 0, *on peut toujours
faire disparaître les termes linéaires en* x *et en* y.

252. EN SECOND LIEU, *supposons que l'un des carrés manque
dans l'équation;* qu'on ait, par exemple, N $= 0$; M, R et S,
ou au moins, M et S, *étant différens* de 0.

Dans ce cas, la valeur de b est réelle et finie; mais celle de
a se présente sous la forme de l'*infini*; et comme on ne saurait
transporter l'origine à une distance infinie, cela démontre
l'impossibilité de la transformation proposée.

En effet, pour $N = 0$, l'équation (3) se réduisant à

$$My^2 + Ry + Sx + F = 0,$$

on a pour l'équation (4) résultante de la substitution de $x + a$, $y + b$, à la place de x, y,

$$My^2 + (2Mb + R)y + Sx + Mb^2 + Rb + Sa + F = 0,$$

équation dont le terme en x ne renferme pas les indéterminées a, b; ce qui prouve qu'on ne peut disposer de ces quantités de manière à faire évanouir le terme en x; mais je dis qu'il est possible de *rendre nuls, le terme en* y *et la quantité indépendante de* x *et de* y.

Car si l'on pose $2Mb + R = 0$, $Mb^2 + Rb + Sa + F = 0$,

il en résulte $\quad b = -\dfrac{R}{2M}, \quad a = -\dfrac{Mb^2 + Rb + F}{S}$,

valeurs essentiellement réelles et finies, puisqu'on a supposé M et S différens de 0.

On pourrait même avoir $R = 0$, auquel cas b serait *nul*, et la valeur de a se réduirait à $a = -\dfrac{F}{S}$. La nouvelle origine se trouverait alors sur l'axe AX'.

Par cette transformation, l'équation est ramenée à la forme

$$My^2 + Sx = 0, \text{ ou } y^2 = Qx \ldots \left(\text{en faisant } -\frac{S}{M} = Q \right).$$

Concluons de là que, lorsque la disparition du rectangle xy de l'équation (1), a donné lieu à celle du terme en x^2, mais non à celle du terme en x, il est possible *de faire évanouir le terme en* y *et la quantité indépendante de* x *et de* y.

Soit, au contraire, $M = 0$; N, R, et S, ou au moins N et R *étant différens de* 0; on démontrerait de même, que l'équation peut être réduite à la forme $Nx^2 + Ry = 0 \ldots$ ou

$$x^2 = Qy \ldots \left(\text{en posant } -\frac{R}{N} = Q \right);$$

mais (n° 223) cette équation rentre dans la précédente, par l'échange de x en y et de y en x.

253. *Remarque.* On ne peut avoir en même temps $M = o$, $N = o$; car si l'on met pour M et N leurs valeurs tirées de l'équation (2)..., (*voyez* n° 250), il en résulte

$$A \cos^2 \alpha - B \sin \alpha \cos \alpha + C \sin^2 \alpha = o,$$

$$A \sin^2 \alpha + B \sin \alpha \cos \alpha + C \cos^2 \alpha = o;$$

d'où, en soustrayant ces deux équations l'une de l'autre,

$$(A - C)(\cos^2 \alpha - \sin^2 \alpha) - B.2 \sin \alpha \cos \alpha = o,$$

ou bien, $\qquad (A - C) \cos 2\alpha - B \sin 2\alpha = o,$

équation de laquelle on déduit, après avoir divisé par $\cos 2\alpha$,

$$\text{tang } 2\alpha = \frac{A - C}{B}.$$

Or, pour que ce résultat s'accorde avec la valeur de tang 2α obtenue par la disparition du terme en xy, savoir :

$$\text{tang } 2\alpha = - \frac{B}{A - C},$$

il faut que l'on ait

$$\frac{A - C}{B} = - \frac{B}{A - C}; \quad \text{d'où} \quad \overline{A - C}^2 + B^2 = o;$$

ce qui ne peut être que dans le cas de $A = C$ et $B = o$; *hypothèse inadmissible,* puisqu'on a supposé d'abord que l'équation (1) renfermait le terme en xy.

254. Troisièmement. Supposons que l'on ait à la fois $N = o$, $S = o$; c'est-à-dire que la disparition du terme en xy ait donné lieu *à la disparition simultanée des termes en* x^2 *et* x.

Dans ce cas, la valeur de b trouvée n° 251, est réelle et finie; mais celle de a se présente sous la forme $\frac{o}{o}$.

Pour interpréter ce résultat, remontons à l'équation (3)

qui se réduit alors à $My^2 + Ry + F = 0$; d'où

$$y = -\frac{R}{2M} \pm \frac{1}{2M} \sqrt{R^2 - 4FM}.$$

Comme cette nouvelle équation ne renferme plus qu'une seule variable, elle représente (n° 176) *un système de deux droites* EF, GH (*fig.* 143) *parallèles* à l'axe AX'. Ce n'est donc plus une courbe proprement dite qu'on obtient, mais bien l'une *des variétés* comprises dans l'équation générale du second degré à deux variables; variétés que nous apprendrons tout à l'heure à distinguer dans les différentes classes de courbes.

Les valeurs $b = -\dfrac{R}{2M}$, $a = \dfrac{0}{0}$, dont la seconde est sous la forme *indéterminée*, s'accordent d'ailleurs très bien avec le cas particulier dont il s'agit.

En effet, si l'on porte sur l'axe AY' une distance AI égale à $-\dfrac{R}{2M}$, et que par le point I, on mène IX'' parallèle à AX', on pourra prendre IX'' pour nouvel axe des x, puis une perpendiculaire A'Y'' menée par un point quelconque de la ligne IX'', pour nouvel axe des y; et l'équation du système des deux parallèles EF, GH, sera ramenée à la forme

$$y = \pm \frac{1}{2M} \sqrt{R^2 - 4FM} = \pm K.$$

C'est donc avec raison que l'abscisse de la nouvelle origine reste tout-à-fait *indéterminée*.

En résumant ce qui précède, on doit regarder comme rigoureusement établi, que *toute équation du second degré à deux variables peut, au moyen d'une double transformation de coordonnées, être ramenée à l'une des deux formes* $My^2 + Nx^2 = P$, $y^2 = Qx$; excepté dans un cas tout particulier, celui où, par la disparition du terme en xy, le carré et la première puissance d'une même variable disparaissent également; mais on sait qu'alors la courbe se réduit à *un système de deux droites parallèles.*

255. *Discussion* des équations $My^2 + Nx^2 = P$, $y^2 = Qx$. On peut toujours admettre que dans la première, le coefficient M soit *positif*, puisque, s'il était négatif, il suffirait de changer les signes des deux membres.

Cela posé, il peut se présenter différens cas, par rapport aux signes et aux valeurs des autres coefficiens.

1°. Soient N et P *positifs* en même temps que M.

L'équation $My^2 + Nx^2 = P$ représente (n° 231) une ellipse, qui devient *un cercle* (n° 232) dans le cas particulier de $M = N$.

Seconde variété : N *positif* et P *négatif*. Dans ce cas, l'équation est évidemment impossible; c'est-à-dire qu'à des valeurs de x quelconques, il correspond des valeurs imaginaires pour y. On dit alors que la courbe est *imaginaire*.

Troisième variété. Soient N *positif* et $P = 0$; l'équation $My^2 + Nx^2 = 0$, ne peut évidemment être satisfaite que par le système $(y = 0, x = 0)$; donc la courbe se réduit *à un point*.

2°. Supposons N et P *négatifs*; l'équation $My^2 - Nx^2 = -P$ représente (n° 239) une hyperbole rapportée à son axe transverse comme axe des x.

3°. N *négatif* et P *positif*; l'équation $My^2 - Nx^2 = P$ est (n° 240) celle d'une hyperbole rapportée à son second axe.

Première variété : $N = -M$, p étant *négatif* ou *positif*; on a (n° 236) une hyperbole *équilatère*.

Deuxième variété : N *négatif* et $P = 0$; l'équation se réduisant à $My^2 - Nx^2 = 0$, donne $y = \pm \sqrt{\dfrac{N}{M}}$, et représente *un système de deux droites qui se coupent à l'origine*.

Ce sont les seules circonstances relatives à la première équation.

Quant à la seconde équation $y^2 = Qx$, il peut se faire que Q soit *positif* ou *négatif*.

Dans le premier cas, l'équation représente évidemment une parabole dont le paramètre $2p$ est égal au coefficient Q.

Dans le second, comme en changeant x en $-x$, l'équation $y^2 = -Qx$ devient $y^2 = Qx$, il s'ensuit que la courbe est encore une parabole; seulement, elle est dirigée dans le sens des x négatifs; mais en pliant la figure suivant l'axe des y, on remet la courbe dans la situation ordinaire.

Variétés. Le cas discuté n° 254 et dans lequel on suppose $N = o$, $S = o$, est regardé comme une variété de la parabole, par la raison que $N = o$, est le caractère général des paraboles.

On a trouvé (n° 254) $\quad y = -\dfrac{1}{2M} \pm \dfrac{1}{2M} \sqrt{R^2 - 4MF}$;

et suivant que l'on a $R^2 - 4MF > o$, $= o$, ou $< o$, le résultat représente *deux droites parallèles, une seule droite* ou *deux droites imaginaires.*

Il résulte de cette discussion, que toute équation du second degré à deux variables, ne peut jamais représenter qu'*une ellipse,* ayant pour variétés, *le cercle, un point, une courbe imaginaire;*

ou *une hyperbole,* ayant pour variétés l'*hyperbole équilatère, un système de deux droites qui se coupent;*

ou bien enfin, *une parabole* dont les variétés sont *un système de deux droites parallèles, une seule ligne droite,* ou *deux droites imaginaires.*

256. Nous reviendrons, dans le sixième chapitre, sur la discussion de l'équation générale par la transformation des coordonnées.

Pour le moment, nous nous bornerons à calculer les valeurs générales des coefficiens M, N, correspondantes à celle de tang 2α, parce qu'elles fournissent très simplement un caractère distinctif pour chacune des trois courbes.

On a (n° 250)...$\begin{cases} M = A \cos^2 \alpha - B \sin \alpha \cos \alpha + C \sin^2 \alpha, \\ N = A \sin^2 \alpha + B \sin \alpha \cos \alpha + C \cos^2 \alpha. \end{cases}$

Cela posé, on obtient d'abord, par l'addition de ces équations,

$$M + N = A + C \ldots. \quad (1)$$

(à cause de $\sin^2 \alpha + \cos^2 \alpha = 1$).

Leur soustraction donne

$$M - N = (A - C)(\cos^2 \alpha - \sin^2 \alpha) - B \cdot 2\sin\alpha\cos\alpha,$$

ou bien, $\quad M - N = (A - C)\cos 2\alpha - B\sin 2\alpha;$

mais on a trouvé (n° 250),

$$\cos 2\alpha = \frac{A - C}{\sqrt{(A - C)^2 + B^2}}, \; \sin 2\alpha = \frac{-B}{\sqrt{(A - C)^2 + B^2}};$$

donc $\quad M - N = \dfrac{(A - C)^2 + B^2}{\sqrt{(A - C)^2 + B^2}}$, ou réduisant,

$$M - N = \sqrt{(A - C)^2 + B^2} \ldots (2)$$

Par conséquent, $\quad \begin{cases} M = \dfrac{A + C}{2} + \dfrac{1}{2}\sqrt{(A - C)^2 + B^2}, \\[2ex] N = \dfrac{A + C}{2} - \dfrac{1}{2}\sqrt{(A - C)^2 + B^2}. \end{cases}$

Si l'on multiplie ces deux expressions entre elles, on trouve

$$MN = \frac{(A + C)^2}{4} - \frac{1}{4}\left(\overline{A - C}^2 + B^2\right) = \frac{1}{4}(4AC - B^2);$$

d'où l'on voit que M et N sont de même signe, toutes les fois que $4AC - B^2$ est positif, ou plutôt, $B^2 - 4AC$ *négatif;* que ces coefficiens sont de signes contraires, si $B^2 - 4AC$ est *positif;* et qu'enfin l'un d'eux est *nul,* si l'on a $B^2 - 4AC = 0$. Donc enfin, les trois courbes sont caractérisées de la manière suivante :

$$B^2 - 4AC < 0 \quad \text{l'ellipse et ses variétés,}$$
$$B^2 - 4AC = 0 \quad \text{la parabole et ses variétés,}$$
$$B^2 - 4AC > 0 \quad \text{l'hyperbole et ses variétés.}$$

257. La relation $M + N = A + C$ prouve que, lorsqu'une équation du second degré appartient à une *hyperbole* équilatère, auquel cas on doit avoir $N = -M$, d'où $M + N = 0$, il faut que l'on ait aussi $A + C = 0$, d'où $C = -A$.

Réciproquement, $A + C = o$ donne $M + N = o$; d'où $N = -M$, et l'hyperbole est équilatère.

Considérations générales sur les courbes du second degré. Diamètres conjugués de l'ellipse et de l'hyperbole. Axes conjugués de la parabole.

258. Chacune des trois courbes du second degré offre dans son cours un caractère qui lui est propre et qui peut servir à la distinguer des deux autres.

Ainsi, l'ellipse, telle que nous l'avons définie (n° 226), est une courbe *rentrante et fermée* comme le cercle, ou une courbe *limitée dans tous les sens*.

L'hyperbole est une courbe composée de *deux branches égales et opposées* qui s'étendent *l'une et l'autre indéfiniment*.

Enfin, la parabole s'étend *indéfiniment dans un seul sens*; et elle n'a qu'une seule branche.

Cela posé, considérons de nouveau les équations

$$My^2 + Nx^2 = P,\dots(1) \qquad\qquad y^2 = Qx;\dots(2)$$

et supposons qu'en cherchant à fixer la position d'un certain lieu géométrique, par rapport à des axes obliques, on soit parvenu à l'une ou l'autre de ces équations, pour représenter ce lieu géométrique, je dis que *la première appartient à une ellipse ou à une hyperbole,* suivant que M et N sont *de même signe* ou *de signes contraires,* et que *la seconde appartient à une parabole.*

En effet, soient d'abord M et N *positifs;* P doit aussi être supposé *positif;* autrement l'équation (1) serait *impossible.*

On déduit de l'équation, $y = \pm \sqrt{\dfrac{N}{M}\left(\dfrac{P}{N} - x^2\right)};$

Or, il est évident, d'après l'inspection de ce résultat, qu'en donnant à x (*fig.* 144) des valeurs positives ou négatives, numériquement moindres que $\sqrt{\dfrac{P}{N}}$, on obtient pour y des valeurs réelles; mais que pour toute valeur de x plus grande que $\sqrt{\dfrac{P}{N}}$, les valeurs correspondantes de y sont imaginaires. La courbe est donc limitée dans le sens des x négatifs, par deux parallèles à l'axe des y, menées à des distances de l'origine, qui sont marquées par $x = \sqrt{\dfrac{P}{N}}$ et $x = -\sqrt{\dfrac{P}{N}}$, valeurs pour chacune desquelles on trouve $y = \pm\, 0$; ce qui démontre même que la courbe est tangente à ces deux parallèles.

En résolvant l'équation par rapport à x, on démontrerait encore qu'elle est limitée dans le sens des y positifs et dans celui des y négatifs par deux parallèles à l'axe des x, menées aux distances $y = +\sqrt{\dfrac{P}{M}}$, $y = -\sqrt{\dfrac{P}{M}}$; et que la courbe est tangente à ces deux droites.

Donc, la courbe est *une ellipse.*

25g. Soient maintenant M *positif,* N *négatif, et* P *négatif ou positif;* l'équation résolue, par rapport à y, donne

$$y = \pm\, \sqrt{\frac{N}{M}\left(x^2 - \frac{P}{N}\right)}, \text{ ou } y = \pm\, \sqrt{\frac{N}{M}\left(x^2 + \frac{P}{N}\right)}.$$

Dans le premier cas, on voit que pour des valeurs de x (*fig.* 145) positives ou négatives, numériquement plus petites Fig. 145. que $\sqrt{\dfrac{P}{N}}$, les valeurs de y correspondantes sont imaginaires; et lorsqu'on suppose à x des valeurs plus grandes que $\sqrt{\dfrac{P}{N}}$, on obtient pour y des valeurs toujours réelles, quelque grande que soit d'ailleurs la valeur de x. Ainsi, la courbe n'a aucun point situé entre les deux parallèles à l'axe des y, menées aux distances $x = +\sqrt{\dfrac{P}{N}}$ et $-\sqrt{\dfrac{P}{N}}$; mais elle s'étend indéfiniment à droite et à gauche de ces deux parallèles auxquelles elle est tangente, puisque pour $x = \pm \sqrt{\dfrac{P}{N}}$, on obtient $y = \pm 0$.

Fig. 146.   Dans le second cas, il est clair qu'à des valeurs de x (*fig.* 146) quelconques, positives ou négatives, il correspond toujours des valeurs de y réelles.

Pour $x = 0$, on trouve $y = \pm \sqrt{\dfrac{P}{M}}$; et cette valeur est le *minimum* de celles que peut recevoir y; ainsi la courbe ne rencontre pas l'axe des x, et elle se compose de deux branches opposées qui s'étendent indéfiniment à droite et à gauche de l'axe des y, l'une au-dessus et l'autre au-dessous de l'axe des x.

Donc dans les deux cas, la courbe est *une hyperbole*.

260. Considérons enfin l'équation $y^2 = Qx$ dans laquelle on peut toujours supposer Q positif, puisque, s'il était négatif, il suffirait de changer x en $— x$, ce qui reviendrait à changer la position de la figure.

Or, on tire de cette équation, $y = \pm \sqrt{Qx}$;

Fig. 147.   et l'on voit que, pour des valeurs de x (*fig.* 147) positives quelconques, on obtient constamment des valeurs réelles pour y; mais en donnant à x des valeurs négatives, on a pour y des valeurs imaginaires; ainsi, la courbe s'étend indéfiniment à la droite de l'axe des y, et n'a aucun point à la gauche de cet axe, qui est d'ailleurs tangent à la courbe; car pour $x = 0$, on trouve $y = \pm 0$.

Donc la courbe est une parabole.

261. *Notions sur les diamètres* dans les courbes du second degré.

On appelle, en général, DIAMÈTRE, *une ligne,* DROITE ou COURBE, *qui passe par les milieux de toutes les cordes parallèles entre elles et menées sous une direction fixe mais quelconque.*

Il résulte de cette définition, que chacun des deux axes

Fig. 144,
145, 146.   (*fig.* 144... 146) auxquels on a supposé (nᵒˢ 258, 259), la courbe rapportée, est un *diamètre*.

En effet, puisqu'à une même valeur de x, il correspond deux valeurs de y égales et de signes contraires, et réciproquement, il s'ensuit que l'axe des x passe par les milieux de toutes les cordes parallèles à l'axe des y; que celui-ci passe aussi par les milieux de toutes les cordes parallèles à l'axe des x.

De plus, comme chacun de ces deux diamètres jouit de la propriété de diviser en deux parties égales toutes les cordes parallèles à l'autre, on est convenu de les désigner sous le nom de *diamètres conjugués,* et l'équation $\qquad My^2 + Nx^2 = P$ est alors l'équation d'une ellipse ou d'une hyperbole, *rapportée à un système de diamètres conjugués.*

Les axes principaux de ces deux courbes forment un système *de diamètres conjugués perpendiculaires entre eux,* puisque leur équation est de la forme ci-dessus.

Quant à la parabole (n° 260) l'axe des x (*fig.* 148) seul est Fig. 148. *un diamètre ;* et l'on dit, dans ce cas, que la courbe est *rapportée à un diamètre* comme axe des x; celui des y est tangent à la courbe. Le système de ces deux axes s'appelle *un système d'axes conjugués.*

Le premier axe principal de la parabole est aussi *un diamètre ;* et les axes conjugués sont *perpendiculaires entre eux.*

262. Je dis maintenant que dans les trois courbes du second degré, tous les *diamètres sont des lignes droites* qui, pour l'ellipse et l'hyperbole, *passent par le centre ,* et pour la parabole, sont *parallèles à l'axe principal.*

Pour démontrer ces propriétés par l'analyse, nous nous proposerons la question suivante : *Trouver l'équation du lieu géométrique des points milieux d'une suite de cordes de la courbe, parallèles entre elles et menées sous une direction arbitraire.*

Or, cette question est facile à traiter ; elle se réduit à combiner l'équation de la courbe avec celle d'une droite quelconque, à déterminer les coordonnées des deux points d'intersection, et à en déduire ensuite les coordonnées du point milieu de la distance comprise entre ces deux points.

Ellipse. L'équation de cette courbe rapportée à son centre et à ses axes (*fig.* 148) étant $\quad A^2 y^2 + B^2 x^2 = A^2 B^2, \dots (1)$

on a pour l'équation d'une droite MM', $\quad y = ax + b \dots (2)$

Mettons dans l'équation (1), pour y sa valeur (2); il vient

$$(A^2 a^2 + B^2)x^2 + 2A^2 ab . x + A^2(b^2 - B^2) = 0 \dots (3)$$

Cette équation résolue donnerait les abscisses des deux points M, M'; mais ce calcul est inutile. En effet, soient x', y' et x'', y'' les coordonnées de ces deux points, on a (n° 190) pour les coordonnées α, ς du point milieu N,

$$\alpha = \frac{x' + x''}{2}, \qquad \varsigma = \frac{y' + y''}{2};$$

d'un autre côté, l'on sait que dans toute équation du second degré, le coefficient du second terme, pris en signe contraire, est égal à la somme des racines; on a donc, dans ce cas-ci,

$$x' + x'' = - \frac{2A^2 ab}{A^2 a^2 + B^2}; \quad \text{et par conséquent,}$$

$$\frac{x' + x''}{2}, \text{ ou } \alpha = - \frac{A^2 ab}{A^2 a^2 + B^2}.$$

Afin d'obtenir la valeur de ς, on pourrait remplacer dans l'équation (1), x par sa valeur tirée de l'équation (2), ce qui donnerait une équation en y dont la moitié du coefficient du second terme, pris en signe contraire, serait égal à ς; mais il est plus simple d'observer que, comme le point α, ς appartient à la corde, ς n'est autre chose que la valeur de y correspondante à $x = \alpha$ dans l'équation (2); on trouve par ce moyen, $\quad \varsigma = - \dfrac{A^2 a^2 b}{A^2 a^2 + B^2} + b = \dfrac{B^2 b}{A^2 a^2 + B^2}.$

Maintenant, si l'on divise les valeurs de ς et de α l'une par l'autre, il vient $\dfrac{\varsigma}{\alpha} = - \dfrac{B^2}{A^2 a}.$

Ce résultat étant indépendant de la quantité b qui fixe la position de la corde MM′ (a en détermine la direction), serait encore le même pour le point milieu ($6′$, $\alpha′$) de toute autre corde parallèle à la première; c'est-à-dire qu'on aurait

$$\frac{6′}{\alpha′} = - \frac{B^2}{A^2 a}, \qquad \frac{6″}{\alpha″} = - \frac{B^2}{A^2 a} \ldots$$

Donc si l'on représente, en général, par y et x les coordonnées de tous les points milieux, la relation

$$\frac{y}{x} = - \frac{B^2}{A^2 a}, \text{ ou } y = - \frac{B^2}{A^2 a}\, x$$

convient à chacun d'eux, et par conséquent, caractérise leur *lieu géométrique*. Or, cette équation est (n° 173) celle d'une droite passant par l'origine. Ainsi *tous les diamètres de l'ellipse sont des lignes droites qui passent par le centre.*

Réciproquement, *toute droite menée par le centre est un diamètre;* car, si l'on désigne par $a′$ la tangente de l'angle que forme cette droite avec l'axe des x, et qu'on établisse la relation $a′ = - \dfrac{B^2}{A^2 a}$, on en déduit $a = - \dfrac{B^2}{A^2 a′}$;

et en menant une suite de cordes parallèles qui forment avec l'axe des x l'angle correspondant à cette valeur de a, on aura, d'après ce qui vient d'être dit, pour l'équation du lieu géométrique des points milieux de ces cordes,

$$y = - \frac{B^2}{A^2 a}\, x, \text{ ou } y = a′x$$

qui n'est autre chose que l'équation de la droite donnée.

Hyperbole. Les calculs étant absolument semblables pour cette courbe, nous ne les répéterons pas.

On trouverait pour l'équation générale des diamètres (*fig.* 149), Fig. 149.

$$y = \frac{B^2}{A^2 a}\, x,$$

puisqu'il suffit (n° 235) de changer B^2 en $— B^2$ dans les résultats précédens.

Parabole. Combinons son équation $\quad y^2 = 2px\ldots$ (1)

Fig. 150. avec celle d'une droite quelconque MM' (*fig.* 150)

$$y = ax + b\ldots (2)$$

On tire de l'équation (2), $x = \dfrac{y - b}{a}$; d'où, substituant

dans l'équation (1) et ordonnant, $y^2 - \dfrac{2p}{a}y + \dfrac{2pb}{a} = 0\ldots(3)$

Ce qui donne pour la valeur de l'ordonnée $\mathfrak{C}$ du point milieu N,

$$\mathfrak{C} = \frac{y' + y''}{2} = \frac{p}{a} ;$$

résultat indépendant de la quantité b et qui convient au point milieu de toute autre corde parallèle à la première.

Donc, en appelant y l'ordonnée générale de tous les points milieux, on a $y = \dfrac{p}{a}$, pour l'équation de *leur lieu géométrique ;* mais cette équation est évidemment celle d'une droite parallèle à l'axe des x ; ainsi, *tous les diamètres de la parabole sont des droites parallèles à l'axe principal.*

Réciproquement, toute ligne telle que LL' parallèle au premier axe, est *un diamètre,* et l'on peut facilement déterminer la direction des cordes qu'elle divise en deux parties égales.

En effet, soit y' l'ordonnée constante de cette droite ; en posant $y' = \dfrac{p}{a}$, d'où $a = \dfrac{p}{y'}$, on mènera des cordes formant avec l'axe des x l'angle correspondant à cette tangente ; et l'équation du lieu géométrique de leurs points milieux sera

$$y = \frac{p}{a}, \text{ ou } y = y',$$

laquelle n'est autre chose que l'équation de la droite donnée.

263. *Conséquences.* La relation $a' = - \dfrac{B^2}{A^2 a}$ obtenue n° 262,

et de laquelle on déduit $aa' = -\dfrac{B^2}{A^2}$, conduit à une consé-

quence fort importante :

Soit un diamètre quelconque LL' (*fig.* 148) ayant pour *Fig.* 148.

équation $\qquad y = a'x$;

celle du diamètre II' parallèle aux cordes que le premier divise

en deux parties égales, est $y = -\dfrac{B^2}{A^2 a'}\, x$, ou $y = ax$.

Réciproquement, si l'on considère le diamètre II' qui a pour

équation $\qquad y = ax$,

celle du diamètre parallèle aux cordes que II' divise en deux

parties égales, est $y = -\dfrac{B^2}{A^2 a}\, x$, ou $y = a'x$. Ainsi ce se-

cond diamètre n'est autre chose que LL'.

Il résulte de là que LL' et II' forment (n° **261**) *un système
de diamètres conjugués*, puisque chacun d'eux divise en deux
parties égales toutes les cordes parallèles à l'autre.

Comme, d'ailleurs, le diamètre LL' a été mené à volonté par
le point O, il s'ensuit que, dans toute ellipse, il existe *une
infinité de systèmes de diamètres conjugués.*

Connaissant la direction de l'un de ces diamètres, LL' par
exemple, pour obtenir son conjugué, il suffit de *tracer une
corde quelconque Mm parallèle à LL', puis de joindre le point
O au milieu de Mm ; cette ligne de jonction sera le diamètre
demandé.*

264. La relation $aa' = -\dfrac{B^2}{A^2}$ prouve encore que le système *des axes principaux* est le seul système *de diamètres
conjugués rectangulaires ;* car, pour que deux diamètres conjugués soient perpendiculaires entre eux, il faut (n° 155)
que l'on ait entre a et a' la relation $aa' + 1 = 0$, ou
$aa' = -1$. Or, cette équation ne peut en général s'accorder avec $aa' = -\dfrac{B^2}{A^2}$, qu'autant que l'on a

$$- \frac{B^2}{A^2} = - 1 ; \quad \text{d'où} \quad B = A.$$

Ce qui ne peut avoir lieu tant que la courbe est une *ellipse proprement dite*, et non *un cercle*.

Cependant si l'on suppose, dans la relation $aa' = - \dfrac{B^2}{A^2}$, $a = 0$, il en résulte $a' = \infty$; ce qui prouve que lorsqu'un des diamètres se confond avec l'axe des x, l'autre se confond avec celui des y ; et alors les deux diamètres sont perpendiculaires entre eux.

Comme c'est la seule circonstance où les équations $aa' = - 1$ et $aa' = - \dfrac{B^2}{A^2}$ puissent s'accorder entre elles, on doit conclure que les axes forment le *seul système de diamètres conjugués perpendiculaires entre eux*.

Dans le cas particulier de $B = A$, la relation $aa' = - 1$ est satisfaite, quel que soit le système de diamètres conjugués ; donc, dans le cercle, *il existe une infinité de systèmes de diamètres conjugués perpendiculaires entre eux* ; et, en effet, l'équation du cercle rapporté à un système quelconque d'axes rectangulaires menés par le centre, est toujours de la forme

$$y^2 + x^2 = A^2, \quad \text{A étant le rayon.}$$

265. Les mêmes conséquences ont lieu pour l'hyperbole, et se démontreraient absolument de la même manière ; mais il existe une circonstance particulière à cette courbe.

Fig. 149. La relation $aa' = \dfrac{B^2}{A^2}$, qui existe entre les directions de deux diamètres conjugués, nous montre que si l'un d'eux LL' (*fig.* 149) rencontre la courbe, auquel cas, en appelant a la tangente qui lui correspond, on a (n° 238) $a < \dfrac{B}{A}$, il faut, par compensation, que l'on ait $a' > \dfrac{B}{A}$; donc le second diamètre II' ne rencontre pas la courbe. Ainsi, pour chaque système de diamètres conjugués, l'un est *transverse* et l'autre *non transverse*.

La même relation $aa' = \dfrac{B^2}{A^2}$, prouve encore que les deux angles LOX, IOX sont *de même espèce*, c'est-à-dire, tous les deux aigus, ou tous les deux obtus, puisque leurs tangentes sont de même signe; ainsi la différence de ces deux angles ne peut jamais être *un angle droit*, à moins que l'on n'ait $a = o$, ce qui donne $a' = \infty$; et les deux diamètres se confondent alors avec les axes principaux.

L'hypothèse $B = A$ donne $aa' = 1$, ou $a' = \dfrac{1}{a}$; ce qui veut dire que les deux angles LOX, IOX sont complémens l'un de l'autre, dans l'hyperbole *équilatère*, quel que soit le système de diamètres conjugués que l'on considère.

266. Quant à la parabole, si l'on considère un point quelconque L (*fig.* 150) sur la courbe, et qu'en appelant y' son ordonnée, on établisse la relation $y' = \dfrac{p}{a}$, d'où $a = \dfrac{p}{y'}$ (*voyez* n° 262), la droite II' menée au point L, et formant avec l'axe des x un angle dont la tangente est a ou $\dfrac{p}{y'}$, sera l'axe conjugué du diamètre LL', c'est-à-dire, la droite pour laquelle toutes les cordes qui lui sont parallèles sont divisées en deux parties égales par le diamètre LL'. Cette ligne est d'ailleurs *tangente* à la courbe, d'après ce qui a été dit n° 260.

Ainsi, dans la parabole, il existe *une infinité de systèmes d'axes conjugués*, dont *un seul*, celui des axes principaux, est rectangulaire, puisque a, ou $\dfrac{p}{y'}$ ne peut être infini qu'autant que l'on a $y' = o$; auquel cas le point que l'on considère, se confond avec le point A.

Fig. 150.

§ IV. *Identité des courbes du second degré avec les sections du cône.*

267. Les courbes du second degré sont aussi appelées *sections coniques*, parce qu'on les obtient en coupant un cône par un plan, et que ce sont les seules qu'on puisse obtenir.

Pour le démontrer, proposons-nous de rechercher l'équation de la courbe qui résulte de l'intersection d'un cône droit
Fig.151. SADBE (*fig.* 151) par un plan quelconque.

Soient SC l'axe du cône, CD le rayon de la base, LL' la trace du *plan sécant* sur celui de la base, et OMO'M' la courbe d'intersection.

Abaissons du point C, CG perpendiculaire sur LL'; puis, par SC et CG conduisons un nouveau plan (que nous appellerons *plan principal* ; c'est ainsi qu'on nomme tout plan qui passe par l'axe du cône); l'intersection de ce plan avec celui de la courbe est une droite O'OG perpendiculaire à LL' , d'après une proposition connue des plans, et c'est cette ligne OO' que nous prendrons pour l'axe des x; OY parallèle à LL', ou perpendiculaire à OO', sera l'axe des y.

Par un point quelconque P de OO', concevons un plan parallèle à la base, et dont l'intersection avec le cône est, comme on le sait déjà, une circonférence de cercle. Ce plan coupe le plan principal suivant IH parallèle à AB, et le plan sécant suivant une ligne MPM' parallèle à LL', et, par conséquent, perpendiculaire à la fois à OO' et IH (puisque LL' est elle-même perpendiculaire à GO et GC).

Maintenant, faisons

$$OP = x, \quad MP = y, \quad SO = a, \quad \text{angle } SOO' = \alpha,$$

$$\text{angle OSO'}, \quad \text{ou} \quad ASB = \mathscr{C}; \text{ d'où } ASC = \frac{1}{2}\mathscr{C};$$

$$\text{et } SAB = 100^{\text{o}} - \frac{1}{2}\mathscr{C}.$$

Cela posé, comme MP est une ordonnée commune au cercle et à la courbe, on a (n° 166)

$$y^2 = \text{IP} \times \text{PH} ;\ldots\ (1)$$

et la question se réduit à déterminer IP, PH en fonction de x et des quantités données.

Or, le triangle OIP donne

$$\text{IP} : \text{OP} :: \sin \text{IOP} : \sin \text{OIP},$$

ou, à cause de $\sin \text{IOP} = \sin \text{SOO}' = \sin \alpha$,

$$\sin \text{OIP} = \sin \text{SAB} = \cos \tfrac{1}{2}\varsigma.$$

$$\text{IP} : x :: \sin \alpha : \cos \tfrac{1}{2}\varsigma; \quad \text{donc} \quad \text{IP} = \frac{x \sin \alpha}{\cos \tfrac{1}{2}\varsigma}.$$

Avant de déterminer PH, recherchons la valeur de OO'; on a, d'après le triangle SOO',

$$\text{OO}' : \text{OS} :: \sin \text{OSO}' : \sin \text{OO'S}, \quad \text{ou} \quad \text{OO}' : a :: \sin \varsigma : \sin(\alpha + \varsigma);$$

d'où

$$\text{OO}' = \frac{a \sin \varsigma}{\sin(\alpha + \varsigma)}.$$

On en déduit $\text{PO}' = \text{OO}' - \text{OP} = \dfrac{a \sin \varsigma}{\sin(\alpha + \varsigma)} - x.$

Actuellement, le triangle PO'H donne

$$\text{PH} : \text{PO}' :: \sin \text{PO'H} : \sin \text{PHO}',$$

ou bien, $\text{PH} : \dfrac{a \sin \varsigma}{\sin(\alpha + \varsigma)} - x :: \sin(\alpha + \varsigma) : \cos \tfrac{1}{2}\varsigma;$

donc

$$\text{PH} = \frac{a \sin \varsigma - x \sin(\alpha + \varsigma)}{\cos \tfrac{1}{2}\varsigma}.$$

Substituant les valeurs de IP, PH dans l'équation (1), on obtient pour l'équation de la courbe cherchée,

$$y^2 = \frac{x \sin \alpha}{\cos \tfrac{1}{2}\varsigma}\left(\frac{a \sin \varsigma - x \sin(\alpha + \varsigma)}{\cos \tfrac{1}{2}\varsigma}\right),$$

ou $$ y^2 = \frac{\sin \alpha}{\cos^2 \frac{1}{2} \mathcal{C}} \left[a \sin \mathcal{C} . x - \sin (\alpha + \mathcal{C}) . x^2 \right] \dots\dots \ (2) $$

268. Cette équation étant du second degré, il s'ensuit d'abord que *toutes les sections coniques sont des courbes du second degré.*

De plus, en la comparant à l'équation $y^2 = 2px + qx^2$, qui (n° 246) représente une ellipse, une parabole, ou une hyperbole, suivant que q est négatif, égal à o, ou positif, on reconnaît que la section est *une ellipse*, toutes les fois que le coefficient $-\dfrac{\sin \alpha \sin (\alpha + \mathcal{C})}{\cos^2 \frac{1}{2} \mathcal{C}}$ est négatif; *une parabole*, si ce coefficient est nul; et *une hyperbole*, lorsqu'il est positif.

Mais remarquons que dans l'expression de ce coefficient, $\cos^2 \frac{1}{2} \mathcal{C}$ est une quantité essentiellement positive; il en est de même de sin α, tant qu'on suppose α compris entre o° et 200°. (Or, nous verrons tout à l'heure qu'il est inutile de lui donner des valeurs plus grandes.) Ainsi le coefficient de x^2 dépend uniquement du signe de sin $(\alpha + \mathcal{C})$.

Cela posé, afin de mettre le plan sécant dans les situations propres à donner toutes les sections coniques possibles, nous supposerons que ce plan tourne autour de la ligne OY (*fig.* 151) comme charnière, en sorte que la ligne OO′, d'abord couchée suivant OS, forme ensuite tous les angles possibles avec OS.

En premier lieu, la droite OG étant couchée sur OS, la trace du plan sécant sur la base est une tangente KK′ à cette base, et il est visible que le plan touche la surface suivant AS; ainsi la section est, dans ce cas particulier, *une ligne droite.*

En effet, soit $\alpha = $ o, l'équation se réduit à $y^2 = $ o.

Supposons actuellement que la droite GOO′ soit dans une

position telle, qu'elle rencontre les deux génératrices SA, SB d'un même côté du point S; on a évidemment, dans ce cas, $a + \mathcal{C} < 200°$, d'où $\sin (a + \mathcal{C})$ *positif*, et $- \sin (a + \mathcal{C})$ *négatif*; donc, la courbe est *une ellipse*. En effet, on obtient alors une courbe rentrante et fermée.

Dans cette même circonstance, l'angle a peut être égal à l'angle SOR, c'est-à-dire que la droite OO′ peut devenir parallèle à AB; or, $a = SOR = SAB = 100° - \frac{1}{2} \mathcal{C}$, donne

$$\sin a = \cos \frac{1}{2} \mathcal{C}, \text{ et } \sin (a + \mathcal{C}) = \sin \left(100° + \frac{1}{2}\mathcal{C}\right) = \cos \frac{1}{2} \mathcal{C};$$

d'où $\dfrac{\sin a \sin (a + \mathcal{C})}{\cos^2 \frac{1}{2} \mathcal{C}} = 1.$

L'équation devient alors de la forme $y^2 = 2rx - x^2$; et l'ellipse dégénère en une circonférence de cercle, ce que nous savons déjà.

Lorsque la droite OG, continuant de tourner, vient dans une position parallèle à la génératrice SB (*fig.* 152), le plan sécant devient lui-même parallèle à cette génératrice, et le triangle SOO′ cesse d'exister, ou son sommet O′ est situé à une distance infinie; on a, dans ce cas, Fig. 152.

$$a + \mathcal{C} = 200°, \text{ d'où } \sin (a + \mathcal{C}) = 0.$$

Ainsi, la courbe est *une parabole.* C'est en effet une courbe qui s'étend indéfiniment au-dessous de la charnière OY.

Mais quand la droite OG (*fig.* 153) se trouve dans une position telle, qu'étant prolongée au-dessus de la charnière, elle rencontre la génératrice SB dans son prolongement en O′, on a évidemment alors Fig. 153.

$$a + \mathcal{C} > 200°, \text{ d'où } \sin (a + \mathcal{C}) \text{ *négatif*, et } - \sin (a + \mathcal{C}) \text{ *positif*}.$$

La courbe est donc, dans ce cas, *une hyperbole.* On voit, en effet, qu'elle se compose de deux branches opposées qui s'étendent indéfiniment sur l'une et l'autre *nappes* de la surface conique.

La droite OG venant à se confondre avec OA, la trace du plan sécant redevient tangente en A à la circonférence de la base; et la section se réduit de nouveau à *une droite*.

En effet, $\alpha = 200°$ donne $\sin \alpha = 0$, d'où $y^2 = 0$.

Lorsque l'angle α devient plus grand que 200°, la droite GO (*fig.* 151) prolongée, reprend les positions qu'elle avait prises d'abord; et l'on retombe sur les mêmes courbes. L'angle α doit donc rester compris entre 0° et 200°, comme nous l'avions établi plus haut.

Soit, comme cas particulier, $a = 0$; ce qui correspond à la supposition que le plan sécant passe par le point S.

L'équation générale devient alors

$$y^2 = -\frac{\sin \alpha \, \sin (\alpha + C)}{\cos^2 \frac{1}{2} C} \, x^2 ; \dots (3)$$

et il peut se présenter trois cas :

Ou l'on a (*fig.* 151)

$\alpha + C < 200°$, d'où $\sin (\alpha + C) > 0$ et $-\sin (\alpha + C) < 0$, ou *négatif*. Dans ce cas, il est visible que l'équation ne saurait être satisfaite que par $x = 0, y = 0$; ainsi, la courbe se réduit à *un point* qui, comme on l'a vu (n° 255), est une variété de l'ellipse. Cette circonstance a lieu, lorsque la droite GO prend une position SN intérieure à l'angle A′SB, puisque l'on a évidemment   A′SN + ASB ou $\alpha + C < 200°$.

Ou bien, l'on a $\alpha + C = 200°$; d'où $\sin (\alpha + C) = 0$ (*fig.* 152); et l'équation se réduisant à $y^2 = 0$, la section devient encore *une ligne droite,* qui n'est autre chose que SB. C'est une variété de la parabole.

Enfin, on peut avoir $\alpha + C > 200°$; d'où $-\sin (\alpha + C)$ *positif.*

L'équation (3) prend alors la forme $y = \pm x \sqrt{\dfrac{\sin \alpha \, \sin (\alpha + C)}{\cos^2 \frac{1}{2} C}}$,

et représente un *système de deux droites qui se coupent.*

Cette circonstance a lieu lorsque la droite OG passant par le point S (*fig.* 153), rencontre AB entre les points A et B. Il Fig. 153. est visible que le plan sécant détermine alors sur la surface du cône, deux génératrices SD, SE ; c'est un cas particulier de l'hyperbole.

Nous pouvons conclure de cette discussion, que *le cône droit, par ses intersections avec un plan, donne lieu aux différentes courbes du second degré et à leurs variétés.* Les dimensions de ces courbes dépendent de trois élémens principaux, savoir : l'angle au centre du cône, ou 6, qui peut être aussi petit ou aussi grand que l'on veut; la distance a du sommet au point de la génératrice SA, par lequel on fait passer le plan, et cette distance peut croître depuis o jusqu'à l'infini; enfin, l'angle α qui doit rester compris entre $0°$ et $200°$.

N. B. Le *système de deux droites parallèles* qui est, comme on l'a vu, une variété de la parabole, semble faire exception à la conclusion précédente. Mais nous allons reconnaître qu'on peut également l'obtenir dans la supposition de $6 = 0$, supposition qui fait dégénérer le cône en un cylindre.

269. *Equation des sections cylindriques.* Avant d'introduire la condition $6 = 0$ dans l'équation (3), il est nécessaire de lui faire subir une légère modification.

On a trouvé (n° 267), pour la distance OO',

$$OO' = \frac{a \sin 6}{\sin (\alpha + 6)}.$$

Désignant par 2A cette distance, on peut donner à l'équation (2) la forme suivante :

$$y^2 = \frac{\sin \alpha \, \sin (\alpha + 6)}{\cos^2 \tfrac{1}{2} 6} (2Ax - x^2) \dots \quad (4)$$

Cette équation est, en apparence, plus simple que l'équation (2) ; mais il n'eût pas été aussi facile d'en déduire toutes les sections coniques, parce que A devient infini, dans l'hypothèse de la parabole.

Faisons maintenant $\mathfrak{C} = 0$; ce qui réduit le cône à un cylindre (*fig* 154).

Il en résulte $\sin(\alpha + \mathfrak{C}) = \sin \alpha$ et $\cos \frac{1}{2}\mathfrak{C} = 1$.

D'un autre côté, le triangle rectangle OO'K donne

$$\text{OO' ou } 2A = \frac{\text{O'K}}{\sin \text{O'OK}} = \frac{2r}{\sin \alpha}$$

(r désignant le rayon de la base) ; donc l'équation (4) se réduit à

$$y^2 = 2r \sin \alpha . x - x^2 \sin^2 \alpha \ldots \ldots \quad (5)$$

Telle est l'équation générale de *l'intersection d'un cylindre par un plan*.

On peut y parvenir directement d'après la figure actuelle.

On a d'abord $\overline{\text{MP}}^2$ ou $y^2 = \text{PI} \times \text{PH}$;

mais les triangles OIP, O'PH donnent $\text{IP} = x \sin \alpha$,

$$\text{PH} = \text{PO}' \sin \alpha = (2A - x) \sin \alpha ;$$

ou, à cause de $2A = \dfrac{2r}{\sin \alpha}$,

$$\text{PH} = \left(\frac{2r}{\sin \alpha} - x \right) \sin \alpha = 2r - x \sin \alpha . \quad \text{Donc,}$$

$$y^2 = x \sin \alpha (2r - x \sin \alpha) = 2r \sin \alpha . x - x^2 \sin^2 \alpha.$$

Comme dans l'équation (5), le coefficient de x est essentiellement *négatif* (excepté pour $\alpha = 0$, cas que nous examinerons tout à l'heure), il s'ensuit (n° 267) que *toute section cylindrique est une ellipse;* et si l'on compare cette équation avec celle de l'ellipse rapportée à son sommet, $y^2 = \dfrac{B^2}{A^2}(2Ax - x^2)$, on

reconnaît que le premier axe 2A, a pour valeur $\dfrac{2r}{\sin \alpha}$.

Pour obtenir le second, il faut poser $\dfrac{B^2}{A^2} = \sin^2 \alpha$; d'où

$B^2 = A^2 \sin^2 \alpha = r^2$; ce qui prouve que le second axe est *constant et égal au diamètre de la base.*

Ainsi, les sections cylindriques sont *des ellipses ayant un axe commun.*

270. Actuellement, il s'agit de déduire de l'équation (5), le cas particulier du système de deux droites parallèles.

Si l'on fait $\alpha = 0$ dans cette équation, elle se réduit à $y^2 = 0$, qui n'est autre chose que l'équation d'*une seule droite;* c'est celle de la droite AA'. Tant que l'on supposera que le plan sécant tourne autour du point O de la génératrice, il est clair que dans l'hypothèse de $\alpha = 0$, on ne pourra jamais trouver que $y^2 = 0$; mais si l'on fait tourner le plan autour d'un autre point de OO'; le plan donnera évidemment deux génératrices de la surface, dès qu'on fera $\alpha = 0$.

Prenons, par exemple, le point G pour centre de rotation, et par conséquent, pour origine des coordonnées.

Soient

$$CG = b, \quad CA = r, \quad \text{d'où} \quad AG = b - r, \quad OG = \frac{AG}{\sin GOA} = \frac{b - r}{\sin \alpha};$$

nous poserons dans l'équation (5), $\quad x = x - \dfrac{b - r}{\sin \alpha}; \quad$ et il viendra

$$y^2 = 2r \sin \alpha \left(x - \frac{b - r}{\sin \alpha} \right) - \left(x - \frac{b - r}{\sin \alpha} \right)^2 \sin^2 \alpha,$$

ou

$$y^2 = 2r \sin \alpha . x - 2r(b - r) - x^2 \sin^2 \alpha + 2(b - r)\sin \alpha . x - (b - r)^2,$$

ou simplifiant, $\quad y^2 = - x^2 \sin^2 \alpha + 2b \sin \alpha . x + r^2 - b^2.$

Telle est l'équation générale des sections cylindriques rapportées au point G, comme origine.

Soit fait maintenant $\alpha = 0$, d'où $\sin \alpha = 0$; l'équation se réduit à

$$y^2 = r^2 - b^2, \quad \text{d'où} \quad y = \pm \sqrt{r^2 - b^2}.$$

Ce résultat exprime évidemment la position d'un système de deux droites parallèles (*fig.* 155); mais pour que ce système Fig.155.

soit réel, il faut que l'on ait $b < r$; c'est-à-dire, que la distance CG soit moindre que CA.

Si l'on suppose $b = 0$, l'équation devient $y = \pm r$; c'est le système de deux génératrices dont le plan passe par l'axe du cylindre. Dans le cas général, on a deux génératrices quelconques, telles que EE′, FF′.

De la section anti-parallèle à la base, dans le cône oblique.

271. Le cône oblique, à base circulaire, donne également lieu aux trois courbes du second degré; mais il jouit en outre d'une propriété qui n'appartient pas au cône droit: c'est que le plan sécant y produit des circonférences de cercle, sous deux inclinaisons différentes par rapport à la base.

Commençons par rechercher l'équation générale de l'intersection.

Fig. 156. Pour cela, nous répéterons sur le cône oblique SADBE (*fig.*156), la même construction que sur le cône droit (n° 267); seulement, nous observerons que, comme l'axe du cône, SC, n'est plus perpendiculaire à la base, la trace LL′ du plan sécant sur celui de la base, est bien perpendiculaire à GC par construction, mais ne l'est pas nécessairement à GO′; d'où il suit que la ligne MM′ intersection du plan sécant avec le plan parallèle à la base, mené par le point P, est *perpendiculaire* à IH, mais *oblique* par rapport à OO′.

D'après cette observation, puisque MP est toujours perpendiculaire à IH, on a la relation $y^2 = \text{IP} \times \text{PH}$.

Or, on trouvera comme précédemment, $\text{IP} = \dfrac{x \sin \alpha}{\sin \text{A}}$,

$\text{OO}' = \dfrac{a \sin \mathcal{C}}{\sin(\alpha + \mathcal{C})}$, d'où $\text{PO}' = \text{OO}' - \text{OP} = \dfrac{a \sin \mathcal{C}}{\sin(\alpha + \mathcal{C})} - x$;

et par conséquent,

$$\text{PH} = \frac{\text{PO}' \sin(\alpha + \mathcal{C})}{\sin \text{PHO}'} = \frac{a \sin \mathcal{C} - x \sin(\alpha + \mathcal{C})}{\sin \text{B}};$$

[les angles A, B formés à la base du cône, sont liés avec l'angle β par la relation

$$\text{A} + \text{B} + \mathcal{C} = 200°; \quad \text{d'où} \quad \sin \text{B} = \sin(\text{A} + \mathcal{C})].$$

Ainsi, la valeur de y^2 devient, toute simplification faite,

$$y^2 = \frac{\sin \alpha \sin(\alpha + \mathcal{C})}{\sin \text{A} \sin(\text{A} + \mathcal{C})} \times \left(\frac{a \sin \mathcal{C}}{\sin(\alpha + \mathcal{C})} x - x^2 \right).$$

Cette équation représente une ellipse, une parabole ou une hyperbole, rapportée à un système *d'axes obliques*, suivant que $\sin(\alpha + \beta)$ est positif, égal à o, ou négatif; ou bien, suivant que l'on a

$$\alpha + \mathcal{C} < 200°, \; = 200°, \; > 200°.$$

(Voyez ce qui a été dit n° 258...260, en supposant toutefois l'ellipse et l'hyperbole rapportées à l'une des extrémités d'un des diamètres conjugués.)

Je dis maintenant que la courbe d'intersection peut être un cercle de deux manières différentes.

Pour le démontrer, mettons l'équation sous la forme

$$y^2 + \frac{\sin \alpha \sin(\alpha + \mathcal{C})}{\sin \text{A} \sin(\text{A} + \mathcal{C})} \cdot x^2 = \frac{a \sin \alpha \, \text{n} \, \mathcal{C}}{\sin \text{A} \sin(\text{A} + \mathcal{C})} \cdot x.$$

Cela posé, soit d'abord $\alpha = \text{A}$, ou le plan sécant parallèle à la base; il en résulte

$$\sin \alpha = \sin \text{A}, \sin(\alpha + \mathcal{C}) = \sin(\text{A} + \mathcal{C});$$

d'où
$$\frac{\sin \alpha \sin(\alpha + \mathcal{C})}{\sin \text{A} \sin(\text{A} + \mathcal{C})} = 1.$$

Soit encore $\qquad \alpha = \text{B} = 200° - (\text{A} + \mathcal{C});$

il en résulte $\qquad \sin \alpha = \sin(\text{A} + \mathcal{C}),$

et $\quad \sin(\alpha + \mathcal{C}) = \sin(200° - \text{A} - \mathcal{C} + \mathcal{C}) = \sin \text{A};$

d'où
$$\frac{\sin \alpha \sin (\alpha + \mathfrak{C})}{\sin (A + \mathfrak{C}) \sin A} = 1.$$

Dans ces deux hypothèses : $\alpha = A$, $\alpha = B$, l'équation prend la forme $y^2 + x^2 = Kx$, qui n'est autre chose que l'équation du cercle, lorsque l'origine est placée à l'extrémité d'un diamètre pris pour l'axe des x.

A la vérité, pour que cette équation représentât réellement une circonférence de cercle, il faudrait que l'ordonnée PM fût à la fois perpendiculaire à OO′ et à IH ; mais il est facile de mettre le plan sécant dans une situation telle, que cette condition soit satisfaite.

Fig. 157.   En effet, soit ST (*fig.* 157) la perpendiculaire abaissée du sommet S sur la base. Joignons le centre C de la base au point T, puis en un point quelconque G de CT, menons LL′ perpendiculaire à cette droite, et conduisons un plan sécant quelconque par LL′. Il est évident que, pour tous les plans passant par LL′, la condition dont nous venons de parler sera remplie. Si donc on suppose en outre, le plan tellement dirigé que l'angle SOG soit égal à l'angle B, l'équation $y^2 + x^2 = Kx$ sera celle d'une courbe rapportée à des axes rectangulaires, et par conséquent, représentera une circonférence de cercle.

On est convenu de désigner la section OMO′M′ ainsi obtenue, sous le nom de *section anti-parallèle à la base.*

N. B. Il ait aisé de reconnaître que les hypothèses $\alpha = A$, $\alpha = B$, sont les seules où le coefficient $\dfrac{\sin \alpha \sin (\alpha + \mathfrak{C})}{\sin A \sin (A + \mathfrak{C})}$ puisse être égal à 1.

En effet, posons
$$\frac{\sin \alpha \sin (\alpha + \mathfrak{C})}{\sin A \sin (A + \mathfrak{C})} = 1, \quad \text{d'où} \quad \sin \alpha \sin (\alpha + \mathfrak{C}) = \sin A \sin (A + \mathfrak{C});$$

mais on a trouvé (n° 74)
$$\cos (a - b) - \cos (a + b) = 2\sin a \sin b;$$

et si, dans cette formule, on fait

$a = \alpha + 6, \quad b = \alpha;$ d'où $\quad a + b = 2\alpha + 6, \quad a - b = 6,$

on en déduit $2\sin \alpha \, \sin (\alpha + 6) = \cos 6 - \cos (2\alpha + 6);$

on trouverait encore

$$2 \sin A \, \sin (A + 6) = \cos 6 - \cos (2A + 6);$$

ce qui donne l'équation de condition

$$\cos (2\,\alpha + 6) = \cos (2A + 6).$$

Or, cette équation ne peut être satisfaite, à moins que l'on n'ait

$1^{\circ} \ 2\alpha + 6 = 2A + 6; \qquad$ d'où $\quad \alpha = A,$

$2^{\circ}. \ 2\alpha + 6 = 400^{\circ} - (2A + 6); \quad$ d'où $\quad \alpha = 200^{\circ} - (A + 6) = B.$

Donc, etc.

Nous verrons dans le huitième chapitre, que cette propriété du cône oblique n'est qu'un cas particulier de celle dont jouissent les surfaces du second degré.

CHAPITRE V.

Propriétés principales des Sections coniques.

272. *Observation préliminaire.* On a vu (n°. 235) que, pour passer de l'équation de l'ellipse à celle de l'hyperbole, il suffit de changer B^2 en $- B^2$; il résulte de là nécessairement que ces deux courbes doivent offrir une très grande analogie dans leurs propriétés et surtout dans les démonstrations de ces propriétés. Nous éviterons donc beaucoup de répétitions inutiles, si, après avoir reconnu une propriété quelconque pour l'ellipse, qu'on doit regarder comme la courbe la plus simple et celle dont l'usage est le plus habituel, nous nous bornons à énoncer la propriété analogue dans l'hyperbole, en ayant soin toutefois d'insister sur celles qui pourraient offrir quelques différences, soit dans leur nature, soit dans leurs démonstrations.

Quant à la parabole, qui n'a pas de centre, et dont les axes principaux ou conjugués sont infinis, comme ses propriétés ne peuvent avoir qu'une analogie très éloignée avec celles des deux autres courbes, nous en présenterons une théorie tout-à-fait distincte.

DE L'ELLIPSE ET DE L'HYPERBOLE.

§ Ier. *Propriétés de ces Courbes rapportées à leurs axes principaux.*

273. *Caractères analytiques* des points pris sur la courbe, au-dedans ou au-dehors de la courbe. L'équation de l'ellipse Fig. 158. rapportée à son centre et à ses axes principaux, étant (*fig.* 158)

$$A^2 y^2 + B^2 x^2 = A^2 B^2,$$

on a d'abord, pour chacun de ses points M, la relation

$$A^2 y^2 + B^2 x^2 - A^2 B^2 = 0.$$

Maintenant, si l'on considère un point N *intérieur* à cette courbe, comme l'ordonnée NP de ce point est moindre que l'ordonnée MP correspondante à la même abscisse OP, il s'ensuit que $A^2 . \overline{NP}^2$ est moindre que $A^2 . \overline{MP}^2$; ainsi, l'on a pour le point N, $A^2 y^2 + B^2 x^2 - A^2 B^2 < 0$.

Pour un point N' *extérieur*, l'ordonnée N'P est plus grande que MP; et l'on a nécessairement $A^2 y^2 + B^2 x^2 - A^2 B^2 > 0$.

N. B. Si le point extérieur avait la position N″, pour laquelle il n'y a point d'ordonnée de la courbe, correspondante, comme l'abcisse de ce point serait déjà plus grande que OB, ou A, il en résulterait $B^2 x^2 > A^2 B^2$; d'où à *fortiori*,

$$A^2 y^2 + B^2 x^2 - A^2 B^2 > 0.$$

On démontrerait de même que dans l'hyperbole

$$A^2y^2 - B^2x^2 = - A^2B^2,$$

le caractère des points pris sur la courbe, est

$$A^2y^2 - B^2x^2 + A^2B^2 = 0,$$

au-dedans...... $A^2y^2 - B^2x^2 + A^2B^2 < 0,$

au-dehors...... $A^2y^2 - B^2x^2 + A^2B^2 > 0.$

Les deux inégalités sont évidentes pour des points tels que N et N′, pour lesquels on a $NP < MP$, et $N'P > MP$ (*fig.* 159). Fig. 159. Quant au point N″, dont l'ordonnée tombe entre les points A et B, comme on a $OQ'' < OB$ ou A, il en résulte $A^2B^2 - B^2x^2 > 0$; d'où, à plus forte raison, $A^2y^2 - B^2x^2 + A^2B^2 > 0.$

274. Les définitions de l'ellipse et de l'hyperbole fournissent encore pour les points pris sur la courbe, au-dedans ou au-dehors, un caractère qu'il est important de connaître.

Pour chaque point M de l'ellipse, on sait que *la somme des distances* F′M + FM (*fig.* 158), est égale à 2A.　　　Fig. 158.

Pour un point R intérieur, comme on a

$$F'R + RF < F'M + MF, \text{ il en résulte } F'R + RF < 2A.$$

Pour un point R′ extérieur, on a, au contraire,

$$F'R' + R'F > F'M + MF; \text{ d'où } F'R' + R'F > 2A.$$

Considérons actuellement l'hyperbole. Pour un point quelconque M de la courbe, *la différence des distances,* F′M—MF, *est égale* à 2A.

Soit un point intérieur R (*fig.* 159); en joignant ce point Fig. 159. aux points F′ et F, on a $F'R = F'M + MR$, et $RF < MF + MR$; d'où l'on déduit $F'R - RF > F'M + MR - MF - MR,$

ou $\qquad F'R - RF > F'M - MF > 2A.$

Mais si l'on a un point extérieur R′, comme la figure donne

$$F'R' = F'M - MR', \text{ et } FR' > MF - MR',$$

il en résulte

$$F'R' - FR' < F'M - MR' - MF + MR' < 2A.$$

275. De l'équation de l'ellipse, on déduit $y^2 = \dfrac{B^2}{A^2}(A^2 - x^2)$;

ou bien, $\dfrac{y^2}{(A+x)(A-x)} = \dfrac{B^2}{A^2}$.

Soient donc M un point quelconque de la courbe, x et y les coordonnées de ce point; il est évident que $A + x$ et $A - x$ (*fig.* 158) représentent les distances AP, BP des sommets de la courbe, au pied de l'ordonnée MP; ainsi, l'équation précédente devient

$$\frac{\overline{MP}^2}{AP \times PB} = \frac{B^2}{A^2}, \quad \text{ou} \quad \overline{MP}^2 : AP \times PB :: B^2 : A^2;$$

ce qui prouve que *le carré d'une ordonnée quelconque est au produit des deux distances du pied de l'ordonnée aux sommets de la courbe, dans un rapport constant;* en d'autres termes, *les carrés des ordonnées sont respectivement proportionnels aux rectangles des distances des pieds de ces ordonnées aux sommets de la courbe.*

Si l'on suppose $B = A$, la relation se réduit à $y^2 = A^2 - x^2$, ou $y^2 = (A + x)(A - x)$; c'est-à-dire que *le carré de l'ordonnée au diamètre d'un cercle, est égal au rectangle des segmens de ce diamètre formés par l'ordonnée;* ou bien, que *l'ordonnée est moyenne proportionnelle entre les segmens du diamètre;* propriété déjà connue.

On a également pour l'hyperbole, $\dfrac{y^2}{(x+A)(x-A)} = \dfrac{B^2}{A^2}$;

mais $\qquad x + A = AP, \; x - A = BP$ (*fig.* 159);

donc $$\frac{\overline{MP}^2}{AP \times PB} = \frac{B^2}{A^2}.$$

Ainsi, la propriété ci-dessus a également lieu pour l'hyperbole. La seule différence, c'est que dans l'ellipse, le pied de l'ordonnée est situé entre les points A et B, tandis que dans l'hyperbole, le pied de l'ordonnée est placé sur le prolongement de AB, soit à droite, soit à gauche.

Dans l'hypothèse de $B = A$, ou de l'hyperbole équilatère, la relation se réduit à $y^2 = (x + A)(x - A)$; ce qui signifie que *le carré de l'ordonnée est égal au rectangle des segmens du premier axe, compris entre les sommets de la courbe et le pied de l'ordonnée;* propriété analogue à celle du cercle.

Au reste, la propriété précédente n'est qu'un cas particulier d'une autre plus générale dont jouissent les courbes du second degré rapportées à des axes quelconques, et que nous démontrerons dans le 6e chapitre.

276. Décrivons sur le grand axe AB (*fig.* 160) d'une ellipse Fig. 160. comme diamètre, une circonférence de cercle; on a pour équation de cette circonfére ,nce . . . . . . $y^2 = A^2 - x^2$;

l'équation de l'ellipse étant d'ailleurs $y^2 = \dfrac{B^2}{A^2}(A^2 - x^2)$,

il s'ensuit que, si l'on désigne par y l'ordonnée d'un point quelconque de l'ellipse, et par Y l'ordonnée du cercle, correspondante à la même abscisse x, on a la relation

$$\frac{y^2}{Y^2} = \frac{B^2}{A^2}; \quad \text{d'où} \quad \frac{y}{Y} = \frac{B}{A}, \quad \text{ou} \quad y = \frac{B}{A} \cdot Y;$$

c'est-à-dire que *l'ordonnée de l'ellipse est à l'ordonnée du cercle décrit sur son grand axe, dans le rapport du petit axe au grand axe.*

De là résulte un moyen assez simple de décrire l'ellipse par points, lorsque ses deux axes sont connus.

Sur les deux axes AB, CD, *décrivez deux circonférences de cercle; élevez en un point quelconque* P *du grand axe, une perpendiculaire* PM; *tirez le rayon* OM, *et par le point* L *où ce rayon coupe la petite circonférence, menez* LN *parallèle à* AB; *le point* N *où cette parallèle rencontre* PM, *appartient à l'ellipse.*

En effet, on a, d'après la construction,

$$\text{OM} : \text{OL} :: \text{PM} : \text{PN}; \quad \text{ou} \quad A : B :: Y : \text{PN};$$

d'où $\qquad \text{PN} = \dfrac{B}{A} \cdot Y = y.$

Prolongeant ensuite PM d'une quantité Pn égale à PN, on obtient n pour un nouveau point de la courbe; les points n' et n'' symétriques des points N et n peuvent être ensuite facilement déterminés.

Voici un autre moyen de construire l'ellipse par points, qui est fondé sur la même propriété, et qu'on emploie souvent avec avantage :

Fig. 161. Soient AB, CD (*fig.* 161) les deux axes de la courbe. Après avoir marqué sur CD un point K tel qu'on ait OK = A — B, *prenez un point quelconque* I, *situé entre* O *et* K, *puis de ce point comme centre, avec un rayon égal à* A — B, *ou* OK, *décrivez un arc de cercle qui coupe* AB *en* L *et* L'; *tirez* IL, IL', *et prenez sur ces deux lignes* IM = IM' = A; les points M, M' appartiennent à la courbe.

En effet, si l'on mène IH parallèle à AB, et MQ perpendiculaire à IH, les deux triangles semblables IQM, LPM donnent

$$MI : ML :: MQ : MP;$$

d'où l'on tire $MP = \dfrac{ML}{MI} \cdot MQ = \dfrac{B}{A} \cdot MQ;$

mais en posant OP = IQ = x, on a

$$MQ = \sqrt{\overline{MI}^2 - \overline{IQ}^2} = \sqrt{A^2 - x^2} ;$$

donc
$$MP = \frac{B}{A} \sqrt{A^2 - x^2} ;$$

d'où l'on voit que MP est l'ordonnée de l'ellipse qui correspond à l'abscisse OP.

En prenant OI' = OI, on déterminerait au-dessous de AB deux autres points m, m' symétriques des points M, M' par rapport à AB.

On voit aisément d'ailleurs pourquoi le point I doit être placé entre O et K.

On ne peut obtenir pour l'hyperbole, des moyens de construction analogues ; car son équation étant $y^2 = \dfrac{B^2}{A^2} (x^2 - A^2)$,

ne peut être comparée qu'à celle-ci...... $y^2 = x^2 - A^2,$

c'est-à-dire, à celle d'une hyperbole équilatère décrite sur l'axe transverse de la première hyperbole. Il faudrait donc savoir déjà construire une hyperbole équilatère, pour en déduire ensuite la construction d'une hyperbole quelconque.

277. *Mesure de la surface de l'ellipse.* Le rapport constant $\dfrac{B}{A}$, qui existe entre l'ordonnée de l'ellipse et celle du cercle décrit sur son grand axe, conduit très simplement à l'expression de la surface entière de l'ellipse.

En effet, concevons que l'on ait inscrit au cercle un polygone quelconque dont MM' (*fig.* 160) soit l'un des côtés. Des sommets M, M'.... de ce polygone, abaissons des perpendiculaires sur le grand axe, et joignons par des cordes les points N, N'.... où ces perpendiculaires rencontrent l'ellipse; on obtiendra ainsi un polygone inscrit à cette courbe, dont NN' sera l'un des côtés.

Cela posé, soient Y, Y' les ordonnées des deux points M, M', et y, y', les ordonnées des points N, N', correspondantes aux mêmes abscisses x, x'; les trapèzes MM'PP', NN'PP' donnent

$$\text{MM'PP'} = \frac{Y + Y'}{2} \cdot (x - x'), \quad \text{NN'PP'} = \frac{y + y'}{2} \cdot (x - x');$$

d'où l'on déduit

$$\frac{\text{NN'PP'}}{\text{MM'PP'}} = \frac{y + y'}{Y + Y'}.$$

Or, on a (n° 276)

$$y = \frac{B}{A} \cdot Y, \quad y' = \frac{B}{A} \cdot Y', \quad \text{d'où} \quad \frac{y + y'}{Y + Y'} = \frac{B}{A};$$

donc

$$\frac{\text{NN'PP'}}{\text{MM'PP'}} = \frac{B}{A}.$$

On reconnaîtrait, de la même manière, que chacun des trapèzes dont se compose le polygone inscrit à l'ellipse, est au trapèze correspondant du polygone inscrit au cercle, dans le rapport B : A; d'où l'on peut conclure que la somme de tous les premiers trapèzes, ou le polygone inscrit à l'ellipse, est au second polygone, dans le même rapport; ainsi, soient p et P ces deux polygones, on a $\dfrac{p}{P} = \dfrac{B}{A}$.

Comme cette relation est vraie d'ailleurs, quel que soit le nombre des côtés des deux polygones, elle existe encore pour *leurs limites*, qui ne sont autre chose que la surface de l'ellipse et celle du cercle. Donc, en désignant par s et S ces deux surfaces, on a nécessairement

$$\frac{s}{S} = \frac{B}{A}, \quad \text{ou} \quad s = \frac{B}{A} . S.$$

Mais on sait que, π représentant le rapport de la circonférence au diamètre, ou la surface du cercle dont le rayon est 1, $\pi . A^2$ exprime celle d'un cercle qui a pour rayon A; par conséquent, $\pi . A^2 . \dfrac{B}{A}$, ou $\pi . A . B$, est l'expression de la surface entière de l'ellipse.

Pour l'hyperbole, on obtiendrait également $s = \dfrac{B}{A} . S$; s désignant l'*aire* comprise entre la courbe et une corde quelconque parallèle au second axe, S l'aire correspondante d'une hyperbole équilatère décrite sur le premier axe. Mais cette relation ne peut rien apprendre sur la quadrature de l'hyperbole, puisqu'il faudrait d'abord connaître celle d'une hyperbole équilatère.

Propriétés des cordes supplémentaires, et de leurs relations avec les diamètres conjugués.

Fig.162.   278. Si des extrémités A et B (*fig.* 162) du grand axe on mène deux droites à un point quelconque M de la courbe, ces lignes de jonction sont ce qu'on appelle *des cordes supplémentaires*. Ces droites font avec le premier axe deux angles qui ont entre eux une relation remarquable.

D'abord, la droite BM passant par le point B dont les coordonnées sont $y = o$, $x = A$, a pour équation,

$$y = a(x - A);$$

celle de la droite AM, passant par le point $(y = o, x = -A)$, est
$$y = a'(x + A).$$

Cela posé, désignons par x', y' les coordonnées du point M ; comme elles doivent vérifier les équations précédentes, on a

$$\left. \begin{array}{l} y' = a(x' - A) \\ y' = a'(x' + A) \end{array} \right\} ; \text{ d'où } a = \frac{y'}{x' - A}, \ a' = \frac{y'}{x' + A},$$

et par conséquent, $\quad aa' = \dfrac{y'^2}{x'^2 - A^2};$

mais puisque le point (x', y') se trouve aussi sur la courbe, on a $\quad A^2 y'^2 + B^2 x'^2 = A^2 B^2;\quad$ d'où $\quad \dfrac{y'^2}{x'^2 - A^2} = -\dfrac{B^2}{A^2};$

donc enfin, $\qquad aa' = -\dfrac{B^2}{A^2} \ldots\ldots$ (1)

Dans le cas de $B = A$, cette relation devient $aa' = -1$; ce qui prouve que, dans le cercle, les *cordes supplémentaires sont à angle droit* ; c'est une proposition connue en Géométrie.

Au reste, la même relation (1) existe entre les angles de deux cordes supplémentaires partant des extrémités d'un diamètre quelconque EE'.

En effet, soient x'', y'' les coordonnées du point E ; celles du point E' seront (n° 230) $-x''$, $-y''$; et les équations de deux droites menées des points E, E' à un point quelconque M' de la courbe, seront de la forme

$$y - y'' = a(x - x''),$$
$$y + y'' = a'(x + x'').$$

Comme le point M' ou (x', y') se trouve à la fois sur ces droites, on a les deux relations

$$y' - y'' = a(x' - x''), \atop y' + y'' = a'(x' + x'');\Bigg\} \quad \text{d'où} \quad aa' = \frac{y'^2 - y''^2}{x'^2 - x''^2}.$$

Mais les points M', E, E' se trouvant aussi sur la courbe, on a également

$$A^2 y'^2 + B^2 x'^2 = A^2 B^2, \atop A^2 y''^2 + B^2 x''^2 = A^2 B^2;\Bigg\} \quad \text{d'où} \quad \frac{y'^2 - y''^2}{x'^2 - x''^2} = -\frac{B^2}{A^2};$$

et par conséquent, $\quad aa' = -\dfrac{B^2}{A^2}.$

Reprenons les deux cordes supplémentaires AM, BM, et proposons-nous de déterminer l'angle qu'elles forment entre elles ; il suffit pour cela de calculer l'expression $\dfrac{a - a'}{1 + aa'}$; a désignant la tangente de MBX, et a' celle de MAX.

Or, on a trouvé plus haut, $\quad a = \dfrac{y'}{x' - A}, \quad a' = \dfrac{y'}{x' + A};$

donc $\quad \dfrac{a - a'}{1 + aa'} = \dfrac{\dfrac{y'}{x' - A} - \dfrac{y'}{x' + A}}{1 + \dfrac{y'^2}{x'^2 - A^2}} = \dfrac{2Ay'}{x'^2 - A^2 + y'^2} \cdots$

Mais l'équation $\quad A^2 y'^2 + B^2 x'^2 = A^2 B^2, \quad$ donne

$$x'^2 - A^2 = -\frac{A^2 y'^2}{B^2};$$

ainsi l'on obtient

$$\frac{a - a'}{1 + aa'} = \frac{2Ay'}{-\dfrac{A^2 y'^2}{B^2} + y'^2} = \frac{-2AB^2}{(A^2 - B^2)y'} \cdots \quad (2)$$

L'inspection seule de ce résultat prouve d'abord que, si l'on considère un point quelconque M de la courbe situé au-dessus de AB, auquel cas y' est positif, la tangente de l'angle AMB est *négative* ; donc cet angle est nécessairement *obtus*. Cela doit être, puisque tous les points de l'ellipse sont intérieurs à la demi-circonférence décrite sur AB comme diamètre.

On voit en outre que plus y' est grand, plus la valeur numérique de l'expression (2) est petite, et, par conséquent, plus l'angle est considérable (puisqu'un angle obtus est d'autant plus grand que sa tangente est numériquement plus petite).

Le *maximum* de cet angle correspond à celui de y', c'est-à-dire à $y' = B$, ce qui donne pour la valeur correspondante de l'expression (2),

$$\frac{-2AB^2}{(A^2 - B^2)\,B}, \quad \text{ou} \quad \frac{-2AB}{A^2 - B^2}.$$

Les valeurs de a, a' deviennent d'ailleurs, dans cette hypothèse,

$$a = -\frac{B}{A}, \quad a' = \frac{B}{A}, \quad \text{puisque } y' = B, \text{ donne } x' = 0.$$

Concluons de là *que les cordes supplémentaires menées des extrémités du grand axe, forment au point C le plus grand angle possible.*

279. Dans l'hyperbole, on trouverait, pour la relation entre les angles des cordes supplémentaires, $aa' = \dfrac{B^2}{A^2}$; et pour l'expression de l'angle qu'elles forment entre elles,

$$\frac{2AB^2}{(A^2 + B^2)\,y}. \quad (\textit{fig. } 163).$$

Fig. 163.

Ce dernier résultat démontre que l'angle AMB ou AM'B de deux cordes supplémentaires est toujours *aigu*, et qu'il diminue de plus en plus à mesure que y augmente. Lorsqu'enfin on suppose $y = \infty$, cet angle devient *nul*.

C'est ce que prouve encore la relation $aa' = \dfrac{B^2}{A^2}$. En effet, le produit des deux tangentes a et a' étant positif, il s'ensuit que ces tangentes sont de même signe ; donc les angles correspondans MBX, MAX, ou M'BX, M'AX, sont tous les deux aigus ou tous les deux obtus ; la différence de ces angles, qui n'est autre chose que AMB ou AM'B, est alors nécessairement un angle aigu.

Soit $a = \dfrac{B}{A}$; il en résulte aussi $a' = \dfrac{B}{A}$; les deux cordes supplémentaires devenant à la fois parallèles à l'asymptote OL, font entre elles un angle *nul*.

280. *Conséquence* sur les diamètres conjugués. Si du centre d'une ellipse, on mène deux diamètres GG', HH' (*fig.* 164) respectivement parallèles aux cordes supplémentaires AM, BM, on a entre les angles que forment ces deux diamètres avec le grand axe, la même relation $aa' = -\dfrac{B^2}{A^2}$.

Fig. 164.

Or, cette relation est précisément (n° 263) celle qui caractérise deux diamètres conjugués.

Donc *deux diamètres respectivement parallèles aux cordes supplémentaires d'une ellipse, forment toujours un système de diamètres conjugués.*

D'après cela, connaissant un diamètre quelconque GG', pour obtenir son conjugué, il suffit *de mener du point* A *une corde* AM *parallèle à* GG', *de tirer la seconde corde supplémentaire* MB, *puis de tracer le diamètre* HH' *parallèle à* MB.

La même conséquence s'applique à l'hyperbole pour laquelle la relation des cordes supplémentaires et celle de deux diamètres conjugués, est également $aa' = \dfrac{B^2}{A^2}$. Toutefois, on observera que, plus le point par lequel on mène les deux cordes supplémentaires, s'éloigne du sommet, plus les deux diamètres conjugués, dont l'un est au-dessous et l'autre au-dessus de l'asymptote (n° 265), se rapprochent l'un de l'autre ; et lorsque le point est situé à l'infini, c'est-à-dire, lorsque les cordes supplémentaires sont (n° 279) parallèles à l'asymptote, *les deux diamètres conjugués se confondent en un seul.*

281. *Remarque.* Dans l'ellipse, comme on a vu (n° 278) que l'angle AMB (*fig.* 164) de deux cordes supplémentaires

est toujours obtus, et que cet angle atteint son *maximum* au point C, il en résulte que l'angle GOH, formé par les parties de deux diamètres conjugués, situées du même côté par rapport au grand axe, est nécessairement *obtus*, et que les deux diamètres conjugués II′, LL′, parallèles aux cordes AC, BC, forment entre eux le plus grand axe possible.

Pour un système quelconque GG′, HH′, l'angle GOH ayant pour supplément GOH′, il est clair que plus le premier angle est grand, plus le second est petit ; ainsi de même que l'angle IOL est un *maximum* parmi les angles obtus que forment deux diamètres conjugués, de même l'angle IOL′ est un *minimum* parmi les angles aigus que forment ces mêmes diamètres.

D'où l'on peut conclure enfin que l'*angle de deux diamètres conjugués d'une ellipse quelconque, est toujours compris entre les deux limites* IOL′ *ou* BCA′ *et* IOL *ou* BCA.

Nous verrons plus loin les autres conséquences qui résultent de ces propriétés.

Problème des tangentes.

282. Proposons-nous maintenant de *mener une tangente à l'ellipse ou à l'hyperbole* par un point donné sur le plan de la courbe.

Pour résoudre cette question, nous emploierons une méthode analogue à celle du n° 196. Soient x', y' les coordonnées du point donné ; l'équation de l'ellipse étant $A^2y^2 + B^2x^2 = A^2B^2$, ... (1) celle de la droite cherchée sera de la forme $y - y' = a(x - x')$; ...(2) et il s'agit de déterminer a de manière que la droite considérée d'abord comme sécante, devienne ensuite tangente.

On déduit de l'équation (2), $y = ax + y' - ax'$; d'où, substituant dans l'équation (1), et ordonnant par rapport à x,

$$(A^2a^2 + B^2)x^2 + 2A^2ay(' - ax')x + A^2(y' - ax')^2 - A^2B^2 = 0...$$

Cette équation étant résolue, donnerait deux valeurs de x qui ne seraient autre chose que les abscisses des points d'intersection avec la courbe d'uue droite correspondante à la valeur particulière que l'on aurait d'abord attribuée à a.

Mais comme on veut que la droite soit tangente, il faut (n° 195) qu'on ait entre les coefficiens de x, la relation

$$4A^4a^2(y'-ax')^2 - 4A^2(A^2a^2+B^2)\left[(y'-ax')^2-B^2\right]=0,\ \ldots$$

ou, supprimant les deux quantités, $\ 4A^4a^2(y'-ax')^2$, $-4A^4a^2(y'-ax')^2$, qui se détruisent, et divisant par $4A^2B^2$,

$$-(y'-ax')^2 + A^2a^2 + B^2 = 0,$$

ou bien encore, développant et ordonnant par rapport à a,

$$(A^2-x'^2)a^2 + 2x'y'.a + B^2 - y'^2 = 0\ldots \quad (3)$$

Telle est la condition générale du contact d'une droite menée par un point quelconque (x',y'), avec l'ellipse.

(La remarque du n° 197 relative à cette condition, est applicable, mot pour mot, à la question qui nous occupe ; ainsi il est inutile de la répéter.)

On déduit de l'équation (3), toute simplication faite,

$$a = -\frac{x'y'}{A^2-x'^2} \pm \frac{1}{A^2-x'^2}\sqrt{A^2y'^2 + B^2x'^2 - A^2B^2};\ \ldots \quad (4)$$

Fig.165 résultat qui démontre que par un point donné N (*fig.* 165), on peut, en général, mener deux tangentes NM, NM'. Mais pour que la question soit possible, il faut que l'on ait $A^2y'^2 + B^2x'^2 - A^2B^2 > 0$, c'est-à-dire (n° 273), que le point N soit situé hors de la courbe, et non en dedans, puisqu'alors on aurait $A^2y'^2 + B^2x'^2 - A^2B^2 < 0$, et le radical deviendrait imaginaire.

Ceci prouve encore que la courbe doit *présenter sa concavité* vers le centre de la courbe ; car autrement, il est aisé de voir que la tangente devrait être située en dedans de la courbe.

Si l'on suppose $A^2y'^2 + B^2x'^2 - A^2B^2 = 0$, auquel cas le point donné est sur la courbe, en M par exemple, l'expression (4) se réduit à $a = -\dfrac{x'y'}{A^2-x'^2}$; ou bien, convenant d'appeler x'' et y'' les coordonnées du point de contact, et ayant égard à la relation $A^2y''^2 = B^2(A^2 - x''^2)$,

$$a = -\frac{B^2}{A^2} \cdot \frac{x''}{y''}.$$

On obtient donc, dans ce cas, pour l'équation de la tangente,

$$y - y'' = -\frac{B^2x''}{A^2y''}(x - x'').$$

283. On peut parvenir directement à cette équation par une méthode analogue à celle du n° 198.

Soient (x', y'), (x'', y'') les coordonnées de deux points de la courbe, dont l'un doit devenir un point de contact. La droite, qui joint ces deux points, est représentée par le système des

trois équations $\left\{ \begin{array}{l} y - y' = \dfrac{y' - y''}{x' - x''}(x - x'), \ \dots \ (1) \\ A^2y'^2 + B^2x'^2 = A^2B^2, \ \dots\dots \ (2) \\ A^2y''^2 + B^2x''^2 = A^2B^2 \dots\dots \ (3) \end{array} \right\}$

Retranchant (3) de (2), on trouve

$$A^2(y' + y'')(y' - y'') + B^2(x' + x'')(x' - x'' = 0, \ \dots \ (4)$$

équation qui peut remplacer l'équation (2).

Or, la relation (4) donne $\dfrac{y' - y''}{x' - x''} = -\dfrac{B^2}{A^2} \cdot \dfrac{x' + x''}{y' + y''}$; donc

la sécante est encore représentée par le système des équations

$$y - y' = -\frac{B^2}{A^2} \cdot \frac{x' + x''}{y' + y''}(x - x'), \quad \text{et} \quad A^2y''^2 + B^2x''^2 = A^2B^2.$$

Pour exprimer que cette sécante devient tangente, il faut poser $y' = y''$, $x' = x''$; ce qui donne enfin

$$y - y'' = -\frac{B^2}{A^2} \cdot \frac{x''}{y''}(x - x'')$$

pour l'équation de la tangente, en y joignant toutefois la relation $A^2y''^2 + B^2x''^2 = A^2B^2$.

On trouverait par rapport à l'hyperbole ,

$$y - y'' = \frac{B^2}{A^2} \cdot \frac{x''}{y''} (x - x'') \ldots A^2 y''^2 - B^2 x''^2 = - A^2 B^2,$$

a ayant pour valeur , $a = \dfrac{B^2 x''}{A^2 y''}.$

284. Reprenons l'équation $y - y'' = - \dfrac{B^2}{A^2} \cdot \dfrac{x''}{y''} (x - x'')$, et tâchons de la simplifier. Il vient d'abord, par la disparition des dénominateurs, $A^2 yy'' - A^2 y''^2 = - B^2 xx'' + B^2 x''^2$; mais on a $A^2 y''^2 + B^2 x''^2 = A^2 B^2$; donc l'équation se réduit à

$$A^2 yy'' + B^2 xx'' = A^2 B^2.$$

Les mêmes calculs effectués sur l'équation de la tangente à l'hyperbole, la réduiraient à $A^2 yy'' - B^2 xx'' = - A^2 B^2.$

Ces équations ne diffèrent de celles de l'ellipse et de l'hyperbole qu'en ce que les carrés y^2 et x^2, y sont remplacés par les rectangles yy'' et xx''.

Soit fait $y = 0$ dans l'équation simplifiée de la tangente à
Fig. 165. l'ellipse; on trouve $x = \dfrac{A^2}{x''}$ (*fig.* 165); c'est l'expression de l'abscisse OR du point où la tangente rencontre l'axe des x.

Si de cette distance OR on retranche l'abscisse x'' du point de contact, il en résulte

$$\text{OR} - \text{OP, ou PR} = \frac{A^2}{x''} - x'' = \frac{A^2 - x''^2}{x''};$$

la ligne PR est ce qu'on nomme la *soutangente*.

Comme son expression est indépendante du second axe 2B, il s'ensuit que, pour toutes les ellipses construites sur le premier axe, *les soutangentes qui correspondent à la même abscisse, sont égales.*

En d'autres termes, si d'un point P de l'axe AB, on élève une perpendiculaire qui rencontre ces ellipses aux points M, M',... et que par ces points, on leur mène des tangentes, celles-ci *viendront toutes aboutir au même point de l'axe des* x.

Or le cercle décrit sur AB comme diamètre, est une de ces ellipses; donc *la soutangente est la même pour l'ellipse donnée et pour ce cercle.*

De là résulte un moyen assez simple de mener une tangente à l'ellipse par un point donné M : *de ce point, abaissez la perpendiculaire MP, et au point M′ où cette perpendiculaire rencontre le cercle décrit sur AB comme diamètre, menez une tangente qui rencontre en* R *la ligne AB, et tirez* MR ; vous aurez la tangente demandée.

Soit fait également $y = o$ dans l'équation

$$A^2 yy'' - B^2 xx'' = - A^2 B^2;$$

on trouve $x = \dfrac{A^2}{x''} = OR$ (*fig.* 166); donc OP — OR, ou Fig. 166.

$PR = \dfrac{x''^2 - A^2}{x''}$; c'est l'expression de la *soutangente* dans l'hyperbole; elle est *constante* pour tous les points (correspondans à une même abscisse) des différentes hyperboles décrites sur le premier axe 2A.

285. *Remarque.* La valeur de la soutangente peut s'obtenir directement d'après l'équation non simplifiée de la tangente; il suffit *de supposer* $y = o$, *et de déterminer la valeur correspondante de* x — x″.

Il vient en effet, par la supposition de $y = o$, dans l'équation relative à l'ellipse, $x - x'' = \dfrac{A^2 y''^2}{B^2 x''}$, ou à cause de.....

$$A^2 y''^2 = B^2 (A^2 - x''^2), \ldots x - x'' = \frac{A^2 - x''^2}{x''}.$$

Si, dans l'équation relative à l'hyperbole, on fait $y = o$, on trouve également $x - x'' = \dfrac{A^2 - x''^2}{x''}$, résultat identique avec celui qui correspond à l'ellipse, mais de signe contraire avec le résultat déjà obtenu dans le numéro précédent.

Pour interpréter cette circonstance, observons que, dans l'hyperbole, la distance PR est située sur l'axe des x, à la gauche du point P (*fig.* 166), qui doit être considéré comme le point à partir duquel on compte la soutangente; ainsi, cette distance doit être exprimée négativement; et, en effet, comme on a toujours pour l'hyperbole, $x'' > A$, il s'ensuit que l'expression $\dfrac{A^2 - x''^2}{x''}$ est négative, et revient à $- \dfrac{x''^2 - A^2}{x''}$.

Concluons de là que le premier moyen employé pour déterminer la soutangente, donne sa valeur absolue; mais que le second fournit cette valeur *avec le signe dont elle doit être affectée,* eu égard à sa position par rapport au pied de l'ordonnée.

Dans l'ellipse, $\dfrac{A^2 - x''^2}{x''}$ est positif, parce que la soutangente est placée à la droite du point P (*fig.* 165).

(Nous supposons ici le point de contact M situé à la droite de l'axe des y; s'il en était autrement, les conséquences que nous venons d'établir, auraient lieu en sens contraire.)

286. Soit actuellement proposé de mener par le point de contact M (*fig.* 166) une perpendiculaire à la tangente, c'est-à-dire *une normale;* et recherchons l'équation de cette normale, ainsi que l'expression de la sounormale PS.

Puisque cette droite passe par le point (x'', y''), son équation est de la forme $y - y'' = a' (x - x'')$;

et comme elle doit être perpendiculaire à la tangente pour laquelle on a $a = - \dfrac{B^2 x''}{A^2 y''}$, la relation $aa' + 1 = 0$, donne

$$a' = \frac{A^2 y''}{B^2 x''};$$

et l'équation de la normale à l'ellipse est alors

$$y - y'' = \frac{A^2 y''}{B^2 x''} (x - x'').$$

On obtiendrait de même pour l'équation de la normale à l'hyperbole, $y - y'' = - \dfrac{A^2 y''}{B^2 x''} (x - x'')$.

Si, dans la première de ces équations, on suppose $y = o$, et que l'on tire la valeur correspondante de $x - x''$, il vient

$$x - x'' = - \frac{B^2}{A^2} \cdot x'';$$

c'est la valeur de la *sounormale* PS; car $x - x''$ représente évidemment, dans le cas de $y = o$, la différence des abscisses du point S où la normale rencontre l'axe des x, et du point de contact M.

Cette valeur de la sounormale est d'ailleurs *négative*; ce qui doit être, puisqu'elle est comptée à partir du point P, dans le sens négatif.

La même hypothèse $y = o$, introduite dans l'équation de la normale à l'hyperbole, donne $\quad x - x'' = \frac{B^2}{A^2} \cdot x''$.

La sounormale est ici positive, parce que PS (*fig.* 166), est Fig. 166. comptée à la droite du point P.

287. Si nous considérons la valeur absolue de la sounormale, $\frac{B^2}{A^2} \cdot x''$, nous voyons que pour l'ellipse, plus x'' augmente, plus cette valeur augmente.

Soit $x'' = o$, auquel cas le point de contact est à l'extrémité C du petit axe; la sounormale devient *nulle*, ce qui prouve que la normale correspondante passe par le centre.

Soit $x'' = A$, auquel cas le point de contact est en B; la *sounormale* se réduit à $\frac{B^2 A}{A^2}$ ou $\frac{B^2}{A}$; et comme A est la plus grande valeur que puisse recevoir l'abscisse x'', il s'ensuit que la *sounormale* est susceptible d'un *maximum* qui n'est autre chose que la moitié du paramètre (n° 246), ou l'ordonnée qui passe par le foyer.

Dans l'hyperbole au contraire, $\frac{B^2}{A}$ est le *minimum* de l'expression de la sounormale; on l'obtient en faisant $x'' = A$. Pour toute autre valeur de x'', celle de la sounormale est plus grande, et elle devient *infinie* quand x'' est lui-même infini.

288. Nous allons reprendre le cas où il s'agit de *mener une tangente à l'ellipse ou à l'hyperbole, par un point donné hors de la courbe,* afin de déduire des résultats, quelques propriétés analogues à celles qui ont été reconnues pour le cercle (*voyez* n°s 200, 202, 203).

Soient x', y' les coordonnées d'un point quelconque N (*fig.* 167) par lequel on veut mener une tangente à l'ellipse.

Fig. 167.

L'équation de cette tangente est de la forme $y - y' = a(x - x')$;

a ayant (n° 282) pour valeur, $a = - \dfrac{B^2}{A^2} \cdot \dfrac{x''}{y''}$;

et la question se réduit à déterminer x'', y'' qui représentent les coordonnées du point de contact, en fonction de x', y' qui expriment celles du point donné.

Or, on a trouvé (n° 284) pour l'équation simplifiée de la tangente, $A^2 y y'' + B^2 x x'' = A^2 B^2$; et comme, par hypothèse, elle doit passer par le point (x', y'), on obtient pour première relation en x'' et y'', $A^2 y' y'' + B^2 x' x'' = A^2 B^2 \dots$ (1)

D'ailleurs, le point $(x'' \, y'')$ appartient à la courbe; ainsi l'on a pour seconde relation, $A^2 y''^2 + B^2 x''^2 = A^2 B^2 \dots$ (2)

En éliminant x'' et y'' entre ces deux équations, dont l'une est du premier degré, on trouve, tout calcul fait,

$$x'' = \frac{A^2 (B^2 x' \pm y' \sqrt{A^2 y'^2 + B^2 x'^2 - A^2 B^2})}{A^2 y'^2 + B^2 x'^2},$$

$$y'' = \frac{B^2 (A^2 y' \mp x' \sqrt{A^2 y'^2 + B^2 x'^2 - A^2 B^2})}{A^2 y'^2 + B^2 x'^2}$$

(les signes supérieurs se correspondent ainsi que les signes inférieurs).

Ces valeurs étant substituées dans $a = - \dfrac{B^2 x''}{A^2 y''}$, donnent

$$a = \frac{- (B^2 x' \pm y' \sqrt{A^2 y'^2 + B^2 x'^2 - A^2 B^2}}{A^2 y' \mp x' \sqrt{A^2 y'^2 + B^2 x'^2 - A^2 B^2}},$$

résultat qui, après avoir été multiplié haut et bas par.... $A^2 y' \pm x' \sqrt{A^2 y'^2 + B^2 x'^2 - A^2 B^2}$ (pour que le dénominateur devienne rationnel), se réduit à

$$a = \frac{- x'y' \pm \sqrt{A^2 y'^2 + B^2 x'^2 - A^2 B^2}}{A^2 - x'^2};$$

c'est la valeur obtenue n° 282.

Nous laissons aux commençans le soin d'exécuter tous ces calculs qui n'offrent aucune difficulté, et qui d'ailleurs sont analogues à ceux déjà exécutés pour le cercle (n° 200).

289. Au lieu d'effectuer l'élimination, on peut (n° 181) construire séparément les lieux géométriques exprimés par les équations (1) et (2); x'', y'' étant considérées comme des variables.

Or, l'équation (2) est évidemment celle de l'ellipse déjà construite.

Quant à l'équation (1), comme elle est du premier degré, elle appartient à une ligne droite dont la position peut être facilement déterminée par ses points d'intersection avec les

axes. On obtient pour $\quad y'' = 0,\dots\ x'' = \dfrac{A^2}{x'}$,

et pour $\quad x'' = 0,\dots\ y'' = \dfrac{B^2}{y'}$.

Après avoir construit sur OX, OY (*fig.* 167) les distances OI $= \dfrac{A^2}{x'}$ et OH $= \dfrac{B^2}{y'}$, on joint les points I et H par une droite dont les points d'intersection M et m avec la courbe, ne sont autre chose que les points de contact. Tirant ensuite NM et Nm, on obtient les deux tangentes demandées.

Conséquence. Le résultat $x'' = \dfrac{A^2}{x'}$ étant indépendant de l'ordonnée y' du point N, prouve que, si l'on considérait un tout autre point N' sur LL' parallèle à OY, et que par ce point on menât deux tangentes N'M', N'm', la ligne joignant les points de contact, passerait par le même point I.

La même chose a lieu par rapport à des points pris sur une parallèle à l'axe des x; puisque l'expression $y'' = \dfrac{B^2}{y'}$ est indépendante de l'abscisse x' du point N.

Cette propriété, analogue à celle qui a été démontrée (n° 203) pour le cercle, sera vérifiée par la suite, pour une droite située d'une manière quelconque dans le plan de la courbe.

Les résultats précédens sont également vrais pour l'hyperbole, et la démonstration en serait absolument la même.

290. Pour ne rien laisser à désirer sur le problème des tangentes, nous examinerons ce que deviennent les expressions

$$a = -\frac{B'x''}{A^2 y''}, \quad a = \frac{B'x''}{A^2 y''},$$

lorsque l'on considère le point de contact (x'', y'') dans toutes les positions possibles sur la courbe.

Ellipse. Afin de pouvoir facilement déterminer les variations qu'éprouve la valeur de a, nous mettrons à la place de y'', sa valeur $\pm \dfrac{B}{A} \sqrt{A^2 - x''^2}$; ce qui changera l'expression ci-dessus en $a = \dfrac{-B'x''}{\pm A^2 \cdot \dfrac{B}{A} \sqrt{A^2 - x''^2}}$, ou bien, supprimant les facteurs communs et divisant haut et bas par x'', en

$$a = \mp \frac{B}{A \sqrt{\left(\dfrac{A^2}{x''^2} - 1\right)}}.$$

Cela posé, si l'on fait d'abord $x'' = 0$, auquel cas le point de contact se trouve en C ou D (*fig.* 165), la quantité $\dfrac{A^2}{x''^2}$, devient *infinie*; d'où l'on déduit $a = 0$. Donc, aux points C et D, la tangente est *parallèle au grand axe*.

Fig. 165.

A mesure que x'' augmente, soit positivement, soit négativement, $\dfrac{A^2}{x''^2}$ et par conséquent, $A\sqrt{\dfrac{A^2}{x''^2}-1}$ diminue, et la valeur de a augmente de plus en plus numériquement. Lorsqu'enfin on suppose $x'' = \pm A$, auquel cas le point de contact se trouve en B ou A, le radical devient *nul*, et l'on a $a = \infty$; donc la tangente en ces deux points est *perpendiculaire au premier axe*.

Si l'on fait passer x'' par tous les états de grandeur depuis o jusqu'à A, il est visible que la valeur de a passera par tous les états de grandeur depuis o jusqu'à l'*infini négatif*, et depuis o jusqu'à l'*infini positif*. Ainsi la tangente *prend toutes les inclinaisons possibles* par rapport au premier axe; les angles sont *aigus* pour tous les points situés entre B et D, ou entre A et C; ils sont *obtus* pour tous les angles situés entre C et B, ou entre D et A.

Veut-on, par exemple, savoir en quel point la tangente à l'ellipse fait avec le grand axe un angle donné?

Soit t la tangente de cet angle; on pose $\dfrac{-B^2 x''}{A^2 y''} = t$,

ce qui donne l'équation $\qquad A^2 t y'' + B^2 x'' = 0$,

que l'on combine avec celle-ci: $\quad A^2 y''^2 + B^2 x''^2 = A^2 B^2$.

En substituant dans la seconde équation, la valeur de y'' tirée de la première, on trouve

$$B^4 x''^2 + A^2 B^2 t^2 x''^2 = A^4 B^2 t^2;$$

d'où l'on déduit $\qquad x'' = \dfrac{\pm A^2 t}{\sqrt{A^2 t^2 + B^2}}$,

résultat toujours *réel*, quelle que soit la valeur de t.

Cette valeur est nécessairement moindre que A, puisque $\sqrt{A^2 t^2 + B^2}$ est plus grand que At. Si cependant, l'on avait $t = \infty$, on trouverait

$$\dfrac{\pm A^2 t}{\sqrt{A^2 t^2 + B^2}} \quad \text{ou} \quad \dfrac{\pm A^2}{\sqrt{A^2 + \dfrac{B^2}{t^2}}} = A.$$

291. *Hyperbole.* L'expression $a = \dfrac{B^2 x''}{A^2 y''}$ devient, lors-qu'on y remplace y'' par sa valeur $\pm \dfrac{B}{A} \sqrt{x''^2 - A^2}$,

$$a = \frac{\pm B}{A \sqrt{1 - \dfrac{A^2}{x''^2}}}.$$

Si l'on fait d'abord $x'' = \pm A$, qui est la plus petite valeur que puisse recevoir x'', on obtient $a = \infty$;

Fig. 166. donc, aux points B et A (*fig.* 166), la tangente est *perpendiculaire au premier axe.*

A mesure que x'' augmente, le terme $\dfrac{A^2}{x''^2}$ diminue; par conséquent, le dénominateur approche de plus en plus d'être égal à A; et lorsqu'on suppose $x'' = \infty$, il vient......
$a = \pm \dfrac{B}{A}$; ce qui démontre que les tangentes à l'infini font avec le premier axe les mêmes angles que les asymptotes.

D'un autre côté, si l'on considère l'abscisse, $x = \dfrac{A^2}{x''}$, du point où la tangente rencontre le premier axe (n° 284), on voit que, dans l'hypothèse de $x'' = \infty$, cette abscisse devient *nulle;* donc les tangentes à l'infini passent par le centre.

D'où l'on peut conclure que *les tangentes à l'infini ne sont autre chose que les asymptotes elles-mêmes.*

Remarque. Tant que x'' est *positif,* l'expression $\dfrac{A^2}{x''}$ reste positive; elle se réduit à A pour $x'' = A$, et à 0 pour $x'' = \infty$; ainsi, pour tous les points de la première branche de l'hyperbole, les tangentes rencontrent le premier axe entre le sommet B et le centre. Le contraire a lieu pour tous les points de la seconde branche.

Observons d'ailleurs que, d'après la forme de l'expression

$$\frac{B}{A\sqrt{1-\dfrac{A^2}{x''^2}}},$$ cette quantité est généralement plus grande

que $\dfrac{B}{A}$, puisque le dénominateur $A\sqrt{1-\dfrac{A^2}{x''^2}}$ est moindre

que A, excepté lorsqu'on suppose $x'' = \infty$, ce qui réduit

l'expression à $\dfrac{B}{A}$.

Il résulte de là que la tangente à l'hyperbole ne peut jamais former avec le premier axe, *un angle aigu moindre* que l'angle LOX dont la tangente est $\dfrac{B}{A}$, et *un angle obtus plus grand* que HOX dont la tangente est $-\dfrac{B}{A}$.

Ainsi, dans l'hyperbole équilatère dont les asymptotes sont rectangulaires, ou font avec le premier axe, chacune un angle de 5o°, les tangentes ne peuvent faire avec cet axe un angle aigu moindre que 5o°, et un angle obtus plus grand que 15o°.

Il serait facile de déterminer, comme pour l'ellipse, la position du point où la tangente à l'hyperbole doit faire un angle donné avec le premier axe.

De la Tangente considérée par rapport aux diamètres et aux rayons vecteurs.

292. Soient MR (*fig.* 168) une tangente en un point quel- Fig. 168. conque M de l'ellipse, MM′ le diamètre qui passe par le point de contact.

On a trouvé (n° 282) pour le coefficient de x dans l'équation non simplifiée de la tangente,

$$a = -\frac{B^2 x''}{A^2 y''}.$$

D'un autre côté, puisque le diamètre MM′, dont l'équation est de la forme $y = a'x$, passe par le point M, qui a pour coordonnées x'', y'', on a la relation

$$y'' = a'x''; \quad \text{d'où} \quad a' = \frac{y''}{x''}.$$

Or, si l'on multiplie ces deux expressions de a et de a' l'une par l'autre, il en résulte $aa' = -\dfrac{B^2}{A^2}$.

Mais en désignant par a'' la tangente de l'angle que forme avec l'axe des x le diamètre mm' conjugué du diamètre MM', on a également (n° 263) la relation $a'a'' = \dfrac{B^2}{A^2}$.

Les deux égalités précédentes, comparées entre elles, donnent nécessairement $a = a''$; ce qui veut dire que *la tangente, en un point quelconque de l'ellipse, est parallèle au diamètre conjugué de celui qui passe par le point de contact.*

Conséquence. Si par les extrémités M, M', m, m' des deux diamètres conjugués, on mène quatre tangentes, ces droites forment *un parallélogramme* circonscrit à l'ellipse, puisque les tangentes menées aux extrémités du diamètre MM', sont parallèles au diamètre mm', et réciproquement.

Dans l'hyperbole, la propriété précédente a également lieu; mais comme on a vu (n° 265) que, pour tout système de diamètres conjugués, l'un est *transverse* et l'autre *non transverse*, il s'ensuit qu'on ne peut mener que les deux tangentes Fig. 169. TT', tt' (*fig.* 169).

293. Cette propriété fournit un moyen assez simple de *mener une tangente à l'ellipse* ou à *l'hyperbole*, 1°. par un point donné sur la courbe; 2°. parallèlement à une droite donnée de position sur le plan de la courbe.

Dans le premier cas, *déterminez*, par l'un des moyens indiqués n° 263 et 280, *le diamètre conjugué de celui qui passe par le point de contact;* puis, *par ce point, menez une parallèle au diamètre ainsi déterminé;* vous obtenez la tangente demandée.

Dans le second, *tracez un diamètre parallèle à la droite*

donnée ; puis *déterminez son diamètre conjugué* ; *et par les deux extrémités de celui - ci , menez deux parallèles au premier , ou à la droite donnée* ; vous avez ainsi la tangente demandée.

Pour que la seconde construction puisse s'appliquer à l'hyperbole , il faut évidemment que la droite donnée fasse avec l'axe des x un angle aigu plus grand que celui dont la tangente est $\dfrac{B}{A}$, ou un angle obtus moindre que celui dont la tangente est $-\dfrac{B}{A}$. C'est d'ailleurs une conséquence de ce qui a été dit, n° 291 , sur l'inclinaison de la tangente dans l'hyperbole.

294. Considérons actuellement les deux rayons vecteurs menés des foyers F , F′ (*fig.* 170) d'une ellipse, au point de contact de la tangente MR , et proposons-nous de calculer les angles FMR , F′MR que forment ces rayons vecteurs avec la tangente.

Soient $\mathrm{FMR} = \mathrm{V}, \quad \mathrm{F'MR} = \mathrm{V'},$

$\quad$ tang MRX $= a$, tang MFX $= a'$, tang MF′X $= a''$;

on a évidemment, d'après la figure ,

$$\text{tang } V = \frac{a - a'}{1 + aa'}, \quad \text{tang } V' = \frac{a - a''}{1 + aa''}.$$

Or, on a déjà trouvé (n° 282) $a = -\dfrac{B^2 x''}{A^2 y''}.$

De plus, comme le rayon vecteur FM passe par le point dont les coordonnées sont $y = 0$, $x = c$ ou $\sqrt{A^2 - B^2}$, son équation est de la forme $y = a'(x - c)$; et puisqu'il passe en même temps par le point x'', y'', on a la relation

$$y'' = a'(x'' - c); \quad \text{d'où} \quad a' = \frac{y''}{x'' - c}.$$

On obtiendrait de même pour la valeur de a'' correspondante au rayon F'M qui passe par le point $(y=o,\ x=-c)$, et par le même point (x'',y''), $a=\dfrac{y''}{x''+c}$.

Cela posé, si l'on substitue d'abord pour a et a' leurs valeurs dans l'expression de tang V, on trouve

$$\text{tang V}=\frac{\dfrac{-B^2x''}{A^2y''}-\dfrac{y''}{x''-c}}{1-\dfrac{B^2x''y''}{A^2y''(x''-c)}}=\frac{-B^2x''^2+B^2cx''-A^2y''^2}{A^2x''y''-A^2cy''-B^2x''y''};$$

ou bien, à cause de $A^2y''^2+B^2x''^2=A^2B^2$, $A^2-B^2=c^2$,

$$\text{tang V}=\frac{B^2cx''-A^2B^2}{c^2x''y''-A^2cy''}=\frac{B^2(cx''-A^2)}{cy''(cx''-A^2)}=\frac{B^2}{cy''}.$$

Comme, pour passer de tang V à tang V', il suffit de remplacer a' par a'', et que la valeur de a'' ne diffère de celle de a' qu'en ce que c est changé en $-c$, il s'ensuit que, tout calcul fait, on doit trouver tang $V'=-\dfrac{B^2}{cy''}$.

De là résulte nécessairement que les angles F'MR, FMR sont *supplémens* l'un de l'autre ; ou bien, si l'on prolonge F'M, que les angles GMR, FMR *sont égaux*.

Donc *la tangente à l'ellipse divise en deux parties égales l'angle formé par l'un des rayons vecteurs FM, et le prolongement MG de l'autre rayon vecteur.*

Soit prolongée la tangente MR au-dessus du point M ; comme on a GMR = F'MR', il en résulte FMR = F'MR'. Ainsi, l'on peut encore dire que *la tangente RR' forme avec les rayons vecteurs , de l'un et de l'autre côté du point de contact, des angles égaux.*

Enfin, si l'on mène *la normale* MK, de l'égalité des angles FMR, F'MR', on déduit nécessairement celle des angles FMK, KMF' ; donc *la normale divise en deux parties égales l'angle formé par les deux rayons vecteurs.*

Ces diverses propriétés sont tellement liées entre elles que, l'une quelconque étant démontrée, les autres s'en déduisent immédiatement.

Passons à l'hyperbole. On a, en conservant les mêmes notations que ci-dessus (*fig.* 170),

$$\text{tang FMR ou tang V} = \text{tang (MFX} - \text{MRX}) = \frac{a' - a}{1 + aa'},$$

$$\text{tang F'MR ou tang V'} = \text{tang (MRX} - \text{MF'X}) = \frac{a - a''}{1 + aa''}.$$

Cela posé, l'expression de a est pour l'hyperbole, $a = \dfrac{B^2 x''}{A^2 y''}$;

on a d'ailleurs, comme pour l'ellipse, $a' = \dfrac{y''}{x'' - c}, a'' = \dfrac{y''}{x'' + c}$.

Substituant les valeurs de a, a' dans l'expression de tang V, on trouve

$$\text{tang V} = \frac{\dfrac{y''}{x'' - c} - \dfrac{B^2 x''}{A^2 y''}}{1 + \dfrac{B^2 x'' y''}{A^2 y''(x'' - c)}} = \frac{A^2 y''^2 - B^2 x''^2 + B^2 c x''}{A^2 x'' y'' - A^2 c y'' + B^2 x'' y''};$$

ou, à cause de $A^2 y''^2 - B^2 x''^2 = - A^2 B^2$, $A^2 + B^2 = c^2$,

$$\text{tang V} = \frac{- A^2 B^2 + B^2 c x''}{c^2 x'' y'' - A^2 c y''} = \frac{B^2(c x'' - A^2)}{c y''(c x'' - A^2)} = \frac{B^2}{c y''}.$$

Quant à l'expression de tang V', comme on a..........

$$\text{tang V'} = \frac{a - a''}{1 + aa''}, \text{ qui peut être mise sous la forme.....}$$

$$\text{tang V'} = - \frac{(a'' - a)}{1 + aa''}, \text{ et que } \frac{a'' - a}{1 + aa''} \text{ étant calculé, donnerait}$$

$- \dfrac{B^2}{c y''}$, puisqu'il suffirait de changer c en $- c$ dans le résultat

précédent, il faut nécessairement que l'on ait tang $\text{V'} = \dfrac{B^2}{c y''}$.

Donc les angles FMR, F'MR sont égaux; ainsi, dans l'hyperbole, *la tangente divise en deux parties égales l'angle formé par les deux rayons vecteurs eux-mêmes.*

295. On déduit de la propriété précédente le moyen le plus

commode et le plus simple, en général, pour *mener une tan-*
gente à l'ellipse ou à l'hyperbole, 1°. par un point pris sur la
courbe; 2°. par un point pris hors de la courbe.

Considérons d'abord un point M .(*fig.* 170) donné sur l'ellipse. *Tirez les deux rayons vecteurs* FM *et* F'M; *prolongez* F'M
d'une quantité MG *égale à* MF; *joignez* F *et* G; *puis abaissez*
du point M *sur* FG *une perpendiculaire;* vous aurez la tangente,
car, à cause du triangle isoscèle MFG, cette droite divise l'angle
FMG en deux parties égales.

On peut démontrer *synthétiquement* que la ligne MR qui
divise l'angle FMG en deux parties égales, n'a que le point M
de commun avec la courbe, et est par conséquent tangente.

En effet, soit N un tout autre point de cette ligne, et joi-
gnons-le aux points F', F et G. Le triangle F'NG donne
F'N + NG > F'G; mais d'après la construction, NG = NF,
puisque tous les points de MR sont également distans des
points F et G. De plus, MG = MF; d'où F'G = F'M + MF = 2A.

Donc l'inégalité précédente devient F'N + NF > 2A; ce qui
prouve (n° 274) que le point N est hors de la courbe.

Soit actuellement proposé de *mener une tangente par un*
point N *donné hors de la courbe.*

Pour cela, il suffirait évidemment de connaître la position
du point G; car, ce point étant déterminé, il en serait de même
de F'G, et par suite, du point de contact M.

Or, ce point G jouit de la propriété d'être à une distance du
point F' égale à 2A, et à une distance du point N égale à la
distance NF qui est connue. D'après cette observation, il faut,
pour l'obtenir, *décrire des points* F', N *comme centres, et avec*
des rayons respectivement égaux à 2A, NF, *deux arcs de*
cercle qui se coupent au point G, *tirer* F'G *qui rencontre la*
courbe en M; la droite NM est la tangente demandée.

Comme les deux arcs de cercle se coupent en un second
point G', si l'on tire F'G', et qu'on joigne le point N au
point M' où F'G' rencontre la courbe, on obtiendra la seconde
tangente qui peut toujours être menée du point N, en tant que
ce point est situé hors de la courbe.

La construction est absolument la même pour l'hyperbole, dans chacun des deux cas (*fig.* 171).

Fig. 171.

N. B. Il est à remarquer que la construction précédente et la démonstration synthétique que nous en avons donnée, sont uniquement fondées sur les définitions de l'ellipse et de l'hyperbole, c'est-à-dire, sur la propriété caractéristique qui a servi de base à la recherche des équations de ces courbes.

296. Nous pouvons maintenant rendre raison des dénominations de foyers et de rayons vecteurs, données aux points F, F' et aux lignes FM, F'M.

C'est un principe de Physique généralement admis, que tout corps élastique qui rencontre une surface, se réfléchit de manière à former *un angle de réflexion égal à celui d'incidence.*

Cela posé, concevons qu'à l'un des foyers F (*fig.* 172) d'une ellipse, on ait placé un charbon ardent dont les rayons de chaleur viennent frapper la courbe en différens points M, M';... ces rayons forment avec les tangentes menées par ces points, des angles FMT, FM'T', ... appelés *angles d'incidence.* Or, en vertu du principe de Physique, ces rayons doivent être réfléchis suivant des droites qui fassent avec Mt, M't'... des angles (appelés *angles de réflexion*) égaux à ceux d'incidence; donc les rayons réfléchis sont tous dirigés vers le point F' pour lequel seul, les angles F'Mt, F'M't'... sont égaux aux angles FMT, FM'T'....

Fig. 172.

Ainsi, qu'on ait placé au point F un foyer de chaleur, et au point F' une matière inflammable, ce corps s'enflammera comme s'il était placé au point F lui-même. Les différens points de l'intérieur de la courbe se ressentiront plus ou moins du rayonnement de la chaleur; mais le point F' sera le seul où se concentreront les rayons partis du point F.

Dans l'hyperbole, des rayons de chaleur partant du point F (*fig.* 173) et venant frapper la courbe aux points M, M', ... se réfléchiraient dans l'intérieur, suivant des droites Mf, M'f,... qui, prolongées en sens contraire, iraient toutes aboutir au

Fig. 173.

point F′; car de l'égalité des angles FMT, TMF′, on conclut celle des angles FMT, fMt, etc....

297. *Conséquences* de la propriété du n° 294.

Première. Comme, pour fixer la position de la tangente en un point donné M (*fig.* 170), on a pris (n° 295) MG = MF, et qu'après avoir tiré la droite FG, on a abaissé du point M une perpendiculaire sur FG, il s'ensuit que cette dernière droite est divisée en deux parties égales au point I. Donc, si l'on joint le centre au point I qui peut être regardé comme le pied de la perpendiculaire abaissée du foyer F sur la tangente, on formera deux triangles semblables FOI, FF′G, puisque l'on a OF = OF′ et IF = IG. Ainsi ces triangles donnent F′G : OI :: F′F : OF; mais OF est la moitié de FF′, et par construction F′G est égal à 2A; donc OI = A.

D'où résulte la propriété suivante : *Si de l'un des foyers d'une ellipse, on abaisse une perpendiculaire sur une tangente quelconque, la distance du centre au pied de la perpendiculaire, est égale à la moitié du premier axe ;* en d'autres termes, *le lieu géométrique des pieds de toutes les perpendiculaires abaissées de l'un quelconque des foyers sur les tangentes à la courbe, est la circonférence de cercle décrite sur 2A comme diamètre.*

Cette propriété a également lieu pour l'hyperbole, et se démontre de la même manière (*fig.* 171).

298. *Seconde conséquence.* Soient abaissées des points F et F′ (*fig.* 170) les deux perpendiculaires FI, F′I′ sur la tangente RR′; on vient de démontrer que les distances OI, OI′ sont égales à A.

Cela posé, si des points O, F on mène OL, FL′ parallèles à la tangente, on a, d'après la figure,

$$\text{I}'\text{F}' = \text{I}'\text{L} + \text{LF}',$$
$$\text{IF} = \text{I}'\text{L}' = \text{I}'\text{L} - \text{LF}';$$

d'où l'on déduit $\quad \text{I}'\text{F}' \times \text{IF} = \overline{\text{I}'\text{L}}^2 - \overline{\text{LF}'}^2;$

mais les triangles rectangles I'OL, F'OL dans lesquels OI' $=$ A et OF' $= c$ ou $\sqrt{A^2 - B^2}$, donnent

$$\overline{I'L}^2 = A^2 - \overline{OL}^2, \qquad \overline{F'L}^2 = c^2 - \overline{OL}^2;$$

on obtient donc

$$I'F' \times IF = A^2 - \overline{OL}^2 - c^2 + \overline{OL}^2 = A^2 - c^2 = B^2.$$

Donc, dans l'ellipse, *le produit des perpendiculaires abaissées des deux foyers sur une tangente, est égal au carré de la moitié du second axe.*

Dans l'hyperbole, on trouve $I'F' \times IF = - B^2$ (*fig.* 171), Fig. 171. parce que les deux perpendiculaires sont placées en sens contraire par rapport à la tangente.

299. *Troisième conséquence.* Soit mené le diamètre mm' (*fig.* 170) conjugué de celui qui passe par le point de con- Fig. 170. tact de la tangente RR'. Tirons d'ailleurs les rayons vecteurs FM, F'M et la ligne OI qui joint le centre au pied de la perpendiculaire abaissée du foyer F sur la tangente.

On a vu (n° 292) que le diamètre mm' est parallèle à la tangente ; d'ailleurs OI est parallèle à F'M , à cause de la similitude des triangles FOI, FF'G ; donc la figure OIMH est un parallélogramme, et l'on a $MH = OI = A$.

Ainsi, dans l'ellipse et l'hyperbole, *la partie d'un rayon vecteur comprise entre la tangente et le diamètre conjugué de celui qui passe par le point de contact, est égale à la moitié du premier axe.*

Toutes ces propriétés, qui ont été facilement déduites de celle de la tangente par rapport aux rayons vecteurs, trouveront leur application dans la suite.

§ II. *Propriétés de l'Ellipse et de l'Hyperbole rapportées à leurs diamètres conjugués.*

300. La propriété caractéristique de tout système de diamètres conjugués consistant (n° 261) en ce que chacun d'eux divise en deux parties égales toutes les cordes de la courbe menées parallèlement à l'autre, il en résulte que, si l'on rapporte la courbe à un semblable système, la nouvelle équation ne doit renfermer que les carrés des coordonnées et une quantité toute connue, c'est-à-dire, doit être de même forme que celle de la courbe rapportée à ses axes principaux. Nous pourrions donc établir immédiatement, pour l'équation de la courbe rapportée à l'un de ces systèmes, $My^2 \pm Nx^2 = \pm P$, équation qu'on pourrait ensuite, à l'aide d'une transformation analogue à celle des n°s 233 et 239, ramener à celle-ci :

$$A'^2 y^2 \pm B'^2 x^2 = \pm A'^2 B'^2.$$

Mais on conçoit que, pour chaque système dont on donne la direction, les constantes A' et B' qui, comme il est aisé de le voir, représentent les demi-diamètres, doivent avoir avec les demi-axes certaines relations. Or, ce sont ces relations qu'il s'agit maintenant de déterminer.

Pour y parvenir d'une manière générale, nous nous proposerons la question suivante : *L'équation d'une ellipse ou d'une hyperbole rapportée à ses axes principaux, étant donnée, on demande de rapporter la courbe à un nouveau système tel, que la nouvelle équation conserve la même forme.* C'est une simple application de la transformation des coordonnées.

Occupons-nous d'abord de l'ellipse qui a pour équation

$$A^2 y^2 + B^2 x^2 = A^2 B^2.$$

Substituons dans cette équation, à la place de x, y, les valeurs

$$x = x \cos \alpha + y \cos \alpha',$$

$$y = x \sin \alpha + y \sin \alpha',$$

qui (n° 219) servent à passer d'un système rectangulaire à un système oblique de même origine.

Il vient, par cette substitution,

$$(A^2\sin^2\alpha' + B^2\cos^2\alpha')y^2 + 2(A^2\sin\alpha\sin\alpha' + B^2\cos\alpha\cos\alpha')xy + \cdots$$
$$(A^2\sin^2\alpha + B^2\cos^2\alpha)x^2 = A^2B^2.$$

Mais par hypothèse, l'équation ne doit renfermer que les carrés des variables et la quantité toute connue; il faut donc que le coefficient de xy soit égal à o; ce qui donne

$$A^2\sin\alpha\sin\alpha' + B^2\cos\alpha\cos\alpha' = 0, \ \ldots \ (1)$$

et l'équation se réduit à

$$(A^2\sin^2\alpha' + B^2\cos^2\alpha')y^2 + (A^2\sin^2\alpha + B^2\cos^2\alpha)x^2 = A^2B^2 \ldots \ (2)$$

Si l'on divise l'équation (1) par $\cos\alpha\cos\alpha'$, elle devient

$$A^2 \tang\alpha \tang\alpha' + B^2 = 0; \quad \text{d'où} \quad \tang\alpha \tang\alpha' = -\frac{B^2}{A^2}.$$

Comme on n'a qu'une seule équation pour déterminer les angles α, α', il s'ensuit que *le nombre des systèmes de diamètres conjugués est infini*. Cette relation est d'ailleurs identique avec celle du h° 263; et les conséquences qui en ont été déduites, se reproduisent également ici.

Soit fait successivement dans l'équation (2),

$$\left.\begin{array}{l} y = 0, \\[1.5em] x = 0, \end{array}\right\} \text{ il en résulte}\ldots \left\{\begin{array}{l} x^2 = \dfrac{A^2B^2}{A^2\sin^2\alpha + B^2\cos^2\alpha}, \\[1.5em] y^2 = \dfrac{A^2B^2}{A^2\sin^2\alpha' + B^2\cos^2\alpha'}. \end{array}\right\}$$

Ces expressions représentent les carrés des distances OM, Om (*fig.* 168), ou des *demi-diamètres conjugués*. Donc, en désignant Fig. 168. par 2A′, 2B′, les longueurs totales MM′, mm', on a les relations

$$\left.\begin{array}{l} A'^2 = \dfrac{A^2B^2}{A^2\sin^2\alpha + B^2\cos^2\alpha}, \\[1.5em] B'^2 = \dfrac{A^2B^2}{A^2\sin^2\alpha' + B^2\cos^2\alpha'}; \end{array}\right\} \text{d'où} \left\{\begin{array}{l} A^2\sin^2\alpha' + B^2\cos^2\alpha' = \dfrac{A^2B^2}{A'^2}, \\[1.5em] A^2\sin^2\alpha' + B^2\cos^2\alpha' = \dfrac{A^2B^2}{B'^2}. \end{array}\right.$$

Substituant ces valeurs dans l'équation (2), on obtient enfin

$$A'^2 y^2 + B'^2 x^2 = A'^2 B'^2,$$

pour l'équation de l'ellipse rapportée à un système quelconque de diamètres conjugués.

Comme pour $x = \pm A'$, cette équation donne $y^2 = 0$, et que, réciproquement, pour $y = \pm B'$, on a $x^2 = 0$, on doit conclure que les droites menées par les points M, M', m, m' parallèlement aux deux diamètres, sont tangentes à la courbe; propriété qui a déjà été reconnue (n° 292).

Pour l'hyperbole, on obtiendrait les équations

$$A^2 \sin \alpha \sin \alpha' - B^2 \cos \alpha \cos \alpha' = 0, \quad \text{d'où} \quad \operatorname{tang} \alpha \operatorname{tang} \alpha' = \frac{B^2}{A^2},$$

$$\text{et} \quad (A^2 \sin^2 \alpha' - B^2 \cos^2 \alpha') y^2 + (A^2 \sin^2 \alpha - B^2 \cos^2 \alpha) x^2 = -A^2 B^2,$$

dont la première exprime que les nouveaux axes forment un système de diamètres conjugués, et la dernière représente la courbe rapportée à ce système.

Soit fait successivement dans cette équation,

$$\left.\begin{array}{l} y = 0, \\[2em] x = 0, \end{array}\right\} \quad \text{on trouve} \quad \left\{\begin{array}{l} x^2 = \dfrac{-A^2 B^2}{A^2 \sin^2 \alpha - B^2 \cos^2 \alpha}, \\[1.5em] y^2 = \dfrac{-A^2 B^2}{A^2 \sin^2 \alpha' - B^2 \cos^2 \alpha'}. \end{array}\right\}$$

Mais il faut observer que de ces deux carrés, l'un est *positif*, l'autre est *négatif*; car on a vu (n° 265) que, pour tout système de diamètres conjugués, l'un est *transverse* et l'autre *non transverse*; d'où il suit que, si la valeur de x correspondante à $y = 0$, est *réelle*, celle de y correspondante à $x = 0$, doit être *imaginaire*, ou réciproquement (*voyez* d'ailleurs le n° suivant).

Supposons, ce qui est toujours permis, qu'on ait pris pour axe des x le *diamètre transverse*; dans ce cas, l'expression de x^2 est positive, mais celle de y^2 est négative. Désignant donc la première par A'^2, et la seconde par $-B'^2$, on obtient les relations

$$A'^2 = \dfrac{-A^2B^2}{A^2\sin^2\alpha - B^2\cos^2\alpha}, \quad \left.\right\} \text{d'où} \left\{\begin{array}{l} A^2\sin^2\alpha - B^2\cos^2\alpha = -\dfrac{A^2B^2}{A'^2}, \\[2ex] A^2\sin^2\alpha' - B^2\cos^2\alpha' = \dfrac{A^2B^2}{B'^2}. \end{array}\right.$$
$$-B'^2 = \dfrac{-A^2B^2}{A^2\sin^2\alpha' - B^2\cos^2\alpha'};$$

Reportant ces valeurs dans l'équation de la courbe, on obtient, toute réduction faite, ... $A'^2 y^2 - B'^2 x^2 = -A'^2 B'^2$.

Si, au contraire, on égalait la première à $-B'^2$, et la seconde à A'^2, on trouverait $B'^2 y^2 - A'^2 x^2 = A'^2 B'^2$ pour l'équation de l'hyperbole rapportée au diamètre *non transverse*, comme axe des x (*voyez* n° 240).

301. On peut démontrer directement que les deux expressions de x^2 et y^2 sont de signes contraires.

En effet, multiplions-les entre elles; il vient pour leur produit

$$\frac{A^4 B^4}{(A^2 \sin^2\alpha - B^2\cos^2\alpha)(A^2\sin^2\alpha' - B^2\cos^2\alpha')}$$

Or, si l'on développe le dénominateur, on trouve

$$A^4 \sin^2\alpha \sin^2\alpha' + B^4\cos^2\alpha\cos^2\alpha' - A^2B^2(\sin^2\alpha'\cos^2\alpha + \sin^2\alpha\cos^2\alpha');$$

mais la relation $A^2\sin\alpha\sin\alpha' - B^2\cos\alpha\cos\alpha' = 0$, donne

$$A^4\sin^2\alpha\sin^2\alpha' + B^4\cos^2\alpha\cos^2\alpha' = 2A^2B^2\sin\alpha\sin\alpha'\cos\alpha\cos\alpha';$$

donc le dénominateur devient

$$A^2B^2(2\sin\alpha\sin\alpha'\cos\alpha\cos\alpha' - \sin^2\alpha'\cos^2\alpha - \sin^2\alpha\cos^2\alpha');$$

expression qui se change encore dans la suivante :

$$-A^2B^2(\sin\alpha'\cos\alpha - \sin\alpha\cos\alpha')^2, \quad \text{ou} \quad -A^2B^2\sin^2(\alpha' - \alpha).$$

Ainsi, le produit ci-dessus se réduit à $\dfrac{A^4B^4}{-A^2B^2\sin^2(\alpha' - \alpha)}$,

ou bien enfin, à $\quad -\dfrac{A^2B^2}{\sin^2(\alpha' - \alpha)}$.

Ce résultat étant essentiellement *négatif*, prouve que les deux valeurs de x^2 et y^2 sont *de signes contraires*.

Désignant donc, comme on l'a fait dans le n° précédent, la

valeur de x^2 par A'^2, celle de y^2 par $- B'^2$, on parvient à cette relation remarquable, $\quad - A'^2 B'^2 = - \dfrac{A^2 B^2}{\sin^2 (\alpha' - \alpha)}$;

d'où $\qquad\qquad A' . B' . \sin (\alpha' - \alpha) = A . B.$

Les mêmes calculs effectués sur les expressions

$$A'^2 = \frac{A^2 B^2}{A^2 \sin^2 \alpha + B^2 \cos^2 \alpha}, \qquad B'^2 = \frac{A^2 B^2}{A^2 \sin^2 \alpha' + B^2 \cos^2 \alpha'},$$

relatives à l'ellipse, donneraient pour résultat,

$$A'^2 B'^2 \sin^2 (\alpha' - \alpha) = A^2 B^2; \text{ d'où } A' . B' . \sin (\alpha' - \alpha) = A . B.$$

302. Voyons ce que signifie un semblable résultat en Géométrie.

Fig. 168. Soient MM′, *mm′* (*fig.* 168) deux diamètres conjugués par les extrémités desquels on a mené des tangentes qui, comme on l'a déjà vu, déterminent un parallélogramme TT′*t′t*, qui, d'ailleurs, est évidemment quadruple du parallélogramme OMT*m*.

Si du point *m*, on abaisse *mi* perpendiculaire sur OM, on aura évidemment $\text{OMT}m = \text{OM} \times mi = \text{A}' \times mi$; mais le triangle rectangle O*im* donne $mi = \text{O}m . \sin m\text{O}i$, ou bien,

$$mi = \text{B}' . \sin m\text{OM} = \text{B}' \sin (\alpha' - \alpha);$$

donc $\qquad\qquad \text{OMT}m = \text{A}' . \text{B}' . \sin (\alpha' - \alpha).$

D'où l'on peut conclure que le *parallélogramme construit sur les demi-diamètres conjugués OM, Om est égal au rectangle construit sur les demi-axes.*

Ce résultat est tout-à-fait indépendant du système de diamètres conjugués que l'on considère.

Comme la relation $A' . B' \sin (\alpha' - \alpha) = A . B$, peut se transformer en celle-ci : $2A' . 2B' . \sin (\alpha' - \alpha) = 2A . 2B$, on peut encore dire que *tous les parallélogrammes circonscrits à l'ellipse, dont les côtés sont respectivement parallèles à deux diamètres conjugués, ont une surface constante pour tous les systèmes de diamètres conjugués, et égale au rectangle construit sur les axes.*

3o3. *N. B.* Cette surface constante jouit de la propriété d'être *un minimum* parmi celles des différens parallélogrammes, que l'on peut, en général, circonscrire à une ellipse donnée.

En effet, considérons, par exemple, un parallélogramme UVV'U', dont deux côtés soient les tangentes menées par les extrémités du diamètre mm', et les deux autres côtés soient les tangentes menées par les extrémités d'un diamètre nn' non conjugué de mm'. Prolongeons d'ailleurs mi jusqu'à sa rencontre en l avec la base U'V'. On a pour la surface de ce parallélogramme, U'V' $\times ml$.

Mais le triangle rectangle mlm' donne $ml = mm'.\sin mm'l$, ou $ml = 2\mathrm{B}' \times \sin m\mathrm{OM} = 2\mathrm{B}'.\sin (\alpha' - \alpha)$.

D'un autre côté, il est évident que U'V', qui est parallèle à MM', est plus grand que MM' ou $2\mathrm{A}'$, puisque les côtés UU', VV' sont extérieurs à l'ellipse.

Donc U'V' $\times ml$ est plus grand que $2\mathrm{A}' \times 2\mathrm{B}' \sin (\alpha' - \alpha)$.

Ce qu'il fallait démontrer.

3o4. La propriété du n° 3o2 est également applicable à l'hyperbole. Soient MM', NN' deux diamètres conjugués quelconques; si l'on suppose que MM' (*fig.* 169) représente le diamètre $2\mathrm{A}'$, et qu'on prenne sur la direction de NN', $\mathrm{O}m = \mathrm{O}m' = \mathrm{B}$, le parallélogramme OMT$m$ a pour expression...... OM $\times$ Om.$\sin m\mathrm{OM} = \mathrm{A}'.\mathrm{B}'.\sin (\alpha' - \alpha)$; et le parallélogramme que forment les tangentes TT', tt' avec les droites Tt, T't' menées par les points m, m', parallèlement à MM', est égal à $2\mathrm{A}' \times 2\mathrm{B}'.\sin (\alpha' - \alpha)$.

Or, on a vu (n° 3o1) que ces expressions sont respectivement égales à $\mathrm{A} \times \mathrm{B}$ et $2\mathrm{A} \times 2\mathrm{B}$; donc, etc.

Les parallélogrammes tels que TT'tt' dont les côtés sont parallèles et égaux à deux diamètres conjugués, sont dits des *parallélogrammes inscrits* à l'hyperbole.

3o5. On peut remarquer, par rapport au rectangle EE'ee' construit sur les axes, que, comme les asymptotes OL, OH ont été déterminées (n° 238) en prenant sur la perpendiculaire élevée au point B, deux parties BE, BE' égales à la moitié du

Fig. 169.

second axe, *les sommets* E, E′, e′, e *de ce parallélogramme rectangle, sont situés sur les asymptotes.*

Or, je dis que cette propriété est commune à tous les parallélogrammes inscrits dont nous venons de parler.

Pour le démontrer, nous observerons d'abord que, l'équation de l'hyperbole rapportée à un système quelconque de diamètres conjugués, étant $A'^2 y^2 - B'^2 x^2 = - A'^2 B'^2$, d'où l'on déduit

$$y^2 = \frac{B'^2}{A'^2}(x^2 - A'^2), \quad \text{ou} \quad y = \pm \frac{B' x}{A'} \sqrt{1 - \frac{A'^2}{x^2}}, \quad \text{la partie,}$$

$$y = \pm \frac{B'}{A'} x,$$ est l'équation des asymptotes rapportées au même système d'axes.

En effet, on voit, d'après l'inspection de la valeur complète de y, que plus x augmente, moins le radical diffère de l'unité, et par conséquent, plus l'ordonnée de la courbe approche de devenir égale à celle du système des deux droites exprimées par....

$$y = \pm \frac{B'}{A'} x.$$ Tant que x a une valeur *finie,* la différence de ces ordonnées n'est pas nulle ; mais elle peut devenir aussi petite que l'on veut, et se réduit à o, dès qu'on suppose $x = \infty$.

Donc les asymptotes qui ont pour équations, $y = + \dfrac{B}{A} x,$

et $y = - \dfrac{B}{A} x,$ lorsqu'elles sont rapportées au système des axes principaux, sont représentées par

$$y = + \frac{B'}{A'} x, \quad y = - \frac{B'}{A'} x,$$

quand on les rapporte à un système de diamètres conjugués.

Fig. 174. Ainsi, soient OM, ON (*fig.* 174) deux diamètres conjugués auxquels on suppose la courbe rapportée; l'équation $y = \pm \dfrac{B'}{A'} x$ représente les deux asymptotes rapportées au même système, les x se comptant sur OM et les y parallèlement à ON.

Cela posé, soit fait dans cette équation, $x = A'$; il en résulte $y = \pm B'$; ce qui prouve que si, au point M, on mène une parallèle à NN', ou, ce qui revient au même (n° 292), une tangente à la courbe, *les parties* MT, MT' *de cette tangente comprises entre le point de contact* M *et les deux asymptotes, sont égales entre elles, et, de plus, égales chacune à la moitié du diamètre conjugué de* MM'.

Même résultat pour la tangente menée au point M'.

Donc si l'on joint les points T, t et T', t', la figure ainsi formée, ne sera autre chose que le parallélogramme dont les côtés sont égaux et parallèles à $2A'$, $2B'$.

306. La même équation $y = \pm \dfrac{B'}{A'} x$ prouve encore que, pour une abscisse quelconque OP, les ordonnées PR, PR' sont égales et de signes contraires; d'ailleurs, il résulte de l'équation de la courbe, $y = \pm \dfrac{B'}{A'} \sqrt{x^2 - A'^2}$, que les ordonnées PS, PS' correspondantes à la même abscisse OP, sont aussi égales et de signes contraires; donc PR—PS ou RS=PR'—PS' ou R'S'.

D'où l'on peut conclure que *les deux parties d'une sécante comprises entre la courbe et les asymptotes, sont égales entre elles.*

Cette dernière propriété est vraie, quelle que soit la direction de la sécante sur le plan de la courbe; car on peut toujours imaginer par le centre un diamètre parallèle à une sécante donnée de position, puis déterminer le diamètre conjugué de celui-ci; supposer enfin la courbe et ses asymptotes rapportées à ce système de diamètres conjugués. Dès lors, la démonstration précédente sera immédiatement applicable.

Nous reviendrons plus loin sur ces propriétés fort curieuses des asymptotes. Notre but principal était ici de faire voir que *les sommets des parallélogrammes dont les côtés sont parallèles et égaux à un système de diamètres conjugués, ont leurs sommets placés sur les asymptotes.*

307. Reprenons les valeurs de A'^2 et B'^2 obtenues (n° 300)

pour l'ellipse, et remplaçons, dans ces expressions, $\sin^2 \alpha$, $\cos^2 \alpha$, $\sin^2 \alpha'$, $\cos^2 \alpha'$ par leurs valeurs en fonction de tang α ; savoir :

$$\cos^2 \alpha = \frac{1}{1 + \text{tang}^2 \alpha}, \quad \sin^2 \alpha = \frac{\text{tang}^2 \alpha}{1 + \text{tang}^2 \alpha},$$

$$\cos^2 \alpha' = \frac{1}{1 + \text{tang}^2 \alpha'}, \quad \sin^2 \alpha' = \frac{\text{tang}^2 \alpha'}{1 + \text{tang}^2 \alpha'};$$

on obtient $A'^2 = \dfrac{A^2 B^2 (1 + \text{tang}^2 \alpha)}{A^2 \text{tang}^2 \alpha + B^2}$, $B'^2 = \dfrac{A^2 B^2 (1 + \text{tang}^2 \alpha')}{A^2 \text{tang}^2 \alpha' + B^2}$,

équations qui, réunies à l'équation de condition

$$\text{tang } \alpha . \text{tang } \alpha' = - \frac{B^2}{A^2},$$

renferment les six quantités A, B, A', B', tang α, tang α'; donc si l'on élimine entre ces équations les quantités tang α, tang α', on doit nécessairement parvenir à une certaine relation entre les quantités A, B, A', B'.

Or, des deux premières équations, on déduit

$$\text{tang}^2 \alpha = \frac{B^2 (A^2 - A'^2)}{A^2 (A'^2 - B^2)}, \quad \text{tang}^2 \alpha' = \frac{B^2 (A^2 - B'^2)}{A^2 (B'^2 - B^2)};$$

d'où $\text{tang}^2 \alpha . \text{tang}^2 \alpha' = \dfrac{B^4}{A^4} \cdot \dfrac{(A^2 - A'^2)(A^2 - B'^2)}{(A'^2 - B^2)(B'^2 - B^2)}.$

D'un autre côté, la troisième équation donne

$$\text{tang}^2 \alpha . \text{tang}^2 \alpha' = \frac{B^4}{A^4};$$

on a donc la relation $\dfrac{(A^2 - A'^2)(A^2 - B'^2)}{(A'^2 - B^2)(B'^2 - B^2)} = 1.$

Chassant le dénominateur et développant les calculs,

$$A^4 - A^2 A'^2 - A^2 B'^2 + A'^2 B'^2 = A'^2 B'^2 - B^2 B'^2 - A'^2 B^2 + B^4;$$

réduisant et transposant,

$$A^4 - B^4 = A'^2 (A^2 - B^2) + B'^2 (A^2 - B^2).$$

Donc enfin, si l'on divise par $A^2 - B^2$, on trouve

$$A'^2 + B'^2 = A^2 + B^2, \quad \text{ou} \quad 4A'^2 + 4B'^2 = 4A^2 + 4B^2;$$

ce qui prouve que, dans l'ellipse, *la somme des carrés de deux diamètres conjugués quelconques est égale à la somme des carrés des axes.*

En opérant de la même manière par rapport à l'hyperbole, on trouverait

$$A'^2 - B'^2 = A^2 - B^2, \quad \text{ou} \quad 4A'^2 - 4B'^2 = 4A^2 - 4B^2;$$

c'est-à-dire, *la différence des carrés des diamètres conjugués égale à la différence des carrés des axes.*

308. Au resté, cette dernière propriété et celle du parallélogramme circonscrit ou inscrit, peuvent se déduire très simplement d'un calcul assez important en lui-même, et qui a pour objet, *étant donnée l'équation d'une ellipse ou d'une hyperbole rapportée à un certain système de diamètres conjugués, de retrouver l'équation de la même courbe rapportée au système de ses axes principaux.*

Pour résoudre cette question par rapport à l'ellipse, nous ferons usage des formules du n° 221,

$$x = \frac{x \sin(\zeta - \alpha) - y \cos(\zeta - \alpha)}{\sin \zeta}, \quad y = \frac{x \sin \alpha + y \cos \alpha}{\sin \zeta},$$

qui servent à passer d'un système oblique à un système rectangulaire de même origine.

Substituant ces valeurs dans l'équation de la courbe,

$$A'^2 y^2 + B'^2 x^2 = A'^2 B'^2,$$

et chassant le dénominateur, on obtient la transformée

$$\begin{aligned}
[A'^2 \cos^2 \alpha + B'^2 \cos^2(\zeta - \alpha)]\, y^2 & \\
+ [2A'^2 \sin \alpha \cos \alpha - 2B'^2 \sin(\zeta - \alpha)\cos(\zeta - \alpha)]\, xy & = A'^2 B'^2 \sin^2 \zeta. \\
+ [A'^2 \sin^2 \alpha + B'^2 \sin^2(\zeta - \alpha)]\, x^2 &
\end{aligned}$$

Comme le nouveau système d'axes doit jouir de la propriété caractéristique des diamètres conjugués (n° 261), il faut que le terme en xy disparaisse, ce qui exige que l'on ait

$$A'^2 \sin \alpha \cos \alpha - B'^2 \sin (\varsigma - \alpha) \cos (\varsigma - \alpha) = 0 ; \ldots \ (1)$$

et alors l'équation se réduit à

$$\left. \begin{array}{l} [A'^2 \cos^2 \alpha + B'^2 \cos^2 (\varsigma - \alpha)] y^2 \\ + [A'^2 \sin^2 \alpha + B'^2 \sin^2 (\varsigma - \alpha)] x^2 \end{array} \right\} = A'^2 B'^2 \sin^2 \varsigma \ldots \ (2)$$

Il résulte d'ailleurs de la nature de la transformation, que le système de diamètres conjugués actuel est un système *rectangulaire;* donc ce système est celui des axes principaux, puisqu'on a reconnu (n° 264) que c'est le seul système de diamètres conjugués *perpendiculaires entre eux.*

Ainsi, l'on doit regarder l'équation (2) comme celle de l'ellipse rapportée à son centre et à ses axes. Cependant, pour qu'on puisse la comparer à $A^2 y^2 + B^2 x^2 = A^2 B^2$, il est nécessaire que le second membre soit le produit des coefficiens de y^2 et x^2. Mais, pour la ramener à cet état, on sait (n° 233) qu'il suffit de multiplier les deux membres par un facteur K égal à $\dfrac{P}{MN}$; M, N désignant les coefficiens de y^2, x^2, et P la quantité toute connue qui est dans le second membre.

Calculons donc cette valeur de K relative à l'équation (2); on a

$$K = \frac{A'^2 B'^2 \sin^2 \varsigma}{[A'^2 \cos^2 \alpha + B'^2 \cos^2 (\varsigma - \alpha)][A'^2 \sin^2 \alpha + B'^2 \sin^2 (\varsigma - \alpha)]}.$$

Effectuant les calculs indiqués au dénominateur, et observant que l'équation de condition (1), étant élevée au carré, donne

$$A'^4 \sin^2 \alpha \cos^2 \alpha + B'^4 \sin^2 (\varsigma - \alpha) \cos^2 (\varsigma - \alpha)$$
$$= 2 A'^2 B'^2 \sin \alpha \cos \alpha \sin (\varsigma - \alpha) \cos (\varsigma - \alpha),$$

on reconnaît que ce dénominateur prend la forme

$$A'^2 B'^2 \left[\sin^2 \alpha \cos^2 (\varsigma - \alpha) + \sin^2 (\varsigma - \alpha) \cos^2 \alpha \right.$$
$$\left. + 2 \sin \alpha \cos (\varsigma - \alpha) \sin (\varsigma - \alpha) \cos \alpha \right],$$

ou $\qquad A'^2 B'^2 [\sin \alpha \cos (\varsigma - \alpha) + \sin (\varsigma - \alpha) \cos \alpha]^2,$

ou bien enfin, $\ A'^2 B'^2 \sin^2 (\alpha + \varsigma - \alpha) = A'^2 B'^2 \sin^2 \varsigma.$

Donc la valeur de K devient $\quad K = \dfrac{A'^2 B'^2 \sin^2 \mathcal{C}}{A'^2 B'^2 \sin^2 \mathcal{C}} = 1$;

ce qui prouve que l'équation (2) n'a besoin d'aucune préparation pour être comparée à l'équation

$$A^2 y^2 + B^2 x^2 = A^2 B^2.$$

On a donc immédiatement les relations suivantes :

$$A'^2 \cos^2 \alpha + B'^2 \cos^2 (\mathcal{C} - \alpha) = A^2,$$
$$A'^2 \sin^2 \alpha + B'^2 \sin^2 (\mathcal{C} - \alpha) = B^2,$$
$$A'^2 B'^2 \sin^2 \mathcal{C} = A^2 B^2.$$

Les deux premières relations, ajoutées entre elles, donnent

$$A'^2 + B'^2 = A^2 + B^2.$$

Quant à la troisième, elle donne sur-le-champ

$$A'B' \sin \mathcal{C} = AB.$$

Or, $\mathcal{C}$ étant l'angle que les deux diamètres conjugués font entre eux, on a $\qquad \mathcal{C} = \alpha' - \alpha$;

d'où l'on déduit $\quad A'B' \sin (\alpha' - \alpha) = AB.$

En reprenant absolument les mêmes calculs à l'égard de l'hyperbole, on trouverait les relations

$$A'^2 - B'^2 = A^2 - B^2, \quad A'B' \sin (\alpha' - \alpha) = AB.$$

N. B. Si, dans la question précédente, on veut déterminer l'angle α que forme le nouvel axe des x avec l'ancien, il suffit de résoudre l'équation de condition (1) par rapport à α.

En la multipliant par 2, on peut la transformer ainsi :

$$A'^2 \sin 2\alpha - B'^2 \sin (2\mathcal{C} - 2\alpha) = 0$$

[à cause de $\quad 2\sin \alpha \cos \alpha = \sin 2\alpha, \quad 2 \sin (\mathcal{C} - \alpha) \cos (\mathcal{C} - \alpha)$ $= \sin 2 (\mathcal{C} - \alpha)$],

ou bien, développant $\sin (2\mathcal{C} - 2\alpha)$, et divisant par $\cos 2\alpha$,

$$A'^2 \tang 2\alpha - B'^2 \sin 2\mathcal{C} + B'^2 \cos 2\mathcal{C} \tang 2\alpha = 0;$$

donc
$$\tan 2\alpha = \frac{B'^2 \sin 2\epsilon}{A'^2 + B'^2 \cos 2\epsilon}.$$

L'angle 2α étant construit, on le diviserait en deux parties égales, et l'on obtiendrait la direction de l'un des axes principaux ; l'autre serait d'ailleurs déterminé, puisqu'il doit être perpendiculaire au premier.

Fig. 164.   309. Dans l'ellipse, il existe un certain système de diamètres conjugués qui mérite une attention particulière ; c'est celui des deux diamètres II', LL' (*fig.* 164) parallèles aux cordes supplémentaires AC, BC. (*Voyez* n° 281.)

Puisque le triangle ACB est isoscèle, les angles CAB, ABC sont égaux ; donc aussi les angles IOB, LOA sont égaux.

Or, à cause de la symétrie de la courbe par rapport aux axes AB, CD, il est évident que deux diamètres qui font des angles égaux avec AB, de part et d'autre du centre, doivent avoir des longueurs égales ; ainsi l'on a, pour ce système particulier, II' ou $2A' = $ LL' ou $2B'$; et l'équation de la courbe, rapportée à ce système, devient

$$y^2 + x^2 = A'^2 ;$$

c'est-à-dire que l'équation est de la forme de celle du cercle rapportée à son centre et à des axes rectangulaires.

D'où l'on peut conclure qu'une équation telle que . . . . . $y^2 + x^2 = k^2$, qui exprime une circonférence de cercle, lorsque les axes sont rectangulaires, représente, dans l'hypothèse d'axes obliques, *une ellipse rapportée à un système de diamètres conjugués égaux.*

Ce système est d'ailleurs *unique* dans toute ellipse ; car pour que deux diamètres soient de même longueur, il faut que leur inclinaison sur le grand axe soit la même des deux côtés du centre ; et pour qu'ils soient *conjugués*, ils doivent être parallèles à un certain système de cordes supplémentaires (n° 280). Or, il n'y a que les deux cordes AC, BC qui jouissent de la propriété de faire des angles égaux avec AB; pour tout autre système AM, BM, on a évidemment

$$AM > BM ; \quad \text{d'où} \quad \text{angle } MBA > MAB.$$

Le calcul conduit aux mêmes résultats ; en effet, on a trouvé (n° 300)

$$A'^2 = \frac{A^2 B^2}{A^2 \sin^2 \alpha + B^2 \cos^2 \alpha}, \quad \text{et} \quad B'^2 = \frac{A^2 B^2}{A^2 \sin^2 \alpha' + B^2 \cos^2 \alpha'}.$$

Égalons entre elles ces valeurs, et voyons ce qui en résulte ; on déduit d'abord de cette égalité,

$$A^2 \sin^2 \alpha + B^2 \cos^2 \alpha = A^2 \sin^2 \alpha' + B^2 \cos^2 \alpha',$$

ou, remplaçant $\cos^2 \alpha$, $\cos^2 \alpha'$ par leurs valeurs $1 - \sin^2 \alpha$, $1 - \sin^2 \alpha'$,

$$(A^2 - B^2) \sin^2 \alpha + B^2 = (A^2 - B^2) \sin^2 \alpha' + B^2 ;$$

ou, réduisant, $\quad (A^2 - B^2)(\sin^2 \alpha' - \sin^2 \alpha) = 0 \dots \quad (1)$

Cela posé, tant que la courbe est une ellipse proprement dite, $A^2 - B^2$ est différent de 0, et cette condition se réduit à

$$\sin^2 \alpha' - \sin^2 \alpha = 0 ; \quad \text{d'où} \quad \sin \alpha' = \pm \sin \alpha ;$$

de cette nouvelle relation et de l'équation............

$$\tang \alpha \, \tang \alpha' = - \frac{B^2}{A^2},$$ qui fait voir que les deux tangentes doivent être de signes contraires, on tire

$$\cos \alpha' = \mp \cos \alpha ;$$

donc, divisant ces égalités membre à membre,

$$\tang \alpha' = - \tang \alpha ;$$

ce qui prouve déjà que deux diamètres conjugués ne peuvent être égaux qu'autant qu'ils forment avec l'axe des x des angles *supplémens l'un de l'autre.*

Cette valeur de $\tang \alpha'$, reportée dans............

$$\tang \alpha \cdot \tang \alpha' = - \frac{B^2}{A^2},$$ donne d'ailleurs

$$\tang^2 \alpha = \frac{B^2}{A^2} ; \quad \text{d'où} \quad \tang \alpha = \pm \frac{B}{A}.$$

24

(Le signe supérieur correspondant à tang α, le signe inférieur correspond à α'.)

D'où l'on voit que les diamètres conjugués égaux forment avec l'axe des x, des angles dont les tangentes sont respectivement exprimées par $+\dfrac{B}{A}$ et $-\dfrac{B}{A}$. Ainsi ces diamètres sont parallèles aux cordes AC et BC.

Si l'ellipse devient un cercle, auquel cas on a $A^2 - B^2 = 0$, l'équation (1) est satisfaite, quels que soient α et α'; c'est-à-dire que tous les diamètres conjugués sont égaux dans le cercle; ce qui est évident.

310. Dans l'hyperbole quelconque, il ne peut exister de système de diamètres conjugués *égaux;* car, d'après la relation $A'^2 - B'^2 = A^2 - B^2$, si l'on suppose $A' = B'$, il en résulte nécessairement $A = B$; et réciproquement, $A = B$ donne $A' = B'$. D'où il suit que l'hyperbole *équilatère* est la seule qui puisse avoir *des diamètres conjugués égaux;* et tous les systèmes de diamètres conjugués de cette hyperbole sont des systèmes de diamètres égaux

Ainsi l'équation $y^2 - x^2 = -k^2$, dans le cas où la courbe est rapportée à des axes obliques, représente encore une hyperbole *équilatère.*

311. Rapprochons les diverses relations que nous avons obtenues entre les grandeurs et les directions des axes et des diamètres conjugués; ces relations sont au nombre de quatre principales, savoir :

$$A'^2 + B'^2 = A^2 + B^2, \quad A'B'\sin\mathcal{C} = AB, \quad \operatorname{tang}\alpha' \operatorname{tang}\alpha = -\frac{B^2}{A^2},$$
$$\mathcal{C} = \alpha' - \alpha, \quad \text{pour l'ellipse};$$

$$A'^2 - B'^2 = A^2 - B^2, \quad A'B'\sin\mathcal{C} = AB, \quad \operatorname{tang}\alpha' \operatorname{tang}\alpha = \frac{B^2}{A^2},$$
$$\mathcal{C} = \alpha' - \alpha, \quad \text{pour l'hyperbole}.$$

Ces équations renfermant sept quantités A, B, A', B', α, α', $\mathcal{C}$, on peut se proposer cette question générale : étant données *trois* de ces sept quantités, déterminer les *quatre* autres.

Mais nous nous bornerons à résoudre les deux suivantes :

Première. *Connaissant les deux axes d'une ellipse et l'angle $\mathcal{C}$ que deux diamètres conjugués font entre eux, déterminer ces diamètres en grandeur et en direction.*

On a d'abord, pour déterminer A', B', les deux relations

$$\left.\begin{array}{l} A'^2 + B'^2 = A^2 + B^2, \\[2mm] 2A'B' = \dfrac{2AB}{\sin \mathcal{C}}, \end{array}\right\} \quad \text{d'où} \quad \left\{\begin{array}{l} (A' + B')^2 = A^2 + B^2 + \dfrac{2AB}{\sin \mathcal{C}}, \\[2mm] (A' - B')^2 = A^2 + B^2 - \dfrac{2AB}{\sin \mathcal{C}}, \end{array}\right.$$

et par conséquent,

$$A' = \frac{1}{2}\sqrt{A^2 + B^2 + \frac{2AB}{\sin \mathcal{C}}} + \frac{1}{2}\sqrt{A^2 + B^2 - \frac{2AB}{\sin \mathcal{C}}},$$

$$B' = \frac{1}{2}\sqrt{A^2 + B^2 + \frac{2AB}{\sin \mathcal{C}}} - \frac{1}{2}\sqrt{A^2 + B^2 - \frac{2AB}{\sin \mathcal{C}}}.$$

Quant à la valeur de α, l'équation $A^2 \tang \alpha \tang \alpha' + B^2 = 0$, devient, par la substitution de $\mathcal{C} + \alpha$ à la place de α',

$$A^2 \tang \alpha \tang (\mathcal{C} + \alpha) + B^2 = 0,$$

ou, développant $\tang (\mathcal{C} + \alpha)$ et chassant le dénominateur, puis ordonnant, $A^2 \tang^2 \alpha + (A^2 - B^2) \tang \mathcal{C} . \tang \alpha + B^2 = 0$; donc

$$\tang \alpha = -\frac{(A^2 - B^2)\tang \mathcal{C}}{2A^2} \pm \frac{1}{2A^2}\sqrt{(A^2 - B^2)^2 \tang^2 \mathcal{C} - 4A^2 B^2}.$$

Pour que cette valeur soit réelle, il faut que $\tang^2 \mathcal{C}$ soit plus grande, ou au moins égale à $\dfrac{4A^2 B^2}{(A^2 - B^2)^2}$; c'est-à-dire que l'angle $\mathcal{C}$, s'il est aigu, soit au moins égal à celui dont la tangente est $\dfrac{2AB}{A^2 - B^2}$, et s'il est obtus, qu'il soit au plus égal à celui

qui a pour tangente, $\dfrac{-2AB}{A^2 - B^2}$.

Supposons $\tang^2 \mathcal{C} = \dfrac{4A^2 B^2}{(A^2 - B^2)^2}$, d'où $\tang \mathcal{C} = \pm \dfrac{2AB}{A^2 - B^2}$, et portons cette valeur dans l'expression de tang α ; elle se

réduit à $\tang \alpha = - \dfrac{A^2 - B^2}{2A^2} \times \pm \dfrac{2AB}{A^2 - B^2} = \mp \dfrac{B}{A}$;

ce qui donne, à cause de la relation $\tang \alpha \, \tang \alpha' = - \dfrac{B^2}{A^2}$,

$$\tang \alpha = - \frac{B}{A}, \quad \tang \alpha' = \frac{B}{A}.$$

Ce résultat s'accorde avec ce qui a été dit n° 280 ; car on a reconnu dans ce numéro, que les deux diamètres parallèles aux cordes AC, BC (*fig.* 164) forment entre eux le plus grand et le plus petit angle possibles, suivant que l'on considère l'angle IOL, ou son supplément IOL'.

Fig. 164.

La réalité des valeurs de A' et de B' correspond aux mêmes

circonstances ; car en posant $A^2 + B^2 - \dfrac{2AB}{\sin \mathcal{C}} = 0$, on trouve

$$\sin \mathcal{C} = \frac{2AB}{A^2 + B^2}, \text{ d'où } \cos \mathcal{C} = \sqrt{1 - \frac{4A^2 B^2}{(A^2 + B^2)^2}} = \pm \frac{(A^2 - B^2)}{A^2 + B^2},$$

et par conséquent, $\tang \mathcal{C} = \pm \dfrac{2AB}{A^2 - B^2}$.

La détermination de A' et de B' au moyen des équations

$$A'^2 - B'^2 = A^2 + B^2, \quad A'B' = \frac{AB}{\sin \mathcal{C}}, \quad \text{relatives à l'hyperbole, ne}$$

serait pas aussi facile ; on parviendrait par l'élimination de B', à une équation du quatrième degré en A', résoluble à la manière de celles du second degré.

312. **Seconde question.** *Étant donnés deux diamètres conjugués d'une ellipse, et l'angle qu'ils font entre eux, déterminer les axes en grandeur et en direction.*

Or, les équations $A^2 + B^2 = A'^2 + B'^2$, $2AB = 2A'B \sin \mathcal{C}$,

donnent sur-le-champ, $\begin{cases} (A+B)^2 = A'^2 + B'^2 + 2A'B' \sin \mathcal{C}, \\ (A-B)^2 = A'^2 + B'^2 - 2A'B' \sin \mathcal{C}, \end{cases}$

d'où

$$A = \frac{1}{2}\sqrt{A'^2+B'^2+2A'B'\sin C} + \frac{1}{2}\sqrt{A'^2+B'^2-2A'B'\sin C},$$

$$B = \frac{1}{2}\sqrt{A'^2+B'^2+2A'B'\sin C} - \frac{1}{2}\sqrt{A'^2+B'^2-2A'B'\sin C}.$$

Ces valeurs sont toujours réelles, car de $(A'-B')^2 > 0$, l'on déduit $A'^2 + B'^2 > 2A'B'$, et *à fortiori*, $A'^2 + B'^2 > 2A'B' \sin C$.

Quant à l'angle α, on pourrait le déterminer d'après l'équation $\tang\,\alpha\,\tang\,(C+\alpha) = -\dfrac{B^2}{A^2}$; et il faudrait substituer ensuite pour A^2, B^2 leurs valeurs, ce qui entraînerait dans des résultats très compliqués. Mais cet angle a déjà été calculé plus simplement (n° 308); on a trouvé

$$\tang\,2\alpha = \frac{B'^2 \sin 2C}{A'^2 + B'^2 \cos 2C}.$$

313. Considérons actuellement les équations de l'ellipse et de l'hyperbole, rapportées à un système de diamètres conjugués, savoir : $\quad A'^2 y^2 + B'^2 x^2 = A'^2 B'^2, \quad A'^2 y^2 - B'^2 x^2 = -A'^2 B'^2,$ et voyons les conséquences qu'on peut en tirer.

Comme ces équations sont absolument les mêmes aux accens près, pour A, B, que celles de ces courbes rapportées à leurs axes, on conçoit que plusieurs des propriétés établies au commencement de ce chapitre, doivent se reproduire ici, par rapport aux diamètres conjugués. Observons en outre que, pour passer de l'ellipse à l'hyperbole, il suffit encore de changer B'^2 en $-B'^2$ dans l'équation de la première courbe.

Cela posé, soient OB, OC (*fig.* 175), deux demi-diamètres conjugués donnés en grandeur et en direction, dans l'ellipse que nous supposons rapportée à ces diamètres comme axes. Fig. 175.

On tire de l'équation $\quad A'^2 y^2 + B'^2 x^2 = A'^2 B'^2,$

$$\frac{y^2}{A'^2 - x^2} = \frac{B'^2}{A'^2};$$

ou bien, comme

$$PM = y, \quad OP = x, \quad OB = A', \quad \text{d'où} \quad AP = A' + x, \quad PB = A' - x,$$

$$\frac{\overline{PM}^2}{AP \times PB} = \frac{B'^2}{A'^2}.$$

Donc le *carré d'une ordonnée parallèle à l'un des diamètres conjugués, est au rectangle des distances des extrémités de l'autre diamètre au pied de l'ordonnée, dans un rapport constant.* Cette propriété est analogue à celle du n° 275.

314. La liaison qui existe entre l'ordonnée et l'abscisse d'un point quelconque de la courbe étant la même, soit qu'on suppose les deux diamètres conjugués faisant entre eux un angle droit, soit qu'on suppose qu'ils font un angle quelconque, on peut en conclure le moyen suivant de *construire l'ellipse, connaissant un système de diamètres conjugués en grandeur et en direction.*

Soient OB, OC les demi-diamètres donnés. *Au point* O *élevez* OC′ *perpendiculaire à* OB *et égal à* OC; *puis sur les deux lignes* OB, OC′ *considérées comme les demi-axes d'une ellipse, décrivez la courbe* AC′BD′A, *d'après l'un des moyens connus. Élevez aux points* P, P′.... *des ordonnées* PN, P′N′, ... *à cette courbe ; menez ensuite les lignes* PM, P′M′... *parallèles à* OC, *et respectivement égales à* PN, P′N′...; les points M, M′... appartiendront à la courbe cherchée qui sera alors représentée par ACBDA.

En effet, il est évident que pour les mêmes abscisses, les ordonnées des deux courbes sont égales.

Les résultats précédens sont, en tout point, applicables à l'hyperbole (*voyez* le n° 386 pour cette même question).

315. Le problème des tangentes étant résolu par la méthode du n° 283, pour une ellipse rapportée à un sytème de diamètres conjugués, conduirait, dans le cas où l'on donnerait le point de contact (x'', y'') (*fig.* 176), à l'équation

Fig. 176.

$$y - y'' = - \frac{B'^2 x''}{A'^2 y''} (x - x''),$$

dans laquelle $a = -\dfrac{B'^2 x''}{A'^2 y''}$ n'exprimerait plus une tangente trigonométrique, mais bien (n° 139) *le rapport des sinus des angles que forme la tangente* MR *avec les deux diamètres conjugués* OB, OC.

Cette équation, à l'aide de la relation

$$A'^2 y''^2 + B'^2 x''^2 = A'^2 B'^2,$$

se réduit d'ailleurs à la forme $A'^2 yy'' + B'^2 xx'' = A'^2 B'^2$.

Faisons dans cette équation, $y = 0$; il en résulte $x = \dfrac{A'^2}{x''}$; c'est la valeur de l'abscisse OR du point où la tangente rencontre l'axe des x; et si de cette distance, on retranche x'' ou OP, on obtiendra pour la valeur de la soutangente PR,

$$PR = \frac{A'^2 - x''^2}{x''}.$$

On parvient au même résultat, en posant $y = 0$, dans l'équation non simplifiée de la tangente, et cherchant la valeur correspondante de $x - x''$ (*voyez* n° 285).

Il vient en effet, pour $y = 0$, $\qquad x - x'' = \dfrac{A'^2 y''^2}{B'^2 x''}$;

ou, à cause de la relation

$$A'^2 y''^2 = B'^2 (A'^2 - x''^2), \quad x - x'' = \frac{A'^2 - x''^2}{x''}.$$

Ce résultat est analogue à celui qui a été obtenu (n° 285) pour la soutangente de l'ellipse rapportée à ses axes principaux.

Quant à l'équation de la normale et à l'expression de la sounormale, elles seraient plus compliquées que celles du n° 286, puisqu'il faudrait faire entrer en considération la condition de perpendicularité de deux droites, dans l'hypothèse d'axes obliques.

316. Nous pouvons actuellement généraliser la proposition du n° 289.

Soit LL′ (*fig.* 176) une droite menée à volonté dans le plan d'une ellipse, et proposons-nous de mener par les différens points H′, H″… de cette droite, des tangentes à la courbe.

Pour cela, supposons la courbe rapportée à un système de diamètres conjugués OX, OY, dont l'un soit parallèle à la droite donnée, ce qui est toujours possible. Désignons par $(x′, y′)$ les coordonnées du point H′, et par $(x″, y″)$ celles du point de contact de l'une des tangentes menées par ce point.

L'équation de cette tangente sera de la forme………..

$$ y - y′ = a(x - x′); \ a \text{ ayant pour valeur } \ - \frac{B′^2 x″}{A′^2 y″}. $$

Or, pour déterminer $x″, y″$, on a les deux équations

$$ A′^2 y′ y″ + B′^2 x′ x″ = A′^2 B′^2 \ldots (1), \quad A′^2 y″^2 + B′^2 x″^2 = A′^2 B′^2 \ldots (2) $$

Mais au lieu d'effectuer l'élimination de $x″, y″$ entre ces équations, on peut construire les lieux géométriques qu'elles représentent. (*Voyez* n° 289.)

La seconde n'est autre chose que l'ellipse déjà tracée.

Quant à l'équation (1) qui représente une ligne droite, faisons

$$ \text{successivement } \begin{matrix} y″ = 0, \\ x″ = 0, \end{matrix} \Bigg\} \text{ il en résulte } \begin{matrix} x″ = \dfrac{A^2}{x′}, \\ y″ = \dfrac{B′^2}{y′}. \end{matrix} \Bigg\} $$

Ces deux résultats étant construits et portés respectivement de O en P, et de O en G, détermineront une ligne PG, dont les intersections M′, $m′$ avec la courbe seront les points de contact des deux tangentes que l'on peut mener du point H′.

Cela posé, comme la valeur $x″ = \dfrac{A^2}{x′}$, correspondante à $y″ = 0$, est indépendante de l'ordonnée $y′$ du point H′, on peut conclure que si, par un second point H″ de la droite LL′, on mène deux tangentes H″M″, et H″$m″$, la ligne de jonction M″$m″$ passera nécessairement par le même point P de la droite OX.

En général, *si des différens points d'une droite LL′ tracée à volonté sur le plan d'une ellipse (ou d'une hyperbole), on mène des tangentes à cette courbe, et que l'on joigne successi-*

vement les points de contact relatifs à chaque couple de tan-
gentes, toutes les lignes de jonction jouissent de la propriété de
concourir en un même point qui se trouve placé sur le diamètre
conjugué du diamètre parallèle à la droite donnée.

Lorsque la droite est extérieure à la courbe, le point de concours est *intérieur*, et réciproquement. Cela résulte évidemment de l'expression $x'' = \dfrac{A'^2}{x'}$ qui, pour $x' > A'$, donne

$$x'' < A', \qquad \text{et pour } x' < A', \ \ldots \ x'' > A'.$$

La réciproque de cette proposition est également vraie; mais nous renvoyons, pour la démonstration, à celle que nous en avons donnée, par rapport au cercle (n° 215).

317. *Remarque.* Si le point de la droite LL′, par lequel on mène les deux tangentes, est situé en R, c'est-à-dire sur le diamètre OX, comme on a pour ce point, $y' = 0$, l'équation (1) devient $B'^2 x' x'' = A'^2 B'^2$; d'où $x'' = \dfrac{A'^2}{x'}$.

Substituant cette valeur dans l'équation (2), on en déduit nécessairement pour y'', deux valeurs égales et de signes contraires.

Ce qui démontre que *la ligne qui joint les points de contact*
des deux tangentes menées par un point quelconque, est divisée
en deux parties égales par le diamètre qui passe par ce point,
et est parallèle au conjugué de ce diamètre.

318. L'ellipse étant toujours rapportée à deux diamètres conjugués AB, CD (*fig.* 176), soient menées les deux cordes supplémentaires AK, BK. On a, pour les équations de ces droites rapportées aux axes OX, OY,

$$y = m(x - A'), \quad y = m'(x + A')$$

(m, m' désignant ici *des rapports de sinus*).

Appelons x', y' les coordonnées du point K; les équations précédentes deviennent pour ce point, $y' = m(x' - A')$, $y' = m'(x' + A')$

d'où l'on déduit $m.m' = \dfrac{y'^2}{x'^2 - A'^2}.$

D'un autre côté, la relation $A'^2 y'^2 + B'^2 x'^2 = A'^2 B'^2$ donne

$A'^2 y'^2 = - B'^2 (x'^2 - A'^2)$;   d'où $- \dfrac{B'^2}{A'^2} = \dfrac{y'^2}{x'^2 - A'^2}.$

Donc $m.m' = - \dfrac{B'^2}{A'^2}.$

Même relation que pour les cordes menées des extrémités du grand axe.

On trouverait pour l'hyperbole, $m.m' = \dfrac{B'^2}{A'^2}.$

319. *Première conséquence.* Menons une tangente quelconque MR, et le diamètre OM qui passe par le point de contact.

On a trouvé (n° 315) pour le coefficient de x dans l'équation de la tangente, $a = - \dfrac{B'^2 x''}{A'^2 y''}.$

D'ailleurs, l'équation du diamètre étant $y = a'x$, puisqu'il passe par le point x'', y'', il en résulte $y'' = a'x''$; d'où l'on

déduit $a' = \dfrac{y''}{x''}$;

il vient donc, $a.a' = - \dfrac{B'^2}{A'^2},$

relation qui, comparée avec la précédente $m.m' = - \dfrac{B'^2}{A'^2},$

donne........ $a.a' = m.m'.$

Donc si l'on suppose AK parallèle à OM, auquel cas on a $m' = a'$, il en résulte $a = m$; c'est-à-dire que MR est parallèle à BK.

Ainsi, pour *mener une tangente* en un point donné M d'une ellipse, dont on ne connaît de position qu'un diamètre AB, il *suffit de joindre le centre au point* M, *de tirer la corde* AK *parallèle à* OM, *puis de mener* MR *parallèlement à la seconde corde supplémentaire* BK.

Ce moyen a l'avantage de ne supposer connus de position, ni les axes ni les foyers de la courbe.

Seconde conséquence. Soit ON le diamètre conjugué du diamètre OM qui passe par le point de contact de la tangente MR. Puisqu'ainsi qu'on vient de le voir, la corde AK étant parallèle à OM, la seconde corde BK est parallèle à la tangente, et qu'on sait d'ailleurs (n° 292) que cette tangente est parallèle au diamètre ON, il s'ensuit nécessairement que le diamètre ON est aussi parallèle à la corde supplémentaire BK.

De là on peut conclure que *deux diamètres respectivement parallèles à deux cordes supplémentaires qui partent des extrémités d'un diamètre quelconque, forment un système de diamètres conjugués.*

C'est la proposition du n° 280 généralisée.

Cette propriété et la précédente ont lieu pour l'hyperbole.

320. D'après cela, pour fixer sur l'ellipse ou sur l'hyperbole, la position *d'un système de diamètres conjugués faisant entre eux un angle donné,* il faut, *sur un diamètre quelconque* AB, *décrire un segment de cercle capable de l'angle donné ;* ce segment, qui d'abord passera par les points A et B, coupera la courbe en un autre point K tel, que si l'on tire les cordes AK, BK, et que par le centre on mène ensuite OM, ON qui leur soient parallèles, on obtiendra les deux diamètres demandés.

La même construction s'applique à l'hyperbole.

N. B. On observera toutefois que, pour l'ellipse, cette construction n'est pas toujours possible, parce que les angles formés par des cordes qui s'appuient sur un diamètre, ont des limites déterminées.

En effet, on a vu (n° 281) que les angles des diamètres conjugués d'une ellipse ont pour *maximum,* l'angle obtus correspondant aux deux cordes supplémentaires qui joignent les extrémités du grand axe à l'une des extrémités du petit axe, et pour *minimum,* le supplément de cet angle ; or, en vertu du numéro précédent, tout angle inscrit et appuyé sur un diamètre est toujours égal à celui d'un certain système de diamètres conjugués; donc ces angles ont le même *maximum* et le même *minimum* que ci-dessus.

Ainsi, avant d'exécuter la construction précédente, il faudrait s'assurer si l'angle donné se trouve dans les limites qui viennent d'être assignées.

321. Nous terminerons cette théorie par la question suivante :

Une ellipse ou une hyperbole étant tracée sur un plan, déterminer son centre et ses axes principaux en grandeur et en direction.

Soit une courbe LHL'H' (*fig.* 177) que l'on sait être une ellipse, mais dont on ne connaît aucun des élémens.

D'abord, pour trouver le centre, *tirez deux cordes quelconques* mm', nn', *parallèles entre elles, et joignez les milieux de ces deux cordes par une droite* HH', qui, d'après ce qui a été dit (n° 262), sera un diamètre. *Prenant ensuite le milieu de ce diamètre,* vous aurez le centre demandé (n° 230).

Actuellement, pour obtenir les axes, on pourrait, *après avoir tracé un diamètre quelconque* LL', *décrire* (n° 320) *une demi - circonférence, et joindre les points* L , L' *au point* K *où cette demi-circonférence rencontre la courbe; puis enfin, mener par le point* O *les deux diamètres* AB, CD *parallèles à* LK, L'K.

Mais il est plus simple de *décrire du point* O , *comme centre avec le rayon* OL', *un arc de cercle qui coupe l'ellipse au point* K, *puis de diviser cet arc en deux parties égales au point* I; et la ligne de jonction OI représente la direction de l'un des axes.

Car, d'après la construction, les demi - diamètres OL', OK sont égaux; ce qui exige qu'ils fassent des angles égaux, soit avec le premier, soit avec le second axe.

§ III. *De l'Hyperbole rapportée à ses asymptotes.*

322. Il résulte de tout ce qui a été dit jusqu'à présent sur l'ellipse et l'hyperbole, que toutes les propriétés de la première courbe existent également dans la seconde, à certaines modifications près, pour quelques-unes : mais la réciproque n'est pas vraie; nous voulons dire que l'hyperbole jouit de plusieurs propriétés qui ne peuvent appartenir à l'ellipse. Ce sont les propriétés relatives aux asymptotes. Pour compléter l'ensemble de celles-ci, nous allons nous proposer de *rechercher l'équation de l'hyperbole rapportée à ses asymptotes,* comme axes coordonnés.

L'équation de l'hyperbole rapportée à ses axes étant

$$A^2 y^2 - B^2 x^2 = - A^2 B^2 , \ldots \ (1)$$

substituons à la place de x et de y les valeurs

$$x = x \cos \alpha + y \cos \alpha',$$
$$y = x \sin \alpha + y \sin \alpha',$$

propres à faire passer la courbe d'un système rectangulaire à un système oblique (*voyez* n°.219); il vient

$$\left. \begin{array}{l} (A^2 \sin^2 \alpha' - B^2 \cos^2 \alpha') y^2 \\ + (2A^2 \sin \alpha \sin \alpha' - 2B^2 \cos \alpha \cos \alpha') xy \\ + (A^2 \sin^2 \alpha - B^2 \cos^2 \alpha) x^2 \end{array} \right\} = - A^2 B^2 \ldots \ (2)$$

Cela posé, prenons pour nouvel axe des x, l'asymptote OK (*fig.* 178) située au-dessous du premier axe, et pour nouvel axe des y, l'asymptote OL; les angles α, α' ont alors une valeur déterminée (n° 238) par les équations

$$\tan \alpha = - \frac{B}{A}, \quad \tan \alpha' = \frac{B}{A};$$

d'où l'on déduit

$$\cos \alpha = \frac{A}{\sqrt{A^2 + B^2}}, \quad \sin \alpha = - \frac{B}{\sqrt{A^2 + B^2}},$$
$$\cos \alpha' = \frac{A}{\sqrt{A^2 + B^2}}, \quad \sin \alpha' = \frac{B}{\sqrt{A^2 + B^2}};$$

et par conséquent,

$$A^2 \sin^2 \alpha' - B^2 \cos^2 \alpha' = \frac{A^2 B^2 - A^2 B^2}{A^2 + B^2} = 0,$$

$$A^2 \sin^2 \alpha - B^2 \cos^2 \alpha = \frac{A^2 B^2 - A^2 B^2}{A^2 + B^2} = 0,$$

$$2A^2 \sin \alpha \sin \alpha' - 2B^2 \cos \alpha \cos \alpha' = - \frac{4A^2 B^2}{A^2 + B^2}.$$

D'où l'on voit que les termes en y^2 et en x^2 *disparaissent* par l'effet de cette transformation ; et si l'on met dans l'équation (2) la valeur du coefficient de xy, on obtient, toute réduction faite,

$$xy = \frac{A^2 + B^2}{4} \ldots \ldots (3)$$

Cette équation, qui ne renferme que le rectangle des variables et une quantité toute connue, est la forme caractéristique de l'équation de toute hyperbole rapportée à ses asymptotes considérées comme axes coordonnés.

En effet, supposons qu'on veuille, réciproquement, déterminer α, α' dans l'équation (2), de manière que les termes en x^2 et en y^2 disparaissent ; il faut établir les relations

$$A^2 \sin^2 \alpha' - B^2 \cos^2 \alpha' = 0, \quad A^2 \sin^2 \alpha - B^2 \cos^2 \alpha = 0.$$

Or, la première donne

$$A^2 \tang^2 \alpha' - B^2 = 0 ; \quad \text{d'où} \quad \tang \alpha' = \pm \frac{B}{A} ;$$

la seconde donne aussi

$$\tang \alpha = \pm \frac{B}{A} ;$$

ce qui prouve que, si l'on prend pour α' l'angle dont la tangente est $+ \dfrac{B}{A}$, il faut prendre pour α celui qui a pour tangente $- \dfrac{B}{A}$. Donc les nouveaux axes par rapport auxquels l'équation est ramenée à la forme $xy = k^2$, sont les asymptotes de la courbe.

Il est d'ailleurs visible, d'après cette équation, de laquelle on déduit $y = \dfrac{k^2}{x}$, ou $x = \dfrac{k^2}{y}$, que plus x augmente, plus y diminue ; et si l'on suppose que x soit plus grand qu'aucune grandeur donnée, y devient moindre qu'aucune grandeur donnée ; et réciproquement. Ainsi les nouveaux axes jouissent de la propriété caractéristique des asymptotes (n° 238).

323. Faisons, pour plus de simplicité, $\dfrac{A^2 + B^2}{4} = k^2$;

l'équation (3) devient $\qquad xy = k^2$.

Appelant $\mathscr{6}$ l'angle LOK des deux asymptotes (*fig.* 178), et multipliant les deux membres de cette équation par $\sin \mathscr{6}$, l'on obtient $\qquad xy \sin \mathscr{6} = k^2 . \sin \mathscr{6}$.

Cela posé, soient M un point quelconque de la courbe, MP, MQ les coordonnées de ce point parallèles aux asymptotes; on forme ainsi un parallélogramme OPMQ, qui a pour mesure de sa surface, $\quad OP \times MH = xy \sin \mathscr{6}$.

Or, cette expression est égale à $k^2 \sin \mathscr{6}$, *quantité constante et indépendante de la position du point* M.

Donc *tous les parallélogrammes construits sur des coordonnées parallèles aux asymptotes, sont équivalens entre eux.*

N. B. Il est aisé de reconnaître que cette surface constante est égale à la moitié du rectangle OBEC construit sur les demi-axes.

En effet, l'angle $\mathscr{6}$ des deux asymptotes étant double de l'angle LOX, on a

$$\sin \mathscr{6} = \sin 2\alpha' = 2 \sin \alpha' \cos \alpha';$$

mais on a trouvé (n° 322)

$$\cos \alpha' = \frac{A}{\sqrt{A^2 + B^2}}, \quad \sin \alpha' = \frac{B}{\sqrt{A^2 + B^2}};$$

d'où $\quad \sin \mathscr{6} = \dfrac{2AB}{A^2 + B^2} \quad$ et $\quad \dfrac{A^2 + B^2}{4} . \sin \mathscr{6} = \dfrac{AB}{2}$.

Observons encore que, si l'on joint les points A , B aux

points C , D extrémités du second axe , la figure ainsi formée est un *losange* dont les côtés sont parallèles aux asymptotes , et qui est quadruple du losange OIBI′ construit sur les coordonnées du point B.

Or , le premier se compose évidemment de quatre triangles BOC , COA , AOD , DOB , moitiés respectivement des quatre rectangles OBEC , OA*e*C , OA*e*′D , OBE′D ; ce qui prouve , d'une autre manière , que le grand losange est la moitié du rectangle construit sur les axes , ou que le petit losange est moitié du rectangle construit sur les demi-axes.

La figure ADBC , qui a pour expression $(A^2 + B^2) \sin C$, ou $2AB$, s'appelle , on ne sait trop pour quel motif , *la puissance* de l'hyperbole. Dans le cas de l'hyperbole *équilatère ,* cette puissance se réduit à $2A^2$, et le losange devient un carré qui a pour côté $A\sqrt{2}$.

324. Proposons-nous actuellement de mener une tangente en un point donné M (*fig.* 179) de l'hyperbole, en employant la méthode du n° 198.

Soient (x'', y'') les coordonnées du point M , (x', y') celles d'un second point de la courbe.

L'équation de l'hyperbole étant $xy = k^2 ,\dots\dots$ (1)

la sécante sera représentée par le système des trois équations

$$y - y'' = \frac{y' - y''}{x' - x''}(x - x''), \dots (2)$$

$$x'y' = k^2, \dots\dots\dots\dots\dots (3)$$

$$x''y'' = k^2, \dots\dots\dots\dots\dots (4)$$

Pour obtenir la valeur du coefficient $\dfrac{y' - y''}{x' - x''}$, retranchons les deux relations (3) et (4) l'une de l'autre ; il vient $\dots\dots$ $x'y' - x''y'' = 0$; équation qui , par l'introduction des deux termes $-x'y''$, $+y''x'$ qui se détruisent , se change en $x'(y' - y'') + y''(x' - x'') = 0$; d'où $\dfrac{y' - y''}{x' - x''} = -\dfrac{y''}{x'}.$

Donc la sécante est encore représentée par les équations suivantes :

$$y - y'' = -\frac{y''}{x'}(x - x''), \ldots \quad \text{et} \quad x''y'' = k^2.$$

Mais si l'on veut que cette droite devienne tangente, il faut supposer $x' = x''$ et $y' = y''$; ce qui donne

$$y - y'' = -\frac{y''}{x''}(x - x''), \quad x''y'' = k^2,$$

équations dont la première est celle de là tangente demandée, lorsqu'on suppose que la seconde est satisfaite.

325. *Remarque.* Pour passer de la sécante à la tangente, il a suffi évidemment d'introduire la condition $x' = x''$, puisque y' n'entre pas dans les deux équations de la sécante. Et, en effet, il résulte de l'équation de la courbe, $xy = k^2$, qui ne donne qu'une seule valeur de y correspondante à une valeur de x, et réciproquement, que la condition... $x' = x''$ entraîne nécessairement $y' = y''$. Il n'en est pas de même, lorsque la courbe est rapportée à ses axes ou à un système de diamètres conjugués, parce qu'à la même valeur de x, il correspond toujours deux valeurs de y; ainsi, l'on doit, dans ce cas, introduire les deux conditions à la fois.

Si l'on appliquait la méthode générale du n° 196, c'est-à-dire, que l'on combinât entre elles les deux équations $xy = k^2$, et $y - y' = a(x - x')$, pour former, soit une équation en x seulement, soit une équation en y, on trouverait, pour la condition qui exprime que les deux valeurs de x, ou celles de y, sont égales, la relation unique $(y' - ax')^2 + 4ak^2 = 0$, sans aucune solution étrangère (n° 197); et cela s'explique en observant que les deux valeurs de x ne peuvent être égales, sans que celles de y ne le soient en même temps, et réciproquement.

326. Voyons les conséquences qu'on peut tirer de l'équation de la tangente, $y - y'' = -\dfrac{y''}{x''}(x - x'')$.

Soit fait dans cette équation, $y = 0$; il en résulte

$$x - x'' = \frac{x''y''}{y''} = x''.$$

Fig. 179. Or, cette valeur de $x - x''$ est égale à la distance OR (*fig.* 179) diminuée de l'abscisse OP, c'est-à-dire, à la soutangente PR ; d'où l'on voit que PR = OP. Donc, à cause des triangles semblables OTR, PMR, on a nécessairement MR = MT ; ainsi, *la portion d'une tangente comprise entre les asymptotes, est divisée en deux parties égales au point de contact;* propriété déjà démontrée n° 305.

Actuellement, les deux triangles OMP, PMR donnent,

$$(\text{Trigon.}, \text{n}^\circ 92)\dots \left\{ \begin{array}{l} \overline{OM}^2 = x''^2 + y''^2 + 2x''y'' . \cos MPR, \\ \overline{MR}^2 = x''^2 + y''^2 - 2x''y'' . \cos MPR; \end{array} \right\}$$

d'où l'on déduit $\overline{OM}^2 - \overline{MR}^2 = 4x''y''.\cos MPR = 4x''y''.\cos \mathcal{C}$;

mais l'équation $x''y'' = k^2 = \dfrac{A^2 + B^2}{4}$ donne $4x''y'' = A^2 + B^2$;

d'ailleurs, on a $\mathcal{C} = 2\alpha$, d'où $\cos \mathcal{C} = \cos^2 \alpha - \sin^2 \alpha$, ou mettant pour $\cos^2 \alpha$, $\sin^2 \alpha$, leurs valeurs trouvées n° 322,

$$\cos \mathcal{C} = \frac{A^2 - B^2}{A^2 + B^2}.$$

Donc l'expression de $\overline{OM}^2 - \overline{MR}^2$ devient

$$\overline{OM}^2 - \overline{MR}^2 = A^2 - B^2.$$

Or, on a obtenu (n° 307) la relation $A'^2 - B'^2 = A^2 - B^2$;

donc enfin, $\qquad \overline{OM}^2 - \overline{MR}^2 = A'^2 - B'^2.$

Ainsi, en supposant que OM soit le demi-diamètre A', on peut conclure que MR représente le demi-diamètre B'; c'est-à-dire que *la portion de tangente*, TR, *représente en grandeur le diamètre conjugué* 2B' *de celui qui passe par le point de contact;* c'est, la seconde propriété du n° 305.

De là résulte aussi immédiatement cette propriété, *que les parallélogrammes inscrits à l'hyperbole, ont leurs sommets placés sur les asymptotes.*

Considérons encore une sécante quelconque à l'hyperbole, SS' (*fig.* 179), et désignons par (x', y') les coordonnées du point N, par (x'', y'') celle du point N'.

On a trouvé (n° 324) pour le système des équations propres à

représenter cette sécante,$\dots y - y'' = -\dfrac{y''}{x'}(x - x''),\dots x''y'' = k^2.$

Or, si l'on fait dans la première, $y = 0$, l'on obtient

$x - x'' = \dfrac{y''x'}{y''} = x'$; c'est-à-dire, OS' — OQ', ou Q'S' = OQ;

et par conséquent, Q'S' = Q''N.

D'où l'on voit que les deux triangles NQ''S, N'Q'S' sont égaux, puisqu'ils sont *équiangles* et qu'ils ont *un côté égal.* De là résulte nécessairement NS = N'S' ; ce qui démontre que *les deux parties d'une sécante comprises entre la courbe et les asymptotes, sont égales entre elles* (n° 306).

Nous avons cru devoir revenir sur des propriétés déjà établies, pour faire voir le parti qu'on peut tirer de la combinaison de l'équation $xy = k^2$, avec celle de la ligne droite; mais on doit reconnaître que les démonstrations qui en ont été données précédemment, sont préférables à celles-ci.

327. La dernière propriété fournit un moyen aussi simple qu'expéditif de construire une hyperbole, dès que l'on connaît *les asymptotes et un seul point de la courbe.*

Soient LL', KK' (*fig.* 180) les deux asymptotes, et M le point Fig. 180. donné de position sur leur plan.

Menez de ce point, des droites sous toutes les directions possibles, et à partir des points s, s', s'',... *où ces droites rencontrent l'asymptote* KK', *prenez des parties* sm , s'm', s''m'',...

égales aux distances SM, S'M, S''M, ... *du point* M *à ceux où les mêmes droites rencontrent l'autre asymptote;* les points *m, m', m'',* ainsi déterminés, appartiennent à la courbe.

Remarquez que, par cette construction, l'on obtient à la fois des points de l'une et l'autre branches; car la proposition des sécantes a été démontrée, même pour une sécante telle que M*m''* ou M*m'''*.

On peut, dans cette même circonstance, *déterminer les axes en grandeur et en direction.*

D'abord, si l'on divise en deux parties égales l'angle $\mathcal{C}$ des deux asymptotes, ainsi que son supplément, on aura les directions des deux axes.

En outre, le point M étant connu de position, ses coordonnées x', y', parallèles aux asymptotes, sont aussi connues.

On a donc la relation $x'y' = k^2$, ou $A^2 + B^2 = 4x'y'$; ... (1)

mais on a aussi (n° 238)... $\tan \frac{1}{2}\mathcal{C} = \pm \dfrac{B}{A}$;

d'où $$B^2 = A^2 \tan^2 \frac{1}{2}\mathcal{C} \ . \ ... \ (2)$$

Combinant entre elles les équations (1) et (2), on trouve

$$A^2\left(1 + \tan^2 \frac{1}{2}\mathcal{C}\right) = 4x'y';$$

d'où $$A^2 = \frac{4x'y'}{1 + \tan^2 \frac{1}{2}\mathcal{C}} = 4x'y' \cdot \cos^2 \frac{1}{2}\mathcal{C};$$

et par conséquent, $$A = 2\cos \frac{1}{2}\mathcal{C} \sqrt{x'y'},$$

$$B = A \tan \frac{1}{2}\mathcal{C} = 2\tan \frac{1}{2}\mathcal{C} \cdot \cos \frac{1}{2}\mathcal{C} \sqrt{x'y'} = 2\sin \frac{1}{2}\mathcal{C} \sqrt{x'y'}.$$

§ IV. DE LA PARABOLE.

Propriétés de cette courbe rapportée à ses axes principaux.

328. Commençons, ainsi que pour l'ellipse et l'hyperbole, par indiquer les caractères analytiques ou géométriques qui distinguent les points pris sur la courbe, de ceux qui sont placés au-dehors ou en dedans.

1°. Soit $y^2 = 2px$ l'équation de la parabole MAm.

Considérons les trois points N, M, N' (*fig.* 181) situés sur une même perpendiculaire à l'axe des x, et dont le premier se trouve hors de la courbe, le second sur la courbe, et le troisième en dedans.

Fig. 181.

On a évidemment NP $>$ MP et N'P $<$ MP ; donc, puisque pour le point M, $\overline{MP}^2 = 2p.\,AP$, ou $y^2 - 2px = 0$, il s'ensuit que, pour le point extérieur N, on a $y^2 - 2px > 0$, et pour le point intérieur N', $y^2 - 2px < 0$.

N. B. Si le point extérieur avait la position N'', l'abscisse AP'' de ce point serait négative, et l'on aurait *à fortiori* $y^2 - 2px > 0$.

2°. Suivant la définition de la parabole (n° 241), chacun de ses points M, est à égale distance du foyer F et de la directrice LL' ; mais si l'on considère deux points R et R', l'un au-dehors et l'autre en dedans de la courbe, en menant par ces points Q'RM', Q''M''R' parallèles à AX, puis joignant le point F aux points R et M', R' et M'', on a d'abord,

pour le point R, FR + RM' $>$ FM' ou M'Q' ; donc FR $>$ RQ' ;

c'est-à-dire que *la distance d'un point extérieur, au foyer, est plus grande que sa distance à la directrice.*

Pour le point R', FR' $<$ FM'' + M''R', ou $<$ Q''M'' + M''R' ;

d'où $FR' < Q''R'$; ainsi *la distance d'un point intérieur, au foyer, est moindre que sa distance à la directrice.*

329. De l'équation $y^2 = 2px$, on déduit $\dfrac{y^2}{x} = 2p$; ce qui fait voir que dans la parabole, *le carré d'une ordonnée est à l'abscisse correspondante dans un rapport constant,* appelé *le paramètre* de la courbe; en d'autres termes, *les carrés des ordonnées sont entre eux comme les abscisses correspondantes; ou les ordonnées croissent comme les racines carrées des abscisses.*

Ce dernier caractère établit une différence sensible entre le cours de la parabole et celui de chacune des branches de l'hyperbole. En effet, puisque l'on a pour celle-ci,

$$ y = \pm \frac{B}{A}\, x \, \sqrt{1 - \frac{A^2}{x^2}}, $$

il en résulte que les valeurs de y croissent *presque proportionnellement aux abscisses,* pour des valeurs de x un peu considérables. L'hyperbole s'élève donc beaucoup plus rapidement au-dessus de l'axe des x, qu'une branche parabolique. Enfin, lorsque x est très grand , le cours de l'hyperbole est presque celui d'une ligne droite ayant pour équation , $y = \dfrac{B}{A}\, x$; tandis que le cours de la parabole approche beaucoup de celui d'une ligne droite parallèle à l'axe des x.

L'équation $y^2 = 2px$ donnant encore $2p : y :: y : x$, on peut en conclure le moyen suivant de décrire la parabole par points.

Prenez sur le premier axe principal et à la gauche de l'ori-
Fig. 182. *gine A (fig 182), une distance AC égale à 2p; élevez sur AX de différens points P , P′ , P″ ... des perpendiculaires, puis décrivez sur les lignes CP, CP′, CP″ ... comme diamètres, des circonférences; enfin, par les points Q , Q′ , Q″ ..., où ces circonférences rencontrent le second axe, menez des parallèles au premier; les points M , M′ , M″ ... déterminés par la rencontre*

de ces parallèles avec les perpendiculaires, sont des points de la parabole demandée.

En effet, pour une abscisse quelconque AP, vous avez

$$CA:AQ::AQ:AP \text{ ou } 2p:MP::MP:AP; \text{ d'où } \overline{MP}^2 = 2p.AP.$$

Les points de la branche inférieure se déterminent en prolongeant les perpendiculaires de parties égales à elles-mêmes.

330. *Mesure d'un segment parabolique.* Afin de suivre le même ordre que pour les deux autres courbes, proposons-nous de déterminer l'aire d'un segment compris entre un arc de parabole MAm, et une corde Mm perpendiculaire au premier axe, ou simplement l'aire du demi-segment APM.

Pour y parvenir, considérons sur l'arc AM (*fig.* 183) une Fig. 183. suite de points M, M′, M″,.... et de tous ces points, menons des perpendiculaires et des parallèles à l'axe AX ; ces droites déterminent des rectangles RPP′M′, R″P′P″M″,.... que nous nommerons *rectangles intérieurs,* et d'autres rectangles R′QQ′M′, R″Q′Q″M″,.... qui seront appelés *rectangles extérieurs.*

Or, en désignant par x et y, x' et y', x'' et y''.... les coordonnées des différens points M, M′, M″,.... on a pour la surface s du rectangle intérieur RPP′M′, $s = y'(x - x')$,

et pour celle du rectangle extérieur correspondant t,

$$t = x'(y - y') ;$$

d'où l'on déduit

$$\frac{s}{t} = \frac{y'(x - x')}{x'(y - y')}.$$

Mais, puisque les points M, M′... se trouvent sur la courbe, on a les relations $y^2 = 2px$, $y'^2 = 2px'$, qui donnent

$$x' = \frac{y'^2}{2p}, \quad x - x' = \frac{y^2 - y'^2}{2p} ;$$

il vient donc, par la substitution,

$$\frac{s}{t} = \frac{y'(y^2 - y'^2)}{y'^2(y - y')} = \frac{y + y'}{y'} = 1 + \frac{y}{y'}.$$

On obtiendrait pour les deux rectangles suivans,

$$\frac{s'}{t'} = 1 + \frac{y'}{y''};$$

et ainsi des autres.

Observons maintenant que les points M, M', M''.... peuvent être pris sur la courbe, de telle manière qu'on ait la suite de rapports égaux, $\frac{y}{y'} = \frac{y'}{y''} = \frac{y''}{y'''} \ldots\ldots = 1 + m$; m étant une *fraction constante* aussi petite que l'on veut (il suffit, pour cela, de prendre sur AY des parties.........

$$AQ' = AQ \times \frac{1}{1+m}, \quad AQ'' = AQ' \times \frac{1}{1+m}, \ldots\ldots \text{ puis de}$$

mener par les points Q', Q''... des parallèles à AX).

Au moyen de cette condition, les rapports $\frac{s}{t}$, $\frac{s'}{t'}$ .. deviennent

$$\frac{s}{t} = 2 + m, \quad \frac{s'}{t'} = 2 + m, \quad \frac{s''}{t''} = 2 + m \ldots;$$

d'où, en vertu d'un principe connu,

$$\frac{s + s' + s'' + \ldots}{t + t' + t'' + \ldots}, \quad \text{ou} \quad \frac{S}{T} = 2 + m;$$

ce qui démontre déjà que *le rapport entre la somme des rectangles intérieurs et celle des rectangles extérieurs, est égal à la quantité constante* 2 + m.

Cela posé, comme il est évident que, si l'on prend pour m une très petite fraction, la somme des rectangles intérieurs différera fort peu du demi-segment AMP; que la somme des rectangles extérieurs différera aussi fort peu de la figure mixtiligne AMQ, et que ces différences seront d'autant plus petites, que la fraction représentée par m, aura une moindre valeur, on peut conclure qu'à la limite, c'est-à-dire, lorsqu'on supposera $m = 0$, les deux sommes de rectangles se confondront avec les surfaces AMP, AMQ; et l'on aura nécessairement

$$\frac{\mathrm{AMP}}{\mathrm{AMQ}} = 2\,;\quad \text{d'où } \mathrm{AMP} = 2\mathrm{AMQ}\,;\quad \text{ainsi,}\quad \mathrm{APMQ} = 3\mathrm{AMQ},$$

et par conséquent,

$$\mathrm{AMQ} = \frac{1}{3}\,\mathrm{APMQ},\quad \text{ou}\quad \mathrm{AMP} = \frac{2}{3}\,\mathrm{APMQ} = \frac{2}{3}\,x\cdot y.$$

Donc enfin, *la surface du demi-segment parabolique* AMP *est égale aux deux tiers du rectangle construit sur les coordonnées extrêmes.*

Il résulte de là qu'un segment parabolique est une surface *carrable;* ce qui n'a lieu ni pour le cercle, ni pour l'ellipse, dont les aires dépendent du rapport de la circonférence au diamètre.

Problème des Tangentes.

331. Proposons-nous actuellement de mener une tangente à la parabole, par un point (x'', y'') donné sur la courbe.

Une droite menée par ce point et par un second point $(x'\,y')$ de la courbe, est représentée par le système des trois équations

$$y - y'' = \frac{y' - y''}{x' - x''}\,(x - x''),\dots\ (1)$$

$$y'^2 = 2px',\ \dots\dots\dots\dots\ (2)$$

$$y''^2 = 2px''.\ \dots\dots\dots\dots\ (3)$$

Pour obtenir la valeur de $\dfrac{y' - y''}{x' - x''}$, retranchons les équations (2) et (3) l'une de l'autre; il vient

$$(y' + y'')\,(y' - y'') = 2p\,(x' - x'')\,;\quad \text{d'où}\quad \frac{y' - y''}{x' - x''} = \frac{2p}{y' + y''}.$$

Ainsi, la sécante est encore exprimée par les deux équations

$$y - y'' = \frac{2p}{y' + y''}\,(x - x''),\quad \text{et}\quad y''^2 = 2px''.$$

Mais pour que cette droite devienne tangente, il faut que

l'on ait à la fois $y' = y''$, $x' = x''$;   ce qui donne

$$y - y'' = \frac{p}{y''} (x - x''), \quad y''^2 = 2px'',$$

dont la première est l'équation de la tangente, lorsqu'on suppose que la seconde est satisfaite.

332. *Remarque.* Comme l'équation $y - y'' = \dfrac{2p}{y' + y''} (x - x'')$ est indépendante de x', il s'ensuit que l'hypothèse $y' = y''$ suffit pour établir le contact de la droite. Cela tient à ce que, l'équation de la courbe étant $y^2 = 2px$, à une valeur de y il ne correspond qu'une seule valeur pour x; ainsi, dès qu'on suppose que deux ordonnées de la courbe sont égales, il doit en être de même des abscisses correspondantes. La réciproque n'est pas vraie.

Aussi, en appliquant la méthode générale du n° 196, ce qui revient à combiner entre elles les deux équations

$$y^2 = 2px, \quad y - y' = a (x - x'),$$

ou trouve pour le résultat de l'élimination de y,

$$a^2 x^2 + 2[a(y' - ax') - p] x + (y' - ax')^2 = 0,$$

et pour le résultat de l'élimination de x,

$$ay^2 - 2py - 2p (ax' - y') = 0.$$

Pour que les deux racines de l'équation en x soient égales, il faut que l'on ait

$$[a (y' - ax') - p]^2 - a^2 (y' - ax')^2 = 0,$$

ou, développant la première partie, supprimant les deux quantités $a^2 (y' - ax')^2$, $-a^2 (y' - ax)^2$, qui se détruisent, et ordonnant par rapport à a,

$$2px' . a^2 - 2py' . a + p^2 = 0 \dots (1)$$

Quant aux deux valeurs de y, elles deviennent égales au moyen de la condition $p^2 + 2ap (ax' - y') = 0$, ou , ordonnant par rapport à a,

$$2px'.a^2 - 2py'.a + p^2 = 0 ,\dots\ (2)$$

résultat identique avec le résultat (1).

Mais on voit que la seule hypothèse que les deux valeurs de y soient égales, conduit à la véritable condition de contact, sans condition étrangère ; tandis que celle qui exprime l'égalité des deux valeurs de x, donne lieu à une première équation qui renferme les solutions $a = \infty$, $a = \infty$, puisqu'on a supprimé des termes en a^4 et a^3.

Si l'on suppose le point $(\,x',\ y'\,)$ donné sur la courbe , comme on a alors $y'^2 = 2px'$, l'équation (1) devient

$$y'^2a^2 - 2py'a + p^2 = 0, \text{ ou } (y'a - p)^2 = 0; \text{ d'où } a = \frac{p}{y'}.$$

C'est en effet la valeur du coefficient de $x - x''$ dans l'équation de la tangente (en remplaçant toutefois y' par y'').

333. L'équation $y - y'' = \dfrac{p}{y''}(x - x'')$ devient, par l'évanouissement du dénominateur, et d'après la relation $y''^2 = 2px''$,

$$yy'' = p\,(x + x''),$$

équation qui ne diffère de $y^2 = 2px$ qu'en ce que y^2 et $2x$, ou $y \cdot y$ et $x + x$, sont remplacés par yy'' et $x + x''$.

Soit fait, dans l'équation simplifiée de la tangente , $y = 0$ (*fig.* 184); il en résulte

Fig. 184.

$$x + x'' = 0, \text{ d'où } x = -x'', \text{ ou } \mathrm{AR} = -\mathrm{AP}.$$

Ainsi, pour mener une tangente à la parabole en un point donné M , il suffit de *prendre une distance* AR *égale à l'abscisse* AP *de ce point, et de joindre le point* M *au point* R.

Si l'on suppose $y = 0$, dans l'équation non simplifiée, et qu'on cherche la valeur de $x - x''$, on trouve

$$x - x'' = -\frac{y''^2}{p} = -2x'' ;$$

ce qui démontre qu'abstraction faite du signe, *la soutangente PR est double de l'abscisse du point de contact.* Le signe dont elle est affectée convient d'ailleurs à sa position actuelle, puisqu'elle se compte à la gauche du point P.

334. L'équation de la tangente au point M étant

$$y - y'' = \frac{p}{y''}(x - x''),$$

on a, pour celle de la normale au même point,

$$y - y'' = - \frac{y''}{p}(x - x'');$$

et si l'on fait, dans cette nouvelle équation, $y = 0$, il vient

$$x - x'', \quad \text{ou} \quad PS = \frac{py''}{y''} = p.$$

Donc, dans la parabole, *la sounormale est constante,* quelle que soit la position du point de contact, *et égale à la moitié du paramètre.*

335. Comme dans l'expression $a = \dfrac{p}{y''}$, l'ordonnée y'' peut passer par tous les états de grandeur, il s'ensuit que la tangente est susceptible elle-même de prendre toutes les situations possibles, par rapport au premier axe.

Soit $y'' = 0$, on trouve $a = \infty$; c'est-à-dire que la tangente menée par le point A, est perpendiculaire à AX.

Mais elle ne devient parallèle à cet axe, qu'au point pour lequel on a $y'' = \infty$.

Si l'on veut connaitre en quel point la tangente fait, avec l'axe principal, un angle de 50°, il n'y a qu'à poser $\dfrac{p}{y''} = 1$; ce qui donne $y'' = p$, et par conséquent,

$$x'' = \frac{p^2}{2p} = \frac{p}{2}.$$

Or, cette abscisse n'est autre chose que celle du foyer F.

Ainsi, dans toute parabole, *la tangente fait un angle de 50°
à l'extrémité de l'ordonnée qui passe par le foyer.*

336. Menons le rayon vecteur FM (*fig.* 184), et calculons
l'angle FMR, comme nous l'avons fait pour l'ellipse.

En désignant par a, a' les tangentes des angles MRX,
MFX, on a évidemment,

$$\text{tang FMR} \quad \text{ou} \quad \text{tang V} = \frac{a' - a}{1 + aa'}.$$

Or, l'équation du rayon vecteur passant par le point F
pour lequel $y = 0$ et $x = \frac{p}{2}$, est de la forme

$$y = a'\left(x - \frac{p}{2}\right);$$

et comme il passe en outre par le point (x'', y''), il en résulte

$$y'' = a'\left(x'' - \frac{p}{2}\right); \quad \text{d'où} \quad a' = \frac{2y''}{2x'' - p}.$$

On a d'ailleurs $a = \frac{p}{y''}$; donc l'expression de tang V devient

$$\text{tang V} = \frac{\dfrac{2y''}{2x'' - p} - \dfrac{p}{y''}}{1 + \dfrac{2py''}{y''(2x'' - p)}} = \frac{2y''^2 - 2px'' + p^2}{2x''y'' - py'' + 2py''};$$

ou bien, à cause de $y''^2 = 2px''$, ou $2y''^2 = 4px''$,

$$\text{tang V} = \frac{2px'' + p^2}{2x''y'' + py''} = \frac{p(2x'' + p)}{y''(2x'' + p)} = \frac{p}{y''}.$$

D'où l'on voit que l'angle FMR est égal à l'angle MRF.

Ainsi, *la tangente divise en deux parties égales l'angle FMH
formé par le rayon vecteur* FM *et une parallèle à l'axe des*
x, *menée par le point* M.

C'est ce qu'on peut encore reconnaître de la manière suivante :

On a trouvé (n° 333)

$$AR = AP; \quad \text{d'où} \quad FR = \frac{p}{2} + AP.$$

D'un autre côté, soit LL' la directrice ; le rayon vecteur FM est égal à la perpendiculaire MG, ou $\frac{p}{2} + AP$; donc le triangle FMR est isoscèle, et donne   angle FMR = angle MRF.

337. Cette propriété fournit le moyen de mener une tangente par un point de la courbe, ou par un point pris hors de la courbe.

Fig. 184.   1°. Pour mener une tangente par le point M (*fig.* 184), *tirez la ligne MH parallèle à* AX ; *joignez le point F au point G où cette parallèle rencontre la directrice; puis abaissez MR perpendiculaire sur* FG ; vous aurez la tangente demandée ; car, le triangle FMG étant isoscèle, la ligne MR divise la base FG et l'angle au sommet, en deux parties égales.

On peut reconnaître, *à posteriori,* que la ligne qui divise l'angle FMG en deux parties égales, n'a que le point M de commun avec la courbe. .

En effet, soit N un tout autre point, et tirons les lignes FN et GN , puis abaissons la perpendiculaire NK sur LL'.

On a , d'après la construction ,   NF = NG ;   mais l'oblique NG est plus grande que la perpendiculaire NK ; donc NF est plus grand que NK , et par conséquent (n° 328) , le point N est situé hors de la courbe.

Il est à remarquer que cette construction dépend uniquement de la définition de la parabole.

2°. Pour mener la tangente par un point N donné hors de la courbe , *décrivez de ce point comme centre, avec un rayon égal à la distance* NF, *une circonférence de cercle qui coupe la directrice au point* G ; *menez* Gf *parallèle à* AX ; et le point d'intersection M est le point de contact.

Car, par construction , vous avez

$$NG = NF, \quad \text{et} \quad MG = MF;$$

donc la ligne NM est perpendiculaire sur le milieu de la corde FG, et divise l'angle FMG en deux parties égales.

La même circonférence rencontre la directrice en un second point G' tel, que, si par ce point on mène une ligne parallèle à AX, le point où cette parallèle rencontre la courbe est le point de contact de la seconde tangente qu'on peut mener par le point N.

338. *Conséquence* de la propriété précédente.

On vient de voir que, si l'on joint le point F au point G, la ligne de jonction FG est perpendiculaire sur la tangente, et est divisée en deux parties égales par cette même tangente. D'un autre côté, l'axe des y étant mené par le point A milieu de BF, passe nécessairement aussi par le milieu de FG ; donc le pied I de la perpendiculaire abaissée du point F sur la tangente, se trouve sur l'axe des y.

Cela démontre que, *si du foyer on abaisse des perpendiculaires sur les tangentes à la parabole, le lieu géométrique des pieds de toutes ces perpendiculaires n'est autre chose que le second axe principal.*

Cette propriété correspond à celle du n° 297, relative à l'ellipse et à l'hyperbole.

De la Parabole rapportée à ses diamètres ou à ses axes conjugués.

339. Nous avons vu (n° 266) que si, par un point quelconque A' (*fig.* 185) de la parabole, on mène une tangente A'H, puis une parallèle A'K au premier axe, ces deux droites, appelées *axes conjugués,* sont telles, que toute corde MM' parallèle à A'H, est divisée en deux parties égales par la ligne A'H qui, pour cette raison, se nomme *un diamètre.*

Il résulte de là, que l'équation de la parabole rapportée à ce système, doit être de la forme $y^2 = kx$; k étant une *constante* qui dépend toutefois de la position du point A′ sur la courbe.

Pour déterminer par l'analyse, la valeur de cette constante, nous exécuterons une transformation ayant pour but de *rapporter la parabole à un nouveau système d'axes, tel, que l'équation conserve la même forme que lorsque la courbe est rapportée à ses axes principaux.*

L'équation de la parabole rapportée à *ses* axes étant

$$y^2 = 2px, \quad \dots \quad (\text{1})$$

substituons pour x, y leurs valeurs

$$x = x \cos \alpha + y \cos \alpha' + a,$$
$$y = x \sin \alpha + y \sin \alpha' + b,$$

au moyen desquelles (n° 219) on passe d'un système rectangulaire à un système oblique d'origine différente; il vient

$$\left.\begin{array}{l} \sin^2\alpha'.y^2 + 2\sin\alpha'\sin\alpha.xy + \sin^2\alpha.x^2 + (2b\sin\alpha' - 2p\cos\alpha')y \\ \qquad + (2b\sin\alpha - 2p\cos\alpha)x \\ \qquad + b^2 - 2pa \end{array}\right\} = 0..(\text{2})$$

Or, par hypothèse, cette équation doit se réduire à la forme $y^2 = kx$; donc il faut poser les différentes conditions

$$\sin\alpha'.\sin\alpha = 0, \ \sin^2\alpha = 0, \ b\sin\alpha' - p\cos\alpha' = 0, \ b^2 - 2pa = 0;$$

et l'équation (2) se réduit à $\quad y^2 = \dfrac{2p}{\sin^2\alpha'}.x \dots(3)$

Comme la seconde des conditions établies entraîne nécessairement la première, il s'ensuit que, pour déterminer α, α', a, b, nous n'avons réellement que trois équations distinctes. Ainsi, *le nombre des systèmes d'axes* par rapport auxquels l'équation conserve la forme ci-dessus, est *infini*.

La relation $\sin\alpha = 0$, nous apprend d'ailleurs que le nouvel axe des x, qui, d'après la forme de l'équation (3), n'est autre chose qu'un diamètre, est parallèle à l'axe principal. Donc, dans la parabole , *tous les diamètres sont des parallèles à l'axe principal.*

En second lieu, l'équation $b^2 - 2pa = 0$, étant ce que devient $y^2 = 2px$, ou $y^2 - 2px = 0$, lorsqu'on y remplace x et y par les coordonnées a et b de la nouvelle origine, on doit conclure que *cette origine est placée sur la courbe.* En donnant à a une valeur arbitraire, on tirera de l'équation $b^2 - 2pa = 0$, la valeur correspondante de b; et le point A′ déterminé par ces valeurs, représentera la nouvelle origine.

Enfin, l'équation $b \sin \alpha' - p \cos \alpha' = 0$, donne

$$\operatorname{tang} \alpha' = \frac{p}{b} ,$$

expression semblable à celle $a = \dfrac{p}{y''}$, qui a été trouvée pour la tangente à la parabole; ce qui prouve que *le nouvel axe des y est tangent à la courbe.*

Tous ces résultats s'accordent avec ce qui a été dit (n° 266) sur les axes conjugués.

De la relation $\operatorname{tang} \alpha' = \dfrac{p}{b}$, on déduit $\cos \alpha' = \dfrac{b}{\sqrt{b^2 + p^2}}$,

et par conséquent, $\sin^2 \alpha' = \operatorname{tang}^2 \alpha' \cos^2 \alpha' = \dfrac{p^2}{b^2 + p^2} = \dfrac{p}{2a + p}$;

d'où $\dfrac{2p}{\sin^2 \alpha'} = 4a + 2p = 4\left(a + \dfrac{p}{2}\right).$

Or, si l'on suppose que AG soit l'abscisse de la nouvelle origine A′ rapportée aux anciens axes, et qu'on tire le rayon vecteur FA′, on sait que ce rayon vecteur a pour expression, $a + \dfrac{p}{2}$. Donc $\dfrac{2p}{\sin^2 \alpha'} = 4\text{A′F}$; c'est-à-dire que *le paramètre de la parabole rapportée à un système d'axes conjugués, ou bien, le coefficient de* x, *dans l'équation* (3), *est égal au quadruple de la distance du foyer à la nouvelle origine.*

Désignant par $2p'$ ce nouveau paramètre, on obtient enfin

$$y^2 = 2p'x,$$

pour l'équation de la parabole rapportée à l'un de ses dia-mètres.

Nous pourrions ici, comme pour l'ellipse et l'hyperbole, nous proposer, réciproquement, de passer de l'équation de la parabole rapportée à un système d'axes conjugués, à celle de la courbe rapportée à ses axes; mais ce calcul ne conduirait à aucun résultat important.

340. L'équation $y^2 = 2p'x$, ou $\dfrac{y^2}{x} = 2p'$, prouve que, pour un système quelconque d'axes conjugués, *les carrés des ordon-nées sont proportionnels aux abscisses correspondantes;* c'est la propriété du n° 329, généralisée, puisque les axes princi-paux forment un système particulier d'axes conjugués.

Cette propriété étant vraie, quelle que soit l'inclinaison des axes, on peut, par un procédé semblable à celui qui a été em-ployé (n° 314), construire la parabole, connaissant l'angle de deux axes conjugués et le paramètre correspondant.

Fig. 186.   Soient AX, AY (*fig.* 186) les deux axes conjugués donnés. *Élevez au point* A *une perpendiculaire à* AX, *et construisez sur* AX, AY', *considérés comme axes principaux, une parabole* ANN' *ayant* $2p'$ *pour paramètre; menez ensuite de différens points* P, P'... *des parallèles à* AY' *et* AY, *et prenez des parties* PM, P'M'.... *égales à* PN, P'N'....; les points M, M',....appartiendront à la courbe demandée.(*Voyez* le n° 386 pour cette même question.)

341. En résolvant le problème des tangentes, d'après la mé-thode du n° 331, on trouve pour l'équation de la tangente, lors-que le point donné est sur la courbe, $y - y'' = \dfrac{p'}{y''}(x - x'')$;

ou, simplifiant d'après la relation $y''^2 = 2px''$, $yy'' = p'(x + x'')$.

Soit fait dans la seconde équation, $y = 0$; on trouve Fig. 185. $x = -x''$; c'est-à-dire (*fig.* 185), A'R $= -$ A'P.

L'hypothèse $y = o$, introduite dans la première, donne

$$x = x'' = -\frac{y''^2}{2p'} = -2x''\ ;$$

ce qui prouve que *la soutan-gente* PR *est négative et numériquement double de l'abscisse du point de contact.*

Ces résultats sont analogues à ceux du n° 333.

Quant à *la sounormale,* la propriété démontrée n° 334, ne peut avoir lieu dans le cas d'axes conjugués obliques; car le coefficient de x dans l'équation de la normale, dépend essentiellement de leur inclinaison.

342. Supposons actuellement qu'il s'agisse de mener une tangente par un point N (*fig.* 187),ou (x', y'), pris hors de la courbe; Fig. 187. on a, pour déterminer les coordonnées x'', y'', du point de contact, les équations $y''^2 = 2p'x''$ et $y'y'' = p'(x' + x'')$.

Mais au lieu d'effectuer l'élimination, qui n'offrirait aucun intérêt, on peut, en regardant x'', y'' comme des variables, construire les lieux géométriques de ces équations.

La première représente évidemment la parabole déjà construite.

Quant à la seconde, qui représente une ligne droite, en y faisant successivement $\begin{cases} y'' = o, \\ x'' = o, \end{cases}$ on trouve $\begin{cases} x'' = -x', \\ y'' = \dfrac{px'}{y'}. \end{cases}$

Si l'on porte, sur les axes AX, AY, des parties AI, AH respectivement égales à $-x'$, $\dfrac{px'}{y'}$, et qu'on tire la droite IH, on a le lieu géométrique demandé; ainsi les points M, m, où cette droite de jonction coupe la courbe, sont les points de contact des deux tangentes qui doivent passer par le point N.

Comme le résultat $x'' = -x'$ correspondant à $y'' = o$, ne dépend pas de l'ordonnée y' du point N, il s'ensuit que, si l'on prend un second point N' sur une parallèle à l'axe des y menée par le point N , et qu'on tire les deux tangentes N'M', N'm', la ligne de jonction des nouveaux points de contact, doit passer par le même point I de l'axe AX; et ainsi de suite, pour les autres points de la droite LL'.

Cette dernière droite peut d'ailleurs être regardée comme une droite située à volonté sur le plan de la parabole; donc la propriété démontrée (n° 316) pour l'ellipse et l'hyperbole , est également vraie pour la parabole. Il en est de même de la réciproque.

Il faut observer néanmoins que , si la droite donnée était une parallèle LL' à l'axe principal, c'est-à-dire, un diamètre, les lignes de jonction des points de contact M et m, M' et m' (*fig.* 188) ne concourraient plus en un même point; mais elles seraient toutes parallèles entre elles, c'est-à-dire qu'alors elles se rencontreraient toutes à *l'infini,* en un point situé sur l'axe conjugué de ce diamètre.

Fig. 188.

En effet, supposons pour un instant, la courbe rapportée à ce diamètre et à son conjugué AY; comme pour un point N de la ligne LL', on a x' quelconque, mais y' égal à o , il s'ensuit que les résultats $x'' = -x'$, $y'' = \dfrac{px'}{y'}$ obtenus ci-dessus et correspondans respectivement à $y'' = o$, $x'' = o$, se réduisent à

$$x'' = -x' \quad \text{et} \quad y'' = \frac{px'}{o};$$

d'où l'on voit que la ligne de jonction des deux points de contact M et m, va rencontrer l'axe des y à l'infini.

Autrement : l'équation de la ligne de jonction qui , généralement, est de la forme $y'y'' = p'(x' + x'')$, se réduit dans l'hypothèse de $y' = o$, à $p'(x' + x'') = o$, d'où $x'' = -x'$, équation d'une parallèle à l'axe des y.

343. Nous terminerons la théorie de la parabole par les questions suivantes: une parabole étant tracée sur un plan, déterminer, 1°. *ses axes principaux,* 2°. *un système d'axes conjugués* faisant entre eux un angle donné, 3°. *le paramètre* à l'axe principal , ou à un diamètre quelconque.

Tracez d'abord deux cordes parallèles mm', nn', et prenez les milieux de ces cordes; la ligne ab (*fig.* 189) qui joint ces milieux (n° 262), est *un diamètre*. Fig. 189.

Cela posé, comme tout diamètre est parallèle à l'axe principal, et que celui-ci divise en deux parties égales toute corde de la courbe, qui lui est perpendiculaire, il s'ensuit que, *si l'on tire une corde quelconque* MM' *perpendiculaire à* ab, *et qu'on mène par le milieu* P *de cette corde une parallèle à* ab, on obtiendra AB pour *le premier axe principal ;* AC perpendiculaire à AB sera *le second axe.*

Pour résoudre la seconde question, *faites en un point quelconque* G *de* AB, *un angle* NGB *égal à celui des deux axes conjugués ; puis, par le point* Q, *milieu de* NN', *menez* A'B' *parallèle à* AB, *et au point* A' *tracez* A'C' *parallèle à* NN'; vous aurez le système *d'axes conjugués* demandé.

N. B. Cette construction fournit évidemment le moyen de *mener à la parabole une tangente* parallèle à une ligne donnée NN'.

Quant à la troisième question, comme, d'après les constructions précédentes, on connaît les grandeurs des lignes AP, MP, ou A'Q, NQ, les deux paramètres $2p$, $2p'$ s'obtiendront par le moyen des relations $\quad 2p = \dfrac{\overline{MP}^2}{\overline{AP}} \quad$ et $\quad 2p' = \dfrac{\overline{NQ}^2}{\overline{A'Q}}.$

Le paramètre à l'axe principal étant connu, on peut en déduire facilement *la position du foyer* et *celle de la directrice.*

344. Aux questions précédentes, s'en rattache une autre, qui a rapport aux trois courbes du second degré:

Une portion de section conique étant tracée sur un plan, on propose de déterminer *la nature de cette courbe,* c'est-à-dire, de reconnaître si la courbe est une ellipse, une hyperbole ou une parabole.

Tracez deux cordes parallèles dans une première, puis dans une seconde direction ; joignez les milieux des deux premières cordes et les milieux des deux autres. Suivant que ces lignes de jonction se couperont *en dedans* de l'arc donné, ou *au-dehors* de cet arc, ou qu'elles seront *parallèles*, la courbe sera évidemment une ellipse, une hyperbole, ou une parabole.

Quant à la détermination des différens élémens de la courbe, on aura recours aux moyens indiqués (n°s 320, 321 et 343).

§ IV. *Équations polaires des trois courbes du second degré.*

345. Jusqu'à présent, nous avons supposé une courbe déterminée de position sur un plan, par le moyen d'une équation entre deux variables exprimant les distances de chacun de ses points à deux droites fixes comptées parallèlement à ces droites; mais il existe un autre moyen qui, dans certains cas, offre des avantages sur le précédent (*fig.* 190).

Fig. 190.

Pour fixer les idées sur ce nouveau mode de représenter analytiquement les lignes, considérons une courbe quelconque mMm', une droite OB déterminée de position sur le plan de cette courbe, et un point fixe O sur cette droite. Menons de ce point, nommé *pôle*, à un point quelconque M de la courbe une ligne OM appelée *rayon vecteur*; et désignons par r ce rayon vecteur, par v l'angle qu'il forme avec la droite fixe OB.

Il est évident que si, de quelque manière que ce soit, on parvient à établir une relation entre r et v, qui soit vraie pour tous les points de la courbe et n'ait lieu que pour ces points, la courbe sera entièrement déterminée; car, en donnant à v une série de valeurs v', v'', v''', ... on tirera de la relation $f(r, v) = 0$, des valeurs correspondantes r', r'', r'''.... pour r. Formant alors au point O des angles LOB, L'OB.... égaux à v', v'',.... et portant sur OL, OL'.... des parties égales à r', r'',.... on obtiendra des points M, M',.... qui appartiendront à la courbe.

Les variables r et v sont ce qu'on appelle des *coordonnées polaires*, et l'équation $f(r, v) = 0$ est dite *l'équation polaire de la courbe.*

346. Une courbe étant tracée sur un plan, on peut se proposer de déterminer directement *une équation polaire* de cette courbe, en prenant d'une manière convenable le *pôle* et la droite fixe menée par ce point. Mais ordinairement, on suppose que la courbe est déjà fixée par le moyen d'une première équation entre des coordonnées rectangulaires ou obliques (celles-ci s'appellent *coordonnées orthogonales*) ; et il s'agit alors d'en déduire une équation entre des *coordonnées polaires*. Or, cette transformation de coordonnées peut être facilement exécutée.

Soient, en effet, AX, AY (*fig.* 190) deux axes par rapport auxquels on a une équation telle, que $f(x, y) = 0$.

Menons par le point fixe O les lignes OX′, OY′ parallèles à ces axes, et désignons par a, b, les coordonnées AH, OH du pôle O, par α l'angle BOX′, par ζ l'angle des deux axes ; le rayon vecteur OM et l'angle MOB seront d'ailleurs, comme ci-dessus, représentés par r et v.

Cela posé, la figure donne évidemment

$$\text{AP} \quad \text{ou} \quad x = a + \text{OK},$$
$$\text{MP} \quad \text{ou} \quad y = b + \text{MK} ;$$

mais on a, d'après le triangle MOK,

$$\text{OK} : \text{OM} :: \sin \text{OMK} : \sin \text{OKM},$$
$$\text{MK} : \text{OM} :: \sin \text{MOK} : \sin \text{OKM} ;$$

d'où l'on tire

$$\text{OK} = \frac{r \sin (\zeta - v - \alpha)}{\sin \zeta},$$
$$\text{MK} = \frac{r \sin (v + \alpha)}{\sin \zeta}.$$

Substituant ces valeurs dans les expressions de x et de y, on obtient

$$x = a + \frac{r \sin (\zeta - v - \alpha)}{\sin \zeta}, \quad y = b + \frac{r \sin (v + \alpha)}{\sin \zeta}, \ldots \ldots (1)$$

valeurs qui, reportées dans l'équation $f(x, y) = 0$, donneront l'*équation polaire demandée*.

Lorsque les axes sont rectangulaires, ce qui a lieu communément, on a

$$\mathscr{C} = 100°, \quad \text{d'où} \quad \sin \mathscr{C} = 1, \ \sin (\mathscr{C} - \nu - \alpha) = \cos (\nu + \alpha);$$

et les formules deviennent

$$x = a + r \cos (\nu + \alpha), \quad y = b + r \sin (\nu + \alpha) \ldots \ (2)$$

Outre cette hypothèse, on peut encore supposer que la droite fixe soit parallèle à l'axe des x; auquel cas on a $\alpha = 0$, et les formules deviennent

$$x = a + r \cos \nu, \quad y = b + r \sin \nu \ldots \ (3)$$

Enfin, dans ces mêmes circonstances, on peut prendre pour *pôle*, l'origine même des anciennes coordonnées; et les formules se réduisent à

$$x = r \cos \nu, \quad y = r \sin \nu. \ .. \ (4)$$

Les deux derniers systèmes sont ceux dont l'emploi est le plus fréquent.

347. Pour donner une première idée de leur usage, proposons-nous de déterminer l'*équation polaire du cercle*, en prenant pour *pôle* un point quelconque O (*fig.* 191) situé sur le plan de ce cercle.

L'équation du cercle rapporté à son centre et à des axes rectangulaires, étant $\quad y^2 + x^2 = R^2,$

il suffit de remplacer y et x par leurs valeurs (3); ce qui donne, en développant et ordonnant par rapport à r,

$$r^2 + 2(b \sin \nu + a \cos \nu) r + a^2 + b^2 - R^2 = 0$$

(la droite fixe, à partir de laquelle se compte l'angle ν, est une ligne OB parallèle à l'axe des x).

Désignons par r', r'' les deux racines de cette équation;

l'on a, d'après un principe connu,

$$r' . r'' = a^2 + b^2 - R^2.$$

Or, cette relation étant indépendante de l'angle ν que forme la direction du rayon vecteur OM avec OB, il s'ensuit que, pour deux lignes quelconques Mm, M$'m'$, menées par le point O, on a la relation

$$OM \times Om = OM' \times Om', \quad \text{ou} \quad OM : OM' :: Om' : Om ;$$

ce qui prouve que deux cordes se coupent, dans un cercle, en *parties réciproquement proportionnelles*.

Tant que le point O est intérieur au cercle, $a^2 + b^2$, ou $\overline{AO}^2$, est plus petit que $\overline{AC}^2$ ou R^2; ainsi, $a^2 + b^2 - R^2$ est *négatif*. Cela doit être, puisque les distances OM, Om sont comptées en sens contraire l'une de l'autre.

Si, au contraire, le point O est extérieur, comme en O$'$, $a^2 + b^2$, ou $\overline{AO'}^2$ est plus grand que R^2, et $a^2 + b^2 - R^2$ est positif. La propriété des sécantes se trouve d'ailleurs démontrée, puisque la relation ci-dessus donne O$'$N $\times$ O$'n$ égal à une quantité constante, quelle que soit l'inclinaison de la sécante.

Il en est de même de la propriété de la tangente par rapport à la sécante; car le triangle rectangle ADO$'$ donne évidemment,

$$\overline{O'D}^2 = \overline{AO'}^2 - \overline{AD}^2 = a^2 + b^2 - R^2 ; \quad \text{d'où} \quad \overline{O'D}^2 = O'N \times O'n.$$

348. Soit encore proposé de trouver l'équation polaire de l'hyperbole, en prenant pour *pôle*, le centre même de la courbe, et pour *droite fixe*, le premier axe.

Il ne s'agit, pour cela, que de substituer les valeurs.....
$x = r \cos \nu$ et $y = r \sin \nu$ (*fig.* 137) dans l'équation

Fig. 137.

$$A^2 y^2 - B^2 x^2 = - A^2 B^2 ;$$

il vient $\qquad (A^2 \sin^2 \nu - B^2 \cos^2 \nu) r^2 = - A^2 B^2 ;$

d'où
$$r = \frac{\pm AB}{\cos \nu . \sqrt{B^2 - A^2 \tan^2 \nu}}.$$

Or, ce résultat démontre d'abord que si, par le point O, l'on tire une ligne quelconque Mm', les deux parties OM, Om' sont *égales* et *de signes contraires*.

De plus, pour que la valeur de r soit réelle, il faut que l'on ait $\tan^2\nu$ plus petit, ou tout au plus égal à $\dfrac{B^2}{A^2}$.

Soit $\tan^2 \nu = \dfrac{B^2}{A^2}$; il en résulte $\tan \nu = \pm \dfrac{B}{A}$.

On voit donc que les droites menées par le point O, de manière qu'elles forment avec AX des angles ayant pour tangentes $+\dfrac{B}{A}$ et $-\dfrac{B}{A}$, ces droites, dis-je, séparent les lignes qui rencontrent la courbe, de celles qui ne la rencontrent pas. (*Voyez* n° 238.)

Ce qui précède suffit pour faire entrevoir avec quelle facilité une transformation de coordonnées orthogonales en coordonnées polaires, met en évidence certaines propriétés des lignes courbes.

349. Passons maintenant à la détermination des équations polaires des trois sections coniques, dans le cas le plus usité, celui où l'on prend pour *pôle*, l'un des foyers de la courbe, et pour droite fixe, le premier axe.

Fig. 192   *Ellipse*. Soit F (*fig.* 192) le foyer pris pour pôle; on a dans ce cas, $b = 0$, $a = c$; et les formules (3) du n° 346 deviennent

$$x = c + r \cos \nu, \quad y = r \sin \nu.$$

Substituons ces valeurs dans l'équation de la courbe,

$$A^2 y^2 + B^2 x^2 = A^2 B^2,$$

ou plutôt, $A^2 y^2 + (A^2 - c^2) x^2 = A^2(A^2 - c^2)$

(afin de n'avoir dans les calculs que deux constantes A et c).

Il vient $(A^2 - c^2\cos^2\nu)r^2 + 2(A^2 - c^2)c\cos\nu \cdot r - (A^2 - c^2)^2 = 0$;

d'où

$$r = \frac{-(A^2 - c^2)c\cos\nu \pm \sqrt{(A^2 - c^2)^2 c^2\cos^2\nu + (A^2 - c^2)^2(A^2 - c^2\cos^2\nu)}}{A^2 - c^2\cos^2\nu},$$

ou, réduisant la quantité sous le radical,

$$r = \frac{(A^2 - c^2)(-c\cos\nu \pm A)}{A^2 - c^2\cos^2\nu},$$

expression qui, considérée successivement avec le signe supérieur, puis avec le signe inférieur, donne, toute réduction faite,

$$r = \frac{A^2 - c^2}{A + c\cos\nu}, \quad \text{et} \quad r = -\frac{A^2 - c^2}{A - c\cos\nu}.$$

Discussion. De ces deux valeurs, la première est essentiellement *positive*; car $A^2 - c^2$, ou B^2, est positif, et quand bien même $\cos\nu$ serait négatif, comme un cosinus ne peut surpasser l'unité, et que c, ou $\sqrt{A^2 - B^2}$, est moindre que A, on a nécessairement

$$A + c\cos\nu > 0.$$

La seconde est, par la même raison, essentiellement *négative*; et cela doit être, puisque, pour une position quelconque du rayon vecteur, on a toujours deux points M et m, N et n, dans une position inverse l'une de l'autre, par rapport au point F. Mais en faisant abstraction du signe de la seconde valeur, on voit qu'elle se déduit de la première, en changeant $\cos\nu$ en $-\cos\nu$; d'où il résulte que celle-ci suffit à elle seule, pour donner tous les points de la courbe, avec la condition de faire passer l'angle ν par tous les états de grandeur, depuis $0°$ jusqu'à $400°$.

Faisons diverses hypothèses sur l'angle ν, et déterminons les valeurs correspondantes de r.

Soient $\nu = 0$, d'où $\cos\nu = 1$; on trouve

$$r = \frac{A^2 - c^2}{A + c} = A - c = FB;$$

$v = 100^\circ$, d'où $\cos v = 0$; donc $r = \dfrac{A^2 - c^2}{A} = \dfrac{B^2}{A} = FN,$

demi-paramètre;

$v = 200^\circ$, d'où $\cos v = -1$; donc $r = A + c = FA;$

$v = 300^\circ$, d'où $\cos v = 0$; donc

$$r = \frac{A^2 - c^2}{A} = \frac{B^2}{A} = Fn.$$

Dans l'hypothèse de $v = 100^\circ$, la seconde valeur générale de r devient, $r = -\dfrac{A^2 - c^2}{A} = -\dfrac{B^2}{A}.$

Ces hypothèses suffisent pour faire voir que l'équation $r = \dfrac{A^2 - c^2}{A + c \cos v}$ représente tous les points de la courbe, aussi bien que l'équation $A^2 y^2 + B^2 x^2 = A^2 B^2.$

350. *Hyperbole.* L'équation de cette courbe rapportée à ses axes, étant

$$A^2 y^2 - B^2 x^2 = -A^2 B^2, \text{ ou } A^2 y^2 - (c^2 - A^2) x^2 = -A^2 (c^2 - A^2),$$

il faut substituer à la place de y et de x, les valeurs $y = r \sin v$ et $x = c + r \cos v$ ou plutôt, $x = c - r \cos v$; parce que Fig. 193. les sommets B et A (*fig.* 193) de la courbe, se trouvant placés à gauche du point F, on doit compter l'angle v dans le sens FBA; ce qui revient à remplacer v par $200^\circ - v$ dans la formule $x = c + r \cos v.$

On trouvera par cette substitution, et après les simplications qui ont déjà été exécutées pour l'ellipse,

$$r = \frac{c^2 - A^2}{A + c \cos v}, \quad r = -\frac{c^2 - A^2}{A - c \cos v}.$$

La discussion de ces valeurs mérite beaucoup d'attention.

Tant que l'angle v est moindre que 100°, cos v est positif et diminue de plus en plus, à mesure que v augmente jusqu'à cette limite; donc la première expression de r est *positive*, et augmente de plus en plus, depuis $r = c - A$, ou FB, qui correspond évidemment à $v = 0$, ou cos $v = 1$, jusqu'à

$$r = \frac{c^2 - A^2}{A} \text{ ou } \frac{B^2}{A}$$ qui correspond à $v = 100°$, ou cos $v = 0$.

Quand v surpasse 100°, cos v est négatif et augmente numériquement; il en est de même de c cos v, et pour que $A + c$ cos v reste positif, il faut que v soit moindre que l'angle pour lequel on a $A + c$ cos $v = 0$; d'où cos $v = -\frac{A}{c}$, et par conséquent,

$$\text{tang } v = \sqrt{\sec^2 v - 1} = \sqrt{\frac{c^2}{A^2} - 1} = -\frac{B}{A};$$

c'est-à-dire que si l'on mène par le point F, la ligne FG parallèle à l'asymptote OL, l'angle v ne doit pas être plus grand que OFG.

Soit $v = $ OFG, d'où cos $v = -\frac{A}{c}$; il en résulte

$$r = \frac{c^2 - A^2}{A + c \times -\frac{A}{c}} = \frac{c^2 - A^2}{0} = \infty.$$

Cela doit être, puisqu'alors le rayon vecteur est parallèle à OL.

Lorsque v dépasse l'angle OFG, la première expression de r devient négative; mais observons que, comme cette expression ne change pas, si l'on remplace v par $-v$ (car on sait, n° 52, que cos $-v = $ cos $+v$), elle est susceptible de représenter la portion B$m''m''$....., tout aussi bien que la portion BM''M''.... de la première branche.

Il suffit, pour une valeur quelconque donnée à v, OFM'', par exemple, de décrire du point F comme centre, et d'un rayon égal à la valeur correspondante de r, un arc de cercle $M''Dm'''$, puis de prendre $Dm''' = DM''$.

Voyons maintenant ce que devient la seconde expression, lorsqu'on fait passer l'angle ν par différens états de grandeur.

On peut mettre cette seconde expression sous la forme

$$r = \frac{c^2 - A^2}{c \cos \nu - A}.$$

Cela posé, soit d'abord $\nu = 0$; il vient

$$r = \frac{c^2 - A^2}{c - A} = c + A = FA.$$

De plus, on voit que r restera *positif*, tant que l'angle ν aura une valeur moindre que celui pour lequel on a

$$c \cos \nu - A = 0, \text{ d'où } \cos \nu = \frac{A}{c}, \text{ et tang } \nu = \frac{B}{A};$$

c'est-à-dire, tant que le rayon vecteur sera situé entre FA et FK′ parallèle à la seconde asymptote OH′.

Soit $\nu = OFK'$, d'où $\cos \nu = \dfrac{A}{c}$; on trouve

$$r = \frac{c^2 - A^2}{0} = \infty.$$

Dans la même hypothèse, la première expression générale de r devient

$$r = \frac{c^2 - A^2}{A + c \times \dfrac{A}{c}} = \frac{c^2 - A^2}{2A} = \frac{B^2}{2A} = FI = \frac{1}{2} FN.$$

Pour une valeur de ν plus grande que OFK′, la seconde expression devient négative; mais, d'après la remarque faite ci-dessus, cette seconde expression représente non-seulement la portion AmS, mais encore la portion Am'S′ de la seconde branche.

Il résulte de cette discussion, que la première branche de l'hyperbole est représentée *en rayons positifs*, par la première expression de r, pour des valeurs de ν positives ou négatives et comprises entre *zéro* et OFG, ou entre *zéro* et OFK;

Que la seconde branche est aussi représentée *en rayons positifs* par la seconde expression de r, pour des valeurs de ν positives ou négatives et comprises entre *zéro* et OFK', ou entre *zéro* et OFG'.

Il n'en est donc pas de l'hyperbole comme de l'ellipse. Dans celle-ci, la première expression de r est suffisante pour représenter tous les points de la courbe *en rayons positifs;* mais dans l'hyperbole, la considération des deux expressions est indispensable.

351. *Parabole.* En faisant pour cette courbe, relativement à la manière de compter l'angle ν, la même observation que pour l'hyperbole, on sera conduit à substituer dans l'équation $y^2 = 2px$ (*fig.* 194), les valeurs $y = r \sin \nu$, $x = \dfrac{p}{2} - r \cos \nu$. Fig. 194.

On obtient par cette substitution, et observant que .... $\sin^2 \nu = 1 - \cos^2 \nu$,

$$(1 - \cos^2 \nu)\, r^2 + 2p \cos \nu . r - p^2 = 0,$$

d'où $r = \dfrac{-p\cos \nu \pm \sqrt{p^2\cos^2 \nu + p^2(1 - \cos^2 \nu)}}{1 - \cos^2 \nu} = \dfrac{p(-\cos \nu \pm 1)}{1 - \cos^2 \nu};$

donc $\quad r = \dfrac{p}{1 + \cos \nu}$, et $\quad r = - \dfrac{p}{1 - \cos \nu}$.

La première expression est essentiellement *positive,* et la seconde *négative;* cela tient à ce que, pour une position quelconque MFm du rayon vecteur, les deux points M, m sont toujours en opposition par rapport au point F.

Mais la première peut donner à elle seule, tous les points de la courbe, si l'on fait varier l'angle ν depuis 0° jusqu'à 400°.

Soit $\nu = 0$, d'où $\cos \nu = 1$; ou trouve $r = \dfrac{p}{2} = $ FA;

$$\nu = 100°, \text{ou } \cos \nu = 0; \text{ il en résulte } r = p = \text{FN};$$

$$\nu = 200°, \cos \nu = -1; \quad \text{donc} \quad r = \frac{p}{0} = \infty;$$

$$\nu = 300°, \cos \nu = 0; \quad \text{donc} \quad r = \frac{p}{2} = \text{FN}.$$

352. Pour ne rien laisser à désirer sur cette matière, nous exposerons le moyen d'obtenir les équations polaires des trois courbes, directement, c'est-à-dire, en partant des définitions de ces courbes.

Ellipse. On a trouvé (n° 228) que le rayon vecteur FM, ou

Fig. 192. r, a pour expression $A - \dfrac{cx}{A}$ (*fig.* 192), x représentant la distance du point O au pied de la perpendiculaire MP.

Cela posé, soit x' la distance FP ; on a évidemment $x = c + x'$; mais le triangle rectangle FPM donne $x' = r \cos \nu$; d'où $x = c + r \cos \nu$.

Substituant cette valeur dans l'expression $r = A - \dfrac{cx}{A}$,

on obtient $r = \dfrac{A^2 - c(c + r \cos \nu)}{A} = \dfrac{A^2 - c^2 - cr \cos \nu}{A}$;

d'où l'on déduit $\qquad r = \dfrac{A^2 - c^2}{A + c \cos \nu}.$

Pour le rayon Fm, on a également $r = A - \dfrac{cx}{A}$; mais ici

x ou $Op = c - Fp = c - x'$, et $x' = r \cos pFm = r \cos \nu$; d'où $\qquad x = c - r \cos \nu.$

Donc $r = A - \dfrac{c(c - r \cos \nu)}{A} = \dfrac{A^2 - c^2 + cr \cos \nu}{A}$;

et par conséquent, $\qquad r = \dfrac{A^2 - c^2}{A - c \cos \nu}.$

On obtient l'expression du second rayon indépendamment de son signe, parce qu'on l'a cherchée directement. Mais en tant que les deux expressions sont liées entre elles par une même équation, elles doivent y entrer avec *leurs valeurs corrélatives.*

Hyperbole. On a trouvé (n° 235) FM ou $\quad r = \dfrac{cx}{A} - A$

(*fig.* 193); mais la figure donne x ou $OP = c - x'$; $x' = r \cos v$; Fig. 193.
d'où $\qquad x = c - r \cos v$;

donc $\quad r = \dfrac{c\,(c - r \cos v)}{A} - A = \dfrac{c^2 - A^2 - cr \cos v}{A}$,

et par conséquent, $\qquad r = \dfrac{c^2 - A^2}{A + c \cos v}$.

Pour le point m, on a $\quad Fm$ ou $r = \dfrac{cx}{A} + A$;

mais x ou $Op = Fp - FO = x' - c$, $x' = r \cos v$; d'où
$$x = r \cos v - c;$$

donc $\quad r = \dfrac{c\,(r \cos v - c)}{A} + A = \dfrac{cr \cos v - c^2 + A^2}{A}$,

et par conséquent, $\quad r = \dfrac{-(c^2 - A^2)}{A - c \cos v} = \dfrac{c^2 - A^2}{c \cos v - A}$.

Le second rayon a une expression tout-à-fait identique avec celle du n° 350; et cela doit être, puisque ce rayon est tantôt positif, tantôt négatif.

Parabole. On a obtenu (n° 242) FM ou $r = x + \dfrac{p}{2}$ (*fig.* 194); Fig. 194.

mais x ou $AP = \dfrac{p}{2} - x'$, $x' = r \cos v$, d'où $x = \dfrac{p}{2} - r \cos v$;

donc $\quad r = p - r \cos v$, et par conséquent, $\quad r = \dfrac{p}{1 + \cos v}$.

On obtiendrait de même le second rayon vecteur, mais abstraction faite de son signe.

Des Sections coniques semblables.

Les propositions qui suivent ne se rattachent à aucune des théories précédentes; mais elles n'en sont pas moins importantes à connaître.

353. Deux ellipses ou deux hyperboles sont dites *semblables*, lorsqu'elles ont *leurs axes proportionnels*. Ainsi, soient A et B les demi-axes d'une première ellipse, a et b ceux d'une seconde ellipse; ces deux courbes seront semblables, si l'on a la proportion

$$A : B :: a : b, \quad \text{ou} \quad A : a :: B : b \ldots \ldots (1)$$

Cette dénomination vient de ce que les deux courbes jouissent alors des mêmes propriétés que les figures semblables de la Géométrie; c'est ce que nous nous proposons de démontrer.

Fig. 195. Pour plus de simplicité, nous placerons les deux courbes l'une sur l'autre (*fig*. 195), de manière qu'elles soient concentriques, et que leurs axes se confondent.

Soient donc deux ellipses pour lesquelles OA, Oa, désignant les demi-grands axes, les moitiés des seconds sont déterminées par les parallèles AC, Ac; en sorte que l'on a

$$OA : Oa :: OC : Oc, \quad \text{ou} \quad A : a :: B : b.$$

Cela posé, 1°, considérons une ligne quelconque OL menée par le centre, et appelons D, d les demi-diamètres OM, Om; Y, X, les coordonnées du point M, et y, x, celles du point m.

Puisque les trois points O, m, M sont en ligne droite, on a la proportion $\qquad Y : X :: y : x$;

et comme M, m appartiennent aux deux courbes, on a les équations $\quad A^2Y^2 = B^2(A^2 - X^2), \quad a^2y^2 = b^2(a^2 - x^2)$;

d'où, en les divisant l'une par l'autre, et ayant égard aux relations (1),.... $Y^2 : y^2 :: A^2 - X^2 : a^2 - x^2$;

mais on a déjà .... $Y^2 : y^2 :: X^2 : x^2$;

donc $X'^2 : x^2 :: A^2 - X^2 : a^2 - x^2$, ou $a^2 X^2 = A^2 x^2$,

et par conséquent, $\dfrac{X}{x} = \dfrac{A}{a} = \dfrac{Y}{y} = \dfrac{D}{d} \ldots$ (2)

Ainsi, les lignes MP et mp, OP et Op, OM et Om, *sont dans le rapport des axes A et a.*

2°. Soient deux autres points M$'$, m' placés sur une même ligne OL$'$, et nommons D$'$, d' les demi-diamètres OM$'$, Om'; on obtiendrait de même D$'$: d' :: A : a :: D : d; donc, si l'on tire les cordes MM$'$, mm', on forme ainsi deux triangles semblables OMM$'$, Omm', qui donnent

$$\text{MM}' : mm' :: \text{D} : d :: \text{A} : a \,;$$

de plus, les cordes MM$'$, mm' sont *parallèles.*

3°. Concevons actuellement qu'on ait inscrit aux ellipses deux polygones dont les sommets soient deux à deux en ligne droite avec le centre; il résulte de la proposition précédente, que ces polygones ont leurs côtés parallèles et respectivement proportionnels; donc ils sont semblables. Ainsi, les contours de ces polygones sont proportionnels aux demi-axes des deux ellipses; et leurs surfaces sont entre elles comme les carrés de ces demi-axes.

Ces deux résultats étant vrais, quel que soit le nombre des côtés des polygones, le sont encore à la limite.

D'où l'on peut conclure que *les contours* E, e, *des deux ellipses, sont entre eux dans le rapport des demi-axes, et leurs surfaces* S *et* s, *dans le rapport des carrés de ces demi-axes;* c'est-à-dire que l'on a

$$\text{E} : e :: \text{A} : a, \text{ et } \text{S} : s :: \text{A}^2 : a^2.$$

Cette dernière relation se déduit encore de l'expression trouvée n° 277, pour la surface de l'ellipse.

On a en effet $\text{S} = \pi \text{A} \cdot \text{B}, \quad s = \pi a \cdot b$;

d'où
$$\frac{S}{s} = \frac{A}{a} \cdot \frac{B}{b} = \frac{A^2}{a^2}.$$

Il en est de même de *deux secteurs elliptiques* correspondans aux mêmes diamètres.

4°. Soient F, f, les foyers des deux ellipses; et désignons par C, c, les excentricités OF, Of; on a

$$C = \sqrt{A^2 - B^2} = A\sqrt{1 - \frac{B^2}{A^2}}, \quad c = a\sqrt{1 - \frac{b^2}{a^2}},$$

donc, à cause de la relation (1), ... C : c :: A : a .... (3)

5°. Il résulte des relations (2) et (3) que, si l'on joint les points M, m aux points F, f, on forme ainsi deux triangles semblables OMF, Omf, qui donnent FM : fm :: OF : Of :: A : a; de plus, ces rayons vecteurs sont *parallèles*.

C'est ce qu'on pourrait encore reconnaître au moyen des équations polaires des deux ellipses.

6°. Soient les tangentes MR, mr; on a trouvé (n° 284) pour les soutangentes PR, pr,

$$PR = \frac{A^2 - X^2}{X}, \quad pr = \frac{a^2 - x^2}{x};$$

d'où
$$\frac{PR}{pr} = \frac{A^2 - X^2}{a^2 - x^2} \cdot \frac{x}{X} = \frac{X^2}{x^2} \cdot \frac{x}{X} = \frac{X}{x} = \frac{A}{a};$$

et pour les sounormales PS, ps,

$$PS = \frac{A^2 - B^2}{A^2} \cdot X = \frac{C^2}{A^2} \cdot X, \quad ps = \frac{c^2}{a^2} \cdot x;$$

d'où
$$\frac{PS}{ps} = \frac{X}{x} = \frac{A}{a}.$$

N. B. L'expression

$$PS = \frac{A^2 - B^2}{A^2} \cdot X = X - \frac{B^2}{A^2} \cdot X;$$

ne dépendant que de l'abscisse du point M, et du *rapport des axes*, il s'ensuit que, pour toutes les ellipses semblables, *les normales menées aux points* M, m″.... *qui correspondent à la même abscisse* OP, *rencontrent le grand axe au même point* S.

7°. La similitude des triangles MPR, *mpr*, qui ont un angle égal compris entre côtés proportionnels, prouve que les tangentes MR, *mr* sont parallèles; donc (n° 292) les deux demi-diamètres conjugués des diamètres OM, O*m*, sont situés sur une même droite; et si l'on appelle A′, B′ les demi-diamètres conjugués de la première ellipse, *a′*, *b′* les demi-diamètres conjugués correspondans de la seconde, on a la proportion $\qquad$ A′ : *a′* :: B′ : *b′* :: A : *a*.

On pourrait multiplier indéfiniment les conséquences qui résultent de la comparaison de deux ellipses semblables; mais celles qui viennent d'être développées, suffisent pour démontrer que deux ellipses qui ont leurs axes proportionnels, ont *tous leurs élémens homologues, proportionnels et également inclinés*, s'ils sont linéaires; ou *dans le même rapport que les carrés des axes*, si ce sont des élémens de superficie.

Les mêmes propriétés s'appliquent à l'hyperbole, et se démontreraient d'une manière tout-à-fait analogue.

On reconnaît en outre, 1°. que deux hyperboles semblables, dont les axes sont dans la même direction, *ont les mêmes asymptotes*, puisque $\dfrac{B}{A}$ et $\dfrac{b}{a}$ expriment les tangentes trigonométriques des angles que ces droites font avec l'axe des *x*.

2°. Que *deux hyperboles équilatères sont toujours semblables*, puisque les rapports $\dfrac{B}{A}$ et $\dfrac{b}{a}$ sont égaux l'un et l'autre à l'unité.

354. Deux paraboles quelconques sont toujours des *figures semblables*.

En effet, soient 2P, 2*p* (*fig.* 196) les paramètres de deux para-Fig. 196.

boles, que nous supposerons placées l'une sur l'autre, de manière que leurs axes coincident ; F et f en sont les foyers.

1°. Prenons deux abscisses AP, Ap telles, que l'on ait la proportion AP : Ap :: AF : Af, ou X : x :: P : p ; et désignons par Y, y les deux ordonnées correspondantes.

On a les équations

$$Y^2 = 2P . X, \quad y^2 = 2p . x; \quad \text{d'où} \quad Y^2 : y^2 :: PX : px;$$

mais, par hypothèse,

$$X : x :: P : p; \quad \text{d'où} \ldots \quad PX : px :: P^2 : p^2;$$

donc

$$Y^2 : y^2 :: P^2 : p^2, \quad \text{ou} \quad Y : y :: P : p :: X : x \ldots (1)$$

D'où l'on peut conclure que les trois points A, m, M *sont en ligne droite*, et, de plus, que l'on a

$$AM : Am :: X : x :: P : p.$$

2°. Joignant les points F, f aux points M, m, on forme ainsi deux triangles semblables, AFM, Afm, comme ayant un angle égal compris entre côtés proportionnels; donc *les rayons vecteurs* FM, fm, *sont parallèles;* et l'on a en outre,

la proportion   FM : fm :: AF : Af :: P : p.

3°. Soient deux autres points m' et M' placés sur les deux courbes, comme le sont les points M, m ; on obtiendrait de même AM' : Am' :: P : p, et par conséquent,

$$AM' : Am' :: AM : Am.$$

Donc si l'on tire les cordes MM', mm', ces cordes sont parallèles et dans le rapport P : p.

Concevons maintenant que l'on ait inscrit aux arcs AM, Am deux portions de polygone dont les sommets M et m, M' et m',... soient, deux à deux, en ligne droite avec le point A; ces portions de polygone sont semblables, comme ayant leurs côtés parallèles et respectivement proportionnels ; d'où il suit que leurs contours sont dans le rapport $P : p$, et leurs surfaces dans le rapport $P^2 : p^2$.

Cette double proposition étant vraie pour les limites de ces deux polygones, on a également

$$\text{arc } AM : \text{arc } Am :: P : p, \text{ et } AMP : Amp :: P^2 : p^2$$

Ce dernier résultat se déduit encore de l'expression obtenue (n° 330) pour l'aire d'un segment parabolique.

On a trouvé $A\,MP = \dfrac{2}{3}\,X \cdot Y$, $Amp = \dfrac{2}{3}\,x.y$;

d'où
$$\frac{AMP}{Amp} = \frac{X \cdot Y}{x \cdot y},$$

et par conséquent,

$$\frac{AMP}{Amp} = \frac{X}{x} \cdot \frac{X}{x} = \frac{X^2}{x^2} = \frac{P^2}{p^2},$$

et ainsi de suite ; d'où l'on voit que les élémens homologues de deux paraboles quelconques *sont dans le rapport de leurs paramètres*, si ces élémens sont linéaires ; et *dans le rapport des carrés de ces mêmes paramètres*, si l'on considère des élémens de superficie.

355. Les ellipses et les hyperboles que l'on obtient, en coupant un cône (n° 267) par une suite de plans parallèles entre eux, sont des courbes semblables.

En effet, l'équation générale des sections coniques étant (n°267)

$$y^2 = \frac{\sin \alpha}{\cos^2 \frac{1}{2}\mathcal{C}} \left(a \sin \mathcal{C} \cdot x - \sin (\alpha + \mathcal{C}) \cdot x^2 \right),$$

ou
$$y^2 + \frac{\sin \alpha \sin (\alpha + \mathcal{C})}{\cos^2 \frac{1}{2}\mathcal{C}} \cdot x^2 - \frac{a \sin \alpha \sin \mathcal{C}}{\cos^2 \frac{1}{2}\mathcal{C}} x = 0,$$

on en déduit
$$\frac{\sin \alpha \sin (\alpha + \mathcal{C})}{\cos^2 \frac{1}{2}\mathcal{C}} = \pm \frac{B^2}{A^2},$$

suivant que la courbe est une ellipse ou une hyperbole.

Or, tant que le plan sécant reste parallèle à lui-même, l'angle α ne change pas; d'ailleurs $\mathcal{C}$ est une quantité constante et donnée *à priori*. Donc le rapport $\dfrac{B}{A}$ est lui-même constant, pour toutes ces ellipses ou hyperboles.

Quant aux paraboles, les plans qui les produisent sont nécessairement parallèles entre eux; ce qui peut servir à confirmer que deux paraboles quelconques sont toujours semblables.

CHAPITRE VI.

Discussion de l'équation générale du second degré à deux variables. Détermination du centre et des axes. Considérations générales sur les sections coniques. Applications de ces principes.

§ Ier. *Discussion de l'équation du second degré par la séparation des variables.*

356. Nous nous proposons, dans ce paragraphe, de faire voir comment on peut déduire de la résolution même d'une équation du second degré à deux variables, c'est-à-dire, par la séparation des variables, déduire, dis-je, la nature, la forme, et même la position, par rapport à des axes quelconques, de la courbe représentée par cette équation. Nous reviendrons ensuite sur la double transformation de coordonnées, à l'aide de laquelle il est toujours possible (n°s 250... 254) de ramener l'équation à l'une ou l'autre des deux formes

$$My^2 + Nx^2 = P, \quad y^2 = Qx.$$

Reprenons l'équation générale

$$Ay^2 + Bxy + Cx^2 + Dy + Ex + F = 0 , \ldots (1)$$

qui peut être mise sous la forme

$$y^2 + \frac{Bx + D}{A} y + \frac{C}{A} x^2 + \frac{E}{A} x + \frac{F}{A} = 0 \ldots (2)$$

On tire de cette équation résolue par rapport à y,

$$y = -\frac{(Bx+D)}{2A} \pm \frac{1}{2A} \sqrt{(B^2-4AC)x^2 + 2(BD-2AE)x + D^2 - 4AF} \ldots (3)$$

Cela posé, soient AX, AY (*fig.*197) les deux axes auxquels Fig. 197. on suppose que la courbe est rapportée. En donnant à x une suite de valeurs, on obtiendra pour y des valeurs correspondantes qu'on pourra construire, lorsque toutefois, ces valeurs seront réelles.

Comme la quantité sous le radical de la valeur de y, est un trinome du second degré en x, et que le signe d'une semblable expression dépend principalement, comme l'on sait, de celui du premier terme, nous sommes conduits à faire sur le coefficient $B^2 - 4AC$, les trois hypothèses suivantes :

$$B^2 - 4AC < 0, \quad B^2 - 4AC = 0, \quad B^2 - 4AC > 0.$$

Première hypothèse, $B^2 - 4AC < 0$, ou *négatif*.

Dans cette hypothèse générale, le trinome du second degré, égalé à 0, peut donner lieu à trois circonstances; ou les deux racines de cette équation résolue sont *réelles et inégales*, ou elles sont *réelles et égales*, ou bien, elles sont *imaginaires*.

Considérons d'abord le premier cas, et désignons par x', x'' les deux racines; ce trinome peut (Algèbre, 3me édition, n° 98), être mis sous la forme

$$(B^2 - 4AC) (x - x') (x - x'') \ldots (4)$$

Il résulte encore des principes établis (Algèbre, n° 111), sur les trinomes du second degré que, pour toute valeur de x comprise entre x' et x'' (ces lettres désignent des quantités réelles quelconques, positives ou négatives), les facteurs $x - x'$, et $x - x''$ sont de signes contraires ; donc leur produit...... $(x - x')(x - x'')$ est *négatif;* et comme, par hypothèse, $B^2 - 4AC$ est lui-même négatif, il s'ensuit que l'expression (4), ou la quantité sous le radical de la valeur de y, est *positive;* ainsi cette dernière valeur est nécessairement *réelle.*

Mais si l'on donne à x des valeurs non comprises entre x' et x'', les facteurs $x - x'$, $x - x''$ sont de même signe ; donc le produit (4) est *négatif,* et les valeurs correspondantes de y sont imaginaires.

Concluons de là, que si AG, AH représentent les racines x', x'', et qu'on mène par les points G, H deux parallèles GG', HH' à l'axe des y, la courbe aura une infinité de points entre ces parallèles ; mais elle n'en aura aucun, ni en deçà, ni au-delà. La courbe est donc *limitée* par ces droites, dans le sens positif, et dans le sens négatif des x.

Supposons actuellement que les racines x' et x'' soient *réelles* et *égales.* Dans ce cas, le trinome du second degré en x, prend la forme

$$(B^2 - 4AC) (x - x')^2 ;$$

et l'on voit que, pour toute valeur de x, différente de x', cette expression est essentiellement *négative,* et la valeur de y correspondante est *imaginaire.*

Mais si l'on suppose $x = x'$, le radical disparaît, et la valeur de y devient

$$y = -\frac{(B x' + D)}{2A}.$$

Donc, lorsque les racines x', x'' sont réelles et égales, la courbe se réduit à *un seul point,*

$$x = x', \; y = -\frac{(Bx' + D)}{2A}.$$

Admettons enfin que ces racines soient *imaginaires.*

Comme on sait que, dans ce cas, si l'on désigne, pour abréger, le trinome en x par $mx^2 + nx + p$, on peut le transformer ainsi :

$$m\left[\left(x + \frac{n}{2m}\right)^2 + k^2\right], \text{ ou } (B^2 - 4AC)\left[\left(x + \frac{n}{2m}\right)^2 + k^2\right],$$

k^2 étant essentiellement *positif*, il s'ensuit que, quelque valeur qu'on donne à x, le signe de la quantité sous le radical de la valeur de y est *négatif*, et par conséquent, que cette valeur de y est *imaginaire*. Donc la courbe est elle-même *imaginaire*, c'est-à-dire que l'équation (1) *ne peut rien représenter*.

Nous reviendrons tout à l'heure sur la forme caractéristique qui convient à l'équation (1), dans les deux cas précédens.

N. B. Quand les deux racines x', x'' sont réelles et inégales, il résulte de l'inspection de la valeur générale de y, qui ne renferme x qu'au numérateur, et dont le dénominateur A ne peut être nul, puisque ce serait supposer $B^2 - 4AC$ positif; il résulte, dis-je, de cette inspection, qu'à des valeurs de x limitées, il doit correspondre des valeurs de y limitées. Ainsi la courbe est *limitée dans tous les sens*.

D'ailleurs, si l'on résout l'équation (1) par rapport à x, on trouve une expression en y, dont la quantité sous le radical, est un trinome du second degré en y, ayant pour coefficient de y^2, $B^2 - 4AC$, et qui, étant égalé à o, donne lieu à deux racines, y', y'', *réelles et inégales*, lorsque x', x'' sont elles-mêmes réelles et inégales; car, autrement, la courbe serait imaginaire, ou se réduirait à un seul point; ce qui serait contre l'hypothèse. Ces valeurs y', y'' étant construites et représentées par AK, AL, si l'on mène par les points K et L deux parallèles KK', LL' à l'axe des x, on obtient les limites de la courbe dans le sens des y; en sorte que la courbe est entièrement renfermée dans le parallélogramme NIRS.

Deuxième hypothèse, $B^2 - 4AC = 0.$

Cette hypothèse réduit la quantité sous le radical, à une expression du premier degré en x ; et si l'on appelle x' la racine que donne ce binome égalé à o, on peut le mettre sous la forme $\quad 2 (BD - 2AE) (x - x').$

Or, il peut également se présenter trois circonstances : ou le coefficient $BD - 2AE$ est *positif,* ou il est *négatif,* ou bien, il est égal à o.

Dans le premier cas, il est évident que, pour toute valeur de x plus grande que x', le facteur $x - x'$, et par conséquent, $2 (BD - 2AE) (x - x')$, est *positif ;* mais, pour toute valeur de x plus petite, cette expression est *négative.* Donc, si AG (*fig.* 197) représente cette valeur x', qui peut d'ailleurs être positive ou négative, et que, par le point G, l'on mène GG′ parallèle à AY, la courbe s'étendra *indéfiniment* à la droite de cette parallèle, mais n'aura aucun point à sa gauche, puisque, pour des valeurs de x égales à AG, ou plus grandes que AG, les valeurs de y correspondantes sont réelles, tandis qu'elles sont imaginaires, pour des valeurs de x plus petites que AG.

La conséquence serait tout-à-fait contraire, si le coefficient BD — 2AE était *négatif ;* c'est-à-dire que la courbe s'étendrait alors *indéfiniment,* dans le sens des x négatifs, mais serait limitée dans le sens des x positifs, par la parallèle AG.

Si l'on a $BD - 2AE = 0$, en même temps que $B^2 - 4AC = 0$, la valeur générale de y devient

$$y = - \frac{(Bx + D)}{2A} \pm \frac{1}{2A} \sqrt{D^2 - 4AF}, \ldots (5)$$

équation du premier degré en x, qui exprime alors *un système de deux droites parallèles ;* car le coefficient de x est le même dans les équations des deux droites.

Soit, comme cas particulier de celui que nous examinons,

$D^2 — 4AF = 0$. Les deux valeurs de y se réduisent à une seule

$$y = — \frac{(Bx + D)}{2A};$$ et la courbe dégénère en *une seule ligne droite*.

Enfin, s'il arrive que l'on ait $D^2 — 4AF < 0$, les deux droites parallèles sont *imaginaires*; en d'autres termes, l'équation (5) *ne représente rien*.

Troisième hypothèse, $B^2 — 4AC > 0$.

Il peut, comme dans la première hypothèse, se présenter trois circonstances principales : ou les valeurs x', x'', du trinome du second degré en x, égalé à 0, sont *réelles* et *inégales*, ou *réelles* et *égales*, ou *imaginaires*.

Dans le premier cas, comme ce trinome peut être mis sous la forme $(B^2 — 4AC)(x — x')(x — x''),$ .... (6) toute valeur de x comprise entre x' et x'', rend les deux facteurs $x — x'$, $x — x''$ de signes contraires; donc leur produit et par conséquent, le produit précédent, est *négatif;* ainsi la valeur de y correspondante est *imaginaire*. Mais pour une valeur quelconque de x, non comprise entre x' et x'', les facteurs $x — x'$, $x — x''$ sont de même signe; donc leur produit, et par conséquent le produit (6), est positif, et la valeur correspondante de y est réelle.

D'où il suit que, GG′, HH′ (*fig.* 197) représentant toujours les parallèles à l'axe des y, menées aux distances $AG = x'$, $AH = x''$, la courbe n'a aucun point entre ces deux parallèles; mais *elle s'étend indéfiniment à droite et à gauche de ces parallèles.*

Si les deux racines x', x'' sont réelles et égales, le trinome en x prend la forme $(B^2 — 4AC)(x — x')^2,$

et la valeur générale de y se réduit à

$$y = — \frac{Bx + D}{2A} \pm \frac{x — x'}{2A} \cdot \sqrt{B^2 — 4AC},$$

équation qui représente *un système de deux lignes droites* qui se coupent; car le coefficient de x est pour l'une, ...

$$\frac{-B+\sqrt{B^2-4AC}}{2A}, \quad \text{et} \quad \frac{-B-\sqrt{B^2-4AC}}{2A} \quad \text{pour l'autre.}$$

Lorsque les racines x', x'' sont imaginaires, le trinome en x qui peut s'écrire ainsi :

$$(B^2-4AC)\left[\left(x+\frac{n}{2m}\right)^2+k^2\right],$$

reste positif, quelque valeur que l'on donne à x; ainsi les valeurs de y correspondantes sont toujours réelles ; et la courbe *s'étend encore indéfiniment dans tous les sens.*

Il résulte de la discussion précédente que les courbes du second degré peuvent être divisées en trois classes bien distinctes : Courbes *limitées dans tous les sens*, courbes *limitées dans un seul sens*, et courbes *illimitées ou indéfinies dans tous les sens.*

La première classe renferme comme variétés, *un point* ou *une courbe imaginaire*; la seconde , *un système de deux droites parallèles*, *une seule droite*, ou *deux droites imaginaires*; enfin, la troisième, *un système de deux droites qui se coupent.*

Ces résultats s'accordent avec ce qui a été dit (n° 255).

357. Un seul cas semble échapper à la classification précédente ; c'est celui où *les carrés des variables n'entrent pas dans l'équation ;* mais alors, cette équation étant de la forme

$$Bxy + Dy + Ex + F = 0,$$

il est évident que , pour une valeur de x quelconque, celle de y sera toujours réelle ; ainsi la courbe est nécessairement illimitée. En effet, la quantité B^2-4AC se réduisant à B^2 , est essentiellement *positive ;* donc la courbe est de la troisième classe.

Nous verrons plus loin dans quelle situation sont les axes par rapport à la courbe, dans ce cas particulier.

Si l'équation était privée du terme en y^2, on pourrait la résoudre par rapport à x, comme on l'a résolue par rapport à y, et la discussion serait la même. On voit d'ailleurs que la courbe est de la *troisième classe*, puisque B^2-4AC se réduit encore à B^2.

358. Il peut être utile de connaître la forme qui caractérise l'équation générale (1), lorsqu'elle doit appartenir à l'une des variétés des trois classes.

Considérons d'abord la première et la troisième classe.

Si l'on suppose les deux racines x' et x'', *réelles et égales*, la valeur de y devient

$$y = -\frac{(Bx + D)}{2A} \pm \frac{x - x'}{2A} \cdot \sqrt{B^2 - 4AC};$$

ou, chassant le dénominateur et transposant la partie rationnelle,

$$2Ay + Bx + D = \pm (x - x') \sqrt{B^2 - 4AC};$$

ou bien, élevant au carré et transposant tous les termes dans le premier membre,

$$(2Ay + Bx + D)^2 - (B^2 - 4AC)(x - x')^2 = 0 \quad \ldots \ldots (M)$$

En effectuant les calculs et remettant pour x' sa valeur, on retrouverait nécessairement la proposée, puisqu'on n'a fait autre chose, par ces transformations, que de recomposer cette équation.

Cela posé, si $B^2 - 4AC$ est *négatif*, le premier membre de l'équation (M), exprime alors *la somme de deux quantités essentiellement positives*, laquelle somme ne peut être égale à 0, à moins que l'on n'ait séparément,

$$2Ay + Bx + D = 0, \quad x - x' = 0;$$

d'où l'on déduit

$$x = x', \quad y = -\frac{Bx' + D}{2A}.$$

Ainsi la courbe se réduit *à un point*, lorsque le premier membre est *la somme de deux quantités positives*, dont chacune est fonction de x, y; et réciproquement.

Mais si $B^2 - 4AC$ est *positif*, on peut considérer le premier membre de l'équation (M), comme *la différence de deux* carrés, qui est décomposable dans le produit de deux facteurs du premier degré en x et y , savoir :

$$2Ay + Bx + D + (x - x') \sqrt{B^2 - 4AC},$$

et

$$2Ay + Bx + D - (x - x') \sqrt{B^2 - 4AC},$$

qui, égalés séparément à o, donneront chacun pour lieu géométrique, une ligne droite.

Ces deux droites se coupent, car le coefficient de x est nécessairement différent dans les deux équations.

Ainsi, la courbe dégénère *en un système de deux droites qui se coupent*, lorsque le premier membre de l'équation proposée est *la différence de deux carrés* dont chacun est fonction de x, y ; et réciproquement.

Soient maintenant x' et x'' imaginaires, $B^2 - 4AC$ étant *négatif*. Le trinôme du second degré en x de la valeur générale de y, devenant, comme on l'a vu plus haut,

$$(B^2 - 4AC) \left[\left(x + \frac{n}{2m} \right)^2 + k^2 \right],$$

il s'ensuit que, par des transformations analogues à celles qui ont été employées ci-dessus, on peut mettre la proposée sous la forme

$$(2Ay + Bx + D)^2 - (B^2 - 4AC) \left(x + \frac{n}{2m} \right)^2 - (B^2 - 4AC)k^2 = o.$$

Or, comme par hypothèse $B^2 - 4AC$ est négatif, il s'ensuit que cette expression est *la somme de trois carrés essentiellement positifs*, dont le dernier est une quantité toute connue. Or, cette somme ne peut jamais devenir *nulle*, quelque valeur qu'on donne à x et à y ; ainsi il ne peut y avoir de courbe.

Donc *la courbe est imaginaire*, lorsque le premier membre est *la somme des trois carrés*, dont l'un est une quantité toute connue; et réciproquement.

Passons à la seconde classe, pour laquelle on a

$$B^2 - 4AC = 0.$$

Si l'on suppose en même temps $\quad BD - 2AE = 0$, la valeur de y se réduit à

$$y = -\frac{(Bx + D)}{2A} \pm \frac{1}{2A} \sqrt{D^2 - 4AF},$$

d'où l'on déduit

$$(2Ay + Bx + D)^2 - (D^2 - 4AF) = 0 \dots \dots \text{(N)}$$

Cela posé, il peut arriver qu'on ait

$$D^2 - 4AF > 0, \quad D^2 - 4AF = 0, \quad D^2 - 4AF < 0.$$

Dans le premier cas, le premier membre est évidemment *la différence de deux carrés*, et il peut se décomposer dans les deux facteurs du premier degré

$$2Ay + Bx + D + \sqrt{D^2 - 4AF},$$

et $\qquad 2Ay + Bx + D - \sqrt{D^2 - 4AF},$

qui, égalés séparément à 0, donneront chacun, pour lieu géométrique, une ligne droite. *Ces droites sont parallèles*, puisque le coefficient de x est le même dans les deux équations.

Ce qui établit une différence entre cette variété de la seconde classe et celle qui correspond à la troisième, c'est que l'un des carrés dont se compose le premier membre de l'équation (N), est indépendant de x et de y.

Dans le cas de $\quad D^2 - 4AF = 0$, l'équation (N) se réduit à

$$(2Ay + Bx + D)^2 = 0;$$

c'est-à-dire que le premier membre de la proposée est *un carré parfait*, et ne peut représenter *qu'une seule droite*.

Enfin, si $\quad D^2 - 4AF\quad$ est plus petit que 0, le premier membre de l'équation (N), est *la somme de deux carrés* dont l'un est indépendant de x et de y, somme qui ne peut jamais être *nulle ;* ainsi la courbe ne saurait exister.

Dans le cas *du point,* on a bien aussi une *somme de deux carrés,* mais dont chacun étant fonction de x, y, peut être égalé séparément, à o.

359. La seconde classe de courbes présente aussi, par rapport à son équation, un caractère tout particulier qui mérite d'être remarqué.

Les trois premiers termes, $Ay^2 + Bxy + Cx^2$, de l'équation générale, peuvent, à cause de la relation

$$B^2 - 4AC = 0, \quad \text{d'où} \quad B = 2\sqrt{A}.\sqrt{C},$$

être mis sous la forme

$$Ay^2 + 2y\sqrt{A}.x\sqrt{C} + Cx^2, \quad \text{ou} \quad (y\sqrt{A} + x\sqrt{C})^2;$$

c'est-à-dire que *leur somme forme un carré parfait.* La réciproque est vraie.

360. Jusqu'ici, nous ne nous sommes occupés que de la classification des courbes, eu égard à leur étendue : actuellement, il s'agit de faire voir comment, une équation numérique étant donnée, on peut construire la courbe qui lui appartient.

Or, il est une construction que l'on doit répéter pour chaque exemple particulier, si l'on en excepte toutefois ceux qui correspondent aux différentes variétés, parce qu'alors cette construction devient tout-à-fait inutile.

Reprenons la valeur générale de y,

$$y = -\frac{(Bx + D)}{2A} \pm \sqrt{(B^2 - 4AC)x^2 + 2(BD - 2AE)x + D^2 - 4AF};$$

et observons qu'elle se compose de deux parties distinctes, l'une rationnelle et l'autre radicale. Désignons la première par y', et concevons que l'on ait construit l'équation

$$y' = -\frac{(Bx + D)}{2A},$$

qui représente une ligne droite, dont on fixe ordinairement la position, en faisant successivement $y = 0$, $x = 0$, et déterminant les valeurs correspondantes de x et de y.

Soit BC (*fig.* 197) cette droite; il est évident que, pour ob- Fig. 197. tenir les deux valeurs de y correspondantes à une valeur quelconque $x = AP$, il faut, après avoir mené par le point P, une parallèle à l'axe des y, ce qui donne PQ pour l'ordonnée correspondante de la droite, il faut, dis-je, porter, à partir du point Q, et tant au-dessus qu'au-dessous de cette droite, deux parties QM, QM′ égales au radical; les points M, M′ ainsi obtenus, appartiennent à la courbe.

On voit, d'après cette construction, que la droite BC jouit de la propriété *de passer par les milieux de toutes les cordes de la courbe, parallèles à l'axe des y*. Donc (n° 261) cette ligne est *un des diamètres* de la courbe.

Observons maintenant que, pour la première et la troisième classes, le radical pouvant être mis sous la forme

$$\pm \frac{1}{2A} \sqrt{(B^2 - 4AC)(x - x')(x - x'')}$$

(x', x'' sont supposés des racines réelles), si l'on pose $x = x'$, ou $x = x''$, ce radical devient *nul*, et les deux valeurs de y, correspondantes à chacune de ces valeurs, se réduisent à l'ordonnée du diamètre. Donc les points D, E, où les parallèles GG′, HH′ rencontrent ce diamètre, appartiennent aussi à la courbe, qui d'ailleurs est tangente, en ces points, aux deux parallèles, puisque chacune d'elles peut être considérée comme une sécante dont les deux points d'intersection se réunissent en un seul.

Lorsque, dans la troisième classe, les racines x', x'' sont imaginaires, le radical ne peut s'anéantir pour aucune valeur de x, et la courbe ne rencontre pas le diamètre BC; mais comme elle doit avoir tous ses points situés symétriquement par rapport à cette droite, sur des parallèles à l'axe des y, il faut conclure qu'elle se compose de deux branches distinctes, qui s'étendent indéfiniment au-dessus et au-dessous du diamètre;

28.

de même que , dans l'hypothèse où x', x'' sont réelles, la courbe se compose de deux branches qui s'étendent indéfiniment à droite et à gauche des deux parallèles GG', HH'.

Relativement à la seconde classe , pour laquelle le radical re-

vient à $\pm \dfrac{1}{2\mathrm{A}} \sqrt{2(\mathrm{BD} - 2\mathrm{AE})(x - x')}$, puisqu'il n'existe que

la valeur $x = x'$ qui puisse anéantir ce radical, la courbe ne rencontre son diamètre qu'au seul point D d'intersection de ce diamètre avec la parallèle GG', à laquelle la courbe est d'ailleurs tangente en D; et alors cette courbe s'étend indéfiniment au-dessus et au-dessous du diamètre, soit à la droite, soit à la gauche de GG', suivant que le coefficient BD — 2AE est positif ou négatif.

Cette construction préliminaire est commune à toutes les courbes dont on a les équations particulières.

361. On peut encore se proposer d'obtenir d'autres points remarquables; ce sont ceux où la courbe rencontre les axes.

Si, dans l'équation

$$\mathrm{A}y^2 + \mathrm{B}xy + \mathrm{C}x^2 + \mathrm{D}y + \mathrm{E}x + \mathrm{F} = 0,$$

on fait successivement $y = 0$ et $x = 0$, il en résulte

$$\mathrm{C}x^2 + \mathrm{E}x + \mathrm{F} = 0, \quad \mathrm{A}y^2 + \mathrm{D}y + \mathrm{F} = 0;$$

et, en considérant la première de ces deux équations, suivant que les deux valeurs de x sont *réelles* et *inégales*, *réelles* et *égales*, ou *imaginaires*, la courbe rencontre l'axe des x en *deux points*, ou *en un seul point*, c'est-à-dire, lui est *tangente*, ou bien, n'a *aucun point* commun avec cet axe. Si l'on a $\mathrm{C} = 0$, l'une des valeurs de x est *finie*, et l'autre est *infinie*; ce qui veut dire que la courbe rencontre l'axe des x en deux points, dont l'un est situé à *une distance finie*, et l'autre à *une distance infinie*. Lorsque l'on a, à la fois, $\mathrm{C} = 0$, $\mathrm{E} = 0$, les deux points d'intersection sont situés l'un et l'autre à l'infini.

Même raisonnement par rapport à l'axe des y.

Ces principes généraux étant établis, passons à des applications particulières.

Nous supposerons, pour plus de simplicité, dans toutes ces applications, les axes rectangulaires; mais les constructions seraient analogues dans le cas d'axes obliques.

PREMIÈRE CLASSE. *Courbes limitées dans tous les sens,* ou *Ellipses.*

362. Soit, pour *premier exemple,* l'équation

$$y^2 - 2xy + 3x^2 + 2y - 4x - 3 = 0, \ldots (1)$$

ou ordonnant par rapport à y,

$$y^2 - 2(x - 1)y = -3x^2 + 4x + 3;$$

on en déduit $y = x - 1 \pm \sqrt{-2x^2 + 2x + 4} \ldots (2)$

Égalant à o le trinome sous le radical, on obtient

$$x^2 - x - 2 = 0; \quad \text{d'où} \quad x = \frac{1}{2} \pm \frac{1}{2}\sqrt{9} = \frac{1 \pm 3}{2};$$

ce qui donne $x = 2$, $x = -1$; et la valeur de y revient à $y = x - 1 \pm \sqrt{-2(x + 1)(x - 2)} \ldots (3)$

La courbe existe donc; mais elle est limitée par les droites LL', MM' (*fig.* 198) menées parallèlement à l'axe des y, à des distances AG, AH respectivement égales à -1 et $+2$. Fig. 198.

Construction du diamètre, $y' = x - 1$.

Pour $y' = o$, on trouve $x = 1$; et pour $x = o$, $y = -1$. Donc ce diamètre passe par les points C et B, pour lesquels AC $= 1$, AB $= -1$.

Les points I et I' où le diamètre rencontre les parallèles LL', MM', appartiennent aussi à la courbe, qui touche d'ailleurs les parallèles en ces points , puisque pour l'abscisse de chacun de ces points, les deux ordonnées de la courbe se réduisent à celle du diamètre.

Soit fait successivement $x = o$, $y = o$, dans l'équation (1), il vient $y^2 + 2y - 3 = 0$; d'où $y = -1 \pm \sqrt{4}$, ou $y = 1, y = -3$,

et $x^2 - \dfrac{4}{3} x - 1 = 0$; d'où $x = \dfrac{2}{3} \pm \dfrac{1}{3} \sqrt{13}$.

Les deux premiers points ($x = 0, y = 1$) et ($x = 0, y = -3$) se construisent facilement, en prenant sur l'axe des y, des distances $AD = 1$, $AD' = -3$; et les points D, D' appartiennent à la courbe.

Quant aux deux autres points ($y = 0$, $x = \dfrac{2}{3} + \dfrac{1}{3} \sqrt{13}$), ($y = 0$, $x = \dfrac{2}{3} - \dfrac{1}{3} \sqrt{13}$), il faut évaluer approximativement $\sqrt{13}$; on trouve $\sqrt{13} = 3,6$ à un *dixième près ;* ce qui donne $x = 1,8$ et $x = -0,5$.

Prenant donc sur l'axe des x, deux parties $AE = 1,8$, $AE' = -0,5$, on aura E, E' pour deux nouveaux points de la courbe.

Comme elle doit passer par les six points D, D', E, E', I, I', et qu'elle est tangente aux deux parallèles LL', MM', on peut la regarder comme suffisamment déterminée de forme et de position.

Cependant, si l'on résout l'équation (1) par rapport à x, on obtient $x = \dfrac{y+2}{3} \pm \dfrac{1}{3} \sqrt{-2y^2 - 2y + 13}$.

Soit FF' le nouveau diamètre correspondant à $x' = \dfrac{y+2}{3}$; pour avoir les limites de la courbe dans le sens des y, posons $-2y^2 - 2y + 13 = 0$; d'où $y = -\dfrac{1}{2} \pm \dfrac{1}{2} \sqrt{27} = \dfrac{-1 \pm 5,2}{2} = 2,1$ et $-3,1$.

En portant sur l'axe des y, deux parties $AK = 2,1$ et $AK'' = -3,1$; puis menant par les points K, K'' deux parallèles KK' et K'K''' à l'axe des x, on obtient les limites demandées ; les points F, F' où ces parallèles rencontrent le second diamètre construit, sont d'ailleurs les deux points de contact de la courbe avec ces parallèles.

Second exemple.... $y^2 + 2xy + 3x^2 - 4x = 0 ... (1)$

On déduit de cette équation... $y = -x \pm \sqrt{-2x(x-2)}$.

Le diamètre passe par l'origine et fait avec l'axe des x un angle de 150°; on l'obtient en prenant AR $= 1$ (*fig.* 199), et élevant une perpendiculaire RO $= -1$, puis joignant les points A et O.

Fig. 199.

Comme $x = 0$ et $x = 2$ anéantissent le radical, il s'ensuit que la courbe rencontre son diamètre au point A, et au point I correspondant à l'abscisse AG $= 2$.

Faisons dans l'équation (1), $y = 0$, puis $x = 0$; il vient

$3x^2 - 4x = 0$; d'où $x = 0$, $x = \dfrac{4}{3}$, et $y^2 = 0$.

Les deux valeurs de x indiquent que la courbe passe par l'origine et par le point E pour lequel on a AE $= \dfrac{4}{3}$.

Quant à l'expression $y^2 = 0$, d'où $y = 0$, $y = 0$, elle indique que l'axe des y est tangent à la courbe au point A; ce qu'on savait déjà, puisque AY est une des limites.

Résolvons l'équation (1) par rapport à x; on en déduit

$$x = -\frac{(y-2)}{3} \pm \frac{1}{3} \sqrt{-2(y^2 + 2y - 2)}.$$

Soit FF′ le diamètre correspondant à $x' = -\dfrac{(y-2)}{3}$; on tire de $y^2 + 2y - 2 = 0$, $y = -1 \pm \sqrt{3}$, c'est-à-dire, $y = 0,7$ et $y = -2,7$ à *un dixième près*.

Donc si l'on prend sur AY, AK $= 0,7$, AK″ $= -2,7$, et qu'on mène les parallèles KK′, K″K‴, les points F, F′ où ces parallèles rencontrent le second diamètre, sont de nouveaux points de la courbe, qui se trouve suffisamment déterminée de forme et de position, puisqu'elle doit passer par les points A, F, E, I, F′, et qu'elle est tangente aux quatre droites AY, GI et KK′, K″K‴.

363. *Troisième exemple*... $y^2 - 2xy + 2x^2 - 3x + 2 = 0$.

Cette équation donne

$$y = x \pm \sqrt{-x^2 + 3x - 2} = x \pm \sqrt{-(x-1)(x-2)}.$$

Fig. 200. Le diamètre est une droite AE (*fig.* 200) passant par l'origine, et faisant un angle de 50° avec l'axe des x; les limites de la courbe sont deux parallèles à l'axe des y, menées aux distances AG = 1, AH = 2; et la courbe est tangente à ces deux parallèles, aux points D , E.

Les hypothèses $y = 0$ et $x = 0$, introduites dans l'équation, donnent $x^2 - 3x + 2 = 0$, $y^2 + 2 = 0$, équations dont les racines sont imaginaires; ce qui prouve que la courbe ne rencontre pas les axes.

Nous pourrions, comme dans les deux exemples précédens, déterminer les deux limites dans le sens des y; mais nous allons avoir recours à une autre construction, qui peut s'appliquer à toutes les courbes de la première classe.

Cette construction est fondée sur la propriété (n° 292) que, si l'on forme un parallélogramme sur un système de diamètres conjugués, la courbe est tangente aux quatre côtés de ce parallélogramme.

D'après cela, puisque DE représente un diamètre en grandeur et en direction, le point O milieu de DE, est *le centre* de la courbe. Ce point a pour abscisse, AI ou $\dfrac{AG + AH}{2}$,

c'est-à-dire, $\dfrac{x' + x''}{2}$, x' et x'' désignant les deux racines de l'équation $x^2 - 3x + 2 = 0$, ou du trinome sous le radical égalé à 0; or, en vertu d'une propriété des équations du second degré, on a $x' + x'' = 3$, coefficient du second terme pris en signe contraire; donc $\dfrac{x' + x''}{2}$ ou AI $= \dfrac{3}{2}$; ce qui est d'ailleurs évident, puisque l'on a déjà pris AG $= 1$ et AH $= 2$.

D'un autre côté, comme DE divise en deux parties égales

toutes les cordes parallèles à AY, il s'ensuit que IO représente en direction le diamètre conjugué de DE; donc, si l'on
fait $x = \dfrac{3}{2}$, dans l'expression $\sqrt{-x^2 + 3x - 2}$, le résultat sera la valeur du demi-diamètre conjugué.

Cette hypothèse donne

$$\sqrt{-\frac{9}{4} + \frac{9}{2} - 2} = \sqrt{\frac{1}{4}} = \frac{1}{2}.$$

Ainsi, en prenant, à partir du point N, deux parties
$ON = \dfrac{1}{2}$ et $ON' = -\dfrac{1}{2}$, on obtient $NN' = 1$, pour le
diamètre conjugué de DE; et le parallélogramme LL'M'M
construit sur ces deux lignes, est tel, que la courbe doit être
tangente à ses côtés, et en leurs milieux D, E, N, N'.

Cette construction est propre à donner une idée très nette de
la forme et de l'étendue de la courbe.

Dans les figures relatives aux deux premiers exemples, nous
avons tracé ce même parallélogramme.

Le premier exemple, dont le radical est

$$\sqrt{-2\left(x^2 - x - 2\right)},$$

donne pour l'abscisse du centre, $\dfrac{x' + x''}{2} = \dfrac{1}{2} = AR\,(\textit{fig.}\,198)$, Fig. 198.
et pour la valeur correspondante de ON,

$$ON = \sqrt{-2 \times -\frac{9}{4}} = \frac{3}{2}\sqrt{2}, \quad \text{d'où} \quad NN' = 3\sqrt{2}.$$

Le second exemple dont le radical est $\sqrt{-\left(x^2 - 2x\right)}$,
donne pour l'abscisse du centre,

$$\frac{x' + x''}{2} = 1,$$

et pour la valeur de ON $(\textit{fig.}\ 199)$, Fig. 199.

$$ON = \sqrt{-2 \cdot -1} = \sqrt{2}; \quad \text{d'où} \quad NN' = 2\sqrt{2}.$$

On fait usage de cette construction, pour éviter la détermination des deux limites dans le sens des y, et principalement, dans le cas où la courbe ne rencontre pas les axes.

Au reste, pour obtenir d'autres points de la courbe, il suffirait de donner à x des valeurs particulières, et de construire les valeurs de y correspondantes.

364. Nous proposerons pour exercices, les exemples suivans :

1°. $y^2 + 2xy + 2x^2 - 2y - 5x + 1 = 0$;　la courbe est une ellipse tangente à l'axe des y qui forme alors l'une des limites ;

2°. $4y^2 - 2xy + x^2 - 8y + 4x + 4 = 0$;　la courbe est une ellipse tangente aux deux axes coordonnés ;

3°. $4y^2 + 2x^2 + 4y - 4x - 5 = 0$;　la courbe est une ellipse rapportée à un système d'axes parallèles à *ses axes principaux,* puisque le terme en xy manque dans l'équation ;

4°. $y^2 + x^2 - 3y + 2x + 1 = 0$.　Cette équation étant discutée d'après la méthode précédente, on trouve bien qu'elle appartient à une courbe rentrante et fermée ; mais si on la compare à la forme générale de l'équation du cercle (n° 177), on reconnaît que c'est celle d'*un cercle ;*

5°. $y^2 - 4xy + 5x^2 - 2y + 5 = 0$;　la courbe se réduit à *un point,* car on peut (n° 358) mettre l'équation sous la forme　　$(y - 2x - 1)^2 + (x - 2)^2 = 0$;

6°. $y^2 - 2xy + 2x^2 - 2x + 4 = 0$;　la courbe est *imaginaire,* car l'équation revient à

$$(y - x)^2 + (x - 1)^2 + 3 = 0.$$

SECONDE CLASSE. *Courbes illimitées dans un seul sens,*
ou *Paraboles.*

365. *Premier exemple :*

$$y^2 - 4xy + 4x^2 + 2y - 7x - 1 = 0. \ldots (1)$$

[Les trois premiers termes $y^2 - 4xy + 4x^2$ forment (n° 359)
un carré parfait, $(y - 2x)^2$.]

Cette équation revient à

$$y^2 - 2(2x - 1)y = -4x^2 + 7x + 1,$$

et donne, par sa résolution,

$$y = 2x - 1 \pm \sqrt{3x + 2}.$$

Posant $y' = 2x - 1$, on trouve pour $y' = 0$, $x = \dfrac{1}{2}$,
et pour $x = 0$, $y' = -1$; donc le diamètre est représenté
par la ligne BC (*fig.* 201), menée par les points B, C, pour Fig. 201.
lesquels on a $AB = -1$, $AC = \dfrac{1}{2}$.

Comme l'hypothèse $3x + 2 = 0$, d'où $x = -\dfrac{2}{3}$,
anéantit le radical et réduit ainsi les deux ordonnées de la
courbe à celle du diamètre; il s'ensuit que la droite GG′ menée à la distance $AG = -\dfrac{2}{3}$, parallèlement à l'axe des y,
est la limite de la courbe; et le point D où cette parallèle
rencontre le diamètre, est celui où elle est tangente à la
courbe qui doit, à partir de ce point, s'étendre indéfiniment
au-dessus et au-dessous de son diamètre, dans le sens des x
positifs.

Faisons successivement dans l'équation (1),

$$y = 0, \quad \text{et} \quad x = 0;$$

il en résulte $4x^2 - 7x - 1 = 0$, et $y^2 + 2y - 1 = 0$.

La seconde qui est la plus simple, donne

$$y = -1 \pm \sqrt{2};$$

or, comme on a déjà, sur la figure, $AB = -1$, il suffit évidemment de porter sur AY, et à partir du point B, deux distances BK, BK' égales à $\sqrt{2}$ ou BH....
(en supposant $AH = 2AC = 1$); et les points K, K' appartiennent à la courbe.

Quant à la première, on trouve

$$x = \frac{7 \pm \sqrt{65}}{8} = \frac{15}{8} \text{ et } -\frac{1}{8}, \text{ à très peu près.}$$

Prenant donc $AI = 1 + \frac{7}{8}$, et $AI' = -\frac{1}{8}$,

on obtient I, I' pour deux nouveaux points de la courbe, qui se trouve suffisamment déterminée de forme et de position, puisqu'elle passe par les cinq points K, I', D, K', I, et qu'elle doit être tangente à GG'.

Mais rien n'empêche d'obtenir de nouveaux points, en donnant à x des valeurs particulières, et construisant les valeurs correspondantes de y.

On peut également construire la limite dans le sens de l'axe des y, en résolvant l'équation par rapport à x.

Second exemple :

$$y^2 - 2xy + x^2 - 4y + x + 4 = 0.$$

Cette équation donne

$$y = x + 2 \pm \sqrt{3x}.$$

Fig. 202. Le diamètre passe par les points B, C (*fig.* 202), pour lesquels on a $AB = 2$, $AC = -2$, et fait avec l'axe des x, un angle de 50°.

De plus, comme l'hypothèse $x = 0$, anéantit le radical,

il s'ensuit que l'axe des y est la limite de la courbe et lui est tangente au point B. C'est d'ailleurs ce qu'on reconnaît en faisant $x = 0$ dans l'équation; on trouve en effet

$$y^2 - 4y + 4 = 0, \quad \text{ou} \quad (y - 2)^2 = 0,$$

d'où $\qquad\qquad\qquad y = 2, \; y = 2.$

Soit fait $y = 0$, dans la même équation; il vient

$$x^2 + x + 4 = 0,$$

dont les racines sont évidemment *imaginaires*; ce qui prouve que la courbe ne rencontre pas l'axe des x.

Pour obtenir de nouveaux points, faisons $x = AP = 1$; il en résulte $y = 3 \pm \sqrt{3}$; donc, si l'on porte sur la ligne PQ, et à partir du point Q, deux distances QM, Qm égales à $\sqrt{3}$ ou 1,7, les deux points M, m appartiendront à la courbe.

Soit encore $x = 3$; il vient $y = 5 \pm \sqrt{9} = 5 \pm 3$. Ainsi, en prenant AP' = 3 et portant sur P'Q', à partir du point Q', deux distances Q'M', Q'm' égales à 3, on aura deux nouveaux points M', m'. La courbe est ainsi suffisamment déterminée.

366. On observera toutefois que comme, d'après la discussion, les deux lignes BE, BY forment un *système d'axes conjugués*, si l'on connaissait le paramètre à ce système, la courbe pourrait être construite par le procédé du n° 340.

Or, en désignant par $2p'$ le paramètre, on a $\quad 2p = \dfrac{\overline{MQ}^2}{BQ},$

MQ et BQ étant les coordonnées du point M rapportées à ce système; mais on vient de trouver pour AP = 1, MQ = $\sqrt{3}$; d'ailleurs, le triangle rectangle BHQ donne,

$$\text{BH ou AP} = \text{BQ} \cdot \cos \text{QBH},$$

ou, comme $\tan \text{QBH} = 1$,

d'où $\quad \cos \text{QBH} = \dfrac{1}{\sqrt{1 + 1}} = \dfrac{1}{\sqrt{2}} \quad \text{AP} = \text{BQ} \cdot \dfrac{1}{\sqrt{2}}.$

Ainsi, $\quad BQ = AP \cdot \sqrt{2} = \sqrt{2}$; donc enfin,

$$2p' = \frac{3}{\sqrt{2}} = \frac{3}{2}\sqrt{2}.$$

La même observation est applicable à toutes les courbes de *la seconde classe*.

367 Nous proposerons les exercices suivans :

1°. $y^2 + 2xy + x^2 - 6y + 9 = 0$; la courbe est une parabole qui a pour limite l'axe des y, et qui s'étend indéfiniment dans le sens des x négatifs;

2°. $y^2 - 3y + 5x - 2 = 0$; la courbe est une parabole rapportée à un système d'axes parallèles à *ses deux axes principaux*, et elle s'étend indéfiniment dans le sens des x négatifs;

3°. $y^2 + 6xy + 9x^2 - 2y - 6x - 15 = 0$; la courbe se réduit à un système de deux droites parallèles, car l'équation peut (n° 358) être transformée ainsi

$$(y + 3x + 3)\,(y + 3x - 5) = 0;$$

4°. $y^2 - 4xy + 4x^2 + 2y - 4x + 4 = 0$; on a un système de *deux droites imaginaires;* car l'équation revient à

$$(y - 2x + 1)^2 + 3 = 0.$$

5°. $y^2 - 2xy + x^2 + 6y - 6x + 9$; le lieu géométrique est *une seule ligne droite,* car l'équation se change en

$$(y - x + 3)^2 = 0.$$

Troisième classe. *Courbes indéfinies dans tous les sens,* ou *Hyperboles.*

368. *Premier exemple :*

$$y^2 + 2xy - 2x^2 - 4y - x + 10 = 0 \dots\dots (1)$$

Cette équation donne $\quad y = -x + 2 \pm \sqrt{3x^2 - 3x - 6},$

ou décomposant le trinome en x,

$$y = -x + 2 \pm \sqrt{3(x+1)(x-2)}.$$

Soit BC (*fig.* 203) le diamètre correspondant à $y' = -x+2$. Fig. 203.
Les parallèles CC′ et GG′ à l'axe des y, menées aux distances
AC $= 2$, AG $= -1$, sont tangentes à la courbe aux points C
et E; de plus, elles sont telles, que la courbe n'a aucun point
compris entre ces deux lignes, mais elle s'étend indéfiniment à
droite et à gauche de ces deux parallèles.

En faisant $y = 0$, puis $x = 0$, dans l'équation (1), on trouve

$$2x^2 + x - 10 = 0 \quad \text{et} \quad y^2 - 4y + 10 = 0.$$

De la première on tire $x = -\frac{1}{4} \pm \frac{1}{4}\sqrt{81} = \frac{-1 \pm 9}{4} = 2$ et $-\frac{5}{2}$;

ce qui prouve que la courbe rencontre l'axe des x, aux points
C et D pour lesquels AC $= 2$, AD $= -2\frac{1}{2}$.

Mais la seconde donne des valeurs imaginaires; ainsi la courbe
ne rencontre pas l'axe des y.

On pourrait obtenir de nouveaux points, en donnant à x des
valeurs particulières; mais la considération suivante va nous
fournir un moyen de déterminer avec précision la forme et
les dimensions de la courbe: le radical de la valeur de y revient
à $\sqrt{3} . \sqrt{x^2 - x - 2}$; or, si l'on extrait la racine carrée de
$x^2 - x - 2$, par le procédé connu (Alg. n° 87), on trouve pour
les deux premiers termes, $x - \frac{1}{2}$, et pour les termes suivans,
des expressions fractionnaires dont les numérateurs sont con-
stans, et dont les dénominateurs renferment successivement les
puissances x, x^2, x^3. Désignant l'ensemble de ces expressions
par $\frac{K}{x} + \frac{K'}{x^2} + \dots$, on peut mettre la valeur générale de y
sous la forme

$$y = -x + 2 \pm \sqrt{3}\left(x - \frac{1}{2} + \frac{K}{x} + \frac{K'}{x^2} + \dots\right)$$

Cela posé, il est visible qu'à mesure que x augmente, la

quantité $\dfrac{\mathrm{K}}{x} + \dfrac{\mathrm{K}'}{x^2} + \ldots$ diminue; et lorsqu'on suppose x plus grand qu'aucune quantité donnée, la somme précédente devient moindre que toute grandeur donnée; donc si l'on pose

$$y'' = -\, x + 2 \pm \sqrt{3}\left(x - \frac{1}{2}\right),$$

équation qui représente le *système de deux lignes droites*, puisque y'' et x, y entrent au premier degré, on doit regarder ce système comme celui *de deux asymptotes* de la courbe. En effet, on vient de voir que la différence $y'' - y$ des ordonnées de la courbe à celles des deux droites, diminue sans cesse et peut même devenir aussi petite que l'on veut.

Nous pourrions construire ce système, en faisant successivement $y = 0$ et $x = 0$, dans son équation; mais remarquons que, cette équation étant comparée à celle du diamètre $y' = -\, x + 2$, les ordonnées des deux asymptotes deviennent égales à celle du diamètre, lorsqu'on pose $x - \dfrac{1}{2} = 0$, d'où $x = \dfrac{1}{2}$; donc elles rencontrent le diamètre en un même point O, que l'on obtient en prenant une distance $\mathrm{AN} = \dfrac{1}{2}$, et élevant au point N une parallèle à l'axe des y.

Pour fixer complètement la position de ces asymptotes, il ne s'agit plus que de construire les angles qu'elles forment avec l'axe des x. Or, les coefficiens de x dans leur équation, étant $-\, 1 + \sqrt{3}$ pour la première, et $-\, 1 - \sqrt{3}$ pour la seconde, si, après avoir mené par le point O, une parallèle à AX, et avoir pris, sur cette ligne, $\mathrm{OR} = 1$, on élève au point R une perpendiculaire, et qu'on porte sur cette perpendiculaire, à partir du point I (pour lequel $\mathrm{RI} = \mathrm{OR} = 1$), deux distances IS, IS' égales à $\sqrt{3}$, il en résulte évidemment

$$\mathrm{RS} = -\, 1 + \sqrt{3} \quad \text{et} \quad \mathrm{RS}' = -\, 1 - \sqrt{3};$$

donc les deux lignes OS et OS', ou LL', KK' sont *les asymptotes cherchées*.

La courbe doit d'ailleurs passer par les points E, D, C, et être tangente aux lignes GG′, CC′. Sa forme et sa position sont donc suffisamment déterminées.

Second exemple... $y^2 - 2xy - 3x^2 - 2y + 7x - 1 = 0$.

On tire de cette équation, $y = x + 1 \pm \sqrt{4x^2 - 5x + 2}$.

Soit CB (*fig.* 204) le diamètre $y' = x + 1$. Si l'on résout Fig. 204. l'équation $4x^2 - 5x + 2 = 0$, on obtient des valeurs imaginaires; ainsi, la courbe ne rencontre pas CB, mais elle s'étend indéfiniment au-dessus et au-dessous de ce diamètre.

Les hypothèses $y = 0$ et $x = 0$, introduites dans l'équation, donnent d'ailleurs $3x^2 - 7x + 1 = 0$, $y^2 - 2y - 1 = 0$; d'où l'on déduit, 1°. $x = \dfrac{7}{6} \pm \dfrac{1}{6}\sqrt{37} = \dfrac{13}{6}$ et $\dfrac{1}{6}$, à peu près;

2°. $y = 1 \pm \sqrt{2}$.

Prenant donc sur l'axe des x, $AD' = 2\dfrac{1}{6}$, $AD = \dfrac{1}{6}$, et sur l'axe des y, $BE = \sqrt{2}$, $BF = -\sqrt{2}$, d'où $AE = 1 + \sqrt{2}$, et $AF = 1 - \sqrt{2}$, on obtient quatre points D′, D, E, F, par lesquels la courbe doit passer.

Déterminons maintenant les asymptotes. La racine carrée de $4x^2 - 5x + 2$, étant $2x - \dfrac{5}{4} + \dfrac{k}{x} + \dfrac{k'}{x^2} + \ldots$, on a pour l'équation du système des deux asymptotes,

$$y'' = x + 1 \pm \left(2x - \dfrac{5}{4}\right).$$

Ces droites se coupent sur le diamètre $y' = x + 1$, au point pour lequel on a $2x - \dfrac{5}{4} = 0$, d'où $x = \dfrac{5}{8}$.

Soit $AN = \dfrac{5}{8}$; menons au point N une parallèle à AY, et le point O où cette parallèle coupe CB, est le point commun aux asymptotes et au diamètre.

Les deux coefficiens de x, dans leur équation, étant d'ailleurs $1 + 2$ ou 3, et $1 - 2$ ou $- 1$, si l'on prend OR parallèle à AX et égal à 1, qu'on élève au point R les deux lignes RS, RS' parallèles à AY et respectivement égales à 3 et à -1, les droites OS, OS', ou LL', KK' sont les asymptotes cherchées; et la courbe qui doit déjà passer par les points D', D, E, F, devient facile à construire, du moins approximativement.

369. La considération des asymptotes étant très importante dans la discussion des courbes de la troisième classe, nous allons indiquer le moyen de les déterminer d'après l'équation générale.

On a trouvé (n° 356) pour la valeur générale de y,

$$y = - \frac{(Bx+D)}{2A} \pm \frac{1}{2A} \sqrt{(B^2 - 4AC)x^2 + 2(BD - 2AE)x + D^2 - 4AF}.$$

Comme $B^2 - 4AC$ est ici supposé positif, rien n'empêche d'extraire la racine carrée du trinome sous le radical; ce qui

donne $x \sqrt{B^2 - 4AC} + \dfrac{BD - 2AE}{\sqrt{B^2 - 4AC}} + \dfrac{K}{x} + \dfrac{K'}{x^2} + \ldots\ldots$

Ainsi, l'équation du système des deux asymptotes est

$$y'' = - \frac{(Bx + D)}{2A} \pm \frac{\sqrt{B^2 - 4AC}}{2A} \left(x - \frac{2AE - BD}{B^2 - 4AC} \right).$$

Comparant ce résultat à l'équation du diamètre,

$$y' = - \frac{(Bx + D)}{2A},$$

on reconnaît que les asymptotes se coupent sur ce diamètre, en un point pour lequel on a

$$x - \frac{2AE - BD}{B^2 - 4AC} = 0; \quad \text{d'où} \quad x = \frac{2AE - BD}{B^2 - 4AC}.$$

Pour obtenir l'ordonnée de ce même point, il suffit de remplacer x par la valeur qu'on vient de trouver, dans l'équation du diamètre ; et il vient, toute réduction faite,

$$y' = \frac{2CD - BE}{B^2 - 4AC}.$$

Ces deux coordonnées ne sont autre chose que celles du *centre* de la courbe.

Le point de rencontre des deux asymptotes étant ainsi fixé de position, tout se réduit à mener par ce point deux droites formant avec l'axe des x, des angles qui aient pour tangentes,

$$a = \frac{-B + \sqrt{B^2 - 4AC}}{2A}, \quad a' = \frac{-B - \sqrt{B^2 - 4AC}}{2A} ;$$ con-

struction qui peut se faire aisément, comme on l'a vu dans les exemples précédens.

370. *Première remarque.* Multiplions entre elles les deux expressions de a et de a' ; il en résulte $aa' = \dfrac{4AC}{4A^2} = \dfrac{C}{A}$; d'où l'on voit que, si l'on suppose $C = -A$, la relation devient $aa' = -1$; condition de perpendicularité de deux droites.

Ainsi, lorsque les deux coefficiens de x^2 et y^2 *sont égaux et de signes contraires,* dans l'équation générale, les deux asymptotes sont *perpendiculaires entre elles,* ou l'hyperbole est *équilatère.*

Réciproquement, si l'hyperbole est équilatère, on doit avoir

$$aa' = -1 ; \quad \text{d'où} \quad \frac{C}{A} = -1, \quad \text{et} \quad C = -A.$$

Ce résultat s'accorde avec ce qui a été dit (n° 257).

Il faut toutefois observer que ces conséquences ne sont exactes, qu'autant que la courbe est d'abord rapportée à des axes rectangulaires.

Dans le cas d'axes obliques, la relation $C = -A$ n'entraîne nullement la perpendicularité des asymptotes, comme on peut s'en convaincre sur des exemples particuliers.

371. *Seconde remarque.* Supposons que l'un des carrés des variables manque dans l'équation générale , par exemple, le

terme en x^2; on a alors $C = o$, et les valeurs de a, a' se réduisent à $a = o$, $a' = -\dfrac{B}{A}$.

Le premier résultat prouve que, dans ce cas, l'une des asymptotes est *parallèle à l'axe des x*; l'autre fait, avec cet axe, un angle qui a pour tangente $-\dfrac{B}{A}$.

Soit, au contraire, $A = o$, auquel cas l'équation est privée du terme en y^2; on trouve alors $a = \dfrac{o}{o}$, $a' = -\dfrac{B}{o}$.

Le second résultat indique encore que l'une des asymptotes est parallèle à l'axe des y; mais pour interpréter le premier, il faut lui faire subir une transformation.

On a $a = \dfrac{- B + \sqrt{B^2 - 4AC}}{2A}$

$$= \frac{(- B + \sqrt{B^2 - 4AC})\,(- B - \sqrt{B^2 - 4AC})}{2A\,(- B - \sqrt{B^2 - 4AC})},$$

ou, effectuant les calculs et réduisant, $a = \dfrac{2C}{- B - \sqrt{B^2 - 4AC}}$.

Or, si l'on fait maintenant $A = o$, cette expression se réduit à $a = -\dfrac{C}{B}$.

Si l'on avait à la fois $A = o$, $C = o$, les deux expressions deviendraient $a = o$, $a' = -\dfrac{B}{o}$; ce qui prouve que les deux asymptotes seraient parallèles aux deux axes. (*Voyez* n° 357.)

Les conséquences faisant l'objet de cette remarque sont vraies, quel que soit l'angle des axes; seulement a et a' n'expriment plus des tangentes trigonométriques, mais bien des rapports de sinus.

372. Nous terminerons la discussion des courbes de la troisième classe, par un exemple où l'équation est privée des deux carrés en y^2 et x^2, parce que, dans ce cas, on a recours à un artifice particulier, pour fixer la position des deux asymptotes.

Soit $xy - 2y + x - 1 = 0$ (*fig.* 205) l'équation proposée Fig.205.
(nous supposerons ici la courbe rapportée à des axes quelconques); on en déduit $y = \dfrac{-x + 1}{x - 2}$, ou, effectuant la divi-

sion, $\quad y = -1 - \dfrac{1}{x - 2}$.

Cette valeur de y se compose de deux parties, dont l'une
est constante et égale à -1, l'autre varie et diminue de plus
en plus, à mesure que x augmente; et lorsque x devient
plus grand qu'aucune grandeur donnée, la seconde partie devient elle-même moindre que toute quantité donnée. On voit
par là que l'équation $y = -1$, est celle d'une droite *dont la
courbe s'approche sans cesse et autant que l'on veut, sans pouvoir jamais l'atteindre*. Donc $y = -1$, est l'équation d'une
asymptote, qui est alors représentée par une droite HH' menée
parallèlement à l'axe des x, à une distance $AC = -1$.

Si l'on résout l'équation par rapport à x, on trouve

$$x = \frac{2y + 1}{y + 1}, \text{ ou, effectuant la division, } x = 2 - \frac{1}{y + 1};$$

et par un raisonnement analogue au précédent, on prouverait
que l'équation $x = 2$, est celle d'une seconde asymptote qui,
par conséquent, est représentée par une droite LL' menée parallèlement à l'axe des y, à une distance $AB = 2$.

Soit fait maintenant, dans l'équation proposée, $y = 0$, puis
$x = 0$; il en résulte

$$x - 1 = 0, \text{ d'où } x = 1; \text{ et } -2y - 1 = 0, \text{ d'où } y = -\frac{1}{2}.$$

Prenant donc sur AX et AY, deux distances $AD = 1$, $AG = -\dfrac{1}{2}$,

on obtient D et G pour deux des points de la courbe.

On déterminerait d'autres points, en donnant à x des valeurs
particulières, et construisant les valeurs correspondantes de y;
mais on peut aussi faire usage de la méthode du n° 327. Par
exemple, si l'on joint le point D au point O où les deux asym-

ptotes se coupent, et que l'on prenne $OD' = OD$, le point D' appartient à la courbe. Soit encore tirée la ligne DE, et prenons $I'E = ID$; le point E appartient à la courbe. Et ainsi de suite.

373. Voici de nouveaux exemples relatifs à la troisième classe de courbes.

1°. $y^2 - 4xy + 2x^2 + 6y - 9x + 2 = 0$;   équation d'une hyperbole qui ne rencontre pas son diamètre ;

2°. $y^2 - 4xy + 4x + 3 = 0$; équation d'une hyperbole dont l'une des asymptotes est parallèle à l'axe des x. (*Voyez* n° 371).

3°. $y^2 - 2xy - 2 = 0$;   l'hyperbole est rapportée à son centre comme origine; et l'une des asymptotes est parallèle à l'axe de x.

4°. $y^2 - x^2 + x = 0$. Si les axes sont rectangulaires, l'hyperbole est équilatère, et rapportée à des axes parallèles à *ses axes principaux*.

5°. $2xy - x + 1 = 0$;   hyperbole rapportée à des axes parallèles aux asymptotes.

6°. $y^2 - 2xy + 2y + 4x - 8 = 0$.   La courbe se réduit à un système de deux droites qui se coupent; car on peut (n° 358) transformer l'équation en celle-ci : $(y - 2)(y - 2x + 4) = 0$.

374. La méthode de discussion que nous venons d'employer, est susceptible de s'appliquer même à des équations d'un degré supérieur au second, pourvu que l'on puisse opérer la séparation des variables.

Nous nous bornerons à une seule application, qui suffira pour montrer comment il faudrait opérer dans tous les cas semblables.

Soit l'équation $y^2 - x^2y + 2yx - x^3 + 2y + 2x = 0, \ldots (1)$

qui est du troisième degré, mais qu'on peut résoudre par rapport à y; on en déduit

$$y = \frac{x^2 - 2x - 2}{2} \pm \frac{1}{2}\sqrt{x^4 + 4} \; ; \ldots (2)$$

désignons la première partie de cette valeur de y, par y' (*fig.* 206), et construisons d'abord le lieu géométrique

$$y' = \frac{x^2 - 2x - 2}{2}.$$

Cette équation revient à $x^2 - 2x - 2y' - 2 = 0$, et donne $x = 1 \pm \sqrt{2y' + 3}$; d'où l'on voit que le lieu géométrique est une parabole qui a pour *diamètre*, ou plutôt pour *axe principal*, la ligne EE' menée parallèlement à l'axe des y, à une distance AP $= 1$; la limite de cette courbe est d'ailleurs DE menée parallèlement à AX par le point D , pour lequel on a

$$2y' + 3 = 0, \text{ ou } y' = -\frac{3}{2} = \text{AD}.$$

En faisant $y' = 0$, on trouve

$$x = 1 \pm \sqrt{3}, \text{ ou } x = \text{AQ}, \text{ et } x = \text{AQ}'.$$

Soit encore $x = 0$; la valeur de y' se réduit à

$$y' = -\frac{2}{2} = -1 ;$$

ainsi la courbe passe encore par le point B pour lequel AB $= -1$.

La parabole correspondante à $y' = \dfrac{x^2 - 2x - 2}{2}$, est suffisamment déterminée et peut être représentée par la courbe RQEQ'R'.

Je dis maintenant que cette parabole doit être considérée comme *un diamètre* de la courbe cherchée.

En effet, pour une valeur de x quelconque, AP', il faut, après avoir construit l'ordonnée P'B' correspondante de la parabole, porter, à partir du point B', au-dessus et au-dessous de cette courbe, une partie égale à la valeur du radical $\frac{1}{2}\sqrt{x^4 + 4}$. On voit donc que la ligne RQEQ'R' *passe par les milieux de toutes les cordes de la courbe cherchée, qui sont parallèles à l'axe des y ;* donc (n° 261) cette ligne est un diamètre.

Actuellement, si nous observons que le radical $\sqrt{x^4 + 4}$ revient à $x^2 + \dfrac{k}{x^2} + \dfrac{k}{x^4} + \dots$, on peut mettre l'expression (2) sous la forme

$$ y = \frac{x^2 - 2x - 2}{2} \pm \frac{1}{2}\left(x^2 + \frac{k}{x^2} + \frac{k'}{x^4} + \dots \right) ; $$

et comme, à mesure que x augmente, la somme des termes $\dfrac{k}{x^2} + \dfrac{k'}{x^4} + \dots$ diminue, et que cette somme peut devenir moindre que toute grandeur donnée, il s'ensuit que la courbe cherchée a pour asymptotes, le système des lignes représentées par l'équation... $y'' = \dfrac{x^2 - 2x - 2}{2} \pm \dfrac{x^2}{2}.$

Cette équation, considérée successivement avec le signe supérieur et avec le signe inférieur, devient

$$ y'' = x^2 - x - 1, \quad \text{et} \quad y'' = -x - 1. $$

La seconde de ces deux-ci est celle d'une ligne droite LL' passant par les deux points B, B", pour lesquels AB $= -1$ et AB" $= -1$.

Quant à la première, on en déduit

$$ x = \frac{1}{2} \pm \frac{1}{2}\sqrt{4y'' + 5}, $$

et, en la construisant, on obtient une nouvelle parabole SIS' ayant pour axe principal II' $\left(\text{ou } x = \dfrac{1}{2}\right)$, pour sommet, le point I, qu'on obtient en posant

$$ 4y'' + 5 = 0 ; \quad \text{d'où} \quad y'' = -\frac{5}{4} = \text{AC}. $$

Il est à remarquer que les deux asymptotes LL', SIS'

ont le point B commun et se touchent en ce point ; car la partie non commune de leur équation étant $\frac{x^2}{2}$, si l'on pose $x = 0$, il en résulte $y'' = - 1$.

Ce même point appartient aussi, comme on l'a vu plus haut, au diamètre parabolique RB'EBR'.

Il ne nous reste plus qu'à déterminer quelques points de la courbe cherchée.

Soit d'abord fait $y = 0$, dans l'équation (1); il eu résulte

$$- x^3 + 2x = 0, \quad \text{ou} \quad x(x^2 - 2) = 0 ;$$

d'où $\quad x = 0, \quad x = + \sqrt{2}, \quad x = - \sqrt{2} ;$

ainsi la courbe passe par l'origine A et par les points G, G', pour lesquels on a $\quad AG = \sqrt{2}, \quad AG' = - \sqrt{2}$.

Soit encore $x = 0$; on trouve

$$y^2 + 2y = 0, \quad \text{d'où} \quad y = 0, \quad y = - 2 ;$$

donc la courbe passe par le nouveau point H pris sur l'axe des y, à une distance $AH = - 2$.

Faisons ensuite $x = 1$, dans l'équation (2); il vient

$$y = - \frac{3}{2} \pm \frac{1}{2} \sqrt{5};$$

ce qui donne les nouveaux points E'', E''', pour lesquels on a

$$AP = 1, \quad PE = - \frac{3}{2}, \quad EE'' = \frac{1}{2}\sqrt{5}, \quad EE''' = - \frac{1}{2}\sqrt{5}.$$

Posons enfin $x = 2 = AP'$; on trouve

$$y = - 1 \pm \frac{1}{2}\sqrt{20}.$$

Ces deux valeurs construites donnent encore les points K et K' pour deux points de la courbe.

Le lieu géométrique cherché devant passer par les points K, G, E'', A, puis K', E''', H, G', et ayant pour asymptotes la parabole SIS′ et la droite LL′, est nécessairement représentée par les deux lignes indéfinies KGE″AT′, G′HN′E″K′....

N. B. Si l'on combine l'équation de la courbe avec l'équation $y = -x - 2$, qui est celle d'une droite parallèle à l'asymptote LL′ et menée à la distance $AH = -2$, on trouve pour résultat de cette combinaison, $x^2 = 0$ et $y = -2$; ce qui prouve que la droite HH′ est tangente à la courbe au point H. Cela justifie la forme donnée en ce point à la branche G′HK′.

On trouverait encore que l'équation

$$x^2 y + 2xy - x^2 + y = 0,$$

Fig.207. représente une courbe, telle que DEAD′ (*fig.* 207), passant par l'origine, et tangente en ce point à l'axe des x; elle a d'ailleurs pour asymptotes, les droites $x = -1$ et $y = 1$.

Ceux qui désireraient étendre leurs connaissances sur la discussion des courbes de degré supérieur au second, peuvent consulter l'ouvrage de CRAMER, ayant pour titre : *Introduction à l'Analyse des lignes courbes.*

§ II. *Détermination du centre et des axes, par la transformation des coordonnées.*

375. Nous avons vu (n° 250 et suivans) qu'on peut toujours, une équation du second degré à deux variables étant donnée, la ramener à l'une des formes $My^2 + Nx^2 = P$, $y^2 = Qx$, par deux transformations de coordonnées; savoir, par un changement de direction d'axes, ensuite, par une translation d'origine. Nous allons reprendre cette question avec de nouveaux détails, en renversant toutefois l'ordre des deux transformations, parce que la méthode du n° 250 a l'inconvénient d'introduire des quantités irrationnelles dans les coefficiens de x et de y.

L'équation générale des courbes du second degré étant

$$Ay^2 + Bxy + Cx^2 + Dy + Ex + F = 0,\ldots\ldots (1)$$

remplaçons x et y par les formules $x = x + a$, $y = y + b$, et proposons-nous de déterminer a, b, de manière à faire disparaître les termes du premier degré en x et en y. Il vient par cette substitution,

$$Ay^2 + Bxy + Cx^2 + (2Ab + Ba + D)y + (2Ca + Bb + E)x$$
$$+ Ab^2 + Bab + Ca^2 + Db + Ea + F = 0 \dots\dots (2)$$

Or, puisqu'on veut que cette équation ne renferme plus les termes linéaires en x et en y, il faut que l'on ait

$$2Ab + Ba + D = 0, \quad 2Ca + Bb + E = 0; \dots\dots (3)$$

et alors l'équation se réduit à celle-ci :

$$Ay^2 + Bxy + Cx^2 + F' = 0 \dots\dots (4)$$

Les trois premiers coefficiens A, B, C sont les mêmes que dans la proposée.

Quant à F', on a $F' = Ab^2 + Bab + Ca^2 + Db + Ea + F$; mais on peut simplifier cette expression. En effet, si l'on ajoute entre elles les équations (3), après avoir multiplié la première par b, la seconde par a, on trouve

$$2Ab^2 + 2Bab + 2Ca^2 + Db + Ea = 0,$$

d'où l'on déduit $\quad Ab^2 + Bab + Ca^2 = -\dfrac{(Db + Ea)}{2}$,

et par conséquent,$\dots$ $F' = F + \dfrac{Db + Ea}{2}; \dots\dots (5)$

c'est sous cette forme que nous rappellerons plus tard, la valeur de F'.

Les équations (3) donnent d'ailleurs pour a, b,

$$a = \frac{2AE - BD}{B^2 - 4AC}, \quad b = \frac{2CD - BE}{B^2 - 4AC}, \dots\dots (6)$$

valeurs qu'on pourrait reporter dans F'; mais cela est inutile.

Observons actuellement que l'équation (4) restant la même

Fig. 208.

lorsqu'on y change x et y, en $-x$ et $-y$, est telle, que si x', y' représentent les coordonnées d'un point quelconque M (*fig. 208*) de la courbe rapportée au nouveau système OX′, OY′, auquel cas cette équation est satisfaite par x', y', elle le sera aussi par $-x'$, $-y'$. Or, il est évident que les deux points (x', y'), $(-x', -y')$ sont en ligne droite avec la nouvelle origine O, et à même distance de ce point.

D'où l'on voit que le point O jouit de la propriété *de diviser en deux parties égales toutes les cordes de la courbe qui passent par ce point;* donc (n° 230), la nouvelle origine est *le centre* de la courbe.

Les valeurs de a et de b sont en effet celles qu'on a obtenues (n° 369) pour les coordonnées du centre.

Concluons de là que l'équation $Ay^2 + Bxy + Cx^2 + F' = 0$, est la forme *caractéristique* des équations de toutes les courbes du second degré qui ont un centre, lorsqu'on y suppose transportée l'origine des coordonnées.

Comme l'hypothèse $B^2 - 4AC = 0$, rend les expressions (6) infinies, il s'ensuit que la *parabole n'a pas de centre,* ou que son centre est situé *à l'infini.* En d'autres termes, on ne peut, pour la parabole, faire disparaître à la fois les deux termes linéaires en x et en y.

N. B. Lorsque par cette première transformation de coordonnées, on trouve $F' = 0$, ce qui ramène l'équation à

$$Ay^2 + Bxy + Cx^2 = 0,$$

on peut conclure que la courbe se réduit *à son centre,* ou à un système *de deux droites qui passent par le centre.*

En effet, cette équation donne

$$y = -\frac{B}{2A} x \pm \frac{x}{2A} \sqrt{B^2 - 4AC};$$

et l'on voit que, suivant qu'on aura $B^2 - 4AC < 0$ ou > 0, l'équation sera vérifiée par le système unique $(y = 0, x = 0)$, ou bien, représentera un système de deux droites passant par l'origine.

Observons encore que toutes les conséquences précédentes sont vraies, quelle que soit l'inclinaison des axes.

376. Admettons que la courbe soit une ellipse ou une hyperbole, auquel cas la transformation précédente est toujours possible, et voyons maintenant comment on peut faire évanouir le terme en xy de l'équation (4).

Or, ce calcul a déjà été exécuté (n° 250) sur l'équation générale. Substituons dans (4) les formules (n° 220)

$$x = x \cos \alpha - y \sin \alpha, \quad y = x \sin \alpha + y \cos \alpha,$$

au moyen desquelles on passe d'un système rectangulaire à un autre système rectangulaire ; et posons

$$2(A - C)\sin \alpha \cos \alpha + B(\cos^2 \alpha - \sin^2 \alpha) = 0, \dots \ (7)$$

puis

$$M = A \cos^2 \alpha - B \sin \alpha \cos \alpha + C \sin^2 \alpha,$$
$$N = A \sin^2 \alpha + B \sin \alpha \cos \alpha + C \cos^2 \alpha,$$
$$P = - F' = - \left(F + \frac{Db + Ea}{2} \right);$$

l'équation (4) se trouve alors ramenée à la forme

$$My^2 + Nx^2 = P.$$

Il reste encore à déterminer l'angle α et les valeurs correspondantes des coefficiens M et N. Pour cela, il ne s'agit que de reprendre les calculs du n° 256.

On déduit d'abord évidemment de l'équation (7)

$$\tan 2\alpha = - \frac{B}{A - C};$$

d'où $\cos 2\alpha = \dfrac{A - C}{\sqrt{\overline{A - C}^2 + B^2}}, \quad \sin 2\alpha = \dfrac{- B}{\sqrt{\overline{A - C}^2 + B^2}}.$

D'un autre côté, ajoutons et retranchons successivement

les valeurs de M et de N ; il vient

$$M + N = A + C, \quad M - N = (A - C)\cos 2\alpha - B\sin 2\alpha ;$$

d'où, substituant pour $\cos 2\alpha$, $\sin 2\alpha$, leurs valeurs,

$$M + N = A + C,$$

$$M - N = \frac{\overline{A - C}^2 + B^2}{\sqrt{\overline{A - C}^2 + B^2}} = \sqrt{\overline{A - C}^2 + B^2}.$$

Donc enfin,

$$M = \frac{A + C}{2} + \frac{1}{2}\sqrt{\overline{A - C}^2 + B^2},$$

$$N = \frac{A + C}{2} - \frac{1}{2}\sqrt{\overline{A - C}^2 + B^2}.$$

Mais, avant d'appliquer les formules qui précèdent, à des exemples, nous devons faire une remarque sur la manière de les employer.

L'angle 2α étant donné par la formule $\tan 2\alpha = -\dfrac{B}{A - C}$, est aigu ou obtus, suivant que cette tangente est *positive* ou *négative*; mais, dans les deux cas, son sinus est *positif*. Or, on a trouvé

$$\sin 2\alpha = -\frac{B}{\sqrt{\overline{A - C}^2 + B^2}},$$

ou plutôt, $\sin 2\alpha = \dfrac{-B}{\pm\sqrt{\overline{A - C}^2 + B^2}},$

à cause du double signe dont un radical doit toujours être affecté; et pour que cette expression reste *positive*, il faut que le radical soit pris avec le signe $+$, si B est *négatif*, et avec le signe $-$, lorsqu'au contraire, B est *positif*.

Les valeurs générales de M et de N deviennent donc

$$M = \frac{1}{2}(A + C) \pm \frac{1}{2}\sqrt{\overline{A - C}^2 + B^2},$$

$$N = \frac{1}{2}(A + C) \mp \frac{1}{2}\sqrt{\overline{A - C}^2 + B^2};$$

les signes supérieurs correspondant à B *négatif,* et les signes inférieurs à B *positif.*

377. Cela posé, voici le tableau des formules dont il faudra faire usage, pour toute équation particulière représentant une ellipse ou une hyperbole, si l'on veut rapporter la courbe à son centre et à ses axes.

Équation proposée,

$$A y^2 + B x y + C x^2 + D y + E x + F = 0.$$

1°. Évanouissement des termes linéaires, par une translation d'origine,

$$a = \frac{2AE - BD}{B^2 - 4AC}, \quad b = \frac{2CD - BE}{B^2 - 4AC}, \quad F' = F + \frac{Db + Ea}{2}.$$

Équation résultante, $A y^2 + B x y + C x^2 + F' = 0.$

2°. Évanouissement du terme en xy, par un changement de direction d'axes,

$$\tan 2\alpha = - \frac{B}{A - C},$$

$$\left. \begin{array}{l} M = \frac{1}{2}(A + C) \pm \frac{1}{2}\sqrt{\overline{A - C}^2 + B^2}, \\[2mm] N = \frac{1}{2}(A + C) \mp \frac{1}{2}\sqrt{\overline{A - C}^2 + B^2}, \end{array} \right\} \quad P = - F'.$$

Équation résultante, $M y^2 + N x^2 = P.$

Applications à différens exemples.

1°. $y^2 - 2xy + 3x^2 + 2y - 4x - 3 = 0$; c'est le premier exemple traité (n° 362) par la séparation des variables.

On a

$$A = 1, \ B = -2, \ C = +3, \ D = 2, \ E = -4, \ F = -3;$$

ce qui donne, d'après les formules du tableau précédent,

$$a = \frac{1}{2}, \quad b = -\frac{1}{2} \ \text{ et } \ F' = -\frac{9}{2}.$$

Fig. 208.   Soient $AC = \frac{1}{2}$, $CO = -\frac{1}{2}$; OX′, OY′ (*fig.* 208) représentent les nouveaux axes par rapport auxquels l'équation est de la forme

$$y^2 - 2xy + 3x^2 - \frac{9}{2} = 0.$$

On trouve ensuite

$$\text{tang } 2\alpha = -1, \ M = 2 + \sqrt{2}, \ N = 2 - \sqrt{2}, \ P = \frac{9}{2}$$

(comme B est ici *négatif*, on a pris les signes supérieurs dans les expressions de M et N).

Soit menée par le point O une droite OB qui forme avec OX′, un angle ayant pour tangente — 1; divisons l'angle BOX′ en deux parties égales; les deux lignes OX″, OY″ sont les nouveaux axes par rapport auxquels l'équation est enfin ramenée à la forme

$$(2 + \sqrt{2})y^2 + (2 - \sqrt{2})x^2 = \frac{9}{2}.$$

Pour comparer cette équation à celle-ci

$$A^2y^2 + B^2x^2 = A^2B^2,$$

et en déduire les valeurs des demi-axes A et B, il faut

(n° 233) la multiplier par

$$\frac{P}{MN}, \text{ ou } \frac{9}{2(2+\sqrt{2})(2-\sqrt{2})} = \frac{9}{4};$$

ce qui donne

$$\frac{9(2+\sqrt{2})}{4} \, y^2 + \frac{9(2-\sqrt{2})}{4} \, x^2 = \frac{81}{8};$$

d'où l'on déduit

$$A = \frac{3}{2}\sqrt{2+\sqrt{2}}, \quad B = \frac{3}{2}\sqrt{2-\sqrt{2}}.$$

Ou, calculant ces valeurs à 0,1 près,

$$A = 2,7 \quad \text{et} \quad B = 1,1.$$

Connaissant ces demi-axes, on peut aisément construire la courbe dont la position par rapport aux axes primitifs, doit être semblable à celle qui est indiquée par la figure 198, correspondante au même exemple (n° 362).

2°. $y^2 + 2xy - 2x^2 - 4y - x + 10 = 0$; c'est le premier exemple de la troisième classe (n° 368).

B étant ici *positif*, il faudra prendre les signes inférieurs, dans les expressions de M et de N.

On a

$$A = 1, B = 2, C = -2, D = -4, E = -1, F = 10;$$

d'où

$$a = \frac{1}{2}, \; b = \frac{3}{2}, \; F' = \frac{27}{4}, \quad \text{et} \quad y^2 + 2xy - 2x^2 + \frac{27}{4} = 0.$$

On trouve ensuite

$$\tan 2\alpha = -\frac{2}{3}, \quad M = \frac{-1-\sqrt{13}}{2}, \; N = \frac{-1+\sqrt{13}}{2},$$

et $\quad P = -\frac{27}{4};$

ce qui donne pour dernière transformée,

$$- \frac{(\sqrt{13}+1)}{2}\, y^2 + \frac{\sqrt{13}-1}{2}\cdot x^2 = -\frac{27}{4},$$

ou

$$\frac{\sqrt{13}+1}{2}\, y^2 - \frac{\sqrt{13}-1}{2}\cdot x^2 = \frac{27}{4}.$$

Cette équation représente évidemment une hyperbole rapportée à son axe *non-transverse* comme axe des x ; et c'est en effet ce qu'indique la figure 203, qui correspond au même exemple traité n° 368 par la séparation des variables.

Pour la comparer à l'équation $B^2 y^2 - A^2 x^2 = A^2 B^2$ (n° 240), il faut la multiplier par $\dfrac{27}{13-1}$ ou $\dfrac{9}{4}$; ce qui donne

$$\frac{9}{8}(\sqrt{13}+1)\, y^2 \quad \frac{9}{8}(\sqrt{13}-1)x^2 = \frac{243}{16},$$

et par conséquent,.

$$B^2 = \frac{9}{8}(\sqrt{13}+1) = 5,18, \quad \text{d'où} \quad B = 2,2 ;$$

$$A^2 = \frac{9}{8}(\sqrt{13}-1) = 2,93, \quad \text{d'où} \quad A = 1,7.$$

Nous engageons les commençans à appliquer les formules précédentes aux divers exemples de la première et de la troisième classe, qui ont été traités par la séparation des variables.

378. On ne peut plus suivre la même marche, dans le cas de la parabole, puisqu'on obtient pour a, b des valeurs infinies. Il n'y a pas d'autre moyen que de faire évanouir d'abord le terme en xy, ce qui, comme on l'a vu (n° 256), donne lieu à la disparition de l'un des carrés, ensuite le terme en y et la quantité toute connue, ou bien le terme en x et la quantité toute connue, suivant qu'on trouve le coefficient de x^2 ou de y^2 égal à o.

Déterminons les formules relatives à cette double transformation de coordonnées.

La relation $B^2 - 4AC = 0$, ou $B^2 = 4AC$, réduit l'expression $\pm \sqrt{\overline{A-C}^2 + B^2}$ à

$$\pm \sqrt{A^2 - 2AC + C^2 + 4AC}, \quad \text{ou} \quad \pm (A + C);$$

donc les valeurs de $\operatorname{tang} 2\alpha$, $\sin 2\alpha$, $\cos 2\alpha$, M, N, deviennent

$$\operatorname{tang} 2\alpha = -\frac{B}{A-C}, \quad \cos 2\alpha = \frac{A-C}{\pm(A+C)}, \quad \sin 2\alpha = \frac{-B}{\pm(A+C)},$$

$$M = \frac{1}{2}(A+C) \pm \frac{1}{2}(A+C), \quad N = \frac{1}{2}(A+C) \mp \frac{1}{2}(A+C);$$

c'est-à-dire,

$$M = A + C, \quad N = 0, \quad \text{ou bien}, \quad M = 0, \quad N = A + C,$$

suivant que B est *négatif* ou *positif*; car la remarque du n° 376, relative au signe de $\sin 2\alpha$, est applicable au cas que nous considérons; et comme $A + C$ est essentiellement *positif* dans la parabole, si l'on veut que $\sin 2\alpha$, ou $\dfrac{-B}{\pm(A+C)}$, soit toujours positif, il faut que $A + C$ soit affecté du signe supérieur, lorsque B est négatif, et du signe inférieur, lorsque B est positif.

On a d'ailleurs trouvé (n° 249) pour les coefficiens de x et de y, dans l'équation transformée,

$$R = D \cos \alpha - E \sin \alpha, \quad S = D \sin \alpha + E \cos \alpha,$$

expressions qui, à cause de

$$\cos \alpha = \sqrt{\frac{1 + \cos 2\alpha}{2}}, \quad \sin \alpha = \sqrt{\frac{1 - \cos 2\alpha}{2}},$$

se réduisent, lorsque B est négatif, à

$$R = \frac{D\sqrt{A} - E\sqrt{C}}{\sqrt{A+C}}, \quad S = \frac{D\sqrt{C} + E\sqrt{A}}{\sqrt{A+C}},$$

et, lorsque B est positif, à

$$R' = \frac{D\sqrt{C} - E\sqrt{A}}{\sqrt{A+C}}, \quad S' = \frac{D\sqrt{A} + E\sqrt{C}}{\sqrt{A+C}}.$$

Par cette première transformation, l'équation devient

$$My^2 + Ry + Sx + F = 0, \quad \text{ou} \quad Nx^2 + R'y + S'x + F = 0.$$

En supposant qu'elle soit ramenée à la première forme, il faut, pour chasser le terme en y et la quantité toute connue, remplacer x, y par $x+a, y+b$; et si l'on pose

$$2Mb + R = 0, \quad Mb^2 + Rb + Sa + F = 0,$$

d'où l'on tire

$$b = -\frac{R}{2M}, \quad a = \frac{-Mb^2 - Rb - F}{S} = \frac{R^2 - 4MF}{4MS},$$

on obtient pour la dernière transformée, $\quad My^2 + Sx = 0.$

Si, au contraire, l'équation était $\quad Nx^2 + R'y + S'x + F = 0,$

on trouverait

$$a = -\frac{S'}{2N}, \quad b = \frac{S'^2 - 4NF}{4NR'} \quad \text{et} \quad Nx^2 + R'y = 0.$$

379. Voici le tableau des formules nécessaires aux applications.

1°. B *négatif;* $\tan 2\alpha = -\dfrac{B}{A-C}$, $M = A+C$, $N = 0$,

$$R = \frac{D\sqrt{A} - E\sqrt{C}}{\sqrt{A+C}}, \quad S = \frac{D\sqrt{C} + E\sqrt{A}}{\sqrt{A+C}};$$

$$My^2 + Ry + Sx + F = 0.$$

$$b = -\frac{R}{2M}, \quad a = \frac{R^2 - 4MF}{4MS} \quad \dots \quad \text{et} \quad y^2 = -\frac{S}{M} x.$$

2°. B *positif;* $\tan 2\alpha = -\dfrac{B}{A-C}$, $M = 0$, $N = A+C$,

$$R' = \frac{D\sqrt{C} - E\sqrt{A}}{\sqrt{A+C}}, \quad S' = \frac{D\sqrt{A} + E\sqrt{C}}{\sqrt{A+C}},$$

$$N\dot{x}^2 + R'y + S'x + F = 0;$$

$$a = -\frac{S'}{2N}, \quad b = \frac{S'^2 - 4NF}{4NR'} \dots\; x^2 = -\frac{R'}{N}y.$$

Premier exemple : $y^2 - 4xy + 4x^2 + 2y - 7x - 1 = 0.$

(B étant négatif, il faut employer le premier système de formules.)

On a $A = 1$, $B = -4$, $C = 4$, $D = 2$, $E = -7$, $F = -1$; d'où

$$\text{tang } 2\alpha = -\frac{4}{3}, \; M = 5, \; N = 0, \; R = \frac{16}{5}\sqrt{5}, \; S = -\frac{3}{5}\sqrt{5}.$$

Prenons d'abord sur AX, $AC = 1$ (*fig* 209), et élevons Fig. 209. au point C une perpendiculaire $CD = -\frac{4}{3}$; puis tirons DAB, et divisons l'angle BAX en deux parties égales; les droites AX', AY' sont les deux axes par rapport auxquels l'équation devient

$$5y^2 + \frac{16}{5}\sqrt{5} \cdot y - \frac{3}{5}\sqrt{5} \cdot x - 1 = 0;$$

on obtient ensuite

$$b = -\frac{8}{25}\sqrt{5} = -0,4, \quad \text{et} \quad a = -\frac{356}{300}\sqrt{5} = -2,7.$$

Soient pris $AE = -2,7$ et $EA' = -0,4.$

Les droites $A'X''$, $A'Y''$, parallèles à AX', AY' et passant par le point A', sont les nouveaux axes par rapport auxquels l'équation est enfin ramenée à la forme

$$y^2 = \frac{3}{25}\sqrt{5} \cdot x.$$

Le paramètre est donc égal à $\frac{3}{25}\sqrt{5}$ ou $0,3$; et la courbe construite d'après ces données, se trouve dans une situation semblable à celle de la figure 199 qui se rapporte (n° 365) au même exemple traité par la séparation des variables.

Second exemple : $y^2 + 2xy + x^2 - 6y + 9 = 0$.

(B étant *positif*, il faut faire usage du second système.)

On a $A = 1$, $B = +2$, $C = 1$, $D = -6$, $E = 0$, $F = 9$; d'où

$$\operatorname{tang} 2\alpha = \frac{-2}{0} = \infty, \quad M = 0, \quad N = 2, \quad R' = -3\sqrt{2}, \quad S' = -3\sqrt{2};$$

et l'on a pour la première transformée,

$$2x^2 - 3\sqrt{2}\cdot y - 3\sqrt{2}\cdot x + 9 = 0.$$

On trouve ensuite

$$a = \frac{3}{4}\sqrt{2}, \quad b = \frac{9}{8}\sqrt{2}, \quad \text{et} \quad x^2 = \frac{3}{2}\sqrt{2}\cdot y.$$

La construction de la courbe, au moyen de ces résultats, peut être facilement vérifiée par la séparation des variables.

380. Dans les applications précédentes, nous avons passé sous silence les différentes variétés, parce que la résolution immédiate de l'équation les fait aisément ressortir, et que toute transformation de coordonnées devient inutile pour leur construction. Cependant, nous croyons devoir nous arrêter un instant sur le cas particulier *d'un système de deux droites parallèles.*

On a vu (n° 356) que cette variété est caractérisée par les deux conditions $B^2 - 4AC = 0$, $BD - 2AE = 0 \dots$ (1)

Cela posé, la première donne $B = \pm 2\sqrt{A} \times \sqrt{C}$, savoir :

$B = -2\sqrt{A} \times \sqrt{C}$, si B est *négatif*, et $B = +2\sqrt{A} \times \sqrt{C}$, si B est *positif*.

Admettons la première hypothèse, et substituons pour B, sa valeur dans $BD - 2AE = 0$; il vient

$$-2\sqrt{A}\times\sqrt{C}\times D-(\sqrt{A})^2\times E=0;\quad \text{d'où}\quad D\sqrt{C}+E\sqrt{A}=0.$$

Or, on a trouvé (n° 379)... $S=\dfrac{D\sqrt{C}+E\sqrt{A}}{\sqrt{A}+C}$; donc,

dans le cas particulier dont il s'agit, et pour B négatif, on a, à la fois, $N=0$ et $S=0$.

Si, au contraire, B était positif, on trouverait

$$+2\sqrt{A}\times\sqrt{C}\times D-2\sqrt{A}\times\sqrt{A}\times E=0;$$

d'où $\qquad\qquad D\sqrt{C}-E\sqrt{A}=0.$

Ainsi, l'on obtiendrait en même temps $M=0$ et $R'=0$; c'est-à-dire que la première transformation réduirait l'équation à $My^2+Ry+F=0$, ou $Nx^2+S'x+F=0$. (*Voyez* ce qui a été dit à ce sujet, n° 254.)

Les formules de la seconde transformation (n° 379) donnent, dans le même cas, $b=-\dfrac{R}{2M}$, $a=\infty$, ou bien, $a=-\dfrac{S'}{2N}$;

$b=\infty$; ce qui doit être : car le but de cette transformation est de rapporter la courbe *à son sommet*, lequel se trouve alors placé à une distance *infinie*, sur la ligne menée à égale distance *des deux droites parallèles.*

Toutefois, après avoir déterminé, au moyen de l'équation tang $2\alpha=-\dfrac{B}{A-C}$, la position des axes AX″, AY′ (*fig.* 210), Fig 210. par rapport auxquels l'équation est, par exemple, de la forme

$$My^2+Ry+F=0,$$

on peut se proposer de faire évanouir le terme en y. Pour cela, il suffit de poser $y=y+b$, et d'égaler à 0 le coefficient de y dans l'équation résultante.

Il vient, par cette substitution, $b=-\dfrac{R}{2M}$, et

$$My^2+\frac{4MF-R^2}{4M}=0;$$

d'où l'on déduit

$$y = \pm \frac{1}{2M} \sqrt{R^2 - 4MF}.$$

Soit pris sur AY', AD $= - \dfrac{R}{2M}$, et menons par le point D la ligne DE parallèle à AX'. Portons ensuite, à partir du point D, deux parties DB, DB', égales aux valeurs de y, et traçons les parallèles BC, B'C' à DE ou AX'; ces droites ne seront autre chose que les deux parallèles demandées, lesquelles seront alors rapportées au système des axes DY', DX". Mais il est clair que si, par un point A' pris arbitrairement sur DE, l'on mène A'Y" parallèle à DY', on pourra prendre également A'X", A'Y" pour nouveau système d'axes, par rapport auquel l'équation est encore de la forme

$$y = \pm \frac{1}{2M} \sqrt{R^2 - 4MF}.$$

Mais ce qu'il y a de plus remarquable, dans le cas dont nous nous occupons actuellement, c'est que le système des deux transformations employées n°s 375 et 376, lui est aussi applicable.

D'abord, si l'on emploie les formules du n° 372,

$$a = \frac{2AE - BD}{B^2 - 4AC}, \quad b = \frac{2CD - BE}{B^2 - 4AC},$$

on trouve pour a, b, des valeurs de la forme $\dfrac{0}{0}$; cela est évident pour a, d'après les deux équations de condition........ $B^2 - 4AC = 0$, $BD - 2AE = 0$; et si l'on multiplie la première par D, la deuxième par B, et qu'on les retranche l'une de l'autre, il vient $B^2D - 4ACD - B^2D + 4ABE = 0$, d'où $-2CD + BE = 0$; ce qui prouve que b est aussi de la forme $\dfrac{0}{0}$.

Ces résultats s'accordent avec la nature du lieu géométrique; car soit A' (*fig.* 210) un point pris à volonté sur la ligne DE menée à égale distance des deux parallèles BC, B'C', et menons par A' une droite quelconque GG', on a toujours A'G' = A'G, quelles que soient la direction de cette droite et la position du point A$'$ sur DE. Donc tout point de la ligne DE peut (n° 230) être considéré comme *un centre*.

Ces mêmes résultats indiquent (Alg. n° 73) que les deux équations de condition qui ont servi à déterminer a et b, rentrent l'une dans l'autre; et si l'on veut fixer la position de l'un des points qu'on peut prendre pour *centre*, ou pour nouvelle origine, il faut donner à a, par exemple, une valeur arbitraire, et déterminer, d'après l'équation de condition unique, la valeur correspondante de b. On obtient ainsi un nouveau système d'axes parallèles aux premiers, et par rapport auxquels l'équation est ramenée à la forme

$$Ay^2 + Bxy + Cx^2 + F' = 0.$$

Faisant ensuite évanouir le terme en xy d'après les formules du n° 373, on reconnaît que la disparition de ce terme fait en même temps disparaître le terme en x^2 ou en y^2, suivant que B est *négatif* ou *positif*.

Soit, pour exemple, l'équation

$$y^2 - 2xy + x^2 + 2y - 2x - 3 = 0,$$

formée par la multiplication des deux facteurs $y - x - 1$, et $y - x + 3$ (n° 358).

Premier système de transformations, au moyen des formules (n° 379). On trouve d'abord, tang $2\alpha = +\dfrac{2}{0}$, M $= 2$, N $= 0$, R $= 2\sqrt{2}$, S $= 0$; et l'on obtient pour première transformée, $2y^2 + 2\sqrt{2}.y - 3 = 0$.

Les deux nouveaux axes AX$'$, AY$'$ (*fig.* 210) font avec AX, des angles de 50° et 150°.

Posant ensuite dans cette transformée, $y = y + b$, et déterminant b de manière que le terme en y disparaisse, on obtient $4b + 2\sqrt{2} = 0$; d'où $b = -\dfrac{1}{2}\sqrt{2}$, et $2y^2 - 4 = 0$, ou $y = \pm\sqrt{2}$.

Prenons sur AY′ une distance égale à $-\frac{1}{2}\sqrt{2}$, et à partir du point D, portons deux distances DB, DB′ égales à $\sqrt{2}$; puis menons DE, BC, B′C′ parallèles à AX′; les droites BC, B′C′ sont les droites demandées et rapportées à un nouveau système d'axes, dont l'un A′X″ a une position déterminée, et l'autre A′Y″ a une position arbitraire.

Deuxième système de transformations, d'après les formules des nos 375 et 376.

Posant d'abord dans l'équation $y^2-2xy+x^2+2y-2x-3=0$, $y=y+b$, $x=x+a$, et égalant à o les coefficiens de y et de x, on trouve $2b-2a+2=0$, $-2+2a-2b=0$; équations qui se réduisent l'une et l'autre à $b-a+1=0$.

Soit pris, par exemple, $a=2$, il en résulte $b=1$; ce qui donne, pour la valeur correspondante de F′,

$$F'=b^2-2ab+a^2+2b-2a-3=-4,$$

et pour première transformée, $y^2-2xy+x^2-4=0$.

Fig. 211. Les deux droites A′X′, A′Y′ (*fig.* 211) menées parallèlement à AX, AY, par le point A′, pour lequel on a $a=2$, $b=1$, représentent d'ailleurs le second système d'axes.

On obtient ensuite tang $2\alpha=+\frac{2}{0}$, M $=2$, N $=0$; ce qui donne pour dernière transformée, $2y^2-4=0$, ou $y=\pm\sqrt{2}$, comme ci-dessus.

Le troisième système d'axes est A′X″, A′Y″.

381. Pour ne rien laisser à désirer sur les applications des formules de la transformation des coordonnées, à l'équation du second degré, nous allons indiquer le moyen de passer de l'équation d'une hyperbole rapportée à des axes rectangulaires quelconques, à l'équation de cette courbe rapportée à ses asymptotes.

Pour y parvenir, nous supposerons d'abord que la courbe soit (n° 375) rapportée à son centre comme origine; en sorte que son équation soit ramenée à la forme

$$Ay^2 + Bxy + Cx^2 + F' = 0 \ldots (1)$$

Cela posé, pour que le nouveau système d'axes soit celui des deux asymptotes, il faut (n° 322) que l'équation ne renferme que le rectangle des variables et une quantité toute connue.

On doit donc substituer dans l'équation (1), les formules

$$x = x \cos \alpha + y \cos \alpha', \quad y = x \sin \alpha + y \sin \alpha'$$

[au moyen desquelles (n° 219) on passe d'un système rectangulaire à un système oblique], puis déterminer α, α' de manière que les termes en y^2 et en x^2 disparaissent.

En effectuant cette substitution et égalant à 0 les coefficiens de y^2 et de x^2, on trouve les résultats suivans:

$$A \sin^2 \alpha' + B \sin \alpha' \cos \alpha' + C \cos^2 \alpha' = 0, \ldots (2)$$

$$A \sin^2 \alpha + B \sin \alpha \cos \alpha + C \cos^2 \alpha = 0, \ldots (3)$$

$$K = 2A \sin \alpha \sin \alpha' + B (\sin \alpha \cos \alpha' + \sin \alpha' \cos \alpha) + 2C \cos \alpha \cos \alpha' (4);$$

ce qui donne la transformée $Kxy + F' = 0.$

Afin de déterminer l'angle α, divisons les deux membres de (3) par $\cos^2 \alpha$; il vient

$$\tan^2 \alpha + \frac{B}{A} \tan \alpha + \frac{C}{A} = 0; \ldots (5)$$

d'où l'on déduit $\tan \alpha = -\dfrac{B}{2A} \pm \dfrac{1}{2A} \sqrt{B^2 - 4AC}.$

On obtient donc ainsi, en apparence, deux valeurs pour $\tan \alpha$; mais observons que l'équation (2) étant composée en α' comme (3) est composée en α, la résolution de (2) donnerait les mêmes valeurs que (3); d'où l'on doit conclure que, si la première des deux valeurs ci-dessus représente celle de $\tan \alpha$, la seconde doit exprimer celle de $\tan \alpha'$, et réciproquement.

On a donc, par exemple,

$$\tang \alpha = \frac{-\,B + \sqrt{B^2 - 4AC}}{2A}, \quad \tang \alpha' = \frac{-B - \sqrt{B^2 - 4AC}}{2A},$$

valeurs identiques avec celles qui ont été obtenues n° 369.

Il ne reste plus qu'à déterminer la valeur correspondante du coefficient K. On peut mettre l'équation (4) sous la forme

$$K = \cos \alpha \cos \alpha' \left[2A \tang \alpha \tang \alpha' + B (\tang \alpha + \tang \alpha') + 2C \right],$$

en observant d'ailleurs que

$$\cos \alpha \,.\, \cos \alpha' = \frac{1}{\sqrt{(1 + \tang^2 \alpha)(1 + \tang^2 \alpha')}};$$

or, l'équation (5) donne, d'après des propriétés connues,

$$\tang \alpha + \tang \alpha' = - \frac{B}{A}, \quad \tang \alpha \,.\, \tang \alpha' = \frac{C}{A};$$

d'où l'on tire ensuite

$$\tang^2 \alpha + \tang^2 \alpha' = \frac{B^2}{A^2} - 2 \tang \alpha \tang \alpha' = \frac{B^2 - 2AC}{A^2}.$$

Substituant ces diverses valeurs dans l'expression de K, on obtient, toute réduction faite, $K = \dfrac{4AC - B^2}{\sqrt{B^2 + (A - C)^2}}.$

Donc enfin, l'équation transformée est

$$xy = \frac{F' \,.\, \sqrt{B^2 + (A - C)^2}}{B^2 - 4AC}.$$

Les formules pour effectuer la double transformation, sont

$$1^o.\ a = \frac{2AE - BD}{B^2 - 4AC}, \quad b = \frac{2CD - BE}{B^2 - 4AC}, \quad F' = F + \frac{Db + Ea}{2}.$$

$$2^o.\ \tang \alpha = \frac{-\,B + \sqrt{B^2 - 4AC}}{2A},$$

$$\tang \alpha' = \frac{-B - \sqrt{B^2 - 4AC}}{2A}, \quad K = - \frac{B^2 - 4AC}{\sqrt{B^2 + (A - C)^2}}.$$

Soit, pour exemple, l'équation

$$y^2 + 2xy - 2x^2 - 4y - x + 10 = 0,$$

déjà traitée n° 377.

On a d'abord trouvé pour a, b, F',

$$a = \frac{1}{2}, \quad b = \frac{3}{2}, \quad F' = \frac{27}{4} = 0.$$

ce qui a donné pour première transformée,

$$y^2 + 2xy - 2x^2 + \frac{27}{4} = 0.$$

On obtient ensuite

$$\tang \alpha = -1 + \sqrt{3}, \quad \tang \alpha' = -1 - \sqrt{3},$$
$$K = -\frac{12}{\sqrt{13}},$$

et pour seconde transformée,

$$xy = \frac{9}{16}\sqrt{13}.$$

Ce résultat peut être facilement vérifié; en effet, A et B désignant les demi-axes d'une hyperbole, on a (n° 322)

$$xy = \frac{A^2 + B^2}{4};$$

mais (n° 377)

$$A^2 = \frac{9}{8}(\sqrt{13} - 1), \quad B^2 = \frac{9}{8}(\sqrt{13} + 1);$$

donc

$$\frac{A^2 + B^2}{4} = \frac{9}{16}\sqrt{13}.$$

§ III. *Détermination d'une section conique d'après certaines conditions. Propriétés communes aux trois courbes.*

382. On peut, comme pour la ligne droite et le cercle (nᵒˢ 147, 190), rechercher des sections coniques qui remplissent des conditions données ; dans ce cas, les coefficiens de leurs équations doivent être regardés comme des *constantes indéterminées* dont les valeurs dépendent des conditions imposées à la droite.

Or, en reprenant l'équation générale des courbes du second degré, et divisant tous ses termes par le coefficient de y^2, on la ramène à la forme

$$y^2 + axy + bx^2 + cy + dx + e = 0 \ldots \text{ (1)}$$

Comme cette nouvelle équation ne renferme que *cinq* coefficiens, a, b, c, d, e, il s'ensuit qu'on peut, en général, faire remplir cinq conditions différentes à la courbe ; et ces conditions, exprimées analytiquement, serviront à déterminer les quantités a, b, c, d, e.

Soit proposé, par exemple, de *faire passer une section conique par cinq points.*

Appelons $(x', y',)$, (x'', y''), (x''', y'''), (x^{IV}, y^{IV}), (x^V, y^V) les coordonnées de ces points. En substituant successivement dans l'équation (1) chacun des cinq systèmes, on obtiendra autant d'équations du premier degré en a, b, c, d, qui, étant résolues, donneront les valeurs de ces coefficiens ; et, en reportant ces valeurs dans l'équation (1), on aura celle de la section conique individuelle demandée. Cette courbe sera d'ailleurs une ellipse, une hyperbole ou une parabole, suivant que l'on aura (nᵒ 356) entre les coefficiens 1, a, b des trois premiers termes,

$$a^2 - 4b < 0, \qquad a^2 - 4b > 0, \qquad a^2 - 4b = 0.$$

Il peut même arriver que la courbe se réduise à l'une des variétés. Le calcul fait ressortir toutes ces circonstances.

On observera encore que, si la courbe cherchée doit être une parabole, quatre points suffisent pour la déterminer; car on a déjà entre les coefficiens de l'équation, la relation particulière

$$a^2 - 4b = 0.$$

Toutefois, comme cette équation est du second degré, tandis que les autres sont du premier degré, on devra généralement obtenir *deux paraboles*, pour réponse à la question.

383. Au lieu de donner *cinq* points de la courbe, on peut supposer connues de position, des droites auxquelles la courbe soit assujettie à être *tangente*.

Si, par exemple, on veut que la courbe soit tangente à une droite $y=mx+n$, m et n étant des quantités connues, il suffit de combiner cette équation avec l'équation (1), et, après avoir formé une équation du second degré en x, d'écrire (n°ˢ 194, 197) que les deux racines de cette équation sont égales. On obtient ainsi *une première* relation entre les indéterminées a, b, c, d, e et les quantités connues m, n.

Même raisonnement pour une seconde, une troisième..... droite à la quelle la courbe devrait être tangente.

S'il s'agit d'une hyperbole, la connaissance d'une asymptote équivaut à celle d'une tangente et de son point de contact, puisque (n° 291) les asymptotes sont des tangentes à l'infini. Ainsi, il suffit de trois autres conditions pour déterminer la courbe.

384. Si la courbe doit avoir un centre, et que l'on donne la position de ce point, trois autres conditions sont encore suffisantes pour la détermination de la courbe.

En effet, comme rien n'empêche de prendre ce point pour origine, l'équation est alors (n° 375) de la forme,

$$y^2 + axy + bx^2 + f = 0,$$

et ne renferme que trois coefficiens à déterminer; ainsi la connaissance du centre équivaut à *deux* conditions différentes. Il est vrai que, dans ce cas, la courbe ne peut être qu'une ellipse ou une hyperbole.

385. Lorsqu'on donne de position le système des axes, ou un système de diamètres conjugués, deux autres conditions suffisent pour déterminer leur grandeur, et par conséquent, la courbe elle-même. Car en rapportant la courbe à ce système, on a l'équation $A'^2 y^2 \pm B'^2 x^2 = \pm A'^2 B'^2$, dans laquelle A' et B' sont les seules constantes à déterminer.

Quant à la parabole, connaissant de position le système des axes, ou un système d'axes conjugués, il suffit d'une autre condition pour déterminer la courbe, puisque dans l'équation $y^2 = 2p' x$, il n'y a que p' à déterminer.

386. Nous ferons connaître à ce sujet un moyen beaucoup plus simple que celui qui a été exposé (n°s 314 et 340), pour construire la courbe, *connaissant un système d'axes conjugués, et le paramètre à ce système,* s'il s'agit d'une parabole; ou un système de diamètres conjugués, s'il s'agit d'une ellipse ou d'une hyperbole.

Fig. 212.   Considérons d'abord une parabole. Soient AX, AY (*fig.* 212) un système d'axes conjugués, $2p'$ le paramètre à ce système. Prenons sur AY et au-dessous du point A, une distance AD égale à $2p'$, et menons par le point D une droite DL parallèle à AX. Tirons enfin par le point A, une droite quelconque AH.

Les équations de la parabole, de la droite AH et de la parallèle DL, sont $y^2 = 2p' x$, $y = ax$, $y = -2p'$.

Or, la combinaison des deux dernières équations donne, pour les coordonnées du point E où la droite AH rencontre la ligne DL, $y = -2p'$, $x = -\dfrac{2p'}{a}$.

D'un autre côté, en combinant la première et la seconde équation, on trouve pour les coordonnées des points d'intersection A et M, $x = 0$, $y = 0$, puis $x = \dfrac{2p'}{a^2}$, $y = \dfrac{2p'}{a}$; d'où l'on voit que *les distances* DE *et* MP *ou* AG *sont égales.*

Cette propriété est vraie pour toutes les droites menées par le point A.

Cela posé, pour construire la courbe, *prenez sur AY et au-*

dessous du point A , AD = 2*p'*, *et menez* DL *parallèle à* AX. *Tirez ensuite des droites indéfinies* AH, AH'; ... *portez les distances* DE, DE'... *de* A *en* G, G',... *et par ces derniers points, tracez* GK, G'K'... *parallèles à* AX. Les points M, M'... où les droites AH et GK, AH' et G'K' se rencontrent, appartiennent nécessairement à la courbe.

Passons maintenant à l'ellipse. Soient OB = A', OC = B' (*fig.* 213), deux diamètres conjugués, AY la tangente au point Fig. 213. A, DL une parallèle à AX ; menée à une distance AD $= -\dfrac{2\mathrm{B}'^2}{\mathrm{A}'}$ (c'est le paramètre au système donné). Tirons d'ailleurs deux cordes supplémentaires quelconques AM , BM.

Les équations de ces deux droites et de la parallèle DL, sont

$$y = ax, \quad y = a'(x - 2\mathrm{A}'), \quad y = -\frac{2\mathrm{B}'^2}{\mathrm{A}'};$$

les quantités a , a' étant, comme on le sait, liées entre elles par la relation

$$aa' = -\frac{\mathrm{B}'^2}{\mathrm{A}'^2}.$$

Or, la combinaison de la première et de la troisième équation donne pour les coordonnées du point E, $y = -\dfrac{2\mathrm{B}'^2}{\mathrm{A}'}$,

$$x = -\frac{2\mathrm{B}'^2}{\mathrm{A}'a}.$$

D'un autre côté, si l'on fait $x = 0$ dans la seconde équation, il vient pour l'ordonnée du point G' où la droite BM rencontre

AY .... $y = -2\mathrm{A}a'$,

ou, à cause de la relation $aa' = -\dfrac{\mathrm{B}'^2}{\mathrm{A}'^2}$, ... $y = \dfrac{2\mathrm{B}'^2}{\mathrm{A}'a}$;

donc AG = DE.

(Il est à remarquer que cette propriété renferme implicitement celle de la parabole, puisque si l'on suppose le grand axe infini, la droite BM devient une parallèle à AX.)

D'après cela, pour construire une ellipse, connaissant un système de diamètres conjugués et l'angle qu'ils font entre eux, *menez par l'une des extrémités* A *du diamètre* AB , *une parallèle à l'autre ; prenez sûr cette ligne AY et au-dessous du point A, une distance AD égale à* $\dfrac{2B'^2}{A'}$. *Tirez ensuite des lignes indéfinies AH , AH′ . . . . ; portez les distances DE, DE′ . . . ., de A en G , G′ . . . ., et joignez ces derniers points avec le point B ;* les points M , M′ ... où les droites AH et BG , AH′ et BG′ . . . . se rencontrent, appartiennent nécessairement à la courbe.

Même construction p[our] l'hyperbole.

387. Voici une nouvelle propriété, commune aux trois courbes du second degré, qui peut servir à leur construction dans certaines circonstances. Elle est relative aux foyers et à la *directrice.* (*Voyez* n°s 247 et 248.)

Fig. 214. Soient MNAM′... (*fig.* 214) une courbe du second degré, LL′ la directrice qu'on suppose donnée de position (n° 248), F l'un des foyers. Considérons deux points M , N de la courbe , et tirons les droites MN , FM , FN, en prolongeant MN jusqu'à sa rencontre en R avec la directrice, puis joignons FR.

Je dis que *la droite* FR *divise en deux parties égales l'angle* NF*m formé par le rayon vecteur* FN *et le prolongement* F*m de l'autre rayon vecteur* FM.

En effet, menons du point N la droite NI parallèle à FM, et abaissons les perpendiculaires MP, NQ, sur la directrice. On a, d'après la propriété caractéristique de la directrice (n° 247),

MF : MP :: NF : NQ, ou MF : NF :: MP : NQ; .... (1)

mais les triangles semblables RPM , RQN et RFM , RIN,

donnent MP : NQ :: RM : RN,

RM : RN :: MF : NI ;

d'où MP : NQ :: MF : NI; .... (2)

donc, à cause du rapport commun aux proportions (1) et (2),

MF : NF :: MF : NI; et par conséquent, NF = NI.

Le triangle NIF étant isocèle, il s'ensuit que les angles NFI et NIF ou IF*m* sont égaux. C. Q. F. D.

388. Cette propriété fort curieuse en elle - même, prouve d'ailleurs qu'*une section conique est déterminée, lorsqu'on donne un foyer et trois points de la courbe ;* en sorte que la connaissance de l'un des foyers équivaut à deux conditions différentes.

En effet, soient M, N, P (*fig.* 215) trois points donnés, par lesquels on veut faire passer une section conique, et F l'un des foyers de cette courbe.

1°. *Si l'on tire les lignes* MN, FM, FN, *et qu'on divise l'angle* NF*m en deux parties égales,* le point R où les deux droites MN, FR se rencontrent, est nécessairement *un premier point* de la directrice.

2°. *En exécutant une construction analogue par rapport aux trois points* N, P, F *ou* M, P, F, *on détermine un second point* S de cette directrice, qui est alors RS.

Maintenant, si du point F on abaisse FB perpendiculaire sur RS, on a *la direction* du premier axe. Menant ensuite de l'un des points donnés, N par exemple, NQ perpendiculaire à RS, on obtient NF : NQ, pour le *rapport constant* qui doit exister entre la distance d'un point quelconque de la courbe au foyer, et sa distance à la directrice. Dès lors, on peut facilement (n° 248) déterminer les grandeurs des axes.

Suivant que le rapport NF : NQ est reconnu *plus petit, plus grand* ou *égal* à l'unité, la courbe est, comme on l'a vu (n° 247), une ellipse, une hyperbole ou une parabole. Dans la figure 215, la courbe est une parabole, puisque l'on a évidemment MF = NQ.

389. *N. B.* Lorsqu'on exige d'avance que la courbe soit *une parabole,* il suffit de donner *deux* points de la courbe avec le foyer ; et, dans ce cas, voici comment on détermine la directrice.

Soient M et N (*fig.* 216) les deux points donnés, F le foyer. *Après avoir déterminé le point* R, comme dans la construction précédente, *on décrit de l'un des points donnés,* M par exemple, *comme centre, avec le rayon* MF, *une circonférence ; puis du point* R, *on mène une tangente* RT *à cette circonférence ;* et cette tangente n'est autre chose que *la directrice demandée ;* car il résulte nécessairement de la définition de la parabole, que sa directrice est tangente à toutes les circonférences décrites des différens points de la courbe comme centres, et avec des rayons égaux aux rayons vecteurs correspondans.

Puisque par le point R on peut, en général, mener deux tangentes à la circonférence, il s'ensuit qu'on obtient par ce moyen *deux* directrices, et par conséquent, *deux* paraboles ; l'une est M'ANM, qui a pour directrice RT, et pour premier axe BX ; l'autre est *n*N*a*M*m'*, dont la directrice est RT', et le premier axe, B'X'.

La question n'aurait qu'une solution, si la circonférence passait par le point R.

Enfin, il n'y aurait aucune solution, si le point R était intérieur à la circonférence.

390. La détermination d'une section conique d'après certaines conditions, est, en général, un problème assez difficile à résoudre par l'analyse, à cause de l'embarras qu'on éprouve souvent dans le choix des axes. Aussi, s'est-on attaché principalement à en rechercher des solutions purement géométriques, en se fondant toutefois sur les propriétés connues des trois courbes. Les questions suivantes ont pour objet de donner une idée de ces sortes de constructions.

PREMIÈRE QUESTION. *Trois droites et un point étant donnés sur un plan, trouver une courbe du second degré tangente à ces trois droites, et qui ait pour* FOYER *le point donné.*

Fig. 217.   Soient M*m*, N*n*, P*p* (*fig.* 217) les droites données, et F le foyer de la courbe cherchée. On a vu (n° 297) que, dans l'ellipse et l'hyperbole, les pieds des perpendiculaires abaissées d'un foyer sur les tangentes, *sont situés sur la circonférence de cercle décrite sur le premier axe comme diamètre,* et (n° 338) que, dans la parabole, ces même pieds *se trouvent sur le second axe.*

Cela posé, *abaissez du point* F *les trois perpendiculaires*

FG, FH, FK; il peut arriver deux cas : ou les trois points G, H et K forment un triangle, ou bien, ils sont en ligne droite.

Dans le premier cas, *joignez ces points deux à deux*, puis *élevez, par les milieux des lignes de jonction, des perpendiculaires*; elles se rencontrent en un point O, qui est le CENTRE de la courbe. *Tirez ensuite OF, et prenez sur cette droite deux parties OB, OA égales à OG*; vous obtenez AB pour le premier axe; et la courbe est une ellipse ou une hyperbole, suivant que le point B se trouve placé sur le prolongement de OF, ou entre les points O et F.

Dans la figure 217, la courbe est une ellipse; et le second axe CD s'obtient (n° 230) en décrivant du point F comme centre, et avec le rayon OB, un arc de cercle.

Si la courbe était une hyperbole, le centre de l'arc de cercle serait en B (n° 235), et OF serait le rayon de l'arc.

Dans le second cas, c'est-à-dire, *lorsque les trois points G, H, K (fig. 218) sont en ligne droite*, cette ligne KHGY représente Fig. 218. le second axe de la courbe, qui est alors une parabole; et pour avoir le premier axe, il suffit *d'abaisser FX perpendiculaire sur KY*. Le quadruple de AF représente d'ailleurs le paramètre; ainsi la courbe peut être construite facilement.

N. B. Lorsqu'on sait d'avance que la courbe cherchée doit être une parabole, il suffit de connaître *deux tangentes et le foyer*, puisque le second axe est déterminé par les pieds des perpendiculaires abaissées du foyer sur ces tangentes; et, en effet, nous savons déjà que *quatre* conditions suffisent pour la parabole; or la connaissance du foyer compte (n° 338) pour *deux* conditions.

SECONDE QUESTION. *On demande de construire une ellipse, connaissant le centre, la longueur de son grand axe, une tangente et son point de contact.*

Soient O (*fig.* 219) le centre donné, A le demi-axe de la Fig. 219. courbe, T.*t* la tangente et M son point de contact.

Du point O comme centre, et avec A pour rayon, décrivez

une circonférence de cercle qui coupe généralement T*t* en deux points R, R'; puis *élevez aux points* R, R', *les perpendiculaires* RS, R'S', *à cette tangente;* elles passent nécessairement (n° 297) par les foyers de la courbe.

Tirez ensuite la ligne OR, *et par le point de contact* M, *tracez* MN *parallèle à* OR; il résulte de la propriété démontrée (n° 299), que MN passe aussi par le second *foyer*. Donc le point F' où R'S' et MN se rencontrent, n'est autre chose que le second foyer.

Menez enfin la ligne F'O *qui rencontre* RS *en un point* F; et vous obtenez ainsi le premier foyer.

Les points A, B où F'F rencontre la circonférence déjà décrite, sont d'ailleurs les sommets de la courbe qui est alors complètement déterminée.

N. B. Si le point de contact était placé sur la tangente T*t*, en un point M' tel, que la droite M'N' parallèle à OR, rencontrât R'S' au point *f'* situé hors de la circonférence décrite sur A, la courbe, au lieu d'être une ellipse, serait une hyperbole dont le premier axe aurait pour direction *f'*O, et pour sommets *a*, *b*. Les foyers seraient les points *f'*, *f* où la ligne *f'*O rencontre R'S' et RS prolongés.

On voit donc que, bien que l'on ait demandé une ellipse, il peut arriver que la courbe soit une hyperbole.

TROISIÈME QUESTION. *Construire une hyperbole, connaissant l'un des foyers, une asymptote et la longueur du premier axe, ou le rapport des axes.*

Fig. 220.   Soient F (*fig.* 220) le foyer donné, LL' l'une des asymptotes, et A la longueur du premier axe, ou *m* le rapport B : A.

Abaissez du point F *une perpendiculaire sur* LL'; le pied R de cette perpendiculaire est à une distance du centre de la courbe, égale à A (n° 297), puisque LL' peut être considérée comme une tangente.

Ainsi, en supposant que A soit connu, *prenez à partir du point* R *sur* LL', *une distance* RO *égale à* A; et le point O est le centre de la courbe.

Menez OF ; vous obtenez la direction du premier axe ; et *portez* OR *de* O *en* A *et* B, *puis* OF *de* O *en* F ; vous avez les deux sommets de la courbe, ainsi que les deux foyers. *Tracez enfin* KK' de manière que l'angle FOK soit égal à l'angle LOF ; vous obtenez la seconde asymptote.

N. B. Lorsqu'au lieu de A, on donne le rapport m, ou $\dfrac{B}{A}$, la tangente trigonométrique de l'angle FOK est connue ; ainsi, la direction de la ligne FO peut être facilement déterminée. Quant aux grandeurs des demi-axes, elles sont évidemment représentées par OR et RF.

On a d'abord OR $=$ A, comme on l'a vu tout à l'heure ; et RF $=$ B, d'après la relation OF $= c = \sqrt{A^2 + B^2}$, qui donne nécessairement $B^2 = c^2 - A^2 = \overline{RF}^2$.

QUATRIÈME QUESTION. *Étant donnés une asymptote, deux points et le rapport des axes d'une hyperbole, construire la courbe.*

Soient LL', M, M' (*fig.* 221) l'asymptote et les deux points Fig. 221. donnés ; m le rapport $\dfrac{B}{A}$ que l'on suppose connu.

Joignez les points M *et* M', *puis à partir du point* M', *prenez une distance* M'R' *égale à* MR ; *le point* R' appartient à la seconde asymptote (n° 325).

Comme le rapport $\dfrac{B}{A}$, ou m, est donné, *faites en un point quelconque* I *de* LL', *un angle* LIG *dont la tangente soit égale à* m, *puis un angle* HIL *double de* LIG. *Tracez enfin par le point* R' *la droite* KK' *parallèle* à IH, et vous avez ainsi la seconde asymptote.

La courbe peut donc être tracée facilement d'après la méthode du n° 326.

N. B. Si au lieu du rapport des axes, on donnait la position d'un troisième point, en joignant ce point avec l'un des deux points déjà donnés, on obtiendrait un nouveau point de la seconde asymptote, dont la direction serait alors déterminée.

Voici les énoncés de nouvelles questions sur lesquelles on peut s'exercer.

1°. *Construire une parabole, connaissant le foyer, un point et une tangente.*

2°. *Construire une ellipse, connaissant deux tangentes, le centre et la longueur du premier axe* (la courbe peut être une hyperbole).

3°. *Construire une hyperbole, connaissant une asymptote, un foyer ou une tangente.*

391. Nous terminerous ces considérations, 1°. par la démonstration d'une propriété qui appartient aux trois courbes du second degré, et dont les géomètres ont tiré parti, pour construire des sections coniques d'après certaines données; 2°. par la recherche de l'équation de la tangente à une courbe du second degré, rapportée à un système d'axes quelconques (*fig.* 222).

Fig. 222.

Reprenons l'équation

$$y^2 + axy + bx^2 + cy + dx + e = 0,\dots\dots (1)$$

que nous supposons représenter une des trois courbes, rapportée à un système rectangulaire ou oblique, AX, AY.

Cette équation peut être mise sous la forme

$$y^2 + (ax + c)\, y + b\left(x^2 + \frac{d}{b}\, x + \frac{e}{b}\right) = 0;\dots\dots (2)$$

soit fait d'abord $y = 0$, pour obtenir les points où la courbe rencontre l'axe des x; il en résulte

$$b\left(x^2 + \frac{d}{b}\, x + \frac{e}{b}\right) = 0,\dots\dots (3)$$

équation dont les racines ne sont autre chose que les abscisses des points demandés.

Si ces racines sont imaginaires, c'est un indice que la courbe n'a aucun point commun avec l'axe des x; et si elles sont égales, la courbe est tangente à cet axe.

Mais admettons qu'elles soient réelles et inégales, et désignons par x', x'' ces deux racines.

Le trinome $x^2 + \dfrac{d}{b} x + \dfrac{e}{b}$ revient (Alg., n° 98) à $(x - x')(x - x'')$.

Pour exprimer ce produit géométriquement, observons que AP représentant une abscisse quelconque, et AB, AC les abscisses x', x'', on a nécessairement $(x - x')(x - x'') = \mathrm{PB} \times \mathrm{PC}\ldots$

D'un autre coté, le dernier terme de l'équation (3), ou $b(x - x')(x - x'')$, est égal au produit des deux racines de cette équation résolue par rapport à y; et ces racines sont représentées par PM et Pm.

On a donc la relation

$$\mathrm{PM} \times \mathrm{P}m = b(x - x')(x - x'') = b \times \mathrm{PB} \times \mathrm{PC};$$

d'où l'on déduit
$$\frac{\mathrm{PM} \times \mathrm{P}m}{\mathrm{PB} \times \mathrm{PC}} = b \ldots.$$

Pour d'autres abscisses AP′, AP″....., on aurait également

$$\frac{\mathrm{P'M'} \times \mathrm{P'}m'}{\mathrm{P'B} \times \mathrm{P'C}} = b, \quad \frac{\mathrm{P''M''} \times \mathrm{P''}m''}{\mathrm{P''B} \times \mathrm{P''C}} = b, \ldots.$$

et par conséquent,

$$\frac{\mathrm{PM} \times \mathrm{P}m}{\mathrm{PB} \times \mathrm{PC}} = \frac{\mathrm{P'M'} \times \mathrm{P'}m'}{\mathrm{P'B} \times \mathrm{P'C}} = \frac{\mathrm{P''M''} \times \mathrm{P''}m''}{\mathrm{P''B} \times \mathrm{P''C}} = \ldots..$$

Ce qui démontre que, dans toute courbe du second degré, si l'on considère une sécante quelconque AX, puis une série d'autres sécantes parallèles entre elles et menées sous une direction tout-à-fait arbitraire, *les rectangles des parties de ces parallèles, comprises entre leurs points de rencontre avec la première sécante et leurs points d'intersection avec la courbe, sont aux rectangles des parties de la première sécante, comprises entre les pieds des parallèles et les points où cette sécante rencontre la courbe, dans un rapport constant.*

Il est aisé de reconnaître que cette propriété comprend implicitement celles qui ont été démontrées dans le cinquième chapitre (n°ˢ 276 et 373).

En effet, si, la première sécante étant un diamètre quelconque, les autres sécantes sont parallèles au conjugué de ce diamètre, il en résulte $\mathrm{PM} = \mathrm{P}m$, $\mathrm{P'M'} = \mathrm{P}'m'$, etc., et la relation ci-dessus devient

$$\frac{\overline{\mathrm{PM}}^2}{\overline{\mathrm{PB}} \times \overline{\mathrm{PC}}} = \frac{\overline{\mathrm{P'M'}}^2}{\overline{\mathrm{P'B}} \times \overline{\mathrm{P'C}}} = \frac{\overline{\mathrm{P''M''}}^2}{\overline{\mathrm{P''B}} \times \overline{\mathrm{P''C}}} = \ldots\ldots$$

On fait usage de cette propriété, pour *faire passer une section conique par cinq points donnés*; mais les détails qu'exige cette construction, nous entraîneraient beaucoup trop loin.

Nous renvoyons, pour ces sortes de constructions, au *Traité des sections coniques, par le marquis de* LHOPITAL.

392. Pour obtenir l'équation de la tangente en un point donné d'une courbe du second degré, nous emploierons la méthode du n° 198.

Soient x', y' et x'', y'' les coordonnées de deux points de la courbe, dont l'un (x'', y'') doit devenir un point de contact.

L'équation de la courbe étant généralement

$$y^2 + 2axy + bx^2 + 2cy + 2dx + e = 0,\ldots\ (1)$$

(nous verrons bientôt pourquoi l'on met en évidence le facteur 2 dans les termes en xy, y et x), la sécante est exprimée analytiquement par le système des trois équations

$$y - y' = \frac{y' - y''}{x' - x''}\ (x - x'),\ \ldots\ (2)$$

$$y'^2 + 2ax'y' + bx'^2 + 2cy' + 2dx' + e = 0,\ \ldots\ (3)$$

$$y''^2 + 2ax''y'' + bx''^2 + 2cy'' + 2dx'' + e = 0.\ \ldots\ (4)$$

Cherchons, au moyen des deux dernières équations, la valeur du coefficient $\dfrac{y' - y''}{x' - x''}$.

Or, en soustrayant les équations (3) et (4) l'une de l'autre, on a

$$y'^2 - y''^2 + 2a(x'y' - x''y'') \ldots (x'^2 - x''^2) + 2c(y' - y'') + 2d(x' - x'') = 0;$$

ou, observant que

$$y'^2 - y''^2 = (y' + y'')(y' - y''), \quad x'^2 - x''^2 = (x' + x'')(x' + x''),$$

et (n° 324) $\quad x'y' - x''y'' = x'(y' - y'') + y''(x' - x''),$

$$\left.\begin{array}{l} (y' - y')[y' + y'' + 2ax' + 2c] \\ + (x' - x')[2ay'' + b(x' + x'') + 2d] \end{array}\right\} = 0;$$

d'où l'on déduit

$$\frac{y' - y''}{x' - x''} = -\frac{[2ay'' + b(x' + x'') + 2d]}{y' + y'' + 2ax' + 2c} \ldots \ldots (5)$$

En portant cette valeur dans l'équation (2), on obtiendrait l'équation de la sécante, en y réunissant toutefois l'équation (3).

Mais pour obtenir sur-le-champ l'équation de la tangente, il suffit de poser dans le résultat (5), $x' = x''$, $y' = y''$, et de faire ensuite la substitution dans l'équation (2). Il vient donc pour l'équation demandée

$$y - y'' = -\frac{(ay'' + bx'' + d)}{y'' + ax'' + c}(x - x''); \ldots (6)$$

équation qui ne représente la tangente qu'autant que l'on considère en même temps la relation (4), au moyen de laquelle on peut d'ailleurs la simplifier.

En effet, si l'on chasse le dénominateur, et qu'on observe que de l'équation (4) on déduit

$$y''^2 + 2ax''y'' + bx''^2 = -2cy'' - 2dx'' - e,$$

il vient, toute réduction faite,

$$yy'' + a(x''y + xy'') + bxx'' + c(y + y'') + d(x + x'') + e = 0; \ldots (7)$$

résultat qu'on obtient facilement à l'aide de l'équation (1), en changeant 1°. $y^2 + bx^2$ en $yy'' + bxx''$ (*voyez* n° 199);

2°. $2axy$ ou $axy + axy$, en $ax\ldots axy''$; 3°. $2cy$ ou $cy + cy$, en $cy + cy''$; 4° enfin, $2dx$ en $dx + dx''$.

Si la courbe est rapportée à un système d'axes dont l'un soit un diamètre et l'autre la tangente menée à l'extrémité de ce diamètre, l'équation de la courbe est alors (n° 246) de

la forme
$$y^2 = 2px + qx^2.$$

Dans ce cas, on a $a = 0$, $b = -q$, $c = 0$, $d = -p$, $e = 0$; et l'équation de la tangente devient

$$yy'' = p(x + x'') + qxx'' \ldots \qquad (8)$$

On retrouverait de la même manière les équations correspondantes aux autres formes sous lesquelles on a considéré les équations des différentes courbes.

Dans les applications, on a souvent besoin de rappeler l'équation de la tangente sous la forme (8).

§ IV. *Applications de la théorie des courbes du second degré.*

Construction des équations du troisième et du quatrième degré à une inconnue.

393. Nous avons vu (chap. 1er, n° 17) que, sans qu'il soit d'abord nécessaire de résoudre une équation du second degré à une seule inconnue, on peut, par les intersections de la droite et du cercle, évaluer en *lignes* les racines de cette équation. Nous allons faire voir maintenant que celles des équations du troisième et du quatrième degré peuvent être également ment construites au moyen des intersections de deux sections coniques.

Le principe fondamental de ces sortes de constructions,

consiste à regarder l'équation proposée *comme le résultat de l'élimination entre deux équations à deux inconnues, dont l'une, supposée l'inconnue primitive, est prise pour abscisse, et l'autre pour ordonnée.* En construisant successivement, et sur les mêmes axes, les lieux géométriques de ces équations (n° 181), on reconnaît que les courbes se rencontrent en un ou plusieurs points dont les abscisses représentent, en *lignes,* les racines réelles de l'équation proposée.

Développons ce principe sur l'équation du quatrième degré,

$$x^4 + px^3 + qx^2 + rx + S = 0 \dots \qquad (1)$$

Posons dans cette équation.... $x^2 = ky \dots$ $\qquad (2)$

(k est une quantité tout-à-fait arbitraire, mais constante) ;

elle devient.... $k^2y^2 + pkxy + qky + rx + S = 0 \dots$ $\quad (3)$

Cela posé, comme l'équation (1) résulte évidemment de l'élimination de y entre (2) et (3), il s'ensuit qu'elle renferme toutes les valeurs de x, propres à vérifier (2) et (3), en même temps que certaines valeurs de y; donc si, par un moyen quelconque, on peut obtenir les systèmes de valeurs de x et de y communs aux équations (2) et (3), en ne tenant compte que de celles de x, on aura les racines de l'équation (1).

Or, l'équation (2) étant construite par rapport à des axes rectangulaires, représente une parabole dont le premier axe est dirigé suivant l'axe des y; l'origine est d'ailleurs le sommet même de la courbe.

De même, l'équation (3) étant construite sur les mêmes axes, a pour lieu géométrique une hyperbole (n° 371), dont l'une des asymptotes est parallèle à l'axe des x.

Ces deux courbes se coupent généralement en *quatre* points (puisque l'équation finale (1) est du quatrième degré), dont les coordonnées jouissent exclusivement de la propriété de satisfaire en même temps à leurs équations. Ainsi les abscisses de ces points sont les racines de l'équation (1).

N. B. Le nombre des racines réelles de cette équation est égal au nombre des points d'intersection.

394. On peut, par quelques artifices de calcul, remplacer les équations qui ont d'abord été établies, par d'autres plus faciles à construire. Ainsi, par exemple, il est toujours possible de substituer à l'équation (3) qui est la plus compliquée, celle d'une circonférence de cercle. Il suffit, pour cela, de supposer que l'équation (1) soit privée du second terme ; et l'on sait que cette transformation est exécutable pour toutes les équations.

Reprenons en effet l'équation du quatrième degré, privée

de second terme..
$$x^4 + qx^2 + rx + S = o, \dots \qquad (1)$$

et posons......
$$x^2 = ky; \dots \qquad (2)$$

il en résulte.....
$$k^2 y^2 + qky + rx + S = o \dots \qquad (3)$$

On remarquera d'abord que, par cette première transformation, les lieux géométriques à construire sont *deux paraboles,* dont la seconde (n° 378) a ses axes principaux parallèles aux axes coordonnés. On déterminerait facilement le sommet, en faisant disparaître le terme en y, et la quantité toute connue. Mais si l'on divise cette équation par k^2 et qu'on l'ajoute avec (2), il vient

$$x^2 + y^2 + \frac{q - k^2}{k} \cdot y + \frac{rx}{k^2} + \frac{S}{k^2} = o. \dots (4)$$

équation qui peut remplacer l'équation (3), et qui a pour lieu géométrique une circonférence de cercle que l'on pourra construire d'après la méthode indiquée (n° 177).

En outre, comme la quantité k est arbitraire, rien n'empêche de supposer $k = \sqrt{q}$, d'où $q - k^2 = o$; ce qui fait disparaître le terme en y dans l'équation (4) ; auquel cas, le centre du cercle se trouve placé sur l'axe des x.

395. Considérons actuellement l'équation du troisième degré,

$$x^3 + px^2 + qx + r = o.$$

En posant $x^2 = ky$, on la change en

$$kxy + pky + qx + r = 0;$$

et ces deux-ci, étant construites, donneraient deux courbes dont les points d'intersection auraient pour abscisses, les racines réelles de la proposée.

La troisième équation est celle d'une hyperbole dont les asymptotes sont (n° 357) parallèles aux axes coordonnés, et peut se construire facilement, dès que l'on a fixé la position de ces asymptotes et d'un seul point de la courbe.

Mais si l'on veut la remplacer par celle d'un cercle, il faut d'abord faire évanouir le second terme, puis multiplier le résultat par x. Cette dernière préparation, qui a pour objet de ramener l'équation au quatrième degré, introduit, à la vérité, une racine $x = 0$, qui est étrangère ; mais, dans le résultat, on a soin d'en faire abstraction.

Soit donc $\qquad x^4 + qx^2 + rx = 0 , \ldots \ldots$ (1)

l'équation privée de second terme, et ensuite multipliée par x.

Posons $\qquad x^2 = ky ; \ldots$ (2)

il en résulte $\qquad y^2 + \dfrac{q}{k} y + \dfrac{r}{k^2} x = 0 ; \ldots$ (3)

ou bien, ajoutant entre elles les équations (2), (3), et transposant,

$$y^2 + x^2 + \dfrac{q - k^2}{k} y + \dfrac{r}{k^2} x = 0 ;$$

ou bien enfin, faisant, pour plus de simplicité, $k = \sqrt{q}$,

$$y^2 + x^2 + \dfrac{r}{k^2} x = 0 ; \ldots$$ (4)

équation d'une circonférence de cercle dont le centre est sur l'axe des x, et qui passe par l'origine.

Appliquons ces considérations générales à quelques exemples.

396. PREMIER PROBLÈME. *Un arc quelconque* AB *d'une cir-*

conférence étant donné, on propose de le diviser en trois par-
ties égales.

On a trouvé (n° 69), pour la formule qui donne le sinus du *tiers* d'un arc en fonction du sinus de cet arc,

$$4\sin^3 \tfrac{1}{3} a - 3 \sin \tfrac{1}{3} a + \sin a = 0.$$

Soient $AB = a, \quad BP = \sin a = q,$

Fig. 223. $MQ = \sin \tfrac{1}{3} a = x, \quad OA = r$ (*fig.* 223);

et rétablissons l'homogénéité (n° 26), cette formule devient

$$4x^3 - 3r^2 x + qr^2 = 0, \dots \ (1)$$

équation dont nous allons d'abord donner la construction.

Pour y parvenir, posons $x^2 = ry; \dots \ (2)$

l'équation (1) devient

$$4xy - 3rx + qr = 0 \dots \ (3)$$

Menons par le centre du cercle donné deux axes rectangulaires OX, OY, dont l'un passe par le point A ; et construisons la courbe représentée par l'équation (2) ; c'est une parabole LOL', dont l'axe principal est dirigé suivant OY, et qui
a *r* pour paramètre. Ainsi sa construction n'offre aucune difficulté.

Quant à l'équation (3), qui appartient évidemment à une
hyperbole, si on la résout successivement par rapport à *y* et
à *x*, on trouve

$$y = \frac{3rx - qr}{4x} = \frac{3r}{4} - \frac{qr}{4x}, \quad \text{et} \quad x = 0 - \frac{qr}{4y - 3r};$$

ce qui prouve (n° 357) que les deux asymptotes sont : 1°. une
droite FEF' menée parallèlement à l'axe des *x* à une distance
$OE = \tfrac{3}{4} r$; 2°. l'axe des *y* lui-même.

D'ailleurs, l'hypothèse $y = 0$, introduite dans l'équation (3),

donne $x = \dfrac{q}{3}$. Ainsi, prenant sur OA une distance. . . .

$OC = \dfrac{BP}{3}$, on obtient un point de l'hyperbole, qu'il est alors

facile de construire d'après le procédé du n° 327, et que nous supposons figurée par les deux branches $nm'n'$, $n''m''n''$.

La première de ces branches rencontre LOL' en deux points m, m', la seconde en un seul point m''; et ces points sont tels, qu'en abaissant mp, $m'p'$, $m''p''$ perpendiculaires à OX, on a Op, Op', Op'' pour les trois racines de l'équation (1).

Cela posé, comme ces valeurs, dont l'une Op'' est *négative*, expriment des sinus, *il faut les porter sur* OY *de* O *en* R, R', R'', *mener ensuite* RM, R'M', R''M'' *parallèles à* OX; et l'on obtient enfin AM, AM', ANM'' pour les valeurs des arcs

$$\dfrac{a}{3},\quad \dfrac{\pi - a}{3},\quad -\dfrac{\pi + a}{3}. \quad (\textit{Voyez} \text{ n° } 69.)$$

397. On peut donner, de ce problème, une construction qui a l'avantage de faire servir le cercle donné comme un des lieux géométriques.

Soient toujours AB (*fig.* 224) ou a, l'arc qu'il s'agit de di- Fig. 224. viser en trois parties égales, AM *le tiers* de cet arc qu'on suppose, pour le moment, déterminé. Faisons d'ailleurs

OP ou $\cos a = p$, BP ou $\sin a = q$, OQ $= x$, MQ $= y$.

On a d'abord cette première relation,

$$y^2 + x^2 = r^2 \quad \dots \quad (1)$$

Maintenant, si l'on prolonge MQ jusqu'à sa rencontre en N avec la circonférence, que par le point N on mène NR parallèle à OX, et que l'on tire BN, on forme ainsi un triangle BNR semblable au triangle OMQ (puisqu'ils ont leurs côtés perpendiculaires); et l'on a la proportion

$$OQ : QM :: BR : RN;$$

mais, d'après la construction ,

$$\mathrm{BR} = q + y; \quad \mathrm{RN} \text{ ou } \mathrm{PQ} = x - p;$$

donc cette proportion devient $x : y :: q + y : x - p$;

d'où l'on déduit $y^2 - x^2 + qy + px = 0, \ldots$ (2)

équation qui, combinée avec (1), donnerait, par l'élimination de x, la valeur de y, ou de $\sin \dfrac{a}{3}$. Mais au lieu d'effectuer cette élimination, on peut (n° 181) construire les lieux géométriques que les équations (1) et (2) représentent.

Or, l'équation (1) est celle du cercle donné.

Quant à l'équation (2), elle représente évidemment une hyperbole équilatère dont les deux axes sont parallèles aux axes coordonnés. Pour en obtenir la position, résolvons cette équation par rapport à y ; il vient

$$y = - \frac{q}{3} \pm \sqrt{x^2 - px + \frac{q^2}{4}}.$$

Soit pris sur OY une distance $\mathrm{OE} = - \dfrac{q}{2} = - \dfrac{\mathrm{BP}}{2}$; la ligne GG′, parallèle à XO, est un diamètre de la courbe; et par conséquent l'un des axes cherchés.

On sait d'ailleurs (n° 369) que la moitié du coefficient de x sous le radical, pris en signe contraire, ou $\dfrac{p}{2}$, n'est autre chose que l'abscisse du centre; donc la ligne HH′, menée par le point H milieu de OP, et parallèlement à OY, représente l'autre axe.

Actuellement, puisque l'hyperbole est équilatère, il s'ensuit que les asymptotes divisent en deux parties égales les angles droits HIG′ et HIG. Ainsi ces droites peuvent être aisément déterminées.

Enfin, il résulte de l'inspection de l'équation (2), que la courbe passe par l'origine. On connaît donc un point O de la courbe et ses deux asymptotes ; dès lors la courbe est déterminée (n° 327).

N. B. En la construisant, on reconnaît qu'elle rencontre le cercle en *quatre* points, M, M′, M″ et B′, point où la perpendiculaire BP prolongée coupe la circonférence.

La position des trois premiers points M, M′, M″ s'explique facilement. On a,

$$1°. \qquad MQ = \sin \frac{AB}{3} = \sin \frac{a}{3} ;$$

2°. Si l'on prend ABC égal *au tiers* de la circonférence, ou à $\frac{2\pi}{3}$, et CM′ égal à $\frac{AB}{3}$ ou $\frac{a}{3}$,

$$M'Q' = \sin\left(\frac{2\pi}{3} + \frac{a}{3}\right) = \sin\left(\pi - \frac{2\pi}{3} - \frac{a}{3}\right) = \sin\left(\frac{\pi - a}{3}\right)\ldots$$

(n° 69) ;

3°. En prenant ABDC′ égal aux *deux tiers* de la circonférence, ou à $\frac{4\pi}{3}$, et C′M″ égal à $\frac{a}{3}$,

$$M''Q'' = \sin\left(\frac{4\pi}{3} + \frac{a}{3}\right) = \sin\left(\pi + \frac{\pi + a}{3}\right) = -\sin\left(\frac{\pi + a}{3}\right).$$

Quant au quatrième point B′, dont les coordonnées sont $x = p$, $y = -q$, en substituant ces valeurs dans les équations (1) et (2), on obtient $p^2 + q^2 = r^2$, et $q^2 - p^2 - q^2 + p^2 = 0$; ce qui prouve que ce point doit en effet appartenir aux deux courbes.

Si, pour éliminer x, on ajoute les équations (1) et (2), il vient $2y^2 + qy + px = r^2$; d'où $x = \dfrac{r^2 - qy - 2y^2}{p}$.

Substituant cette valeur dans l'équation (1), on trouve, toute réduction faite, $4y^4 + 4qy^3 - 3r^2y^2 - 2qr^2y + q^2r^2 = 0$; résultat qui est divisible par $y + q$, et donne pour quotient

$$4y^3 - 3r^2y + qr^2 = 0.$$

Cette dernière équation est identique avec l'équation (1) du n° précédent ; mais on voit en même temps que, d'après la seconde méthode suivie pour résoudre la question proposée, on a établi deux équations en x et y, plus générales que la question elle-même, puisqu'en éliminant x, on parvient à l'équation relative à cette question, mais embarrassée d'*un facteur étranger.*

398. C'est ainsi qu'on doit interpréter la remarque faite par quelques géomètres ; savoir, que la construction d'une équation déterminée par les intersections des courbes, *donne quelquefois plus de points communs aux deux courbes que la proposée n'a de racines réelles.*

Tant que l'équation du problème est véritablement l'équation finale résultant de l'élimination entre les deux équations à deux inconnues que l'on construit, *le nombre des points communs aux lieux géométriques, est toujours égal au nombre des racines réelles de la proposée.* Mais si cette équation n'est, comme dans le n° précédent, qu'une partie de l'équation finale qui correspond aux deux équations, *il peut y avoir plus de points communs que l'équation n'a de racines réelles.* Les coordonnées de ces points vérifient les deux équations à deux inconnues ; mais leurs abscisses peuvent ne pas vérifier la proposée.

399. Second problème. *Trouver deux lignes, moyennes proportionnelles entre deux lignes données* a , b.

Appelons x et y les deux lignes cherchées ; on doit avoir, d'après l'énoncé, la progression géométrique

$\div a : x : y : b$, ou plutôt, $a : x :: x : y$, et $x : y :: y : b$;

d'où l'on déduit les équations....
$\begin{cases} x^2 = ay, \dots\dots (1) \\ y^2 = bx \dots\dots (2) \end{cases}$

En portant dans la seconde équation , la valeur de y, tirée de la première, et réciproquement, on obtiendrait successivement, pour les équations finales,

$$x\,(x^3 - a^2b) = 0, \quad y(y^3 - ab^2) = 0;$$

et par conséquent, pour systèmes de valeurs de x et de y,

$$(x = 0 \text{ et } y = 0), \quad (x = \sqrt[3]{a^2b}, \text{ et } y = \sqrt[3]{ab^2}).$$

Le premier système ($x = 0$, $y = 0$) vérifie bien les équations (1) et (2), mais ne signifie rien par rapport à l'énoncé. Quant au second, il représente évidemment les valeurs arithmétiques des deux *moyennes proportionnelles*; car la raison de la progression étant (Alg., troisième édition, n° 206)....

$$q = \sqrt[3]{\frac{b}{a}},$$ on a, pour les deux termes cherchés,

$$x = a.\sqrt[3]{\frac{b}{a}} = \sqrt[3]{a^2b}, \quad y = a\left(\sqrt[3]{\frac{b}{a}}\right)^2 = \sqrt[3]{ab^2}.$$

Mais il s'agit ici d'exprimer en lignes ces deux moyennes proportionnelles; et pour cela, tout se réduit à construire le équations (1) et (2), dont la première représente une parabole LAL' (*fig.* 225), ayant pour paramètre a, et son premier Fig. 225. axe dirigé suivant l'axe des y; la seconde est aussi une parabole NAN', qui a b pour paramètre, et dont l'axe principal est dirigé suivant l'axe des x.

Ces deux paraboles passent l'une et l'autre par l'origine qui correspond à la solution ($x = 0$, $y = 0$), et se rencontrent en un second point M, dont les coordonnées AP, PM ne sont autre chose que *les lignes demandées*.

D'après la position respective de ces deux courbes, il est évident qu'elles ne peuvent avoir que ces deux points communs; et, en effet, les équations à deux termes $x^3 - a^2b = 0$, $y^3 - ab^2 = 0$, n'admettent qu'*une seule racine réelle*.

Si l'on ajoute entre elles les équations (1) et (2), il vient

$$y^2 + x^2 - ay - bx = 0;$$

équation d'une circonférence de cercle, dont la construction peut remplacer celle de l'une des deux courbes. Elle a pour coordonnées de son centre, $\dfrac{a}{2}$ et $\dfrac{b}{2}$; de plus, elle passe par l'origine; ainsi, sa construction n'offre aucune difficulté.

Soit, comme cas particulier, $b = 2a$; l'équation........ $x^3 - a^2 b = 0$, devient $x^3 - 2a^3 = 0$, ou $x^3 = 2a^3$, et peut être considérée comme la traduction algébrique de ce problème. *Trouver un cube double d'un autre dont le côté* a *est donné.*

En construisant, comme dans le cas général, les équations Fig. 226. $x^2 = ay$, $y^2 = 2ax$ (*fig.* 226) (l'une d'elles peut être remplacée par l'équation $y^2 + x^2 - ay - 2ax = 0$), et supposant que l'on ait $AB = a$, on obtient AP pour le côté cherché.

N. B. Les problèmes de *la trisection de l'angle* et de *la duplication du cube,* sont deux problèmes connus des anciens; ils ont beaucoup occupé les géomètres, qui en ont vainement cherché une construction purement *géométrique*. On appelle ainsi, toute construction dans laquelle on ne fait usage que de la ligne droite et du cercle. Toutes celles où l'on a recours aux sections coniques ou à d'autres courbes, sont dites des constructions *mécaniques,* parce qu'en général, ces courbes se déterminent d'abord par points, et se tracent ensuite à la main; ou bien, on les décrit par le moyen d'une règle.

Détermination du nombre des racines réelles d'une équation numérique par des intersections de courbes.

4oo. Une équation numérique à une seule inconnue, étant donnée, si on la considère comme le résultat de l'élimination entre deux équations à deux inconnues, et que l'on construise ces dernières équations, on sait déjà que les abscisses des points d'intersection de leurs lieux géométriques expriment en *lignes* les racines réelles de la proposée. Donc, en déterminant par le procédé connu en Géométrie, le rapport de chacune de ces abscisses avec l'*unité linéaire,* on obtiendrait approximativement les valeurs numériques des racines. Mais cette méthode est très défectueuse, en ce que l'exactitude des résultats dépend du degré de perfection de l'instrument dont on se sert, et de l'adresse de celui qui opère.

Toutefois, on peut employer avec avantage ces sortes de constructions, pour reconnaître *le nombre des racines réelles* d'une équation numérique, sans être obligé d'avoir recours à l'équation aux différences dont la détermination exige, comme on le sait, des calculs extrêmement laborieux.

Comme nous ne connaissons aucun ouvrage moderne dans lequel cette idée ait été développée, nous croyons devoir entrer dans quelques détails à ce sujet.

4o1. Prenons, pour *premier exemple*, l'équation du troisième degré,

$$x^3 - 6x - 7 = 0 \dots \quad (1)$$

Soit fait
$$x^2 = 2y; \dots \quad (2)$$

il en résulte
$$2xy - 6x - 7 = 0 \dots \quad (3)$$

Ces deux équations étant construites par rapport aux mêmes axes AX, AY (*fig.* 227), donnent, 1°. une parabole LAL′ qui Fig. 227. a pour paramètre 2, et dont le premier axe est dirigé suivant l'axe des y; 2°. une hyperbole (GMG′, FCF′) ayant pour asymptotes ($y = 3$, $x = 0$), et passant par le point C, pour lequel on a
$$y = 0, \quad x = -\frac{7}{6}.$$

Or, il est évident que ces deux courbes ne se rencontrent qu'en un seul point M dont l'abscisse AP est comprise entre 2 et 3.

N. B. Cette équation a été traitée (Alg., chap. VIII, n° 35o); et comme on n'avait obtenu qu'*un seul* changement de signe, on s'était trouvé dans la nécessité de former l'équation aux différences, pour s'assurer s'il existait plus d'une racine réelle. Mais la construction précédente démontre sur-le-champ qu'il n'y a en effet qu'une seule racine réelle.

Soit, pour *second exemple*, l'équation du quatrième degré

$$x^4 - 2x^2 + 8x - 3 = 0, \dots \quad (1)$$

pour laquelle la substitution des nombres entiers consécutifs, ne donne lieu qu'à deux changemens de signe.

Posons $\qquad x^2 = y ; \dots \quad (2)$

d'où $\qquad y^2 - 2y + 8x - 3 = 0 ;$

ou ajoutant ces deux dernières équations,

$$y^2 + x^2 - 3y + 8x - 3 = 0 \dots \quad (3)$$

Les équations (2) et (3) étant construites sur les mêmes axes, donnent 1°. la parabole LAL′ (*fig.* 228) dont le paramètre est 1 ; 2°. une circonférence de cercle GMM′G′ dont le centre a pour coordonnées $\left(x = -4, \quad y = \dfrac{3}{2} \right)$, et le rayon est égal à $\sqrt{16 + \dfrac{9}{4} + 3} = \dfrac{1}{2}\sqrt{85} = 4{,}6$ à $0{,}1$ près.

Or, ces deux courbes n'ont évidemment que deux points communs M, M′ dont les abscisses AP, AP′ sont comprises, l'une entre 0 et 1, l'autre entre —2 et —3.

En effet, l'équation (1) a été formée par la multiplication des deux facteurs $x^2 + 2x + 3$, $x^2 + 2x - 1$, dont le premier égalé à 0, donne lieu à des racines imaginaires, et le second, donne $x = -1 \pm \sqrt{2}$.

Prenons pour *troisième exemple*, l'équation

$$8x^3 - 6x - 1 = 0, \dots \quad (1)$$

traitée (Alg., chap. VIII, n° 354) par la méthode de l'équation aux différences.

Soit $\qquad x^2 = y ; \dots \quad (2)$

l'équation devient $\quad 8xy - 6x - 1 = 0 \dots \quad (3)$

La construction des lieux géométriques exprimés par ces deux équations n'offre aucune difficulté. On obtient la parabole LAL′ (*fig.* 229) et l'hyperbole

(GMG′ , HqH′) ayant pour asymptotes l'axe des y , puis une droite BE parallèle à l'axe des x , et menée à une distance $AB = \dfrac{3}{4}$; de plus, cette courbe passe par le point q pour lequel on a $y = 0, x = -\dfrac{1}{6}$.

D'après la situation respective des deux courbes, il est clair que les branches AML, GMG′ ont un point commun M dont l'abscisse est positive.

Quant aux autres branches AmL′, HmH′, leur rapprochement dans la partie voisine de l'origine A, peut laisser quelque doute sur le nombre de leurs points d'intersection ; mais voici un moyen de faire cesser toute incertitude.

Multiplions l'équation $8x^3 - 6x - 1 = 0$, par x ; on a l'équation du quatrième degré

$$8x^4 - 6x^2 - x = 0 ; \dots \quad (1)$$

($x = 0$ sera une racine étrangère à la question).

Posant de nouveau $x^2 = y$, on en déduit

$$8y^2 - 6y - x = 0 ,$$

équation d'une seconde parabole dont le premier axe est parallèle à l'axe des x , et situé à une distance $AI = \dfrac{3}{8}$, puisque l'équation donne

$$y = \dfrac{3}{8} \pm \dfrac{1}{8}\sqrt{8x + 9}.$$

On voit, en outre, que le sommet D a pour abscisse $x = -\dfrac{9}{8}$, tirée de $8x + 9 = 0$, et que la courbe passe par l'origine A, et par conséquent, par le point B pour lequel on a

$$AB = \dfrac{8}{4} = 2 \ . \ AI.$$

Or, il est évident que la parabole KDK′ rencontre la première parabole LAL′ en deux points m, M ; et puisque l'équation $8x^3 — 6x — 1 = 0$, a déjà *deux* racines réelles, il faut nécessairement qu'elle en ait une troisième correspondante à un point n situé un peu à gauche du point A et au-dessus de l'axe des x.

La construction de la troisième courbe présente un autre avantage, c'est de déterminer, d'une manière plus précise, les points cherchés, puisqu'ils doivent se trouver à la rencontre de trois courbes; mais on ne doit y avoir recours que lorsqu'il y a incertitude sur les intersections.

N. B. Toutes les fois que l'équation proposée renferme des racines égales, on en est averti par *le contact des courbes*, en un ou plusieurs points, ce qui suppose qu'on les ait tracées avec assez d'exactitude. Mais on sait que les méthodes d'approximation de l'analyse ne peuvent s'appliquer à une équation de cette espèce, et qu'il faut toujours commencer par ramener sa résolution à celle d'une autre équation dont toutes les racines soient différentes.

4o2. Les principes qui viennent d'être exposés pour la détermination du nombre des racines réelles d'une équation numérique du troisième ou du quatrième degré, sont aussi applicables aux équations de degré supérieur; mais on est conduit alors à des constructions un peu plus compliquées.

Soit, *par exemple*, l'équation du cinquième degré.

$$x^5 — 3x^2 + 2x — 4 = 0 \quad (1)$$

Faisons, comme précédemment, $\quad x^2 = y; \ldots \quad (2)$

l'équation (1) devient $y^2x — 3y + 2x — 4 = 0 \ldots (3)$

Après avoir construit la parabole LAL' représentée par l'équation (2), on déduit de l'équation (3)

$$y = \frac{3}{2x} \pm \frac{1}{2x} \sqrt{ — 8x^2 + 16x + 9}, \ldots \quad (4)$$

et en posant $\quad — 8x^2 + 16x + 9 = 0$, $\quad$ ou $\quad x^2 — 2x = \frac{9}{8},$

on obtient pour x, deux valeurs $x = 2,4$ et $x = -0,4\ldots$

à $0,1$ près, qui (n° 362) représentent les limites de la courbe, dans le sens des x *positifs* et des x *négatifs*; c'est-à-dire que si l'on prend sur AX, deux parties $AD = 2,4$, $AD' = -0,4$ (*fig.* 230), la courbe est entièrement comprise entre les pa- Fig. 230. rallèles DG, D'G'.

Afin d'obtenir les points où la courbe touche ses deux limites, il suffit d'introduire dans la partie rationnelle de l'expression (4), les valeurs $x = 2,4$ et $x = -0,4$; ce qui donne

$$y = \frac{3}{4,8} = \frac{30}{48} = \frac{5}{8} = DE, \quad y = -\frac{3}{0,8} = -\frac{15}{4} = D'E'.$$

Donnons maintenant à x des valeurs intermédiaires.

Soit d'abord $x = 0$; l'équation (4) devient $y = \dfrac{3 \pm 3}{0}$,

d'où $\qquad\qquad y = \infty, \quad y = \dfrac{0}{0}.$

Pour savoir ce que signifie le dernier résultat, remontons à l'équation (3) et posons $x = 0$; l'on en déduit $y = -\dfrac{4}{3}$.

D'où l'on voit que la courbe rencontre l'axe des y à une distance $\qquad\qquad AH = -\dfrac{4}{3}.$

Quant au résultat $y = \infty$, il fait soupçonner que le même axe sert d'asymptote à la courbe que l'on sait être indéfinie dans le sens des y, puisque l'équation (3) est du premier degré en x. Et, en effet, si l'on résout cette équation par rapport à x, on obtient $\quad x = \dfrac{3y + 4}{y^2 + 2} = \dfrac{3}{y} + \dfrac{4}{y^2} + \text{etc.}$; valeur qui se réduit à 0, dès qu'on suppose y positif ou négatif, mais plus grand qu'aucun nombre donné.

Soit actuellement $x = 1$; l'équation (4) donne

$$y = \frac{3}{2} \pm \frac{1}{2} \sqrt{17},$$

ou, à peu près, $y = 3\frac{1}{2}$ et $y = -\frac{1}{2}$; ce qui donne BN et BN′ pour deux ordonnées de la courbe.

Soit encore $x = 2$, on obtient $y = \frac{3}{2}$ et $y = 0$. Ainsi la courbe passe par le point C et par le point C′ pour lequel on a

$$CC' = \frac{3}{2}.$$

Les points déjà déterminés suffisent pour donner une idée du cours de la courbe correspondante à l'équation (3); elle est assez exactement représentée par E′HN′CEC′N.....

Au reste, la partie inférieure CN′HE′... est inutile à considérer pour l'objet que nous nous proposons. Quant à la partie supérieure CEC′N...., il est visible qu'elle ne peut avoir qu'un seul point commun avec la parabole LAL′; et ce point M ayant une abscisse comprise entre 1 et 2, il s'ensuit que l'équation (1) n'a *qu'une seule racine réelle positive*.

Elle n'a point de racine *négative ;* car l'équation

$$x = \frac{3y + 4}{y^2 + 2},$$

nous apprend qu'à des valeurs de y positives, il correspond toujours des valeurs de x positives. Ainsi la seconde courbe ne peut rencontrer la première dans l'angle YAX′.

Observons encore que, d'après la forme indiquée pour la seconde courbe, une ligne droite ne peut la rencontrer qu'en *trois* points au plus; ce qui doit être, puisque son équation est du troisième degré.

Nous pouvons conclure de ce qui précède que l'équation proposée n'a qu'*une seule racine réelle.*

403. Prenons pour nouvel exemple, l'équation du sixième degré

$$x^6 - 2x^4 + 2x^3 + 3x^2 - x - 2 = 0 \ldots\ldots (1).$$

au lieu de poser $x^2 = y$, ce qui donnerait lieu à une équation du troisième degré en x et y, dont la construction ne laisserait pas d'être difficile, on peut faire

$$x^3 = y, \dots \qquad (2)$$

et l'équation (1) devient

$$y^2 - 2xy + 2y + 3x^2 - x - 2 = 0 \dots \quad (3).$$

Le lieu géométrique de l'équation (2) est une courbe du troisième degré ; mais la construction en est très simple.

Observons d'abord que, les valeurs de x et de y (*fig.* 231) Fig.231. étant nécessairement de même signe, d'après l'inspection de l'équation, la courbe doit s'étendre indéfiniment à la droite de l'axe des y, mais au dessus de l'axe des x, puis à la gauche de l'axe des y, mais au dessous de l'axe des x.

En outre, puisque la substitution de $-x, -y$ à la place de $+x, +y$, ne change pas l'équation, il s'ensuit (n° 375) que l'origine des coordonnées (qui se trouve sur la courbe, puisque $x = 0, y = 0$, vérifient l'équation) est en même temps le centre de cette courbe.

On peut même, en résolvant le problème des tangentes d'après la méthode générale exposée n° 392, reconnaître que l'axe des x est une tangente au point A ; mais cela n'est pas nécessaire à notre but.

Actuellement, pour être en état de tracer la courbe, il suffit de donner à x quelques valeurs, soit positives, soit négatives.

$$\text{Pour} \quad x = \pm \frac{1}{2}, \quad \text{on trouve} \quad y = \pm \frac{1}{8},$$
$$x = \pm 1, \quad \dots \quad y = \pm 1,$$
$$x = \pm \frac{3}{2}, \quad \dots \quad y = \pm \frac{27}{8} = \pm 3\frac{3}{8},$$
$$x = \pm 2, \quad \dots \quad y = \pm 8.$$

$$\dots \dots \dots \dots \dots \dots \dots \dots$$
$$\dots \dots \dots \dots \dots \dots \dots \dots$$

La courbe passe donc par les points (N, n), (N', n'), (N'', n''), déterminés par ces systèmes de coordonnées, et elle a la forme $n''n' nAN N'N''$....

On voit encore, d'après la nature des valeurs de y correspondantes aux valeurs de x, qu'à partir de $x = 1$, la courbe s'élève très rapidement au-dessus de l'axe des x.

Occupons-nous maintenant de l'équation (3). En la résolvant

par rapport à y, on trouve $y = x - 1 \pm \sqrt{-2x^2 - x + 3}$;

d'où il suit que la courbe est une ellipse, qui a pour l'un de ses diamètres, $y = x - 1$, ou DD'.

Ses limites tirées de $-2x^2 - x + 3 = 0$, d'où $x = 1$, $x = -\dfrac{3}{2}$,

sont représentées par DL, $C'D'$; et après avoir déterminé ses points d'intersection avec les axes, ainsi que le diamètre II', conjugué du diamètre DD', comme on l'a vu (n°s 361, 363), on obtient la courbe $DID'I'D$, qui n'a évidemment que *deux* points communs avec la première courbe.

Ainsi, l'équation proposée n'a que *deux racines réelles*, l'une *positive*, et comprise entre 0 et 1; l'autre *négative*, et comprise entre —1 et —2.

On peut s'exercer sur l'équation $x^5 - 4x^3 + 5x - 6 = 0$

Fig. 232. (*fig.* 232); et en posant $x^2 = y$, d'où $y^2x - 4yx + 5x - 6 = 0$, on reconnaîtra que l'équation n'a encore qu'une racine réelle.

Nous n'insisterons pas davantage sur cette méthode de découvrir *le nombre* des racines réelles d'une équation numérique, méthode qui nous semble préférable à la formation de l'équation aux différences, puisqu'elle s'applique très aisément à toute équation qui ne surpasse pas le quatrième degré; tandis que la détermination de l'équation aux différences, même pour une équation du quatrième degré, entraîne dans des calculs presqu'impraticables.

405. *Remarque.* L'équation $y = x^3$, dont on a fait usage dans l'exemple précédent, est un cas particulier de l'équation....
$y = a + bx + cx^2 + dx^3 + ex^4 + fx^5 + \ldots\ldots$ qui, étant

construite pour toutes les valeurs qu'on peut attribuer aux constantes a, b, c, d, ... et suivant le rang ou degré du terme auquel on arrête le second membre de cette équation, donne lieu à des lieux géométriques connus sous le nom de *courbes paraboliques*.

En ne prenant que les trois premiers termes du second membre, on a l'équation $y = a + bx + cx^2$ qui appartient à la parabole ordinaire ; ses axes principaux sont parallèles aux axes coordonnés (supposés rectangulaires).

L'équation $y = a + bx + cx^2 + dx^3$, donne *les paraboles du troisième degré ;* ainsi, le lieu géométrique de l'équation $y = x^3$, est une espèce particulière de *parabole cubique*, et ainsi de suite.

Les géomètres ont encore tiré parti de la construction de ces courbes, soit pour déterminer approximativement les racines des équations numériques à une seule inconnue, soit pour expliquer les principes fondamentaux de leur résolution. Mais les bornes que nous devons mettre à notre ouvrage, déjà trop étendu, ne nous permettent pas d'entrer dans ces nouveaux détails, qu'on trouve d'ailleurs fort bien exposés dans l'Algèbre de M. Garnier (deuxième volume).

TROISIÈME SECTION.

GÉOMÉTRIE ANALYTIQUE A TROIS DIMENSIONS.

CHAPITRE VII.

Des Points , de la ligne droite et du Plan dans l'espace.

§ 1er. *Équations du point.*

406. DE même qu'un point est déterminé de position sur un plan, par le moyen de ses distances à deux droites menées à volonté dans ce plan, de même, sa position est fixée dans l'espace, dès que l'on connaît ses distances à trois plans.

Fig. 233. - Soient trois plans YAZ, XAZ, XAY (*fig.* 233) que nous supposerons d'abord perpendiculaires entre eux, et qui se coupent suivant trois droites AZ, AY, AX dont chacune est perpendiculaire aux deux autres, d'après la théorie des plans. Appelons a, b, c les distances d'un point de l'espace à ces trois plans, distances qui sont censées connues; je dis que le point est complètement déterminé de position, en admettant toutefois qu'on sache aussi d'avance que ce point se trouve situé dans l'intérieur de l'angle trièdre AXYZ.

En effet, prenons sur les trois droites AX, AY, AZ, des distances AB, AC, AD respectivement égales à a, b, c; et menone par les points B, C, D des plans parallèles aux plans donnés. D'abord, puisque les deux premiers plans parallèles ont tous leurs points placés aux distances a, b des plans YAZ, XAZ, il s'ensuit que tous les points de Mm, intersection commune de ces plans parallèles, jouissent, exclusivement à tout autre point, de la propriété d'être à ces mêmes distances de YAZ et de XAZ. Donc déjà, le point cherché se trouve sur cette ligne. D'un autre côté, le point doit aussi être situé quelque part sur le troisième plan parallèle, puisque tous les points de ce plan sont, à l'exclusion de tout autre point, à la distance AD $= c$ du plan XAY. Donc enfin, le point cherché n'est autre chose que le point M où le troisième plan parallèle coupe l'intersection commune des deux premiers ; et sa position est tout-à-fait déterminée.

Nous conviendrons de désigner par x les distances au plan YAZ comptées sur AX ; par y les distances au plan XAZ comptées sur AY ; et par z les distances au plan XAY comptées sur AZ ; en sorte que AX, AY, AZ, intersections des trois plans deux à deux, seront les *axes des x, des y et des z*. On les appelle conjointement *axes coordonnés*, et les distances dont nous venons de parler sont dites les *coordonnées du point*. Toutes ces dénominations sont analogues à celles que nous avons employées dans la Géométrie à deux dimensions.

Nous nommerons aussi plan des yz, le plan YAZ perpendiculaire à l'axe des x ; plan des xz, le plan XAZ perpendiculaire à l'axe des y ; et plan des xy le plan XAY perpendiculaire à l'axe des z. Ce dernier plan est ordinairement représenté dans une position *horizontale*, et les deux autres dans une position *verticale*.

Il résulte de ce qui a été dit *plus haut*, que les équations

$$ x = a, \; y = b, \; z = c, $$

(a, b, c étant des quantités connues), suffisent pour fixer la position du point dans l'espace ; elles sont, pour cette raison, nommées les *équations du point*.

On doit remarquer toutefois que, comme les trois plans *coordonnés* étant prolongés indéfiniment, déterminent *huit* angles trièdres, savoir, *quatre* formés au-dessus du plan des *xy*, et *quatre* au-dessous de ce même plan, il faut encore exprimer par l'analyse, dans lequel de ces huit angles le point se trouve situé. Il suffit, pour cela, d'étendre aux distances à des plans, les principes qui ont été établis (n° 26) pour les distances à des points ou à des droites, c'est-à-dire que si *l'on regarde comme* POSITIVES *les distances comptées sur* AX, *à la droite du point* A, *on doit regarder comme* NÉGATIVES *les distances comptées à gauche,* c'est-à-dire *dans le sens* AX'. Même raisonnement pour les deux autres coordonnées.

On doit donc distinguer (n° 135) dans les quantités a, b, c, non-seulement les valeurs numériques de ces quantités, mais encore les signes dont elles sont affectées, eu égard aux diverses situations que le point peut avoir dans les angles trièdres formés par les trois plans coordonnés.

D'après ce nouveau principe, on a, pour exprimer complètement la position d'un point dans l'espace, les combinaisons suivantes :

$$x = +a,\ y = +b,\ z = +c, \qquad \text{point situé dans l'angle}\quad \text{AXYX},$$
$$x = -a,\ y = +b,\ z = +c, \qquad \dots\dots\dots\dots\dots\dots\dots\dots\quad \text{AX'YZ},$$
$$x = +a,\ y = -b,\ z = +c, \qquad \dots\dots\dots\dots\dots\dots\dots\dots\quad \text{AXY'Z},$$
$$x = +a,\ y = +b,\ z = -c, \qquad \dots\dots\dots\dots\dots\dots\dots\dots\quad \text{AXYZ'},$$
$$x = -a,\ y = -b,\ z = +c, \qquad \dots\dots\dots\dots\dots\dots\dots\dots\quad \text{AX'Y'Z},$$
$$x = -a,\ y = +b,\ z = -c, \qquad \dots\dots\dots\dots\dots\dots\dots\dots\quad \text{AX'YZ'},$$
$$x = +a,\ y = -b,\ z = -c, \qquad \dots\dots\dots\dots\dots\dots\dots\dots\quad \text{AXY'Z'},$$
$$x = -a,\ y = -b,\ z = -c, \qquad \dots\dots\dots\dots\dots\dots\dots\dots\quad \text{AX'Y'Z'};$$

en tout, *huit* combinaisons, savoir : *deux* systèmes dans lesquels les signes sont les mêmes ; *trois* dont un signe est négatif et les deux autres positifs ; et *trois,* dont un signe est positif et les deux autres négatifs.

407. Le point peut ensuite se trouver dans des positions particulières. Par exemple, pour exprimer qu'un point est si-

tué dans le plan des xy, il faut écrire que sa distance z à ce plan, est *nulle*; et l'on aurait pour les équations de ce point,

$$x = a, \quad y = b, \quad z = 0.$$

De même, un point placé sur l'axe des x, pour lequel les distances aux plans des xz et des xy sont *nulles* à la fois, aurait pour équations,:

$$x = a, \quad y = 0, \quad z = 0.$$

Et ainsi des autres points placés soit sur les plans, soit sur les axes coordonnés.

408. *Première remarque.* Les plans parallèles aux trois plans coordonnés, et qui ont servi (n° 406) à fixer la position du point M (*fig.* 233), déterminent avec ceux-ci un parallélépipède rectangle, dont les douze arrêtes, égales 4 à 4, ne sont autre chose que les trois coordonnées x, y, z, du point M.

D'un autre côté, l'on sait que les pieds m, m', m'' des perpendiculaires abaissées sur les plans coordonnés, sont, en terme de Géométrie descriptive, les projections du point M sur ces trois plans.

D'après cela, si l'on suppose que $x = a, y = b, z = c,$ soient les équations du point M; on a pour les coordonnées de m', les équations............ .... $x = a, \quad y = b;$

pour celles du point m'',............ $x = a, \quad z = c;$

ce qui donne pour celles du point m''',... $y = b, \quad z = c.$

D'où l'on voit que les projections du point M sur deux des plans coordonnés étant connues, la troisième projection s'ensuit nécessairement.

C'est, au reste, ce qu'on peut reconnaître aisément sur la figure. En effet, soient m, m' les projections données; menons de ces points, et dans les plans des xy et des xz; mC, $m'D$ parallèles à AX; puis des points C, D, et dans le plan des yz, élevons Cm'' parallèle à AZ, Dm'' parallèle à AY; le point m'' où ces deux dernières lignes se rencontrent, re-présente la troisième projection.

409. *Seconde remarque.* On peut encore expliquer pourquoi, dans la Géométrie descriptive, *il suffit de deux plans de projection*, pour fixer la position d'un point, tandis que, dans la Géométrie analytique, *il faut trois plans coordonnés.*

La connaissance des projections d'un point sur un plan horizontal et sur un plan vertical, est en effet suffisante pour les constructions graphiques; mais si l'on veut fixer analytique-ment la position de chacune de ces projections, par exemple, des points, m', m'', il faut, *premièrement*, tracer dans le plan horizontal (xy) deux axes rectangulaires AX, AY; se-condement, tracer dans le plan vertical (xz) deux axes AX, AZ, en prenant, pour plus de simplicité, pour *axe commun*, l'in-tersection des deux plans de projection. Or, il est évident que les deux autres axes AY, AZ déterminent un troisième plan rectangulaire avec les deux autres. Ainsi, *géométriquement*, deux plans suffisent; mais *analytiquement*, il en faut trois.

410. Lorsque les plans coordonnés ne sont pas rectangu-
Fig. 234. laires, auquel cas les axes AX, AY, AZ (*fig.* 234) font entre eux des angles quelconques, et sont dits des *axes obliques*, les équations d'un point M sont encore, $x = a, y = b, z = c.$

Mais alors, a, b, c, expriment des distances comptées paral-lèlement à ces axes; et les projections du point M s'obtiennent par les lignes Mm, Mm', Mm'' respectivement parallèles à AX, AY, AZ.

Du reste, tout ce qui a été dit n°s 407, 408, est applicable au cas où les axes sont obliques.

411. Occupons-nous maintenant de la recherche de l'*ex-pression de la distance entre deux points* dont les coordonnées sont connues (*voyez* n° 137).

Fig. 235. Soient x', y', z' les coordonnées d'un premier point M, (*fig.* 235) x'', y'', z'' celles d'un second point N, rapportées d'a-bord à trois axes rectangulaires AX, AY, AZ. Il résulte de la remarque (n° 408) que, si des points M, N on abaisse les perpendiculaires Mm, Nn sur le plan des xy, puis des points m, n, les parallèles mP, nQ à l'axe des y, il résulte, dis-je, que l'on a

$$AP = x', \quad mP = y', \quad Mm = z', \quad \text{et} \quad AQ = x'', \quad nQ = y'', \quad Nn = z''.$$

Tirons ensuite mn, ce qui détermine un trapèze MNnm, puis menons dans le plan de ce trapèze, NH parallèle à nm, et sur le plan des xy, nL parallèle à AX.

Cela posé, les triangles rectangles MNH et mnL donnent,

$$\overline{MN}^2 = \overline{MH}^2 + \overline{NH}^2 = \overline{mn}^2 + \overline{NH}^2,$$

et

$$\overline{mn}^2 = \overline{nL}^2 + \overline{mL}^2 = \overline{PQ}^2 + \overline{mL}^2;$$

d'où l'on déduit $\overline{MN}^2 = \overline{PQ}^2 + \overline{mL}^2 + \overline{NH}^2$.

Mais on a évidemment

$$PQ = x' - x'', \quad mL = y' - y'', \quad NH = z' - z'';$$

d'où

$$\overline{PQ}^2 = (x' - x'')^2, \quad \overline{mL}^2 = (y' - y'')^2, \quad \overline{NH}^2 = (z' - z'')^2;$$

donc enfin,

$$\overline{MN}^2, \quad \text{ou} \quad D^2 = (x' - x'')^2 + (y' - y'')^2 + (z' - z'')^2,$$

et par conséquent, $D = \sqrt{(x' - x'')^2 + (y' - y'')^2 + (z' - z'')^2}.$

Telle est l'expression générale de la distance de deux points, en fonction des coordonnées de ces points rapportés à des axes rectangulaires.

On parvient encore à cette formule de la manière suivante:

Soient tirées dans la figure 233, les lignes AM, Am; les Fig. 233. deux triangles ABm, AmM, rectangles, l'un en B, l'autre en m, donnent $\overline{Am}^2 = \overline{AB}^2 + \overline{Bm}^2$, $\overline{AM}^2 = \overline{Am}^2 + \overline{Mm}^2$, d'où

$$\overline{AM}^2 = \overline{AB}^2 + \overline{Bm}^2 + \overline{Mm}^2 = \overline{AB}^2 + \overline{AC}^2 + \overline{AD}^2.$$

On reconnaît ainsi, en passant, que dans tout parallélépipède rectangle, *le carré de l'une des diagonales est égal à la somme des carrés des trois arrêtes contigues.*

Fig. 235.   Cela posé , considérons les points M , N (*fig.* 235) et menons par chacun de 'ces points, trois plans respectivement parallèles aux plans coordonnés. Les deux plans parallèles au plan des yz, sont nécessairement parallèles entre eux; il en est de même des deux plans parallèles au plan des xz et des deux plans parallèles au plan des xy. Ces six plans parallèles deux à deux, déterminent donc un parallélépipède rectangle dont MN est une diagonale, et dont les arrêtes, étant nécessairement parallèles aux trois axes, sont respectivement égales aux différences des distances des points M , N aux trois plans coordonnés.

Or, en appelant p , q , r, trois arrêtes contiguës de ce parallélépipède, on a, en vertu de ce qui vient d'être dit ,

$$\overline{MN}^2 = p^2 + q^2 + r^2 ;$$

donc à cause de $\quad p = x' - x''$, $q = y' - y''$, $r = z' - z''$,

$$\overline{MN}^2 \quad \text{ou} \quad D^2 = (x' - x'')^2 + (y' - y'')^2 + (z' - z'')^2.$$

Ce moyen de démonstration peut paraître moins simple que le précédent; mais il a l'avantage d'être applicable à la recherche de l'expression de la distance entre deux points, lorsque les axes sont obliques.

412. Deux points de l'espace étant supposés rapportés à des axes obliques, imaginons, comme tout-à-l'heure, par chacun de ces points, trois plans respectivement parallèles aux plans coordonnés. Les six plans obtenus de cette manière, sont parallèles deux à deux, et déterminent dans l'espace un parallélépipède oblique dont la distance des deux points donnés est une des diagonales , et dont les arrêtes ont pour longueur, les différences des coordonnées des deux points.

Toute la difficulté, pour obtenir cette diagonale, consiste donc à *déterminer celle d'un parallélépipède oblique , connais-*

sant les arrêtes de ce parallélépipède et les angles qu'elles forment entre elles.

La solution que nous allons donner de ce problème, est extraite de la cinquième note de la Géométrie de Legendre.

Soïent AB*m* CM (*fig.* 234) un parallélépipède oblique; AB, AC, AD, trois arrêtes contiguës; AM l'une de ses diagonales. Fig. 234.

Posons, pour abréger, $AB = p$, $AC = q$, $AD = r$, $AM = D$; puis $BAC = \alpha$, $BAD = \beta$, $CAD = \gamma$, $DAm = \delta$; (les quantités D, δ sont inconnues).

Les deux triangles obliquangles AB*m*, A*m*M donnent (Trigonométrie, n° 92),

$$\overline{Am}^2 = \overline{AB}^2 + \overline{Bm}^2 + 2AB \times Bm \cdot \cos BAC,$$

et

$$\overline{AM}^2 = \overline{Am}^2 + \overline{Mm}^2 + 2Am \times Mm \cdot \cos DAm;$$

d'où

$$\overline{AM}^2 = \overline{AB}^2 + \overline{Bm}^2 + \overline{Mm}^2 + 2AB \times Bm \cdot \cos BAC$$
$$+ 2Am \times Mm \cos DAm,$$

ou bien, employant les notations convenues,

$$D^2 = p^2 + q^2 + r^2 + 2pq \cdot \cos \alpha + 2r \cdot Am \cdot \cos \delta \ldots (1)$$

Ainsi tout se réduit à déterminer cos δ; car Am est déjà connu, d'après la première des équations ci-dessus; mais nous verrons bientôt qu'il est inutile de substituer actuellement sa valeur.

Pour calculer l'angle δ, nous aurons recours aux principes de la Trigonométrie sphérique. Considérons le point A comme le centre d'une sphère, dont les intersections avec les plans BAC, BAD, CAD, DA*m*, soient les arcs de grand cercle EF, EG, GF, GH; il résulte de cette construction, que les angles α, β, γ, δ, peuvent être remplacés par les trois côtés du triangle sphérique et par l'arc GH; c'est-à-dire que l'on a EF $= \alpha$, EG $= \beta$, GF $= \gamma$, GH $= \delta$.

Cela posé, les deux triangles sphériques GEF, GHE, donnent (en vertu du principe, n° 118),

$$\cos E = \frac{\cos \gamma - \cos \alpha \cos \varsigma}{\sin \alpha \sin \varsigma},$$

et
$$\cos \delta = \cos \varsigma \cos EH + \sin \varsigma \sin EH \cos E ;$$

ou, mettant à la place de cos E, sa valeur,

$$\cos \delta = \cos \varsigma \cos EH + \frac{\sin EH \cos \gamma - \sin EH \cos \alpha \cos \varsigma}{\sin \alpha} ;$$

ou, réduisant l'entier en fraction et observant que

$$\sin \alpha \cos EH - \sin EH \cos \alpha = \sin (\alpha - EH) = \sin FH,$$

$$\cos \delta = \cos \varsigma . \frac{\sin FH}{\sin \alpha} + \cos \gamma . \frac{\sin EH}{\sin \alpha} \ldots .$$

Mais les triangles rectilignes ACm, ABm, donnent,

1°. Am : Cm :: sin ACm : sin CAm ;

d'où
$$\frac{p}{Am} = \frac{\sin CAm}{\sin ACm} = \frac{\sin FH}{\sin \alpha} ;$$

2°. Am : Bm :: sin ABm : sin BAm ;

d'où
$$\frac{q}{Am} = \frac{\sin BAm}{\sin ABm} = \frac{\sin EH}{\sin \alpha} ;$$

donc
$$\cos \delta = \cos \varsigma . \frac{p}{Am} + \cos \gamma . \frac{q}{Am} ;$$

et par conséquent, $Am \times \cos \delta = p \cos \varsigma + q \cos \gamma.$

Substituant cette valeur de $Am \cos \delta$, dans l'équation (1), on obtient

$$D^2 = p^2 + q^2 + r^2 + 2pq \cos \alpha + 2pr \cos \varsigma + 2qr \cos \gamma ;$$

ce qui donne enfin, pour l'expression générale de la distance entre deux points rapportés à trois axes obliques,

$$D^2 = (x'-x'')^2 + (y'-y'')^2 + (z'-z'')^2 + 2(x'-x'')(y'-y'')\cos\alpha + \dots$$
$$+ 2(x'-x'')(z'-z'')\cos\beta + 2(y'-y'')(z'-z'')\cos\gamma.$$

Si, dans cette formule, on suppose $z'=o$, $z''=o$, ce qui revient à considérer la distance entre les projections des deux points sur le plan des xy, il vient

$$D^2 = (x'-x'')^2 + (y'-y'')^2 + 2(x'-x'')(y'-y'')\cos\alpha;$$

résultat identique avec celui que nous avons obtenu, n° 138.

§ II. *Équations de la ligne droite dans l'espace.*

413. Lorsque des points sont en ligne droite dans l'espace, on sait que leurs projections sur un même plan *sont aussi en ligne droite;* et cette seconde droite est dite *la projection* de la première sur ce plan. On sait encore que les projections d'une droite sur deux plans, suffisent pour déterminer sa position; d'où il suit qu'une droite serait fixée analytiquement, si l'on connaissait les équations de ses projections sur deux des trois plans coordonnés.

Ordinairement, on considère les projections de la droite sur les plans des xz et des yz; et comme ces deux plans ont pour axe commun, AZ, c'est cette ligne qui, dans chacun des plans, est regardée comme l'axe des abscisses; AX est alors l'axe des ordonnées sur le plan des xz, et AY l'axe des ordonnées sur le plan des yz.

Ainsi, soient MN (*fig.* 236) une droite quelconque dans l'espace, mn, $m'n'$ ses projections sur les plans des xz et des yz; nous présenterons les équations de ces deux projections, sous

la forme. . . . . $\begin{cases} x = az + \alpha, \ \dots \ (1) \\ y = bz + \beta; \ \dots \ (2) \end{cases}$

a, b sont des constantes qui (n° 140) désignent les tangentes des angles que forment mn, $m'n'$ avec l'axe des z; et α, β expriment les distances de l'origine aux points B et C où ces droites rencontrent l'axe des x et l'axe des y.

414. Il est à remarquer que l'équation $x = az + \alpha$, exprime non-seulement une relation entre les x et les z de tous les points de la droite mn, mais encore une relation entre les x et les z de tous les points du plan $mn\mathrm{NM}$ imaginé par mn, perpendiculairement au plan des xz; car, pour tout point M de la perpendiculaire nM à ce plan, les coordonnées x et z sont (n° 408) représentées par mP, AP qui appartiennent aussi à la droite mn.

Pareillement, l'équation $y = bz + \zeta$, convient non-seulement à tous les points de la projection $m'n'$, mais encore, à tous ceux du plan $m'n'\mathrm{NM}$ mené perpendiculairement au plan des yz, par la droite $m'n'$.

Donc le système de ces deux équations existe pour tous les points de la droite MN, intersection des plans perpendiculaires, et n'existe que pour ces points. Ces équations sont, en ce sens, *les équations de la droite elle-même,* quoique d'abord, nous ne les ayons établies que comme celles des deux projections.

Il résulte de là évidemment que l'élimination de la variable z entre les deux équations, donne lieu à une troisième équation en x et y, qui représente la projection $m''n''$ de la droite sur le plan des xy; ou plus généralement, cette équation appartient à tous les points du plan $\mathrm{MN}n''m''$ mené par la droite MN perpendiculairement au plan des xy.

415. *Cas particuliers.* Lorsque la droite passe par l'origine, il en est de même de ses projections; ainsi (n° 413), les distances α, ζ, sont nulles, et les équations de la droite se réduisent à
$$x = az, \quad y = bz.$$

Il peut arriver que la droite soit située dans l'un des plans coordonnés, par exemple, dans le plan des xz. On a alors, pour tous les points de cette droite, $y = 0$; et les équations deviennent $x = az + \alpha$, $y = 0$; c'est-à-dire que, dans ce cas, on doit avoir $b = 0$ et $\zeta = 0$; ce qui est évident d'ailleurs, d'après la figure, puisque la projection de la droite sur le plan des yz, se confond avec l'axe des z.

Même raisonnement par rapport aux deux autres plans coordonnés.

416. Tant que les constantes a, b, α, 6 sont données *à priori,* la droite est complètement déterminée de position. Pour en obtenir les différens points, il suffit de donner, dans les deux équations $x = az + \alpha$, $y = bz + 6$, à la variable z, par exemple, une valeur particulière z'; ce qui entraîne, pour chacune des deux autres, x et y, une valeur correspondante, savoir :

$$x = az' + b = x', \quad y = bz' + 6 = y'.$$

Prenant alors sur AX (*fig. 237*), une distance $AP = x'$, on mène Pm'' parallèle à AY et égale à y'; puis au point m'', on conçoit une perpendiculaire au plan des xy, qui soit égale à z'; et le point M ainsi déterminé, appartient à la droite. On obtiendrait de la même manière tous les autres points.

Mais on peut se proposer de déterminer les constantes a, b, α, 6, d'après certaines conditions; ce qui donne lieu à une série de problèmes en trois dimensions, analogues à ceux que nous a présentés la ligne droite considérée sur un plan.

417. Première question. *Trouver les équations d'une droite assujettie à passer par deux points donnés.*

Appelons x', y', z' les coordonnées du premier point, x'', y'', z'' celles du second point. Les équations de la droite cherchée seront d'abord de la forme

$$x = az + \alpha, \dots \quad (1)$$
$$y = bz + 6; \dots \quad (2)$$

a, b, α, 6 étant des quantités inconnues pour le moment.

Or, les points (x', y', z'), (x'', y'', z'') appartenant à la droite, leurs coordonnées doivent vérifier les équations (1), (2), et l'on a les quatre relations

$$x' = az' + \alpha, \dots \quad (3)$$
$$y' = bz' + 6, \dots \quad (4)$$
$$x'' = az'' + \alpha, \dots \quad (5)$$
$$y'' = bz'' + 6. \dots \quad (6)$$

En appliquant à ces six équations la méthode du n° 148,

on trouve successivement,

$$x - x' = a(z - z'), \quad x' - x'' = a(z' - z''), \Big\} \text{d'où} \begin{cases} a = \dfrac{x' - x''}{z' - z''}, \\[2mm] b = \dfrac{y' - y''}{z' - z''}; \end{cases}$$

$$y - y' = b(z - z'), \quad y' - y'' = b(z' - z'');$$

et par conséquent,

$$x - x' = \frac{x' - x''}{z' - z''}\,(z - z'), \quad y - y' = \frac{y' - y''}{z' - z''}\,(z - z').$$

Ces deux dernières équations, qui ne renferment plus que les variables x, y, z, et les quantités connues $x', y', z', x'', y'', z''$, sont les équations cherchées.

N. B. Quant aux équations $x - x' = a\,(z - z')$, $y - y' = b\,(z - z')$, obtenues dans le cours du calcul, elles caractérisent une ligne droite passant par le point (x', y', z'), puisqu'elles sont satisfaites par les hypothèses $x = x', y = y', z = z'$. Les quantités a, b se déterminent ensuite au moyen d'une seconde condition que l'on peut imposer à la droite; dans le problème précédent, cette condition consiste à faire passer la droite par un second point.

418. *Seconde question. Par un point donné hors d'une droite, mener une parallèle à cette droite.*

Soient x', y', z' les coordonnées du point. On a pour les équations de la droite donnée,

$$x = az + \alpha, \dots$$
$$y = bz + \mathfrak{c}.$$

Celles de la droite cherchée sont (n° 417) de la forme

$$x - x' = a'(z - z'),$$
$$y - y' = b'(z - z');$$

(a', b' sont des quantités qu'il s'agit de déterminer).

Or, puisque les droites sont parallèles, les plans qui les projettent respectivement sur les deux plans des xz et des yz, doivent être parallèles ; donc les intersections de ces plans parallèles avec les plans coordonnés, c'est-à-dire, les projections des deux droites, sont elles-mêmes parallèles. Ainsi l'on a nécessairement (n° 150) les relations $a' = a$, $b' = b$; ce qui donne finalement pour les équations de la droite cherchée,

$$x - x' = a(z - z'), \quad y - y' = b(z - z').$$

419. **Troisième question.** *Deux droites étant données par leurs équations, exprimer par l'analyse, que ces droites se rencontrent, et trouver, dans ce cas, les coordonnées de leur point d'intersection.*

$$\text{Soient } \begin{cases} x = az + \alpha, \ldots (1) \\ y = bz + \varsigma, \ldots (2) \end{cases} \text{ et } \begin{cases} x = a'z + \alpha', \ldots (3) \\ y = b'z + \varsigma', \ldots (4) \end{cases}$$

les équations des deux droites.

Si elles se coupent, les coordonnées de leur point d'intersection doivent vérifier à la fois les quatre équations ci-dessus ; ainsi, ces coordonnées ne sont autre chose que les valeurs de x, y, z, propres à satisfaire, en même temps, à ces équations ; et comme on a trois inconnues à éliminer entre quatre équations, on doit nécessairement (Alg., chap. 1er, n° 79) parvenir à une relation entre les constantes $a, b, \alpha, \varsigma, a', b', \alpha', \varsigma' \ldots$

Les équations (1) et (3), (2) et (4), retranchées successivement l'une de l'autre, donnent

$$0 = (a - a')z + \alpha - \alpha' ; \quad \text{d'où } z = \frac{\alpha' - \alpha}{a - a'},$$

$$0 = (b - b')z + \varsigma - \varsigma' ; \quad \text{d'où } z = \frac{\varsigma' - \varsigma}{b - b'}.$$

Or, ces deux valeurs de z doivent être égales ; on a donc

$$\frac{\alpha' - \alpha}{a - a'} = \frac{\varsigma' - \varsigma}{b - b'}, \text{ou bien,} (\alpha' - \alpha)(b - b') - (\varsigma' - \varsigma)(a - a') = 0 \ldots (5)$$

Telle est la relation qui doit exister entre les constantes, pour que les deux droites se coupent.

En supposant que cette relation soit satisfaite, on obtient

pour les coordonnées du point d'intersection,

$$z = \frac{a' - a}{a - a'} \text{ ou } \frac{6' - 6}{b - b'}, \ x = \frac{aa' - aa'}{a - a'} \text{ et } y = \frac{b6' - 6b'}{b - b'}.$$

Soit, comme cas particulier, $a = a'$, $b = b'$, ce qui signifie (n° 418) que les deux droites sont parallèles; l'équation (5) est satisfaite et les valeurs de x, y, z se réduisent à la forme $\frac{M}{o}$; résultat analogue à celui du n° 152.

420. QUATRIÈME QUESTION. *Deux droites étant données par leurs équations, déterminer l'angle qu'elles forment entre elles.*

Soient
$$\left\{ \begin{array}{l} x = az + a, \\ y = bz + 6, \end{array} \right\} \text{ et } \left\{ \begin{array}{l} x = a'z + a', \\ y = b'z + 6', \end{array} \right.$$
les équations des deux droites.

Il peut se présenter deux circonstances : ou les droites se coupent, auquel cas l'équation de condition du numéro précédent est satisfaite; ou bien, *elles ne se rencontrent pas.*

Dans l'un et l'autre cas, si d'un point quelconque de l'espace, on conçoit deux autres droites respectivement parallèles aux droites données, c'est l'angle formé par ces parallèles qu'il s'agit de déterminer.

Pour plus de simplicité, nous prendrons le point dont nous venons de parler, à l'origine même des coordonnées. Soient donc AL, AL' (*fig.* 237) des parallèles aux deux droites données, on a (n° 415 et 418) pour leurs équations,

Fig 237.

$$\left. \begin{array}{l} x = az, \ldots \\ y = bz, \ldots \end{array} \right\} (1) \text{ et } \left\{ \begin{array}{l} x = a'z, \ldots \\ y = b'z. \ldots \end{array} \right\} (2)$$

Pour obtenir l'angle LAL', prenons sur les côtés, deux parties AM, AM' égales au rayon des tables, ou égales à 1; puis joignons les points M et M', dont nous désignerons d'ailleurs les coordonnées par x', y', z' et x'', y'', z''.

Cela posé, en appelant D la distance MM', on a (n° 411)

pour l'expression de celte distance,

$$D^2 = (x' - x'')^2 + (y' - y'')^2 + (z' - z'')^2,$$

ou développant et observant que les coordonnées du point M et celles du point M' sont liées (n° 412) par les relations

$$x'^2 + y'^2 + z'^2 = 1, \ldots (3) \quad x''^2 + y''^2 + z''^2 = 1, \ldots (4)$$

$$D^2 = 2 - 2(x'x'' + y'y'' + z'z'')\ldots\ldots$$

D'un autre côté, le triangle AMM' donne (Trigon., n° 92)

$$\cos MAM' \text{ ou } \cos V = \frac{\overline{AM}^2 + \overline{AM'}^2 - \overline{MM'}^2}{2AM \times AM'} = \frac{2 - D^2}{2},$$

ou mettant pour D^2 sa valeur dans cette expresssion,

$$\cos V = x'x'' + y'y'' + z'z''\ldots\ldots (5)$$

Donc tout se réduit maintenant à obtenir les coordonnées x', y', z' et x'', y'', z'', en fonction des constantes a, b, a', b'.

Or, le point (x', y', z') se trouvant sur la droite AL, ses coordonnées doivent vérifier les équations (1); ainsi l'on a les

deux relations$\ldots\ldots\ldots\ldots\ldots\ldots\ldots\ldots\ldots\ldots\ldots \begin{cases} x' = az', \\ y' = bz', \end{cases}$

qui, jointes à la relation (5) $\quad x'^2 + y'^2 + z'^2 = 1,$

suffisent pour déterminer les trois quantités x', y', z'.

Portons dans la troisième relation, les valeurs de x' et de y' que donnent les deux premières, il vient

$$(a^2 + b^2 + 1) z'^2 = 1; \quad \text{d'où} \quad z' = \frac{1}{\sqrt{a^2 + b^2 + 1}};$$

ce qui donne ensuite pour y' et x',

$$y' = \frac{b}{\sqrt{a^2 + b^2 + 1}}, \quad x' = \frac{a}{\sqrt{a^2 + b^2 + 1}}.$$

On obtiendrait de la même manière pour les coordonnées x'', y'', z'' du point M,

$$z'' = \frac{1}{\sqrt{a'^2 + b'^2 + 1}}, \quad y'' = \frac{b'}{\sqrt{a'^2 + b'^2 + 1}}, \quad x'' = \frac{a'}{\sqrt{a'^2 + b'^2 + 1}}.$$

Substituant ces valeurs dans l'équation (5), on obtient enfin pour le cosinus de l'angle demandé,

$$\cos V = \frac{aa' + bb' + 1}{\sqrt{(a^2 + b^2 + 1)(a'^2 + b'^2 + 1)}} \dots (6)$$

Cette expression, renfermant un radical, est susceptible de deux valeurs; et cela doit être, puisque les deux droites forment entre elles deux angles *supplémens* l'un de l'autre.

421. On peut trouver une autre expression de $\cos V$, au moyen de certaines considérations dont nous ferons souvent usage.

Abaissons du point M (*fig.* 237) la perpendiculaire Mm au plan des xy, et menons mP parallèle à l'axe des y; on a, d'après cette construction, AP $= x'$, P$m = y'$, M$m = z'$. De plus, le plan MmP étant parallèle au plan des yz, la ligne qui joint le point M au point P est perpendiculaire à AP; et comme on a pris AM $= 1$, il s'ensuit que AP ou x' est égal au cosinus de l'angle que forme la droite AM avec l'axe des x. On démontrerait d'une manière analogue que y' et z' sont égaux aux cosinus des angles que forme la droite avec les axes des y et des z.

Donc, en appelant α, ζ, γ ces trois angles, on a les relations

$$x' = \cos \alpha, \quad y' = \cos \zeta, \quad z' = \cos \gamma.$$

On obtiendrait de même, par rapport aux angles α', ζ', γ' que forme la droite AM′ avec les trois axes,

$$x'' = \cos \alpha', \quad y'' = \cos \zeta', \quad z'' = \cos \gamma'.$$

Ces valeurs étant portées dans l'équation (5) du n° précédent, donnent

$$\cos V = \cos \alpha \cos \alpha' + \cos \zeta \cos \zeta' + \cos \gamma \cos \gamma'. \quad (7)$$

422. On déduit des calculs précédens plusieurs conséquences fort importantes :

1°. La relation (3) du n° 420, donne, lorsqu'on y remplace x', y', z', par $\cos \alpha$, $\cos \beta$, $\cos \gamma$,

$$\cos^2 \alpha + \cos^2 \beta + \cos^2 \gamma = 1;$$

ce qui démontre que *la somme des carrés des cosinus des angles que forme une droite quelconque avec les trois axes, est égale à l'unité;* proposition qui résulte encore de la relation qui existe entre la diagonale d'un parallélépipède rectangle et les trois arrêtes contigues (n° 411).

2°. Des relations $x' = az'$, $y' = bz'$, on déduit $a = \dfrac{x'}{z'}$, $b = \dfrac{y'}{z'}$, et par conséquent, $a = \dfrac{\cos \alpha}{\cos \gamma}$, $b = \dfrac{\cos \beta}{\cos \gamma}$ ..... (8)

Donc, les constantes a, b, des équations d'une droite, ont respectivement pour valeurs *les rapports des cosinus des angles que forme la droite avec l'axe des* x *et avec l'axe des* y, *au cosinus de l'angle qu'elle forme avec l'axe des* z.

3°. Enfin, les équations (8), ou

$$\cos \alpha = a \cos \gamma, \quad \cos \beta = b \cos \gamma,$$

étant élevées au carré et ajoutées avec l'identité $\cos^2 \gamma = \cos^2 \gamma$, donnent $\cos^2 \alpha + \cos^2 \beta + \cos^2 \gamma$, ou $1 = (a^2 + b^2 + 1)\cos^2 \gamma$; donc

$$\cos \gamma = \frac{1}{\sqrt{a^2 + b^2 + 1}}, \quad \cos \beta = \frac{b}{\sqrt{a^2 + b^2 + 1}},$$

$$\cos \alpha = \frac{a}{\sqrt{a^2 + b^2 + 1}} \ldots \ldots (9)$$

Ces dernières formules donnent les angles que forme une droite avec les trois axes, connaissant les tangentes a, b, des angles que ses projections sur les plans des xz et des yz, font avec l'axe des z.

Réciproquement, lorsqu'on donne les angles que la droite

34

forme avec les trois axes, les formules (8) font connaître les constantes a, b des équations de la droite.

Nous observerons à ce sujet que, d'après la relation..... $\cos^2 \alpha + \cos^2 \delta + \cos^2 \gamma = 1$, qui lie les angles α, δ, γ, on ne peut donner arbitrairement que deux de ces angles; et la relation donne la valeur correspondante du troisième angle.

423. Reprenons la formule (6), et voyons ce qu'elle devient dans les deux hypothèses où les droites données sont *parallèles* ou *perpendiculaires* entre elles.

Dans le premier cas, on doit avoir $\cos V = 1$, et l'on obtient entre a, b, a', b', *la relation*

$$aa' + bb' + 1 = \sqrt{(a^2 + b^2 + 1)(a'^2 + b'^2 + 1)}.$$

Faisant disparaître le radical, développant et réduisant, on peut la transformer ainsi :

$$(a - a')^2 + (b - b')^2 + (ab' - ba')^2 = 0,$$

équation qui ne peut évidemment exister, à moins que l'on n'ait séparément, $a = a'$, $b = b'$, $ab' = ba'$.

La dernière de ces trois relations est implicitement comprise dans les deux autres; et l'on sait déjà (n° 418) que celles-ci expriment que deux droites, dans l'espace, sont parallèles entre elles.

Dans le second cas, $\cos V$ doit être *nul;* ce qui donne nécessairement $aa' + bb' + 1 = 0$.

Telle est la condition qui exprime que deux droites sont perpendiculaires l'une à l'autre; ce qui peut avoir lieu d'ailleurs, sans que ces droites se coupent.

En y réunissant l'équation

$$(a - a')(\delta' - \delta) - (b - b')(\alpha' - \alpha) = 0,$$

trouvée n° 419, on aurait les deux relations qui doivent exister entre les constantes, pour que les droites *se coupent à angle droit.*

La formule (7) devient, dans la même circonstance,

$$\cos \alpha \cos \alpha' + \cos \ell \cos \ell' + \cos \gamma \cos \gamma' = 0;$$

résultat dont nous ferons usage par la suite.

424. Nous pourrions, à l'aide des principes qui viennent d'être établis, résoudre *en trois dimensions* le problème que nous avons résolu (n° 157) en deux dimensions: *abaisser d'un point donné hors d'une droite, une perpendiculaire sur cette droite, et trouver la longueur de cette perpendiculaire.*

Soient en effet, $x = az + \alpha$, $y = bz + \ell$, les équations de la droite donnée. Si l'on appelle x', y', z' les coordonnées du point, on a (n° 417), pour la droite cherchée, deux équations de la forme $x - x' = a'(z - z'), y - y' = b'(z - z')$; les quantités a', b' sont les seules constantes qui restent à déterminer.

Or, puisque les deux droites doivent être perpendiculaires l'une à l'autre, on a cette première relation $aa' + bb' + 1 = 0$; d'ailleurs, pour qu'elles se coupent, il faut (n° 419) que l'on ait

$$(a - a')(\ell' - \ell) - (b - b')(\alpha' - \alpha) = 0,$$

ou mettant à la place de ℓ', α', leurs valeurs $y' - b'z'$ et $x' - a'z', \ldots (a - a')(y' - b'z' - \ell) - (b - b')(x' - a'z' - \alpha) = 0.$

Cette relation, combinée avec $aa' + bb' + 1 = 0$, donnerait les valeurs de a', b', qui, reportées dans les équations de la seconde droite, conduiraient finalement aux équations de la droite cherchée.

Mais les calculs et ceux relatifs à la seconde partie de la question, ne laisseraient pas que d'être assez compliqués; et nous verrons bientôt un moyen beaucoup plus simple de résoudre ce même problème.

425. *Scholie général.* Les principes établis sur la ligne droite, depuis le n° 413 jusqu'au n° 419 inclusivement, sont vrais, *quelle que soit l'inclinaison des axes coordonnés.* Ainsi, dans le cas d'axes

obliques, les équations d'une droite sont toujours de la forme

$$x = az + \alpha, \quad y = bz + \varsigma ;$$

seulement, les droites au lieu d'être projetées sur les plans coordonnés par des perpendiculaires à ces plans, le sont (n° 410) *parallèlement aux axes ;* et les quantités a, b n'expriment plus des tangentes trigonométriques, mais *des rapports de sinus ;* les constantes α, ς, conservent la même acception.

Les équations d'une droite passant par deux points donnés, les conditions de parallélisme de deux droites, etc., sont aussi indépendantes de l'inclinaison des axes. Mais il n'en est pas de même de la question qui a pour objet la détermination de l'angle de deux droites, et de toutes les conséquences qui en ont été déduites, puisqu'on a fait entrer en considération l'expression de la distance entre deux points donnés.

Cette remarque est importante pour les jeunes gens qui voudraient faire quelques applications de ces principes.

§ III. *De l'équation du plan et de ses combinaisons avec les équations du point et de la ligne droite.*

426. De même qu'une ligne droite est fixée de position sur un plan, par une équation du premier degré entre les coordonnées x, y, de chacun de ses points rapportés à deux axes, nous allons reconnaître qu'un plan se détermine aussi de position par rapport à trois autres plans, au moyen d'une équation du premier degré en x, y, z ; ces variables désignant les distances de chacun des points du plan aux trois plans coordonnés.

Fig.238.   Soient DB, DC (*fig.* 238) *les traces* d'un plan quelconque, c'est-à-dire, les intersections de ce plan avec deux des plans coordonnés (qui peuvent être indifféremment, rectangulaires ou obliques).

Parmi les différentes manières de concevoir une *surface plane*, il en est une qui consiste à la regarder comme *engendrée par le mouvement d'une droite indéfinie qui glisse le long d'une autre droite, aussi indéfinie, sans cesser d'être parallèle à elle même.*

Ainsi, par exemple, si par les différens points de la droite DB, on imagine une suite d'autres droites D'C', D"C"..., parallèles à DC, il est évident que cette suite de droites appartient au plan que nous considérons; par conséquent, ce plan peut être regardé comme engendré par le mouvement de la trace DC, le long de la trace DB, de manière à rester constamment parallèle à sa direction primitive.

C'est cette propriété caractéristique que nous allons essayer de traduire en analyse.

Comme la droite DB se trouve tout entière dans le plan des xz, ses équations sont (n° 415) de la forme

$$y = 0, \quad z = mx + p \ldots (1)$$

Par une raison analogue, les équations de la trace DC, sont

$$x = 0, \quad z = ny + p \ldots (2)$$

(Nous supposons ici les équations résolues par rapport à z, parce que les deux traces doivent passer par un point D, dont le z est commun aux deux seconds membres de ces équations).

Cela posé, considérons la trace DC dans une situation quelconque, D'C', par exemple; on a nécessairement (n° 418) pour les équations de cette droite parallèle à DC,

$$x = a, \quad z = ny + c, \ldots (3);$$

a, c sont des quantités *constantes* pour tous les points d'une même position D'C' de la génératrice, mais *variables* d'une position à une autre D"C".

Il nous reste encore à exprimer que la génératrice rencontre dans toutes ses positions, la trace DB; et, pour cela, il faut (n° 419) écrire en analyse, que les équations (1) et (3) ont lieu en même temps; ce qui donnera une relation entre les indéterminées a, c et les quantités connues m, n, p. Combinons donc ensemble ces quatre équations.

La seconde des équations (3) devient, à cause de la première des équations (1), $\quad z = c$.

Portant les deux valeurs $x = a$, $z = c$, dans la seconde des équations (1), on obtient, pour la relation demandée,

$$\mathcal{C} = m\alpha + p \dots (4)$$

Observons actuellement que, pour chaque position de la génératrice, les équations (3) et l'équation (4) doivent être satisfaites simultanément; donc (n° 214), si l'on élimine entre ces équations, les indéterminées α, $\mathcal{C}$, l'équation résultante en x, y, z et quantités connues, appartiendra aussi à tous les points du plan.

Or, les équations (3) donnant $\alpha = x$, $\mathcal{C} = z - ny$, l'équation (4) devient

$$z - ny = mx + p;$$

ou bien, $$z = mx + ny + p \dots (5).$$

Telle est, en général, l'équation qui exprime la position d'un plan dans l'espace, et qui en est, pour ainsi dire, *la représentation analytique.*

Pour faire concevoir comment cette équation représente chacun des points de la surface plane, supposons qu'on ait pris pour les variables x, y, un système de valeurs $x = Ad'$, $y = d'c'$. Si, du point c' on élève $c'E'$ perpendiculaire au plan des xy, et égale à la valeur correspondante de z, tirée de l'équation (5), le point E', ainsi déterminé, appartiendra au plan, et ne peut appartenir qu'à lui.

Même raisonnement pour d'autres valeurs attribuées à x et y.

N. B. De tous les moyens qu'on emploie ordinairement pour trouver l'équation du plan, nous avons préféré le précédent, d'abord, parce qu'il a l'avantage d'être indépendant de l'inclinaison des axes coordonnés, et ensuite, parce qu'il s'applique à la recherche des équations d'autres surfaces dont la génération offre de l'analogie avec celle du plan. Nous en verrons des exemples par la suite.

427. Les constantes m, n, p, qui entrent dans l'équation du

plan, sont faciles à définir. Les quantités m et n ne sont autre chose que *les tangentes des angles* que forment les traces DB, DC avec les axes des x et des y. Quant à la quantité p, on l'appelle le z à l'origine; *c'est la distance de l'origine au point où le plan rencontre l'axe des z.*

Lorsque le plan passe par l'origine, on a $p = 0$, et l'é-quation se réduit à

$$z = mx + ny,$$

équation qui est, en effet, vérifiée par $x = 0$, $y = 0$, $z = 0$.

428. Je dis que, *réciproquement*, toute équation du premier degré à trois variables,

$$Ax + By + Cz + D = 0,$$

appartient à un plan.

En effet, on en déduit

$$z = -\frac{A}{C}x - \frac{B}{C}y - \frac{D}{C}\cdots\cdots$$

Or, si l'on considère deux droites dont les équations soient

pour la première, $\quad y = 0$ et $z = -\dfrac{A}{C}x - \dfrac{D}{C}$,

et pour la seconde, $\quad x = 0$ et $z = -\dfrac{B}{C}y - \dfrac{D}{C}$,

on peut regarder ces droites comme les traces d'un plan sur ceux des xz et des yz; et si l'on recherche l'équation de ce plan, d'après la méthode du n° 426, on trouvera nécessairement

$$z = -\frac{A}{C}x - \frac{B}{C}y - \frac{D}{C},$$

ou bien, $\quad Ax + By + Cz + D = 0\cdots$ (1)

Donc, réciproquement, etc.

N. B. Quoique l'équation $z = mx + ny + p$ ne renferme que *trois* constantes, tandis que l'équation (1) en renferme

quatre, elle n'en est pas moins aussi générale que celle - ci, dont le premier membre peut toujours être divisé par l'un de ses coefficiens. Mais nous considérerons presque toujours l'équation du plan sous la forme (1), parce qu'elle est plus symétrique, et qu'en outre, lorsqu'on aura à déterminer un plan d'après certaines conditions, comme l'équation (1) renfermera une *constante arbitraire* de plus que l'équation......
$z = mx + ny + p$, on en profitera pour introduire certaines simplifications dans les calculs.

Cette remarque est très utile.

Faisons successivement $x = 0$, $y = 0$, $z = 0$, dans l'équation

$$Ax + By + Cz + D = 0 ;$$

il en résulte pour $\quad x = 0, \qquad By + Cz + D = 0,$

$$\text{pour} \quad y = 0, \qquad Ax + Cz + D = 0,$$

$$\text{et pour} \quad z = 0, \qquad Ax + By + D = 0 ;$$

ce sont les équations des traces du plan sur les trois plans des yz, des xz et des xy.

En posant à la fois $x = 0$, $y = 0$, l'on obtient $z = -\dfrac{D}{C}$; ce qui donne les coordonnées du point où le plan rencontre l'axe des z.

On aurait de même

$$x = 0, \quad z = 0, \quad \text{d'où} \quad y = -\frac{D}{B},$$

$$y = 0, \quad z = 0, \quad \text{d'où} \quad x = -\frac{D}{A},$$

pour les coordonnées des points où le plan rencontre l'axe des y et l'axe des x.

429. On peut faire entrer dans l'équation du plan, les distances de l'origine à ces trois points d'intersection, et l'équation prend alors une forme très élégante.

Posons, en effet,

$$AB = -\frac{D}{A} = q, \quad AC = -\frac{D}{B} = r, \quad AD = -\frac{D}{C} = s;$$

il en résulte $\quad A = -\dfrac{D}{q}, \quad B = -\dfrac{D}{r}, \quad C = -\dfrac{D}{s};$

d'où, substituant dans l'équation du plan et réduisant,

$$rs.x + qs.y + qr.z = qrs;$$

équation analogue à celle qui a été obtenue pour la ligne droite (n° 145), et pour les équations de l'ellipse et de l'hyperbole, rapportées à leurs axes.

Elle ne renferme, comme l'équation $z = mx + ny \mp p$, que trois constantes; mais elle est plus symétrique.

430. Nous allons maintenant nous occuper de la résolution d'une série de questions relatives au point, à la ligne droite, et au plan, et qui, avec celles que nous avons déjà traitées (n° 416 et suivans), constituent ce qu'on appelle les *préliminaires* de la Géométrie analytique à trois dimensions.

PREMIÈRE QUESTION. *Faire passer un plan par trois points donnés.*

Désignons par (x', y', z'), (x'', y'', z''), (x''', y''', z''') les coordonnées des trois points, et par

$$Ax + By + Cz + D = 0 \ldots \ldots (1)$$

l'équation du plan cherché; A, B, C, D sont des constantes qu'il s'agit de déterminer.

Puisque le plan est assujetti à passer par les trois points, son équation doit être vérifiée, lorsqu'on y remplace successivement x, y, z, par les coordonnées de chacun de ces points; ainsi, l'on a les trois relations

$$Ax' + By' + Cz' + D = 0, \quad Ax'' + By'' + Cz'' + D = 0,$$
$$Ax''' + By''' + Cz''' + D = 0,$$

qui peuvent être transformées de la manière suivante :

$$\frac{A}{D}\,x' + \frac{B}{D}\,y' + \frac{C}{D}\,z' = -1,$$

$$\frac{A}{D}\,x'' + \frac{B}{D}\,y'' + \frac{C}{D}\,z'' = -1,$$

$$\frac{A}{D}\,x''' + \frac{B}{D}\,y''' + \frac{C}{D}\,z''' = -1.$$

En appliquant à ces équations les formules du premier degré à trois inconnues (Alg., chap. Ier, n° 66), et observant que le coefficient D étant tout-à-fait arbitraire, on peut l'égaler à la quantité qui sert de dénominateur commun aux trois expressions de $\frac{A}{D}$, $\frac{B}{D}$, $\frac{C}{D}$, on trouve, tout calcul fait,

$$D = x'y''z''' - x'z''y''' + z'x''y''' - y'x''z''' + y'z''x''' - z'y''x''',$$
$$A = -y''z''' + z''y''' - z'y''' + y'z''' - y'z'' + z'y'',$$
$$B = -x'z''' + x'z'' - z'x'' + x''z''' - z''x''' + z'x''',$$
$$C = -x'y'' + x'y''' - x''y''' + y'x'' - y'x''' + y''x'''.$$

Il ne s'agirait plus maintenant que de substituer ces valeurs dans l'équation (1), et l'on aurait l'équation demandée.

SECONDE QUESTION. *Faire passer un plan par un point et une droite donnée.*

Soient x', y', z' les coordonnées du point,

$$\left.\begin{array}{l} x = az + \alpha, \\ y = bz + \varepsilon, \end{array}\right\} \;\ldots\; (1), \text{ les équations de la droite;}$$

celle du plan cherché sera de la forme

$$Ax + By + Cz + D = 0 \ldots (2)$$

Comme ce plan doit passer par le point (x', y', z'), on a, pour première relation,

$$Ax' + By' + Cz' + D = 0; \;\ldots\; (3)$$

d'où, retranchant les équations (2) et (3) l'une de l'autre,

$$A(x - x') + B(y - y') + C(z - z') = 0 \ldots (4)$$

C'est la forme caractéristique de l'équation d'un plan passant par un point donné ; nous aurons souvent occasion d'en faire usage.

Maintenant, il faut exprimer, par l'analyse, que la droite donnée se trouve tout entière dans le plan cherché ; et, pour cela, il suffit d'écrire que les coordonnées x, y, z de tous les points de la droite vérifient l'équation du plan. Or, en substituant pour x et y leurs valeurs tirées des équations (1), dans l'équation (2), il vient

$$A(az + \alpha) + B(bz + \mathfrak{C}) + Cz + D = o ;$$

ou bien, effectuant les calculs et ordonnant par rapport à z,

$$(Aa + Bb + C)z + A\alpha + B\mathfrak{C} + D = o.$$

Mais cette équation doit se vérifier indépendamment de toute valeur particulière attribuée à z ; ainsi chacune des quantités $Aa + Bb + C$, $A\alpha + B\mathfrak{C} + D$ doit être *nulle* séparément ; et l'on a les deux nouvelles relations,

$$Aa + Bb + C = o, \dots\dots (5)$$
$$A\alpha + B\mathfrak{C} + D = o, \dots\dots (6)$$

pour exprimer que la droite est comprise tout entière dans le plan.

En soustrayant la dernière de ces relations de l'équation (3), on obtient

$$A(x' - \alpha) + B(y' - \mathfrak{C}) + Cz' = o, \dots\dots (7)$$

équation qui ne renferme plus D, et qu'on peut substituer à l'équation (6).

La question se réduit donc à trouver les valeurs de A, B, C, ou plutôt, des rapports $\dfrac{A}{C}$, $\dfrac{B}{C}$, à l'aide des deux relations

$$\frac{A}{C} a + \frac{B}{C} b + 1 = o, \quad \frac{A}{C}(x' - \alpha) + \frac{B}{C}(y' - \mathfrak{C}) + z' = o.$$

Or, on trouve par l'élimination,

$$1°. \quad \frac{A}{C} = \frac{y' - 6 - bz'}{b(x' - \alpha) - a(y' - 6)},$$

$$2°. \quad \frac{B}{C} = - \frac{x' - \alpha - az'}{b(x' - \alpha) - a(y' - 6)};$$

et comme on peut disposer arbitrairement de l'un des trois coefficiens A, B, C, il n'y a qu'à poser

$$C = b(x' - \alpha) - a(y' - 6);$$

ce qui donne
$$\left\{ \begin{array}{l} A = y' - 6 - bz', \\ B = -(x' - \alpha - az'); \end{array} \right.$$

d'où, substituant dans l'équation (3),

$$(y' - 6 - bz')(x - x') - (x' - \alpha - az')(y \quad y')$$
$$+ [b(x' - \alpha) - a(y' - 6)](z - z') = 0.$$

Telle est l'équation du plan demandé.

432. *Remarque.* Dans la question précédente, nous avons établi deux relations, $Aa + Bb + C = 0$, $A\alpha + B6 + D = 0$, qui méritent quelqu'attention, parce qu'elles sont fréquemment employées dans la Géométrie analytique.

Reprenons les équations de la droite et du plan,

$$x = az + \alpha, \quad y = bz + 6, \quad Ax + By + Cz + D = 0;$$

et proposons-nous de déterminer le point où la droite rencontre le plan.

Comme on a trois équations entre x, y, z, il suffit de remplacer dans la troisième, x et y par leurs valeurs tirées des deux premières. Il vient, par cette substitution,

$$(Aa + Bb + C)z + A\alpha + B6 + D = 0;$$

d'où
$$z = - \frac{A\alpha + B6 + D}{Aa + Bb + C},$$

$$x = \alpha - \frac{a(A\alpha + B6 + D)}{Aa + Bb + C}$$

$$= \frac{\alpha(Aa + Bb + C) - a(A\alpha + B6 + D)}{Aa + Bb + C},$$

$$y = \mathit{6} - \frac{\mathit{6}\,(A\alpha + B\mathit{6} + D)}{Aa + Bb + C}$$

$$= \frac{\mathit{6}\,(Aa + Bb + C) - b\,(A\alpha + B\mathit{6} + D)}{Aa + Bb + C}.$$

Cela posé, si l'on veut exprimer que *la droite et le plan sont parallèles*, il faut écrire que les valeurs de x, y, z, correspondantes au point d'intersection, sont *infinies*; ce qui se fait en posant $Aa + Bb + C = 0$; car ces valeurs deviennent alors

$$z = - \frac{A\alpha + B\mathit{6} + D}{0}, \quad x = - \frac{a\,(A\alpha + B\mathit{6} + D)}{0},$$

$$y = - \frac{b\,(A\alpha + B\mathit{6} + D)}{0}.$$

Si, au lieu de la condition $Aa + Bb + C = 0$, on établit la suivante, $A\alpha + B\mathit{6} + D = 0$, les valeurs de x, y, z se réduisent à $z = 0$, $x = \alpha$, $y = \mathit{6}$.

Or, il est aisé de reconnaître que le point correspondant à ce système de coordonnées, est celui où la droite rencontre le plan des xy; car si l'on pose, dans les équations de la droite, $z = 0$, il en résulte $x = \alpha$, $y = \mathit{6}$.

Supposons maintenant qu'on ait à la fois

$$Aa + Bb + C = 0, \quad A\alpha + B\mathit{6} + D = 0;$$

les valeurs de x, y, z se réduisent à la forme $\frac{0}{0}$, signe de l'*indétermination*; ce qui prouve qu'alors la droite se trouve tout entière dans le plan.

On peut conclure de là que, des deux relations ci-dessus, la première exprime seulement que *la droite et le plan sont parallèles*; la seconde, que le plan *passe par un point déterminé de la droite* (celui où la droite perce le plan des xy); et que, toutes les deux conjointement, expriment que *la droite et le plan se confondent*.

433. Troisième question. *Un plan et un point hors de ce plan étant donnés,* on demande, 1°. *d'abaisser du point une*

perpendiculaire sur le plan ; 2°. de trouver la longueur de cette perpendiculaire, c'est-à-dire, la distance du point au plan donné.

Soient x', y', z', les coordonnées de ce point, et

$$Ax + By + Cz + D = 0 \dots \quad (1)$$

l'équation d'un plan supposé connu de position.

Les équations de la droite cherchée seront (n° 417) de la forme

$$x - x' = a(z - z'), \quad y - y' = b(z - z'); \dots \quad (2)$$

a, b étant deux constantes qu'il s'agit de déterminer.

Pour cela, nous rappellerons un des principes de la Géométrie descriptive, lequel consiste en ce que, si une droite est *perpendiculaire* à un plan dans l'espace, *la projection de la droite sur l'un des plans coordonnés, est perpendiculaire à la trace du plan donné sur le même plan coordonné.*

En effet, considérons, par exemple, la projection de la droite et la trace du plan sur celui des xz.

Imaginons par la droite, le plan qui la projette sur le plan des xz ; la trace de ce *plan projetant* n'est autre chose que la projection de la droite. Or ce plan, passant par une droite perpendiculaire au plan donné, est lui-même perpendiculaire au plan donné ; d'ailleurs, il est aussi perpendiculaire au plan des xz ; d'où il suit que l'intersection commune du plan donné et du plan des xz, c'est-à-dire, la trace du plan donné, est perpendiculaire au plan projetant ; donc *cette trace est perpendiculaire à la projection de la droite,* puisque la projection se trouve dans le plan projetant, et qu'elle passe par le point où le plan projetant et la trace se coupent.

Le même raisonnement pourrait s'appliquer à la projection de la droite et à la trace du plan sur celui des yz.

Cela posé, si, pour obtenir *les traces* du plan donné, on fait successivement $y = 0$ et $x = 0$, dans l'équation (1), il vient

$$Ax + Cz + D = 0, \quad By + Cz + D = 0,$$

que l'on peut mettre sous la forme

$$x = -\frac{C}{A} z - \frac{D}{C}, \quad y = -\frac{C}{B} z - \frac{D}{C} \cdots (3)$$

Or, puisque les droites exprimées par les équations (2) doivent être respectivement perpendiculaires aux droites exprimées par les équations (3), il faut (n° 155) que l'on ait entre les coefficiens de z, les relations

$$a \times -\frac{C}{A} + 1 = 0 \; ; \; \text{d'où } a = \frac{A}{C}, \; \text{ou bien}, \; A = aC,$$

$$b \times -\frac{C}{B} + 1 = 0 \; ; \; \text{d'où } b = \frac{B}{C}, \; \text{ou bien}, \; B = bC.$$

Substituant ces valeurs de a, b dans les équations (2), on obtient pour les équations de la perpendiculaire,

$$x - x' = \frac{A}{C} (z - z'), \quad y - y' = \frac{B}{C} (z - z') \cdots (4)$$

Actuellement, pour résoudre la seconde partie du problème proposé, observons que, d'après l'expression (n° 411), qui donne la distance entre deux points, il suffit de déterminer les valeurs de $x - x'$, $y - y'$, $z - z'$, propres à satisfaire en même temps aux équations (1) et (4), et de substituer ensuite ces valeurs dans l'expression de la distance, puisque, par cette élimination, on obtiendra nécessairement les différences entre les coordonnées du point où la perpendiculaire rencontre le plan et celles du point donné.

A cet effet, nous ferons subir à l'équation (1) la transformation suivante : ajoutons au premier membre la quantité......
$- Ax' - By' - Cz' + Ax' + By' + Cz'$, qui est identiquement nulle, et posons

$$Ax' + By' + Cz' + D = D' ; \cdots (5)$$

il vient $\quad A (x - x') + B (y - y') + C (z - z') + D' = 0.$

Or, si l'on met dans cette équation, à la place de $x - x'$,

$y - y'$, leurs valeurs (4) , on trouve

$$(A^2 + B^2 + C^2)(z - z') + D'C = 0; \quad \text{d'où} \quad z - z' = - \frac{D'C}{A^2 + B^2 + C^2};$$

et par conséquent,

$$x - x' = - \frac{D'A}{A^2 + B^2 + C^2},$$

$$y - y' = - \frac{D'B}{A^2 + B^2 + C^2}.$$

Mais en appelant P la perpendiculaire demandée , on a (n° 411)

$$P = \sqrt{(x - x')^2 + (y - y')^2 + (z - z')^2};$$

donc $\quad P = \dfrac{D'}{\sqrt{A^2 + B^2 + C^2}} = \dfrac{Ax' + By' + Cz' + D}{\sqrt{A^2 + B^2 + C^2}}.$

(*Voyez* ce qui a été dit n° 158 sur le double signe dont le radical est affecté.)

434. *Cas particuliers.* 1°. Le point donné peut être l'origine même des coordonnées. Dans ce cas, on a

$$x' = 0, \quad y' = 0, \quad z' = 0,$$

et l'expression de la perpendiculaire se réduit à

$$P = \frac{D}{\sqrt{A^2 + B^2 + C^2}}.$$

Le pied de la perpendiculaire a d'ailleurs pour coordonnées

$$x = - \frac{AD}{A^2 + B^2 + C^2}, \quad y = - \frac{BD}{A^2 + B^2 + C^2},$$

$$z = - \frac{CD}{A^2 + B^2 + C^2}.$$

2°. Si le point donné se trouve sur le plan , ses coordonnées doivent vérifier l'équation du plan , c'est-à-dire que l'on a

$$Ax' + By' + Cz' + D = 0, \quad \text{d'où} \quad P = 0.$$

435. Q*uatrième question.* Réciproquement , *un point et*

une droite étant-donnés dans l'espace, mener par le point un plan perpendiculaire à la droite, et trouver la longueur de la distance du point à la droite.

Soient $\left\{\begin{array}{l} x = az + a \\ y = bz + c \end{array}\right\} \ldots\ldots$ (1) les équations de la droite donnée, et x', y', z' les coordonnées du point.

L'équation du plan cherché sera (n° 431) de la forme

$$A(x - x') + B(y - y') + C(z - z') = 0 \ldots \text{(2)}$$

Or, par hypothèse, la droite et le plan sont perpendiculaires entre eux ; on a donc (n° 433) entre les coefficiens A, B, C et a, b les relations

$$A = aC, \quad B = bC ;$$

d'où, substituant dans l'équation (2) et divisant par C,

$$a(x - x') + b(y - y') + z - z' = 0 \ldots \text{(3)}$$

C'est l'équation du plan cherché.

Maintenant, pour obtenir la distance du point (x', y', z') au point où le plan rencontre la droite, il suffit de chercher les valeurs de $x - x'$, $y - y'$, $z - z'$ propres à satisfaire en même temps aux équations (1) et (3), et de porter ensuite ces valeurs dans l'expression générale de la distance entre deux points donnés.

Afin d'effectuer cette élimination, nous mettrons les équations (1) sous la forme

$$x - x' = a(z - z') + a - x' + az',$$
$$y - y' = b(z - z') + c - y' + bz'. \ldots \text{(4)}$$

(Cette transformation est analogue à celle du n° 157.)

Cela posé, si l'on substitue pour $x - x'$, $y - y'$, leurs valeurs dans l'équation (3), il vient

$$(a^2 + b^2 + 1)(z - z') + a(a - x' + az') + b(c - y' + bz') = 0 :$$

d'où $\quad z - z' = \dfrac{a(x'-\alpha)+b(y'-6)+z'}{a^2+b^2+1} - z' = \dfrac{N}{a^2+b^2+1} - z'$;

en posant, pour simplifier,

$$N = a(x' - \alpha) + b(y' - 6) + z' \dots (5)$$

Portons cette valeur de $z - z'$ dans les équations (4); on obtient pour valeurs correspondantes de $x - x'$, $y - y'$,

$$x - x' = \frac{Na}{a^2+b^2+1} - az' + \alpha - x' + az' = \frac{Na}{a^2+b^2+1} - (x'-\alpha),$$

$$y - y' = \frac{Nb}{a^2+b^2+1} - bz' + 6 - y' + bz' = \frac{Nb}{a^2+b^2+1} - (y'-6).$$

Faisant la somme des carrés de $x - x'$, $y - y'$, $z - z'$, et observant, 1°. que les premières parties élevées au carré donnent pour somme, $\dfrac{N^2}{a^2+b^2+1}$; 2°. que la somme des doubles produits se réduit, d'après la relation (5), à $\dfrac{-2N^2}{a^2+b^2+1}$, on trouve enfin pour l'expression la plus simple de la distance du point à la droite donnée,

$$P = \sqrt{\overline{x'-\alpha}^2 + \overline{y'-6}^2 + z'^2 - \frac{N^2}{a^2+b^2+1}}.$$

436. *Conséquence.* Si l'on joint le point (x', y', z') au point où la droite est rencontrée par le plan qui lui est perpendiculaire, point dont nous désignerons, pour le moment, les coordonnées par x'', y'', z'', il est évident que cette droite de jonction est perpendiculaire sur la droite donnée. Or, les équations de cette droite sont (n° 417) de la forme

$$x - x' = \frac{x''-x'}{z''-z'}(z-z'), \quad y - y' = \frac{y''-y'}{z''-z}(z-z');$$

et les rapports $\dfrac{x''-x'}{z''-z'}$, $\dfrac{y''-y'}{z''-z'}$ ne sont autre chose que les rapports des valeurs de $x - x'$, $y - y'$, $z - z'$ trouvées dans le n° précédent. Donc, en effectuant cette substitution, l'on obtiendrait *les équations de la perpendiculaire abaissée d'un point, sur une droite dans l'espace;* question dont nous avions déjà indiqué une première solution (n° 424).

Nous n'acheverons pas ce calcul, qui n'offre aucune difficulté et qui conduit d'ailleurs à des résultats peu élégans.

437. Cinquième question. *Par un point donné dans l'espace mener un plan parallèle à un autre.*

Avant de résoudre ce problème, nous commencerons par établir les conditions analytiques qui expriment que deux plans sont parallèles.

Soient $\left\{ \begin{array}{l} Ax + By + Cz + D = o, \\ A'x + B'y + C'z + D' = o; \end{array} \right\}$ les équations de deux plans donnés dans l'espace.

Si ces plans sont parallèles, leurs traces sur le plan des xz et sur celui des yz doivent être aussi parallèles. Or, on a (n° 428) pour les équations de ces traces,

$Ax + Cz + D = o$, $\quad By + Cz + D = o$ pour le 1er plan,

$A'x + C'z + D' = o$, $\quad B'y + C'z + D' = o$ pour le second.

Et pour qu'elles soient respectivement parallèles, il faut (n° 418) que l'on ait

$$\frac{A}{C} = \frac{A'}{C'} \quad \text{et} \quad \frac{B}{C} = \frac{B'}{C'};$$

d'où l'on déduit encore $\dfrac{A}{B} = \dfrac{A'}{B'}$.

Désignons actuellement par x', y', z' les coordonnées du point donné.

L'équation du premier plan étant $Ax + By + Cz + D = o$, celle du second, qui est assujetti à passer par le point..... (x', y', z') sera de la forme

$$A'(x - x') + B'(y - y') + C'(z - z') = o;$$

mais, par hypothèse, les deux plans doivent être parallèles ; on a donc

$$\frac{A'}{C'} = \frac{A}{C}, \ \frac{B'}{C'} = \frac{B}{C}; \ \text{ d'où } \ A' = \frac{A}{C}.C', \ B' = \frac{B}{C}.C'.$$

Portant ces valeurs de A', B' dans l'équation précédente, et divisant par C', on obtient pour l'équation demandée,

$$A\,(x - x') + B\,(y - y') + C(z - z') = 0,$$

équation dont les trois premiers coefficiens sont les mêmes que ceux de l'équation du plan donné ; il n'y a que le z de l'origine (n° 427) qui soit *différent*.

Si le point par lequel on veut faire passer le plan parallèle est l'origine même des coordonnées, on a alors

$$x' = 0, \ y' = 0, \ z' = 0;$$

et l'équation ci-dessus se réduit à

$$Ax + By + Cz = 0 \ldots. \ (\textit{Voyez } n°\,427.)$$

438. Sixième question. *Trouver les équations de l'intersection commune de deux plans.*

Soient $\begin{cases} Ax + By + Cz + D = 0, \ (1) \\ A'x + B'y + C'z + D' = 0, \ (2) \end{cases}$ les équations des deux plans donnés.

Nous observerons d'abord qu'une droite dans l'espace est tout aussi bien déterminée par les équations de deux plans quelconques qui la renferment, que par celles de ses projections, lesquelles équations ne sont d'ailleurs elles-mêmes (n° 414) que les équations de deux plans perpendiculaires, l'un au plan des xz, et l'autre au plan des yz.

Mais on peut avoir besoin, pour certains problèmes, de connaître les *équations des projections*.

Or, si l'on élimine y entre les équations (1) et (2), l'équation résultante en x, z, appartiendra à un plan perpendiculaire au plan des xz, et passant par la droite ; donc elle sera l'équation de la projection de la droite sur le plan des xz.

Même raisonnement pour la projection sur le plan des yz.

En effectuant ces calculs, on trouve,

1°. Pour la projection sur le plan des xz,

$$(AB' - BA') x + (CB' - BC') z + DB' - BD' = 0;$$

2°. Pour la projection sur le plan des yz,

$$(AB' - BA') y + (AC' - CA') z + AD' - DA' = 0.$$

L'élimination de z donnerait également l'équation de la projection sur le plan des xy.

439. SEPTIÈME QUESTION. *Deux plans étant donnés dans l'espace, trouver l'angle qu'ils forment entre eux.*

Le moyen qui se présente au premier abord, pour résoudre cette question, consisterait à rechercher, 1°. les équations des projections de l'intersection commune des deux plans ; 2°. l'équation d'un plan perpendiculaire à cette intersection ; 3°. celles des *traces* de ce plan sur les deux plans donnés ; 4°. enfin, l'angle formé par ces traces. Mais il est aisé de sentir que ces calculs, tous exécutables d'après les principes établis précédemment, seraient très laborieux.

Voici un autre moyen plus simple et plus élégant :

Supposons que les droites OB, OC (*fig.* 239) représentent dans l'espace les intersections des deux plans donnés avec un troisième qui leur soit perpendiculaire. Si du point O l'on élève OB', OC' respectivement perpendiculaires aux deux plans, il est clair que ces droites seront situées dans le troisième plan BOC dont nous venons de parler.

Or, puisque les angles BOB', COC' sont égaux comme droits, il en résulte nécessairement B'OC' = BOC ; c'est-à-dire *que l'angle formé par deux droites menées en un point de l'intersection commune de deux plans, perpendiculairement à ces deux plans, est égal à l'angle que ces plans font entre eux.*

Cela posé, soient $\left\{\begin{array}{l} Ax + By + Cz + D = 0, \\ A'x + B'y + C'z + D' = 0, \end{array}\right\}$ les équations des deux plans.

Celles de deux droites qui leur sont respectivement perpendiculaires, de quelque manière que ces droites soient d'ailleurs situées dans l'espace, seront de la forme

$$\left.\begin{array}{l} x = az + \alpha, \\ y = bz + \mathcal{C}, \end{array}\right\} \quad \text{et} \quad \left\{\begin{array}{l} x = a'z + \alpha', \\ y = b'z + \mathcal{C}', \end{array}\right\}$$

a, b, a', b' ayant (n° 433) pour valeurs, savoir :

$$a = \frac{A}{C}, \quad b = \frac{B}{C} \quad \text{et} \quad a' = \frac{A'}{C'}, \quad b' = \frac{B'}{C'}.$$

Or, on a trouvé (n° 420) pour l'angle de deux droites,

$$\cos V = \frac{aa' + bb' + 1}{\sqrt{(a^2 + b^2 + 1)(a'^2 + b'^2 + 1)}}.$$

Donc, en remplaçant a, a', b, b' par leurs valeurs, on obtient, toute réduction faite,

$$\cos V = \frac{AA' + BB' + CC'}{\sqrt{(A^2 + B^2 + C^2)(A'^2 + B'^2 + C'^2)}},$$

expression indépendante de D, D'; ce qui doit être, car tous les plans parallèles aux deux plans donnés forment entre eux le même angle que ceux-ci.

Le radical que renferme cette expression, rend le signe de $\cos V$ *indéterminé*, parce qu'en effet les deux plans font entre eux deux angles, l'un aigu et l'autre obtus; cette indétermination cesse dès que l'on sait d'avance de quelle espèce est l'angle cherché.

Examinons quelques cas particuliers.

440. Si les deux plans sont perpendiculaires entre eux, on doit avoir $\cos V = 0$; ce qui donne

$$AA' + BB' + CC' = 0,$$

pour la condition de perpendicularité de deux plans.

Supposons les deux plans *parallèles entre eux*, auquel cas on a $\cos V = 1$; si l'on égale à l'unité le second membre de la formule ci-dessus, et qu'on développe les calculs, on trouvera, toute réduction faite,

$$(AB' - BA')^2 + (AC' - CA')^2 + (BC' - CB')^2 = 0,$$

équation qui entraine nécessairement avec elle les conditions

$$AB' - BA' = 0, \quad AC' - CA' = 0, \quad BC' - CB' = 0;$$

d'où
$$\frac{A}{B} = \frac{A'}{B'}, \quad \frac{A}{C} = \frac{A'}{C'} \dots$$

Ce sont les conditions déjà obtenues n° 437.

441. Faisons maintenant coïncider l'un des deux plans avec chacun des trois plans coordonnés. On obtiendra, par ce moyen, les cosinus des angles que forme un plan donné avec les plans de projection.

Supposons, par exemple, que le second plan soit le plan des xy. Comme l'équation $A'x + B'y + C'z + D' = 0$ doit se réduire à $z = 0$, il faut que l'on ait

$$A' = 0, \quad B' = 0, \quad D' = 0;$$

et la valeur de cos V se réduit à

$$\cos(xy) = \frac{C}{\sqrt{A^2 + B^2 + C^2}} \dots (1)$$

[cos (xy), cos (xz), cos (yz) sont des notations que nous adopterons pour désigner les cosinus des angles qu'un plan forme avec les plans coordonnés.]

Par un raisonnement analogue, on obtiendrait pour les angles que le premier plan forme avec les deux autres plans coordonnés,

$$\cos(xz) = \frac{B}{\sqrt{A^2 + B^2 + C^2}}, \dots (2) \quad \cos(yz) = \frac{A}{\sqrt{A^2 + B^2 + C^2}} \dots (3)$$

Si l'on ajoute entre elles les équations (1), (2), (3), après les avoir élevées au carré, on trouve

$$\cos^2(xy) + \cos^2(xz) + \cos^2(yz) = 1;$$

relation analogue à celle qui a été trouvée (n° 422) entre les cosinus des angles qu'une droite forme avec les trois axes.

Désignons de même par $\cos (xy)'$, $\cos (xz)'$, $\cos (yz)'$ les cosinus des angles qu'un second plan dans l'espace forme avec les trois plans coordonnés ; on aurait également

$$\cos (xy)' = \frac{C'}{\sqrt{A'^2 + B'^2 + C'^2}}, \quad \cos (xz)' = \frac{B'}{\sqrt{A'^2 + B'^2 + C'^2}},$$

$$\cos (yz)' = \frac{A'}{\sqrt{A'^2 + B'^2 + C'^2}}.$$

En multipliant ces trois expressions respectivement par celles de $\cos (xy)$, $\cos (xz)$, $\cos (yz)$, et ayant égard à la valeur de $\cos V$, on a cette nouvelle relation,

$$\cos (xy) \cdot \cos (xy)' + \cos (xz) \cdot \cos (xz)' + \cos (yz) \cdot \cos (yz)' = \cos V.$$

Enfin, si les deux plans sont perpendiculaires entre eux, on doit avoir

$$\cos (xy) \cdot \cos (xy)' + \cos (xz) \cdot \cos (xz)' + \cos (yz) \cdot \cos (yz)' = 0.$$

Tous ces résultats sont utiles dans le problème général de la transformation des coordonnées en trois dimensions.

442. HUITIÈME ET DERNIÈRE QUESTION. *Trouver l'angle d'une droite et d'un plan dans l'espace.*

Si d'un point quelconque de la droite on abaisse une perpendiculaire sur le plan donné, et qu'on joigne le pied de cette perpendiculaire avec le point où la droite rencontre le plan, la ligne de jonction est, comme on sait, *la projection de la droite sur le plan.* Cela posé, on appelle *angle d'une droite et d'un plan* celui que forme la droite avec sa projection sur le plan. Or, il est évident que cet angle est le *complément* de celui que fait la même droite avec la perpendiculaire abaissée sur le plan.

Soient donc $\left\{ \begin{array}{l} x = az + \alpha \\ y = bz + \epsilon \end{array} \right\}$ les équations de la droite donnée, $Ax + By + Cz + D = 0$ celle du plan.

Les équations d'une droite perpendiculaire à ce plan seront de la forme $\left\{ \begin{array}{l} x = a'z + a', \\ y = b'z + c', \end{array} \right\}$ a', b' ayant (n° 433) pour valeurs

$$a' = \frac{A}{C}, \quad b' = \frac{B}{C}.$$

Mais on a (n° 420) pour l'angle de ces deux droites,

$$\cos V = \frac{aa' + bb' + 1}{\sqrt{(a^2 + b^2 + 1)(a'^2 + b'^2 + 1)}}.$$

Donc, en substituant pour a', b', leurs valeurs, on obtient pour le sinus de l'angle cherché,

$$\sin V = \frac{Aa + Bb + C}{\sqrt{(a^2 + b^2 + c^2)(A^2 + B^2 + C^2)}}.$$

Si la droite est parallèle au plan, on doit avoir $\sin V = 0$; ce qui donne la relation $Aa + Bb + C = 0$, déjà établie n° 433.

443. Scolie général. Tels sont les principes à l'aide desquels on peut résoudre toute espèce de questions relatives à la ligne droite et au plan dans l'espace. On ne doit pas toutefois perdre de vue que quelques-uns des résultats obtenus précédemment, sont indépendans de l'inclinaison des axes, mais que le plus grand nombre suppose les axes rectangulaires. Ainsi toutes les questions dans lesquelles on a dû faire entrer en considération, soit la distance entre deux points, soit l'angle de deux droites, et, par conséquent, la condition de perpendicularité de deux droites ou deux plans, toutes ces questions, dis-je, conduiraient à des résultats beaucoup plus compliqués dans l'hypothèse d'axes obliques.

CHAPITRE VIII.

Des Surfaces courbes, et en particulier des Surfaces du second degré.

Notions préliminaires.

444. Une surface courbe étant donnée de forme et de position dans l'espace, si, après avoir traduit algébriquement une de ses propriétés caractéristiques, on parvient à une relation $F(x, y, z) = 0$ entre les coordonnées de chacun de ses points, cette équation est dite *l'équation de la surface,* et la détermine complètement; car, en prenant pour deux des variables des valeurs arbitraires, on tire de l'équation une ou plusieurs valeurs de la troisième variable; et le point correspondant à chaque système de coordonnées se trouve nécessairement sur la surface, puisque, par hypothèse, l'équation convient à tous les points, et ne convient qu'aux points de cette surface.

445. *Réciproquement, toute équation* $F(x, y, z) = 0 \dots (1)$, dont les variables x, y, z expriment des distances à trois plans rectangulaires ou obliques, comptées parallèlement aux intersections de ces plans, *a pour lieu géométrique une certaine surface,* dont la nature et la forme dépendent de la manière dont les variables sont combinées entre elles et avec d'autres quantités constantes, données *à priori.*

Pour démontrer cette seconde proposition rigoureusement, considérons une seconde équation

$$F'(x, y, z) = 0, \dots \cdot (2)$$

et recherchons le lieu de tous les points dont les coordonnées sont susceptibles de vérifier à la fois les équations (1) et (2).

D'abord, si l'on élimine entre elles une des trois variables, y par exemple, l'équation résultante

$$f(x, z) = 0 \dots \quad (3)$$

exprime une certaine relation entre des coordonnées de points situés dans le plan des xz, et appartient, par conséquent (n° 414), à une ligne courbe située dans ce plan. Mais en imaginant, par les différens points de cette courbe, des perpendiculaires au plan des xz, on forme, dans l'espace, une surface (dite *surface cylindrique*) pour chacun des points de laquelle les x et z sont les mêmes que ceux de la courbe ; ainsi l'équation (3) convient également à tous les points de cette surface, et ne peut convenir qu'à ces points.

De même, l'équation $\dots\dots\dots f'(y, z) = 0, \dots (4)$ qui résulte de l'élimination de x entre les équations (1) et (2), caractérise tous les points d'une surface cylindrique dont les arêtes sont perpendiculaires au plan des yz, et qui a pour base la courbe représentée par l'équation (4).

Il suit de là que le système des équations (3) et (4), lequel peut remplacer celui des équations (1) et (2), appartient à tous les points qui se trouvent à la fois sur les deux surfaces cylindriques, et, par conséquent, à leur intersection commune qui, en général, est une ligne courbe. Donc aussi le lieu des points dont les coordonnées satisfont en même temps aux équations (1) et (2) est une ligne ; ce qui exige que les lieux géométriques de ces équations soient *des surfaces,* et non *des solides,* comme on pourrait d'abord se l'imaginer.

On doit remarquer cependant que, si l'équation (1), outre les variables x, y, z, renfermait une ou plusieurs indéterminées, cette équation fournirait autant de surfaces différentes que l'on pourrait donner de valeurs aux indéterminées ; en sorte que, dans ce cas, le lieu géométrique serait l'assemblage

d'une infinité de surfaces ou de *couches* infiniment minces ,
qui formeraient alors , à proprement parler, un solide.

446. Supposons actuellement que l'on ait trois équations ,

$$F(x , y , z) = o , \quad F'(x , y , z) = o , \quad F''(x , y , z) = o ,$$

existant en même temps pour différens points.

Comme les deux premières équations caractérisent tous les
points de la ligne d'intersection des surfaces exprimées par ces
équations, que la première et la troisième caractérisent la ligne
d'intersection des surfaces qui leur appartiennent, il s'ensuit
que les trois équations conviennent aux points où ces lignes se
rencontrent, c'est - à - dire, à ceux qui se trouvent à la fois
sur les trois surfaces, et l'on obtiendra les coordonnées de ces
points en éliminant x, y, z entre les équations proposées. Le
nombre des points communs est égal au nombre des systèmes
de valeurs réelles de x, y, z propres à vérifier ces équations
simultanément.

447. On peut conclure des considérations précédentes ,

1°. Qu'une seule équation entre trois variables x, y, z détermine analytiquement une surface ;

2°. Que le système de deux équations en x, y, z caractérise une ligne courbe désignée ordinairement sous le nom de
courbe à double courbure (comme tenant de la nature de
l'une et l'autre surfaces représentées par les deux équations).

Cette même courbe est encore déterminée par les équations
de deux de ses projections; ce sont (n° 445) les équations
qu'on obtient en éliminant successivement y et x entre les
équations proposées ;

3°. Que le système de trois équations en x, y, z fixe la
position d'un certain nombre de points dans l'espace ; en sorte
qu'il n'est pas toujours nécessaire de se donner explicitement
les coordonnées de ces points, mais bien les équations de
trois surfaces sur lesquelles ils se trouvent placés.

Ces premières notions étant établies, nous allons nous occuper de la résolution d'un problème analogue à celui par lequel nous avons fait précéder la théorie des courbes du second
degré ; c'est celui de la transformation des coordonnées en
trois dimensions.

§ Ier. *Transformation des Coordonnées dans l'espace.*

448. *Etant donnée l'équation d'une surface courbe rapportée
à des axes rectangulaires ou obliques, on propose de déterminer l'équation de cette même surface rapportée à de nouveaux
axes de même origine ou d'origine différente.*

Pour résoudre cette question, il faut tâcher d'exprimer les
anciennes coordonnées x, y, z en fonction des nouvelles x', y',
z' ; après quoi, substituant ces valeurs dans l'équation primitive, on obtient l'équation demandée.

Or, quelle que soit la méthode qu'on emploie, il est aisé de
reconnaître, *à priori*, que les valeurs de x, y, z en x', y', z' sont
du premier degré et de la forme

$$\left.\begin{array}{l} x = mx' + m'y' + m''z' + a, \\ y = nx' + n'y' + n''z' + b, \\ z = px' + p'y' + p''z' + c, \end{array}\right\} \ \ldots\ldots\ (1)$$

En effet, elles doivent être telles, que si on les applique au
plan, l'équation de cette surface ne cesse pas (n° 426) d'être
du premier degré ; ce qui n'aurait pas lieu dans le cas où
quelqu'une des variables x', y', z' se trouverait élevée à la 2e,
3e puissance.

Nous n'entreprendrons pas de déterminer les constantes m,
$m'\ldots$, n, $n'\ldots$ dans le cas le plus général, parce que les formules en sont peu usitées ; et nous nous bornerons aux cas
suivans.

449. PREMIER CAS. *Passer d'un système de coordonnées rec-*

tangulaires ou obliques à un système de coordonnées parallèles d'origine différente.

Fig. 240.   Soient AX, AY, AX (*fig.* 240) les anciens axes ; A′X′, A′Y′, A′Z′ les nouveaux, que nous supposons parallèles aux premiers, et prolongés jusqu'à leur rencontre avec les plans des *yz*, *xz*, *xy* ; les parties A′B, A′C, A′D représentent les coordonnées de la nouvelle origine A′ rapportée aux anciens axes. Si d'un point quelconque M de la surface, nous menons les coordonnées MP, MQ, MR, ces droites perceront les plans *y′z′*, *x′z′*, *x′y′* aux points P′, Q′, R′ ; et l'on aura

$$MP = x, \quad MQ = y, \quad MR = z,$$

puis
$$MP' = x', \quad MQ' = y', \quad MR' = z',$$

et

$$P'P = A'B = a, \quad Q'Q = A'C = b, \quad R'R = A'D = a \,;$$

ce qui donne, par conséquent, les relations

$$x = x' + a, \quad y = y' + b, \quad z = z' + c.$$

Telles sont les formules au moyen desquelles on passe d'un système quelconque de coordonnées à un système de parallèles.

Les signes des quantités a, b, c font connaître (n° 406) dans lequel des *huit* angles solides formés par les trois axes primitifs, se trouve la nouvelle origine.

N. B. Dans tout ce qui va suivre, nous supposerons que l'origine reste la même, parce que, si elle était différente, on commencerait par transporter les axes parallèlement à eux-mêmes d'après les formules ci-dessus, et l'on changerait ensuite la direction des axes autour de la nouvelle origine.

450. SECOND CAS. *Passer d'un système rectangulaire à un système oblique de même origine.*

La méthode que nous emploierons pour obtenir les for-mules relatives à ce nouveau cas, est fondée sur la proposition suivante :

Soient LL′, KK′ (*fig.* 241) deux droites indéfinies situées ou non Fig. 241. situées dans un même plan. Abaissons de deux points A, B de la première droite les lignes A*a*, B*b* perpendiculaires sur la seconde ; la partie *ab* de cette seconde droite est dite *la projection de* AB *sur* KK′. Cela posé, je dis que l'on a $ab = \mathrm{AB} \cos v$, v désignant l'angle que les deux droites LL′, KK′ font entre elles.

En effet, soient menés par les points A, B, deux plans MN, PQ perpendiculaires à KK′ ; ces plans contiennent les deux perpendiculaires A*a*, B*b* déjà abaissées.

Du point A tirons ensuite AI perpendiculaire sur le plan PQ, et joignons le point B avec le point I où cette perpendiculaire rencontre PQ ; le triangle AIB est rectangle en I, et donne (n° 85)

$$\mathrm{AI} = \mathrm{AB} \cos \mathrm{BAI}.$$

Mais $\mathrm{AI} = ab$, comme parties de parallèles comprises entre plans parallèles ; d'ailleurs, l'angle BAI n'est autre chose que l'angle des deux droites LL′, KK′. Donc enfin

$$ab = \mathrm{AB} \cos v ;$$

c'est-à-dire que *la projection d'une droite sur une autre est égale au produit de la droite multipliée par le cosinus de l'angle qu'elle forme avec sa projection.*

Appliquons ce résultat à la question proposée.

Soient AX, AY, AZ (*fig.* 242) trois axes rectangulaires ; AX′, Fig. 242. AY′, AZ′ trois axes obliques. Menons d'un point quelconque M de la surface les anciennes coordonnées MP, PQ, AQ, et les nouvelles MP′, P′Q′, AQ′, puis des points M, P′, Q′ concevons trois plans perpendiculaires à AX. Il est évident que le plan mené par le point M coupe AX au point P, puisqu'il se confond avec le plan MPQ. Quant aux deux autres, soient p', q' leurs points de rencontre avec AX.

Il résulte de cette construction que la distance AQ ou x se compose de trois parties Aq', $q'p'$, p'Q, que l'on peut regar-

der comme les projections respectives des coordonnées AQ′,
P′Q′, MP′, ou x', y', z' sur l'axe des x. Donc, en convenant de
désigner par (x', x), (y', x), (z', x) les angles que les nouveaux axes forment avec l'ancien axe des x, on aura, d'après
le théorème précédent,

$$x = x' \cos (x', x) + y' \cos (y', x) + z' \cos (z', x).$$

Concevons actuellement qu'on ait projeté de la même manière les coordonnées x', y', z' sur chacun des deux axes des
y et des z, et employons des notations analogues aux précédentes ; on obtiendra également

$$y = x' \cos (x', y) + y' \cos (y', y) + z' \cos (z', y),$$
$$z = x' \cos (x', z) + y' \cos (y', z) + z' \cos (z', z).$$

Les neuf constantes qui entrent dans ces trois formules
sont d'ailleurs liées entre elles (n° 422) par les relations

$$\cos^2 (x', x) + \cos^2 (x', y) + \cos^2 (x', z) = 1,$$
$$\cos^2 (y', x) + \cos^2 (y', y) + \cos^2 (y', z) = 1,$$
$$\cos^2 (z', x) + \cos^2 (z', y) + \cos^2 (z', z) = 1.$$

451. Troisième cas. *Passer d'un système rectangulaire à un
autre système rectangulaire de même origine.*

Les formules sont les mêmes que dans le cas qui précède ;
mais il faut joindre aux relations déjà établies entre les cosinus,
celles qui expriment (n°ˢ 421 et 423) que les nouveaux axes
sont perpendiculaires deux à deux ; ce qui donne, en vertu du
numéro que nous venons de citer ,

$$\cos(x',x)\cos(y',x)+\cos(x',y)\cos(y',y)+\cos(x',z)\cos(y',z)=0,$$
$$\cos(x',x)\cos(z',x)+\cos(x',y)\cos(z',y)+\cos(x',z)\cos(z',z)=0,$$
$$\cos(y',x)\cos(z',x)+\cos(y',y)\cos(z',y)+\cos(y',z)\cos(z',z)=0.$$

On voit donc que les constantes qui entrent dans les formules relatives au cas actuel, sont liées entre elles par six relations différentes ; d'où il suit que de ces *neuf* cosinus, il
n'y en a que trois dont on puisse disposer arbitrairement.

Il existe, en effet, d'autres formules propres à faire passer d'un système rectangulaire à un autre de même espèce, et dans lesquelles on ne fait entrer en considération que *trois constantes*, savoir :

1°. L'angle que *la trace* du plan des $x'y'$ sur le plan des xy forme avec l'ancien axe des x;

2°. L'angle que font entre eux le plan des $x'y'$ et celui des xy;

3°. Enfin, l'angle que fait l'axe des x' avec la trace dont nous venons de parler.

Il est aisé de reconnaître que ces données suffisent pour fixer la position des trois nouveaux axes, par rapport aux anciens ; mais ces formules étant très compliquées et peu symétriques, nous renvoyons, pour leur détermination, au tom. II, numéro 1er de la Correspondance de l'Ecole Polytechnique, ouvrage dans lequel nous avons puisé également la méthode suivie dans les deux derniers cas de la transformation des coordonnées.

Cas particuliers du précédent.

452. On peut, en conservant l'un des anciens axes, celui des z par exemple, changer la direction des deux autres axes dans le plan des xy.

Dans ce cas, on a évidemment (*fig.* 243) Fig. 243.

$$\cos (y', x) = \cos \left[100^\circ + (x', x) \right] = - \sin (x', x),$$
$$\cos (z', x) = 0,$$
$$\cos (x', y) = \sin (x', x), \quad \cos (y', y) = \cos (x', x),$$
$$\cos (z', y) = 0,$$
$$\cos (x', z) = 0, \quad \cos (y', z) = 0, \quad \cos (z', z) = 1;$$

ce qui donne, pour les formules correspondantes,

$$x = x' \cos (x', x) - y' \sin (y', x),$$
$$y = x' \sin (x', x) + y' \cos (y', x),$$
$$z = z'.$$

Les deux premières sont identiques avec celles du n° 222, parce qu'en effet tout se réduit ici à une simple transformation de coordonnées en deux dimensions.

453. Nous verrons, par la suite, que, pour discuter une surface courbe dont la position est déterminée, au moyen d'une équation $F(x, y, z) = 0$ entre des coordonnées rectangulaires, il faut déterminer les intersections de cette surface par des plans menés sous différentes inclinaisons. Or, en combinant l'équation $F(x, y, z) = 0$ avec l'équation d'un plan,

$$Ax + By + Cz + D = 0,$$

et éliminant l'une des variables, z par exemple, on obtient une équation $F'(x, y) = 0$, qui représente (n° 438) la projection de la courbe d'intersection sur le plan des xy, mais qui, en général, n'apprend rien sur la courbe elle-même. Pour connaître la nature de celle-ci, il faudrait tâcher d'en avoir l'équation dans le plan donné ; et c'est à quoi l'on peut parvenir aisément par la transformation suivante :

Prenons pour *plan des x'y'* le plan dont on demande l'intersection avec la surface ; pour *axe des x'* la trace AC (*fig.* 244) de ce plan sur celui des xy ; l'axe des y' est alors une perpendiculaire AD menée à cette trace dans le plan sécant, et l'axe des z' une perpendiculaire à ce plan. Nommons d'ailleurs φ l'angle CAX, et θ l'angle que forme le plan sécant, ou le plan des $x'y'$ avec celui des xy.

Fig. 244.

Ces deux angles, dont la connaissance suffit pour fixer la position des trois nouveaux axes, peuvent être donnés *à priori;* ou bien, on peut les obtenir facilement d'après l'équation

$$Ax + By + Cz + D = 0.$$

On a d'abord (n° 441) pour l'angle θ,

$$\cos \theta = \frac{C}{\sqrt{A^2 + B^2 + C^2}}.$$

Quant à l'angle φ, comme l'équation de la trace du plan sur celui des xy est

$$Ax + By + D = 0,$$

il s'ensuit que $-\dfrac{A}{B}$ exprime la valeur de tang φ.

Cela posé, pour rapporter la surface courbe au nouveau système d'axes, on a les formules déjà établies n° 451, qu'il ne s'agirait que de substituer dans l'équation $F(x, y, z) = 0$. Mais puisqu'on a pour but de trouver l'intersection de la surface avec le plan des $x'y'$, il faudrait faire ensuite $z' = 0$ dans l'équation transformée; et l'on voit que cela revient à poser sur-le-champ $z' = 0$ dans les formules du n° 451; ce qui les réduit à

$$x = x' \cos (x', x) + y' \cos (y', x),$$
$$y = x' \cos (x', y) + y' \cos (y', y),$$
$$z = x' \cos (x', z) + y' \cos (y', z),$$

et à porter ces valeurs dans l'équation

$$F(x, y, z) = 0.$$

Mais il reste encore à exprimer les constantes qui entrent dans ces formules, en fonction des seules données nécessaires φ et θ.

A cet effet, considérons l'origine A comme le centre d'une sphère dont les intersections avec les plans Y'AY, XAY, Y'AX', Y'AX soient les arcs de cercle DE, BE, DC, DB; on forme ainsi deux triangles sphériques DBC, DCE, dans lesquels on a,

1°. pour le premier, DBC,

$$DC = 100°, \quad BC = (x', x) = \varphi,$$

et $\qquad DB = (y', x), \quad$ angle $DCB = \theta;$

2°. pour le second, DCE,

$$DC = 100°, \quad CE = (x', y) = 100° - \varphi,$$

et $\quad DE = (y', y), \quad$ angle $DCE = 200° - \theta.$

Ces mêmes triangles donnent d'ailleurs (Trig. sph., n° 127)

$$\cos DB = \cos DC . \cos CB + \sin DC . \sin CB . \cos DCB ;$$

d'où, à cause des valeurs ci-dessus,

$$\cos (y', x) = \sin \varphi \cos \theta,$$

et $\cos DE = \cos DC . \cos CE + \sin DC . \sin CE . \cos DCE ;$

d'où $\qquad \cos (y', y) = - \cos \varphi \cos \theta.$

Enfin, comme l'axe des z est perpendiculaire à l'axe des x', qui se trouve dans le plan des xy, et qu'il forme, avec l'axe des y', un angle égal au complément de l'angle θ, on a encore

$$\cos (x', z) = 0 , \quad \cos (y', z) = \sin \theta.$$

Il vient donc, par la substitution de ces diverses valeurs,

$$x = x' \cos \varphi + y' \sin \varphi \cos \theta ,$$
$$y = x' \sin \varphi - y' \cos \varphi \cos \theta ,$$
$$z = y' \sin \theta.$$

Telles sont les formules dont nous aurons à faire usage, toutes les fois que nous voudrons déterminer la nature de l'intersection d'une surface courbe par un plan quelconque. Elles ne sont qu'un cas particulier des formules dont nous avons parlé (n° 45).

454. *Remarque.* Dans les transformations précédentes, nous avons supposé que l'origine fût la même. S'il en était autrement, il faudrait (n° 449) introduire dans les seconds membres de toutes les formules les quantités a, b, c, qui expriment les coordonnées de la nouvelle origine rapportée aux anciens axes.

455. Nous terminerons ce paragraphe par la transformation des coordonnées orthogonales en *coordonnées polaires*. (*Voyez* n° 345.)

Fig. 245.　Soient O (*fig.* 245) un point appelé *pôle* et doué de position dans l'espace au moyen de ses coordonnées a, b, c, ou

AC, CB, OB, rapportées à trois axes rectangulaires AX, AY, AZ; OM $= r$, un *rayon vecteur*, c'est-à-dire une ligne menée de ce point fixe à un point quelconque d'une surface courbe, $F(x, y, z) = o$; x, y, z représentant les coordonnées AQ, PQ, MP de ce dernier point rapporté aux mêmes axes.

Désignons d'ailleurs par (r, x), (r, y), (r, z) les angles que forme le rayon vecteur OM avec chacun des trois axes.

On a évidemment, d'après la figure,

$$AQ \text{ ou } x = AC + CQ = a + CQ;$$

mais (n° 88),

$$CQ = OM.\cos(r, x) = r \cos(r, x);$$

donc
$$x = a + r \cos(r, x) \ldots \ldots (1)$$

On obtiendrait de même pour les autres coordonnées,

$$y = b + r \cos(r, y), \ldots \ldots (2)$$
$$z = c + r \cos(r, z) \ldots \ldots (3)$$

Substituant les valeurs de x, y, z dans l'équation de la surface, on aurait une relation entre le rayon vecteur r et les angles que ce rayon vecteur forme avec les trois axes; cette équation est ce qu'on appelle *une équation polaire* de la surface.

N. B. Les angles (r, x), (r, y), (r, z) sont, comme on l'a vu (n° 422), liés entre eux par la relation

$$\cos^2(r, x) + \cos^2(r, y) + \cos^2(r, z) = 1.$$

456. Aux formules (1), (2) et (3) on peut en substituer d'autres qui ne renferment que deux angles indépendans l'un de l'autre, savoir, l'angle θ que forme le rayon OM avec la projection BP sur le plan des xy, et l'angle φ que cette projection forme avec l'axe des x.

En effet, menons OH parallèle à BP, et BR parallèle à AX; on a évidemment

$$AQ = a + BR, \quad QP = b + RP, \quad MP = c + MH;$$

mais

$$BR = BP \cos \varphi = OH \cos \varphi = r \cos \theta \cos \varphi ,$$
$$RP = BP \sin \varphi = OH \sin \varphi = r \cos \theta \sin \varphi ,$$
$$MH = OM \sin MOH = r \sin \theta ;$$

donc enfin,

$$AQ \quad \text{ou} \quad x = a + r \cos \theta \cos \varphi ,$$
$$QP \quad \text{ou} \quad y = b + r \cos \theta \sin \varphi ,$$
$$MP \quad \text{ou} \quad z = c + r \sin \theta .$$

§ II. *De différens genres de surfaces.*

Quoique nous ayons pour principal but, dans ce chapitre, d'exposer la théorie des surfaces du second degré, c'est-à-dire, de celles qui sont exprimées par des équations du second degré à trois variables, nous croyons devoir entrer dans quelques détails sur certaines surfaces auxquelles on est souvent conduit par la résolution de problèmes indéterminés en trois dimensions, parce que, dans la discussion de l'équation générale du second degré, nous aurons occasion de retrouver les caractères qui appartiennent à ces sortes de surfaces.

De la Surface sphérique et du plan tangent à cette surface.

457. On appelle, en Géométrie, SURFACE SPHÉRIQUE, *celle dont tous les points sont également éloignés d'un même point,* nommé CENTRE de la surface.

Cette propriété caractéristique peut être aisément exprimée par l'analyse. En effet, soient x, y, z les coordonnées d'un point quelconque de la surface, α, β, γ celles du centre, et r la distance constante, ou le rayon de la sphère.

On a (n° 411) pour l'équation de la surface,

$$(x - \alpha)^2 + (y - \epsilon)^2 + (z - \gamma)^2 = r^2, \ldots (1)$$

en supposant que les axes soient rectangulaires; et si les axes sont obliques (n° 412),

$$\left.\begin{array}{l}(x - \alpha)^2 + (y - \epsilon)^2 + (z - \gamma)^2 \\ + 2(x - \alpha)(y - \epsilon).\cos(x, y) \\ + 2(x - \alpha)(z - \gamma).\cos(x, z) \\ + 2(y - \epsilon)(z - \gamma).\cos(y, z)\end{array}\right\} = 0; \ldots (2)$$

mais la forme compliquée de cette dernière équation permet rarement d'en faire usage.

Cas particuliers. Lorsque l'origine est au centre, les coordonnées α, ϵ, γ sont *nulles,* et l'équation se réduit à

$$x^2 + y^2 + z^2 = r^2; \ldots (3)$$

c'est l'équation la plus fréquemment employée.

Le centre peut être placé, soit sur un des plans coordonnés, soit sur l'un des axes.

Supposons-le, par exemple, sur le plan des xy, auquel cas on a $\gamma = 0$, et l'équation devient

$$(x - \alpha)^2 + (y - \epsilon)^2 + z^2 = r^2 \ldots (4)$$

Admettons encore que le centre soit situé sur l'axe des x, ce qui donne $\epsilon = 0$, $\gamma = 0$; il en résulte

$$(x - \alpha)^2 + y^2 + z^2 = r^2 \ldots (5)$$

458. L'équation (1) étant développée, donne un résultat de la forme

$$x^2 + y^2 + z^2 + Ax + By + Cz + D = 0 \ldots (6)$$

Réciproquement, toute équation de cette forme, lorsque les axes sont rectangulaires, représente la surface d'une sphère dont les coordonnées du centre sont

$$\alpha = -\frac{A}{2}, \quad \epsilon = -\frac{B}{2}, \quad \gamma = -\frac{C}{2},$$

et qui a pour rayon

$$r = \sqrt{\frac{A^2 + B^2 + C^2 - D}{4}}.$$

La démonstration de cette réciproque est, en tout point, semblable à celle du n° 177 ; ainsi il est inutile de la répéter.

459. Pour déterminer la nature de l'intersection d'une sphère par un plan, il suffit (n° 453) de combiner l'équation $x^2 + y^2 + z^2 = r^2$ avec les formules

$$x = x' \cos \varphi + y' \sin \varphi \cos \theta + a,$$
$$y = x' \sin \varphi - y' \cos \varphi \cos \theta + b,$$
$$z = y' \sin \theta + c;$$

et l'équation résultante en x', y' sera celle de la courbe d'intersection.

Or, en substituant dans la première, pour x, y, z, leurs valeurs, on reconnaît, 1°. que le coefficient de $x'y'$ est égal à 0 ; 2°. que les coefficiens de x'^2, y'^2 sont égaux à l'unité ; ainsi (n° 177) cette équation est celle d'une circonférence de cercle.

460. Recherchons actuellement l'équation *du plan tangent* à la sphère, en un point (x', y', z') de cette surface rapportée à des axes rectangulaires.

Soient $\quad (x - \alpha)^2 + (y - \mathcal{6})^2 + (z - \gamma)^2 = r^2 \ldots . (1)$

l'équation de la sphère,

et (n° 430) $\quad A (x - x') + B (y - y') + C (z - z') = 0 \ldots (2)$

l'équation d'un plan assujetti à passer par le point x', y', z'.

On sait, en Géométrie, que le plan tangent à la sphère est perpendiculaire au rayon qui passe par le point de contact. D'après cela, les équations du rayon étant (n° 417)

$$x - x' = \frac{x' - \alpha}{z' - \gamma} (z - z'), \quad y - y' = \frac{y' - \mathcal{6}}{z' - \gamma} (z - z');$$

les relations $A = aC$, $B = bC$ du n° 433 donnent

$$A = \frac{x' - \alpha}{z' - \gamma}.C, \quad B = \frac{y' - \beta}{z' - \gamma}.C ;$$

d'où, substituant dans (2) et divisant par C,

$$(x' - \alpha)(x - x') + (y' - \beta)(y - y') + (z' - \gamma)(z - \gamma) = 0 \dots \quad (3)$$

Telle est la première forme sous laquelle on peut présenter l'équation du plan tangent; mais on peut lui en donner une autre, d'après la relation

$$(x' - \alpha)^2 + (y' - \beta)^2 + (z' - \gamma)^2 = r^2,$$

qui exprime que le point (x', y', z') se trouve sur la sphère.

En effet, cette relation revient à

$$(x' - \alpha)(x' - \alpha) + (y' - \beta)(y' - \beta) + (z' - \gamma)(z' - \gamma) = r^2 ;$$

et, ajoutée à l'équation (3), elle donne

$$(x' - \alpha)(x - \alpha) + (y' - \beta)(y - \beta) + (z' - \gamma)(z - \gamma) = r^2, \dots \quad (4)$$

résultat qui ne diffère de l'équation de la sphère qu'en ce que les carrés $(x - \alpha)^2$, $(y - \beta)^2$, $(z - \gamma)^2$, ou $(x - \alpha)(x - \alpha)$, $(y - \beta)(y - \beta)$, $(z - \gamma)$, $(z - \gamma)$, sont remplacés par les rectangles $(x' - \alpha)(x - \alpha)$, $(y' - \beta)(y - \beta) \dots$

Si l'origine est au centre même de la sphère, on a

$$\alpha = 0, \quad \beta = 0, \quad \gamma = 0,$$

et l'équation (4) se réduit à

$$x'x + y'y + z'z = r^2 ;$$

c'est l'équation que l'on emploie le plus souvent dans les applications.

Des Surfaces cylindriques.

461. **On nomme ainsi** *toute surface engendrée par le mouve-ment d'une droite qui glisse parallèlement à une autre droite donnée de position le long d'une certaine courbe* appelée la *directrice* de la surface ; la droite mobile s'appelle *géné-ratrice.*

Tâchons d'exprimer ce caractère général par l'analyse.

Soient $\left\{ \begin{array}{l} x = az + \alpha, \\ y = bz + \varsigma, \end{array} \right\}$ les équations de la généra-trice considérée dans une position quelconque,

et $\left\{ \begin{array}{l} \mathrm{F}(x, y, z) = 0, \\ \mathrm{F}'(x, y, z) = 0, \end{array} \right\}$ celles de la courbe qui sert de directrice.

Puisque la génératrice, dans son mouvement, ne doit pas cesser d'être parallèle à elle-même, il s'ensuit (n° 418) que les quantités a, b restent les mêmes pour toutes les positions de la génératrice; mais les quantités α, ς, qui (n° 432) expriment les x et y du point où la génératrice rencontre le plan des xy, sont constantes pour tous les points d'une même position de la génératrice, et varient, lorsque la génératrice passe d'une position à une autre. Il doit donc nécessairement exister une certaine relation entre ces quantités α, ς, ou leurs égales $x — az$, $y — bz$, puisqu'elles sont *constantes ensemble, et va-riables ensemble.*

Afin de parvenir à cette relation, remarquons que la géné-ratrice devant, dans toutes ses positions, rencontrer la courbe qui sert de directrice, les équations de cette courbe et celles de la génératrice doivent exister simultanément pour les points d'intersection ; et comme elles sont au nombre de *quatre,* si l'on élimine les coordonnées x, y, z, on parviendra à une équation entre α, ς et des quantités connues, qui ne sera autre chose que la relation cherchée.

Cette relation, que nous pouvons représenter en général,

par $f(\alpha, \mathscr{C})$, ou $\mathscr{C} = f(\alpha)$, devient, lorsqu'on y remplace α, $\mathscr{C}$, par leurs valeurs $x - az$, $y - bz$,

$$f(x - az, \; y - bz) = 0, \quad \text{ou} \quad y - bz = f(x - az).$$

Pour fixer les idées, proposons-nous, par exemple, de trouver l'équation du *cylindre oblique à base circulaire*.

Soient $\qquad x^2 + y^2 = r^2 \quad \text{et} \quad z = 0, \ldots \ (1)$

les équations du cercle qui doit servir de directrice, et que nous supposons, pour plus de simplicité, placé dans le plan des xy, le centre étant d'ailleurs situé à l'origine.

Les équations générales de la génératrice sont toujours

$$x - az = \alpha, \quad y - bz = \mathscr{C} \ldots \ (2)$$

Or, pour exprimer que la génératrice dans toutes ses positions rencontre le cercle, il faut combiner entre elles les *quatre* équations (1) et (2).

D'abord l'hypothèse $z = 0$, introduite dans les équations (2), donne $\qquad x = \alpha, \quad y = \mathscr{C}$;

d'où, substituant ces valeurs dans la première des équations (1),

$$\alpha^2 + \mathscr{C}^2 = r^2; \ldots \ (3)$$

c'est la relation qui lie entre elles les quantités α, $\mathscr{C}$ que nous avons reconnu devoir être *constantes ensemble, et variables ensemble.*

Si, maintenant, on reporte à la place de α, $\mathscr{C}$ leurs valeurs $x - az$, $y - bz$ dans (3), il vient

$$(x - az)^2 + (y - bz)^2 = r^2,$$

pour l'équation du cylindre oblique à base circulaire.

462. Nous pouvons reconnaître, *à posteriori*, que toute équation de la forme

$$y - bz = f(x - az) \ldots \ (1)$$

appartient à une surface composée d'une infinité de *lignes droites parallèles entre elles ;* ce qui caractérise la surface cylindrique.

En effet, coupons cette surface par un plan qui ait pour équation $\qquad x - az = k$;

il en résulte nécessairement

$$y - bz = f(k) = \text{const.} = l.$$

D'où l'on voit que la ligne d'intersection du plan $x - az = k$, avec la surface, se trouve sur un autre plan $y - bz = l$; donc cette intersection est une ligne droite.

Considérons maintenant une suite d'autre plans

$$x - az = k', \quad x - az = k'', \quad x - az = k'''\ldots.$$

parallèles au premier, qui coupent la surface.

L'équation devient successivement

$$y - bz = l', \quad y - bz = l'', \quad y - bz = l''' \ldots ;$$

c'est-à-dire que les intersections de la surface par les plans parallèles au plan $x - az = k$, se trouvent situées dans des plans parallèles au plan $y - bz = l$.

Par conséquent, toutes ces intersections sont des lignes droites parallèles à celle qui a pour équations

$$x - az = k \quad \text{et} \quad y - bz = l.$$

Plus généralement, je dis que toute équation de la forme

$$Mx + Ny + Pz = F(Ax + By + Cz), \ldots \ldots \quad (1)$$

et dont l'équation $y - bz = f(x - az)$ n'est qu'un cas particulier, appartient à une surface cylindrique.

En effet, si l'on coupe la surface par une suite de plans parallèles entre eux, et ayant pour équations

$$Ax + By + Cz = D, \ D', \ D'', \ D''', \ldots.$$

l'équation (1) devient, pour chacune des valeurs $D, D', D''\ldots.$

$$ \mathrm{M}x + \mathrm{N}y + \mathrm{P}z = \mathrm{Q}, \mathrm{Q}', \mathrm{Q}'', \mathrm{Q}''' \ldots $$

Ainsi les lignes d'intersection se trouvent sur une autre suite de plans parallèles entre eux, et sont, par conséquent, des droites parallèles entre elles.

Nous aurons occasion, par la suite, de revenir sur ce caractère général des surfaces cylindriques.

Des Surfaces coniques.

463. *Trouver l'équation générale des* surfaces coniques, c'est-à-dire, exprimer par l'analyse qu'*une surface est engendrée par le mouvement d'une droite qui passe constamment par un point donné,* nommé centre *de la surface, et assujettie à gliser le long d'une courbe* aussi donnée de position dans l'espace ; cette courbe s'appelle *directrice,* et la droite mobile est dite la *génératrice.*

Soient x', y', z' les coordonnées du centre de la surface, et

$$ \mathrm{F}(x, y, z) = 0, \quad \mathrm{F}'(x, y, z) = 0 \ldots (1) $$

les équations de la directrice.

Celles de la génératrice sont (n° 417) de la forme

$$ x - x' = a(z - z'), \quad y - y' = b(z - z') \ldots (2) $$

Observons maintenant que, pour toute surface conique, lorsque le point x, y, z change de position sans quitter la même position de la génératrice, les quantités a et b, ou leurs égales $\dfrac{x - x'}{z - z'}$, $\dfrac{y - y'}{z - z'}$, sont constantes ; mais elles varient toutes deux, si le point passe d'une génératrice à une autre. Donc ces quantités, qui sont *constantes et variables ensemble,* dépendent, d'une certaine manière, l'une de l'autre.

Pour obtenir cette relation, il suffit (n° 461) de combiner entre elles les équations (1) et (2), qui, étant au nombre de *quatre,* donnent lieu, par l'élimination de x, y, z, à une équation de condition entre a et b.

Substituant dans cette équation, pour ces dernières quantités, leurs valeurs $\dfrac{x-x'}{z-z'}$, $\dfrac{y-y'}{z-z'}$, on obtient enfin pour l'équation de la surface conique,

$$f\left(\frac{x-x'}{z-z'},\ \frac{y-y'}{z-z'}\right)=0,\quad \text{ou}\quad \frac{y-y'}{z-z'}=f\left(\frac{x-x'}{z-z'}\right).$$

464. Prenons, pour exemple, *le cône oblique à base circulaire*, et supposons que, la base étant située dans le plan des xy, le centre de cette base soit à l'origine, auquel cas on a pour les équations de la directrice,

$$x^2+y^2=r^2,\qquad z=0.\dots\ (1)$$

Combinons-les avec celles de la génératrice, savoir :

$$x-x'=a(z-z'),\quad y-y'=b\,(z-z').\dots\ (2)$$

Or l'hypothèse $z=0$, introduite dans les équations (2), donne

$$x=x'-az',\quad y=y'-bz'\,;$$

d'où, substituant dans la première des équations (1),

$$(x'-az')^2+(y'-bz')^2=r^2\,;$$

c'est l'équation de condition qui doit exister entre les quantités a, b, en même temps que les équations (2) de la génératrice.

Substituant pour a, b leurs valeurs $\dfrac{x-x'}{z-z'}$, $\dfrac{y-y'}{z-z'}$, on obtient

$$[x'(z-z')-z'(x-x')]^2+[y'(z-z')-z'(y-y')]^2=r^2(z-z')^2$$

pour l'équation demandée.

Dans le cas du *cône droit*, c'est-à-dire, lorsque le centre du cône est situé sur l'axe des z, on a à la fois $x'=0$, $y'=0$, et l'équation précédente se réduit à

$$z'^2x^2+z'^2y^2=r^2(z-z')^2.$$

Nous pourrions, en combinant cette équation avec les formules du n° 453, obtenir les différens genres d'intersection de la surface conique par un plan ; mais nous ne nous arrêterons pas à cette discussion, qui a déjà été exposée d'après une autre méthode.

465. *Réciproquement*, toute équation à trois variables, de la forme

$$F\left(\frac{x-x'}{z-z'}, \frac{y-y'}{z-z'}\right) = 0, \quad \text{ou} \quad \frac{y-y'}{z-z'} = F\left(\frac{x-x'}{z-z'}\right) \dots (1)$$

(x', y', z' désignant les coordonnées d'un point fixe dans l'espace), *caractérise une surface conique*.

En effet, coupons la surface par une suite de plans qui aient pour équations

$$\frac{x-x'}{z-z'} = k, \quad \frac{x-x'}{z-z'} = k', \quad \frac{x-x'}{z-z'} = k'' \dots$$

Comme l'équation (1) devient alors

$$\frac{y-y'}{z-z'} = l, \quad \frac{y-y'}{z-z'} = l', \quad \frac{y-y'}{z-z'} = l'', \dots$$

il s'ensuit que les lignes d'intersection de la surface par les plans correspondans à la première série d'équations, se trouveront également situés dans les plans exprimés par la seconde série. Donc toutes ces intersections sont des lignes droites. D'ailleurs, un système quelconque de deux équations de la première et de la seconde série, $\frac{x-x'}{z-z'} = k$, $\frac{y-y'}{z-z'} = l$, par exemple, représente une droite passant par le point... (x', y', z').

Donc enfin, on peut regarder la surface comme composée d'une infinité de lignes droites qui, toutes, passent par ce même point.

Des Surfaces conoïdes.

466. On désigne sous cette dénomination *toute surface engendrée par le mouvement d'une droite, assujettie à être constamment parallèle à un plan, et à glisser le long d'une droite fixe de position dans l'espace, et d'une courbe aussi donnée.*

Pour faire concevoir une semblable génération, supposons que l'on ait mené dans l'espace une infinité de plans parallèles au plan donné; chacun d'eux coupe la droite fixe en un point, et la courbe en un ou plusieurs points. En joignant ces derniers points avec celui de la droite fixe, et répétant cette même opération pour tous les plans parallèles, on obtient une infinité de droites dont l'ensemble constitue la surface conoïde. La dénomination de ces sortes de surfaces vient de l'analogie qu'elles ont avec les surfaces coniques. Le centre ou le sommet du cône se trouve ici remplacé par une ligne droite qui sert, en quelque sorte, de *première directrice*.

Passons à la recherche de leur équation.

Pour plus de simplicité, nous prendrons pour axe de z la droite qui doit servir de première directrice, pour plan des xy, celui auquel la génératrice ou la droite mobile doit être constamment parallèle. Les axes des x et des y seront d'ailleurs deux droites menées à volonté dans le plan dont nous venons de parler, et par le point de rencontre de ce plan avec la droite prise pour axe des z. On voit, d'après cette construction, que la surface se trouve, en général, rapportée à des axes obliques.

Cela posé, soient

$$F (x, y, z) = 0, \quad F' (x, y, z) = 0 \ldots \ldots (1)$$

les équations de la courbe prise pour *seconde directrice*.

Celles de la droite mobile, considérée dans une position quelconque, seront de la forme

$$y = mx, \qquad z = n ,\ldots\ldots (2)$$

puisque sa distance au plan des xy, comptée suivant l'axe des z, doit être constante, et que sa projection sur le plan des xy passe nécessairement par l'origine.

Or il est évident que, pour tous les points d'une certaine position de la génératrice, les quantités m et n, ou leurs égales $\frac{y}{x}$ et z, restent les mêmes; mais elles varient d'une position à une autre. Ces quantités étant *constantes ensemble* et *variables ensemble*, sont fonction l'une de l'autre. Ainsi

$$F\left(\frac{y}{x}, z\right) = 0, \text{ ou } z = F\left(\frac{y}{x}\right)$$

est la forme générale de l'équation des surfaces conoïdes.

Pour déterminer la nature de cette fonction dans chaque cas particulier, observons que les équations (1) et (2) doivent exister en même temps pour les points communs à la génératrice et à la première directrice. Donc, si l'on élimine x, y, z entre ces équations, on obtiendra une relation entre m et n, telle que, si l'on y remplace ces quantités par leurs valeurs $\frac{y}{x}$, z, on obtiendra l'équation demandée.

467. Supposons, *pour première application*, que l'une des directrices étant toujours l'axe des z, on ait pour seconde directrice une ligne droite dont les équations soient

$$x = az + \alpha, \quad y = bz + 6\ldots (1)$$

Combinons ces équations avec celles de la génératrice, savoir :

$$y = mx, \quad z = n\ldots\ldots (2)$$

D'abord, la valeur $z = n$, portée dans les équations (1), donne

$$x = an + \alpha, \quad y = bn + 6;$$

d'où, substituant dans la première des équations (2),

$$bn + 6 = amn + am.$$

Telle est la relation qui lie entre elles les quantités m, n, et qui doit exister pour toutes les positions de la génératrice, en même temps que les équations de cette droite.

Remplaçant enfin m et n par leurs valeurs, on trouve

$$bz + 6 = az \cdot \frac{y}{x} + a \cdot \frac{y}{x},$$

ou transposant,

$$bxz - ayz + 6x - ay = 0, \ldots \ldots (3)$$

pour l'équation *de la surface engendrée par une droite qui se meut parallèlement à un plan, en s'appuyant toujours sur deux autres droites.*

468. On peut obtenir une équation beaucoup plus simple de cette même surface, en choisissant les axes d'une manière convenable.

Fig. 246. Soient CC′, DD′ (*fig.* 246) les deux directrices. Imaginons, par la première, un plan parallèle à la seconde, et prenons ce plan pour celui des yz. L'un des plans auxquels la génératrice doit être parallèle, rencontrant les directrices en A et B, par exemple, rien n'empêche de prendre pour axe des x la ligne AB qui représente une des positions de la génératrice. Ce même plan coupe le plan dont nous avons parlé d'abord, suivant une certaine droite qu'on peut prendre pour axe des y; celui des z sera d'ailleurs la première directrice, comme précédemment.

Cela posé, il résulte de la situation des deux directrices par rapport aux plans coordonnés, que les équations de la droite DD′ sont

$$x = a, \quad y = bz, \ldots \ldots (1)$$

puisque sa projection sur le plan xy doit être parallèle à l'axe des y, et que sa projection sur le plan des yz passe nécessairement par l'origine.

On a en outre, pour les équations de la génératrice,

$$y = mx, \quad z = n; \ldots \ (2)$$

et il ne s'agit que de combiner les équations (1), (2), pour en tirer la relation qui doit exister entre les quantités m, n.

L'équation $y = mx$ donne, à cause de $x = a$,

$$y = ma,$$

valeur qui, substituée en même temps que $z = n$, dans l'équation $y = bz$, conduit à

$$ma = bn.$$

Substituant à la place de m, n, leurs valeurs $m = \dfrac{y}{x}$, $n = z$, tirées des équations (2), on obtient enfin

$$a.\frac{y}{x} = bz, \quad \text{ou} \quad bxz - ay = 0,$$

pour l'équation de la surface.

Soit fait, dans cette équation, $y = 0$, il en résulte

$$bxz = 0; \quad \text{d'où} \quad x = 0, \quad \text{ou} \quad z = 0.$$

Le premier système $y = 0$, $x = 0$ représente l'axe des z; et le second, $y = 0$, $z = 0$, l'axe des x; ce qui prouve que chacun de ces axes appartient à la surface, comme nous le savions déjà.

Nous aurons bientôt occasion de revenir sur cette espèce de surface conoïde.

Des Surfaces de révolution.

469. On nomme ainsi, *toute surface engendrée par la révolution d'une courbe, dite la* GÉNÉRATRICE, *autour d'une droite appelée* AXE, *de manière que chacun des points de cette courbe décrive une circonférence de cercle dont le plan est perpendiculaire à l'axe de révolution, et qui a son centre sur cet axe.*

Il résulte évidemment de cette définition, qu'en coupant la surface par un plan quelconque perpendiculaire à l'axe, *on obtient pour section une circonférence de cercle dont le centre est dans l'axe;* c'est ce caractère qui va nous conduire à l'équation générale des surfaces de révolution.

Pour y parvenir, observons d'abord que, quelle que soit la position de l'une des circonférences qui composent la surface, on peut toujours (n° 459) regarder cette circonférence comme résultant de l'intersection d'une sphère ayant son centre dans l'axe, et d'un plan perpendiculaire à cet axe.

Cela posé, soient

$$x - \alpha = a(z - \gamma),$$
$$y - \mathfrak{E} = b(z - \gamma),$$

les équations de l'axe de révolution ; $\alpha, \mathfrak{E}, \gamma$ désignant les coordonnées d'un point pris à volonté sur cette droite.

On a (n° 435) pour l'équation d'un plan qui lui est perpendiculaire,

$$ax + by + z = k ,\ldots (1)$$

et pour l'équation d'une sphère ayant son centre au point $(\alpha, \mathfrak{E}, \gamma)$,

$$(x - \alpha)^2 + (y - \mathfrak{E})^2 + (z - \gamma)^2 = r^2 \ldots (2)$$

Le système de ces deux dernières équations représentant l'une quelconque des circonférences de cercle placées sur la surface, on doit regarder k et r^2 comme des quantités *constantes ensemble* pour tous les points d'une même circonférence, et comme *variables ensemble,* lorsque le point de la surface de révolution passe d'une circonférence à une autre. Ainsi ces deux quantités, ou leurs égales.... $ax + by + z$, $(x - \alpha)^2 + (y - \mathfrak{E})^2 + (z - \gamma)^2$, sont nécessairement *fonction* l'une de l'autre.

Donc enfin

$$ax + by + z = \mathrm{F}[(x - \alpha)^2 + (y - \mathfrak{E})^2 + (z - \gamma)^2],$$

ou bien, $\quad (x - \alpha)^2 + (y - 6)^2 + (z - \gamma)^2 = F (ax + by + z)$,

est l'équation générale des surfaces de révolution.

La nature de la fonction F, c'est-à-dire, la manière dont les quantités $ax + by + z$, $(x - \alpha)^2 + (y - 6)^2 + (z - \gamma)^2$, doivent être liées entre elles, se déterminera facilement, dès que l'on connaîtra la nature de la génératrice.

En effet, soient

$$f(x, y, z) = 0, \quad f'(x, y, z) = 0 \dots (3)$$

les équations de la génératrice.

Comme la circonférence représentée par les équations (1) et (2), est engendrée par l'un des points de la génératrice (3), il faut exprimer que la génératrice considérée dans sa première position, et la circonférence, ont un point commun, et, par conséquent, que les équations (1), (2), (3), ont lieu en même temps.

On a donc ainsi *quatre* équations entre lesquelles on peut éliminer x, y, z; ce qui donnera *une équation de condition* entre k et r^2, dans laquelle il ne s'agira plus que de substituer à la place de ces deux quantités leurs valeurs, pour avoir l'équation de la surface de révolution individuelle que l'on considère.

470. On peut supposer, pour plus de simplicité, que l'axe de révolution se confonde avec l'un des axes coordonnés, celui des z, par exemple.

Dans ce cas, l'une quelconque des circonférences placées sur la surface, se trouvant dans un plan parallèle au plan des xy, et ayant son centre sur l'axe des z, peut être représentée par le système des deux équations

$$z = k, \quad x^2 + y^2 = r^2,$$

dont la première exprime un plan horizontal, et la seconde la surface d'un cylindre droit dont l'axe se confond avec l'axe des z.

Ainsi, quelle que soit la génératrice de la surface, on a pour l'équation de cette surface

$$z = \mathrm{F}(x^2 + y^2), \quad \text{ou} \quad x^2 + y^2 = \mathrm{F}(z);$$

on trouverait de même

$$x = \mathrm{F}(y^2 + z^2), \quad y = \mathrm{F}(x^2 + z^2)$$

pour les équations des surfaces de révolution qui auraient pour axe, celui des x ou celui des y.

471. Proposons-nous, pour premier exemple, de trouver la surface de révolution engendrée par le mouvement d'une droite quelconque autour de l'axe des z.

Soient $\left\{ \begin{array}{l} x = \mathrm{M}z + \mathrm{N}, \\ y = \mathrm{M}'z + \mathrm{N}' \end{array} \right\}$ les équations de cette droite;

les équations de la circonférence décrite par chacun des points de la droite, seront de la forme

$$z = k, \quad x^2 + y^2 = r^2.$$

Les deux premières, combinées avec la troisième, donnent

$$x = \mathrm{M}k + \mathrm{N}, \quad y = \mathrm{M}'k + \mathrm{N}';$$

d'où, substituant dans la quatrième,

$$(\mathrm{M}k + \mathrm{N})^2 + (\mathrm{M}'k + \mathrm{N}')^2 = r^2,$$

ou, mettant à la place de k et de r^2 leurs valeurs générales z et $x^2 + y^2$,

$$(\mathrm{M}z + \mathrm{N})^2 + (\mathrm{M}'z + \mathrm{N}')^2 = x^2 + y^2.$$

Rien n'empêche, dans cet exemple, de prendre pour axe des x, la *plus courte distance* entre la droite donnée et l'axe de révolution; auquel cas la droite est parallèle au plan des yz; et l'on a pour les équations de la génératrice,

$$x = \mathrm{N}, \quad y = \mathrm{M}'z;$$

c'est-à-dire qu'il suffit de supposer $\mathrm{M} = 0$, $\mathrm{N}' = 0$ dans l'équation précédente; et l'on trouve

$$M'^2 z^2 + N^2 = x^2 + y^2$$

pour l'équation de la surface.

Soit, pour second exemple, une hyperbole située dans le plan des xz, et rapportée à son *axe transverse* comme axe des x, et à son axe *non transverse* comme axe des z.

Les équations de cette hyperbole sont (n° 240)

$$y = 0, \quad B^2 x^2 - A^2 z^2 = A^2 B^2;$$

celles de la génératrice étant d'ailleurs

$$z = k, \quad x^2 + y^2 = r^2,$$

on obtient, par l'élimination de x, y, z entre ces quatre équations,

$$B^2 r^2 - A^2 k^2 = A^2 B^2,$$

ou mettant pour k et r^2 leurs valeurs,

$$B^2 (x^2 + y^2) - A^2 z^2 = A^2 B^2,$$

équation identique, pour la forme, avec celle de l'exemple précédent, $\qquad M'^2 z^2 + N^2 = x^2 + y^2,$

ou $\qquad x^2 + y^2 - M'^2 z^2 = N^2.$

Donc la surface de révolution engendrée par le mouvement d'une ligne droite autour d'une autre, n'est autre chose que la surface engendrée par le mouvement d'une hyperbole tournant autour de son axe non transverse; cette dernière surface est ce qu'on appelle l'*hyperboloïde de révolution à une seule nappe*. Nous reviendrons par la suite sur cette espèce de surfaces.

En faisant tourner autour du premier axe principal, soit une ellipse, soit une hyperbole, soit une parabole, placée d'abord dans le plan des xz, on parviendrait avec la même facilité aux équations des surfaces de révolution correspondantes.

472. La surface engendrée par une parabole ; ou le *paraboloïde de révolution*, mérite une attention particulière.

Soient
$$y = 0, \quad x^2 = 2pz,$$

les équations d'une parabole située dans le plan des xz, et ayant pour axe principal l'axe des z, pour sommet l'origine même des coordonnées.

En combinant ces équations avec celles-ci :

$$z = k, \quad x^2 + y^2 = r^2,$$

on trouve l'équation de condition

$$r^2 = 2pk ;$$

et par conséquent, pour équation de la surface,

$$x^2 + y^2 = 2pz.$$

Si l'on combine cette équation avec celle du plan, qui est généralement de la forme

$$z = Ax + By + C,$$

il en résulte

$$x^2 + y^2 = 2p\,(Ax + By + C) ;$$

équation qui représente la projection sur le plan des xy, de l'intersection du paraboloïde avec un plan de direction quelconque dans l'espace. Or cette équation est évidemment celle d'un cercle ; donc *si l'on coupe un paraboloïde de révolution autour de l'axe des z, par un plan quelconque, la courbe d'intersection se projette constamment suivant un cercle sur le plan des* xy.

§ III. *Discussion des Surfaces du second degré.*

473. Les bornes que nous sommes obligé de mettre à cet ouvrage ne nous permettant pas de donner ici une théorie complète des surfaces du second degré, nous nous attacherons surtout à faire ressortir les circonstances relatives à leur classification, ainsi que les propriétés qui résultent immédiatement des équations les plus simples auxquelles il est toujours possible de ramener une équation quelconque du second degré à trois variables. Nous suivrons d'ailleurs, pour la discussion de cette équation, une marche analogue à celle que nous avons employée, dans le quatrième chapitre, pour l'équation à deux variables.

L'équation la plus générale des surfaces du second degré étant

$$\left. \begin{array}{l} Az^2 + A'y^2 + A''x^2 + Byz + B'xz + B''xy \\ \quad + Cz \ + C'y \ + C''x + D \end{array} \right\} = 0, \ \ldots \ (1)$$

on peut d'abord (n° 250) , par une première transformation de coordonnées , faire évanouir les trois rectangles yz , xz , xy , c'est-à-dire , ramener l'équation à la forme

$$Mz^2 + M'y^2 + M''x^2 + Nz + N'y + N''x + D = 0 \ldots \ (2)$$

(*Voyez,* pour cet objet , le deuxième volume de la Correspondance de l'Ecole Polytechnique , 3ᵉ numéro , ouvrage dans lequel j'ai consigné la démonstration complète de cette proposition , ainsi qu'une note assez étendue sur les surfaces de révolution du second degré.)

Il résulte de cette proposition , que les surfaces représentées par l'équation (2) sont identiques avec celles que comprend l'équation (1).

Voyons actuellement si, au moyen d'une translation d'origine, nous ne pourrions pas (n° 251) faire disparaître les termes linéaires en x, y, z.

Or, en substituant les formules

$$x = x + a, \quad y = y + b, \quad z = z + c,$$

dans cette équation, et en égalant à o les coefficiens de x, y, z, on obtient les équations de condition,

$$2M''a + N'' = o, \quad 2M'b + N' = o, \quad 2Mc + N = o;$$

d'où l'on déduit

$$a = -\frac{N''}{2M''}, \quad b = -\frac{N'}{2M'}, \quad c = -\frac{N}{2M}.$$

Tant que la disparition des trois rectangles ne donne lieu à la disparition d'aucun des trois carrés, les quantités M, M', M'' sont différentes de o, et la nouvelle transformation est possible; en d'autres termes, l'équation peut être ramenée à la forme

$$Mz^2 + M'y^2 + M''x^2 + P = o,\ldots (3)$$

P ayant pour valeur

$$Mc^2 + M'b^2 + M''a^2 + Nc + N'b + N''a + D.$$

474. Si l'on suppose que l'un des carrés s'évanouisse en même temps que les rectangles, que l'on ait, par exemple, $M'' = o$, la transformation précédente ne peut être exécutée, puisqu'alors a devient *infini*.

Dans ce cas, l'équation étant de la forme

$$Mz^2 + M'y^2 + Nz + N'y + N''x + D = o;$$

on peut tâcher de faire disparaître les termes en z et en y, ainsi que la quantité toute connue.

On obtient en effet, par la substitution des formules

$$x = x + a, \quad y = y + b, \quad z = z + c,$$

et en égalant à o le coefficient de z, celui de y et la quantité indépendante de x, y, z,

$$2Mc + N = o, \quad 2M'b + N' = o,$$
$$Mc^2 + M'b^2 + Nc + N'b + N''a + D = o;$$

ce qui donne

$$c = -\frac{N}{2M}, \quad b = -\frac{N'}{2M'}, \quad a = -\frac{Mc^2 + M'b^2 + Nc + N'b + D}{N''},$$

valeurs *réelles et finies*, tant que N'' n'est pas *nul;* et l'équation se réduit à celle-ci,

$$Mz^2 + M'y^2 + N''x = o \dots \ (4)$$

475. Lorsque l'on a en même temps, $M'' = o$, $N'' = o$, la dernière transformation est impossible, puisque a est encore *infini.* Mais, dans ce cas particulier, l'équation (2) devenant

$$Mz^2 + M'y^2 + Nz + N'y + D = o,$$

ne renferme plus que deux variables, et représente évidemment (n° 445), *une surface cylindrique* dont les arêtes sont perpendiculaires au plan des yz, et qui a pour base, soit une ellipse, soit une hyperbole, suivant que, dans l'équation ci-dessus, les coefficiens M, M' sont de même ou de signes contraires.

476. Supposons encore que deux des carrés y^2 et x^2 aient disparu en même temps que les trois rectangles; c'est-à-dire que, par la première transformation de coordonnées, l'équation se soit réduite à la forme

$$Mz^2 + Nz + N'y + N''x + D = o;$$

on pourrait, dans ce cas, chercher à opérer l'évanouissement de quelques termes; mais cela est inutile pour la détermination de la surface représentée par cette équation.

En effet, posons successivement

$$z = k, \quad z = k', \quad z = k'', \dots$$

ce qui revient à couper la surface par une suite de plans parallèles au plan des xy; l'équation devient, pour ces différentes hypothèses,

$$N'y + N''x = L ; \quad N'y + N''x = L', \quad N'y + N''x = L'' \ldots\ldots;$$

d'où il suit que les intersections de la surface par des plans horizontaux, sont des droites *parallèles entre elles*. Ainsi (n° 462) la surface est encore de la nature des *surfaces cylindriques;* et si l'on veut connaître une directrice de cette surface, il suffit de poser $y = o$, par exemple, dans son équation.

Il vient, par cette hypothèse,

$$Mz^2 + Nz + N''x + D = o,$$

équation qui exprime une parabole située dans le plan des xz.

Donc enfin, la surface n'est autre chose qu'*une surface cylyndrique* à base parabolique.

477. En réfléchissant sur la discussion précédente, on doit conclure que toutes les surfaces du second degré se trouvent implicitement renfermées dans les deux classes d'équations

$$Mz^2 + M'y^2 + M''x^2 + D = o, \quad Mz^2 + M'y^2 + N''x = o,$$

à l'exception de celles qui correspondent aux équations

$$Mz^2 + M'y^2 + Nz + N'y + D = o,$$
$$Mz^2 + Nz + N'y + N'x + D = o,$$

et que nous avons reconnu appartenir à des surfaces cylindriques à base elliptique, hyperbolique ou parabolique.

478. *N. B.* Il est bien entendu que nous comprenons dans ces trois variétés générales celles qui (n° 356) correspondent aux variétés de l'ellipse, de l'hyperbole et de la parabole. Ainsi, lorsque l'ellipse se réduit à un cercle ou à un point, la surface cylindrique devient un cylindre à base circulaire, ou *une seule droite.* Si l'hyperbole dégénère en un système de deux droites qui se coupent, la surface cylindrique se réduit à un système de *deux plans qui se coupent.* Enfin, quand la parabole se

réduit à deux droites parallèles ou à une seule droite, la surface cylindrique devient *un système de deux plans parallèles* ou *un plan unique*.

479. Avant de passer à la discussion de chacune des équations

$$Mz^2 + M'y^2 + M''x^2 + P = 0, \ldots (1) \quad Mz^2 + M'y^2 + N''x = 0, \ldots (2)$$

nous ferons quelques observations générales sur la nature des surfaces qu'elles représentent, et sur les systèmes d'axes ou de plans coordonnés auxquelles les surfaces sont actuellement rapportées.

Premièrement, l'équation (1) ne renfermant plus les termes du premier degré en x, y, z, reste la même lorsqu'on y change $+x$, $+y$, $+z$ en $-x$, $-y$, $-z$; ce qui prouve que toute droite menée par la nouvelle origine et terminée de part et d'autre par la surface, est divisée en deux parties égales en ce point. Donc (n° 375) toutes les surfaces comprises dans l'équation (1) ont un *centre*, qui n'est autre chose que l'origine actuelle des coordonnées.

Remarquons d'ailleurs que l'équation pourrait renfermer les rectangles des variables ainsi que les carrés, sans que la surface cessât d'avoir un centre, et d'être rapportée à ce centre comme origine, puisque la condition caractéristique du centre serait encore remplie. On pourrait même supposer la surface rapportée à des axes obliques menés par cette origine.

Ainsi, dans le cas d'axes quelconques, une équation telle que

$$Az^2 + A'y^2 + A''x^2 + Byz + B'xz + B''xy + D = 0,$$

dont plusieurs coefficiens peuvent être nuls, représente *une surface qui a un centre;* et ce centre est l'origine.

Secondement, on appelle *plan diamétral* d'une surface, un plan qui divise en deux parties égales toutes les cordes de la surface parallèles entre elles et menées sous une direction quelconque. Or, d'après la forme de l'équation (1) qui, étant résolue successivement par rapport à chacune des variables, donne deux valeurs égales et de signes contraires pour cette variable, il est évident que chacun des trois plans coordonnés divise en deux parties égales toutes les cordes menées parallèlement à l'intersection commune des deux autres. Donc ces trois plans sont *des plans diamétraux ;* de plus, on peut les regarder comme formant *un système de plans diamétraux conjugués perpendiculaires entre eux,* conformément à la définition donnée (n° 261) d'un système de deux diamètres conjugués.

TROISIÈMEMENT. Considérons l'équation (2). Puisque le troisième terme change de signe, lorsqu'on remplace $+ x, + y, + z$, par $- x, - y, - z$, il s'ensuit que l'origine actuelle des coordonnées n'est pas un centre. On a vu d'ailleurs (n° 474) que, dès qu'un des carrés manque en même temps que les rectangles, il est impossible de faire disparaître à la fois les trois termes du premier degré; donc les surfaces représentées par l'équation (2) sont des *surfaces dépourvues de centre.*

Observons encore que, des trois plans coordonnés, deux seulement, les plans des xy et des xz peuvent être regardés comme des *plans diamétraux,* puisque le premier divise en deux parties égales toutes les cordes parallèles à l'axe des z, et le second, toutes les cordes parallèles à l'axe des y.

Concluons de ce qui vient d'être dit, que les surfaces du second degré se partagent en deux classes distinctes, savoir : *les surfaces qui ont* UN CENTRE *, et les surfaces dépourvues de centre.*

Discussion de l'équation $\quad Mz^2 + M'y^2 + M''x^2 + P = 0 \ldots (1)$

480. Afin de déterminer les différens genres de surfaces représentées par l'équation (1), nous ferons successivement (n° 453)

$$x = const, \quad y = const, \quad z = const;$$

ce qui reviendra à couper la surface par des plans respectivement parallèles à chacun des trois plans coordonnés; mais on sait (n° 256) que la nature de ces intersections dépend surtout des signes dont les coefficiens M, M', M'' sont affectés; ainsi nous sommes conduits à faire les hypothèses suivantes :

1°. M, M', M" *positifs* à la fois.

Dans cette hypothèse générale, le dernier terme P peut être lui-même négatif, égal à o, ou positif.

Soit d'abord P *négatif*, et mettons le signe en évidence; l'équation devient

$$Mz^2 + M'y^2 + M''x^2 = P \dots (2)$$

Cela posé, faisons successivement dans cette équation,

$$x = \alpha, \quad y = \varsigma, \quad z = \gamma; \quad \text{il en résulte} \quad \begin{cases} Mz^2 + M'y^2 = P - M''\alpha^2, \\ Mz^2 + M''x^2 = P - M'\varsigma^2, \\ M'y^2 + M''x^2 = P - M\gamma^2; \end{cases}$$

d'où l'on voit que les intersections de la surface par des plans parallèles aux trois plans coordonnés, sont des ellipses qui deviennent *imaginaires*, lorsqu'on suppose

$$\alpha^2 > \frac{P}{M''}, \quad \varsigma^2 > \frac{P}{M'}, \quad \gamma^2 > \frac{P}{M},$$

c'est-à-dire, α, ς, γ positifs ou négatifs, mais numériquement plus grands que $\sqrt{\dfrac{P}{M''}}, \quad \sqrt{\dfrac{P}{M'}}, \quad \sqrt{\dfrac{P}{M}}$;

Ces mêmes ellipses se réduisent à *un point*, pour les hypothèses

$$\alpha = \pm \sqrt{\frac{P}{M''}}, \quad \varsigma = \pm \sqrt{\frac{P}{M'}}, \quad \gamma = \pm \sqrt{\frac{P}{M}},$$

puisqu'alors les équations des intersections se réduisent à

$$Mz^2 + M'y^2 = 0, \quad Mz^2 + M''x^2 = 0, \quad M'y^2 + M''x^2 = 0.$$

La surface que nous considérons est donc *limitée dans tous les sens*; de plus, elle est inscrite au parallélépipède qui a pour faces les plans

$$x = \pm \sqrt{\frac{P}{M''}}, \quad y = \pm \sqrt{\frac{P}{M'}}, \quad z = \pm \sqrt{\frac{P}{M}}.$$

La nature des intersections de cette surface avec les plans parallèles aux trois plans coordonnés, lui a fait donner le nom d'ELLIPSOÏDE.

Pour déterminer *les trois sections principales*, en d'autres termes, les traces de la surface sur les plans coordonnés, il Fig. 247. suffit de poser successivement (*fig.* 247)

$$x = 0, \atop y = 0, \atop z = 0; \qquad \text{ce qui donne} \qquad \begin{cases} Mz^2 + M'y^2 = P, \\ Mz^2 + M''x^2 = P, \\ M'y^2 + M''x^2 = P. \end{cases}$$

Quant aux points d'intersection avec les trois axes, on obtient pour

$$y = 0, \; z = 0, \quad M''x^2 = P; \quad \text{d'où } x = \pm \sqrt{\frac{P}{M''}},$$

$$x = 0, \; z = 0, \quad M'y^2 = P; \quad \text{d'où } y = \pm \sqrt{\frac{P}{M'}},$$

$$x = 0, \; y = 0, \quad Mz^2 = P; \quad \text{d'où } z = \pm \sqrt{\frac{P}{M}}.$$

Les lignes $AA' = 2\sqrt{\dfrac{P}{M''}}$, $BB' = 2\sqrt{\dfrac{P}{M'}}$, $CC' = 2\sqrt{\dfrac{P}{M}}$,

sont ce qu'on appelle les *axes principaux* de la surface; et leur introduction dans l'équation lui donne une forme symé-trique et analogue à celle de l'équation de l'ellipse rapportée à son centre et à ses axes.

Posons en effet

$$2A = 2\sqrt{\frac{P}{M''}}, \quad 2B = 2\sqrt{\frac{P}{M'}}, \quad 2C = 2\sqrt{\frac{P}{M}};$$

il en résulte $\quad M'' = \dfrac{P}{A^2}, \quad M' = \dfrac{P}{B^2}, \quad M = \dfrac{P}{C^2};$

d'où, substituant dans l'équation (2), et chassant les dénomi-nateurs,

$$A^2B^2z^2 + A^2C^2y^2 + B^2C^2x^2 = A^2B^2C^2 \dots \dots (3)$$

481. *Cas particuliers.* Supposons deux quelconques des trois

coefficiens M , M′ , M″ égaux entre eux ; M = M. , par exemple ;
ce qui donne C = B ;

l'équation devient $A^2B^2z^2 + A^2B^2y^2 + B^4x^2 = A^2B^4$,

ou, divisant par B^2, $A^2z^2 + A^2y^2 + B^2x^2 = A^2B^2$.

Cette équation, qu'on peut mettre sous la forme

$$z^2 + y^2 = \frac{B^2}{A^2}(A^2 - x^2), \quad \text{ou} \quad y^2 + z^2 = F(x),$$

caractérise (n° 470) une surface de révolution autour de l'axe
des x; car en faisant $x = const,$ on obtient $y^2 + z^2 = const;$
ce qui prouve que toute section faite perpendiculairement à
l'axe des x, est une circonférence de cercle.

Les deux hypothèses successives $y = 0$, $z = 0$, donnent

$$A^2z^2 + B^2x^2 = A^2B^2, \quad A^2y^2 + B^2x^2 = A^2B^2.$$

Ce sont les équations de la génératrice considérée dans deux
de ses positions, savoir : dans le plan des xz et dans le plan
des xy.

Si l'on avait M = M″, ou M′ = M″, on reconnaîtrait de
même que la surface serait de révolution autour de l'axe des y,
ou bien, autour de l'axe des z.

482. Supposons maintenant M = M′ = M″, d'où C = B = A ;
l'équation (3) se réduit à $z^2 + y^2 + x^2 = A^2$, et représente *une
surface sphérique* dont le centre est à l'origine des coordonnées.

483. Les coefficiens M , M′ , M″ étant toujours positifs et
quelconques , égaux ou inégaux, on peut avoir P = 0, ou
P *positif.*

Dans le premier cas, l'équation devient

$$Mz^2 + M'y^2 + M''x^2 = 0,$$

et n'admet qu'un système unique de valeurs réelles, savoir,

$$x = 0, \quad y = 0, \quad z = 0;$$

donc la surface se réduit *à un point.*

Dans le second, l'équation

$$Mz^2 + M'y^2 + M''x^2 + P = 0,$$

n'admet aucun système de valeurs réelles. Ainsi la surface est *imaginaire*.

Concluons de là, qu'à l'hypothèse générale M , M' , M'' *positifs* à la fois , correspond un seul genre de surfaces, l'ELLIPSOÏDE, comprenant comme variétés, l'*ellipsoïde de révolution,* la *sphère,* un *point* et une *surface imaginaire*.

2°. M , M' positifs et M'' négatif.

484. Supposons d'abord M , M' , P *positifs* et M'' *négatif.*

L'équation (1) du n° 480 devient, après qu'on a mis les signes en évidence,

$$Mz^2 + M'y^2 - M''x^2 = - P \dots \ (2)$$

Or , si l'on fait successivement $x = \alpha, \ y = 6, \ z = \gamma,$ il vient pour

$$x = \alpha \ \dots \ Mz^2 + M'y^2 = M''\alpha^2 - P \dots \dots \ (3)$$
$$y = 6 \ \dots \ Mz^2 - M''x^2 = - (M'6^2 + P) \dots \ (4)$$
$$z = \gamma \ \dots \ M'y^2 - M''x^2 = - (M\gamma^2 + P) \dots \ (5)$$

Les équations (4) et (5) prouvent que toute section faite dans la surface, parallèlement au plan des xz, ou au plan des xy, est une *hyperbole* dont l'axe transverse est dirigé suivant une parallèle à l'axe des x.

Quant à l'équation (3), elle représente évidemment une *ellipse réelle,* tant que l'on donne à α une valeur positive ou négative, numériquement plus grande que $\sqrt{\dfrac{P}{M''}}$; ce qui veut dire que, si aux deux distances $OA = \sqrt{\dfrac{P}{M''}}$, $OA' = - \sqrt{\dfrac{P}{M''}}$

 (*fig.* 248), on imagine deux plans parallèles au plan des yz, la surface n'a aucun point compris entre ces plans ; mais elle s'étend indéfiniment à droite et à gauche de ces deux plans, dans le sens des x positifs et dans le sens des x négatifs; d'où l'on peut conclure que cette surface se compose de deux parties distinctes, égales et opposées. On l'appelle pour cette raison, et à cause de la nature de ses intersections par des plans parallèles à deux des plans coordonnés, HYPERBOLOÏDE *à deux nappes.*

Les trois sections principales s'obtiennent en faisant successivement dans l'équation (2), $x = 0, y = 0, z = 0$; ce qui donne

$$Mz^2 + M'y^2 = -P,$$
$$Mz^2 - M''x^2 = -P,$$
$$M'y^2 - M''x^2 = -P.$$

La première section est imaginaire; mais les deux autres sont des hyperboles MAM' et mAm', NAN' et nAn', rapportées à l'axe des x comme axe transverse.

Soit posé

$$2A = 2\sqrt{\frac{P}{M''}}, \quad 2B = 2\sqrt{\frac{P}{M'}}, \quad 2C = 2\sqrt{\frac{P}{M}};$$

il en résulte $\quad M'' = \dfrac{P}{A^2}, \quad M' = \dfrac{P}{B^2}, \quad M = \dfrac{P}{C^2};$

d'où, substituant dans l'équation (2) et réduisant,

$$A^2B^2z^2 + A^2C^2y^2 - B^2C^2x^2 = -A^2B^2C^2;$$

des trois lignes 2A, 2B, 2C appelées les *axes principaux* de la surface, la première seulement a ses deux extrémités A, A' (*fig.* 248) placées sur la surface. Quant aux deux autres, on convient de les représenter sur la figure par deux distances BB', CC', comptées sur les axes des y et des z; mais les points B, B', C, C' n'appartiennent pas à la surface, comme dans l'ellipsoïde. En un mot, l'hyperboloïde à deux nappes a un seul axe *transverse* et deux autres *non transverses.*

485. Soient actuellement M, M' *positifs* et M'', P *négatifs,* l'équation (1) devient

$$Mz^2 + M'y^2 - M''x^2 = + P;$$

et l'on en déduit successivement pour

$$x = \alpha \ldots Mz^2 + M'y^2 = M''\alpha^2 + P,$$
$$y = \mathscr{C} \ldots Mz^2 - M''x^2 = - M'\mathscr{C}^2 + P,$$
$$z = \gamma \ldots M'y^2 - M''x^2 = - M\gamma^2 + P.$$

La première équation représente une ellipse toujours réelle, quel que soit α ; et les deux autres, des hyperboles rapportées à l'axe des x, comme axe *transverse,* ou *non transverse,* suivant que l'on a

$$\mathscr{C}^2 < \frac{P}{M'} , \quad \gamma^2 < \frac{P}{M} , \quad \text{ou} \quad \mathscr{C}^2 > \frac{P}{M'} , \quad \gamma^2 > \frac{P}{M}.$$

On voit donc que, dans le cas actuel, il n'existe aucune discontinuité dans la surface qui, pour cette raison, porte le nom d'HYPERBOLOÏDE *à une seule nappe.*

Fig. 249.   Les hypothèses successives $x = 0, y = 0, z = 0$ (*fig.* 249), donnent

$$Mz^2 + M'y^2 = P, \quad Mz^2 - M''x^2 = P, \quad M'y^2 - M''x^2 = P.$$

L'ellipse représentée par la première équation, est la plus petite de toutes celles qu'on obtient en coupant la surface par des plans parallèles au plan des yz.

Les deux autres équations expriment des hyperboles situées l'une dans le plan des xz, l'autre dans le plan des xy, et ayant pour axe *non transverse,* l'axe des x. Ceci suffit pour donner une idée assez exacte de la surface dont deux axes principaux sont *transverses,* et le troisième est *non transverse.*

En posant

$$2A = 2\sqrt{\frac{P}{M''}} , \quad 2B = \sqrt{\frac{P}{M'}} , \quad 2C = 2\sqrt{\frac{P}{M}} ,$$

on trouve $M'' = \dfrac{P}{A^2} , \quad M' = \dfrac{P}{B^2} , \quad M = \dfrac{P}{C^2} ;$

d'où , substituant dans l'équation ,

$$A^2B^2z^2 + A^2C^2y^2 - B^2C^2x^2 = + A^2B^2C^2.$$

486. *Cas particuliers* des deux hyperboloïdes.

Premièrement, soit $M = M'$, d'où $C = B$; les équations des deux surfaces se réduisent à

$$A^2z^2 + A^2y^2 - B^2x^2 = - A^2B^2 ,$$
$$A^2z^2 + A^2y^2 - B^2x^2 = + A^2B^2 ;$$

ce qui donne $\qquad z^2 + y^2 = F(x).$

Donc les deux hyperboloïdes deviennent des surfaces de révolution autour de l'axe des x.

487. *Secondement,* soient M , M' *positifs,* M'' *négatif,* et P *égal à* o.

L'équation devient $\quad Mz^2 + M'y^2 - M''x^2 = 0$;

d'où l'on déduit $\qquad \dfrac{y^2}{z^2} = \dfrac{M''}{M'} \cdot \dfrac{x^2}{z^2} - \dfrac{M}{M'} ,$

ou bien, $\qquad \dfrac{y}{z} = F\left(\dfrac{x}{z}\right) ;$

donc (n° 465) la surface se trouve, dans ce cas , dégénérée en une *surface conique,* dont le centre est à l'origine des coordonnées.

488. En résumant ce qui vient d'être dit par rapport à la seconde hypothèse générale , on voit que cette hypothèse donne lieu à deux genres principaux de surfaces , les hyperboloïdes à une ou deux nappes , renfermant comme variétés, l'*hyperboloïde de révolution* et la *surface conique.*

489. *Remarque.* Nous ne considérerons point ici le cas où deux des coefficiens M, M', M'' seraient négatifs , puisqu'en changeant les signes , on retomberait nécessairement sur celui où deux de ces coefficiens sont positifs, P étant d'ailleurs positif ou négatif.

Ainsi l'équation $Mz^2 + M'y^2 + M''x^2 + P = 0$, ne renferme réellement que trois genres principaux de surfaces.

Discussion de l'équation $Mz^2 + M'y^2 + N''x = 0.$

Il peut également se présenter deux cas principaux : M et M' peuvent être de *même signe* ou de *signes contraires*.

1°. M , M' *positifs* à la fois.

490. Dans cette première hypothèse, N'' peut être indifféremment négatif ou positif. Supposons-le d'abord *négatif*, et mettons le signe en évidence ; l'équation prend la forme

$$Mz^2 + M'y^2 = N''x.$$

En faisant successivement $x = \alpha,\ y = \mathfrak{C},\ z = \gamma$, on obtient

$$Mz^2 + M'y^2 = N''\alpha,\ \ Mz^2 = N''x - M'\mathfrak{C}^2,\ \ M'y^2 = N''x - M\gamma^2.$$

La première équation est évidemment celle d'une ellipse toujours *réelle*, tant que α est positif, et de plus en plus grande à mesure que α augmente. Si l'on suppose $\alpha = 0$, l'ellipse se réduit à un point, et elle devient imaginaire, dès qu'on suppose α négatif. On voit donc que la surface s'étend indéfiniment dans le sens des x positifs, et n'a aucun point à la gauche du plan des yz, auquel elle est tangente, à l'origine même des coordonnées.

Les deux autres équations représentent des paraboles dont l'axe principal est dirigé parallèlement à l'axe des x, et dans le sens des x positifs.

Les paraboles correspondantes à l'hypothèse $y = \mathfrak{C}$, ont toutes le même paramètre $\dfrac{N''}{M}$; et celles qui répondent à $z = \gamma$, ont pour paramètre constant, $\dfrac{N''}{M'}$.

Fig. 250. En posant $y = 0$, puis $z = 0$, on trouve (*fig.* 250)

$$z^2 = \frac{N''}{M}x,\ \ \ y^2 = \frac{N''}{M'}x,$$

pour les deux sections principales, suivant les plans des xz et des xy.

D'après ces données, il est facile de se former une idée nette du nouveau genre de surfaces auquel on a donné le nom de PARABOLOÏDE ELLIPTIQUE.

Soit actuellement N'' positif, auquel cas l'équation revient à

$$Mz^2 + M'y^2 = - N''x;$$

comme, en changeant x en $- x$, on la ramène à la forme

$$Mz^2 + M'y^2 = N''x,$$

il s'ensuit que la surface est la même que dans le cas de N'' négatif : seulement elle s'étend dans le sens des x négatifs comme elle s'étendait d'abord dans celui des x positifs.

491. Le paraboloïde elliptique devient une surface de révolution autour de l'axe des x, dans le cas particulier de $M = M'$; car alors on a pour l'équation

$$z^2 + y^2 = \frac{N''}{M} x = F(x);$$

ce qui démontre que toute section faite perpendiculairement à l'axe des x, est une circonférence de cercle dont le centre est sur cet axe.

$$2^\circ. \quad M \textit{ positif } \text{ et } M' \textit{ négatif.}$$

492. Il nous suffira de considérer dans cette nouvelle hypothèse, comme dans la précédente, le cas où N'' est négatif; puisque si N'' était positif, on remplacerait x par $- x$, ce qui changerait simplement la situation de la surface, mais non sa nature.

En mettant les signes en évidence, on a pour l'équation,

$$Mz^2 - M'y^2 = N''x.$$

Cela posé, soit fait successivement $x = \alpha$, $y = 6$, $z = \gamma$; il vient

$$M z^2 - M'y^2 = N''a, \quad M z^2 = N''x + M'\mathcal{C}^2, \quad M'y^2 = -N''x + M\gamma^2.$$

Les deux dernières équations représentent encore des paraboles dont l'axe principal est parallèle à l'axe des x ; mais celles qui correspondent à $y = \mathcal{C}$, sont dirigées dans le sens des x positifs, et ont pour paramètre constant $\dfrac{N''}{M}$, tandis que les paraboles correspondantes $z = \gamma$, sont au contraire dirigées dans le sens des x négatifs, et ont pour paramètre constant,

$$-\dfrac{N''}{M'}.$$

Quant à la première équation, c'est celle d'une suite d'hyperboles ayant pour axe transverse, une parallèle à l'axe des z, tant que a est positif, et une parallèle à l'axe des y, pour toute valeur négative de a.

Les deux sections principales par les plans des xz et des xy sont $M z^2 = N''x$, $M'y^2 = -N''x$ (*fig.* 251); c'est-à-dire, deux paraboles COC', B'OB.

La section par le plan des yz ayant pour équations

$$x = 0, \quad M z^2 - M'y^2 = 0, \quad \text{ou} \quad z = \pm y \sqrt{\dfrac{M'}{M}},$$

se réduit à un système de deux droites qui se coupent à l'origine.

Il est remarquable que les hyperboles représentées par l'équation $M z^2 - M'y^2 = N''a$, ont pour asymptotes les deux droites dont l'équation est $M z^2 - M'y^2 = 0$; d'où il suit que les plans menés par ces droites et par l'axe des x, déterminent au-dessus et au-dessous du plan des xy deux angles dièdres, qui comprennent la surface tout entière ; et l'on peut considérer ces deux plans comme des *plans asymptotes*, par rapport à la surface.

Ce nouveau genre de surfaces étant caractérisé par des sections paraboliques et hyperboliques, se nomme PARABOLOÏDE HYPERBOLIQUE.

Comme les coefficiens de z^2 et de y^2 sont de signes contraires, l'hypothèse $M = M'$, ne peut rendre la surface de révolution. D'ailleurs, nous verrons bientôt que, quelle que soit la position du plan par lequel on coupe cette surface, il *est impossible d'obtenir pour section une courbe limitée,* et par conséquent, une circonférence de cercle.

493. Le *paraboloïde hyperbolique* étant une surface assez difficile à se représenter, nous allons faire connaître un moyen de génération, commun aux deux paraboloïdes, qui sera très propre à donner une idée exacte de l'un et de l'autre. Ce moyen, qui offre beaucoup d'analogie avec celui qui a été employé (n° 426) pour le plan, consiste à *faire glisser une parabole* ayant pour équations,

$$y = 0, \quad Mz^2 + N''x = 0,$$

suivant une autre parabole,

$$z = 0, \quad M'y^2 + N''x = 0,$$

et de manière que le sommet de la première appelée *génératrice,* se trouve constamment placé sur la seconde qu'on peut appeler *la directrice.*

D'après ce mode de génération, il est évident que les équations de la génératrice considérée dans l'une quelconque de ses positions, seront de la forme

$$y = \mathcal{C}, \quad Mz^2 + N''x + \alpha = 0.$$

Le paramètre de cette parabole mobile, ou $-\dfrac{N''}{M}$, reste constant ; mais comme le sommet qui, d'abord, est situé à l'origine, occupe ensuite une position quelconque sur la directrice, il s'ensuit que la seconde équation doit renfermer un terme α indépendant de x et de y.

Cela posé, remarquons que, pour tout point de la surface, placé sur la même génératrice, la distance au plan des xz et la position du sommet de cette génératrice restent les mêmes ; mais lorsque le point passe d'une génératrice à une autre, les deux élémens dont nous venons de parler changent nécessairement; donc les quantités $\mathfrak{C}$ et α, qui correspondent à ces élémens, sont des quantités *constantes* ensemble et *variables* ensemble : ainsi elles doivent dépendre d'une certaine manière l'une de l'autre. Or on obtiendra cette relation en exprimant, par l'analyse, que la génératrice et la directrice se rencontrent; ce qui revient à dire que les équations

$$y = \mathfrak{C}, \quad Mz^2 + N''x + \alpha = 0,\ldots (1)$$
$$z = 0, \quad M'y^2 + N''x = 0,\ldots\ldots (2)$$

ont lieu en même temps.

D'abord, la valeur $z = 0$, portée dans la seconde des équations (1), donne $x = -\dfrac{\alpha}{N''}$. Substituant ensuite les valeurs

$y = \mathfrak{C}$, $x = -\dfrac{\alpha}{N''}$, dans la seconde des équations (2), on trouve

$$M'\mathfrak{C}^2 - \alpha = 0\ldots (3)$$

Telle est la relation qui lie entre elles les quantités α, $\mathfrak{C}$, et qui doit exister en même temps que les équations (1) pour toutes les positions de la génératrice, c'est-à-dire, pour tous les points de la surface.

Il ne s'agit plus que d'éliminer α, $\mathfrak{C}$ entre ces trois équations, et pour cela, il suffit de remplacer α, $\mathfrak{C}$ par leurs valeurs tirées des équations (1); ce qui donne

$$M'y^2 - (-Mz^2 - N''x) = 0, \quad \text{ou} \quad Mz^2 + M'y^2 + N''x = 0;$$

c'est l'équation même des deux paraboloïdes.

Fig. 250.   Lorsqu'on a M, M' (*fig.* 250) *positifs*, et N'' *négatif*, les paramètres de la parabole génératrice et de la parabole directrice sont $\dfrac{N''}{M}$, $\dfrac{N''}{M'}$, quantités *de même signe*; donc les axes sont dirigés dans le même sens.

Fig. 251.   Mais si l'on a M (*fig.* 251) *positif*, M' *négatif* et N'' *négatif*, les paramètres sont $\dfrac{N''}{M}$, $\dfrac{-N''}{M'}$, ou *de signes contraires*; donc les axes de ces paraboles sont dirigés en sens contraire l'un par rapport à l'autre.

494. Il résulte de la discussion précédente que les surfaces du second degré se divisent en cinq genres : l'ELLIPSOÏDE ayant pour variétés l'*ellipsoïde de révolution*, la *sphère*, un *point* ou une *surface imaginaire*;

L'HYPERBOLOÏDE à deux nappes et l'HYPERBOLOÏDE à une nappe, ayant tous deux pour variétés l'*hyperboloïde de révolution* et la *surface conique*;

Le PARABOLOÏDE ELLIPTIQUE ayant pour variétés le *paraboloïde de révolution*;

Enfin , le PARABOLOÏDE HYPERBOLIQUE qui n'offre aucune variété.

Toutefois, les *surfaces cylindriques* à base elliptique, hyperbolique ou parabolique (n°ˢ 475 , 476) sont des surfaces qui se rattachent aux paraboloïdes, puisqu'on les a obtenues en supposant que l'*un* des carrés , ou deux des carrés , aient disparu en même temps que les rectangles dans l'équation générale.

495. Cherchons actuellement de quelle nature peuvent être les intersections des surfaces du second degré par des plans situés d'une manière quelconque par rapport à ces surfaces, en considérant d'abord toutes celles qui ont *un centre*.

Il suffit pour cela (n° 453) de substituer dans l'équation

$$M z^2 + M' y^2 + M'' x^2 + P = 0, \dots \ (1)$$

à la place de x , y, z, leurs valeurs tirées des formules

$$x = x \cos \varphi + y \cos \theta \sin \varphi + a,$$
$$y = x \sin \varphi - y \cos \theta \cos \varphi + b,$$
$$z = y \sin \theta + c.$$

On obtient, par cette substitution, un résultat de la forme

$$A y^2 + B x y + C x^2 + D y + E x + F = 0, \dots \ (2)$$

les coefficiens de cette équation ayant pour valeurs

$$A = M \sin^2 \theta + M' \cos^2 \theta \cos^2 \varphi + M'' \cos^2 \theta \sin^2 \varphi,$$
$$B = (M'' - M').2 \cos \theta \sin \varphi \cos \varphi,$$
$$C = M' \sin^2 \varphi + M'' \cos^2 \varphi,$$
$$D = 2Mc \sin \theta - 2M'b \cos \theta \cos \varphi + 2M''a \cos \theta \sin \varphi,$$
$$E = 2M'b \sin \varphi + 2M''a \cos \varphi,$$
$$F = Mc^2 + M'b^2 + M''a^2 + P.$$

Or, on sait (n° 356) que la nature de la courbe représentée par l'équation (2), dépend principalement de la quantité $B^2 - 4AC$, qui suivant qu'elle est négative, positive ou nulle, correspond à une ellipse, une hyperbole, ou une parabole, ou bien, à l'une des variétés de ces courbes.

En calculant cette expression, on obtient, toute réduction faite,

$$-M'M'' \cos^2 \theta - MM' \sin^2 \theta \sin^2 \varphi - MM'' \sin^2 \theta \cos^2 \varphi.$$

Cela posé, si la surface est un ellipsoïde, les trois coefficiens M, M', M'' sont positifs, et l'expression précédente est essentiellement *négative*. Donc l'intersection d'un ellipsoïde par un plan est toujours une ellipse, ou l'une des variétés de cette courbe.

Mais pour les hyperboloïdes à une ou deux nappes, deux des trois coefficiens sont positifs et le troisième négatif; ou bien, l'un est positif et les deux autres négatifs; ainsi l'expression ci-dessus renfermant des termes positifs et négatifs, peut, suivant les valeurs numériques de M, M', M'', φ et θ, devenir positive, négative ou égale à o. L'intersection d'un hyperboloïde par un plan peut donc être une hyperbole, une ellipse ou une parabole.

La surface conique qui, comme nous l'avons vu, est une variété de ce genre de surfaces, donne également lieu à ces trois genres de courbes. (*Voyez* n°s 267 et suivans.)

496. En reprenant les mêmes calculs par rapport aux paraboloïdes, dont l'équation générale est

$$Mx^2 + M'y^2 + N'x = o,$$

on obtient, pour les coefficiens de y^2, xy, x^2,

$$A = M \sin^2 \theta + M' \cos^2 \theta \cos^2 \varphi,$$
$$B = - 2M' \cos \theta \sin \varphi \cos \varphi,$$
$$C = M' \sin^2 \varphi ;$$

d'où $B^2 - 4AC = -MM' \sin^2 \theta \sin^2 \varphi.$

Dans le cas du paraboloïde elliptique, les coefficiens M, M' sont de *même signe* ; ainsi $B^2 - 4AC$ est essentiellement *négatif*, et l'intersection est généralement une ellipse.

Si cependant on suppose $\sin \varphi = 0$, ou $\sin \theta = 0$, il en résulte $B^2 - 4AC = 0$, et l'intersection est une parabole.

L'hypothèse $\sin \varphi = 0$ correspond (n° 453) au cas où la trace du plan sécant sur le plan des xy, est parallèle à l'axe des x ; ce qui exige que le plan sécant soit lui-même *parallèle à cet axe*.

L'hypothèse $\sin \theta = 0$ signifie que le plan sécant doit être parallèle au plan des xy.

D'où l'on peut conclure que les intersections d'un paraboloïde elliptique ne peuvent être que des ellipses, des paraboles ou des variétés de ces courbes.

Quant au paraboloïde hyperbolique, comme M, M' sont de signes contraires, $B^2 - 4AC$ ou $- MM' \sin^2 \theta \sin^2 \varphi$, ne peut être que positif ou égal à 0. Donc les intersections ne sauraient jamais être des ellipses ou des variétés de ces courbes. (*Voyez* ce qui a été dit n° 492.)

497. Voyons maintenant dans quelle position il faudrait mettre le plan sécant pour que les intersections fussent des *circonférences de cercle*.

Pour cela, il faut (n° 495) poser $B = 0$ et $A = C$; ce qui donne les deux équations de condition

$$(M'' - M') \cos \theta \sin \varphi \cos \varphi = 0 \dots\dots\dots(1)$$

$$\left. \begin{array}{l} M \sin^2 \theta + M' \cos^2 \theta \cos^2 \varphi \\ \quad + M'' \cos^2 \theta \sin^2 \varphi \end{array} \right\} = M' \sin^2 \varphi + M'' \cos^2 \varphi \dots(2)$$

Comme, en général, M'' est différent de M', l'équation (1) ne peut être satisfaite que par les trois hypothèses $\cos\theta = 0$; $\sin\varphi = 0$, $\cos\varphi = 0$, que nous allons examiner successivement.

1°. $\cos\theta = 0$, d'où $\sin\theta = 1$; l'équation (2) devient

$$M = M' \sin^2\varphi + M'' \cos^2\varphi;$$

ou remplaçant $\sin^2\varphi$, $\cos^2\varphi$ par leurs valeurs $\dfrac{\tang^2\varphi}{1 + \tang^2\varphi}$,

$$\dfrac{1}{1 + \tang^2\varphi},$$

$$M(1 + \tang^2\varphi) = M' \tang^2\varphi + M''; \text{ d'où } \tang\varphi = \pm\sqrt{\dfrac{M'' - M}{M - M'}};$$

2°. $\sin\varphi = 0$, d'où $\cos\varphi = 1$; on trouve pour l'équation (2)

$$M \sin^2\theta + M' \cos^2\theta = M'';$$

ou $\qquad M \tang^2\theta + M' = M'' (1 + \tang^2\theta);$

donc $\qquad \tang\theta = \pm\sqrt{\dfrac{M'' - M'}{M - M''}};$

3°. enfin, $\cos\varphi = 0$, d'où $\sin\varphi = 1$; l'équation (2) se réduit à

$$M \sin^2\theta + M'' \cos^2\theta = M',$$

ou $\qquad M \tang^2\theta + M'' = M' (1 + \tang^2\theta);$

donc $\qquad \tang\theta = \pm\sqrt{\dfrac{M' - M''}{M - M'}}.$

Discutons ces valeurs de $\tang\varphi$ et de $\tang\theta$ qui peuvent être réelles ou imaginaires, suivant les hypothèses qu'on peut faire sur les coefficiens M, M', M''.

Or, si l'on multiplie entre elles les quantités sous le radical,

$$\dfrac{M'' - M}{M - M'}, \qquad \dfrac{M'' - M'}{M - M''}, \qquad \dfrac{M' - M''}{M - M'},$$

il vient pour produit, $\dfrac{(M' - M'')^2}{(M - M')^2}$, résultat essentiellement *positif;* ce qui démontre d'abord que l'une de ces trois quantités, au moins, est positive; mais je dis que si la première, par exemple, est positive, les deux autres sont négatives.

En effet, pour que $\dfrac{M'' - M}{M - M'}$ soit positif, il faut que $M'' - M$ et $M - M'$ soient de même signe; c'est-à-dire, que l'on ait en même temps........ $\begin{cases} M'' - M > \text{ou} < 0, \\ M - M' > \text{ou} < 0. \end{cases}$

d'où, ajoutant ces deux inégalités, $\quad M'' - M' > \text{ou} < 0.$

on voit donc que $M'' - M'$ et $M - M''$ sont de signes contraires; ainsi $\dfrac{M'' - M'}{M - M''}$ est négatif.

Pareillement, $M' - M''$ et $M - M'$ sont de signes contraires; ainsi, $\dfrac{M' - M''}{M - M'}$ est négatif.

On démontrerait de la même manière que, si la seconde ou la troisième était positive, les deux autres seraient négatives.

Concluons de là que, sur les trois systèmes

$$\cos \theta = 0, \quad \tang \varphi = \pm \sqrt{\frac{M'' - M}{M - M'}},$$

$$\sin \varphi = 0, \quad \tang \theta = \pm \sqrt{\frac{M'' - M'}{M - M''}},$$

$$\cos \varphi = 0, \quad \tang \theta = \pm \sqrt{\frac{M' - M''}{M - M'}},$$

il y en a un qui est toujours réel; mais il n'y en a jamais qu'un seul.

D'ailleurs, puisqu'à chaque hypothèse, $\cos \theta = 0$, ou $\sin \varphi = 0$, ou $\cos \varphi = 0$, il correspond deux valeurs pour la tangente de l'autre angle, il s'ensuit *qu'on peut toujours, par chaque point d'une des surfaces du second degré qui ont* UN CENTRE, *faire passer deux plans qui coupent cette surface suivant une circonférence de cercle.*

(La propriété de la section anti-parallèle à la base, dans le cône oblique (n° 271), n'est qu'un cas particulier de celle-ci.)

Si l'on se rappelle l'acception donnée n° 453, aux quantités φ et θ, on reconnaît sans peine que les hypothèses $\cos \theta = 0$, $\cos \varphi = 0$, $\sin \varphi = 0$, correspondent à des plans respectivement perpendiculaires aux plans des trois sections principales.

Ainsi, $\cos \theta = 0$ indique que le plan sécant est perpendiculaire au plan des xy; $\cos \varphi = 0$, qu'il est perpendiculaire au plan des xz; et $\sin \varphi = 0$, qu'il est perpendiculaire au plan des yz.

Admettons maintenant que la surface soit de révolution, c'est-à-dire que l'on ait $M = M'$ (n°s 481, 486); les trois systèmes se réduisent à

$$\cos \theta = 0, \quad \tan \varphi = \infty, \text{ ou } \cos \varphi = 0,$$
$$\sin \varphi = 0, \quad \tan \theta = \pm \sqrt{-1},$$
$$\cos \varphi = 0, \quad \tan \theta = \infty, \text{ ou } \cos \theta = 0.$$

Le second système est évidemment imaginaire. Quant aux deux autres, ils rentrent l'un dans l'autre, et signifient qu'il n'y a qu'un plan perpendiculaire à l'axe des x qui puisse produire une circonférence de cercle.

498. Les conséquences précédentes souffrent quelques modifications pour les deux paraboloïdes.

Les coefficiens A, B, C de l'équation transformée en xy, ont (n° 496) pour valeurs

$$A = M \sin^2 \theta + M' \cos^2 \theta \cos^2 \varphi,$$
$$B = -2M' \cos \theta \sin \varphi \cos \varphi,$$
$$C = M' \sin^2 \varphi;$$

ce qui fait voir d'abord que l'hypothèse $\sin \varphi = 0$ est inadmissible, si l'on veut que l'intersection soit une circonférence de cercle, puisque cette supposition entraînerait $C = 0$, et que, dans le cas du cercle, ce coefficient doit exister.

Ainsi les deux conditions $B = 0$, $A = C$, deviennent ici

$$\cos \theta \cos \varphi = 0, \quad \text{et} \quad M \sin^2 \theta = M' \sin^2 \varphi,$$

équations qui peuvent être satisfaites,

soit en supposant $\cos \theta = 0$;   d'où $\sin \varphi = \pm \sqrt{\dfrac{M}{M'}}$,

soit en supposant $\cos \varphi = 0$;   d'où $\sin \theta = \pm \sqrt{\dfrac{M'}{M}}$.

Ces deux systèmes sont nécessairement imaginaires, dans le cas du *paraboloïde hyperbolique*, puisque M et M' sont de signes contraires (résultat qui s'accorde avec ce qui a été dit n° 496). Pour le paraboloïde elliptique, le premier système seul est admissible, et le second inadmissible, si l'on a $M < M'$; le contraire a lieu, lorsque M est $< M'$.

Soit enfin $M = M'$; il en résulte

$$\cos \theta = 0, \quad \text{et} \quad \sin \varphi = \pm 1, \quad \text{ou} \quad \cos \varphi = 0,$$

ou bien, $\cos \varphi = 0$, d'où $\sin \theta = \pm 1$, ou $\cos \theta = 0$;

d'où l'on voit que ces deux systèmes rentrent l'un dans l'autre; et ils signifient que le plan sécant est perpendiculaire à l'axe des x.

499. *Remarque.* Comme les conditions $B = 0, A = C$, ne déterminent que les angles θ, φ, et non les coordonnées a, b, c, il s'ensuit que, pour chaque surface du second degré (le paraboloïde hyperbolique excepté), *il existe deux systèmes de plans en nombre infini, qui donnent des circonférences de cercle; et les plans de chaque système sont parallèles entre eux.* Toutefois, si la surface est de révolution, les deux systèmes se réduisent à *un seul.*

On peut disposer, par exemple, des constantes indéterminées a, b, c, de manière que l'origine des coordonnées soit au centre même de la section; ce qui exige que dans l'équation transformée du n° 495, les termes D, E soient nuls. Or, si l'on pose

$$2Mc \sin \theta - 2M'b \cos \theta \cos \varphi + 2M''a \cos \theta \sin \varphi = 0,$$

$$2M'b \sin \varphi + 2M''a \cos \varphi = 0,$$

on obtient deux équations linéaires en a, b, c; ce qui prouve que, pour chaque système de plans sécans, *les centres de tous les cercles sont situés sur une même ligne droite.* En d'autres termes , *toute surface du second degré, à* l'exception du paraboloïde hyperbolique, *peut être engendrée de deux manières par le mouvement d'un cercle toujours parallèle à lui-même et variable de rayon.*

Des Plans tangens aux surfaces du second degré.

500. De même que nous avons défini (n° 193) la tangente en un point quelconque d'une courbe, l'élément de cette courbe, prolongé indéfiniment, nous considérerons aussi le *plan tangent en un point déterminé d'une surface, comme* l'*élément de cette surface , prolongé indéfiniment.*

Il résulte de cette définition, que, comme l'élément de la surface en un point quelconque, se compose de tous les élémens des courbes qu'on obtient en coupant la surface par une suite de plans qui passent par ce point, et que ces élémens ne sont autre chose que les tangentes aux courbes, en ce point, il en résulte, dis-je, que le plan tangent est encore le *lieu de toutes les tangentes aux différentes courbes qu'on peut imaginer sur la surface par le point donné,* et que sa position est déterminée dès que l'on connaît celles de deux des tangentes.

C'est cette dernière considération qui va nous servir à trouver l'équation du plan tangent.

Soit d'abord $\quad Mz^2 + M'y^2 + M''x^2 + P = 0 \dots$ (1)

l'équation générale des surfaces qui ont *un centre;* et appelons x', y', z' les coordonnées du point par lequel on veut mener un plan tangent à la surface ; on a déjà la relation

$$Mz'^2 + M'y'^2 + M''x'^2 + P = 0 \dots \text{ (2)}$$

Maintenant, si, par ce point, on imagine successivement deux plans parallèles au plan des xz et au plan des yz, on aura pour les équations des intersections de la surface par ces deux plans,

$$y = y' \dots Mz^2 + M''x^2 + M'y'^2 + P = 0,$$
$$x = x' \dots Mz^2 + M'y^2 + M''x'^2 + P = 0;$$

et pour les équations des tangentes à ces sections, au point

x', y', z' ($Voyez$ n° 392),

$$y = y' \ldots Mzz' + M''xx' + M'y'^2 + P = 0 \ldots (3)$$

$$x = x' \ldots Mzz' + M'yy' + M''x'^2 + P = 0 \ldots (4)$$

Or, le plan tangent doit, en vertu de ce qui a été dit ci-dessus, passer par ces deux tangentes; ainsi la question est ramenée à trouver l'équation d'un plan passant par deux droites dont on a les équations.

D'abord, comme le plan doit passer par le point x', y', z', son équation est de la forme

$$A\,(x - x') + B\,(y - y') + C\,(z - z') = 0 \ldots (5)$$

Il suffit maintenant d'exprimer que ce plan qui renferme déjà un point commun aux deux droites, est parallèle à chacune d'elles. On a, pour cela (n° 431), les deux conditions

$$Aa + Bb + C = 0,$$
$$Aa' + Bb' + C = 0;$$

mais les équations (3) et (4) peuvent se mettre sous la forme

$$x = -\frac{Mz'}{M''x'} \cdot z - \frac{M'y'^2 + P}{M''x'}, \quad y = 0.z + y',$$

$$x = 0.z + x', \quad y = -\frac{Mz'}{M'y'} \cdot z - \frac{M''x'^2 + P}{M'y'};$$

ce qui donne $\quad a = -\dfrac{Mz'}{M''x'}, \quad b = 0, \quad a' = 0, \quad b' = -\dfrac{Mz'}{M'y'};$

donc les deux relations ci-dessus deviennent

$$A \times -\frac{Mz'}{M''x'} + C = 0; \quad \text{d'où } A = \frac{M''x'}{Mz'}.C,$$

$$B \times -\frac{Mz'}{M'y'} + C = 0; \quad \text{d'où } B = \frac{M'y'}{Mz'}.C.$$

Substituant ces valeurs dans l'équation (5), on obtient enfin,

$$Mz'\,(z - z') + M'y'\,(y - y') + M''x'\,(x - x') = 0 \ldots (6)$$

ou développant et ayant égard à la relation (2),

$$Mzz' + M'yy' + M''xx' + P = 0,$$

équation qui ne diffère de l'équation de la surface, qu'en ce que les carrés z^2, y^2, x^2, sont remplacés par les rectangles zz', yy', xx'.

501. Passons actuellement aux surfaces dépourvues *de centre*. L'équation générale des paraboloïdes étant

$$Mz^2 + M'y^2 + 2N''x = 0 \dots \dots (1)$$

(on verra bientôt pourquoi l'on suppose le coefficient de x égal à $2N''$), on a pour le point de la surface dont les coordonnées sont $x', y', z',$

$$Mz'^2 + M'y'^2 + 2N''x' = 0 \dots \dots (2)$$

Les équations des intersections de la surface par deux plans parallèles aux plans des xz et yz, passant par le point. $\dots$ (x', y', z'), sont (n° 392)

$$y = y', \quad Mz^2 + 2N''x + M'y'^2 = 0,$$
$$x = x', \quad Mz^2 + M'y^2 + 2N''x' = 0;$$

et celles des tangentes à ces courbes, menées par le même point, sont

$$y = y', \quad Mzz' + N''(x + x') + M'y'^2 = 0,$$
$$x = x', \quad Mzz' + M'yy' + 2N''x' = 0.$$

Maintenant, le plan tangent devant passer par le point $x', y', z',$ son équation est de la forme

$$A(x - x') + B(y - y') + C(z - z') = 0; \dots (3)$$

les relations qui expriment que ce plan est parallèle aux deux droites, étant toujours $Aa + Bb + C = 0$, $Aa' + Bb' + C = 0$, on a évidemment ici

$$a = -\frac{Mz'}{N''}, \quad b = 0, \quad a' = 0, \quad b' = -\frac{Mz'}{M'y'};$$

ce qui donne pour les deux relations,

$$A \times -\frac{Mz'}{N''} + C = 0 \; ; \quad \text{d'où} \quad A = \frac{N''}{Mz'} \cdot C,$$

$$B \times -\frac{Mz'}{M'y'} + C = 0 \; ; \quad \text{d'où} \quad B = \frac{M'y'}{Mz'} \cdot C.$$

Il vient donc, par la substitution de ces valeurs dans l'équation (3),

$$N''(x - x') + M'y'(y - y') + Mz'(z - z') = 0 \; ;$$

ou ayant égard à la relation (2),

$$Mzz' + M'yy' + N''(x + x') = 0 \; ;$$

[le terme $2N''x$, ou $N''x + N''x$, se trouve changé en

$$N''x + N''x' \quad \text{ou} \quad N''(x + x')] .$$

502. Si l'on voulait obtenir les équations de la *normale*, c'est-à-dire, de la perpendiculaire au plan tangent, menée par le point de contact (x', y', z'), il suffirait d'appliquer les principes établis (n° 433); ce qui n'offre aucune difficulté. Ainsi il est inutile de s'arrêter sur cette question.

503. On peut se proposer de *mener un plan tangent à une surface du second degré, par un point pris hors de cette surface.*

Soient x'', y'', z'' les coordonnées de ce point; x', y', z' désignant toujours celles du point de contact. On a entre ces coordonnées les deux relations

$$Mz'^2 + M'y'^2 + M''x'^2 + P = 0, \dots \quad (1)$$
$$Mz'z'' + M'y'y'' + M''x'x'' + P = 0 \dots \quad (2)$$

(nous ne considérons ici que les surfaces qui ont un centre).

Ces trois équations renfermant trois inconnues x', y', z', ne suffisent pas pour les déterminer. Ainsi, par un point extérieur, on peut mener une infinité de plans tangens à une surface du second degré.

En donnant à x' une suite de valeurs arbitraires, on tirerait des équations les valeurs de y', z' correspondantes à chacune de ces valeurs, et l'on obtiendrait ainsi les coordonnées des points de contact de tous les plans tangens; ou bien, si l'on éliminait successivement y' et x', on parviendrait à deux nouvelles équations en x', z' et en y', z', qui ne seraient autre chose que les équations de la courbe passant par tous les points de contact; et cette courbe pourrait être regardée comme *la base d'une surface conique dont le centre serait au point donné, et qui envelopperait la surface du second degré proposée.*

D'ailleurs, l'équation (2) étant linéaire en x', y', z', il s'ensuit que la courbe de contact est *plane*; et puisque cette courbe est située sur une surface du second degré, nous pouvons encore conclure (n° 495) que cette courbe est du second degré, aussi bien que la surface conique dont elle est la base.

504. Nous terminerons la théorie des surfaces du second degré par la démonstration d'une propriété fort curieuse de l'hyperboloïde à une nappe et du paraboloïde hyperbolique. Cette propriété, qui peut se déduire très simplement de la considération du plan tangent, consiste en ce que *chacune de ces deux surfaces peut être engendrée de deux manières différentes par le mouvement d'une ligne droite.*

Reprenons l'équation des surfaces qui ont un centre,

$$M z^2 + M' y^2 + M'' x^2 + P = 0 ; \dots \quad (1)$$

on a (n° 500) pour l'équation du plan tangent à ces surfaces,

$$M z z' + M' y y' + M'' x x' + P = 0 ; \dots \quad (2)$$

les coordonnées x', y', z' étant d'ailleurs liées entre elles par la relation

$$M z'^2 + M' y'^2 + M'' x'^2 + P = 0 \dots \quad (3)$$

Pour déterminer les points qui se trouvent à la fois sur la surface et sur le plan tangent, il suffit de combiner entre elles

les équations (1) et (2). Or, si l'on double l'équation (2), et qu'on la retranche de la somme des équations (1) et (3), il vient

$$M(z - z')^2 + M'(y - y')^2 + M''(x - x')^2 = 0, \ldots (4)$$

équation d'une nouvelle surface dont tous les points communs avec le plan tangent appartiendront aussi à la surface proposée, puisque cette équation peut remplacer l'équation (1).

Observons d'abord que, si les coefficiens M, M', M'' sont tous trois positifs, l'équation (4) ne peut être satisfaite que par $z = z'$, $y = y'$, $x = x'$. Donc, dans ce cas, qui est celui de *l'ellipsoïde*, le plan tangent *n'a qu'un point commun avec la surface.*

Mais supposons que l'on ait M, M' positifs et M'' négatif; l'équation (4) et l'équation (2) deviennent

$$M(z - z')^2 + M'(y - y')^2 - M''(x - x')^2 = 0, \ldots (5)$$
$$Mzz' + M'yy' - M''xx' + P = 0,$$

que nous remettrons (n° 500) sous la forme

$$Mz'(z - z') + M'y'(y - y') - M''x'(x - z') = 0 \ldots (6)$$

Cela posé, afin de reconnaître si les surfaces représentées par les équations (5) et (6) peuvent avoir une droite commune, nous combinerons ces équations avec les suivantes :

$$x - x' = a(z - z'), \quad y - y' = b(z - z'), \ldots (7)$$

qui sont les équations d'une droite passant par le point x', y', z'; et nous tâcherons de déterminer a, b d'après la condition que la droite se trouve tout entière sur les deux surfaces.

Or, si l'on substitue dans les équations (5) et (6) les valeurs de $x - x'$, $y - y'$ tirées des équations (7), on trouve pour les résultats de ces substitutions

$$(z - z')^2(M + M'b^2 - M''a^2) = 0,$$
$$(z - z')(Mz' + M'by' - M''ax') = 0,$$

ou bien, faisant abstraction du facteur $z - z'$ correspondant au point x', y', z', que nous savons déjà se trouver à la fois sur les deux surfaces et sur la droite,

$$M \quad + M'b^2 - M''a^2 = 0 \dots \dots (8)$$

$$Mz' + M'by' - M''ax' = 0 \dots \dots (9)$$

Telles sont les relations qui expriment que la droite se trouve tout entière sur les deux surfaces.

On déduit de l'équation (9),

$$a = \frac{M'y' . b + Mz'}{M''x'};$$

d'où, substituant dans l'équation (8) et ordonnant,

$$M' (M''x'^2 - M'y'^2)b^2 - 2MM'y'z' . b = M^2z'^2 - MM''x'^2;$$

donc

$$b = \frac{MM'y'z' \pm \sqrt{MM'M''x'^2(Mz'^2 + M'y'^2 - M''x'^2)}}{M'(M''x'^2 - M'y'^2)},$$

ou en ayant égard à la relation $Mz'^2 + M'y'^2 - M''x'^2 + P = 0$,

$$b = \frac{MM'y'z' \pm x'\sqrt{-MM'M''.P}}{M'(M''x'^2 - M'y'^2)}.$$

La valeur de b étant calculée, on la substituera dans l'expression de a, ce qui donnera la valeur correspondante de cette seconde indéterminée.

Il reste actuellement à savoir dans quel cas la quantité b sera susceptible d'une *détermination réelle*. Or cela ne peut avoir lieu (M, M', M'' étant supposés ici essentiellement positifs) qu'autant que P est *négatif*; condition qui (n° 485) correspond à *l'hyperboloïde à une nappe*.

Donc, pour ce genre de surfaces, le plan tangent en un point quelconque, *a deux droites communes avec cette surface*. En d'autres termes, il n'y a pas un point de la surface par lequel on ne puisse imaginer deux droites qui se trouvent tout entières sur cette surface; ou bien encore, *la surface peut être considérée comme engendrée par une droite de deux manières différentes* (voyez n° 471).

505. Cette propriété du plan tangent à l'hyperboloïde à une seule nappe n'infirme pas la définition que nous avons (n° 500) donnée du plan tangent : au contraire, elle en est une conséquence naturelle ; car, puisque le plan tangent se compose de toutes les tangentes menées en un point quelconque, si l'un des élémens de la surface est une ligne droite, le plan tangent doit passer par cette droite qui est sa propre tangente.

C'est ainsi que le plan tangent au cône touche la surface suivant une de ses génératrices ; ce qu'on peut voir d'ailleurs d'après ce qui précède.

En effet, la surface conique n'est qu'un cas particulier de l'hyperboloïde, et s'obtient en posant $P = 0$.

Donc les valeurs de a, b, ci-dessus, deviennent

$$b = \frac{MM'y'z'}{M'(M''x'^2 - M'y'^2)} = \frac{MM'y'z'}{M'Mz'^2} = \frac{y'}{z'},$$

$$a = \frac{M'y'^2 + Mz'^2}{M''x'z'} = \frac{M''x'^2}{M''x'z'} = \frac{x'}{z'}.$$

Or il est aisé de reconnaître que ces valeurs sont précisément les tangentes des angles que forment, avec l'axe des z, les projections de la génératrice du cône

$$Mz^2 + M'y^2 - M''x^2 = 0.$$

Il est à remarquer que l'équation (5) du n° précédent est celle d'un cône dont le centre a pour coordonnées x', y', z'; car on en déduit

$$\frac{y - y'}{z - z'} = \pm \sqrt{\frac{M''(x - x')^2}{M'(z - z')^2} - M} = F\left(\frac{x - x'}{z - z'}\right);$$

résultat qui (n° 465) caractérise une surface conique.

506. Passons aux paraboloïdes. On a pour leur équation ,

$$Mz^2 + M'y^2 + 2N''x = 0,\dots\ (1)$$

et pour celle du plan tangent au point x', y', z' (n° 501)

$$Mzz' + M'yy' + N''(x + x') = 0, \dots \quad (2)$$

x', y', z' étant liés par la relation

$$Mz'^2 + M'y'^2 + 2N''x' = 0 \dots \quad (3)$$

Ajoutons les équations (1), (3), et retranchons de leur somme le double de la seconde, il vient

$$M(z - z')^2 + M'(y - y')^2 = 0, \dots \quad (4)$$

résultat qui peut remplacer l'équation (1), en tant que l'on cherche les points communs à la surface proposée et au plan tangent. Or comme, dans l'hypothèse où M, M' sont de même signe, l'équation (4) ne peut être satisfaite que par $z = z'$, $y = y'$, il s'ensuit que le paraboloïde elliptique ne peut avoir qu'*un point commun* avec son plan tangent.

Mais supposons M' négatif, et mettons le signe en évidence; l'équation (4) devient

$$M(z - z')^2 - M'(y - y')^2 = 0; \dots \quad (5)$$

on en déduit $\quad y - y' = \pm (z - z') \sqrt{\dfrac{M}{M'}};$

d'où l'on voit que l'équation (5) représente un système de deux plans perpendiculaires au plan des yz, et dont les intersections avec le plan tangent sont, en général, deux lignes droites. Nous sommes donc en droit de conclure immédiatement que le paraboloïde hyperbolique et le plan tangent en un point quelconque de cette surface *ont deux droites communes* passant par ce point.

Mais pour fixer la position de ces droites, comme nous l'avons fait plus haut, nous combinerons l'équation (5) et celle du plan tangent, qu'on peut (n° 501) présenter sous la forme

$$Mz'(z - z') + M'(y - y') - N''(x - x') = 0, \dots \quad (6)$$

avec les équations

$$x - x' = a(z - z'), \quad y - y' = b(z - z')\ldots (7)$$

Il résulte de la substitution de ces valeurs de $x - x'$, $y - y'$ dans les équations (5) et (6), et en faisant abstraction du facteur $z - z'$,

$$M - M'b^2 = 0, \quad Mz' + M'by' - N''a = 0.$$

On tire de la première,

$$b = \pm \sqrt{\frac{M}{M'}};$$

d'où, substituant dans la seconde,

$$a = \frac{Mz' \pm y'\sqrt{MM'}}{N''};$$

ces valeurs de a et de b sont toujours réelles, dans le cas du paraboloïde hyperbolique. Donc *il n'y a pas de point de cette surface par lequel on ne puisse imaginer deux droites situées tout entières sur la surface.*

La substitution de la valeur de b dans la seconde des équations (7) donne

$$y - y' = \pm (z - z')\sqrt{\frac{M}{M'}},$$

résultat identique avec celui qu'avait donné l'équation (5).

Comme b est indépendant de x', y', z', il s'ensuit que, dans les deux systèmes de génération du paraboloïde hyperbolique par une ligne droite, les projections de toutes les droites d'un même système sur le plan des yz, sont *parallèles entre elles.*

Donc ces droites sont elles-mêmes situées *dans des plans parallèles entre eux;* et c'est là ce qui peut servir à distinguer l'hyperboloïde à une seule nappe du paraboloïde hyperbolique, quoiqu'ils aient un mode commun de génération.

Dans celui-ci, *toutes les droites génératrices d'un même*

système sont parallèles à un même plan; tandis que, dans l'autre, les génératrices ont une direction quelconque dans l'espace.

La *surface conoïde* que nous avons obtenue (n° 468) en supposant qu'une droite glissât le long de deux autres, et de manière à rester constamment parallèle à un plan, n'est autre chose que le paraboloïde hyperbolique.

NOTE.

Cette note est destinée à compléter la théorie de l'*identité des courbes du second degré avec les sections coniques.* La question qui s'y rapporte est du nombre de celles qui ont été proposées dans les concours des Colléges royaux, et que nous avions l'intention de résoudre; mais le défaut d'espace nous force de nous restreindre à cette seule question.

5o7. *On demande de placer une courbe du second degré connue, sur un cône droit de dimension donnée;* en d'autres termes, *de fixer la position que doit avoir un plan par rapport à un cône droit, pour que la courbe d'intersection qui en résulte soit une courbe du second degré dont l'équation particulière est donnée.*

SOLUTION (*). On a trouvé (n° 267) pour l'équation générale des sections coniques ,

$$y^2 = \frac{\sin \alpha}{\cos^2 \frac{1}{2}\mathcal{6}} \left[a \sin \mathcal{6} . x - \sin (\alpha + \mathcal{6}).x^2 \right],\dots\ (1)$$

et (n° 246) pour l'équation la plus simple des trois courbes du second degré,

$$y^2 = 2px + qx^2 \dots\ (2)$$

D'après l'énoncé de la question, les quantités p, q et l'angle

---

(*) La solution que nous allons faire connaître est due à M. Vanéechout, ancien élève de l'Ecole Polytechnique, maintenant officier du Génie. Entré le premier à l'Ecole, il fut admis le premier dans les services publics.

$\mathcal{C}$, qui désigne l'angle au centre du cône, doivent être regardées comme connues ; et il s'agit de déterminer, à l'aide des équations précédentes, les quantités a, α, de manière que ces équations soient *identiques*.

Or, si l'on développe l'équation (1), et qu'on égale respectivement les coefficiens de x et de x^2 dans les deux équations, il vient

$$a \sin \alpha \sin \mathcal{C} = 2p \cos^2 \tfrac{1}{2}\mathcal{C}, \dots\dots\dots \ (3)$$

$$\sin \alpha \sin (\alpha + \mathcal{C}) = - q \cos^2 \tfrac{1}{2}\mathcal{C} \dots \ (4)$$

Ce sont les deux équations du problème.

Comme la seconde ne renferme que l'inconnue α, elle peut servir à la déterminer ; après quoi, l'équation (3) fera connaître a. Or, pour dégager α, nous aurons recours à l'artifice suivant :

De la formule trigonométrique

$$\cos (a - b) - \cos (a + b) = 2 \sin a \sin b,$$

établie n° 74, on déduit

$$\sin a \sin b = \frac{\cos (a - b) - \cos (a + b)}{2} ;$$

ou posant $a = \alpha + \mathcal{C}, \ b = \alpha,$

$$\sin \alpha \sin (\alpha + \mathcal{C}) = \frac{\cos \mathcal{C} - \cos (2\alpha + \mathcal{C})}{2} ;$$

donc l'équation (4) devient

$$\frac{\cos \mathcal{C} - \cos (2\alpha + \mathcal{C})}{2} = - q \cos^2 \tfrac{1}{2}\mathcal{C},$$

d'où $\quad \cos (2\alpha + \mathcal{C}) = \cos \mathcal{C} + 2q \cos^2 \tfrac{1}{2}\mathcal{C} \dots \ (5)$

Telle est l'équation propre à faire connaître l'angle α.

Après avoir calculé l'angle $(2\alpha + \mathcal{C})$, on en retranchera l'angle $\mathcal{C}$, puis on prendra la moitié du reste, et on aura la valeur de α.

Discussion. Toutefois, pour que cet angle soit susceptible de détermination, il faut (n° 59) que la valeur trouvée pour $\cos (2\alpha + \mathcal{C})$, soit comprise entre les deux limites $- 1$ et $+ 1$; c'est-à-dire que l'on doit avoir les deux conditions

$$\cos \varphi + 2q \cos^2 \tfrac{1}{2}\varphi \gtreqless - 1,$$

$$\cos \varphi + 2q \cos^2 \tfrac{1}{2}\varphi \lesseqgtr + 1.$$

Comme on a (n° 63) $\cos \varphi = \cos^2 \tfrac{1}{2}\varphi - \sin^2 \tfrac{1}{2}\varphi$, ces conditions peuvent se transformer dans les suivantes,

$$\cos^2 \tfrac{1}{2}\varphi - \sin^2 \tfrac{1}{2}\varphi + 2q \cos^2 \tfrac{1}{2}\varphi \gtreqless - 1,$$

$$\cos^2 \tfrac{1}{2}\varphi - \sin^2 \tfrac{1}{2}\varphi + 2q \cos^2 \tfrac{1}{2}\varphi \lesseqgtr 1;$$

ou bien, à cause de $\cos^2 \tfrac{1}{2}\varphi = \dfrac{1}{1+\tang^2 \tfrac{1}{2}\varphi}$, $\sin^2 \tfrac{1}{2}\varphi = \dfrac{\tang^2 \tfrac{1}{2}\varphi}{1+\tang^2 \tfrac{1}{2}\varphi}$,

$$1 - \tang^2 \tfrac{1}{2}\varphi + 2q \gtreqless - 1 - \tang^2 \tfrac{1}{2}\varphi,$$

$$1 - \tang^2 \tfrac{1}{2}\varphi + 2q \lesseqgtr 1 + \tang^2 \tfrac{1}{2}\varphi.$$

La première se réduit évidemment à $q \gtreqless - 1$;

et la seconde à $q \lesseqgtr \tang^2 \tfrac{1}{2}\varphi$, ou $\tang^2 \tfrac{1}{2}\varphi \gtreqless q$.

Cela posé, examinons successivement les différens cas qui peuvent se présenter, en commençant par le plus simple:

1°. Si la courbe est *une parabole*, on a $q = 0$; et comme on a évidemment $0 > - 1$, $\tang^2 \tfrac{1}{2}\varphi > 0$, les deux conditions précédentes sont satisfaites; d'où l'on peut conclure que, *sur un cône droit de dimension donnée, il est toujours possible de placer une parabole quelconque dont le paramètre est connu.*

Dans ce cas, remontons à l'équation (4); elle devient

$$\sin \alpha \sin (\alpha + \varphi) = 0,$$

équation qui donne pour α les valeurs suivantes,

$$\alpha = 0, \quad \alpha = 200°, \quad \alpha = - \varphi, \quad \alpha = 200° - \varphi;$$

ce qui prouve que le plan sécant doit être *parallèle à l'une des génératrices.* (*Voyez* n° 268.)

2°. Supposons que la courbe donnée soit *une ellipse.* On a, dans ce cas (n° 246), $q = - \dfrac{B^2}{A^2}$, B étant, comme on le sait, essentiellement moindre que A. Ainsi les deux conditions $- \dfrac{B^2}{A^2} > - 1$, $\tan^2 \frac{1}{2} C > - \dfrac{B^2}{A^2}$ sont remplies; et *toute ellipse*, quelque petites, ou quelque grandes que soient ses dimensions, *peut être placée sur un cône droit de dimension donnée*.

3°. Enfin, si la courbe est *une hyperbole*, auquel cas on a $q = + \dfrac{B^2}{A^2}$, la première des deux conditions ci-dessus est évidemment satisfaite.

Quant à la seconde, qui revient à

$$\tan^2 \tfrac{1}{2} C \geq \dfrac{B^2}{A^2},$$

elle a besoin de quelque développement.

Désignons par θ l'angle des deux asymptotes de l'hyperbole donnée; on a vu (n° 237) que $\tan \frac{1}{2} \theta$ a pour valeur $\dfrac{B}{A}$; donc la condition précédente devient

$$\tan^2 \tfrac{1}{2} C \geq \tan^2 \tfrac{1}{2} \theta; \quad \text{d'où l'on déduit} \quad C \geq \theta.$$

Ainsi, pour qu'une hyperbole dont on a l'équation, puisse être placée sur un cône droit de dimension connue, il faut que l'angle au centre du cône soit *au moins* égal à l'angle que forment entre elles les deux asymptotes de la courbe que l'on considère.

Cette circonstance peut s'expliquer par la Géométrie. Concevons que l'on ait mené dans un cône droit, *un premier* système de plans, parallèles entre eux et parallèles à l'axe; ces plans donnent lieu à une suite d'hyperboles semblables (n° 355), et dont les asymptotes forment entre elles le même angle. L'un de ces plans, passant par l'axe lui-même, détermine sur la surface deux génératrices dont l'angle est égal à celui des asymptotes dont nous venons de parler.

Imaginons maintenant *un second* système de plans, parallèles entre eux, mais non parallèles à l'axe, et qui cependant donnent encore lieu à des hyperboles; l'angle des asymptotes de toutes ces hyperboles est constant et égal à celui des deux génératrices déterminées par l'un des plans de ce système.

Cela posé, observons que, dans l'angle trièdre formé par ces dernières génératrices et l'axe du cône, l'angle des génératrices est nécessairement moindre que la somme des deux autres angles plans; or cette somme n'est autre chose que l'angle au centre du cône, ou l'angle des deux génératrices du premier système de plans. Donc l'angle des asymptotes relatives au second système, est moindre que l'angle des asymptotes relatives au premier.

En d'autres termes, le *maximum* des angles que forment entre elles les asymptotes de toutes les hyperboles qu'on peut obtenir sur la surface d'un cône droit, est celui de deux génératrices opposées, ou bien, *l'angle au centre du cône*. Il n'est donc pas possible de *placer sur un cône droit, une hyperbole dont les asymptotes font un angle plus grand que l'angle au centre du cône.*

Mais comme dans les équations (3) et (4), l'angle 6 peut être pris arbitrairement, il n'en est pas moins démontré que *toute courbe du second degré dont l'équation est connue, peut s'obtenir au moyen de l'intersection d'un plan et d'un cône de dimension convenable.*

F I N.

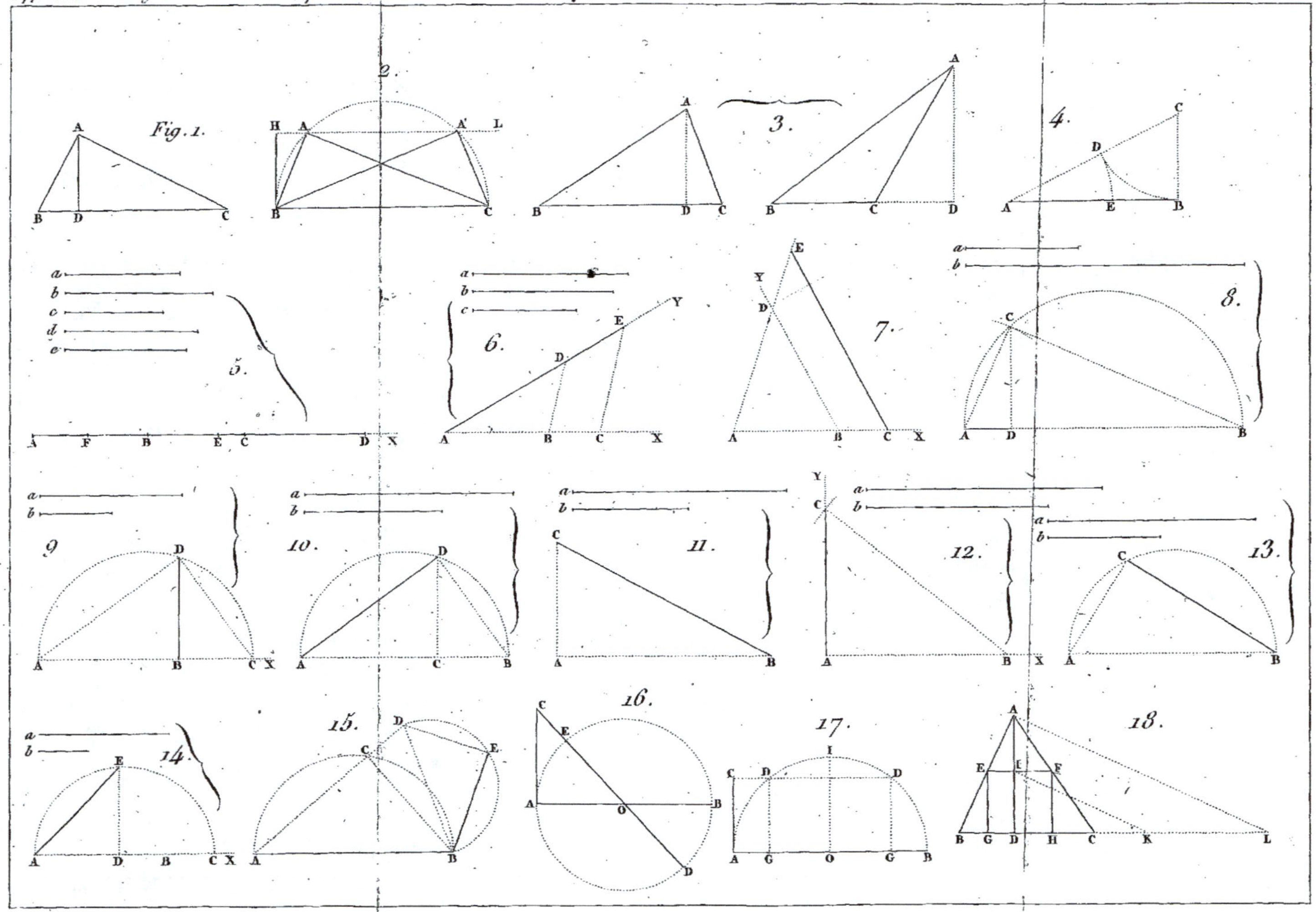

Planche I.

Application de l'Algèbre à la Géométrie, par Bourdon.

Fig. 1.
2.
3.
4.
5.
6.
7.
8.
9.
10.
11.
12.
13.
14.
15.
16.
17.
18.

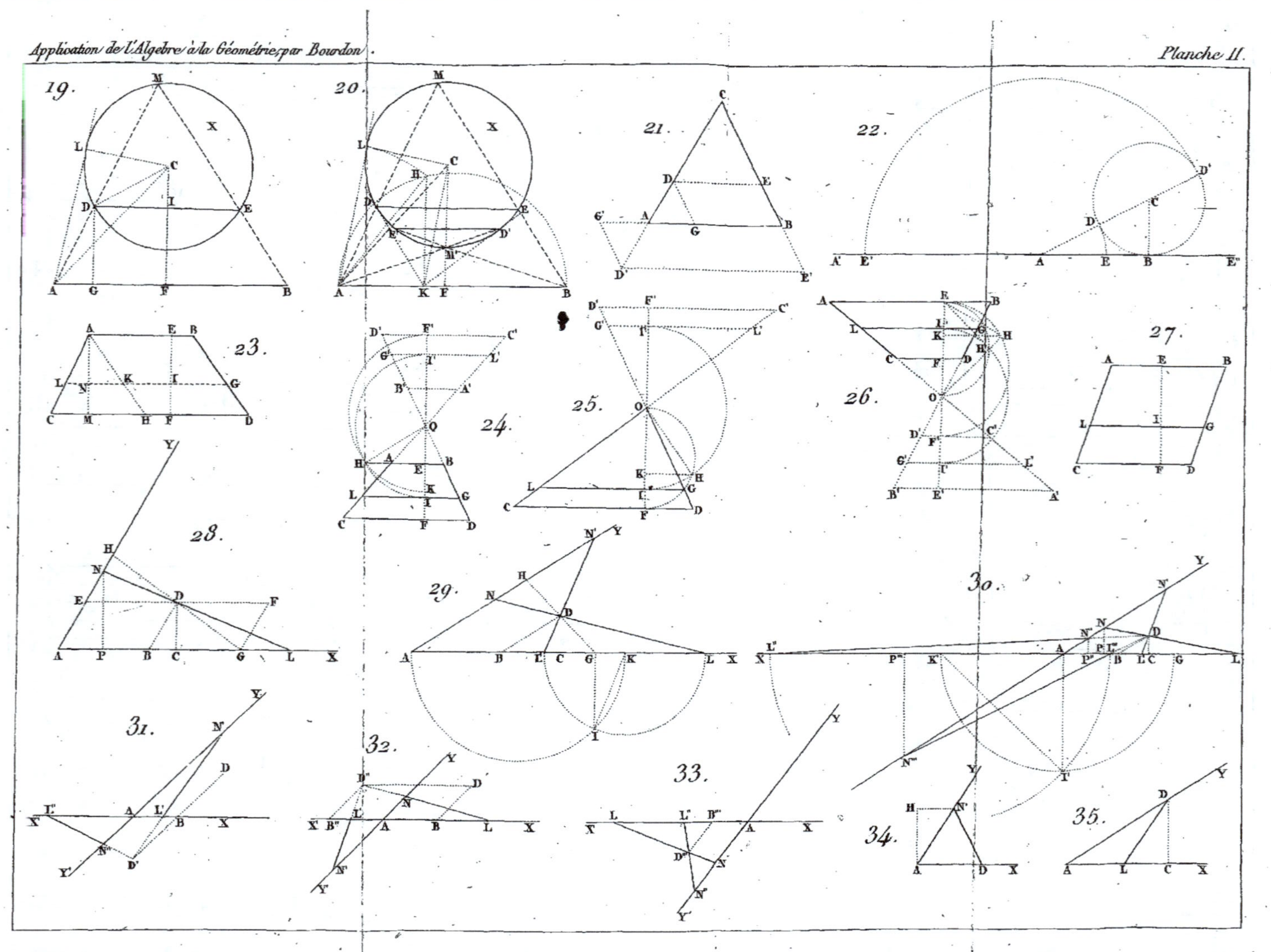

Application de l'Algèbre à la Géométrie par Bourdon.
Planche II.
19.
20.
21.
22.
23.
24.
25.
26.
27.
28.
29.
30.
31.
32.
33.
34.
35.

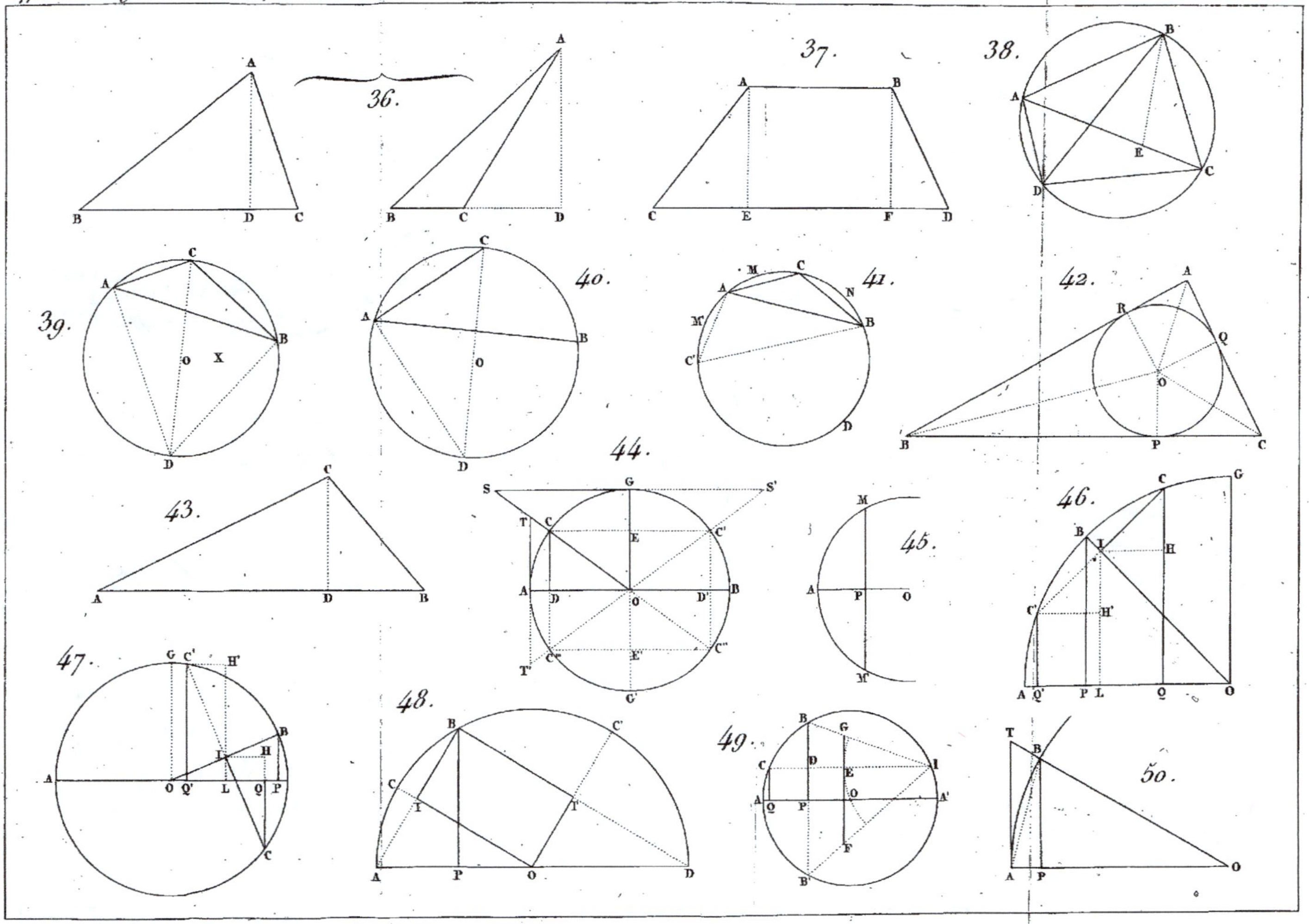

36. 37. 38. 39. 40. 41. 42. 43. 44. 45. 46. 47. 48. 49. 50.

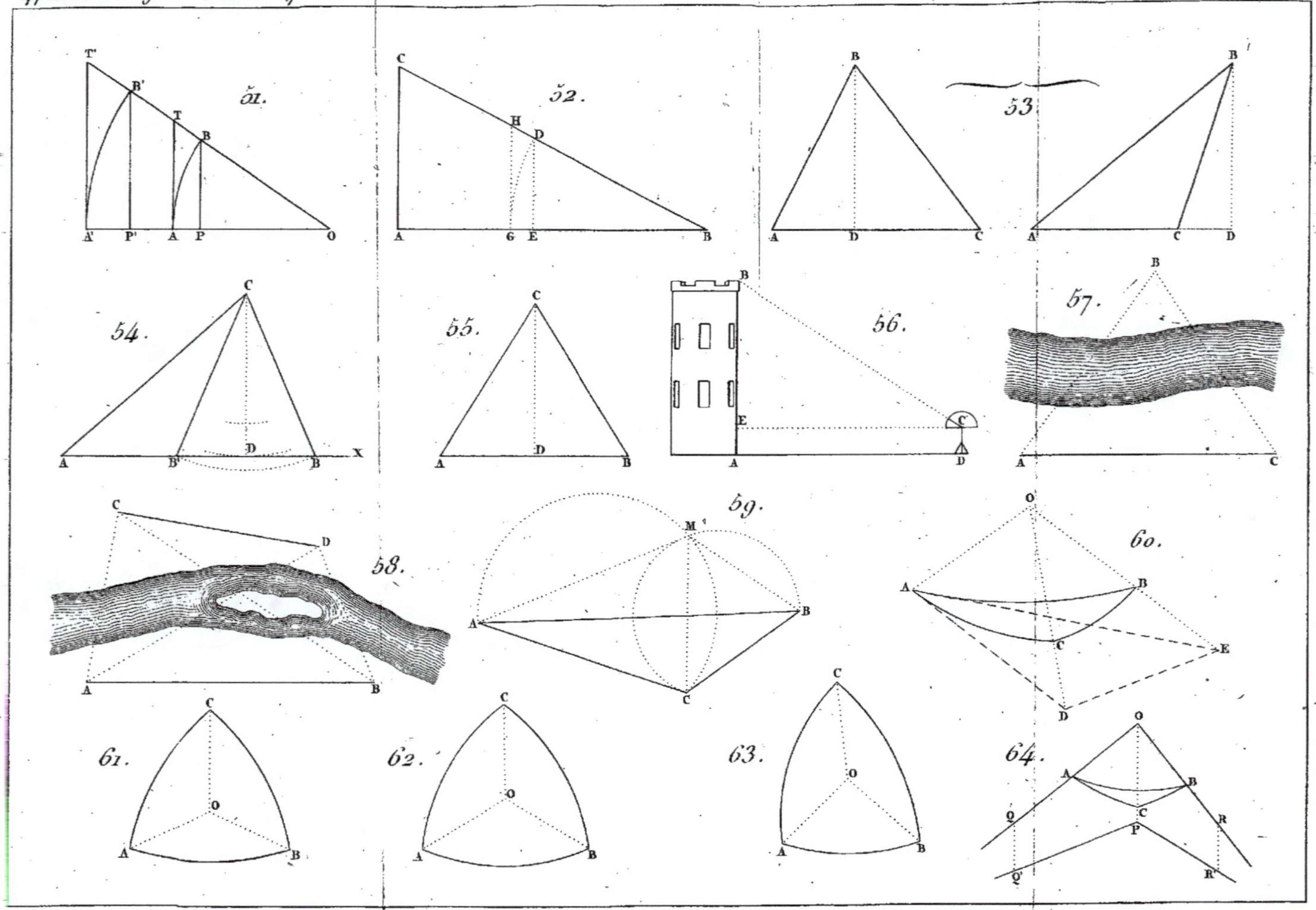

51.
52.
53.
54.
55.
56.
57.
58.
59.
60.
61.
62.
63.
64.

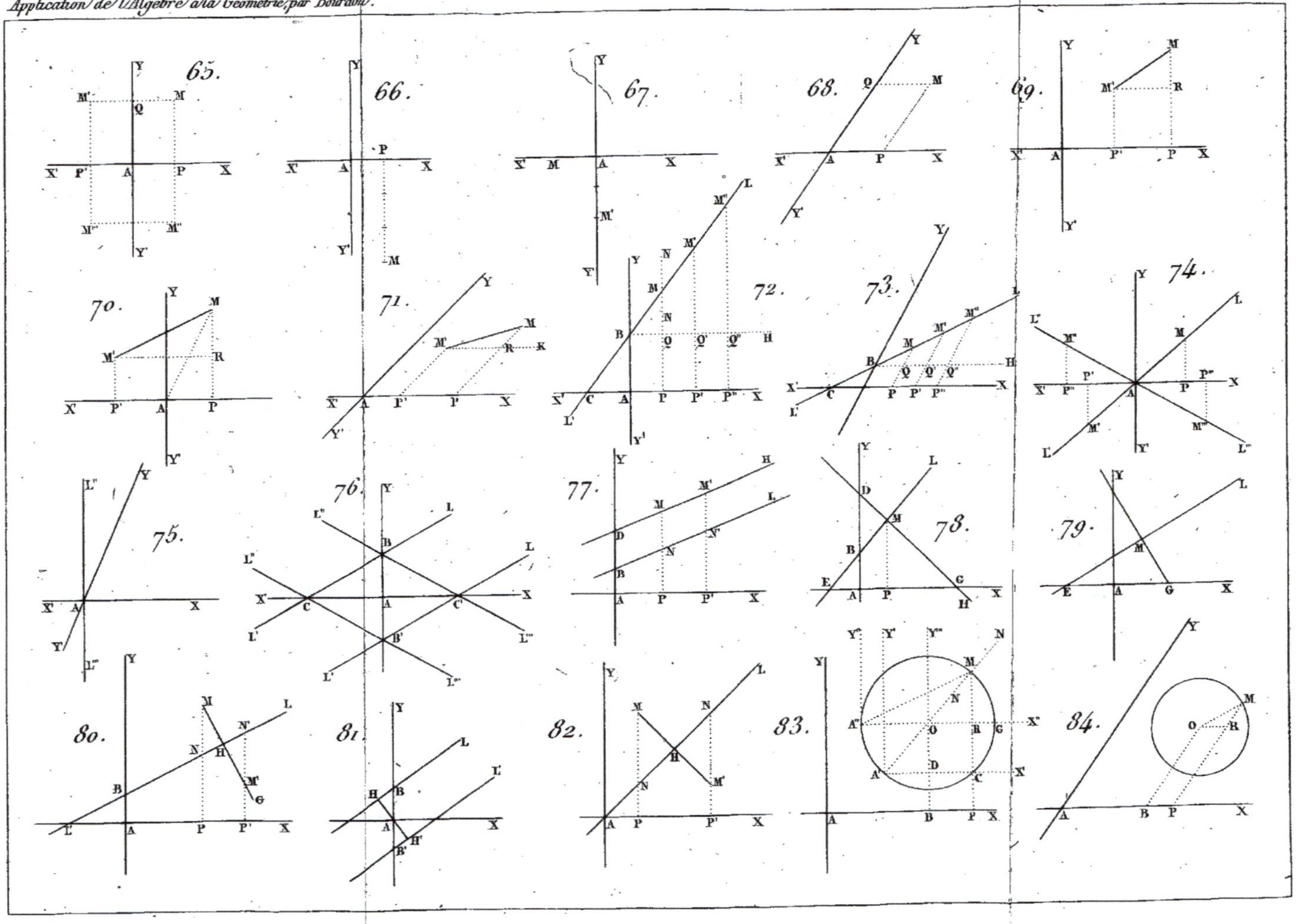

Application de l'Algèbre à la Géométrie par Bourdon.

Planche V.

63. 66. 67. 68. 69. 70. 71. 72. 73. 74. 75. 76. 77. 78. 79. 80. 81. 82. 83. 84.

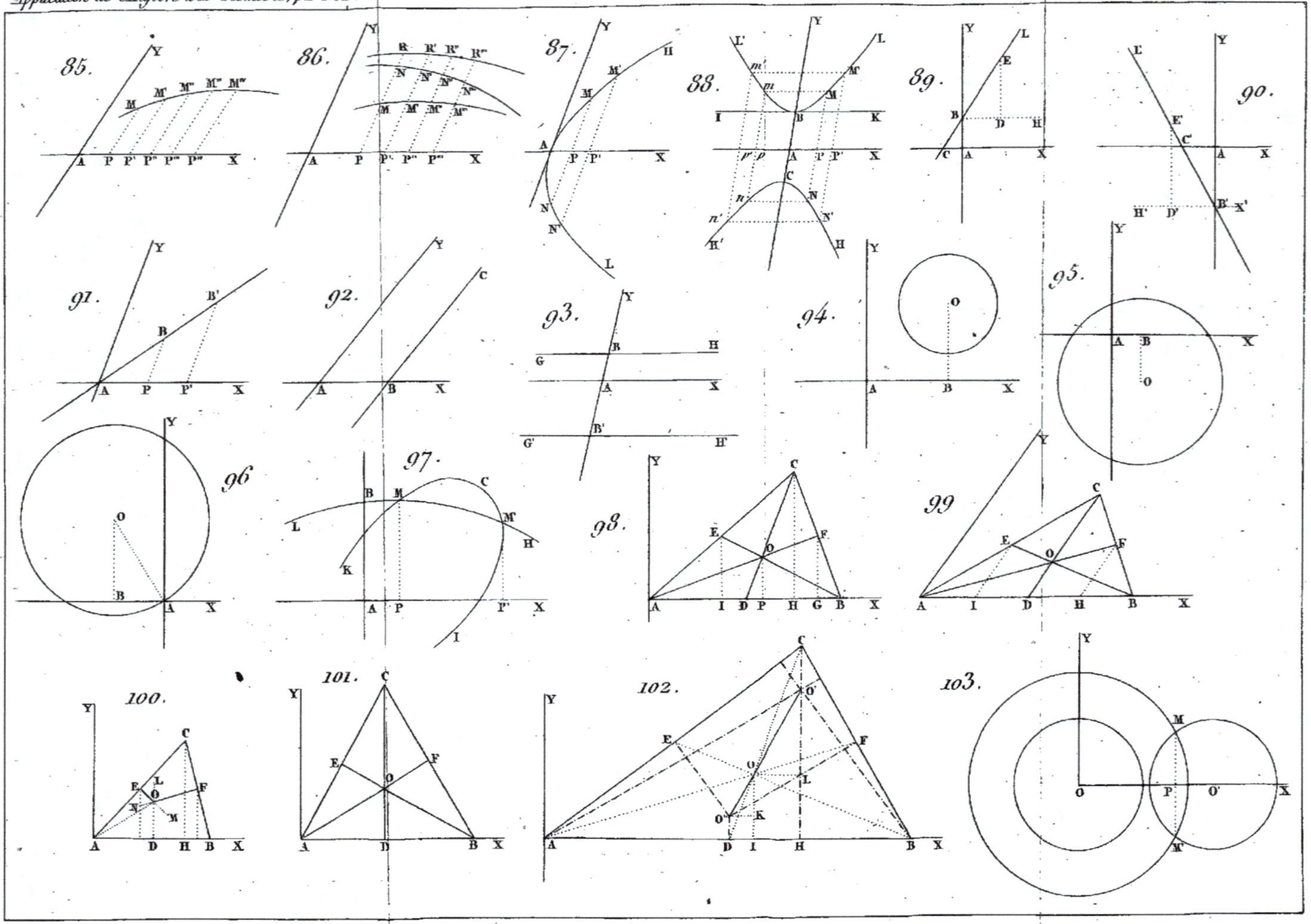

Application de l'Algèbre à la Géométrie, par Bourdon.

Planche VI.

85. 86. 87. 88. 89. 90. 91. 92. 93. 94. 95. 96. 97. 98. 99. 100. 101. 102. 103.

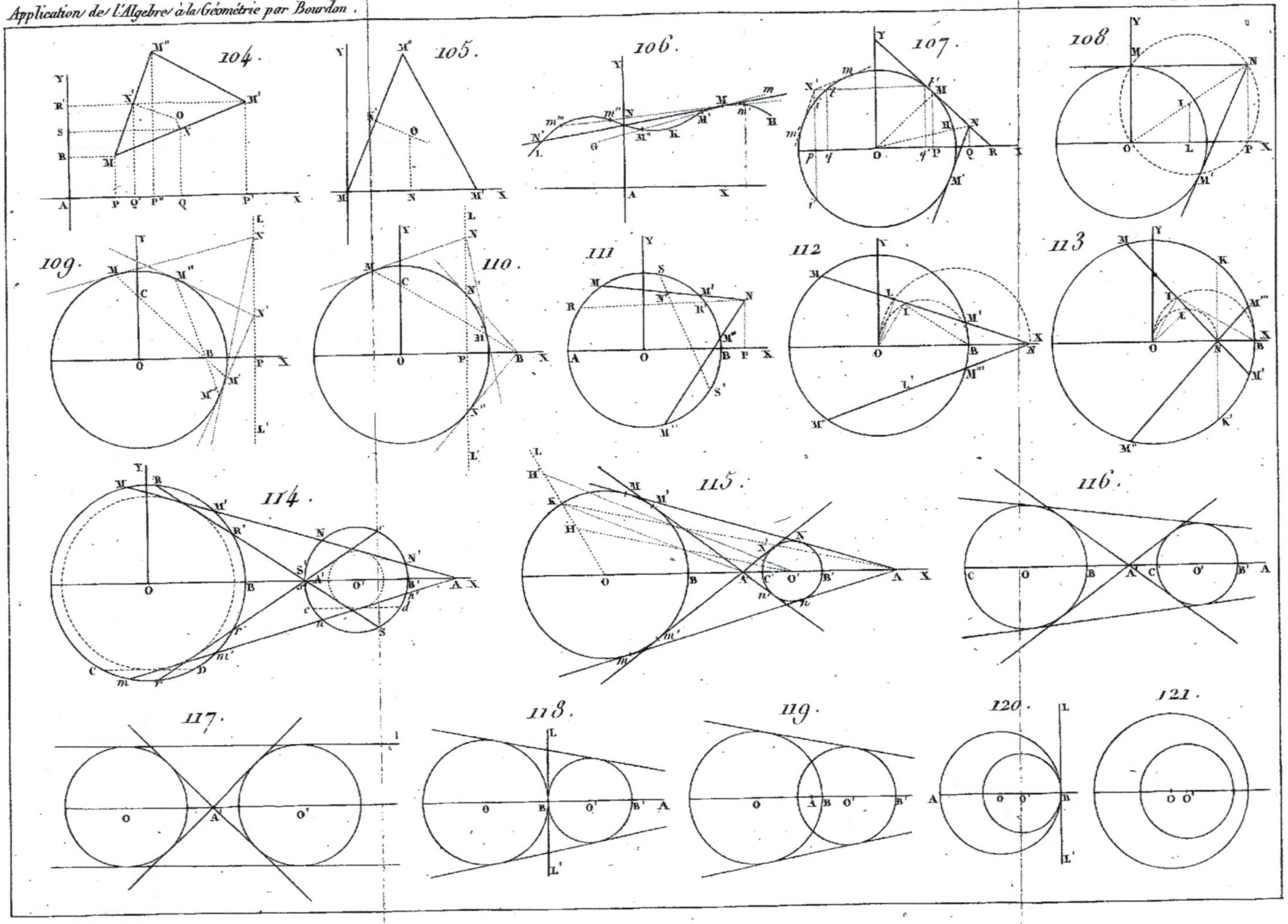

Planche VII.

Application de l'Algèbre à la Géométrie par Bourdon.

104. 105. 106. 107. 108.

109. 110. 111. 112. 113.

114. 115. 116.

117. 118. 119. 120. 121.

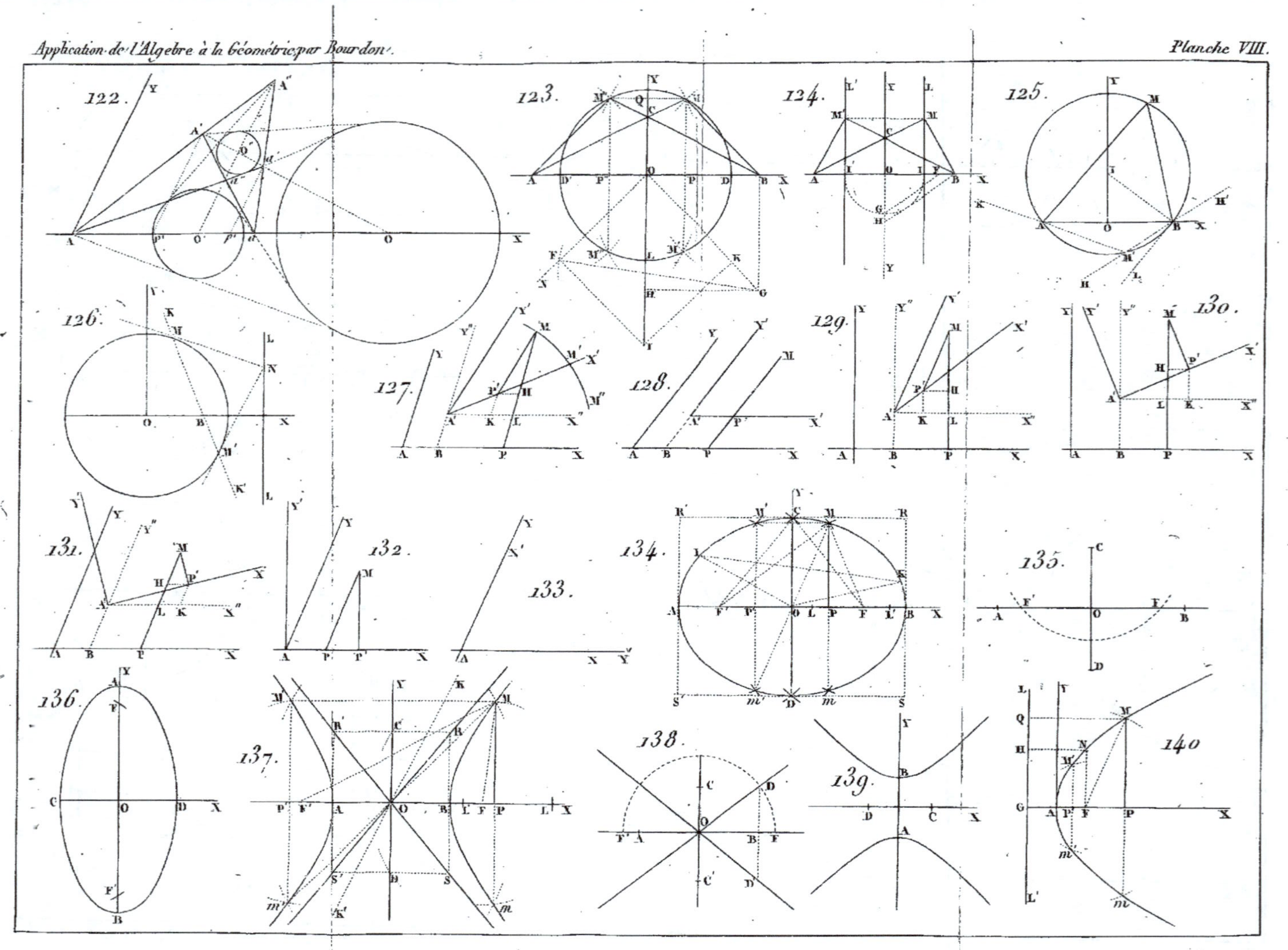

Application de l'Algèbre à la Géométrie par Bourdon.
Planche VIII.
122. 123. 124. 125.
126. 127. 128. 129. 130.
131. 132. 133. 134. 135.
136. 137. 138. 139. 140

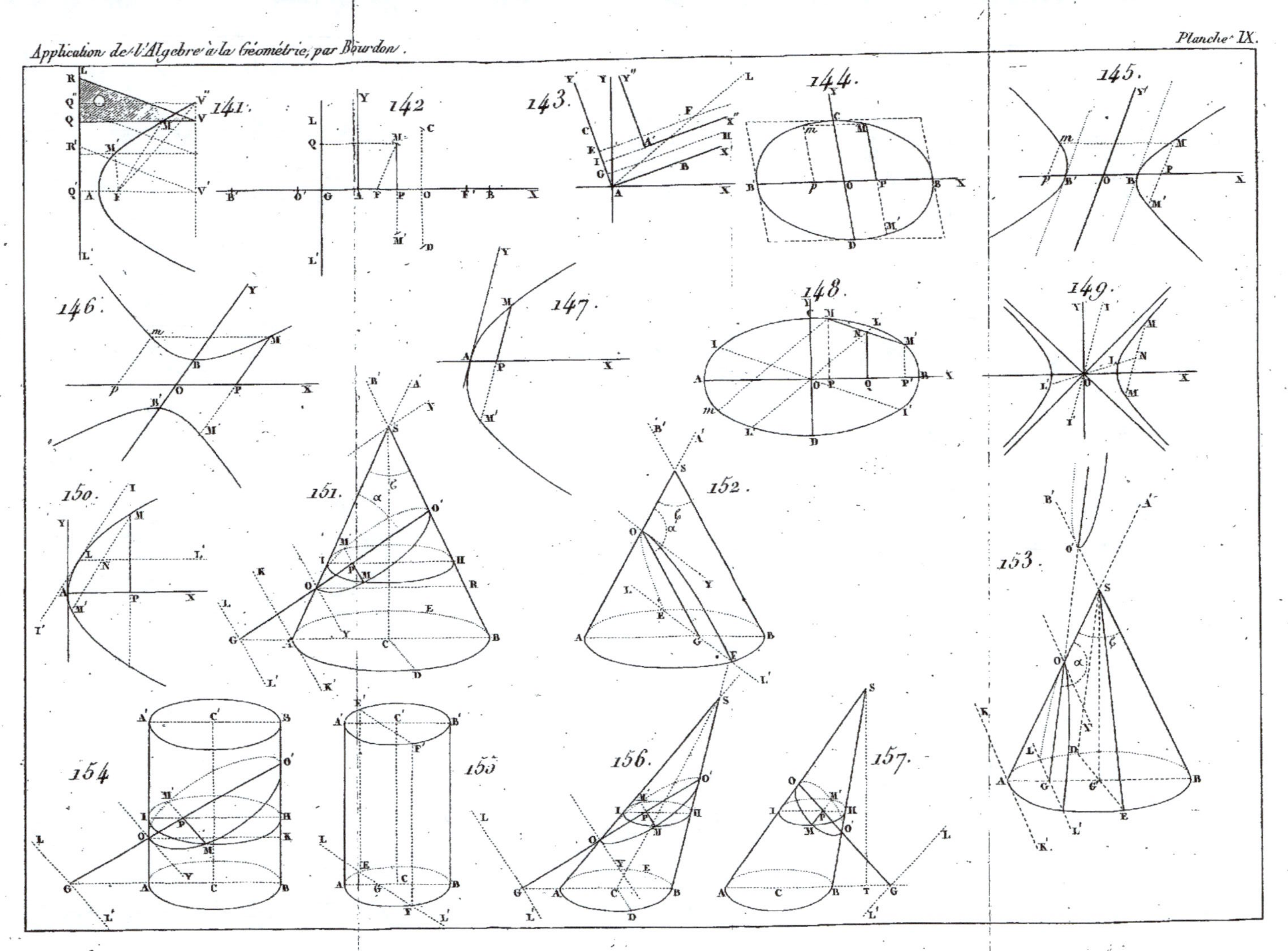

Application de l'Algèbre à la Géométrie, par Bourdon.

Planche. IX.

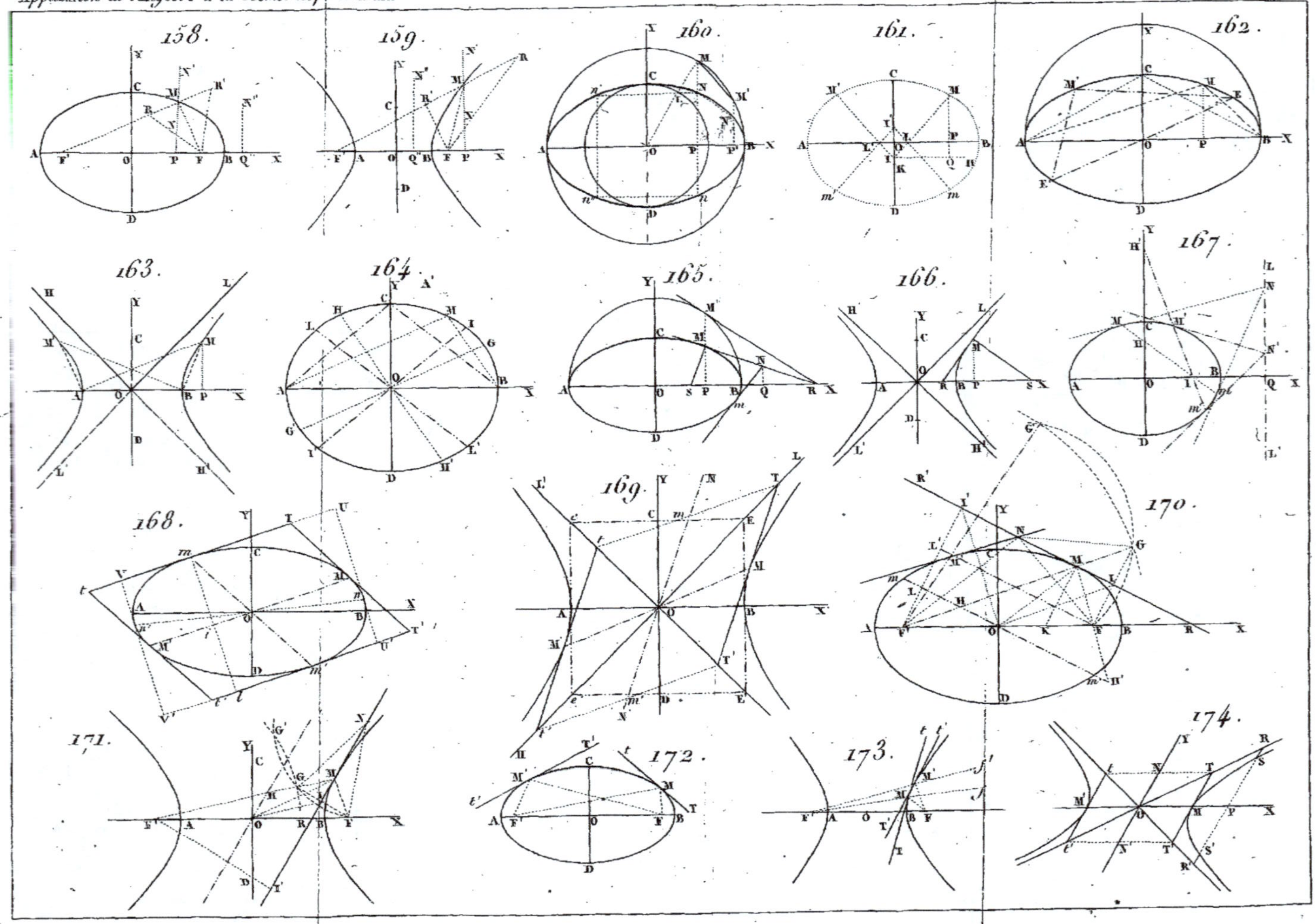

158. 159. 160. 161. 162. 163. 164. 165. 166. 167. 168. 169. 170. 171. 172. 173. 174.

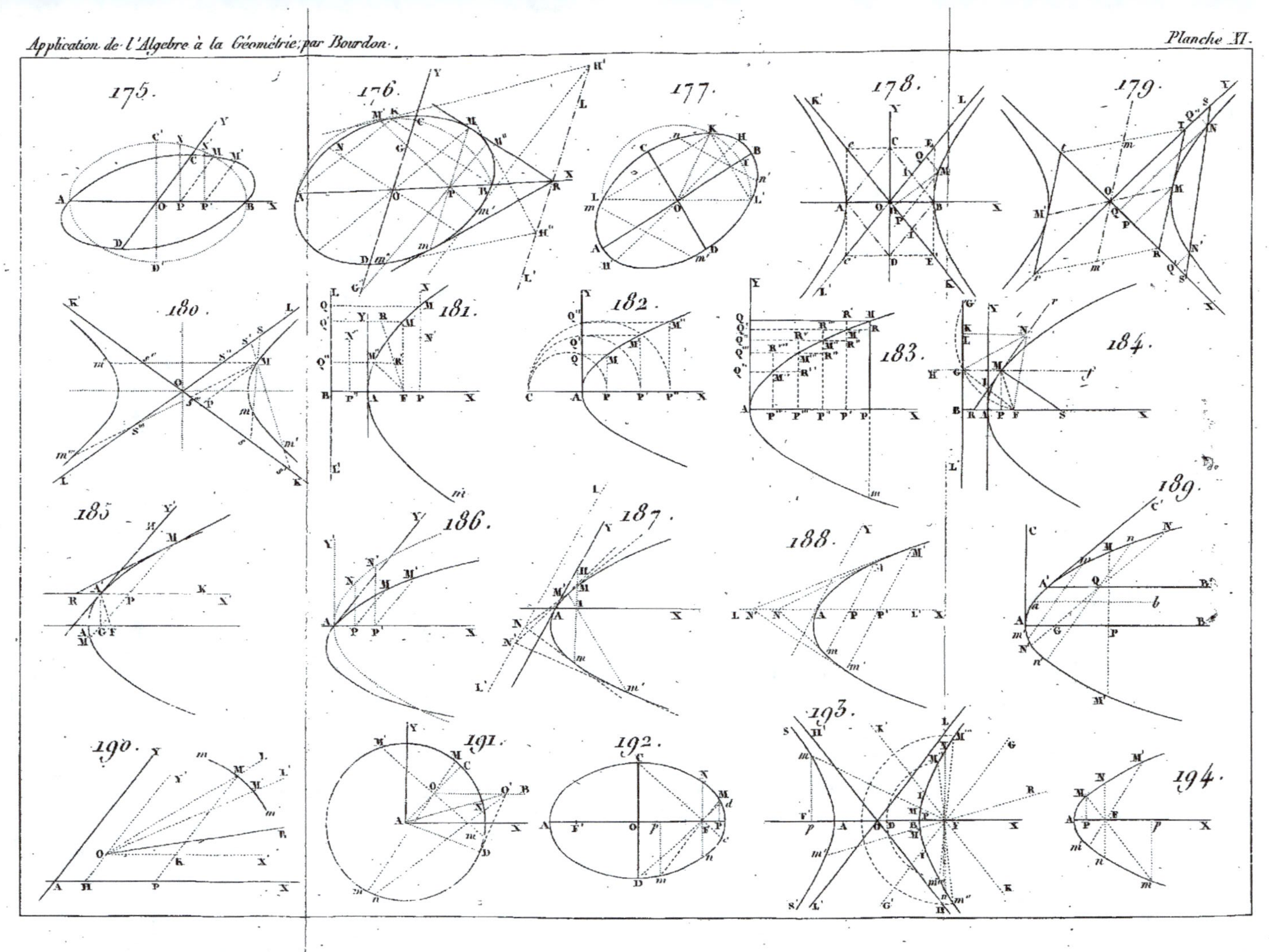

175.
176.
177.
178.
179.
180.
181.
182.
183.
184.
185.
186.
187.
188.
189.
190.
191.
192.
193.
194.

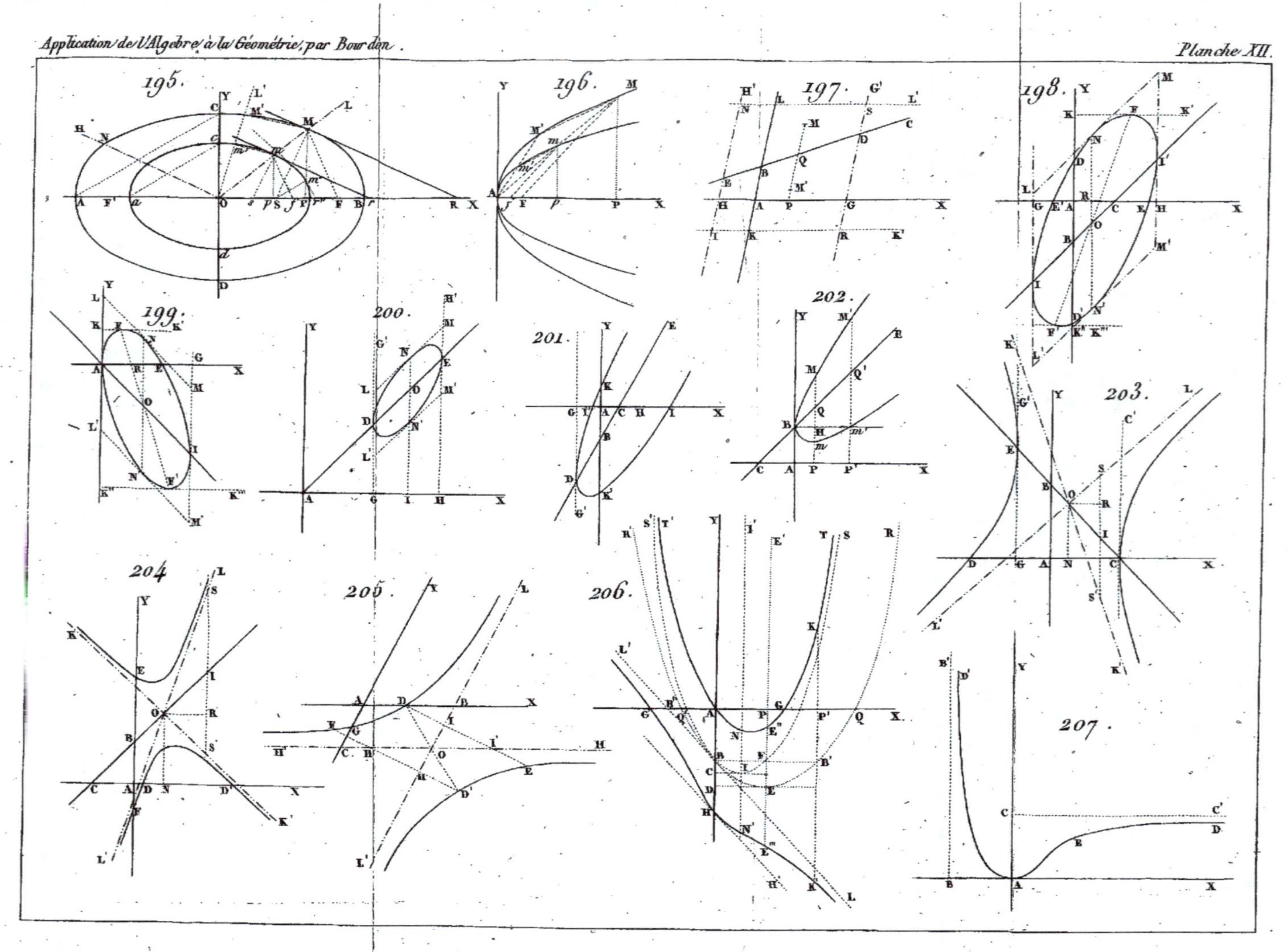

Application de l'Algèbre à la Géométrie, par Bourdon.
Planche XII.
195.
196.
197.
198.
199.
200.
201.
202.
203.
204.
205.
206.
207.

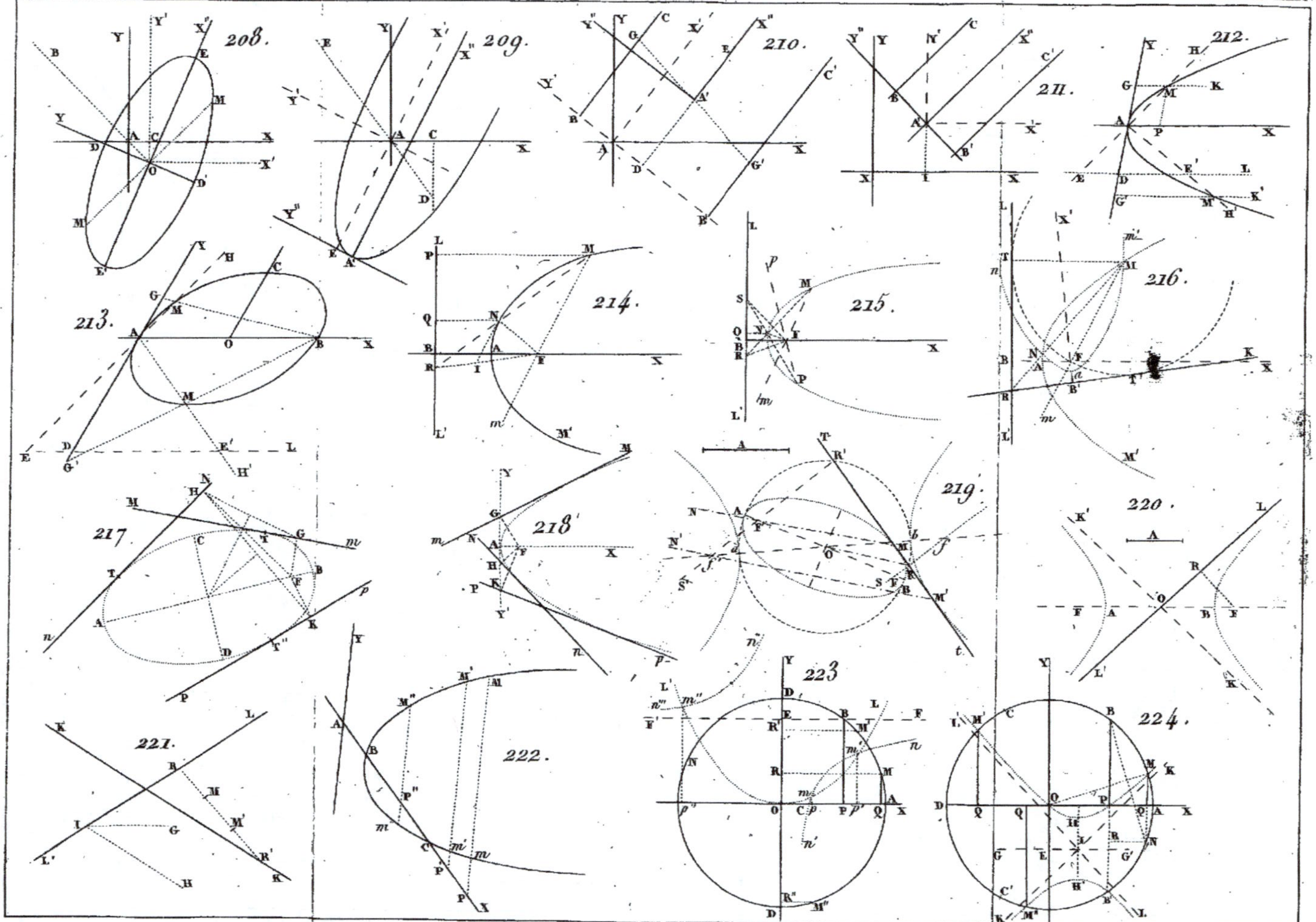

208.
209.
210.
211.
212.
213.
214.
215.
216.
217.
218.
219.
220.
221.
222.
223.
224.

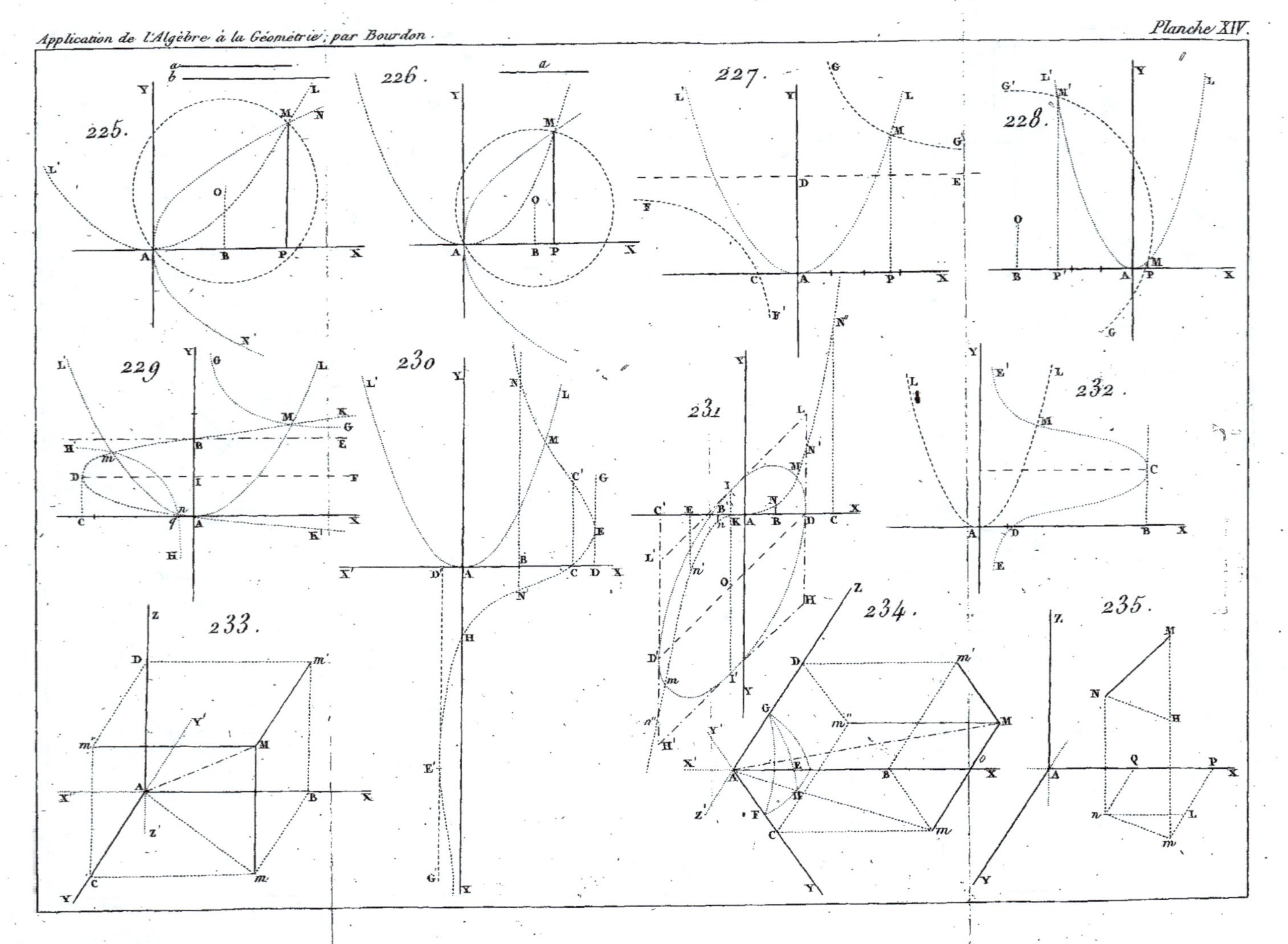

225.
226.
227.
228.
229.
230.
231.
232.
233.
234.
235.

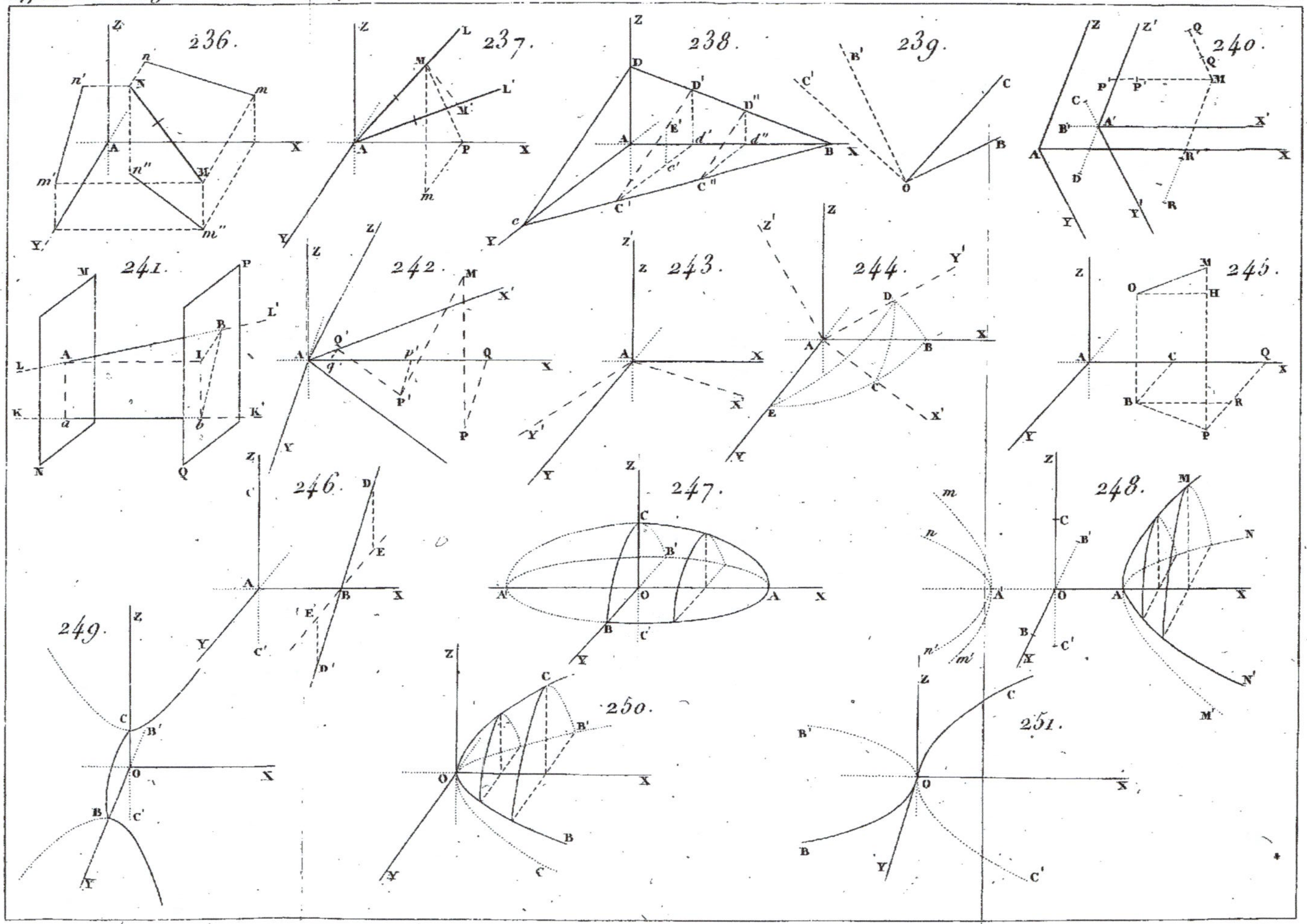
236.
237.
238.
239.
240.
241.
242.
243.
244.
245.
246.
247.
248.
249.
250.
251.